华中农业大学鳜鱼研究中心

世界鳜鲈养殖创新与产业化

主　编　梁旭方　〔美〕王汉平
副主编　刘　红　〔美〕罗纳德·哈迪

科学出版社
北　京

内 容 简 介

本书从全球视野的角度，全面系统地展现了世界鳜鲈产业现状、科技创新进展及产业化前景。全书共分 10 章，分别介绍了中国鳜鱼营养与摄食的早期研究、中国鳜鱼遗传育种和饲料养殖研究、中国大口黑鲈和花鲈营养和饲料研究进展、美国黄金鲈遗传选育、美国养殖鲈类营养学、美国杂交条鲈养殖现状与展望、美国条鲈属温水鲈类养殖与基因组育种研究进展、欧洲狼鲈养殖与育种现状、欧洲赤鲈与梭鲈养殖现状、澳大利亚鲈类育种与养殖现状等。

本书可供中外从事水产养殖专业科技工作的有关学者和专业技术人员参考使用。

图书在版编目（CIP）数据

世界鳜鲈养殖创新与产业化/梁旭方，王汉平主编. —北京：科学出版社，2018.3

ISBN 978-7-03-053873-4

Ⅰ. ①世… Ⅱ. ①梁… ②王… Ⅲ. ①鳜鱼–鱼类养殖 ②河鲈–鱼类养殖 Ⅳ. ①S965

中国版本图书馆 CIP 数据核字(2017)第 142231 号

责任编辑：罗 静 刘 晶 / 责任校对：郑金红
责任印制：张 伟 / 封面设计：图阅盛世

科 学 出 版 社 出版
北京东黄城根北街 16 号
邮政编码：100717
http://www.sciencep.com

北京东华虎彩印刷有限公司 印刷
科学出版社发行 各地新华书店经销
*

2018 年 3 月第 一 版　开本：787×1092　1/16
2018 年 3 月第一次印刷　印张：25 3/4
字数：606 000
定价：198.00 元
(如有印装质量问题，我社负责调换)

World Perch and Bass Culture: Innovation and Industrialization

Editor-in-Chief   Xu-Fang Liang   Han-Ping Wang
Associate Editor   Hong Liu   Ronald W. Hardy

Science Press
Beijing, China

参 编 人 员
（按姓氏拼音排序）

曹小娟	华中农业大学水产学院
窦亚琪	华中农业大学水产学院
韩　娟	中国农业科学院饲料研究所
何　珊	华中农业大学水产学院
李　姣	华中农业大学水产学院
李　玲	华中农业大学水产学院
梁晓芳	中国农业科学院饲料研究所
梁旭方	华中农业大学水产学院
刘　红	华中农业大学水产学院
王庆超	华中农业大学水产学院
薛　敏	中国农业科学院饲料研究所
郁欢欢	中国农业科学院饲料研究所
Alicia Felip	Institute of Aquaculture, Spanish Council for Scientific Research (CSIC), Spain
Andrew S. McGinty	Pamlico Aquaculture Field Laboratory, North Carolina State University, USA
Benjamin J. Reading	Department of Applied Ecology, North Carolina State University, USA
Brian C. Small	Hagerman Fish Culture Experimental Station, University of Idaho, USA
Damien Toner	BIM Offices, Irish Sea Fisheries Board, Block 2, Ireland
Daniel Zarski	Department of Lake and River Fisheries, Department of Fish Culture and Department of Ichthyology, University of Warmia and Mazury in Olsztyn, Poland
David A. Baltzegar	Genomic Sciences Laboratory, North Carolina State University, USA
David L. Berlinsky	Department of Biological Sciences, University of New Hampshire, USA
Dean R. Jerry	Centre for Sustainable Tropical Fisheries and Aquaculture, James Cook University, Australia

Dieter Anseeuw	Inagro (Research Institute for Agriculture and Horticulture), Belgium
Francesc Piferrer	Institute of Marine Sciences, Spanish Council for Scientific Research (CSIC), Spain
Geoffrey M. Collins	Centre for Sustainable Tropical Fisheries and Aquaculture, James Cook University, Australia
Han-Ping Wang	Aquaculture Research Center, The Ohio State University, USA
L. Curry Woods III	Department of Animal and Avian Sciences, University of Maryland, USA
Michael S. Hopper	Pamlico Aquaculture Field Laboratory, North Carolina State University, USA
Paul B. Brown	Department of Forestry and Natural Resources, Purdue University, USA
Robert W. Clark	Department of Applied Ecology, North Carolina State University, USA
Ronald W. Hardy	Aquaculture Research Institute, University of Idaho, USA
Stefan Meyer	Chamber of Agriculture Schleswig-Holstein, Aquaculture Competence Network, Germany
Stefan Teerlinck	Inagro (Research Institute for Agriculture and Horticulture), Belgium
Thomas Janssens	School of Agricultural, Forest and Food Sciences HAFL, Bern University of Applied Sciences, Switzerland
Tomas Policar	Faculty of Fisheries and Protection of Waters, University of South Bohemia, Czech Republic

前　言

鳜鲈是主要栖息于温带淡水及咸淡水的世界性名贵食用鱼类，隶属鲈亚目的鮨科（温水鲈科或鳜科）、鲈科、狼鲈科（条鲈科）、尖吻鲈科等。2015 年全球鳜鲈产量约 100 万吨，其中中国产量约 70 万吨。目前，中国主要养殖温水性的鳜鱼、大口黑鲈、花鲈，少量养殖暖水性的尖吻鲈、宝石鲈、鳕鲈及亚冷水性的梭鲈。美国主要养殖温水性的条鲈、大口黑鲈及亚冷水性的黄金鲈、大眼梭鲈。欧洲主要养殖温水性的狼鲈及亚冷水性的赤鲈、梭鲈。澳大利亚主要养殖暖水性的尖吻鲈，少量养殖温水性的金鲈、银鲈及暖水性的宝石鲈、鳕鲈。

鳜鲈经济价值之大堪比冷水性的鲑鳟鱼类，由于鳜鲈普遍比鲑鳟生长更快且适于养殖区域范围更广，与全球已十分成熟的鲑鳟养殖产业相比，全球鳜鲈养殖产业发展空间还非常大，目前的鳜鲈产业尚处于早期发展与快速崛起阶段。

世界鲑鳟养殖学术交流在推动全球鲑鳟产业发展过程中发挥了重要作用，特别是美国、欧洲各国及日本等鲑鳟专家密切的合作创新直接促成了快速发展壮大的挪威和智利三文鱼（大西洋鲑）养殖大产业。2016 年挪威和智利三文鱼（大西洋鲑）产量合计约 250 万吨，已发展成为全球第一的世界水产养殖大产业。

与世界鲑鳟养殖研究领域密切的学术交流相比，全球视野的鳜鲈养殖合作交流还十分滞后，特别是中国与美国、欧洲各国及澳大利亚等发达国家在该领域交流合作还非常缺乏。中国鳜鲈养殖产量虽已雄踞全球第一，但相关研究成果多以中文发表，目前养殖产品也基本未进入国际市场。

1976 年 9 月 24 日至 10 月 5 日，国际鲈科鱼类学术研讨会在加拿大安大略省召开，会议论文集 1977 年以专辑在《加拿大渔业研究委员会会刊》（*Journal of the Fisheries Research Board of Canada*）发表。但该次会议及出版的会议论文集仅关注北美洲、欧洲及中亚黄金鲈、赤鲈、梭鲈、北美梭鲈等鲈科鱼类（欧美淡水鲈类）资源保护利用问题，未涉及其集约化可控养殖产业发展问题。此后，英国学者 John Craig 教授 1987 年出版的《赤鲈及相关鱼类生物学》（*Biology of Perch and Related Fish*）与 2000 年再版的《鲈科鱼类：系统分类学、生态学和利用》（*Percid Fishes: Systematics, Ecology and Exploitation*）也均未涉及鲈科鱼类养殖产业发展问题。直到 2015 年，由美国和英国学者 Patrick Kestemont 教授、Konrad Dabrowski 教授、Robert Summerfelt 教授共同主编出版专著《鲈科鱼类的生物学和养殖》（*Biology and Culture of Percid Fishes*），对北美和欧洲鲈科鱼类（欧美淡水鲈类）主要种类的养殖问题进行了系统总结。

欧美澳咸淡水鲈类研究专著近期也不断出版。2014 年澳大利亚学者 Dean R. Jerry 教授主编出版专著《尖吻鲈的生物学和养殖》（*Biology and Culture of Asian Seabass Lates calcarifer*），2015 年西班牙学者 Javier Sánchez Vázquez 和 José Muñoz-Cueto 共同主编出

版专著《狼鲈的生物学》（Biology of European Sea Bass）。

但时至今日，仍然缺乏具有全球视野、包含中国在内的世界鳜鲈养殖学术交流与相关专著出版。1986 年 5 月美国爱达荷大学 Ronald W. Hardy 教授应邀专程来中国湖北省武汉市主持鳜鱼摄食和营养研究工作 6 周，期望攻克鳜鱼拒食人工饲料技术难关，开创了中美鳜鲈养殖研究合作交流的先河。Hardy 教授自此以后还多次来中国并一直致力于促进中国鳜鲈及现代水产养殖产业的发展。作为此书副主编的 Ronald W. Hardy 教授，现担任国际水产刊物《水产养殖研究》（Aquaculture Research）主编和美国国家水产营养饲料委员会主席。

2013 年 9 月以中美鳜鲈产业创新论坛为主体内容，我们在中国湖北省武汉市华中农业大学组织召开了首届国际鳜鲈学术研讨会。2016 年 10 月在王宽诚教育基金会与大北农神爽水产科技集团共同资助下，我们在华中农业大学组织召开了第二届国际鳜鲈学术研讨会暨首届全国鳜鲈产业创新论坛。第二届国际鳜鲈学术研讨会有来自中国、美国、西班牙、比利时、英国、新加坡、澳大利亚等各国学者，围绕鳜鱼、大口黑鲈、黄金鲈、赤鲈、梭鲈、条鲈、狼鲈、尖吻鲈等主要品种的遗传育种、营养饲料及可控养殖方面科技创新与产业问题进行了深入交流。

本书是基于这两届国际鳜鲈学术研讨会的固化成果，由现代农业产业技术体系专项资金(CARS-46)资助。我们期望本书能从全球视野的角度，给读者系统展现世界鳜鲈产业现状、科技创新进展及产业化前景。为方便中国鳜鲈企业读者阅读，本书以中英文对照出版。华中农业大学刘红教授在会议组织召开和会议材料准备，特别是对本书编辑和中文翻译做了大量烦琐而重要的工作。俄亥俄州立大学 Joy Bauman 女士和 Sarah Strausbaugh 女士也对本书英文编辑和会议材料的准备做出贡献。由于时间匆忙，加上编著者水平有限，书中难免有纰漏之出，恳请广大读者批评指正。

梁旭方（华中农业大学）
Han-Ping Wang（俄亥俄州立大学）
2017 年 3 月

Preface

Perch and bass, belonging to Serranidae (Percichthyidae or Sinipercidae), Percidae, Moronidae, and Latidae families of the Perciformes, are mainly distributed in temperate or sub-cold fresh water or brackish water. These species have worldwide importance as food and recreational fish. Global production of perch and bass is around 1,000,000 ton, with 70% produced in China, mainly including temperate species such as Chinese perch (*Siniperca chuatsi*), largemouth bass (*Micropterus salmoides*), and Japanese sea bass (*Lateolabrax japonicus*). Some warm water species such as Asian sea bass (*Lates calcarifer*), jade perch (*Scortum barcoo*), and murray cod (*Maccullochella peelii*), as well as some sub-cold water species, such as pikeperch (*Sander lucioperca*), are produced in smaller amounts. In the United States, the main perch and bass aquaculture fish include the temperate striped bass (*Morone saxatilis*) and largemouth bass species, as well as the sub-cold water species, yellow perch (*Perca flavescens*) and walleye (*Stizostedion vitreum*). In Europe, European sea bass, European perch (*Perca fluviatilis*), and pikeperch are major perch and bass aquaculture species. While in Australia, the dominating related aquaculture species is Asian sea bass, and there is some production of silver perch (*Bidyanus bidyanus*), golden perch (*Macquaria ambigua*), jade perch, and murray cod.

The economic value of perch and bass is comparable to cold water species salmon and trout. Comparing to the globally mature aquaculture industry of salmon and trout production, perch and bass are generally suitable for a wide-range of rearing areas and are well-suited for commercial production because of their fast growth. Aquacultural production of perch and bass is in the early stages of development and expanding rapidly. Therefore, there is much potential for expansion of perch and bass aquaculture.

International collaborations in salmon and trout aquaculture play an important role in the rapid development of the global industry of its kind. Especially, close collaborations among experts and scientists from North America, Europe, and Asia have driven innovations and promoted the rapid expansion of the Atlantic salmon aquaculture industry.

In perch and bass aquaculture, global collaboration is still in an infant stage when compared to salmon and trout. Particularly, collaboration between China and developed countries, e.g., U.S.A, Europe, and Australia, is insufficient. In addition, most of the research results and information in China are published in Chinese and aquaculture platform has not outreached international market yet, even though perch and bass production in China ranks No.1 globally.

The first International Symposium of Percids was held in Ontario, Canada from September 24 to October 5, 1976. Conference proceedings were then published in the *Journal of the Fisheries Research Board of Canada* as a special issue in 1977. The focus of this symposium and the proceedings were on natural resource conservation and utilization of some percid species such as yellow perch, European perch, and pikeperch in North America,

Europe, and Central Asia, while the industry development of intensive aquaculture of these species was not included. Later on, two related books, *Biology of Perch and Related Fish* by Dr. John Craig in 1987 and the 2nd edition, *Percid Fishes: Systematics, Ecology and Exploitation* in 2000 did not cover aquaculture development of percid fishes either. Until recently, the book *Biology and Culture of Percid Fishes* edited by Dr. Patrick Kestemont, Dr. Konrad Dabrowski, and Dr. Robert Summerfelt have systematically summarized aquaculture issues of major culture percid species in North American and Europe.

There are a few books on bass species published in recent years, e.g., *Biology and Culture of Asian Seabass Lates calcarifer* by Australian scholar Dr. Dean R. Jerry in 2014, *Biology of European Seabass* by Spanish scholars Dr. Javier Sánchez Vázquez and Dr. José Muñoz-Cueto in 2015.

Globally, the inclusion of Chinese scholars in the scientific exchange and international platform development on perch and bass aquaculture has only been initiated lately. In May 1986, Dr. Ronald Hardy was invited to Wuhan to guide feeding and nutritional research work for six weeks, in order to solve a weaning issue of Chinese perch, initiating collaboration between China and the United States of America in perch and bass aquaculture. Since then, Dr. Hardy had visited China several times to promote development of the perch and bass aquaculture industry.

In September 2013, focusing on the industry development of perch and bass in China and the United States, we hosted and organized the first International Symposium of Perch and Bass at the Huazhong Agricultural University, Wuhan, China. In October 2016, we organized the 2nd International Symposium of Perch and Bass at Huazhong Agricultural University. The conference was sponsored by the K. C. Wong Education Foundation and DBN Fantastic Aquaculture Science & Technology Group. Scholars from China, the United States, Spain, Belgium, United Kingdom, Singapore, and Australia presented their recent developments and innovations in genetics and breeding, nutrition, and culture technologies in major aquaculture perch and bass species, such as Chinese perch, largemouth bass, yellow perch, European perch, pikeperch, striped bass, European sea bass and Asian sea bass.

This book "World Perch and Bass Culture: Innovation and Industrialization" is based on these two symposiums. This book is supported by China Agriculture Research System (CARS-46). We expect to provide readers a global view of aquaculture technology development and innovations, and promote industrialization in perch and bass. For the convenience of Chinese readers, this book is written in both English and Chinese. We thank Dr. Hong Liu at Huazhong Agricultural University for her efforts in conference organization, material preparations, chapter translations and editing, and Joy Bauman and Sarah Strausbaugh at the Ohio State University for their English editing and material preparations.

Xu-Fang Liang (Huazhong Agricultural University)
Han-Ping Wang (The Ohio State University)
March, 2017

目 录

第一章 中国鳜鱼营养与摄食早期研究 1
- 一、引言 1
- 二、前期研究 2
- 三、在未开口鱼苗上的试验 3
- 四、使用10~15mm鱼苗的试验 4
- 五、摄食行为试验 5
- 六、结论 7

第二章 中国鳜鱼遗传育种和饲料养殖研究 8
第一节 鳜鱼产业与国内外研究现状分析 8
- 一、鳜鱼食性与养殖产业问题 8
- 二、鳜鱼驯食研究现状 9
- 三、鳜鱼种业发展现状 10

第二节 鳜鱼种群遗传学研究 11
- 一、基于磁珠富集法和转录组文库的鳜鱼微卫星标记开发 11
- 二、翘嘴鳜主产区野生与养殖群体的遗传多样性及遗传结构差异分析 ... 13

第三节 翘嘴鳜华康1号选育系遗传结构分析 21
- 一、翘嘴鳜连续5代选育群体遗传多样性及遗传结构分析 21
- 二、翘嘴鳜华康1号遗传组成分析：长江中游翘嘴鳜与大眼鳜杂交渐渗现象研究 29
- 三、翘嘴鳜华康1号选育系遗传结构分析 35
- 四、华康1号新品种 39

第四节 鳜鱼饲料养殖研究 50
- 一、鳜鱼摄食感觉原理研究 50
- 二、鳜鱼饲料利用性状的遗传基础研究 52
- 三、鳜鱼饲料养殖 63

第三章 中国大口黑鲈和花鲈营养和饲料研究进展 81
第一节 大口黑鲈营养型肝病研究进展 81
第二节 花鲈动植物蛋白源替代鱼粉创新研究进展 84
- 一、混合动物蛋白直接替代或补充氨基酸后替代鱼粉对花鲈生长及体成分的影响 85
- 二、蛋白质水平和混合动物蛋白替代鱼粉对花鲈生长性能和体成分的影响 88

三、鱼粉质量及混合动物蛋白替代鱼粉对花鲈生长性能及肉品质的影响 ………… 95
四、发酵豆粕替代鱼粉对花鲈生长、肉质及氮磷排泄的影响 ………………… 103
五、混合植物蛋白替代鱼粉对花鲈 GH/IGF-I 轴及肉品质的影响 …………… 113
六、混合植物蛋白完全替代鱼粉对花鲈短期生长、摄食、GH/IGF-I 轴及 Ghrelin/ Leptin-NPY/AGRP 和 mTOR-NPY 摄食调控信号通路的影响 ……… 123

第四章 美国黄金鲈遗传选育 …………………………………………………………… 139

第一节 黄金鲈微卫星标记的开发与亲子鉴定技术的建立 ………………………… 139
一、黄金鲈微卫星标记的开发 ……………………………………………………… 139
二、黄金鲈亲子鉴定技术的建立 …………………………………………………… 145

第二节 黄金鲈群体遗传学分析 ……………………………………………………… 151
一、黄金鲈群体采集 ………………………………………………………………… 151
二、群体遗传学分析 ………………………………………………………………… 152
三、结语 ……………………………………………………………………………… 156

第三节 黄金鲈生长性状微卫星标记辅助育种技术 ………………………………… 156
一、家系构建、育苗与驯食 ………………………………………………………… 158
二、育种技术一 ……………………………………………………………………… 158
三、育种技术二 ……………………………………………………………………… 158
四、不同池塘养殖环境评估 ………………………………………………………… 160
五、不同池塘中黄金鲈群体遗传结构 ……………………………………………… 160
六、黄金鲈亲子鉴定 ………………………………………………………………… 161
七、黄金鲈生长性状和家系大小的池塘效应 ……………………………………… 161
八、黄金鲈不同年龄阶段体重遗传相关和表型相关 ……………………………… 163
九、不同育种技术黄金鲈生长性状比较 …………………………………………… 163
十、不同育种技术的比较 …………………………………………………………… 164
十一、结语 …………………………………………………………………………… 165

第四节 黄金鲈生长性状基因环境互作分析 ………………………………………… 166
一、混养条件下黄金鲈家系的生长性能及基因环境互作分析 …………………… 166
二、黄金鲈体重遗传力和基因环境互作分析 ……………………………………… 168

第五节 生长性状与个体杂合度和微卫星等位基因距离相关性分析 ……………… 172
一、材料鱼来源 ……………………………………………………………………… 173
二、基因分型与分析 ………………………………………………………………… 173
三、黄金鲈生长性状 ………………………………………………………………… 174
四、黄金鲈生长性状与个体杂合度相关性 ………………………………………… 174
五、黄金鲈生长性状与个体微卫星等位基因距离相关性 ………………………… 176
六、结语 ……………………………………………………………………………… 177

第六节 黄金鲈生长性状遗传力和遗传相关分析 …………………………………… 177
一、家系混养和采样 ………………………………………………………………… 178

二、亲子鉴定、遗传力和遗传相关评估 179
　　三、池塘养殖黄金鲈生长性状遗传力和遗传相关 179
　　四、水缸养殖黄金鲈生长性状遗传力和遗传相关 180
　　五、结语 180
　第七节　标记辅助黄金鲈生长性状选育六代遗传多样性分析 181
　　一、选育策略和选育世代的建立 181
　　二、取样和微卫星基因分型 182
　　三、数据分析 182
　　四、遗传多样性分析 182
　　五、结论 183

第五章　美国养殖鲈类（条鲈、大口黑鲈、黄金鲈、赤鲈）营养学：新兴水产养殖品种的营养需求和操作 188
　一、引言 188
　二、鲈（bass）饲料的早期试验 189
　三、鲈（perch）饲料的早期试验 190
　四、营养素需求 192
　五、应用中的挑战 192
　六、组学研究 194
　七、实际应用 195
　八、结论 196

第六章　美国杂交条鲈养殖现状与展望 197
　一、条鲈属 197
　二、形态特征 197
　三、研究概述 197
　四、杂交条鲈养殖的发展和商业化 198
　五、产量统计 198
　六、生物学和养殖方法 199
　七、行业扩展的限制和前景 204
　八、遗传改良 206
　九、结论 210

第七章　美国条鲈属（温水鲈类：狼鲈科）养殖与基因组育种研究进展 211
　一、条鲈 211
　二、美国杂交条鲈 211
　三、白条鲈 212
　四、水产养殖研究和育种 212
　五、遗传改良和驯养 213

六、基因组资源 ··· 214
七、机器学习法 ··· 216
八、结论 ·· 217

第八章　欧洲狼鲈养殖与育种现状 ·· 218
一、引言 ·· 218
二、生物学特性 ··· 219
三、养殖 ·· 220
四、生殖生理学 ··· 220
五、繁殖 ·· 223
六、基因组资源 ··· 225
七、选择育种 ·· 225
八、结论 ·· 226

第九章　欧洲赤鲈与梭鲈养殖现状 ··· 228
一、简介 ·· 228
二、欧洲鲈科鱼的养殖 ·· 229
三、使用室内RAS系统养殖的生产和性能指标 ······································· 230
四、赤鲈和梭鲈的繁殖 ·· 232
五、未来挑战 ·· 236

第十章　澳大利亚尖吻鲈、银鲈、宝石鲈、金鲈及鳕鲈育种与养殖现状 ··· 238
一、尖吻鲈（*Lates calcarifer*：Latidae） ·· 238
二、银鲈（*Bidyanus bidyanus*：Terapontidae） ···································· 241
三、宝石鲈（*Scortum barcoo*：Terapontidae） ····································· 244
四、金鲈（*Macquaria ambigua*：Percichthyidae） ································ 246
五、鳕鲈（*Maccullochella peelii*：Percichthyidae） ······························ 248

Chapter 1　Early Research on Nutrition and Feeding of Chinese Perch (*Siniperca chuatsi* Basilewsky, 1855) in China ············ 252
1. Introduction ·· 252
2. Initial research ·· 253
3. Experiments with unfed fry ·· 254
4. Experiments with 10-15mm fry ··· 255
5. Experiments with feeding behavior ·· 256
6. Conclusions ·· 259
References ·· 259

Chapter 2　Breeding and Feeding of Chinese Perch ······························ 260
1. Analysis of natural resources and genetic diversity in Chinese perch ········ 260

2. Genetic basis of feeding habit domestication trait in Chinese perch ········· 260
3. Molecular markers of growth trait and feeding habit domestication trait for Chinese perch ········· 261
4. The hybrid Siniperca strains display hybrid advantages on traits for both growth and feeding habit domestication ········· 261
5. Sensory basis of Chinese perch refusing artificial diets ········· 261
6. Specific training procedure to wean Chinese perch from live prey fish to artificial diets ········· 262
7. Nutritional requirements of Chinese perch ········· 262

Chapter 3 Status of Nutrional and Feed Research in Largemouth Bass and Japanese Sea Bass in China ········· 264
1. Research progress of nutritional liver disease in largemouth bass ········· 264
2. Effects of fish meal replacement by animal protein blend with or without essential amino acids supplementation on growth and body composition in Japanese sea bass ········· 264
3. Effects of fish meal replacement by animal protein blend at two digestible protein levels on growth and body composition in Japanese sea bass under ideal digestible amino acid profile ········· 265
4. Effects of fish meal replacement by animal protein blend and fish meal quality on growth and flesh quality in Japanese sea bass ········· 265
5. Effects of fish meal replacement by fermented soybean meal on growth, flesh quality and nitrogen and phosphorus metabolism in Japanese sea bass ········· 266
6. Effects of replacement of fish meal by plant protein blend on growth performance, GH/IGF-I axis and flesh quality in Japanese sea bass ········· 266
7. Effects of total fishmeal replacement by plant protein blend on short-term feeding, growth performance, GH/IGF-I axis and Ghrelin/Leptin-NPY/AGRP, mTOR-NPY signal pathway in Japanese sea bass ········· 267

Chapter 4 Selective Breeding of Yellow Perch ········· 268
1. Introduction ········· 268
2. Genetic tool development ········· 268
3. Selection strategy and establishment of base and selected generations ········· 268
4. Selection response and growth performance tests ········· 269
5. Genetic variability of selected populations ········· 269
6. Conclusion ········· 270

Chapter 5 Bass and Perch Nutrition: Requirements and Experimental Approaches for Emerging Aquaculture Species ········· 271
1. Introduction ········· 271
2. Initial considerations-bass ········· 272
3. Initial considerations-perch ········· 274
4. Nutritional requirements ········· 276

5. Practical challenge ·················277
  6. The –omics era ·················279
  7. Practical application ·················279
  8. Conclusions ·················280
  Acknowledgements ·················281
  References ·················281

Chapter 6　Status and Prospective for North American Hybrid Striped Bass Production ·················284
  1. The genus *Morone* ·················284
  2. Meristic characteristics ·················284
  3. Historical overview ·················285
  4. Development and commercialization of *Morone* hybrids ·················286
  5. Production statistics ·················287
  6. Biology and culture methods ·················290
  7. Constraints and prospects for expansion ·················296
  8. Genetic improvement ·················299
  9. Conclusion ·················305
  Acknowledgements ·················305
  References ·················305

Chapter 7　Genomic Enablement of Temperate Bass Aquaculture (Family Moronidae) ·················313
  1. About striped bass ·················313
  2. About hybrid striped bass ·················315
  3. About white perch ·················316
  4. Aquaculture research and breeding ·················316
  5. Genetic improvement and domestication ·················317
  6. Genomic resources ·················321
  7. A machine learning approach ·················323
  8. Closing remarks ·················324
  Acknowledgements ·················325
  References ·················325

Chapter 8　State of Culture and Breeding of European Sea Bass, *Dicentrarchus labrax* L. ·················332
  1. Introduction ·················332
  2. Biological features ·················333
  3. Culture ·················335
  4. Reproductive physiology ·················336
  5. Breeding ·················340
  6. Genomic resources ·················343
  7. Selective breeding ·················344

8. Conclusions ··345
Acknowledgments ··345
References ··346

Chapter 9　State of Percid Fish Aquaculture in Europe ··············352
1. Introduction ···352
2. Percid fish aquaculture in Europe ··353
3. Production and performance indicators for the grow-out using an indoor RAS ············355
4. Reproduction of percid fish ··357
5. Future challenges ··362
References ···365

Chapter 10　Australian Farmed Perches ···································367
1. Barramundi (*Lates calcarifer*: Latidae) ··367
2. Silver perch (*Bidyanus bidyanus*: Terapontidae) ···························373
3. Jade perch/barcoo grunter (*scortum barcoo*: Terapontidae) ··········378
4. Golden perch (*Macquaria ambigua*: Percichthyidae) ·····················381
5. Murray cod, (*Maccullochella peelii*: Percichthyidae) ·······················384
References ···387

第一章　中国鳜鱼营养与摄食早期研究

一、引言

鳜鱼是原产于中国的一种名贵淡水鱼类，中国人摄食鳜鱼的历史可以追溯到 1500 年前的唐代。鳜鱼是中国本地种，也分布于中国和俄罗斯远东地区分界的黑龙江、朝鲜半岛、越南和日本等地。鳜鱼有 11 个品种，中国已发现 9 个，但只有翘嘴鳜（$Siniperca\ chuatsi$）因生长速度快而用于养殖。鳜适温范围较广，冬季存活水温 1~5℃，在 26~30℃生长速度最快。通常情况下，经过一年的养殖，鳜可以长到 400~600g，两年后可达到 1.5kg，之后生长速度显著降低（FAO，2015）。鳜是一种底栖性种类，常生活于湖泊和河流中。鳜在很早的鱼苗阶段（孵化后 4~6d，长约 5mm）就是攻击性的鱼类，可以摄食其他鱼类、无脊椎动物及其他活的动物，是一种典型的伏击型鱼类。鳜倾向于夜间狩猎，因此具有高度发达的视觉和/或侧线机械感觉。

如其他鱼类品种的养殖发展一样，鳜鱼养殖首要的障碍是需要给养殖场提供鱼苗/鱼卵。中国鳜鱼的养殖从 50 年前开始，使用自然水域采苗的方法获得鱼苗，但是这种鱼苗供给方式严重限制了鳜鱼的产量；到 20 世纪 70 年代末，随着鳜鱼繁殖学研究的不断深入发展，逐步建立了包括诱导产卵、提高鱼苗成活率等在内的一系列标准操作规范。因此，鳜鱼的研究进而转移到限制新品种养殖产量扩大的第二大障碍，即提供营养组成适宜且价格便宜的饲料。传统上，鳜鱼使用一些鲜活饵料进行投喂，包括一些家鱼苗或者罗非鱼苗，以及其他的小鱼（如食蚊鱼）；因为自然水域采集的鳜鱼苗种在很小阶段即开始摄食鲜活饵料，因此养殖户不得不使用鲜活饵料作为食物投喂给鳜鱼将其养至上市规格。由于鳜鱼是一种极端的攻击性鱼类，如果食物供给不足会导致同种自残，因此必须持续供给鲜活饵料。由于在鳜鱼养殖中需要大量使用鲜活饵料以及价格因素，导致了该种鱼相对中国其他鱼类产量较低且价格较高；而之前的一些尝试使用配合饲料或者其他食物而不使用鲜活饵料的试验都失败了。

在 20 世纪 80 年代中期，中国与美国之间的文化和科学交流逐渐扩大。美国俄勒冈州立大学的 Duncan Law 教授创立了 OMP（Oregon Moist Pellet），这是一种半湿颗粒饲料，用于美国太平洋西北地区太平洋鲑幼鱼和鱼苗的饲养。在 OMP 之前，每个育苗场通常自己制作饲料养殖鲑，使用当地可获取的饲料原料；而制作饲料是养殖鲑最主要的开支且限制了鱼苗产量。育苗场自己制作的饲料因育苗场不同质量各不相同，并且破坏了水质，除非维持鱼的养殖密度在相对水流速很低的水平，否则很容易造成鱼病频发。而 OMP 饲料是由商业化的饲料生产公司制作，并且消除了不同育苗场之间的差异；在使用 OMP 时的水质也明显优于其他使用育苗场自制的饲料，从而使育苗场产量提高并且降低了鲑鱼养殖的成本。开发鳜鱼的人工配合饲料被认为是中国当时水产学的重点优先研究方向，基于 Law 教授的知识背景及工作经历，1986 年他被邀请赴中国参与一项科学交流，探讨能否将鲑饲料上的研究技术和知识扩大到鳜鱼上。Law 教授邀请本文作者进行此次科学交流，并且在双方沟通之后，这项交流最终定在 1986 年 5 月在中国武汉的湖北省水产科学研究所进行，持续 6 周。中国方面负责准备试验站来开展一系列使用鳜鱼苗进行的试验，包括获取鳜鱼苗用于试验、提供人员支持帮助完成研究试验，以及建立一些用于试验的养殖缸和水族箱。美国方面负责提供所有必需的饲料原料来制作不同的饲料，包括不同质地、风味及原料的组合（基于必定有一种饲料原料组合能够被鳜鱼接受的设想）。该试验手段借鉴了其他一些新的鱼种的经验，如拒绝摄食缺乏适宜质地和适口性颗粒饲料的大口黑鲈。因此，一些对鲑和其他攻击性鱼类饲料适口性效果较佳的饲料原料被带到中国来生产鳜鱼的试验饲料。Law 教授和他的助手提供了一个小型的、手控的挤条机，可制作小批量的颗粒饲料（约 100g）用于此项试验。

二、前期研究

吴遵霖先生是湖北省水产科学研究所的科学家，负责鳜的研究项目。整个研究团队包括支撑科学家、试验员和其他工作人员在内共 11 人。前期已经开展了一些尝试使用人工饲料（配方见表 1-1）饲喂鳜幼鱼（全长约 50mm）的试验，但是都失败了；在前期研究中检查鳜肠道时均未发现任何食物，因为鳜即使在饥饿数天后仍不摄入饲料。他们提出的假设是由于在前期试验用的饲料缺乏适宜的质地和感觉刺激功能，无法诱发鳜的摄食反应。

表 1-1 喂养鳜鱼苗早期试验中的人工饲料

饲料	结果
剪碎的鱼肉	鱼苗 1d 后死亡
新鲜的虾	鱼苗 1d 后死亡
剪碎的猪肝	鱼苗 1d 后死亡
煮熟的鸡蛋	鱼苗 2d 后死亡
来自池塘的活浮游动物	鱼苗 3~4d 后死亡
无食物	鱼苗 1d 后死亡

试验开始前，首先以酪蛋白和明胶为主要原料，让中国科研人员制作几批试验用的半纯化饲料（H-440，NRC，1973），使其熟悉试验饲料的制作。饲料通过分别搭配湿原料和干原料，再将湿原料和干原料混合起来，混合后将糜团挤压成不同直径（0.8mm、1.2mm、1.6mm 和 3.2mm）的面条形状。对于每种饲料来说，将一半的挤条在 60℃烘干 2h 后手工破碎成小的颗粒，然后使用不同网目的网筛分成不同大小的颗粒饲料；剩余的一半挤条后放在冰箱中冷冻保存而不干燥，在投喂之前将其剪成小的颗粒投喂鳜。吴先生团队的成员从当地河流中获取两种规格的鳜鱼苗：全长分别是 10~15mm 和 50~70mm；小鱼分别单独放置于小的装有上涌水的、由树脂玻璃制成的锥形水缸中，稍大的鱼放在 40L 的玻璃水箱中；两种养殖系统中水温 26~28℃，并用气石进行充气，但是小鱼的锥形水缸中

是流动水，而大鱼的玻璃水箱中是静态水。初期试验使用从当地河流中获取的大的鱼苗，分别使用各种当地的饲料原料与酪蛋白-明胶饲料以 30∶70 比例混合；这些当地的饲料原料包括：蚕蛹粉、鱼粉、干的淡水蚌肉及干燥鱼肉水解物。所有的上述试验饲料在人工手投喂时都不被鳜接受，事实上，鳜甚至对于饲料几乎没有任何兴趣，也没表现出任何反应。试验用鱼缸转为用银幕遮挡以便鱼不能看到人投喂的动作（这可能引起应激反应进而导致鱼拒绝进食），然而并没有改变结果，鳜仍拒绝摄食投喂的颗粒饲料。

三、在未开口鱼苗上的试验

初始的试验使用的是从当地河流中获得的 50mm 鱼苗，这些鱼苗自孵出后已经进食 2～3 月活饵，我们假定其可能习惯于活饵。因此，新的试验使用的是未开口的鱼苗（孵出后 5d 的鱼苗）。假设开始进食的鱼苗没有吃过鲜活饵料，就可以被驯化为接受人工配合的颗粒饲料。用于孵化的鱼卵置于 40L 的玻璃水箱中，2d 内鱼苗孵出；再过 2d，用虹吸管很温和地将鱼苗从水缸中虹吸出来转移到 5L 的含上涌水的树脂玻璃水缸中，每个水缸中放 3 尾鱼苗。

试验中使用了各种在鲑、鳟和其他淡水肉食性鱼类中具有促摄食作用的饲料成分，包括冷冻的磷虾、贝类内脏团、金枪鱼内脏团、水解鱼肉蛋白浓缩物及氨基酸混合物（甘氨酸和丙氨酸），如表 1-2 所示。饲料分别由人工小量投喂，包括湿颗粒、干颗粒及干湿混合颗粒，如表 1-3 所示。在试验 1 中，5h 后，死亡率统计如下：缸 1，1 尾死亡；

表 1-2 用来饲喂鳜鱼苗的试验饲料配方（%）

原料	饲料序号							
	1	2	3	4	5	6	7	8
水解鱼蛋白浓缩物 [a]	45.0[a]	45.0[a]	25.0[a]	25.0[a]	0	0	0	25.0[b]
鱼粉	25.0	25.0	25.0	25.0	45.0	40.0	40.0	40.0
谷朊粉	8.9	8.8	8.4	8.0	0	0	0	8.4
小麦淀粉	10.0	10.0	10.0	10.0	10.0	10.0	10.0	10.0
木素磺酸盐	4.0	4.0	4.0	4.0	4.0	4.0	4.0	4.0
鱼油	2.0	2.0	2.5	2.5	8.9	8.9	8.9	2.5
氯化胆碱（70% 液体）	0.5	0.5	0.5	0.5	0.5	0.5	0.5	0.5
维生素复合物 [c]	1.5	1.5	1.5	1.5	1.5	1.5	1.5	1.5
维生素 C	0.1	0.1	0.1	0.1	0.1	0.1	0.1	0.1
贝类内脏	0	20.0	20.0	20.0	30.0	0	0	20.0
金枪鱼内脏	0	0	0	0	0	35.0	0	0
冷冻磷虾	0	0	0	0	0	0	35.0	0
氨基酸混合物 [d]	0	0.1	0	0	0	0	0	0
氢化钙	0	0	0.4	0	0	0	0	0
总计	100.0	100.0	100.0	100.0	100.0	100.0	100.0	100.0

a 用 3.0%的正磷酸保存。b 用 1.5%的盐酸保存。c 维生素复合物含量（每千克饲料）：维生素 A 醋酸盐，1654 I.U.；α-生育酚乙酸酯，503 I.U.；甲萘醌亚硫酸氢钠，18mg；硫胺/维生素 B_1，46mg；核黄素/维生素 B_2，53mg；盐酸吡哆辛/维生素 B_6，38.6mg；泛酸/维生素 B_5，115mg；生物素/维生素 B_7，0.6mg；维生素 B_{12}，0.06mg；肌醇，132mg；叶酸，16.5mg。d 氨基酸混合物包括丙氨酸和甘氨酸。

表 1-3　用于未开口鳜鱼苗（孵出后 2～3d）的饲料

试验 1 缸号	饲料
1	饲料 1，干颗粒
2	饲料 1，湿颗粒
3	饲料 4，干颗粒
4	饲料 4，湿颗粒
5	活鲤鱼苗

试验 2 缸号	饲料
1	活鲤鱼苗
2	饲料 5，干颗粒+湿颗粒
3	饲料 6，干颗粒+湿颗粒
4	活鲤鱼仔鱼
5	饲料 5，干颗粒

缸 2 和缸 3，各 2 尾死亡；缸 4，3 尾死亡；缸 5，没有鱼死亡；这些死亡的鱼被新的鱼苗替换。为了验证鳜是否愿意摄食水箱中的食物，活的鲤仔鱼放入其他的完全一样的水缸中。在每个试验中，除了标明外，鳜鱼苗对于活饵的反应，从开始反应到捕食及消化大都在 20～30s 内完成；在 16h 之后试验全部结束。在此试验期间，没有观察到任何的摄食行为。在试验 2 中，部分饲料在 18h 后仍然漂浮于水表面，而大部分都沉于水缸底部。在 38h 后，投喂饲料的鱼苗开始死亡，试验结束。

四、使用 10～15mm 鱼苗的试验

预试验使用鲤和罗非鱼鱼苗来测试鱼类是否会摄食制作的饲料，如果摄食，看哪种饲料更受青睐。使用相同原料制成的湿颗粒饲料远比干颗粒饲料更受欢迎；饲料 2 和饲料 4 效果优于饲料 1，饲料 5～7 被鲤和罗非鱼鱼苗很好地接受；鱼类在试验系统中可以很好地摄食这些饲料。

正式试验时，7 日龄（10～15mm）的鳜鱼苗（已经前期摄食活饵），放入 100ml 的玻璃烧杯（含有静水），然后分别投入活饵和颗粒饲料观察摄食行为。饲料 2 和饲料 4 用筛子过筛后获取 0.4mm 的颗粒。饲料用手放入玻璃烧杯中，大部分颗粒浮在水表面，但是随着颗粒逐渐失去表面张力和浮力，陆续有颗粒沉到玻璃杯底部。鳜对于浮在水表面、下降过程中，以及沉到水底的颗粒饲料都没有任何兴趣。有时在颗粒下沉过程中鱼会追随下降的颗粒但是并没有出现摄食行为。在相同的玻璃烧杯中放入大量的潜在活饵（包括鲤仔鱼、从附近室外池塘抓取的浮游动物和来自池塘中的虫子及小虾等），在每个玻璃杯中都放入两尾饥饿 24h 的 15mm 的鳜鱼苗；在 5min 内，所有的鲤仔鱼被鳜迅速地全部吃掉，而其他的活饵即使在 24h 以后也没有被吃掉。

在第一轮使用未开口鳜仔鱼、小鳜鱼苗及稍大鳜鱼苗进行试验不同饲料配方及添加剂之后，很明显地看到鳜摄食率差并不在于饲料质地或者适口性。鳜唯一对饲料颗粒产

生兴趣的时候是颗粒在下沉过程中,尽管未引起摄食反应,但至少表明饵料的运动是鳜产生摄食行为的一种诱导力。因此,研究焦点转向于从探索饲料配方到研究摄食行为以及如何刺激摄食行为的发生。

五、摄食行为试验

在预试验中,50mm 的鳜鱼苗放在 40L 的水族箱中,然后放入颗粒饲料,结果没有观察到摄食行为。将颗粒饲料拴在细线上,然后下沉到水族箱中,使用细线在水族箱周围不断移动颗粒饲料,一些鳜追随移动的饲料并出现攻击行为;然而,没有观察到实际的吞咽和摄食行为。添加沙子和水生植物到水族箱中,然后在水族箱周围拖动饲料,同样的,鳜追随饲料但是并没有摄食。

正式试验开始时,很仔细地将细线从鲤鱼苗下颌穿过,再将鲤鱼苗与鳜放入水族箱中,在周围游动的鲤鱼苗被鳜攻击,然后细线脱离,鲤鱼苗变得一动不动,鳜的攻击行为迅速停止。在几分钟后,鲤鱼苗开始恢复状态,随着它们运动,鳜就接近它们。在鲤鱼苗静止时鳜也游开。又过了几分钟后,鲤鱼苗活过来并开始游泳,在 15s 内迅速被鳜攻击并吃掉。另外的鲤鱼苗被麻醉后,同样用细线从鲤鱼苗下颌穿过,当其下沉到水族箱中时,鲤鱼苗不移动,鳜也没表现出任何兴趣;然后将鲤鱼苗沿着桶周移动,鲤鱼苗迅速被鳜攻击并摄取。另外一批鳜在水族箱中饥饿 24h 后,供给死的鲤鱼苗、饲料颗粒、含有鱼眼和鱼鳞的饲料颗粒。以上每种食物都连在细线上并围着水族箱移动,鳜表现出一定的兴趣但是并没有出现真正的摄食行为。

吴先生为水族箱中的鳜设定了总分 5 分的摄食评分系统,具体如下:

(1) 没反应;
(2) 鱼盯住食物;
(3) 鱼游向食物并观察食物;
(4) 鱼咬住食物;
(5) 鱼吞入食物。

用该摄食评分系统来评估给鳜提供各种食物之后的摄食反应,结果如表 1-4 和表 1-5 所示。对于每种试验食物,都用 5 尾鱼进行重复试验。除了活鱼饵之外,所有的试验食物系在细线上,悬挂在水族箱中并移动。结果表明,视觉是鳜识别并攻击饵料的首要感觉方式。

为了进一步验证视觉在鳜摄食行为中的作用,又进行了两个试验(其中一个试验中鳜视觉被阻碍)。在本试验中,5 分评分系统扩展为 6 分评分系统,如下所示:

(1) 没反应;
(2) 鱼盯住食物;
(3) 鱼尾随食物;
(4) 鱼攻击食物;
(5) 鱼咬住食物;
(6) 鱼吞入食物。

在第一个试验中,从当地诊所获取含色素的胶,用来遮住鳜的眼睛,以此来阻断鳜的视觉。用胶遮住双眼的鳜被放入含有鲤鱼苗的水族箱中，在 30min 内都没有观察到摄食行为。然后将鱼移出水族箱，温和地去除鱼眼上的胶，再将鳜放入水族箱中，鳜迅速对鲤鱼苗产生反应，从攻击到摄入在 1min 内完成；该过程在 5 尾鱼上重复验证并获得同样结果。

表 1-4 50mm 鳜鱼苗的评分系统在每个分值系统下的数字是出现该反应的次数

食物种类/材料	评分					总试验数目
	1	2	3	4	5	
塑料鱼	1	4	4	1	0	5
真鱼头+鱼尾+饲料鱼身	7	7	5	3	1	7
死的鲤鱼仔鱼	0	3	3	2	2	3
虫子	2	0	0	0	0	2
干的鱼粉	5	5	3	0	0	5
玻璃外的塑料鱼	0	5	0	0	0	5

评分系统：1=没反应；2=鱼盯住食物；3=鱼游向食物并观察食物；4=鱼咬住食物；5=鱼吞入食物。

表 1-5 50mm 鳜鱼苗使用 6 分评分系统的反应分数

食物种类/材料	评分					
	1	2	3	4	5	6
鱼卵	0	3	2	0	0	0
死的鲤鱼仔鱼	0	0	0	0	1	4
活的鲤鱼仔鱼	0	0	0	0	0	5
塑料鱼	0	1	4	0	0	0
2#饲料颗粒	2	4	3	0	0	0
4#饲料颗粒	0	4	1	0	0	0
5#饲料颗粒	3	2	0	0	0	0
6#饲料颗粒	0	3	1	1	0	0
虫子	3	2	0	0	0	0
新鲜贝肉	0	3	2	0	0	0
塑料圈	4	1	0	0	0	0
果蝇幼虫	0	0	4	1	0	0
仅有鲤鱼仔鱼头	0	1	3	0	0	0
鲤鱼仔鱼鱼头+4#饲料鱼身	0	1	3	0	0	0
鲤鱼仔鱼鱼尾+4#饲料鱼身	0	1	2	0	0	0
鲤鱼仔鱼鱼头+鱼尾+4#饲料鱼身	0	4	0	0	0	0

注：在每个分值下的数字为该反应的次数，对每种食物都进行了 5 次重复试验评分系统：1=没反应；2=鱼盯住食物；3=鱼尾随食物；4=鱼攻击食物；5=鱼咬住食物；6=鱼吞入食物。

在第二个试验中，泥沙与玻璃杯中的水混起来，将鳜和鲤鱼苗分别放入玻璃杯中。1~2h 后，仍然没有出现摄食行为。转移鳜和鲤鱼苗到含有清水的玻璃杯中。鳜迅速开始捕食，并在 5min 内完成摄食行为；这个过程也在 5 尾鱼上重复验证并获得相同结果。

为了验证嗅觉在鳜摄食行为中的作用，将凡士林放入鳜的鼻孔中，然后将鳜放入含有清水及鲤鱼苗的玻璃杯中：鳜在几分钟内就摄食了鲤鱼苗，该过程也在5尾鱼上重复验证并获得相同结果。结果表明，嗅觉在鳜的摄食行为和饵料选择中没有任何作用。

六、结论

1986年在武汉的试验记录了使用区别于传统的活饵，用新的鱼饲料饲养鳜的挑战，将野外获取的小鳜鱼苗从摄食活的鲤鱼苗转到颗粒鱼饲料或者其他食物被证明是不可能实现的。即使是刚刚孵出、刚开口的、从未摄食过活饵的鳜鱼苗也不愿意摄食颗粒饲料直至饿死。初次摄食的鱼苗甚至不摄食鱼块、新鲜贝肉或者未处理的其他来源食物。在这些前期研究的几年后，鳜被成功驯化为摄食以上食物，并引领了中国鳜鱼养殖产业的发展。

视觉在鳜摄食行为中的作用也进行了验证，结果表明想要训练鳜鱼苗接受饲料，仅仅建立含有一些在其他鱼类中有促摄食功能的添加剂的合理饲料配方是不够的。想要系统研究鳜鱼养殖，不仅仅需要研究饲料配方，也需要扩展到鱼行为学和驯养学的研究。

在鳜鱼上的中-美合作研究，最重要的成绩是建立了双方参与该项研究的合作关系；在随后的年代里，有了更大规模的双方信息交流，为一直持续到现在的鳜鱼营养学研究奠定了坚实的基础。

（Ronald W. Hardy；王庆超 译）

第二章 中国鳜鱼遗传育种和饲料养殖研究

第一节 鳜鱼产业与国内外研究现状分析

鳜鱼是我国传统的名贵淡水鱼，俗称"桂花鱼"，英文名为 Chinese perch，属于鲈形目（Perciformes）鳜亚科（Sinipercinae）。鳜鱼肉质丰腴细嫩，味道鲜美可口，无肌间刺，胆固醇低，营养价值高，不仅中国大陆需求大，港、澳、台及海外市场也非常好。2015年全国商品鳜鱼总产量超过29.8万吨，产值超过200亿元。目前，鳜鱼主要养殖种类是翘嘴鳜（*Siniperca chuatsi*）、斑鳜（*Siniperca scherzeri*），斑鳜与翘嘴鳜的杂交种也有少量养殖。翘嘴鳜原产于湖北，引种到珠江三角洲地区后，依靠从东南亚热带地区引种的鲮鱼作为活饵料鱼，翘嘴鳜的人工养殖在当地得到了迅速发展，并很快形成了以池塘养殖为主体的规模化养殖。目前，长江中下游地区鳜鱼规模化养殖发展最快，特别是湖北和江苏。鸭绿江斑鳜是辽宁名优品种，主要在辽宁丹东鸭绿江网箱养殖，2000~2008年产量较高，由于后期疾病流行暴发，现养殖规模降低。

一、鳜鱼食性与养殖产业问题

鳜鱼为夜行性底栖凶猛肉食鱼类，其食性非常奇特，自开食起终身以活鱼虾为食，通常拒绝摄食死饵料鱼或人工配合饲料，这种现象在鱼类中十分罕见。20世纪80年代开始，我国鳜鱼人工养殖发展迅速，已解决鳜鱼人工催产繁殖、鱼苗培养及商品鱼养殖等多项关键技术研究，形成由人工繁育、成鱼养殖和饵料鱼配套饲养的规模化产业。鳜鱼商品化养殖历来以投喂活饵进行，鳜鱼苗出膜即以其他种鱼苗为食，因此自然条件下苗种成活率低。生产过程中，苗种培育及其活饵料供应为养殖生产大规模发展的制约因素。目前，我国生产上采用家鱼苗种作为饵料养殖鳜鱼，饲料成本高，以活饵料鱼养殖每千克鳜鱼的饲料成本为15~20元，饲料系数为5~10。养殖者利用禽畜的粪便肥水养殖饵料鱼并喂养鳜鱼，以此来降低成本。但这种养殖模式不仅对我国宝贵的水资源造成了严重污染，也影响了我国淡水鱼珍品鳜鱼千百年形成的美誉。此外，667m^2鳜鱼养殖塘需要搭配2668m^2饵料鱼养殖塘，水面利用率低，且大量消耗大宗淡水鱼苗种作为鳜鱼饵料鱼，已对我国淡水鱼池塘养殖及大水面放养造成了不利影响。鳜鱼养殖所需的活饵料鱼要求定期投喂，而这些活饵料鱼由于携带病原，容易发病并传染鳜鱼，不仅经济损失严重，还导致鳜鱼药残超标、出口受限，同时也无法通过药饵方式进行有效预防和治疗。鳜鱼于20世纪80年代开始即是我国拳头出口水产品，但现在出口企业担心养殖鳜鱼被检出产品质量安全问题，故不敢经营。因此，能否使鳜鱼通过人工驯化，转为摄食非活饵，已成为鳜鱼养殖业发展的关键。围绕这一关键技术难题开展相关遗传机理与育种技术研究非常重要。

二、鳜鱼驯食研究现状

20 世纪 50 年代开始，国内许多科研机构投入大量人力、物力、财力研究鳜鱼驯食技术。为此，美国学者也曾来华协作研究，日本科研工作者从我国进口鳜鱼开展研究，均不能改变鳜鱼专食活鱼虾的食性，而鳜鱼驯食人工饲料问题也成为了水产界世界级难题。梁旭方等通过系统研究鳜鱼的摄食机理，确立了鳜鱼驯食人工饲料的原理与技术。梁旭方在 1994 年首次用冰鲜饲料驯化网箱养殖商品鳜鱼，在鳜鱼食性驯化方面获得了成功（梁旭方，1994a）；随后又获得了以鲜鱼、鱼块与配合饲料驯养鳜鱼实验的成功，驯化率达到 88% 以上，饲料系数降至 2.7 以下（梁旭方等，1995，1997，1999）。梁旭方确定了鳜鱼驯食人工饲料有效而稳定的方法（梁旭方，1994b，1995a，1995b，1996a，1996b；梁旭方等，1994；Liang et al.，1998，2001，2008）：先投喂过量活饵料鱼，并逐渐减少投喂量，保证投喂时鳜鱼能立即将饵料鱼吃干净，当其对投喂的饵料形成快速准确的摄食反应后，开始投喂死饵料鱼和鱼块。最后投喂鱼糜饲料，并逐渐减少饲料中鱼肉的含量，最终将鳜鱼驯化为可以稳定摄食低鱼肉含量的人工配合饲料。此后，很多科研工作者对鳜鱼进行了驯化：吴遵霖等用配合饲料在 2000 年、2002 年成功驯化鳜鱼 90% 以上（吴遵霖和李蓓，2000；吴遵霖等，2002）；何吉祥通过网箱培育对鳜鱼苗种进行驯化，成功率达 96.2%（何吉祥等，2003）；刘伯仁用大规格夏花幼鳜配合饲料也驯饲成功，成功率为 86.7%（刘伯仁，2005）。这说明天然水域中，鳜鱼虽是终生摄食活饵的凶猛鱼类，但在人工养殖条件下可以改变其摄食习性。但有关鳜鱼驯食人工饲料的分子机理研究尚属空白。

尽管鳜鱼驯食人工饲料的技术、饲料营养配方和工艺及小规模养殖试验在国内已有研究突破，但由于鳜鱼苗种对人工饲料摄食和利用的个体差异很大，不同研究者获得的鳜鱼营养需求数据亦差异很大。鳜鱼个体驯食有难易之分，仅少数个体对人工饲料摄食和利用效率高，生长快，而大部分个体摄食和利用人工饲料效率低，不仅生长慢，且易发生病害并传染生长快的个体（梁旭方等，1997，1999；梁旭方，2002）。因此，大规模商业养殖情况下，鳜鱼人工饲料养殖总体生长慢，并最终会因病害发生严重而失败。翘嘴鳜对人工饲料摄食和利用率低，但生长快；斑鳜对人工饲料摄食和利用率高，但生长慢。而二者杂交后的子代中，驯食与生长性状的分化更为明显，个体差异显著。此外，驯食成功也有先后之分，先摄食人工饲料个体带动中间型个体。这说明鳜鱼的消化代谢、学习记忆能力存在着个体差异。因此，研究鳜鱼摄食人工饲料的分子机理非常必要。

鳜鱼同时依靠视觉和侧线振动感觉捕食活动猎物，一般优先利用对运动刺激敏感的视觉，当视觉功能受到限制时才利用反应较慢的侧线感觉（梁旭方，1994b，1995a，1995b）。赵晓临等（2009）对鳜鱼活动与摄食行为的初步观察发现，视觉是影响鳜鱼摄食选择的首要因素。鳜鱼拒食静止食物（如死饵料鱼、人工饲料），由于鳜鱼是尾随偷袭型鱼类，对食物跟踪窥视一段时间后才会突然发起攻击，而此时投入水中的人工饲料已沉至水底静止不动，无法被鳜鱼摄食（Liang et al.，1998）。化学感觉在大多数鱼类摄食行为中起着重要作用，但鳜鱼的化学感觉不能引发其对猎物的攻击。鳜鱼的味觉系统仅在食物吞咽过程中起作用，盲鳜仅吞食摄入口咽腔的鲜饵料鱼而吐出臭饵料鱼，这说明鲜饵料鱼中含有促进鳜鱼吞咽的活性物质而臭饵料鱼中不含有这种物质，或者产生其他抑制吞咽的活性物质。因此，诱食剂只能提高鳜鱼对摄入口咽腔的人工饲料的吞进率，并不影响其对人工饲料的攻击频率和攻击成功率（梁旭方，1994a，1994b，1995a，1995b，1996a，1996b；梁旭方等，1994），也不能有效提高驯食成功率。

室内饲养条件下，由于水体较小，饵料鱼逃避捕食的能力低，可使鳜鱼在视觉不受限制的较高光照强度下完全利用视觉成功捕食活饵料鱼，人为地增强了鳜鱼捕食过程中视觉的作用。通过梁旭方等建立的驯化方法驯化后，鳜鱼可以主动游至水体表面抢食落水食物，不凭借侧线机械感觉对猎物进行反复识别，而单纯凭借视觉功能捕食猎物，攻击猎物前不停顿，从而提高鳜鱼对人工饲料的攻击率。这种驯食策略需要增强鳜鱼的活动性和趋旋光性，使其于中午前后也能在水体上层积极游动，从而将鳜鱼的摄食周期从凌晨和黄昏扩展到整个白天。

梁旭方带领的鳜鱼研究团队已开展了鳜鱼驯食性状相关转录组学研究，构建了对死饵料鱼易驯食鳜鱼和不易驯食鳜鱼 cDNA 文库，通过转录组和数字表达谱测序，在易驯食与不易驯食鳜鱼中发现 1986 个差异表达基因。结果显示，鳜鱼驯食性状相关差异表达基因主要参与了视觉、学习记忆、节律及食欲等多个通路。此外，易驯食和不易驯食鳜鱼分别存在 4768 个和 41 个潜在的 SNP 位点，易驯食鳜鱼潜在 SNP 位点数目约为不易驯食鳜鱼的 100 倍。因此，影响鳜鱼生物钟的节律基因、视觉中参与感光通路的基因及食欲调控基因等鳜鱼摄食调控相关的功能基因及其信号通路与其摄食人工饲料行为密切相关，为进一步研究鳜鱼摄食调控的分子机理、定向改造鳜鱼食物偏好提供理论基础，也为筛选得到与鳜鱼人工饲料摄食利用及生长密切相关的功能基因与 SNP 标记，通过表型结合 SNP 标记辅助培育易驯食鳜鱼优良新品种奠定了基础。

三、鳜鱼种业发展现状

（一）新品种培育现状

由于翘嘴鳜和斑鳜开口便摄食饵料鱼苗，因此很多渔场生产能力有限，一般选择小规格鳜鱼个体用作亲鱼繁殖，由于亲本数量很少（50 组左右，甚至 10 组），又不注意交换亲本，很容易造成近亲繁殖。近些年，无论翘嘴鳜还是斑鳜都生长减慢，鱼苗出现畸形率增加、病害增多等现象，良种匮乏是其中最重要的原因。目前，我国养殖翘嘴鳜大多数是由野生种家养驯化而成的，缺少定向选育，加上多年来不注意亲本留种需遵守的操作规程，甚至有些苗种生产单位为了生产上的方便，选择个体小、性成熟早的个体作为亲本，致使翘嘴鳜种质质量急剧下降，主要表现为性成熟提前、抗逆性能下降、抗病能力下降、生长速度减慢、饵料养殖成本高等问题，这严重地制约了我国翘嘴鳜养殖业发展的稳定。因此，发展现代鳜鱼种业，选育生长速度快、饵料利用率高，特别是适合人工饲料喂养的鳜鱼新品系十分重要。

华中农业大学水产学院梁旭方教授所带领的研究团队于 2002 年开始对长江、珠江、黑龙江和鸭绿江流域众多水库及湖泊进行了系统的资源收集与育种工作，并研究了翘嘴鳜、斑鳜及其杂交种鳜鱼摄食、代谢调控基因及其 SNP 多态性与鳜鱼对人工饲料摄食和利用效率及生长速度的关系，比较研究鳜鱼不同种类（翘嘴鳜、斑鳜及其杂交种）、种群的个体对人工饲料摄食和利用效率及生长速度，挑选对人工饲料摄食和利用效率及生长速度极端表型个体，通过转录组学结合荧光定量 PCR 和 SNP、微卫星研究，从 1986 个差异表达相关基因中已筛选得到了 30 多个与鳜鱼人工饲料摄食和利用效率及生长速度高密切相关的 SNP、微卫星分子标记，利用微卫星分子标记与线粒体 DNA 对长江、珠江、辽河、鸭绿江、黑龙江等我国东部水系鳜鱼主要野生群体与广东、湖南、湖北、江西、辽宁等鳜鱼主要养殖群体的遗传资源进行了比较研究，对养殖群体与家系进行了亲子鉴定研究，对养殖群体选育世代遗传结构进行了比较研究，并进行了易驯食鳜鱼新品种的选育工作，选育的翘嘴鳜、斑鳜的杂交种后代在人工饲料利用方面表现出显著的杂交优势。

2013 年 9 月 22 日，梁旭方教授研究的鳜鱼品种与饲料配套优选的应用基础研究成果通过湖北省科技厅组织专家组鉴定，认为达到国际领先水平。2014 年，梁旭方教授主持选育的翘嘴鳜"华康 1 号"获批全国水产原种和良种审定委员会审定新品种，为开展大规模鳜鱼人工饲料工业化养殖打下了坚实的基础。

（二）原良种体系建设现状

我国在长江中下游地区已建立多个国家级鳜鱼原良种场，其中，湖北 2 个（武汉、松滋），湖南 1 个（长沙），江西 1 个（南昌），安徽 1 个（池州）。珠江三角洲地区的广东已建立多个省级鳜鱼良种场。虽然目前已经在全国建立多个水产种质检测中心，且 2006 年以来，开始在各地分品种建设遗传育种中心，但实际上还是没能真正形成全国鳜鱼产区范围内统一运行管理的鳜鱼原良种体系。

第二节　鳜鱼种群遗传学研究

一、基于磁珠富集法和转录组文库的鳜鱼微卫星标记开发

（一）引言

翘嘴鳜、大眼鳜（*Siniperca kneri*）、斑鳜均属于鲈形目鳜亚科，是东亚地区的特有经济鱼类，主要分布于中国、韩国、日本、越南等地。微卫星标记是分子标记中使用最为广泛的一种，它具有多态性高、成本低、共显性且易于检测等众多特点，在多种水产动物的群体遗传结构和遗传多样性研究中均得到应用，如虹鳟（Herbinger et al.，1995）、大西洋鲑（O'Reilly et al.，1996）、鲫（鲁双庆等，2005）、鲇（McCusker et al.，2008）以及日本对虾（Sugaya et al.，2002）等。通过研究利用磁珠富集法构建三种鳜亚科鱼类的微卫星富集文库，筛选获得具有高多态性的微卫星标记，可为 3 种鳜亚科鱼类的分子标记辅助育种研究提供更多的技术手段。

目前筛选微卫星标记的方法除磁珠富集法之外，更加高效、迅速的方法就是生物信息学法。生物信息学法即从已获得的转录组、基因组序列数据库中进行序列分析，查找微卫星位点，该方法省去了磁珠富集法需要构建文库和测序的步骤，能为实验省去大量

的时间和人力。虽然利用生物信息学法开发微卫星位点有众多优点,但由于公开的转录组或基因组数据库的物种较少,使得该方法的普及受到很大限制。近年来,随着新一代高通量测序技术的发展,转录组和基因组的测序成本也不断降低,精度不断提高,越来越多的物种进行了转录组和基因组测序,并利用获得的数据库进行分子标记开发研究(Shi et al.,2011)。

2011 年梁旭方教授研究团队通过高通量测序技术获得了翘嘴鳜(♀)和斑鳜(♂)杂交子一代的转录组数据库(He et al.,2013)。以该杂交鳜转录组数据库为基础,利用生物软件查找微卫星位点,并通过筛选获得具有高多态性的微卫星标记,为鳜亚科鱼类遗传图谱构建、野生种质资源保护及亲子鉴定等提供微卫星标记。

(二)实验结果

该研究基于鳜鱼转录组数据库及磁珠富集法,在主要鳜属鱼类中共筛选多态微卫星位点 800 余对,其中翘嘴鳜 400 余对、斑鳜 180 余对、大眼鳜 90 对,为鳜鱼遗传资源评估及遗传育种研究奠定了基础。

采用磁珠富集法(FIASCO)分别在翘嘴鳜、大眼鳜和斑鳜中各构建一个微卫星富集文库。在翘嘴鳜中,从 150 对引物中筛选获得 80 个多态性的微卫星位点,多态率为 53.9%;在大眼鳜中,从 68 对引物中筛选获得 21 个多态性的微卫星位点,多态率为 30.9%;在斑鳜中,从 80 对引物中筛选获得 35 个多态性的微卫星位点,多态率为 43.3%(表 2-1)。

表 2-1 磁珠富集法开发微卫星引物统计表

鳜鱼	设计引物数	已合成数	退火温度检测数	PAGE 检测数	已得到多态性位点
翘嘴鳜	194	150	140	105	80
斑鳜	80	80	72	72	35
大眼鳜	80	80	68	68	21
合计	354	310	280	245	136

利用获得的翘嘴鳜(♀)×斑鳜(♂)杂交 F_1 代的转录组数据库查找微卫星序列,并据此设计了 700 对引物,其中 447 对用于翘嘴鳜多态性微卫星位点的检测,经筛选获得 192 对多态位点,多态率为 43%;其中 226 对用于大眼鳜多态性微卫星位点的检测,经筛选获得 62 对多态位点,多态率为 27%;剩下 441 对用于斑鳜多态性微卫星位点的检测,经筛选获得 131 对多态位点,多态率为 30%(表 2-2)。

表 2-2 基于鳜鱼转录组文库筛选微卫星位点汇总

设计引物	多态性引物数	多态率/%	物种
447	192	42.95	翘嘴鳜
441	131	29.71	斑鳜
226	62	27.43	大眼鳜

（三）讨论

该研究利用磁珠富集法分别构建了翘嘴鳜、大眼鳜、斑鳜的微卫星富集文库，经过筛选分别获得 80 个、21 个和 35 个多态性微卫星位点。除少数位点外，大多数位点表现出中高度遗传多样性，说明开发获得的多态性位点适用于三种鳜类的种群遗传资源保护、遗传图谱构建及表型相关 QTL 定位等研究，为今后的种质资源现状调查、种群遗传多样性检测管理和种群遗传结构研究提供了良好的技术手段。

Botstein 等（1980）根据位点的 PIC（多态信息含量）值大小来判断微卫星位点多态性：PIC>0.5 时，该位点具有较高的多态性；0.5>PIC>0.25 时，该位点处于中度多态性水平；PIC<0.25 时，该位点处于低度多态性水平。根据该理论，开发的引物中，绝大多数位点都显示出中度到高度的多态性，说明实验开发的多态性引物具有很高的使用价值。

Barbara 等（2007）认为，转录组 DNA 序列相较于非转录组序列来说，具有变异少、稳定性高的特点，其保守性更强，因此通过转录组序列开发获得的微卫星位点在同源物种中具有更高的种间转移性。所以，所开发的微卫星位点，也可以通过其高转移性的特点应用于其他亲缘物种的分子标记研究，为不同物种间微卫星分子标记的开发和利用提供了一种更方便快捷的方法。

从已获得的杂交鳜转录组数据库中开发微卫星引物，通过筛选获得翘嘴鳜多态性引物 192 对、大眼鳜多态性引物 62 对、斑鳜多态性引物 131 对。这些标记可以用于鳜类遗传多样性和遗传结构的评估研究、遗传连锁图谱的构建，以及分子标记辅助育种等研究。

二、翘嘴鳜主产区野生与养殖群体的遗传多样性及遗传结构差异分析

（一）引言

我国翘嘴鳜野生资源主要分布于钱塘江、长江、黄河、黑龙江等水系（周才武等，1988）。在 20 世纪 60 年代以前，我国翘嘴鳜野生资源较为丰富；70 年代中后期，由于过度捕捞、水环境破坏等原因，其野生资源明显下降。有资料显示，北京、天津、山东和江苏等地的各河流中，翘嘴鳜野生资源已几乎绝迹（张春光等，1999）。

20 世纪 70 年代初，我国开始展开翘嘴鳜人工繁殖初步研究，相继解决了翘嘴鳜的亲本培育、人工催产、受精卵人工孵化及幼鱼培育等技术问题（贾长春，1974；郑文彪，1993），不仅解决了鱼苗批量生产问题，也促进了翘嘴鳜多种养殖模式的发展（单养模式、混养模式、池塘养殖模式、水库网箱养殖模式）。

目前，我国大多数翘嘴鳜养殖依靠从天然水体中引入野生群体作为亲本进行繁育。因此，在评估养殖翘嘴鳜群体遗传多样性和遗传结构的同时引入野生翘嘴鳜群体，为翘嘴鳜人工繁育策略制订提供了重要参考。

（二）实验结果

1. 群体遗传多样性分析

9 个微卫星位点在群体中的遗传变异参数如表 2-3 和表 2-4 所示。从表 2-4 中可以

看出，在 9 个翘嘴鳜野生群体中，这 9 个微卫星位点均显示出明显的遗传多态现象。在野生群体中，位点的 N_a 介于 3.1（位点 SO374）和 7.1（位点 SS62）之间，位点 SS55 具有最小的 H_o（0.525）和 H_e（0.485），而位点 SO374 则拥有最高的 H_o（0.854）和 H_e（0.821）。

表 2-3 翘嘴鳜养殖群体遗传多样性分析

	武汉	长沙	南昌	清远	花都	佛山	湘潭	常德	怀化	赤壁	崇阳	赣州	星子	余干	牡丹江
SC01															
N_a	5	4	5	4	5	4	5	8	6	7	5	6	8	9	6
H_o	0.621	0.636	0.552	0.581	0.950	0.633	0.600	0.692	0.818	0.938	0.750	0.909	0.769	0.667	0.560
H_e	0.577	0.555	0.480	0.521	0.760	0.573	0.867	0.831	0.827	0.825	0.825	0.844	0.840	0.795	0.541
PIC	0.516	0.480	0.442	0.411	0.696	0.476	0.745	0.771	0.757	0.803	0.737	0.778	0.808	0.830	0.506
PHW	0.131	0.002*	0.197	0.236	0.465	0.161	0.043	0.232	0.165	0.517	0.042	0.000*	0.032	0.061	0.017
SS62															
N_a	2	4	3	2	1	2	5	7	7	9	7	10	8	9	2
H_o	0.138	0.091	0.069	0.097	0.000	0.133	1.000	0.462	0.909	0.563	1.000	0.818	0.846	0.667	0.280
H_e	0.131	0.133	0.068	0.094	0.000	0.127	0.822	0.471	0.797	0.724	0.792	0.857	0.757	0.657	0.350
PIC	0.120	0.127	0.066	0.088	0.000	0.117	0.701	0.438	0.726	0.658	0.705	0.798	0.701	0.592	0.284
PHW	0.791	0.615	0.561	0.112	1.000	0.326	0.057	0.353	0.076	0.112	0.216	0.000*	0.001*	0.301	0.327
Sin138															
N_a	4	5	9	4	6	3	4	6	5	6	6	7	6	7	7
H_o	0.724	0.818	0.897	0.677	0.800	0.800	0.600	0.539	0.364	0.625	0.500	0.636	0.539	0.778	0.560
H_e	0.623	0.726	0.712	0.647	0.681	0.614	0.533	0.652	0.771	0.684	0.617	0.597	0.628	0.730	0.721
PIC	0.561	0.661	0.651	0.576	0.628	0.522	0.450	0.599	0.697	0.629	0.553	0.550	0.560	0.677	0.669
PHW	0.589	0.366	0.327	0.669	0.760	0.271	0.210	0.000*	0.074	0.065	0.133	0.004*	0.008	0.015	0.027
Sin166															
N_a	4	3	6	6	2	5	3	6	5	6	5	7	6	6	6
H_o	0.621	0.364	0.517	0.677	0.850	0.700	0.200	0.846	0.727	0.813	0.625	0.818	0.769	0.833	0.880
H_e	0.586	0.479	0.577	0.719	0.512	0.658	0.378	0.794	0.792	0.726	0.608	0.771	0.689	0.759	0.754
PIC	0.518	0.405	0.530	0.655	0.374	0.590	0.314	0.731	0.718	0.665	0.539	0.699	0.617	0.702	0.693
PHW	0.163	0.050	0.030	0.050	0.366	0.090	0.004*	0.327	0.000*	0.375	0.001*	0.471	0.210	0.008	0.069
SO374															
N_a	3	3	5	2	3	3	2	4	2	4	3	3	3	4	3
H_o	0.448	0.409	0.552	0.516	0.400	0.633	0.800	0.539	0.182	0.625	0.125	0.455	0.769	0.667	0.560
H_e	0.617	0.529	0.509	0.444	0.337	0.549	0.533	0.606	0.173	0.609	0.342	0.515	0.582	0.573	0.431
PIC	0.525	0.422	0.440	0.342	0.289	0.476	0.365	0.525	0.152	0.515	0.294	0.408	0.485	0.473	0.361
PHW	0.852	0.210	0.000*	0.855	0.518	0.689	0.877	0.071	0.322	0.330	0.024	0.395	0.200	0.102	0.090
SK524															
N_a	2	2	2	3	1	2	5	5	7	5	6	5	6	6	3
H_o	0.103	0.091	0.379	0.065	0.000	0.067	0.400	0.539	0.546	0.750	0.625	0.727	0.846	0.667	0.280
H_e	0.101	0.089	0.313	0.064	0.000	0.066	0.800	0.708	0.887	0.700	0.767	0.623	0.791	0.797	0.256

续表

	武汉	长沙	南昌	清远	花都	佛山	湘潭	常德	怀化	赤壁	崇阳	赣州	星子	余干	牡丹江
SO374															
PIC	0.093	0.083	0.260	0.062	0.000	0.062	0.676	0.643	0.828	0.627	0.680	0.554	0.723	0.740	0.236
PHW	0.680	0.323	0.815	0.471	1.000	0.842	0.085	0.351	0.003*	0.360	0.049	0.065	0.081	0.000*	0.330
FC076															
N_a	2	2	2	2	1	1	3	3	4	4	4	5	4	5	2
H_o	0.517	0.955	1.000	0.161	0.000	0.000	0.400	0.308	0.455	0.750	0.750	0.818	0.692	0.500	0.280
H_e	0.390	0.511	0.509	0.151	0.000	0.000	0.378	0.397	0.636	0.655	0.650	0.662	0.643	0.560	0.246
PIC	0.310	0.374	0.375	0.137	0.000	0.000	0.314	0.350	0.548	0.574	0.559	0.588	0.562	0.506	0.212
PHW	0.777	0.561	0.471	0.687	1.000	1.000	0.854	0.321	0.471	0.075	0.063	0.358	0.412	0.000	0.684
SC80															
N_a	1	2	3	4	4	1	5	3	5	6	6	8	6	10	3
H_o	0.000	0.046	0.207	0.290	0.950	0.000	1.000	0.539	0.636	0.625	1.000	0.909	0.615	0.889	0.320
H_e	0.000	0.046	0.192	0.292	0.676	0.000	0.756	0.625	0.732	0.809	0.783	0.866	0.609	0.822	0.316
PIC	0.000	0.043	0.176	0.275	0.600	0.000	0.642	0.532	0.654	0.751	0.693	0.804	0.558	0.774	0.285
PHW	1.000	0.856	0.365	0.254	0.751	1.000	0.003	0.651	0.032	0.007	0.057	0.000	0.258	0.000	0.357
SS55															
N_a	4	2	3	2	2	3	6	10	11	10	5	7	10	11	3
H_o	0.517	0.364	0.517	0.258	0.500	0.233	1.000	0.846	0.818	0.875	0.875	1.000	0.923	0.833	0.520
H_e	0.477	0.304	0.406	0.317	0.385	0.216	0.890	0.889	0.900	0.873	0.720	0.801	0.908	0.878	0.528
PIC	0.416	0.253	0.342	0.263	0.305	0.199	0.772	0.840	0.845	0.828	0.701	0.732	0.860	0.839	0.403
PHW	0.568	0.358	0.654	0.751	0.584	0.862	0.098	0.085	0.000	0.032	0.215	0.215	0.056	0.000	0.685
Multilcous															
mean N_a	3.0	3.0	4.2	3.2	2.8	2.7	4.2	5.8	5.8	6.3	5.2	6.4	6.3	7.4	3.9
mean H_o	0.410	0.419	0.521	0.369	0.494	0.356	0.667	0.590	0.606	0.729	0.694	0.788	0.752	0.722	0.471
mean H_e	0.389	0.375	0.418	0.361	0.372	0.311	0.662	0.664	0.724	0.734	0.678	0.726	0.716	0.730	0.460
mean PIC	0.340	0.317	0.365	0.312	0.321	0.271	0.553	0.603	0.658	0.672	0.607	0.657	0.653	0.681	0.405

N_a, 等位基因数; H_o, 观测杂合度; H_e, 期望杂合度; PIC, 位点多态信息含量; PHW, Hardy-Weinberg 平衡检验; * 表示差异显著。

表 2-4 翘嘴鳜野生群体遗传多样性分析

	湘潭	常德	怀化	赤壁	崇阳	赣州	星子	余干	牡丹江	均值
SC01										
N_a	5	8	6	7	5	6	8	9	6	6.7
H_o	0.600	0.692	0.818	0.938	0.750	0.909	0.769	0.667	0.560	0.745
H_e	0.867	0.831	0.827	0.825	0.825	0.844	0.840	0.795	0.541	0.799
PIC	0.745	0.771	0.757	0.803	0.737	0.778	0.808	0.830	0.506	0.748

续表

	湘潭	常德	怀化	赤壁	崇阳	赣州	星子	余干	牡丹江	均值
SC01										
PHW	0.043	0.232	0.165	0.517	0.042	0.000*	0.032	0.061	0.017	0.139
SS62										
N_a	5	7	7	9	7	10	8	9	2	7.1
H_o	1.000	0.462	0.909	0.563	1.000	0.818	0.846	0.667	0.280	0.727
H_e	0.822	0.471	0.797	0.724	0.792	0.857	0.757	0.657	0.350	0.692
PIC	0.701	0.438	0.726	0.658	0.705	0.798	0.701	0.592	0.284	0.623
PHW	0.057	0.353	0.076	0.112	0.216	0.000*	0.001*	0.301	0.327	0.206
Sin138										
N_a	4	6	5	6	6	7	6	7	7	6.0
H_o	0.600	0.539	0.364	0.625	0.500	0.636	0.539	0.778	0.560	0.571
H_e	0.533	0.652	0.771	0.684	0.617	0.597	0.628	0.730	0.721	0.659
PIC	0.450	0.599	0.697	0.629	0.553	0.550	0.560	0.677	0.669	0.598
PHW	0.210	0.000*	0.074	0.065	0.133	0.004*	0.008	0.015	0.027	0.076
Sin166										
N_a	3	6	5	6	5	7	6	6	6	5.6
H_o	0.200	0.846	0.727	0.813	0.625	0.818	0.769	0.833	0.880	0.723
H_e	0.378	0.794	0.792	0.726	0.608	0.771	0.689	0.759	0.754	0.697
PIC	0.314	0.731	0.718	0.665	0.539	0.699	0.617	0.702	0.693	0.631
PHW	0.004*	0.327	0.000*	0.375	0.001*	0.471	0.210	0.008	0.069	0.243
SO374										
N_a	2	4	2	4	3	3	3	4	3	3.1
H_o	0.800	0.539	0.182	0.625	0.125	0.455	0.769	0.667	0.560	0.525
H_e	0.533	0.606	0.173	0.609	0.342	0.515	0.582	0.573	0.431	0.485
PIC	0.365	0.525	0.152	0.515	0.294	0.408	0.485	0.473	0.361	0.398
PHW	0.877	0.071	0.322	0.330	0.024	0.395	0.200	0.102	0.090	0.268
SK524										
N_a	5	5	7	5	6	5	6	6	3	5.3
H_o	0.400	0.539	0.546	0.750	0.625	0.727	0.846	0.667	0.280	0.598
H_e	0.800	0.708	0.887	0.700	0.767	0.623	0.791	0.797	0.256	0.703
PIC	0.676	0.643	0.828	0.627	0.680	0.554	0.723	0.740	0.236	0.634
PHW	0.085	0.351	0.003*	0.360	0.049	0.065	0.081	0.000*	0.330	0.189
FC076										
N_a	3	3	4	4	4	5	4	5	2	3.8
H_o	0.400	0.308	0.455	0.750	0.750	0.818	0.692	0.500	0.280	0.550
H_e	0.378	0.397	0.636	0.655	0.650	0.662	0.643	0.560	0.246	0.536
PIC	0.314	0.350	0.548	0.574	0.559	0.588	0.562	0.506	0.212	0.468
PHW	0.854	0.321	0.471	0.075	0.063	0.358	0.412	0.000	0.684	0.360

续表

	湘潭	常德	怀化	赤壁	崇阳	赣州	星子	余干	牡丹江	均值
SC80										
N_a	5	3	5	6	6	8	6	10	3	5.8
H_o	1.000	0.539	0.636	0.625	1.000	0.909	0.615	0.889	0.320	0.726
H_e	0.756	0.625	0.732	0.809	0.783	0.866	0.609	0.822	0.316	0.702
PIC	0.642	0.532	0.654	0.751	0.693	0.804	0.558	0.774	0.285	0.633
PHW	0.003	0.651	0.032	0.007	0.057	0.000	0.258	0.000	0.357	0.152
SS55										
N_a	6	10	11	10	5	7	10	11	3	8.1
H_o	1.000	0.846	0.818	0.875	0.875	1.000	0.923	0.833	0.520	0.854
H_e	0.890	0.889	0.900	0.873	0.720	0.801	0.908	0.878	0.528	0.821
PIC	0.772	0.840	0.845	0.828	0.701	0.732	0.860	0.839	0.403	0.758
PHW	0.098	0.085	0.000	0.032	0.215	0.215	0.056	0.000	0.685	0.154
Multilcous										
mean N_a	4.2	5.8	5.8	6.3	5.2	6.4	6.3	7.4	3.9	5.7
mean H_o	0.667	0.590	0.606	0.729	0.694	0.788	0.752	0.722	0.471	0.669
mean H_e	0.662	0.664	0.724	0.734	0.678	0.726	0.716	0.730	0.460	0.677
mean PIC	0.553	0.603	0.658	0.672	0.607	0.657	0.653	0.681	0.405	0.610

N_a, 等位基因数; H_o, 观测杂合度; H_e, 期望杂合度; PIC, 位点多态信息含量; PHW, Hardy-Weinberg 平衡检验; * 表示差异显著。

野生群体的平均等位基因数在 3.9（黑龙江牡丹江野生群体）和 7.4（江西余干野生群体）之间，平均观测杂合度在 0.471（黑龙江牡丹江野生群体）和 0.788（江西赣州野生群体）之间，平均期望杂合度在 0.460（黑龙江牡丹江野生群体）和 0.734（湖北赤壁野生群体）之间。综合野生群体的 N_a、H_o、H_e 和 PIC 等遗传变异参数分析，认为位于黑龙江牡丹江的野生群体其遗传多样性水平最低，而位于长江流域的湖北赤壁、江西余干和赣州这三个野生群体均具有相对较高的遗传多样性。

在 6 个养殖群体中，并非所有微卫星位点均表现出遗传多样性，位点 SS62、FC076、SK524 在广东花都养殖群体中，位点 SK524、SC80 在广东佛山养殖群体中，位点 SC80 在湖北武汉养殖群体中均表现出了单态等位基因现象。

养殖群体的平均等位基因数在 2.8（花都养殖群体）和 4.2（南昌养殖群体）之间，佛山养殖群体的平均观测杂合度（0.356）和平均期望杂合度（0.311）最低，而南昌养殖群体的平均观测杂合度（0.521）和平均期望杂合度（0.418）最高。综合所有养殖群体的遗传多样性参数 N_a、H_e、H_o 和 PIC 的比较分析，所有养殖群体的遗传多样性均处于较低水平，其中广东佛山养殖群体的遗传多样性水平最低，而江西南昌群体的遗传多样性水平最高。

假设杂合子过剩（heterozygote excess）的条件下利用 Genepop v4.3 软件对所有微卫星位点进行 Hardy-Weinberg 平衡检测，设置被检测种群样品数目为 25~35，经 10 000 次随机抽样检测和多重比较分析，发现所有位点都在部分采样群体中存在偏离 Hardy-

Weinberg 平衡的现象，如位点 SC01 只在长沙养殖群体和赣州野生群体中偏离 Hardy-Weinberg 平衡，而位点 Sin166 只在湘潭、怀化、崇阳野生群体中偏离 Hardy-Weinberg 平衡。微卫星位点间的连锁不平衡（linkage disequilibrium）检测没有发现所用位点间存在连锁不平衡关系。

9 个微卫星位点在野生群体中都存在特有等位基因，数目在 3~16 个不等，共检测到 67 个特有等位基因，其中以 SC80、SS55 和 SS62 这 3 个微卫星位点等位基因数最多，分别为 11 个、13 个和 16 个；4 个位点（SC80、FC076、SC01 和 SS62）在养殖群体中也存在特有等位基因，并且每个位点只检测出 1 个特有等位基因，共检测出 4 个特有等位基因（表 2-5）。

表 2-5　9 个微卫星在翘嘴鳜养殖和野生群体中特有等位基因数

引物	养殖	野生	共同特有等位基因数	特有等位基因总数
SC80	1	11	4	16
SS55	0	13	5	18
SO374	0	3	5	8
SK524	0	5	3	8
FC076	1	4	2	7
SC01	1	6	6	13
SS62	1	16	4	21
Sin138	0	4	9	13
Sin166	0	5	5	10

通过转录组数据库的基因注释结果发现，位点 SS55 存在的基因序列为 T 细胞受体 β 链 ANA-11 基因，该基因与生物体的免疫功能相关（Ferrier et al.，2001）；位点 SC80 存在的基因序列为 Hox 基因家族序列，该基因与生物体形态相关（Freeman et al.，2009）。

2. 群体遗传分化与聚类分析

Nei's 群体遗传距离和遗传分化系数见表 2-6。群体间遗传分化系数 F_{st} 值从 –0.014（江西星子野生群体和江西赣州野生群体间）到 0.501（湖南湘潭野生群体和广东佛山养殖群体间）不等。在对群体遗传分化系数 F_{st} 值作显著性分析时发现，6 个养殖群体两两间 F_{st} 值均表现出显著性差异（$P<0.05$）。在野生群体中，位于黑龙江流域的牡丹江野生群体与其他野生群体间的遗传分化指数也均显示出显著性；而长江流域中的各个野生群体间，其两两群体的遗传分化指数均未表现出显著性差异。野生群体间的 Nei's 遗传距离显示，江西赣州野生群体和江西余干野生群体间的遗传距离最小为 0.079，而牡丹江野生群体和湖南常德野生群体间的遗传距离最大为 1.184。

对所有群体进行分子方差分析（AMOVA），将 6 个养殖群体和 9 个野生群体分成养殖组和野生组两大组，结果显示这两组之间分化十分显著（$F_{CT}=0.219$，$P<0.01$）。群体分化在群体内部也很显著（$F_{st}=0.118$，$P<0.01$；$F_{st}=0.311$，$P<0.01$）。遗传变异有 68.92% 来自于样品个体间，21.86% 来自于养殖和野生组间，9.22% 来自于组内的几个群体间（表 2-7）。

表 2-6　15 个翘嘴鳜群体间 F_{st} 值（对角线上方）和遗传距离（对角线下方）

	武汉	长沙	南昌	清远	花都	佛山	湘潭	常德	怀化	赤壁	崇阳	赣州	星子	余干	牡丹江
武汉		0.038*	0.035*	0.055*	0.153*	0.039*	0.406*	0.357*	0.306*	0.285*	0.274*	0.378*	0.326*	0.309*	0.249*
长沙	0.037		0.015*	0.089*	0.186*	0.090*	0.412*	0.361*	0.307*	0.296*	0.283*	0.394*	0.334*	0.317*	0.254*
南昌	0.036	0.023		0.089*	0.169*	0.094*	0.365*	0.328*	0.277*	0.280*	0.255*	0.364*	0.310*	0.294*	0.265*
清远	0.045	0.069	0.074		0.098*	0.016*	0.458*	0.397*	0.346*	0.338*	0.315*	0.430*	0.375*	0.351*	0.231*
花都	0.131	0.160	0.157	0.077		0.130*	0.450*	0.382*	0.321*	0.346*	0.303*	0.421*	0.364*	0.334*	0.236*
佛山	0.030	0.061	0.068	0.016	0.089		0.501*	0.439*	0.379*	0.376*	0.343*	0.471*	0.410*	0.383*	0.247*
湘潭	0.945	0.948	0.840	1.138	1.253	1.145		0.062*	0.018*	0.022*	0.034*	0.012*	0.026*	0.003*	0.375*
常德	0.790	0.816	0.737	0.902	0.958	0.969	0.265		0.040*	0.058*	0.062*	0.065*	0.052*	0.047*	0.359*
怀化	0.685	0.703	0.624	0.802	0.799	0.826	0.171	0.169		0.026*	0.015*	0.032*	0.024*	0.002*	0.301*
赤壁	0.531	0.576	0.582	0.658	0.832	0.676	0.198	0.236	0.166		0.013	0.010	0.013	0.001	0.290*
崇阳	0.533	0.576	0.520	0.623	0.684	0.618	0.219	0.239	0.120	0.133		0.009	−0.001	0.010	0.271*
赣州	0.878	0.972	0.919	1.079	1.206	1.105	0.180	0.255	0.184	0.143	0.128		−0.014	0.014	0.366*
星子	0.706	0.753	0.719	0.857	0.955	0.861	0.211	0.221	0.160	0.148	0.096	0.088		0.008	0.306*
余干	0.634	0.680	0.646	0.738	0.779	0.736	0.144	0.195	0.079	0.106	0.114	0.144	0.124		0.289*
牡丹江	0.291	0.295	0.345	0.241	0.266	0.230	1.133	1.132	0.916	0.767	0.721	1.184	0.871	0.766	

*表示经邦费罗尼校正后 P 值显著。

表 2-7　翘嘴鳜 6 个养殖群体和 9 个野生群体的分子方差分析

变异来源	自由度	平方和	变异组份	变异百分数	固定指数	P 值
组间	1	207.55	0.70	21.86	F_{CT}=0.22	0.003
群体间组内	13	169.75	0.30	9.22	F_{st}=0.12	0.000
群体内	547	1210.99	2.21	68.92	F_{st}=0.31	0.000
总计	561	1588.28	3.21			

运用 STRUCTURE 软件对群体进行贝叶斯聚类分析，其中 ΔK 值的计算方式依据 Evannoet 等（2005）的研究，当 ΔK=3 时，K 值最高为 83.97，这表明所有个体经过多基因座的多重比对后被分成三个主要基因类群。在这三个基因类群中，几乎所有的养殖个体都被分到同一组，来自黑龙江流域的大多数野生个体单独形成一组，其他 8 个野生群体中的大部分个体被分成第三组（图 2-1）。此外，在湖北赤壁和崇阳、江西星子野生群体中均发现少部分个体具有与养殖个体相似的基因型。

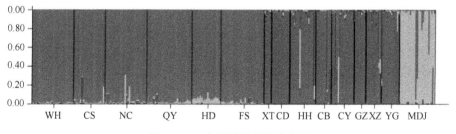

图 2-1　15 个群体遗传结构分组

WH：武汉；CS：长沙；NC：南昌；QY：清远；HD：花都；FS：佛山；XT：湘潭；CD：常德；HH：怀化；CB：赤壁；CY：崇阳；GZ：赣州；XZ：星子；YG：余干；MDJ：牡丹江

(三) 讨论

1. 遗传变异分析

利用9对多态性微卫星位点对9个野生群体和6个养殖群体进行了遗传多样性分析。根据遗传多样性参数的综合分析表明,长江流域野生群体遗传多样性水平较高,且长江流域各个不同水域中,其野生群体间的遗传多样性水平差异较小,而来自黑龙江流域牡丹江群体遗传多样性水平则相对较低。这与赵金良等(2007)的研究结果一致,由于翘嘴鲌天然资源分布的原因,长江流域具有比其他水体资源更为丰富的翘嘴鲌野生资源,为翘嘴鲌人工养殖产业提供了丰富的种质资源。

与野生群体相比,6个养殖群体的遗传多样性水平普遍偏低。养殖群体的平均 N_a、H_o 和 H_e 均显著低于野生群体的上述参数($P<0.05$)。人工养殖导致群体遗传多样性下降的现象在水产动物中非常普遍,Karlsson等(2010)利用12个微卫星标记和19个SNP标记对大西洋鲑的4个养殖群体和4个野生群体进行遗传多样性的对比研究,结果发现养殖群体存在大量的等位基因缺失现象,笔者认为应采取特殊的繁殖模式来提高养殖群体的遗传多样性水平;Karaiskou等(2009)利用7对微卫星分析金头鲷养殖群体与野生群体遗传多样性,结果发现养殖群体的等位基因多样性显著降低且有遗传漂变产生。Song等(2012)利用线粒体DNA的控制区序列来分析日本比目鱼8个养殖群体和2个野生群体的遗传多样性,结果发现养殖群体的单倍型多样性(h)、核苷酸多样性(π)、核苷酸奇异度(k)等参数均显著低于野生群体。人工养殖群体遗传多样性降低的原因可能在于养殖群体在人工繁育的过程中参与繁殖的基础群体数目较小,即有限的亲本数量。此外,遗传漂变的影响及人工选择压力下定向选育过程也被证明是遗传多样性降低的主要因素(Doebley et al.,2006;Gross et al.,2010)。

本研究中的9个微卫星位点在不同群体中均发现了偏离Hardy-Weinberg平衡的现象,造成位点偏离Hardy-Weinberg平衡的原因有很多,Castric等(2002)认为若群体发生遗传漂变、群体间近交频繁、群体中个体数目较少、群体中含有无效等位基因等都会导致Hardy-Weinberg平衡的偏离。翘嘴鲌群体经Bottleneck v1.2.02软件分析认为各个群体均处于突变-漂移(mutation-drift)平衡状态,而MICRO-CHECKER 2.2.3软件的分析则发现位点SC01、SC62、SS55、Sin138中均检测到明显的无效等位基因存在,说明这些无效等位基因是影响种群偏离Hardy-Weinberg平衡的主要原因。

9个微卫星位点在所有野生群体中均出现特有等位基因,数目为3~16,野生群体中特有等位基因数目最多的三个位点为:位点SS62(16)、位点SS55(13)、位点SC80(11)。通过转录组数据库的基因注释结果发现,位点SS55存在的基因序列为T细胞受体β链ANA-11基因,该基因与生物体的免疫功能相关(Ferrier et al.,2001);位点SC80存在的基因序列为Hox基因家族序列,该基因与生物体的形态相关(Freeman et al.,2009);推测翘嘴鲌养殖群体相较于野生群体的抗病能力降低、体型的变化与这些相关基因的多态性降低有关联。

2. 养殖和野生翘嘴鳜的遗传分化

9 个微卫星位点 F_{st} 值的两两比较中显示每一个养殖群体与其他任何野生或养殖群体相比，其 F_{st} 值都出现显著性，分子方差分析也显示养殖和野生群体之间的遗传分化显著（F_{CT}=0.219，P=0.03）。Desvignes 等（2001）认为，养殖场所与自然水体中环境的差异以及选择压力的不同，还有不同养殖场所中相异的养殖环境和养殖模式是产生上述现象的主要原因。

在野生群体中，长江流域的各个群体间均无显著遗传分化，而黑龙江群体与长江群体间则出现遗传分化显著的现象。两个流域间的天然地理阻隔，流域间群体缺乏基因交流，被认为是形成这一地理性差异的主要原因。同时也说明长江中游主要支流和湖泊间的翘嘴鳜野生群体基因交流频繁，无遗传漂变现象。

3. 群体的遗传结构

贝叶斯分析中显示所有的实验群体被分成三个分支：所有养殖群体为一支，来自长江流域的野生群体为一支，来自黑龙江流域的野生群体为一支，这样的结果与遗传分化分析中系统发生数的结果相一致。贝叶斯分析中少部分养殖个体被发现在野生群体中，这种情况在陆水水库群体（赤壁和崇阳）最为明显，这可能是因为一些养殖个体在养殖过程中发生了逃逸现象，流入天然水环境中导致的。养殖个体的逃逸现象是野生资源保护中值得注意的问题，大量的逃逸会导致天然水体的野生群体遗传多样性下降、遗传结构改变及遗传漂变的发生等。

4. 对水产养殖与管理的影响

目前的研究表明，相比于天然野生群体，翘嘴鳜养殖群体的遗传多样性有显著降低。在水产养殖过程中，保证一定水平的遗传多样性有利于养殖群体更好地适应环境变化（Fisher，1999），在选育过程中，遗传变异总是与亲本的数量联系在一起。因此，为了使养殖群体的遗传变异保持在一个较高水平上，繁殖过程中保证有效亲本数量及在养殖亲本中适当地引入野生群体是非常重要的。本研究中养殖和遗传群体的遗传结构分析也表明提高遗传管理和保护物种计划如防止逃逸发生是非常有必要的。

第三节 翘嘴鳜华康 1 号选育系遗传结构分析

一、翘嘴鳜连续 5 代选育群体遗传多样性及遗传结构分析

（一）引言

遗传多样性的高低体现了遗传物质变异程度。物种在经历漫长的进化过程中积累了大量遗传物质的变异，形成了物种丰富的遗传多样性，同时这些变异也是其生存和发展的基础。物种遗传变异越高，越容易适应新的环境和扩展其分布范围。Kimura

（1984）认为生物群体遗传变异的大小与其进化速率成正比，因此对生物遗传多样性的深入研究可以揭示生物的进化过程和适应机理，也为预测其稳定性和进化潜力提供重要的参考资料。

随着江河阻隔、水体污染和过度捕捞等原因，翘嘴鳜野生资源已近枯竭。为了保护翘嘴鳜野生种质资源，以及满足翘嘴鳜遗传改良工作的需求，迫切需要对我国长江中游翘嘴鳜野生种质资源遗传多样性进行科学和系统地评估。

微卫星分子标记和线粒体 DNA 标记均在水生动物的群体遗传多样性、群体遗传结构分析等研究中起到非常重要的作用（McDowell et al.，2008；Miller et al.，2011；Yamamoto et al.，2011）。微卫星分子标记具有多态性丰富、共显性遗传且遵循孟德尔遗传定律等优点，而线粒体 DNA 标记则具有高突变性、呈母系遗传、无重组等特点（Avise，1994）。与微卫星分子标记相比，线粒体 DNA 的变异速度相对较慢一些，但由于其具有母系遗传的特点，在分析种群的系统进化和历史变迁影响等方面具有优势（Anderson et al.，2010）。因此，同时利用这两种分子标记对野生群体进行分析，可以对群体的遗传多样性水平、遗传结构及群体历史动态等方面进行更加全面、深入地了解。

（二）结果与分析

1. 翘嘴鳜群体遗传多样性

1）线粒体 $Cytb$ 基因的变异分析

5 个翘嘴鳜群体的 67 个个体的 $Cytb$ 基因序列经软件拼接、人工校正、Blast 比对确认后获得长度大小为 1140bp 的基因片段，将序列上传至 GenBank，序列号为：KC888028-KC888094。

经 DnaSP 软件对序列进行遗传变异分析，结果显示在鄱阳湖、赣州、洞庭湖、常德、陆水水库的 5 个翘嘴鳜群体的 $Cytb$ 基因序列中共检测到 23 个可变位点和 19 种单倍型，单倍型多样度为 0.887，显示出群体具有较高水平的遗传变异。5 个群体的单倍型多样性（h）和核苷酸多样性（π）变化范围分别为 0.818～0.909 和 0.002～0.003，可变位点数目为 8～13（表 2-8），各个群体间的可变位点数目和单倍型多样度无明显差别，综合上述参数分析认为鄱阳湖群体的遗传变异略高于其他群体。

2）微卫星位点的遗传变异分析

微卫星位点的遗传多样性参数如表 2-8 所示。10 个微卫星位点在 5 个群体中分别检测到 6～13 个等位基因（N_a），其平均观测杂合度（H_o）为 0.533～0.963，平均期望杂合度（H_e）在 0.771～0.897。在所有位点的参数中，位点 HX44 在余干群体中具有最大的等位基因数目（N_a=11）；位点 EST15 和 HX41 在赣州群体中拥有最小的等位基因数目（N_a=2）；位点 EST15 和 HX44 在余干群体中分别具有最大的观测杂合度（H_o=0.967）和期望杂合度（H_e=0.893）；而位点 EST14 在赣州群体中显示出最低的观测杂合度（H_o=0.286），该位点在常德群体中也显示出最低期望杂合度（H_e=0.505）。综合所有群体在 10 个微卫星位点中的遗传参数表明，来自鄱阳湖的星子群体和余干群体其遗传多样性要略高于其他群体（星子群体：N_a=6.3，H_o=0.893，H_e=0.796；余干群体：N_a=7.5；H_o=0.880；H_e=0.821）。

表 2-8　5 个翘嘴鳜群体线粒体 DNA 和微卫星遗传变异

	鄱阳湖	赣州	洞庭湖	常德	陆水水库	总数
线粒体 DNA						
n	11	8	11	11	26	67
S	8	9	6	13	12	23
N_h	7	5	6	7	11	19
h	0.909	0.857	0.891	0.818	0.905	0.887
π	0.002	0.003	0.002	0.003	0.003	0.003
微卫星						
n	28	7	30	13	29	107
EST06						
N_a	8	4	8	5	5	10
H_o	0.851	0.857	0.870	0.822	0.861	0.852
H_e	0.803	0.780	0.837	0.819	0.765	0.875
PHW	ns	ns	ns	ns	ns	ns
EST14						
N_a	6	3	6	4	3	6
H_o	0.629	0.286	0.600	0.462	0.448	0.533
H_e	0.692	0.626	0.792	0.505	0.609	0.771
PHW	ns	ns	ns	ns	ns	ns
EST15						
N_a	6	2	8	6	6	10
H_o	0.856	0.857	0.967	0.923	0.876	0.963
H_e	0.829	0.528	0.817	0.815	0.809	0.830
PHW	ns	ns	ns	ns	ns	ns
HX40						
N_a	8	4	10	5	5	11
H_o	0.893	0.893	0.933	0.876	0.801	0.885
H_e	0.855	0.736	0.878	0.815	0.790	0.897
PHW	ns	ns	ns	ns	ns	ns
HX41						
N_a	6	2	7	4	6	9
H_o	0.643	0.857	0.667	0.769	0.828	0.729
H_e	0.772	0.528	0.791	0.686	0.811	0.817
PHW	*	ns	*	ns	ns	ns
HX44						
N_a	7	5	11	5	6	13
H_o	0.857	0.912	0.800	0.846	0.759	0.895
H_e	0.783	0.846	0.893	0.779	0.817	0.864
PHW	ns	ns	ns	ns	ns	ns
HX49						
N_a	6	3	6	5	5	7
H_o	0.892	0.768	0.960	0.842	0.966	0.931

续表

	鄱阳湖	赣州	洞庭湖	常德	陆水水库	总数
H_e	0.790	0.692	0.815	0.775	0.702	0.806
PHW	ns	ns	ns	ns	*	
HX58						
N_a	5	3	6	4	4	8
H_o	0.887	0.862	0.842	0.835	0.847	0.875
H_e	0.800	0.604	0.794	0.760	0.757	0.835
PHW	*	ns	ns	ns	ns	ns
HX64						
N_a	6	4	7	5	5	8
H_o	0.910	0.887	0.874	0.846	0.793	0.867
H_e	0.795	0.791	0.808	0.772	0.769	0.822
PHW	ns	ns	ns	ns	ns	
HX67						
N_a	5	5	6	5	6	7
H_o	0.964	0.836	0.903	0.846	0.793	0.869
H_e	0.746	0.780	0.787	0.788	0.783	0.819
PHW	ns	ns	ns	ns	ns	ns
Mean N_a	6.30	3.50	7.50	4.80	5.10	8.90
Mean H_o	0.893	0.886	0.880	0.869	0.841	0.840
Mean H_e	0.786	0.691	0.821	0.751	0.761	0.834

n：样本数；S：突变位点数；N_h：单倍型数；h：单倍型多样度；$π$：核苷酸多样度；N_a：等位基因数；H_o：观测杂合度；H_e：期望杂合度；PHW：Hardy-Weinberg 平衡检验；ns：无显著性；*表示差异显著。

经 Hardy-Weinberg 平衡检测，HX41 位点在星子和余干群体中、HX49 位点在陆水水库群体中、HX58 位点在星子群体中偏离了 Hardy-Weinberg 平衡。Micro-Checker 软件分析结果表明 10 个微卫星位点在 5 个翘嘴鳜群体中均没有检测出无效等位基因。

2. 翘嘴鳜群体遗传结构分析

1）群体两两间的遗传距离分析

利用两种标记分析的两两群体间的遗传分化指数 F_{st} 值结果见表 2-9，线粒体 Cytb

表 2-9 基于线粒体序列（对角线上方）和微卫星位点（对角线下方）群体两两间 F_{st} 值

	星子	赣州	余干	常德	陆水水库
星子		0.0126	0.0582	−0.0506	−0.0237
赣州	0.0410		−0.0183	0.0156	0.0236
余干	0.0212	0.0273		0.1033	0.0267
常德	0.1013	0.1457	0.0758		−0.0186
陆水水库	0.1139	0.1684	0.0933	0.1036	

基因分析 F_{st} 值为 –0.0506~0.1033，多数群体间的遗传距离均为负值（余干 vs 赣州；常德 vs 星子；星子 vs 陆水；常德 vs 陆水）。微卫星标记计算的 F_{st} 值为 0.0212（余干 vs 星子）~0.1684（陆水 vs 赣州）。所有群体间的 F_{st} 值均无显著性差异（$P>0.05$）。

2) 群体间的遗传变异来源分析

经 Arlequin 3.5 软件对线粒体 *Cytb* 基因和微卫星基因型进行分子方差分析认为，在两种分子标记水平上所有群体的总 F_{st} 值均较小且无显著性（*Cytb* 基因：0.0129，$P>0.05$；微卫星位点：0.0892，$P>0.05$），显示长江中游三个湖泊中的翘嘴鳜群体总体上分化水平较弱。AMOVA 分析结果揭示了翘嘴鳜遗传变异主要来自群体内（*Cytb* 基因：99.09%，微卫星位点：89.51%）。通过检测 3 个区域间和区域内变异水平的显著性，发现区域内变异不显著（表 2-10）。

表 2-10 基于线粒体 DNA 和微卫星翘嘴鳜不同种群 AMOVA 分析

变异来源	自由度	变异百分数	变异组分	固定指数	P 值
线粒体 DNA					
组间	2	0.36	0.005	$F_{CT}=0.0036$	0.306
群体间组内	2	0.54	0.008	$F_{SC}=0.0054$	0.229
群体内	62	99.09	1.444	$F_{st}=0.0091$	0.492
微卫星					
组间	2	8.07	0.351	$F_{CT}=0.0263$	0.113
群体间组内	2	2.42	0.105	$F_{SC}=0.0054$	0.146
群体内	209	89.51	3.896	$F_{st}=0.1049$	0.258

3) 线粒体 *Cytb* 基因单倍型系谱结构分析

来自不同种群的 *Cytb* 基因单倍型按地理区域的不同聚集成系谱结构图（图 2-2）。Network 软件形成的系谱结构图显示所有的单倍型呈星状散射排布，图 2-3 中含有 3 个主要的高频单倍型：h13、h5、h9，其中单倍型 h13 和 h9 在 3 个地理区域均有分布，而

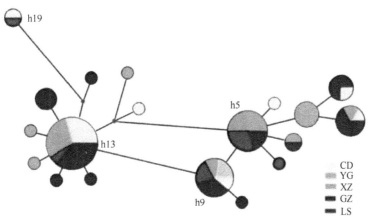

图 2-2 基于统计简约法构建翘嘴鳜 *Cytb* 基因序列单倍型网络图
CD：常德；XZ：星子；YG：余干；GZ：赣州；LS 陆水

单倍型 h5 只存在于鄱阳湖和陆水水库。对每个地区群体的特有单倍型数目进行统计分析表明，陆水水库含有最多的特有单倍型（$n=5$），其次是鄱阳湖（$n=4$，3 个在 XZ 群体，1 个在 GZ 群体）和洞庭湖（仅有 2 个）。

4）线粒体 Cytb 基因的聚类分析

基于 Cytb 基因序列采用邻接法构建翘嘴鳜系统发育树，结果显示 5 个地理群体的所有个体在系统发育树上呈随机分配状态，并未出现样品基因型按照地理区域进行聚类的现象，不同地理区间的野生群体未产生明显的基因型聚类（图 2-3）。

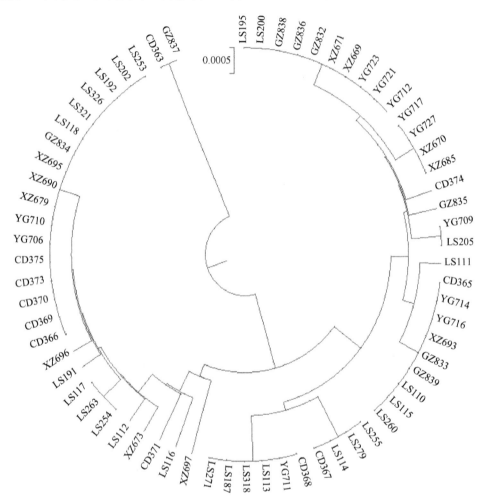

图 2-3 基于翘嘴鳜 67 个样本 Cytb 基因遗传距离构建 UPGMA 聚类树
CD：常德；XZ：星子；YG：余干；GZ：赣州；LS 陆水

5）群体的中性检验分析

利用各群体中线粒体 Cytb 基因进行中性检测分析，判断群体在早期和近期的自然选择作用。分析结果显示 Tajima's D 和 Fu's Fs 值均为负值且不显著（表 2-11），表明长江中游翘嘴鳜群体在历史上没有出现群体扩张，群体大小稳定，没有经受较大的选择压力。

表 2-11　Tajima's D 和 Fu's Fs 检验统计量

区域	地点	Tajima's D 检验	显著性	Fu's Fs 检验	显著性
鄱阳湖	星子	−0.934	>0.1	−1.26	>0.1
	余干	−0.164	>0.1	−1.607	>0.1
	赣州	−0.061	>0.1	−1.976	>0.1
洞庭湖	常德	−0.766	>0.1	−0.336	>0.1
陆水河	陆水水库	−0.324	>0.1	−2.65	>0.1
平均值		−1.317	>0.1	−7.141	>0.1

6）微卫星基因型的结构分析

基于微卫星标记对种群结构进行贝叶斯分析，当 $K=2$ 时，似然值最大，即 3 个区域的 5 个翘嘴鳜群体的遗传结构可分为 2 个类群，表现为洞庭湖和鄱阳湖的大多数样本明显聚成一支，而星子、余干和常德群体的个别样本及陆水群体的全部样本聚成另一支（图2-4），这与 $Cytb$ 分析结果不太一致，可能与这两种分子标记的不同突变率有关。

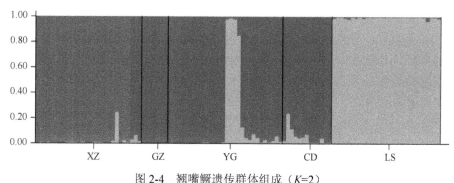

图 2-4　翘嘴鳜遗传群体组成（$K=2$）
CD：常德；XZ：星子；YG：余干；GZ：赣州；LS 陆水

（三）讨论

1. 群体的遗传多样性和遗传结构分析

本实验中，5 个翘嘴鳜野生群体的单倍型（h）和核苷酸多样性（π）变化范围分别为 0.818～0.909 和 0.002～0.003，其在 10 个微卫星位点上的等位基因数目为 6～13，平均观测杂合度（H_o）为 0.533～0.963，平均期望杂合度（H_e）为 0.771～0.897。上述线粒体 DNA 和微卫星分子标记的遗传多样性参数均显示，位于长江中游主要水域的翘嘴鳜野生群体均处于一个较高的遗传多样性水平，遗传资源十分丰富。这与近年来吴旭等（2010）、杨宇晖等（2010）和余帆洋（2011）等利用分子标记对翘嘴鳜野生资源调查研究的结果一致。长江翘嘴鳜野生群体一致保持高多态性的原因可能是，其野生群体有史以来就是一个大的有效群体，具有足够大的有效亲本数目，以保证群体在受到外界因素干扰后仍能够快速地恢复到原有水平。长江翘嘴鳜野生群体遗传资源丰富也为今后养殖产业发展以及人工育种提供了丰富的种质资源（DeWoody et al., 2000; Mccusker et al., 2010）。

本研究的数据显示长江中游翘嘴鲌种群（洞庭湖、鄱阳湖和陆水水库区域间）几乎不存在遗传分化现象：群体间两两对比的 F_{st} 值均无显著性差异（$P>0.05$），所有群体的总 Fst 值也非常小（$Cytb$ 基因：0.0129；微卫星位点：0.0892），且均无显著性。将群体分为陆水水库、鄱阳湖、洞庭湖 3 个区间来进行 AMOVA 分析时，也发现三个区域间的变异不显著（$F_{CT}=0.0036$，$P=0.306$）。同时在邻接法进化树的分析中，个体的 $Cytb$ 基因型并未显示出一个明显的亲缘地理学集群，而是在单倍型系谱分析中所有的单倍型随机地分散分布在各个聚类中，说明长江中游的野生翘嘴鲌群体之间基因交流十分频繁，各个支流和湖泊间也没有出现地理阻隔现象，同时也表明陆水水库群体、洞庭湖群体、鄱阳湖群体这三个群体在遗传上可以看成是一个大的野生群体——长江中游翘嘴鲌野生群体。

Ward 等（1994）认为，在淡水鱼同类物种的不同群体间，群体的遗传分化模式与其所在的栖息地间的物理隔离以及人类对栖息地环境的改造有紧密关系。同时，Charrier 等（2006）还认为，群体生态学特点和生殖模式对鱼类种群遗传结构也有很大影响。本实验所研究的翘嘴鲌种群，其在生态学上具有缺乏持久游泳能力、不善于长途迁移及受精卵漂浮在流水中等特点（李明锋，2010），因此认为翘嘴鲌野生群体间的基因交流易受物理隔离或水利因素的影响。地理上，鄱阳湖、洞庭湖和陆水水库通过长江干流相互联通，翘嘴鲌群体的受精卵可随水流分布到其他地区，这种种群混合模式在翘嘴鲌群体迁徙及群体间基因交流中扮演了重要的角色，通过这种有效的基因交流阻止了遗传分化的产生。

聚类分析结果显示,用两种分子标记聚类时个体分组结果不一致。对线粒体 DNA 进行邻接法建进化树时，所有个体被随机分到 3 大支中，然而对微卫星位点进行 Structure 分析时，个体被分到两个集群中，洞庭湖和鄱阳湖的大多数样本聚集成一组基因簇，而陆水水库所有样本都聚集到另一组基因簇中。这可能与两种分子标记的不同生物学特点有关。通常，每一代群体中微卫星位点的突变率为 $10^{-6}\sim10^{-2}$（Weber et al., 1993; Vázquez et al., 2000），这种高的突变率可以提高检测群体整体遗传分化的分辨率（Waples, 1998），并为研究种群近现代发生的变异事件提供线索（Borrell et al., 2012）。相比之下，突变率较慢的线粒体 DNA 序列分子标记可用来检测群体早期基因流的历史情况（Fauvelot et al., 2003）。因此，早期陆水水库、洞庭湖和鄱阳湖的翘嘴鲌野生群体间的基因交流十分频繁，无特殊遗传结构产生，是一个大的遗传单元。近期由于某种干扰导致陆水水库翘嘴鲌遗传结构发生改变，产生一个特别的基因簇。初步推测这种干扰是陆水水库水利建设活动而产生的，陆水水库于 19 世纪 60 年代初在陆水河上拦河建坝而成，而陆水河则是连接陆水水库和长江的唯一河流，所以建在陆水河上的大坝限制了陆水水库内翘嘴鲌群体与其他种群之间的交流。综上所述，这项研究中出现不同结果的可能原因是：①微卫星检测群体遗传分化的分辨率高；②线粒体标记无法检测近期遗传分化情况；③大坝阻碍了种群间基因流。此外，Tajima's D 和 Fu's Fs 统计学检验均不显著，表明翘嘴鲌野生种群处于遗传平衡状态，两种标记的分析结果都表明了长江翘嘴鲌群体现在没有受到选择压力。

2. 遗传资源和渔业管理

19 世纪 70 年代以来，人类对水环境的破坏和过度捕捞等活动，使得翘嘴鳜栖息地丧失严重，野生资源急剧退化。杨受保等研究表明，1956~1960 年，长江中下游洪湖中，野生翘嘴鳜捕获量占官方总渔获量的 5.0%，然而这个比例在 1981~1982 年下降至 0.2%（杨受保，2003）。尽管如此，本次研究中，利用微卫星和线粒体两种分子标记所检测的结果表明，长江中游翘嘴鳜野生群体仍处于较高的遗传多样性水平状态。可能的原因是，长江翘嘴鳜野生资源具有一个足够大的有效基本群体，能够在一定程度上抵御人为活动对群体遗传多样性的影响。

综上所述，为对翘嘴鳜渔业资源进行科学地保护和管理，建议将长江中游翘嘴鳜作为一个大的遗传单元进行统一管理和监护。同时，对长江中游不同地理区域翘嘴鳜群体及它们的栖息地环境进行更多关注，当其中一个区域翘嘴鳜野生资源受到损害时，可以通过从另一区域野生资源的迁徙来恢复影响（Iervolino et al.，2010）。微卫星标记用 STRUCTURE 软件分析暗示大坝阻碍了陆水水库翘嘴鳜群体和其他地理区域翘嘴鳜群体的基因交流，因此，也必须采取适当措施保证该地区野生资源与其他地区的基因交流。

二、翘嘴鳜华康 1 号遗传组成分析：长江中游翘嘴鳜与大眼鳜杂交渐渗现象研究

（一）引言

对自然界中种间杂交现象进行精细研究是十分必要的，它可阐明物种形成和适应性进化的过程（Mayr，1949）。近年来的许多研究表明，种间杂交对生物进化过程中的遗传多样性起到了重要作用（Arnold et al.，2010）。杂交种的高适应性使得其能够更容易、更快速地适应新环境，从而衍生出新的进化谱系。因此，一方面物种间的基因渐渗能够提高杂交种的遗传多样性和进化潜能；另一方面，远交衰退会促使杂交种不能独立生存或无法产生可育后代（Roberts et al.，2008）。

人类活动所带来的选择压力，如生态环境退化及外来种引入，已被证实会加快杂交现象发生（Vanhaecke et al.，2012）。当这些人为杂交种进入自然水体，将会打破原有生态平衡（Prado et al.，2012）。随着杂交种日益丰富，遗传信息相互渗透所产生的问题会越来越明显，包括杂交种的泛滥及自然物种原始遗传信息的流失。因此，对人为杂交种的管理将成为自然资源生物多样性保护研究所面临的一个重大挑战。

翘嘴鳜和大眼鳜无论在幼鱼还是成鱼期，其形态特征都有很多相似之处，单纯依靠形态学标记很难将两者完全区别。目前关于鳜类系统进化和地理分布研究均表明，翘嘴鳜和大眼鳜的亲缘关系非常密切，且有许多生态分布重叠区域，这使得两者的天然杂交现象成为可能，再加上人类活动如修建水库、人工养殖群体的逃逸等，大大提高了其杂交现象发生的频率。因此利用分子标记对天然水体中大眼鳜与翘嘴鳜野生资源进行种属鉴定及杂交现象检测是十分必要的。

本研究分为两个部分：①以纯种翘嘴鳜和纯种大眼鳜为模板，利用本实验室开发的 232 个微卫星位点进行筛选，从而获得种间特异性微卫星标记；其中纯种翘嘴鳜采自只分布有翘嘴鳜野生资源的黑龙江流域（解玉浩，2007），而纯种大眼鳜则采自只分布有大眼鳜野生资源的珠江流域（郑慈英，1984），采集的样品均参考《中国鱼类检索志》中对翘嘴鳜与大眼鳜形态学特征的描述进行确证。②分析长江中游地区翘嘴鳜与大眼鳜的天然种间杂交和基因渐渗情况。由于长江流域是翘嘴鳜与大眼鳜野生资源最大的生态分布重叠区，本次实验以长江地区采集到的翘嘴鳜和大眼鳜为研究对象，借助种间特异性微卫星标记研究翘嘴鳜和大眼鳜在该生态分布重迭区的种间杂交与基因渐渗情况。

（二）实验结果

1. 种间特异位点筛选

通过基因型分析，在 232 个微卫星位点中共筛选出 4 个在纯种大眼鳜和翘嘴鳜个体中具有种间特异性的微卫星位点，4 个位点在纯种个体中的基因型如图 2-5 所示，4 个种间特异微卫星位点的详细信息见表 2-12。从图 2-5 中可以看出这 4 个种间特异位点 SK565、FC058、FC095 和 FC105 在纯种大眼鳜个体中的特异条带分别为 160bp、158bp、175bp、151bp；而在纯种翘嘴鳜中的特异条带分别为 178bp、150bp、158bp、136bp。通过 4 个位点种间特异基因型，能够从分子水平上对翘嘴鳜和大眼鳜加以区分。

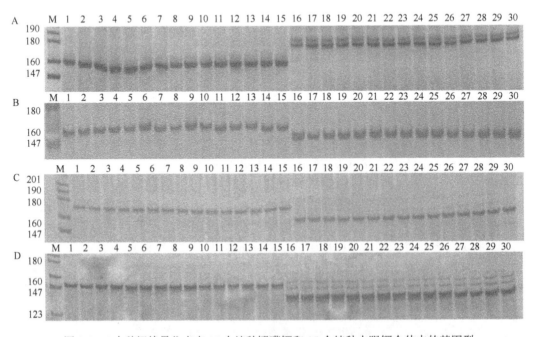

图 2-5 4 个种间特异位点在 15 个纯种翘嘴鳜和 15 个纯种大眼鳜个体中的基因型

A. 位点 SK565；B. 位点 FC058；C. 位点 FC095；D. 位点 FC105。M：Marker；1～15，大眼鳜纯种个体；16～30，翘嘴鳜纯种个体

表 2-12　4 个种间特异微卫星位点信息

位点	核心序列	上下游引物（5'→3'）	退火温度/℃	登录号
SK565	$(GT)_{12}$	F：TAGACGAGGGTATATGTGGA	58	JX503326
		R：GAGGGAAATGATGGACTACTAC		
FC0580	$(GT)_{24}$	F：CTCGTCAGGAAACGGTAAA	55	JX449065
		R：ATTTGAATGTATGAATGAAT		
FC095	$(CTC)_{10}$	F：TCTGACTACAGTTCAACAGG	58	JX449097
		R：ATCCCAAGAAATATGGAGGC		
FC105	$(CTC)_5N(CCT)_4$	F：CAGTTCAACAGGACTATGGG	58	JX449107
		R：GGAGGCGTTGAAGGAATAAT		

2. 杂交和基因渐渗个体分析

利用上述 4 个种间特异位点对采自长江的 101 个形态学上的翘嘴鳜个体和 170 个大眼鳜个体进行鉴定，通过所测样品在种间特异位点的基因型进行分析，部分样品的聚丙烯酰胺凝胶电泳图谱见图 2-6。形态学上认定为大眼鳜的群体中含有 4 个杂交 F_1 代个体，而形态学上认定为翘嘴鳜的群体中则没有发现杂交个体。基因渐渗个体在所采样品中也被检测到，共有 45 尾，占总采样量的 16%，其中形态学上认定为大眼鳜的群体中发现 42 个基因渐渗个体，而在形态学上认定为翘嘴鳜的群体中只发现 3 个基因渐渗个体。分析杂交和基因渐渗个体在各个流域中出现的比例，发现除湘江流域未检测到杂交个体外，其他 4 个地区（陆水水库、沅江、赣江、鄱阳湖）均检测到 1 个杂交个体；而基因渐渗个体则在各个采样区域均有分布，分布比例从 5.7% 到 30.4%。其中，陆水水库群体中所检测到的杂交渐渗个体比例最大（表 2-13）。

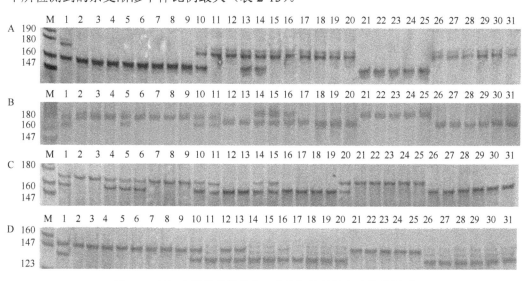

图 2-6　长江中游部分样品在 4 个种间特异位点中的基因型

A. 位点 SK565；B. 位点 FC058；C. 位点 FC095；D. 位点 FC105。M, Marker, 纯种翘嘴鳜：17~19, 26~31；纯种大眼鳜：2~3, 7~9, 21~25；种间渐渗个体：4~6, 11~16, 20；杂交个体：1, 10

表 2-13　长江中游样品详细信息　　　　　　　　　　（单位：尾）

采样流域	地点	形态学水平分析		分子水平分析		渐渗个体	杂交个体
		翘嘴鳜	大眼鳜	翘嘴鳜	大眼鳜		
陆水河	赤壁	12	30	10	16	15	1
	崇阳	16	21	16	11	9	1
沅水	沅陵	19	13	18	10	4	0
	常德	11	18	11	15	3	0
	怀化	15	20	15	16	3	1
	麻阳	6	9	6	7	2	0
湘江	湘潭	7	21	7	17	4	0
鄱阳湖	星子	3	8	3	8	0	0
	余干	5	19	5	16	2	1
赣江	赣州	7	11	7	8	3	0
总计		101	170	98	124	45	4

3. 遗传多样性和遗传结构分析

1）遗传多样性分析

利用上述种间特异位点将长江地区样品分为四个大群体：纯种翘嘴鳜群体、纯种大眼鳜群体、杂交 F_1 代群体和基因渐渗群体。利用 10 对微卫星引物对上述鉴定后的群体进行遗传多样性和遗传结构分析。遗传多样性参数分析表明，10 个微卫星位点在所有采样个体中共检测到 118 个等位基因，每个位点平均等位基因数为 11.8 个，各群体遗传多样性参数见表 2-14，群体间的 N_a 从 3.4 到 9.1，平均值为 6.2；H_o 为 0.334~0.741，平均值为 0.596；H_e 为 0.404~0.713，平均值为 0.583；位点的多态信息含量为 0.363~0.658，平均值为 0.513。在四个群体中，基因渐渗群体的平均 H_o、H_e 和 PIC 值最高（H_o：0.747；H_e：0.713；PIC：0.658），而纯种翘嘴鳜群体的平均 H_o、H_e 和 PIC 值最低（H_o：0.334；H_e：0.404；PIC：0.363）。

2）遗传分化和遗传距离

遗传分化指数 F_{st} 和遗传距离 Da 值显示，渐渗群体与纯种翘嘴鳜群体间亲缘关系较远（F_{st}：0.430；Da：1.227），而渐渗群体与杂交群体间亲缘关系较近（F_{st}：0.003；Da：0.091）。对四个群体间的遗传分化进行显著性分析，结果表明除杂交群体与渐渗群体间的遗传分化指数 F_{st} 值不显著外，其他群体间的遗传分化均达到显著水平（$P<0.05$）。AMOVA 方差分析显示，群体内部的遗传变异是群体变异的主要来源，占总变异的 67.65%，群体间的变异占总变异的 31.8%（表 2-14）。

3）遗传结构分析

STRUCTURE 软件获得的遗传结构图（图 2-7）显示，当 $K=2$ 时，纯种翘嘴鳜和纯种大眼鳜可以被准确地分成两个类群，而杂交个体和渐渗个体则均含有两个物种的遗传信息。根据 Nei's 遗传距离计算获得的群体间 NJ 聚类树，如图 2-8 所示，4

表 2-14　基于 10 个多态微卫星位点分析翘嘴鳜、大眼鳜、杂交群体和渐渗群体遗传变异、遗传分化距离和遗传距离统计量

组别	样品数目	等位基因数目 N_a	观测杂合度 H_o	期望杂合度 H_e	多态信息含量 PIC	遗传分化和遗传距离 F_{st}/Da	翘嘴鳜	大眼鳜	渐渗个体	杂交个体
翘嘴鳜	94	3.9	0.334	0.404	0.363	翘嘴鳜		1.227	0.351	0.495
大眼鳜	124	9.1	0.573	0.559	0.517	大眼鳜	0.430*		0.193	0.263
渐渗个体	45	8.2	0.747	0.713	0.658	渐渗个体	0.228*	0.101*		0.091
杂交个体	4	3.4	0.731	0.657	0.515	杂交个体	0.278*	0.092*	0.003	
变异来源		自由度		平方和			方差成分		变异百分比	
群体间		3		418.373			1.19802		31.38%	
群体内		538		1409.421			2.314		68.62%	
总计		541		1827.814			3.818			

注：*表示存在显著差异（$P<0.05$）

个群体被分为 2 个分支，纯种翘嘴鳜群体与杂交群体组成一个分支，而纯种大眼鳜群体则与基因渐渗群体组成另外一个分支。根据 Genetix 软件分析样品基因型得出主成分分析图（图 2-9）显示，纯种翘嘴鳜和纯种大眼鳜之间有很清晰的分离，而杂交和渐渗个体则居于两者之间，一部分渐渗个体较靠近纯种翘嘴鳜群体，而另一部分则较靠近纯种大眼鳜群体。

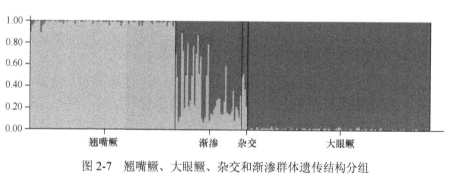

图 2-7　翘嘴鳜、大眼鳜、杂交和渐渗群体遗传结构分组

图 2-8　翘嘴鳜、大眼鳜、杂交和渐渗群体的 NJ 树聚类分析

（三）讨论

自然环境中种间杂交和渐渗现象会在同一地理环境下亲缘关系较近的两个物种中发生，这种现象先后在植物和动物中被检测到。对种间杂交和渐渗现象进行检测，是评

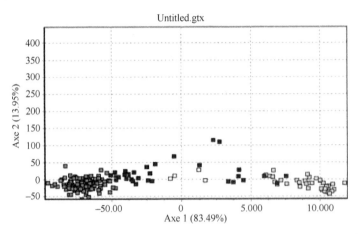

图2-9 翘嘴鳜（黄色）、大眼鳜（灰色）、杂交（白色）和渐渗（蓝色）群体的主成分分析图（另见彩图）

估杂交渐渗现象的重要环节。传统依靠形态学特征进行检测的过程往往比较复杂，且其准确性和可靠性也存在疑问。尤其对那些杂交后代与亲本经过多代回交后的渐渗群体，单纯依靠形态学特征进行鉴定十分困难（Allendorf et al.，2004）。并非所有的杂交和渐渗群体都具有其亲本物种的过渡表型特征（Baxter et al.，1997；Weigel et al.，2002）。然而，利用杂交亲本的种间特异分子标记来评估杂交渐渗现象，使复杂的难题简单化。目前，利用种间特异位点对杂交和渐渗个体进行检测的方法，已被应用于许多物种的种质资源保护研究，并被认为是一种高效准确的检测手段，为自然环境生物多样性研究提供了科学依据。

翘嘴鳜和大眼鳜，是鳜亚科鱼类中形态学最为相近的两个物种，两者在形态学上有很多相似之处，较难区分，因此利用形态学标记来检测两者的种间杂交和渐渗个体也存在很多困难。而本实验开发的4个翘嘴鳜-大眼鳜种间特异位点，弥补了形态学标记的不足，为这两个物种自然资源的科学监测和统计提供了有效的工具。

基于4个翘嘴鳜-大眼鳜种间特异位点，对长江流域样品进行遗传鉴定。结果表明在长江流域的陆水水库、沅江支流、湘江支流、鄱阳湖及赣江支流中均含有翘嘴鳜-大眼鳜种间基因渐渗个体，渐渗个体占所有个体的16%，这一比例高于Prado等（2012）所检测的两种长须鮠科鱼类在自然环境中的杂交渐渗比例，同时也高于Williams等（2007）所检测的野生虹鳟和克氏鳟在铜河三角洲中的杂交渐渗比例。翘嘴鳜-大眼鳜杂交渐渗现象在长江中游流域发生较为频繁，杂交渐渗个体在陆水水库流域中出现最为频繁，检测比例高达30.4%，大大高于其他采样地点，推测可能与陆水水库人工筑坝有关。陆水水库是由陆水河上进行人为筑坝而形成的，而陆水河则是陆水水库与长江其他流域进行连接的唯一渠道，大坝的形成阻碍了两侧地理区间内同种生物之间的交流，水利建设也使得许多生物的栖息地遭受破坏，从而导致种间杂交渐渗现象频发。

遗传多样性参数综合分析显示，基因渐渗群体具有最高的遗传多样性。之前的假说认为，由于杂交渐渗后代共享其亲本物种的遗传物质多态性，使得其具有高于纯种亲本物种的遗传多样性水平（Smith et al.，2003）。本实验微卫星多态性结果支持这一假说。

对四个群体的遗传距离和遗传分化的研究结果表明，纯种大眼鳜群体较纯种翘嘴鳜群体，与基因渐渗群体具有更近的遗传距离和更低的遗传分化。基于遗传距离 NJ 聚类树中，纯种大眼鳜群体与基因渐渗群体聚为一类，纯种翘嘴鳜群体则与杂交群体聚为一类。说明翘嘴鳜-大眼鳜在自然水体中的杂交渐渗现象并非是对称的，而是有一定方向性的发生杂交和基因渐渗。Scribner 等（2000）分析表明，在自然环境中，成熟的种间杂交子一代个体在回交过程中，会倾向于与种质资源更为丰富的亲本物种进行回交，从而导致了物种间基因渐渗的不对称性。20 世纪 70 年代以来，翘嘴鳜和大眼鳜的野生资源由于过度捕捞及水体污染等原因下降严重，而捕捞过程中，成熟的翘嘴鳜在体型上明显大于大眼鳜，使得其更易被捕获，相较于大眼鳜，其野生资源下降更为严重，因此翘嘴鳜-大眼鳜的杂交后代更易于与大眼鳜发生回交。

三、翘嘴鳜华康 1 号选育系遗传结构分析

（一）引言

目前，养殖鳜鱼大多由野生群体繁殖而来，尚未见新品种的相关报道。鳜鱼繁育单位对鱼类育种知识掌握不多，繁育过程中一味地追求数量，而忽视了对其质量的监控，从而导致鳜鱼重要性状（生长、抗病和适应性等）发生衰退（黄志坚，1999）。为扭转这个局面，从 2008 年起，华中农业大学水产学院梁旭方研究团队开始实施优质高产的翘嘴鳜培育计划，现已构建了华康 1 号翘嘴鳜新品系，其生长速度较未选育前提高了 20% 左右，选育结果较好。为使选育进一步完善，加快优良性状的稳定速度，该研究团队利用微卫星标记分析了华康 1 号品系 5 个世代的遗传多样性与群体遗传结构，以期为制定鳜鱼后续选育策略提供重要参考。

（二）研究结果

1. 5 个选育世代微卫星遗传多样性

分析 5 个选育世代（$F_1 \sim F_5$）个体中 13 个微卫星位点，分别检测到 79 个、72 个、55 个、66 个和 64 个等位基因，如表 2-15 所示。随着选育不断深入，衡量遗传多样性的各项参数均出现下降趋势，反映出选育群体基因纯合程度越来越趋向稳定。

2. 世代间等位基因频率变化

通过计算 10 个微卫星位点在 5 个选育群体 150 个个体等位基因的频率，以了解 5 个选育世代间基因频率变化情况。10 个微卫星位点中，等位基因频率变化可分两类：①基因频率随着选育过程下降，如 YW9-235 和 YWAP34-23-246（后缀数字表示所对应位点的等位基因；图 2-10），在选育初期 F_1 的基因型频率较高，随着选育进行，基因型频率有一定程度的下降；②在选育中呈现无规律变化，即基因型频率在各个选育世代中上下波动或几乎不变。

3. 世代间的遗传距离和遗传遗传相似性

表 2-16 是通过 Popgene 软件计算 F_1 代到 F_5 代的遗传距离和遗传相似性结果，随着选育世代递增，遗传距离逐渐增大，而世代之间遗传相似性随着选育世代递增而减小。

表 2-15　翘嘴鳜 5 个群体的平均遗传多样性结果

世代	N_e	N_a	H_o	H_e	PIC
F_1	3.4445	7.9000	0.7100	0.6565	0.6041
F_2	2.8175	7.2000	0.6368	0.6001	0.5507
F_3	2.5592	5.5000	0.5564	0.5508	0.4907
F_4	2.7458	6.6000	0.5342	0.5873	0.541
F_5	2.9080	6.4000	0.4972	0.5959	0.5525

N_e 表示有效等位基因的平均值；N_a 为等位基因数平均值；H_o 表示观测杂合度的平均值；H_e 表示期望杂合度的平均值；PIC 为多态信息含量的平均值。

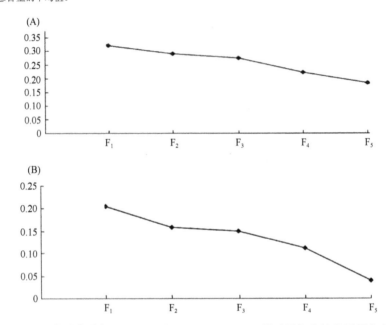

图 2-10　5 个选育世代 YW9-235 和 YWAP34-23-246 微卫星位点的基因频率变化
A. 微卫星位点 YW9-235；B. 微卫星位点 YWAP34-23-246

表 2-16　F_1～F_5 群体的 Nei's 遗传距离（对角线下）及遗传相似性系数（对角线上）

世代	F_1	F_2	F_3	F_4	F_5
F_1		0.9248	0.9070	0.9008	0.8803
F_2	0.0782		0.9462	0.9232	0.9083
F_3	0.0976	0.0553		0.9570	0.9605
F_4	0.1045	0.0799	0.0440		0.9632
F_5	0.1275	0.0961	0.0403	0.0345	

4. 世代间聚类图构建

以表 2-16 的遗传距离数据为计算依据，采用 MEGA 软件的 UPGMA 法构建 F_1～F_5 代选育群体的聚类图，F_1～F_5 代的遗传距离逐渐增大，而遗传相似性逐渐减小（图 2-11）。

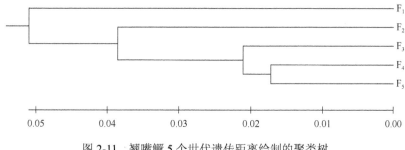

图 2-11 翘嘴鲌 5 个世代遗传距离绘制的聚类树

5. 世代间分子方差分析

在表 2-16 数据的基础上进一步分析 5 个世代分子方差，了解不同世代遗传变异和遗传分化程度。世代间的遗传变异占总遗传变异的 3.64%，世代个体内的遗传变异占总变异量的 96.36%，所以不同世代遗传变异主要来自于相同世代的个体之间，而世代之间的遗传变异则比较稳定（表 2-17）。

表 2-17 5 个世代的分子方差分析

变异来源	自由度	平方和	方差组分	变异比例
群体间	4	46.467	0.112 95	3.64
群体个体间	377	1128.168	2.992 49	96.36
总和	381	1174.644	3.105 43	100.00

6. 世代间遗传分化指数比较

表 2-18 表示 5 个翘嘴鲌选育世代群体间的遗传分化指数数据结果，由表可知遗传分化程度在邻近选育世代之间逐渐减小，说明后代群体中遗传结构趋向稳定。

表 2-18 5 个选育世代间遗传分化指数的（F_{st}）数值的比较

世代	F_1	F_2	F_3	F_4	F_5
F_1					
F_2	0.037 96				
F_3	0.044 94	0.020 91			
F_4	0.053 15	0.037 66	0.014 52		
F_5	0.073 93	0.054 00	0.018 79	0.009 68	

（三）讨论

华康 1 号品系是采用常规人工选择培育多年而来，相比常规生产用苗种，上市规格一致性较好，生长速度较快。但随着选育的深入可能会引起种群遗传多样性降低，种质退化现象，因此在选育同时有必要进一步监测选育群体的遗传变异情况，为下一步翘嘴鲌人工选育提供理论指导。

目前，已报道鱼类选育世代群体遗传结构检测（叶少军等，2009；Zheng et al.，2007；

张天时等，2008；李思发等，2006；颉晓勇等，2007），但在翘嘴鳜相关选育群体间的遗传变异监测尚未有相关报道。本实验研究中，发现每个微卫星位点存在 5～30 个等位基因数，平均等位基因数为 11 个，而多态信息含量、观测杂合度及期望杂合度较高，说明经多代人工选育后选育群体的多态性水平提高，按照 Barker 等（1994）选择和使用微卫星位点的参考标准，若对选育群体遗传结构的评估有较强说服力，每个微卫星位点等位基因的数量至少等于 4 或在 4 以上。这 10 个微卫星位点基本符合以上标准，所以能很好应用于翘嘴鳜选育群体遗传多样性评估。

翘嘴鳜连续 5 个世代选育群体的基因水平多样性可能会因选育对群体基因库进行选择而在一定程度上降低，导致群体适应性下降的另一个重要原因是适应性相关基因位点多样性的降低，稳定的选育性状及品种特性形成的基础是目标性状相关基因的纯合化。因此，处理好目标性状相关基因纯合度与适应性相关性基因多样性的平衡关系在育种实践中十分重要。本研究中，随着选育的进行，YW9-235 和 YWAP34-23-246 两种基因的基因频率呈现规律变化，表明选育压力对这种变化有重要影响。这两个基因位点可能是与选育性状相关基因紧密连锁的位点，遗传上可能与选育性状呈负相关性。

研究结果表明，衡量遗传多样性的关键参数随着选育世代群体的深入有一定程度的下降，反映出选育世代群体遗传结构逐步变稳定。与此同时，经过连续 5 个世代的选育，F_5 代群体的 H_o 和 H_e 分别为 0.4972 和 0.5959，表明 F_5 代选育群体还保持比较高的遗传多样性。

人工的选择压力能使育种群体遗传结构得到一定程度的改变。由表 2-18 可以知道，F_1～F_5 代遗传分化现象呈逐渐减小趋势，而群体 F_1 代与 F_5 代之间的遗传分化指数达弱分化水平（$0<F_{st} = 0.03796<0.05$）。

通过 Popgene 软件计算 F_1～F_5 代的遗传距离和遗传相似性，由表 2-16 可知，随着选育世代遗传距离逐渐增大，世代间遗传相似性递增。这与翘嘴鳜多代选育后的表型结果基本吻合，表明人工选择压力使育种群体遗传结构得到一定程度的改变，使之向人们所需要的经济性状方面发展，选育群体遗传结构趋向稳定，最终形成遗传稳定的新品系或新品种。

研究中所用的繁育亲本是由江河湖泊捕捞或大型养殖场挑选出的优良翘嘴鳜个体，通过微卫星标记对全国野生翘嘴鳜群体进行遗传多样性分析，发现遗传多样性较高野生翘嘴鳜群体，是开展翘嘴鳜人工选育优良的基础材料。从 F_1 到 F_5 代翘嘴鳜的选育群体每代中挑选体质健壮、体型较好、规格较大的优良个体作为繁育亲本，繁殖的子代在生长性状方面表现优异。各世代间的遗传变异，同一世代个体间的遗传变异占大部分，不同世代间的占少部分（表 2-15），与 F_1 代群体相比，F_5 代群体依然留有 70% 左右的遗传变异量（F_5 的多样性指标数值与 F_1 值做对比），说明 F_5 代群体选育潜力依然存在。尽管如此，若进一步选育会继续降低选育群体的遗传多样性，而太低的遗传多样性可能导致近交衰退。基于对生长性状和遗传多样性的综合评估，F_5 世代是进行商业鱼推广较好的繁育亲本。

四、华康 1 号新品种

（一）品种基本信息

1. 亲本来源

2005 年从江西鄱阳湖、湖南洞庭湖和湖北长江中游挑选体型标准、健康无病、体重大于 0.75kg 的野生翘嘴鳜 1800 尾（雌雄各半），构建基础群体，保存于广东省清远市清新县宇顺农牧渔业科技服务有限公司养殖基地。

2. 培育过程

（1）2005~2006 年对 1800 尾翘嘴鳜基础群体进行亲本培育。2006~2010 年以生长速度为选育指标，采用群体选育法进行选育。每代实验鱼在 10cm 左右时进行初选，长至 500g 左右时选留生长快、体型好、规格齐整的健壮个体，每代总选择强度为 5%左右。至 2010 年，获得第 5 代（图 2-12），命名为翘嘴鳜华康 1 号。

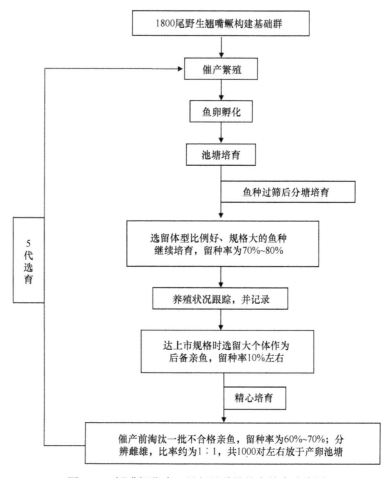

图 2-12 翘嘴鳜华康 1 号新品种的培育技术路线图

(2) 2006~2010 年在清远市清新县宇顺农牧渔业有限公司石角养殖基地同池条件下进行 F_1~F_5 代选育系养殖对比试验，试验结果表明，翘嘴鳜 5 个世代选育系相比对照组，其生长速度累代增加，增长率依次为 2.38%、5.30%、11.51%、17.34%和 20.79%。

(3) 2011~2013 年连续三年在广东省清远市清新县宇顺农牧渔业科技服务有限公司草塘、石角、山塘养殖基地同等养殖条件下，进行了翘嘴鳜华康 1 号 6 个月养殖对比试验，试验结果表明，翘嘴鳜华康 1 号相比普通翘嘴鳜，其生长速度分别提高了 20.39%、18.86%和 21.32%。三年生产对比试验表明翘嘴鳜华康 1 号具有明显的生长优势。

(4) 2010~2013 年，翘嘴鳜华康 1 号已培育种苗超过 1 亿尾，分别在广东和湖北等翘嘴鳜主要养殖区进行规模化试验养殖，依据总产量估算翘嘴鳜华康 1 号生长速度提高了 18.54%~20.11%。

3. 主要性状

翘嘴鳜华康 1 号生长速度快，个体间差异小，历年小试和中试结果表明翘嘴鳜华康 1 号在同等养殖条件下，相比普通养殖翘嘴鳜生长速度提高了 18.54%以上。经过 5 个连续世代选育，翘嘴鳜华康 1 号依然保持较高的遗传多样性，4 个种间特异位点检测结果表明翘嘴鳜华康 1 号剔除了天然杂交渐渗产生的大眼鳜遗传物质，从而在遗传组成上得到了纯化，体侧具有较明显的暗棕色垂直带纹和斑块。

4. 主要优点

优点：翘嘴鳜华康 1 号生长速度快，历年小试和中试结果表明翘嘴鳜华康 1 号在同等养殖条件下，相比普通养殖翘嘴鳜生长速度提高了 18.54%以上；规格齐整，体重变异系数下降了 40.54%以上。

(二) 翘嘴鳜基础群体的建立

2005 年项目组在通威股份有限公司及其子公司的支持下从江西鄱阳湖、湖南洞庭湖和湖北长江中游挑选体型标准、健康无病、体重大于 0.75kg 的野生翘嘴鳜各 1800 尾（雌雄各半），构建选育基础群体。该基础群的构建为下一步翘嘴鳜的遗传改良及新品种培育奠定了基础。

1. 长江中游翘嘴鳜野生群体遗传多样性分析

选择育种是对一个原始材料或品种群体实行有目的、有计划地反复选择淘汰，进而分离出几个有差异的系统。将这样的系统与原始材料或品种比较，使一些经济性状表现显著优良而又稳定，形成新的品种，因此，原始材料或品种群体需较高的遗传变异，即具有较高的遗传多样性。

为对基础群体的选育潜力进行评估，项目组使用线粒体 $Cytb$ 基因和 10 个微卫星位点（表 2-19）对上述基础群 3 个野生翘嘴鳜群体的遗传多样性进行分析，分析结果见表 2-20 和表 2-21。

表 2-19 10 个微卫星标记信息

位点	登录号	重复基序	引物序列（5'→3'）	退火温度/℃
HX40	JQ804657	$(TG)_{27}$	F: CTTCAAACAGCTCCTACAG R: ACTGAAGTCCTACTTATCTCAA	58
HX41	JQ804659	$(GT)_{58}$	F: AAAATGCAGGCAGAAAAG R: AGACTTGTGTATGGATGTGTAT	55
HX44	JQ804661	$(TG)_{26}$	F: AATCACCAACTAAATCCCTA R: AGGCTGTACATAATTGATTG	54
HX49	JQ804680	$(TG)_{10}G(GT)_{29}$	F: AGACCAACCACTAATCACTAC R: ATGGAGACAGACATAGACATA	59
HX58	JQ804702	$(TG)_{45}$	F: GTCAGAAGGGTTATATTGTATG R: ATGATAACTTTGGCTTGTG	55
HX64	JQ804713	$(CA)_{32}$	F: TAAATGCACGACTTCTATACTC R: CACCTTGCATAGCTCAAT	55
HX67	JQ804722	$(CA)_{35}$	F: ACATTCATGCATTCTCTCT R: TTGCCATAGAGGTCAAGTGT	55
EST06	KC888025	$(TG)_{27}$	F: GTGCCTACTGTGGCATGAAAT R: ATGCAATCTTAGCAGCCTTGA	61
EST14	KC888026	$(TAA)_{10}N(AAC)_{5}$	F: ATGGTGTCCCTTGCTGATAAAA R: ATTAGTTGTTTGTCCCGCTGAG	63
EST15	KC888027	$(GT)_{20}$	F: GCCTGAGATATTAACTGCACGA R: ATGTGGCAATGGTTTACTGATG	63

表 2-20 基于微卫星标记分析长江中游翘嘴鳜野生群体遗传多样性

采样点	平均观测杂合度	平均期望杂合度	平均多态信息含量
江西鄱阳湖	0.8862	0.8051	0.7727
湖南洞庭湖	0.8692	0.7514	0.6823
湖北长江中游	0.8414	0.7612	0.705

表 2-21 基于线粒体 *Cytb* 基因分析长江中游翘嘴鳜野生群体遗传多样性

采样点	突变位点数	单倍型数	单倍型多态度
江西鄱阳湖	16	11	0.864
湖南洞庭湖	13	7	0.818
湖北长江中游	12	11	0.905

线粒体 *Cytb* 基因和 10 个微卫星位点对基础群体的分析结果表明我们构建的基础群体具有较高的遗传多样性，是进行翘嘴鳜群体选育很好的基础群体。

2. 翘嘴鳜华康 1 号群体选育

1）翘嘴鳜重要经济性状遗传参数的测定

遗传力大小是影响鱼类选择的一个重要因素。遗传力是某一性状为遗传因子所影响及能为选择改变程度的度量，亦即某一性状从亲本传递给后代的相对能力。一般是遗传力高的性状选择容易，而遗传力低的性状较难。因此，研究和掌握鱼类经济性状遗传力大小，可为选择育种所用。

项目组采用成对交配法，利用 20 个雄性翘嘴鳜与 20 个雌性翘嘴鳜建立 20 个全同胞家系，用单性状动物模型估计体重和体长的遗传力（表 2-22）。

表 2-22　遗传力（$h^2±S.D.$）

指标	4 月龄体重	6 月龄体重	4 月龄体长	6 月龄体长
遗传力	0.30±0.03	0.27±0.02	0.32±0.02	0.27±0.02

鱼类遗传力的大小大致可以分为三个等级：遗传力在 0.4 以上属高遗传力，遗传力在 0.2~0.4 属中遗传力，遗传力小于 0.2 的属低遗传力。研究结果显示翘嘴鳜体重和体长的遗传力属中游水平，因此采用群体选育是进行翘嘴鳜育种的一种有效方法。

体重增加是众多水产动物遗传改良的目标之一，然而在实际鱼类育种中，体重受到环境影响较大，且变异系数较高，直接选择难以取得预期效果；另外，育种过程中长期维持大量家系，受到实验条件限制，同时增大养殖成本，因此对选育品系进行提前筛选具有重要意义。量化形态学性状对体重的影响，并对重要性状进行间接选育不仅能够加速育种进程，达到较好的育种效果，而且还可以提前进行筛选，节约养殖成本。

使用电子天平和数显卡尺分别测量了 3 个翘嘴鳜养殖群体（佛山市九江华记购买翘嘴鳜、清远市宇顺农牧渔业科技服务有限公司草塘和石角基地养殖翘嘴鳜）的体重、全长、体长、体高、头长、眼径、尾长、尾柄长和尾柄高这 9 个性状，并利用相关性分析方法分析了这 9 个性状间的相关系数。

结果表明，与体重相关性最高的形态学指标为体长，二者间相关系数达 0.996（表 2-23）。因此，选育过程中可通过体长对体重进行辅助筛选。

表 2-23　翘嘴鳜 9 个生长相关性状间的相关系数

性状	体重	全长	体长	体高	头长	眼径	尾长	尾柄长	尾柄高
体重	1.000								
全长	0.953**	1.000							
体长	0.996**	0.957**	1.000						
体高	0.869**	0.827**	0.869**	1.000					
头长	0.600**	0.545**	0.614**	0.553**	1.000				
眼径	0.262*	0.241*	0.257*	0.215*	0.234*	1.000			
尾长	0.331**	0.457**	0.339**	0.244**	0.247**	0.240*	1.000		
尾柄长	0.297**	0.283**	0.300**	0.175	0.191	0.021	0.497**	1.000	
尾柄高	0.445**	0.502**	0.448**	0.510**	0.381**	0.205	0.658**	0.407**	1.000

*表明相关系数为显著水平（$P<0.05$），**表明相关系数为极显著水平（$P<0.01$）。

鱼类体长与体重关系是鱼类生物学研究的重要内容，可通过两者的相互关系把体长换算成体重、估算体重-年龄关系式，提供考察肥满度等指标，已在群体生长研究中得到广泛应用。上述研究表明体长是影响翘嘴鳜体重重要的形态学性状，两者关系式的建立可为预测翘嘴鳜群体生长提供重要参考。项目组测量了 333 尾 2~6 月龄翘嘴鳜体重与体长，并利用 SPSS17.0 软件进行曲线拟合构建体长-体重关系式。

对 333 尾 2~6 月龄翘嘴鳜体重与体长的测量结果进行生长曲线拟合（图 2-13），获得体长-体重关系式：$W=2.58\times10^{-2}L^{2.9985}$（$R^2=0.994$），呈幂函数正相关。

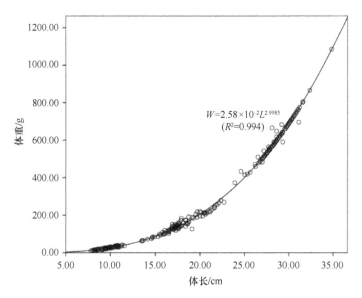

图 2-13 翘嘴鳜早期阶段的体长-体重关系

2）翘嘴鳜华康 1 号群体选育过程及效果评估

翘嘴鳜华康 1 号是以长江中游 3 个野生翘嘴鳜群体（1800 尾）为基础群体，采用群体选育的方法，经过 5 代连续选育而成。选育过程中，每代种鱼在 10cm 左右时进行初择，初择率为 70%~80%，至商品鱼时选留生长快、体型好、规格齐整的健壮个体作为下一世代繁育的亲鱼（亲鱼主要保种在广东省清远市清新县宇顺农牧渔业科技服务有限公司和通威股份有限公司湖北分公司仙桃养殖基地），总选择强度为 5% 左右。翘嘴鳜华康 1 号整个选育过程如下：

2005 年 7 月，项目组从江西鄱阳湖、湖南洞庭湖和湖北长江中游挑选体型标准、健康无病、体重大于 0.75kg 的野生翘嘴鳜 1800 尾（雌雄各半），构建基础群体，并将其保存在广东省清远市清新县宇顺农牧渔业科技服务有限公司石角养殖基地 6 号塘（6667m²）进行亲本培育。

2006 年 4 月在广东省清远市清新县宇顺农牧渔业科技服务有限公司石角翘嘴鳜养殖基地构建 F_1 选育系，随机挑选 48 000 尾个体在该基地 3 号塘（4002m²）进行养殖，待体长达到 10cm 左右时进行初选，至 500g 左右选留生长快、体型好、规格齐整的健壮个体，最终保留 2 代亲鱼 2200 尾（雌雄各半），进行亲本培育。

收集同一天孵出的选育组和对照组（普通翘嘴鳜）鱼苗，等密度分别放养于条件相同的网箱中培育。待试验鱼长至 10cm 左右时，从选育组和对照组中各随机取 90 尾，采用不同荧光标志分别对两组鱼进行标记,将标记后的试验鱼放入同一池塘中进行培育,至商品鱼时,测量体重和体长等生长性状,从而进行 F_1 代与对照组的养殖性能对比试验。试验用鱼前期投喂鲮鱼,后期投喂花白鲢、鳙鱼和草鱼补充,每日投喂量为鱼体重的 10%~15%,试验期间池塘的水化状况基本稳定。对比试验结果表明 F_1 代选育组的生长速度比对照组快 2.38%(表 2-24)。

表 2-24　翘嘴鳜选育系 F_1 代与对照组生长速度的比较

生产性能	翘嘴鳜选育系 F_1 代	普通养殖翘嘴鳜
体长/cm	31.23±4.31	30.95±6.75
体重/g	517.29±80.68	505.26±103.68

2007 年 4 月在广东省清远市清新县宇顺农牧渔业科技服务有限公司石角翘嘴鳜养殖基地构建 F_2 选育系,随机挑选 35 000 尾个体在该基地 1 号塘($6667m^2$)进行养殖,10cm 左右时进行初选,至 500g 左右选留生长快、体型好、规格齐整的健壮个体,最终保留 3 代亲鱼 1900 尾(雌雄各半),进行亲本培育。

F_2 代与对照组的养殖性能对比试验方法同上,表明 F_2 代选育组的生长速度比对照组快 5.30%(表 2-25)。

表 2-25　翘嘴鳜选育系 F_2 代与对照组生长速度的比较

生产性能	翘嘴鳜选育系 F_2 代	普通养殖翘嘴鳜
体长/cm	32.03±4.18	31.35±6.34
体重/g	544.87±81.61	517.45±115.27

2008 年 4 月在广东省清远市清新县宇顺农牧渔业科技服务有限公司石角翘嘴鳜养殖基地构建 F_3 选育系,随机挑选 45 000 尾个体在该基地 3 号塘($4002m^2$)进行养殖,10cm 左右时进行初选,至 500g 左右选留生长快、体型好、规格齐整的健壮个体,最终保留 4 代亲鱼 2100 尾(雌雄各半),进行亲本培育。

F_3 代与对照组的养殖性能对比试验方法同上,表明 F_3 代选育组的生长速度比对照组快 11.51%(表 2-26)。

表 2-26　翘嘴鳜选育系 F_3 代与对照组生长速度的比较

生产性能	翘嘴鳜选育系 F_3 代	普通养殖翘嘴鳜
体长/cm	32.93±4.03	30.95±6.43
体重/g	566.00±81.61	507.58±105.72

2009 年 4 月在广东省清远市清新县宇顺农牧渔业科技服务有限公司石角翘嘴鳜养殖基地构建 F_4 选育系,随机挑选 46 000 尾个体在该基地 1 号塘($6667m^2$)进行养殖,10cm 左右时进行初选,至 500g 左右选留生长快、体型好、规格齐整的健壮个体,最终保留 5 代亲鱼 2100 尾(雌雄各半),进行亲本培育。

F_4 代与对照组的养殖性能对比试验方法同上,表明 F_4 代选育组的生长速度比对照组快 17.34%（表 2-27）。

表 2-27　翘嘴鳜选育系 F_4 代与对照组生长速度的比较

生产性能	翘嘴鳜选育系 F_4 代	普通养殖翘嘴鳜
体长/cm	33.46±4.62	31.95±6.67
体重/g	611.06±84.26	520.76±112.34

2010 年 4 月在广东省清远市清新县宇顺农牧渔业科技服务有限公司石角翘嘴鳜养殖基地构建 F_5 选育系，随机挑选 47 000 尾个体进行养殖，10cm 左右时进行初选，至 500g 左右选留生长快、体型好、规格齐整的健壮个体，最终保留亲鱼 2000 尾（雌雄各半），进行亲本培育。

F_5 代与对照组的养殖性能对比试验方法同上，表明 F_5 代选育组的生长速度比对照组快 20.79%（表 2-28）。

表 2-28　翘嘴鳜选育系 F_5 代与对照组生长速度的比较

生产性能	翘嘴鳜选育系 F_5 代	普通养殖翘嘴鳜
体长/cm	33.68±4.49	32.39±6.73
体重/g	635.80±83.69	526.37±121.46

五个选育世代在商品规格时的生长性能对比试验结果见图 2-14，结果显示，相比对照组 F_1～F_5 代的生长速度逐年增高，F_5 代生长速度增长了 20.79%，取得了好的选育效果。

3. 翘嘴鳜华康 1 号生长性能比较试验

项目组于 2011～2013 年在广东省清远市清新县宇顺农牧渔业科技服务有限公司草塘、石角、山塘养殖基地，进行为期 6 个月的翘嘴鳜华康 1 号生产性能养殖对比试验。养殖 6 个月后，同等养殖条件下试验组和对照组随机抽取 3 个池塘，计算试验组和对照组的平均存活率。随机抽取试验组和对照组翘嘴鳜各 100 尾，测量其体重和体长数据，用于比较生产速度和计算产量。三年翘嘴鳜华康 1 号与对照组养殖生产性能比较结果见表 2-29～表 2-31。

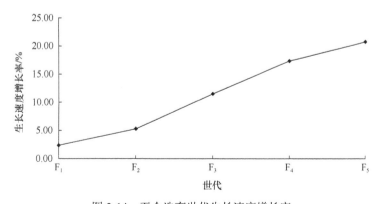

图 2-14　五个选育世代生长速度增长率

表 2-29　翘嘴鳜华康 1 号与对照组 2011 年养殖生产性能比较

生产性能	翘嘴鳜华康 1 号	普通养殖翘嘴鳜
体长/cm	33.73±4.31	31.95±6.75
体重/g	668.47±80.68	555.26±113.68

表 2-29 结果显示，翘嘴鳜华康 1 号与普通翘嘴鳜体长分别为（33.73±4.31）cm 和（31.95±6.75）cm，体重分别为（668.47±80.68）g 和（555.26±113.68）g，比较结果表明翘嘴鳜华康 1 号生长速度提高了 20.39%，体重变异系数下降了 41.05%。

表 2-30 结果显示，翘嘴鳜华康 1 号与普通翘嘴鳜体长分别为（36.87±4.39）cm 和（33.28±6.37）cm，体重分别为（774.30±90.58）g 和（651.42±128.17）g，翘嘴鳜华康 1 号生长速度提高了 18.86%。

表 2-30　翘嘴鳜华康 1 号与对照组 2012 年养殖生产性能比较

生产性能	翘嘴鳜华康 1 号	普通养殖翘嘴鳜
体长/cm	36.87±4.39	33.28±6.37
体重/g	774.30±90.58	651.42±128.17

表 2-31 结果显示，翘嘴鳜华康 1 号与普通翘嘴鳜体长分别为（36.31±4.34）cm 和（32.92±6.18）cm，体重分别为（745.34±87.86）g 和（614.35±123.41）g，翘嘴鳜华康 1 号生长速度提高了 21.32%。

表 2-31　翘嘴鳜华康 1 号与对照组 2013 年养殖生产性能比较

生产性能	翘嘴鳜华康 1 号	普通养殖翘嘴鳜
体长/cm	36.31±4.34	32.92±6.18
体重/g	745.34±87.86	614.35±123.41

综上所述，连续 3 年养殖对比试验结果均表明，翘嘴鳜华康 1 号的生长速度和齐整度较对照组普通养殖翘嘴鳜有明显地提高。

4. 翘嘴鳜华康 1 号生长性状相关 SSR 和 SNP 优势基因型富集

标记-性状连锁分析是根据标记位点的基因型以及数量性状的表型对个体进行显著性检验，差异显著则说明标记与数量性状存在关联。因此，如果群体性状差异显著，可通过标记与性状相关分析，若显著相关，即存在数量性状位点，可实现表型到基因型选择育种，达到标记辅助选择育种的目的。

1）翘嘴鳜华康 1 号生长性状相关微卫星标记优势基因型富集

2012 年，项目组在广东省清远市清新县宇顺农牧渔业科技服务有限公司养殖基地采用 10♀×10♂繁殖方式获得翘嘴鳜全同胞家系，经过 4 个月的同塘养殖，随机挑选 111 尾个体用于标记-性状关联性分析。测量性状有体重、体长和体高，经 SPSS19.0 软件检验，表明这些性状符合正态分布，是随机群体。项目组利用 59 个微卫星标记对上述随机群体进行生长性状的关联性分析，结果共获得 6 个与生长性状呈显著或极显著相关的微卫星位点，其不同基因型与体重、体长和体高的多重比较结果列于表2-32。

表2-32 显著（或极显著）相关位点不同基因型与体重、体长和体高的多重比较

位点	基因型及等位基因大小	个体数	体重	全长	体高
SC10	AA（230 230）	55	606.939±9.630 ^{a}	28.760±2.103 ^{a}	10.675±0.849 ^{a}
	AB（230 256）	34	705.165±12.248 ^{A}	30.703±2.484 ^{A}	11.338±0.729 ^{A}
	AC（256 276）	22	637.425±15.226 ^{a}	28.849±1.439 ^{a}	10.644±0.722 ^{a}
SC52	AD（204 233）	42	624.646±85.887 ^{a}	28.669±1.932 ^{b}	10.818±0.780 ^{a}
	BC（211 220）	29	655.647±85.243 ^{a}	29.759±2.222 ^{a}	10.959±0.838 ^{a}
	CE（220 252）	36	645.856±75.940 ^{a}	29.636±2.538 ^{a}	10.766±0.916 ^{a}
Sin135	AA（263 263）	41	593.581±78.796 ^{A}	28.590±2.219 ^{a}	10.591±0.941 ^{a}
	AB（263 275）	34	650.628±71.422 ^{a}	29.573±1.736 ^{ab}	10.784±0.729 ^{Aa}
	BC（275 290）	36	681.197±77.006 ^{a}	29.885±2.714 ^{b}	11.237±0.757 ^{Ab}
Sin166	AA（215 215）	24	652.358±70.571 ^{a}	28.984±1.831 ^{c}	10.679±0.608 ^{a}
	AB（215 224）	29	578.601±74.228 ^{A}	28.320±2.511 ^{ac}	10.392±0.999 ^{a}
	AC（215 234）	27	656.727±88.072 ^{a}	29.704±2.415 ^{ab}	11.110±0.795 ^{A}
	CC（234 234）	31	684.288±58.772 ^{a}	30.371±1.805 ^{b}	11.263±0.616 ^{A}
AP 34-23	AC（238 255）	30	734.732±40.656 ^{a}	30.515±2.620 ^{a}	11.331±0.739 ^{a}
	BD（247 262）	57	638.877±50.369 ^{a}	29.463±1.739 ^{b}	10.873±0.714 ^{A}
	DE（262 276）	24	538.443±45.984 ^{A}	27.731±2.085 ^{A}	10.295±0.918 ^{B}
AP 35-43	AE（259 343）	4	667.906±122.746 ^{a}	27.970±2.950 ^{AB}	10.937±0.636 ^{ab}
	BB（279 279）	65	651.145±81.074 ^{a}	29.834±2.043 ^{A}	11.041±0.837 ^{a}
	BC（279 312）	7	596.292±70.744 ^{a}	28.720±1.581 ^{AB}	10.368±0.713 ^{b}
	BD（279 326）	15	624.952±76.640 ^{a}	27.984±2.252 ^{B}	10.472±0.741 ^{b}
	BE（279 343）	15	644.458±95.391 ^{a}	29.743±2.895 ^{A}	10.724±0.962 ^{ab}

注：相同小写字母表示两种基因型差异不显著（$P>0.05$）；不同小写字母表示差异显著（$P<0.05$）；含有不同大写字母表示差异极显著 $P<0.01$）。

为了验证上述所获得的6个与生长性状呈显著或极显著相关微卫星位点的可靠性，项目组分别从每个世代中随机挑选30尾翘嘴鳜个体作为样本，筛选在选育中得到富集的优势基因型，为后续翘嘴鳜优良品种培育提供可靠的分子标记，加速育种。

6个与生长正相关的微卫星位点中，发现1个微卫星位点的优势基因型［SC10（230/256）］随着选育进行呈现富集现象（图2-15），可作为分子标记辅助后续选育工作的开展。

2）翘嘴鳜华康1号生长性状相关SNP标记优势基因型富集

生长激素（GH）是由脊椎动物脑垂体分泌的一种单链多肽激素，具有促进食欲、调节生长和提高饲料转化率的作用，项目组在广东省清远市清新县宇顺农牧渔业科技服务有限公司养殖基地随机搜集一龄翘嘴鳜282尾，分别测量其体重、体长和体高等生长指标，并以此随机群体为研究对象，筛选 GH 基因序列（GenBank 登录号：EF205280）上与生长性状相关的SNP位点，以期为翘嘴鳜分子标记辅助育种奠定基础。用于 GH 基

因 SNP 位点筛选的引物信息列于表 2-33。

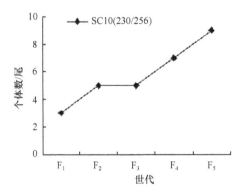

图 2-15 位点 SC10 中优势基因型（230/256）在选育世代中富集图

翘嘴鳜 *GH* 基因中共筛选出 4 个 SNP 位点，其中 3 个是与生长性状呈显著或极显著关联的 SNP 位点（表 2-34），可作为标记辅助育种研究的候选标记。

表 2-33 翘嘴鳜生长激素基因 SNP 位点分析引物信息

引物名称	片段大小/bp	引物序列（5'→3'）	退火温度/℃
G1	465	F：GCAACCCGATGAGAAATA	55
		R：CTCTGCGAGCTGCTGTAA	
G2	919	F：GGAAAGGCAGAATGGATG	55
		R：GAGGCTCAGATGATTGTTGGTC	
G3	516	F：GAGTTTCCCAGTCGTTCT	54
		R：GCGTGGCTTCACAGTAG	

表 2-34 翘嘴鳜生长性状与生长激素 4 个 SNP 位点的关联性分析

位点	基因型	基因型频率	体重/g	全长/cm	体长/cm	体高/cm
g.4940A>C	AC	0.39	477.70±39.95^a	31.40±0.83^a	27.17±0.68^a	9.69±0.30^a
	AA	0.50	482.52±20.02^a	31.65±0.54^a	27.64±0.44^a	9.89±0.20^a
	CC	0.11	584.89±41.02^A	35.25±0.85^A	30.80±0.70^A	10.95±0.31^A
g.4948A>T	AA	0.52	480.66±20.86	31.56±0.57^a	27.60±0.47	9.85±0.20^a
	AT	0.35	494.84±37.90	32.03±0.81^{ab}	27.70±0.66	9.86±0.28^a
	TT	0.13	531.64±39.76	33.34±0.84^b	28.95±0.69	10.48±0.30^A
g.5045T>C	TC	0.37	484.27±43.20	31.61±0.91	27.34±0.75^a	9.77±0.32
	TT	0.53	495.64±26.29	32.01±0.55	27.94±0.45^{Aa}	9.99±0.19
	CC	0.10	504.07±44.59	33.06±0.94	29.00±0.78^A	10.30±0.34
g.5234T>G	TT	0.48	487.32±25.92	31.74±0.92	27.68±0.45	9.90±0.19
	TG	0.43	492.96±43.55	31.97±0.55	27.76±0.76	9.90±0.33
	GG	0.10	514.01±44.01	33.07±0.71	28.74±0.77	10.23±0.34

注：同一列数据后字母不同表示差异显著（$P>0.05$）；同一列数据后不同小写字母表示差异显著（$P<0.05$）；同一列数据后不同大写字母表示差异极显著（$P<0.01$）。

为了验证上述获得的 *GH* 基因中 3 个与生长性状呈显著或极显著相关的 SNP 位点的可靠性，项目组分别从每个世代中随机挑选 30 尾翘嘴鳜个体作为样本，筛选选育中得到富集的优势基因型，为后续翘嘴鳜优良品种培育提供分子标记，加速育种。

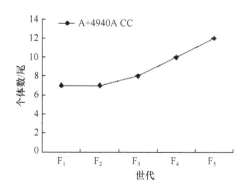

图 2-16 位点 A+4940A 中优势基因型（CC）在选育世代中分布图

GH 基因 3 个与生长正相关的 SNP 位点中，发现 1 个 SNP 位点的优势基因型 ［A+4940A（CC）］随着选育进行呈现富集现象（图 2-16），可作为分子辅助育种标记。

（三）历年生产性对比养殖情况

2011 年清远市清新县宇顺农牧渔业科技服务有限公司采用华中农业大学梁旭方鳜鱼研究课题组提供的技术和亲本鳜鱼，共计培育出翘嘴鳜华康 1 号苗种 2000 万尾，其中 750 万苗种在该公司及周边 166.7hm^2 养殖池塘进行商品鱼对比养殖，至出售时，翘嘴鳜华康 1 号养殖总产量增加近 18.54%，平均增产 259.95kg/667m^2。该公司通过养殖翘嘴鳜华康 1 号创产值 18 698.40 万元，获利润 3078.45 万元。具体统计数据如下：

养殖翘嘴鳜华康 1 号 750 万尾，养殖面积累计 166.7hm^2，共计获产量 415.52 万 kg，平均单价 45 元/kg，获产值 18 698.40 万元，新增产值 2924.48 万元，获利润 3078.45 万元，新增利润 481.48 万元。

2012 年武汉市佳恒水产有限公司采用华中农业大学梁旭方鳜鱼研究课题组提供的技术和亲本鳜鱼，共计培育出翘嘴鳜华康 1 号苗种 450 万尾，其中 120 万尾在该公司 66.7hm^2 基地进行商品鱼对比养殖，至出售时，翘嘴鳜华康 1 号养殖总产量增加近 20.11%，平均增产 95.84 kg/667m^2。该公司通过养殖华康 1 号创产值 2518.56 万元，获利润 449.72 万元。具体统计数据如下：

养殖翘嘴鳜华康 1 号 120 万尾，养殖面积累计 66.7hm^2，共计获产量 57.24 万 kg，平均单价 44 元/kg，获产值 2518.56 万元，新增产值 421.68 万元，获利润 449.72 万元，新增利润 75.30 万元。

2013 年洪湖市长河水产开发有限公司采用华中农业大学梁旭方鳜鱼研究课题组提供的技术和亲本鳜鱼，共计培育出翘嘴鳜华康 1 号苗种 500 万尾，其中 60 万苗种在该公司 28.7hm^2 基地进行对比养殖，至出售时，翘嘴鳜华康 1 号共计获产量 25.23 万 kg，翘嘴鳜华康 1 号养殖总产量增加近 19.27%，平均增产 94.80 kg/亩。该公司通过养殖翘嘴鳜华康1号创产值1160.58万元，获利润220.57万元。具体统计数据如下：

养殖翘嘴鳜华康1号60万尾，养殖面积累计28.7hm^2，共计获产量25.23万kg，平均单价46元/kg，获产值1160.58万元，新增产值187.51万元，获利润220.57万元，新增利润35.64万元。

第四节　鳜鱼饲料养殖研究

一、鳜鱼摄食感觉原理研究

鳜鱼是一种主要在夜间捕食的底栖偷袭型凶猛鱼类。捕食行为研究表明，视觉和侧线机械感觉在鳜鱼捕食行为中起主要作用，分别抑制其中一种感官，鳜鱼的日摄食量与感官完整的个体相比较无显著性差异（$P>0.05$），同时抑制这两种感官，则鳜鱼的日摄食量仅为感官完整个体的3%，基本上不能正常摄食。极为偶见的捕食可能是通过触觉进行的。当视觉和侧线同时受到猎物刺激时，鳜鱼优先利用视觉捕食猎物，但在视觉受到限制时侧线才起作用。

鳜鱼主要利用视觉攻击不连续运动且反差明显的梭形模拟猎物，而猎物的颜色则不起作用。电生理学和组织学研究表明，鳜鱼视网膜结构特别适于感受弱光和运动，但视敏度不高，且不太可能形成色觉。鳜鱼视觉通过舍弃色觉和降低视敏度，大大提高其视网膜的光敏感性，使其能在一般饵料鱼眼睛不能起作用的低照度下识别饵料鱼的运动和大致形状，从而以偷袭的方式捕食饵料鱼。

图 2-17 为鳜鱼一组典型的暗视和明视 ERG（白光刺激）。当 $\log I=-6.0$ 时，出现阈值反应。在低强度刺激时，暗视 ERG（左）是一个单纯的 b 波，波形平滑。随着刺激光强度增大，b 波潜伏期缩短，振幅增大。当 $\log I>-1.8$ 时，b 波逐渐饱和。当

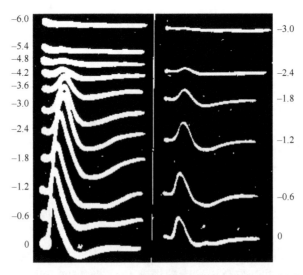

图 2-17　鳜鱼暗视（左）和明视（右）ERG 波形。图中数字表示刺激光的强度，以与未衰减刺激光强度比值的对数表示

logI=-2.4时，出现a波；c波和d波均不明显。明视ERG（右）波形与暗视ERG基本相同，只是明视ERG振幅比暗视ERG振幅低很多。当logI=-3.0时，开始出现阈值反应。当logI=-1.8时，b波已基本饱和。与暗视ERG的情况不同，当强光刺激时（logI=0）偶尔出现一个很小的不太明显的d波。根据Kobayashi的研究，中上层鱼类一般都有强的d波，这与中上层鱼类白昼强光型的视觉特性相联系。底层鱼类有的完全不出现d波，有的仅出现不太明显的d波。前一种类型的底层鱼类，其视觉大都已经退化，视觉在其生活中作用不大。后一种类型的底层鱼类，视觉在其生活中仍起到很大作用（Kobayashi et al.，1962）。鳜鱼ERG出现不太明显的d波与其视觉在捕食中起作用是相符合的。

图2-18是鳜鱼暗视和明视（$logI_B$=-1.8）ERG的振幅强度曲线。结果表明，在明视时鳜鱼视网膜的光敏感性比在暗视时下降约1000倍（3个对数单位）。明视时ERG的最大振幅也从暗视时的2.0mV下降到1.0mV。明视和暗视ERG振幅强度曲线的形状基本相同。上述实验结果说明，鳜鱼的视觉属于暗视发达的类型，适于弱光环境。

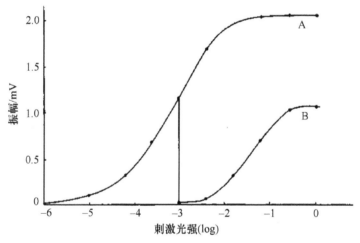

图2-18　鳜鱼暗视（A）和明视（B）ERG振幅刺激光强度曲线

鳜鱼视觉对猎物运动和形状特征的反应特性与其捕食习性是非常适应的。鳜鱼是底栖伏击型凶猛鱼类，主要在微光环境中以突袭方式捕食饵料鱼。饵料鱼一般都具有很强的运动能力和逃避捕食能力，鳜鱼只有对饵料鱼运动非常敏感才能及时发现和捕捉逃避捕食的饵料鱼，因而其视觉对饵料鱼运动特征的识别系鳜鱼捕食成败的关键。此外，饵料鱼逃避捕食的反应促使运动的饵料鱼同静止而复杂的环境背景完全区分开来，因而当鳜鱼附近存在饵料鱼时，饵料鱼逃避捕食反应的运动即成为鳜鱼的捕食信号。鳜鱼主要捕食快速不连续运动的饵料鱼而不攻击快速连续运动的饵料鱼，这主要是因为鳜鱼的持续游泳能力不强，不能以追逐方式捕捉始终处于惊恐之中快速逃避捕食而连续运动的饵料鱼。鳜鱼仅能在饵料鱼的惊恐状态减轻或完全消失后处于静止状态时，才容易慢慢游近饵料鱼，然后以突袭方式捕捉。鳜鱼视觉对饵料鱼形状特征的识别对它捕食饵料鱼也是很有意义的。饵料鱼具有与水中其他大小相近的饵料生物明显不同的棱形体形的特征，较大的个体及在微光环境中与环境背景形成鲜明反差的银白体色，因而鳜鱼视觉对饵料鱼形状特征的识别并不需要很高的视敏度，而且由于这种识别是在很近的距离进行的，所以在很低的照度下也可能完成。

鳜鱼侧线主要对猎物的低频振动起反应。鳜鱼头部侧线管及其神经丘直径在眼周围均较大，部分侧线管未埋入骨组织中，对低频振动很敏感，适于对饵料鱼产生的微弱振动进行识别和定位，使鳜鱼在视觉不能很好起作用时仍能正常摄食。实验表明，手术后的盲鳜一般在 2~3d 内即能正常摄食。盲鳜仅能在夜间捕食活饵料鱼，而在白天只能捕食在平衡位置振动的死饵料鱼和人工饲料。盲鳜一般不捕食鱼池底部静止的死饵料鱼和人工饲料，但通过一段时间驯化后对二者均能很好摄食。这说明，鳜鱼对振动食物的捕食反应为固定反射行为，而对静止食物的捕食反应为条件反射行为。盲鳜通过近距离的攻击反应捕食振动的食物，而对于静止的食物只有触碰后才会捕食。这说明，鳜鱼利用侧线捕食是当视觉不起作用时的一种本能，而利用触觉捕食则是人为驯化的结果。

嗅觉在鳜鱼捕食中作用不大，化学刺激不能诱导鳜鱼的攻击反应。鳜鱼口咽腔味觉和触觉在食物吞咽过程中起很大作用。鳜鱼口咽腔齿周围和舌表面存在大量 I 型和 II 型味蕾，适于对摄入口咽腔食物的味道和软硬进行最后识别。由于鳜鱼主要依靠对运动刺激敏感的视觉和侧线感觉捕食猎物，而化学感觉不能诱导鳜鱼对食物的攻击反应，因而鳜鱼一般拒食静止的食物。虽然掷入水中的人工饲料在落水过程中也在运动，但鳜鱼属偷袭型凶猛鱼类，需要对食物窥视一段时间后才突发攻击，而此时食物已沉至水底静止不动，除非此时鳜鱼已开始跟踪食物或眼球开始对食物转动，静止的食物仍处在相对运动之中，否则鳜鱼的感觉就不可能起作用。因此，鳜鱼一般不摄食人工饲料。

二、鳜鱼饲料利用性状的遗传基础研究

（一）鳜鱼饲料利用性状相关转录组学研究

1. 引言

个体大小是鱼类非常重要的经济性状，鱼类不同物种间、同一物种内不同种群间或同一种群内不同个体间均存在生长差异现象。不同种类动物的个体生长差别很大，大部分饲养动物的个体生长变异系数为 7%~10%，鱼类的个体生长变异系数一般为 20%~35%（Gjedrem，1997）。随着鳜鱼养殖业的快速发展和规模不断扩大，养殖过程中病害频发、养殖环境恶化、种质资源退化等问题也日趋明显，有关鳜鱼的基础研究还远落后于产业发展。在养殖过程中发现，同批出塘的鳜鱼规格差异大，这种情况在放养密度大的池塘中表现得尤为明显。因此，挖掘控制鳜鱼生长和体型大小相关基因以及信号通路，对于鳜鱼优良品种选育以及鳜鱼养殖业的持续发展具有重要的理论价值和现实意义。本研究对 1 月龄和 6 月龄中极端大个体组和小个体组鳜鱼进行了 *de novo* 转录组测序及数

字基因表达谱测序分析。

2. 结果与分析

分别对鳜鱼1月龄和6月龄生长差异极端个体进行转录组测序及表达谱分析，挖掘鳜鱼生长和体型大小相关基因以及信号通路。结果显示，1月龄和6月龄极端大小个体差异表达基因分别为2171个和2014个（图2-19）。研究发现数个信号通路的大量基因存在差异表达，包括生长轴、摄食、糖代谢，以及繁殖与性别相关通路。鳜鱼个体大小差异的遗传机制可能与生长轴相关基因的差异表达、个体食欲及能量利用的差异和性别相关。

1）生长与细胞增殖分化相关基因

在1月龄和6月龄个体组中，发现大量参与机体生长及细胞增殖分化的基因上调（图2-20）。这表明，鳜鱼生长和体型大小个体差异的产生与其机体生长轴及细胞增殖分化相关基因的差异表达直接相关。

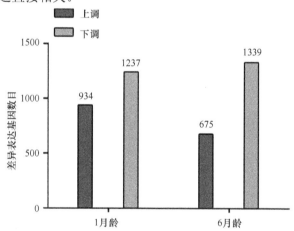

图2-19　1月龄和6月龄鳜鱼差异表达基因个数

2）摄食通路

在1月龄和6月龄个体组中，发现生长快个体抑食相关基因表达水平低于生长慢个体（表2-35）。这表明，鳜鱼特殊的摄食行为及机体食欲能力的差异是导致鳜鱼个体大小差异的关键因素之一。

3）糖代谢与能量利用

在1月龄和6月龄个体组中，发现糖酵解途径中相关限速酶基因呈现整体下调趋势，表明鳜鱼机体促进个体快速生长与其能量利用存在某种特殊的调节机制。小个体可能通过消耗较多能量，用以竞争食物或避免被大个体相残（图2-21）。

4）繁殖与性别相关

与1月龄组比较，6月龄组个体存在大量参与鱼类繁殖和性别相关基因差异表达基因，这可能与6月龄个体进入性腺发育、机体参与繁殖和性别发育相关的基因大量表达有关。

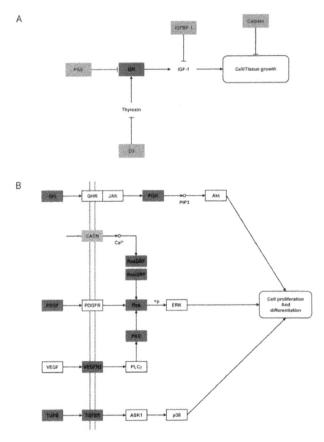

图 2-20　1 月龄（A）和 6 月龄（B）鳜鱼生长相关差异表达基因

表 2-35　1 月龄和 6 月龄鳜鱼食欲相关差异表达基因

基因名称	对摄食的影响	基因表达
1 月龄		
胰高血糖素 Glucagon	—	$S_{30}>B_{30}$
脑啡肽 Proenkephalin	—	$S_{30}>B_{30}$
生长抑素 Somatostatin	—	$S_{30}>B_{30}$
6 月龄		
神经肽 Y2 受体 Neuropeptide Y Y2 receptor（*NPY Y2R*）	—	$S_{180}>B_{180}$
阿黑皮素原 Pro-opiomelanocortin（*POMC*）	—	$S_{180}>B_{180}$
促甲状腺激素释放激素受体 Thyrotropin-releasing hormone receptor（*TRHR*）	—	$S_{180}>B_{180}$
白细胞介素-1β Interleukin-1β（*IL-1β*）	—	$S_{180}>B_{180}$
胰高血糖素 Glucagon	—	$S_{180}>B_{180}$
生长抑素 Somatostatin	—	$S_{180}>B_{180}$

注：S_{30} 和 B_{30} 分别代表 1 月龄时的小个体和大个体鱼；S_{180} 和 B_{180} 分别代表 6 月龄时的小个体和大个体鱼。

在 6 月龄组中，参与类固醇生成和配子发育相关基因（*FSH*、*LH*、*TSH*、*StAR*、*CYP1A1*）在大个体组基因表达均上调，这表明鳜鱼生长速度较快的大个体组相比小个体组，机体合成代谢能量强，机体在合成能量维持生长的同时，有相当的能量用于繁殖储能途径。

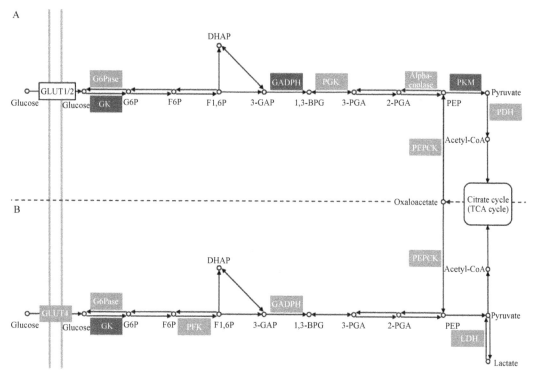

图 2-21　1 月龄（A）和 6 月龄（B）鳜鱼糖代谢相关差异表达基因

而参与性别分化和性别特异相关的基因（*Dmrt1*、*TEX11*、*DAZL*、*ZP*、*VLDLR*）在 6 月龄中的大个体组基因表达显著下调，生长速度慢的小个体组性别控制相关基因表达水平较高，这预示着在鳜鱼中生长速度差异现象与其性别紧密相关，具体的作用机理需要在今后的研究中进一步验证（表 2-36）。

表 2-36　6 月龄鳜鱼繁殖与性别相关差异表达基因

基因名称	Log$_2$ FC(B/S)	基因表达
低密度脂蛋白受体 1 Low-density lipoprotein receptor 1（*LDLR1*）	−4.922574	$S_{180}>B_{180}$
促卵泡激素受体 Follicle stimulating hormone receptor（*FSHR*）	−4.9333	$S_{180}>B_{180}$
黄体激素 Luteinizing hormone（*LH*）	3.9738857	$S_{180}<B_{180}$
类固醇急性调节蛋白 Steroidogenic acute regulatory protein（*StAR*）	2.4289815	$S_{180}<B_{180}$
卵泡刺激素 β Follicle-stimulating hormone beta（*FSHβ*）	4.60048	$S_{180}<B_{180}$
细胞色素 P4501A1 Cytochrome P4501A1（*CYP1A1*）	1.5531037	$S_{180}<B_{180}$
卵透明带 3 Zonapellucida 3（*ZP3*）	−8.661993	$S_{180}>B_{180}$
Dsx 和 mab-3 相关转录因子 1 Dsx and mab-3 related transcription factor 1（*DMRT1*）	−8.313384	$S_{180}>B_{180}$
睾丸表达因子 11 Testis-expressed 11（*TEX11*）	−7.244117	$S_{180}>B_{180}$
缺失型无精子基因 Deleted in azoospermia-like protein（*DAZL*）	−8.670066	$S_{180}>B_{180}$
促甲状腺激素 β Thyrotropin beta（*TSHβ*）	1.4088606	$S_{180}<B_{180}$

注：S_{180} 和 B_{180} 分别代表 6 月龄时的小个体和大个体鱼。

(二）鳜鱼食性驯化相关 SNP 分子标记研究

1. 引言

鱼类神经肽 Y（NPY）有促进食欲作用，机体能量平衡状况通过外周和下丘脑的摄食调控因子来调控 NPY 的分泌；当能量处于正平衡时，瘦素和胰岛素分泌增加，NPY 的分泌受到抑制；当能量处于负平衡时，糖皮质激素、刺鼠相关肽（AGRP）、Ghrelin 和 Orexin 的分泌增加，它们能启动 NPY 神经元使 NPY 分泌增加，从而起到促摄食作用。

胃蛋白酶（pepsinogen，PEP）是一种酸性胃消化蛋白水解酶，其前体胃蛋白酶原在成年脊椎动物胃黏膜中合成，由胃主细胞分泌，在胃液的酸性条件下转换成胃蛋白酶，在酸性条件下水解蛋白质。这类酸性蛋白酶用作动物饲料添加剂，可促进鱼类对营养物质的消化吸收，能够提高饲料利用率，进而促进鱼类生长。

脂类的储存和代谢对动物体维持正常的生命活动具有重大意义。与陆生动物相比，鱼类对碳水化合物特别是多糖的利用效率较低，脂类作为其能源物质就显得更加重要。脂类是鱼类必需的营养元素之一，尤其是肉食性鱼类所需能量的主要来源。直接来自饲料或体内代谢产生的游离脂肪酸（free fatty acid，FFA）、甘油三酯是鱼类维持生长和生产的重要能源。脂酶是一种水溶性的酶，对食物中脂肪的吸收、平衡能量和血浆脂蛋白的代谢起着重要的作用，其中，脂蛋白脂肪酶（lipoprotein lipase，LPL）是脂蛋白代谢的关键酶之一，与机体的脂质代谢及肥胖与否密切相关。LPL 催化乳糜微粒（CM）和极低密度脂蛋白（VLDL）核心的甘油三酯（TG）分解为甘油和脂肪酸，以供组织氧化供能和储存；LPL 还参与 VLDL 和高密度脂蛋白（HDL）之间的载脂蛋白及磷脂的转换。

本研究发现 NPY、PEP、LPL 部分 SNP 位点基因型频率在易驯化与不易驯化鳜鱼中分布差异显著，可考虑将这些基因型作为鳜食性驯化的遗传标记，应用于分子标记辅助育种，加快鳜鱼食性驯化育种。

2. 结果与分析

对影响鳜鱼摄食的摄食、消化、代谢三个关键调控基因（NPY、PEP、LPL）SNP 分子标记与易驯食人工饲料表型相关性进行研究，发现了易驯食人工饲料鳜鱼的 SNP 分子标记：PEP 基因第 7 外显子 1、52 位基因型组合 CTCC 和 TTTT（表 2-37），LPL 基因第 7 外显子 25、26、29 位基因型组合 ATTCC（表 2-38），NPY 基因启动子区-1312 位 TC 基因型（表 2-39）。这些发现为今后用分子标记辅助选育技术加快鳜鱼食性驯化育种奠定了基础。

鳜鱼幼苗在鱼苗繁殖场繁育并饲养到 5～6cm 规格之后对其进行喂食驯化。经过 2 周喂食驯化后，从 1200 尾喂养鱼苗中挑选出易驯化和不易驯化的两组，每组均为 120 尾。对基因组 DNA 提取。

表 2-37 鳜鱼 *Pep* 基因 SNP 位点不同双倍型与驯食性状的关联分析

双倍型	SNP 位点		频率		P 值
	T2477C	C2528T	易驯食翘嘴鳜	不易驯食翘嘴鳜	
Dip1	CT	CC	0.1525	0.1709	0
Dip2	CT	CT	0.0508	0.1026	0.136
Dip3	TT	CC	0.5254	0.4017	0.057
Dip4	TT	CT	0.2288	0.2479	0.732
Dip5	TT	TT	0.0424	0.0769	0

表 2-38 鳜鱼 *Lpl* 基因 SNP 位点不同双倍型与驯食性状的关联分析

双倍型	SNP 位点			频率		P 值
	A1220T	G1221T	C1224G	易驯食翘嘴鳜	不易驯食翘嘴鳜	
Dip1	AA	TT	CC	0.5846	0.6846	0.094
Dip2	AT	TT	CC	0.2615	0.1615	0.048
Dip3	AT	TT	CG	0.0538	0.0615	0.79
Dip4	TT	TG	CG	0.0692	0.0538	0.639
Dip5	AT	TG	CG	0.0309	0.0386	0.734

表 2-39 鳜鱼 *Npy* 基因 SNP 位点不同基因型与驯食性状的关联分析

SNP 位点	基因型	频率		P 值
		易驯食翘嘴鳜	不易驯食翘嘴鳜	
−1258A/C	AC	0.5789	0.4174	
	AA	0.1974	0.3217	0.007
	CC	0.2237	0.2609	0.117
−622T/C	CC	0.5000	0.5565	
	CT	0.4145	0.4000	0.58
	TT	0.0855	0.0435	0.247
1490G/A	AG	0.5197	0.5130	
	AA	0.2566	0.2696	0.833
	GG	0.2237	0.2174	0.961

（三）鳜鱼食性驯化相关转录组学研究

1. 引言

尽管鳜鱼驯食人工饲料的技术、饲料营养配方和工艺及小规模养殖试验在国内外已有研究突破，但鳜鱼个体驯食有难易之分，对人工饲料摄食和利用的个体差异很大，大部分个体摄食和利用人工饲料效率低。因此,对于鳜鱼驯食人工饲料分子机理的研究具有重要的理论价值和现实意义。为阐明基因表达与鳜鱼驯食性状的关系,梁旭方团队对易驯食与不易驯食死饵料鱼的鳜鱼进行了 *de novo* 转录组测序及数字基因表达谱测序。

2. 结果

1) 序列组装

为了全面了解不同食性鳜鱼的基因表达情况,笔者分别构建了易驯食死饵料鱼鳜鱼(SC_X)和不易驯食死饵料鱼鳜鱼(SC_W)的 cDNA 文库,并运用 Illumina Hiseq2000 系统测序。对易驯食与不易驯食鳜鱼的高质量 reads 进行组装,分别获得了 665 466 个、716 044 个 Contigs(表 2-40),去除了部分重迭序列后,共得到了 118 218 个基因序列(All-Unigene,平均长度:506bp,N50:611bp)。这些基因中,69.5%(82 108 个)基因的长度在 100bp 到 500bp 之间,30.5%(36 110 个)基因长度超过 500bp,9.8%(11 550 个)基因的长度大于 1000bp。为验证高通量测序组装的准确性,随机挑选 6 个 Unigene 进行 Sanger 测序,将 Sanger 测序得到的序列与对应的高通量测序得到的序列进行同源比对,发现 6 个 Unigene 同源性分别为 99.13%、100%、98.76%、99.56%、98.04%、99.74%,每段序列与相应 Sanger 测序序列的同源性均超过 98%,说明二代测序及组装方法是准确可靠的,由此得到的序列为鳜鱼的后续研究提供了大量的数据。本研究所得测序数据已提交至 EBI ArrayExpress 数据库(登录号:E-MTAB-1365)。

表 2-40 鳜鱼转录组测序产出数据统计

	易驯食鳜鱼			不易驯食鳜鱼		
	Reads(n)	碱基/Mb	平均长度/bp	Reads(n)	碱基/Mb	平均长度/bp
Clean reads	25 558 980	2 300	—	22 681 824	2 041	—
Congtig	665 466	94.7	142	716 044	101.1	141
Scaffold	173 329	53.7	310	181 076	56.7	313
Unigene	122 998	47.6	387	127 174	50.1	394
	数目			碱基/Mb		平均长度/bp
All-Unigene	118 218			59.8		506

2) 功能注释

将转录组测序得到的 Unigene 与 NCBI、Swiss-Prot、KEGG 和 COG 数据库进行 BLAST 比对(E 值<0.000 01),发现共有 49 155 个基因(All-Unigene 中的 41.6%)获得功能注释。由于缺少鳜鱼的基因组序列,69 063 个组装得到的序列未匹配到任何已知蛋白(All-Unigene 中的 58.4%)。48 796 个得到注释的基因与 27 354 个已知登录号的序列高度匹配。BLAST 比对分析发现鳜鱼与斑马鱼(*Danio rerio*,52%)显示高度同源性,其次是大西洋鲑(*Salmo salar*,9%)和斑点绿河豚(*Tetraodon nigroviridis*,4%)(表 2-41)。

此外，鳜鱼序列也与其他4种鱼类同源，包括红鳍东方鲀日本河豚（*Takifugu rubripes*）、裸盖鱼（*Anoplopoma fimbria*）、彩虹胡瓜鱼（*Osmerus mordax*）及青鳉（*Oryzias latipes*）。这些结果显示了鳜鱼与其他鱼种间存在进化的保守性，尤其是模式生物斑马鱼。由转录组组装得到的序列与NCBI数据库的比对分布图可以发现，越长的组装序列与NCBI的匹配结果越好，77%的转录组序列与NCBI数据库比对的同源性超过了60%，且E值小于0.00001。值得一提的是，本研究得到的转录组序列中仅有182个基因与目前NCBI数据库中已知的鳜鱼蛋白序列（645个）相匹配，表明本转录组测序获得了大量鳜鱼新基因序列。

表 2-41 Unigene BLASTX 结果的物种分布及各物种所占的比例（E 值 < 10^{-5}）

物种名称	BLAST 到的数目	比例
斑马鱼 *Danio rerio*	25 350	52%
大西洋鲑 *Salmo salar*	4 470	9.1%
斑点绿河豚 *Tetraodon nigroviridis*	1 712	3.4%
非洲爪蟾蜍 *Xenopus*（*Silurana*）*tropicalis*	1 472	3%
原鸡 *Gallus gallus*	1 110	2.3%
红鳍东方鲀 *Takifugu rubripes*	1 102	2.2%
裸盖鱼 *Anoplopoma fimbria*	909	1.8%
胡瓜鱼 *Osmerus mordax*	641	1.3%
小鼠 *Mus musculus*	592	1.2%
青鳉 *Oryzias latipes*	483	0.98%

3）SNP 和 SSR 分析

基于转录组或者 EST 序列的分子标记是确定功能遗传变异的重要资源和手段（Garg et al., 2011）。笔者在易驯食鳜鱼中检测到 4768 个潜在 SNP 位点，在不易驯食鳜鱼中检测到 41 个潜在 SNP 位点。鳜鱼转录本中预测得到的 SNP 频率为每 12 430 bp 一个 SNP，共 4809 个 SNP 位点，其中 1592 个转换、3217 个颠换。此外，2510 个 SNP 位点（52.2%）来自于有注释的 Unigene。这些 SNP 位点中有 2062 个（42.9%）来自于至少 10 个 reads 覆盖的 Unigene，表明转录本中发现的一半 SNP 有足够的测序深度，很可能是真正的 SNP 位点。对于转录组测序得到的 SNP，通过 Sanger 测序进行了验证。针对 19 个 SNP 位点设计引物进行 PCR 扩增测序，其中 15 个位点（78.9%）被确认为 SNP 位点（表 2-42）。与不易驯食鳜鱼相比，易驯食鳜鱼大致含有多 100 倍的潜在 SNP 位点，表明翘嘴鳜和斑鳜的杂交子一代中基因型更多样化的个体更容易被驯化。同时，这些 SNP 位点也为鳜鱼的分子标记辅助育种提供了大量标记及候选功能基因。众多分子标记中，微卫星标记以其高度的多态性及易开发性等优点，成为被广泛开发利用的分子标记之一。为从本转录组数据库中鉴定微卫星序列，用 Batchprimer 3.0 对转录组产生的 118 218 个功能基因进行潜在的微卫星检测。共在 17 933（15.2%）个 Unigene 中找到了 22 418 个可能的 SSR 位点，频率为每 2.7kb Unigene 中存在一个可能的 SSR（表 2-43）。包含 SSR 的 17 933 个 Unigene 中，7585 个（42.3%）得到了注释，可作为 SSR 标记开发的优先候选基因。其中最大丰度的微卫星为三核苷酸重复型，占

表 2-42 鳜鱼转录组潜在 SNP 位点的验证

基因编码	潜在 SNP 数目	验证 SNP 数目	退火温度/℃	引物序列（5'→3'）	PCR 产物长度/bp
Unigene13401_All	4	4	56	Forward：GGCTCGTTATGCTCATCTCCA	523
				Reverse：ACTGTTCTGATCTCTGTAGTCCT	497
Unigene13707_All	1	1	60	Forward：ACCAACAGCCAGCCAATG	361
				Reverse：CAAACCGCTGCCACGAT	775
Unigene26407_All	1	0	56	Forward：GGACAGACAGCTACACCACC	156
				Reverse：GAGCATGCAATATAGATGTAGG	237
Unigene26663_All	1	1	56	Forward：CACTATGCTGCTGCTTCTGCCTT	341
				Reverse：CACTGGGCACTGAGGGATAATG	138
Unigene31920_All	3	1	60	Forward：GTGTTGATGAAACCCTGATGT	270
				Reverse：CTCTTCCTCCCTCTGTCCTT	
Unigene39621_All	1	1	60	Forward：TATCGTCTCCGTCGTCCTCT	515
				Reverse：GAGCCACAATGTTGACGAGG	
Unigene40751_All	1	1	55	Forward：GCAGTGCACTCCAAGGAAAAGA	
				Reverse：AACACAGGGTTGCCTTCTGC	
Unigene46170_All	1	1	60	Forward：TAGAAGATGGAGAAGGTGGTG	
				Reverse：TGCTGTTTCCAAGGAGGTA	
Unigene51384_All	1	1	60	Forward：ATGTGTGTAGCTGTTAGTCG	
				Reverse：CAGTTATGAGGCACTATACAG	
Unigene63424_All	5	4	56	Forward：TGCCATCTTGACCACCAGAGAAC	
				Reverse：ATGGCGTCCATCTGACAGATTCG	
总计	19	15			

表 2-43 鳜鱼转录组中预测得到的微卫星位点信息

序列数目	118 218
序列总长度(bp)	59 776 255
鉴定的 SSR 总数	22 418
含 SSR 的序列数目	17 933（15.2%）
含多于 1 个 SSR 的序列数目	14 547
SSR 频率	每 2.67 kb 1 个

到了所有微卫星序列的 39.0%，其次是二核苷酸重复型（29.6%）和四核苷酸重复型（24.1%）。尽管五核苷酸重复型和六核苷酸重复型微卫星所占比例不大，分别为 5.5%、1.8%，但微卫星数量还是相当可观的。在二核苷酸重复型微卫星序列中，AC 重复的丰度最高，大约占到了二核苷酸重复型微卫星的 20.3%。在三核苷酸重复型微卫星中，GAG 重复丰度最高，达到 7.7%，其次为 TCC（5.7%）、CTC（5.2%）和 CCT（4.9%）。最多的四核苷酸重复为 AAAC（4.1%）。

4）基于转录组与数字表达谱的差异表达基因

为了深入研究鳜鱼食性特化相关的基因通路和分子机理，通过比较易驯食鳜鱼和不易驯食鳜鱼 mRNA 表达水平，利用转录组测序和数字表达谱测序中分别得到了 1986 个与 4525 个差异表达基因（FDR<0.001，fold-change≥2，图 2-22）。这些基因的分析涉及多个信号通路，包括：视觉通路[视网膜 G 蛋白偶联受体（Rgr）、视黄醇脱氢酶（Rdh8）、细胞视黄醇结合蛋白（Crbp）和鸟氨酸环化酶（Gc）]，昼夜节律通路[周期蛋白 1（Per1）、周期蛋白 2（Per2）、Rev-erbα、酪蛋白激酶（Ck）和黑夜因子（nocturnin）]，食欲调控通路[Npy、生长激素（Gh）、阿片促黑皮素（Pomc）、肽 YY（Pyy）、胰岛素（Insulin）和瘦素（Leptin）]，学习和记忆通路[环腺苷酸应答组件结合蛋白（cyclicAMP-response element-binding protein，Creb）、c-fos、fos 相关抗原 2（fos-related antigen 2，Fra-2）、CCAAT 增强子结合蛋白（CCAAT enhancer bindingprotein，C/EBP）、zif268、脑源性神经营养因子（brain-derived neurotrophicfactor，Bdnf）和突触结合蛋白（synaptotagmin，Syt）]（图 2-23）。这些基因同时存在着 SNP 位点、SSR 序列及反义转录调控，说明这

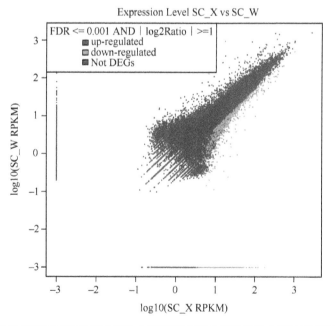

图 2-22 通过转录组测序得到的易驯食鳜鱼与不易驯食鳜鱼基因表达水平枪形关系图（另见彩图）
SC_X 和 SC_W 分别代表易驯食鳜鱼和不易驯食鳜鱼。x 轴代表易驯食鳜鱼的 log10 RPKM，y 轴代表不易驯食鳜鱼的 Log10 RPKM。筛选条件为 FDR 值≤0.001，且 log2（SC_X/SC_W）的绝对值≥1。红色代表基因表达水平上调，绿色代表基因表达水平下调

些基因很可能在鳜鱼活饵食性形成过程中发挥着重要作用。食物偏好与肝脏、脑组织有密切关系,为说明这两个组织在鳜鱼食性形成过程中的作用,通过数字表达谱分析发现在易驯食鳜鱼中存在 11 433 个肝脑之间的差异表达基因,不易驯食鳜鱼中存在 12 085 个肝脑之间的差异表达基因。从不同食性鳜鱼的脑与肝脏组织中分别得到了 9 597 700 个与 9 964 672 个 clean tags。数字表达谱相比转录组测序存在特有的优势,即数字表达谱能够更有效地检测出低丰度的转录本。笔者也对差异表达基因进行了 GO 功能注释,以便更好、更快地筛选到与鳜鱼活饵食性密切相关的差异表达基因及相关通路(图 2-23)。实时荧光定量 PCR 常被用于验证通过高通量测序获得的数据(Chen et al., 2010; Kalavacharla et al., 2011)。因此,针对经过相同驯化方法和实验处理的易驯食与不易驯食翘嘴鳜分别取样,进行实时荧光定量 PCR 检测,被检测的 18 个差异表达基因的 mRNA 表达趋势与转录组测序和数字表达谱测序得到的结果相一致,说明通过二代测序技术检测基因转录水平是可靠的,可用于大规模筛选功能性状相关的差异表达基因,大幅度加快实验进程。

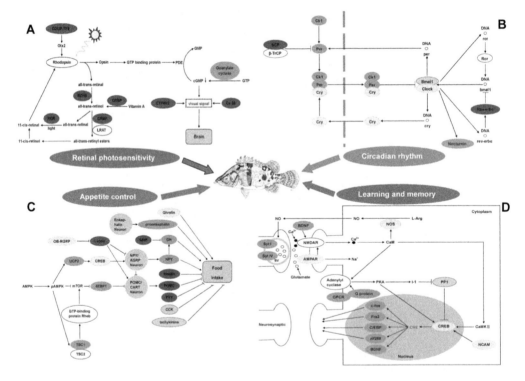

图 2-23 通过转录组和数字表达谱测序得到的易驯食与不易驯食鳜鱼差异表达基因(另见彩图)
颜色标记的椭圆形代表其表达水平有显著差异的基因,红色代表易驯食鳜鱼中该基因的表达水平显著高于不易驯食鳜鱼,粉红色代表易驯食鳜鱼中该基因的表达水平趋势高于不易驯食鳜鱼,绿色代表易驯食鳜鱼中该基因的表达水平显著低于不易驯食鳜鱼,淡绿色代表易驯食鳜鱼中该基因的表达水平趋势低于不易驯食鳜鱼。筛选条件为 FDR 值≤0.001,且 log2(SC_X/ SC_W)的绝对值≥1

3. 讨论

目前,对动物食物偏好相关的调控基因与分子机制知之甚少。本研究通过对易驯食与不易驯食死饵的鳜鱼进行转录组分析，找到可能影响鳜鱼摄食活饵料鱼这一独特食性相关的差异表达基因，包括视网膜光敏感性、昼夜节律、食欲调控以及学习记忆等通路的基因。实时定量 PCR 也证实了这些基因的差异表达情况。同时，也发现易驯食与不易驯食鳜鱼的潜在 SNP 位点数目存在显著差异。所有这些差异共同决定了鳜鱼特殊的食性偏好。

本研究发现，翘嘴鳜（♀）×斑鳜（♂）杂交子一代对死饵料鱼的接受程度存在个体差异。这种新食物偏好（死饵食性）的获得可能与视觉能力的提高、生理节律的重置、食欲的减少、记忆保持的抑制，以及丰富的等位基因变化密切相关。视网膜光敏感性、昼夜节律、食欲调控和学习与记忆通路的交互作用共同决定了鳜鱼的摄食行为。

三、鳜鱼饲料养殖

（一）鲜饲料网箱养殖商品鳜鱼的研究

鳜鱼的商品规模养殖主要是利用活鱼苗作为鳜鱼的饵料进行池塘和网箱养殖。随着市场对名优鱼特别是对鳜鱼的需求量不断增大，这种养殖方式由于受饵料鱼供应量的限制已不能满足市场需求。中国内陆水域和沿海均出现鱼类资源小型化现象，大量小杂鱼由于没有可观的经济效益而任其自生自灭，且与经济鱼类争食而影响其产量。向天然水域中直接放养鳜鱼等优质鱼往往又存在水质富营养化、管理困难和不易捕捞等诸多问题。利用这些小杂鱼作为鳜鱼的活饵料进行池塘和网箱养殖，又存在活鱼运输困难和成本高的问题。本试验首次完全用死鱼和鱼块在水库网箱中将鳜鱼种养成商品规格，解决了利用天然水域中大量存在的小杂鱼作为鲜饵料集约化养鳜鱼的技术难点。

投喂活饵料鱼的对照组中鳜鱼的摄食率为 4.5%，投喂死饵料鱼和饵料鱼块的试验组鳜鱼摄食率分别为 4.5% 和 4.2%，经显著性检验，三者均无显著性差异（$P \geqslant 0.05$），说明在本试验条件下鳜鱼能很好地摄食死鱼和鱼块这类饲料。长期以来鳜鱼被公认为专吃活食而拒食死饵，不同于它的近亲花鲈和石斑鱼，后两种鱼均能很好地摄食鲜饵料，鲜饵料是其商品养殖的主要饲料。本试验结果证实，通过专门驯食技术程序，网箱养殖的鳜鱼也能很快习惯于摄食鲜饵料，利用鲜饵料网箱养鳜鱼是完全可行的。

投喂活饵料鱼、死饵料鱼和饵料鱼块 3 种饵料的鳜鱼的生长情况见表 2-44。投喂活鱼的对照组鳜鱼尾终重 568g，净增重 390g，日增重 3.3g/尾。对照组鳜鱼的日增重明显低于 1992 年浮桥河水库大规格网箱（5m×5m×2m）养殖大规格鳜鱼鱼种（189g/尾）的日增重，这可能是因为试验开始得较迟而年气温又偏低的缘故。另外，试验用的鳜鱼鱼种均选择隔年鳜鱼种的最小个体，可能生长速度较慢。投喂死鱼和鱼块的试验组鳜鱼尾终重分别为 428g 和 473g，净增重分别为 255g 和 294g，日增重分别为 2.1g/尾和 2.5g/尾。经显著性检验，投喂死鱼和鱼块两种鲜饵料的鳜鱼尾终重、净增重、日增重均无显著性差异，但与投喂活鱼的对照组均有显著性差异（$P \leqslant 0.05$），说明虽然投喂鲜饲料的鳜鱼与投喂活食的鳜鱼有相似的摄食率，但生长速度仍不如对照组，投喂死鱼和鱼块的鳜鱼的生长速度比投喂活鱼的鳜鱼分别慢 24% 和 16%。三种饲料喂养鳜鱼的增重均十分明显，增重率均在 150% 以上，尾均重全部达到商品规格。

表 2-44　网箱养鳜鱼投喂 3 种饲料的试验结果表

饲料种类	活饵料鱼				死饵料鱼				饵料鱼块			
网箱编号	1	2	3	平均	4	5	6	平均	7	8	9	平均
生长情况鳜鱼初重/g	177	185	173	178	171	181	169	174	178	178	181	179
终重/g	577	580	567	568	403	443	439	428	497	446	475	473
净增重/g	380	395	394	390	232	262	270	255	319	268	294	294
日增重/（g/尾）	3.2	3.3	3.3	3.3	1.9	2.2	2.3	2.1	2.7	2.2	2.5	2.5
摄食率/%	4.6	4.4	4.6	4.5	4.3	4.8	4.5	4.5	4.0	4.3	4.1	4.2
饵料系数	4.1	4.0	4.0	4.0	4.5	5.3	5.0	4.9	4.0	4.9	4.3	4.4

投喂活饵料鱼、死饵料鱼和饵料鱼块三种饲料的鳜鱼的饵料系数分别为 4.0、4.9 和 4.4，经显著性检验，三者均无显著性差异（$P \geq 0.05$），说明用鲜饲料养鳜鱼与活饲料有相似的饵料系数，但鲜饲料养鳜鱼的饵料系数组内离差较大。本试验利用死饵料鱼和饵料鱼块两种鲜饲料网箱养鳜鱼的成活率与利用活饵料鱼喂养的对照组一样，均为 100%。说明虽然鲜饲料不同于活饲料，对水质多少有些影响，但并不影响鳜鱼的成活率。

利用鲜饲料（死饵料鱼和饵料鱼块）网箱养鳜鱼，虽然其生长速度略慢于用活饵料鱼喂养的对照组，但经济成本大大降低。活鳙鱼苗种[（13.0±7.8）g/尾] 价格一般为 4 元/kg，鲜海杂鱼一般为 0.8 元/kg。根据饵料系数计算分别利用上述三种饲料生产 1kg 鳜鱼的饲料成本，活饵料鱼喂养鳜鱼的饲料成本为 16 元，而死饵料鱼和饵料鱼块喂养鳜鱼的饲料成本分别为 3.0 元和 3.5 元。利用鲜饲料喂养鳜鱼的饲料成本尚不及活饲料的 25%，经济效益十分显著。

（二）配合饲料网箱养殖商品鳜鱼的研究

在 1993 年鲜饲料水库网箱养殖商品鳜鱼首获成功的基础上，进一步开展了配合饲料养殖商品鳜鱼试验。

1. 生长

投喂活饵料鱼和 2 种配合饲料鳜鱼的生长情况见表 2-45。投喂活鱼的对照组鳜鱼尾终重 377g，净增重 220g，日增重 1.3g。对照组鳜的日增重明显低于笔者在 1993 年同法喂养鳜鱼的生长速度（梁旭方等，1994a），这可能与不同年份的气候等自然因素有关。投喂饲料 1 和饲料 2 两种配合饲料的试验组鳜鱼终重分别为 314g 和 304g，净增重分别为 156g 和 133g，日增重分别为 1.0g 和 0.8g。饲料 1 喂养鳜鱼的终重、净增重和日增重均高于饲料2。经显著性水平检验，两种配合饲料喂养鳜鱼的终重、净增重和日增重均无显著性差异（$P>0.05$），这是由于数据组内离差较大造成的。与投喂活鱼的对照组比较，饲料1和饲料2喂养鳜鱼的生长速度分别慢23%和38%。经显著性水平检验，饲料1喂养鳜鱼的终重、净增重和日增重与对照组均无显著性差异（$P>0.05$），而饲料2喂养鳜鱼的终重、净增重和日增重与对照组均有显著性差异（$P<0.05$）。上述试验结果表明，饲料1喂养鳜鱼的生长效果优于饲料2，说明高脂肪饲料不利于鳜鱼的生长。

表2-45　网箱养鳜鱼投喂活饵料鱼和2种配合饲料的实验结果

饲料种类	活饵料鱼					饲料1					饲料2				
网箱编号	1	2	3	4	平均	5	6	7	8	平均	9	10	11	12	平均
鳜鱼初重/g	149	144	151	160	151	142	169	168	152	158	169	161	175	179	171
终重/g	351	373	369	415	377	308	357	340	251	314	346	246	276	348	304
净增重/g	202	229	218	230	220	166	188	172	99	156	177	85	101	169	133
日增重/g	1.2	1.3	1.3	1.3	1.3	1	1.1	1	0.6	1	1	0.5	0.6	1	0.8
饵料系数	2.3	2.1	2.2	2.1	2.2	3.4	3	3.3	5.7	3.8	3.2	4.9	4.9	2.9	3.9
驯化率/%	—	—	—	—	—	73	73.3	92.9	75	78.6	84.6	86.7	86.7	92.3	88.4
成活率/%	100	100	100	87	96	100	100	93	80	93	87	100	100	87	91

2. 饵料系数

活饵料鱼和2种配合饲料喂养鳜鱼的饵料系数见表2-46。投喂活鱼养鳜鱼的对照组饵料系数为2.2（饵料鱼以鲜重计为6.5）。投喂饲料1和饲料2两种配合饲料养鳜鱼的试验组表观饵料系数分别为3.8和3.9，均明显高于一般利用配合饲料集约化养殖商品鱼的饵料系数。虽然对照组的饵料系数高于笔者在1993年同法养鳜鱼的饵料系数（梁旭方等，1994a），但试验组的饵料系数较对照组仍升高42%~44%。鳜鱼投喂时摄食情况观察结果表明，经驯食的鳜鱼抢食凶猛，虽然有部分人工饲料未被摄入而沉到箱底浪费，但由于采用饱食投喂法，亦能使其达到与对照组相似的最大摄食量，因而试验组与对照组级的生长速度均取定于其饲料的饲料转化系数（实际饵料系数）。通过对照组的饵料系数（亦为实际饵料系数）以及对照组与试验组生长速度的关系，可分别计算出饲料1和饲料2的实际饵料系数为2.7和3.0，实际摄入率为71.1%和79.9%。上述结果表明，饲料1的饲料转化效率较高，约为活饵料鱼的82%，而饲料2的实际摄入率较高，约为活饵料鱼的80%。饲料1较高的转化效率说明鳜鱼鱼人工配合饲料脂肪含量不宜过高，而饲料2较高的实际摄入率则说明饲料口感细腻和沉降速度慢，有利于鳜鱼摄食。

3. 成活率与驯化率

活饵料鱼和2种配合饲料喂养鳜鱼的成活率和驯化率见表2-45。投喂活鱼养鳜鱼的对照组成活率为96%，与1993年同法喂养鳜鱼的成活率相似。投喂饲料1和饲料2两种配合词料的成活率分别为93%和91%，驯化率分别为78.6%和88.4%。结果表明，饲料1喂养鳜鱼的成活率略高于饲料2，且二者的成活率均低于对照组，而饲料2喂养鳜鱼的驯化率高于饲料1。上述结果说明，高脂肪饲料对鳜鱼成活影响不大，而口感细腻和沉降慢的饲料有利于鳜鱼驯食配合饲料，这与其对鳜鱼摄食与饲料利用率的影响结果一致。

4. 存在问题与发展前景

两种配合饲料价格分别为4元/kg和5.6元/kg，活饵料鱼价格为7元/kg。根据饵料系数计算，分别利用上述3种饲料生产1kg鳜鱼的饲料成本，活饵料鱼为45.5元，饲料1和饲料2分别为15.2元和21.8元。分别比活饵料鱼降低67%和52%。虽然上述2种配合饲料喂养鳜鱼的饲料成本均较活鱼喂养降低50%以上，但由于鳜鱼的生长速度降低23%~38%，即使采用大规格鳜鱼种进行养殖，82%个体当年亦不能达到商品规格（400g以上，表2-46），因而不可能产生应有的显著经济效益。饲料1和饲料2在应用于养殖实践之前均需进一步改进和完善。饲料1营养较平衡而饲料物性方面存在问题，应采用合适加工工艺制成口感细腻的缓沉或浮性饲料以提高饲料实际摄入率。饲料2物性较理想，而营养平衡方面存在问题，应适当调整饲料蛋白能量比以提高饲料转化效率。

表2-46 鳜鱼终重分布情况　　　　　　　　　　　　　　（单位：尾）

体重区间/g	活饵料鱼组	饲料1组	饲料2组
50~100	0	1	1
100~150	2	11	8
150~200	1	9	13
200~250	1	6	9
250~300	10	8	5
300~350	10	5	1
350~400	11	6	3
400~450	11	2	4
450~500	5	4	5
500~550	3	2	4
550~600	2	0	0
600~650	0	1	0
650~700	1	1	1
700~750	1	0	0
总计	58	56	54

(三) 人工饲料网箱养殖商品鳜鱼生产性试验

在1993年鲜饲料、1994年配合饲料水库网箱养殖商品鳜鱼首次获得成功的基础上,1996~1997年又在广东湛江北马围水库开展了较大规模冰鲜饲料投喂当年苗种网箱养殖商品鳜鱼生产性试验并获得成功(梁旭方,1994b,1995a;梁旭方等,1994,1995,1997;Liang et al.,1998),1997~1998年进一步在广东湛江甘村水库开展人工饲料当年苗种网箱养殖商品鳜鱼生产性试验,现发展到3万尾商品鳜鱼生产规模,并已向广东阳江、高州等水库推广,标志着该项技术目前完全达到实用化水平。本部分报道1997~1998年人工饲料投喂当年苗种网箱养殖商品鳜鱼生产性试验情况。

1. 驯食情况

人工饲料网箱养殖商品鳜鱼驯食情况见表2-47。本试验分3批共驯食鳜鱼5290尾,驯食成功率分别为95.8%、91.5%、79.6%,总成功率为83.5%。第3批鳜鱼由于捕捞时受伤严重等因素影响,成功率远低于前2批。

表2-47 人工饲料驯食情况

项目	第1批	第2批	第3批	合计
驯食数量/尾	330	1305	3655	5290
成功数量/尾	316	1194	2908	4418
驯食成功率/%	95.8	91.5	79.6	83.5

2. 生长情况

人工饲料喂养203d,试验鳜鱼鱼种由65.11g/尾长至442.16g/尾,净增重377.05g/尾,日增重1.86g/尾,增重倍数5.8。养殖前期与中期,鳜鱼食欲旺盛,食量大,生长迅速。后期因水温下降等因素影响,鳜鱼食欲减弱,食量小,生长变慢(表2-48)。

表2-48 人工饲料饲养鳜鱼的生长速度和饲料效率

养殖阶段	前期	中期	后期	合计
饲养天数(d)	19	62	122	203
初重(g/尾)	65.11	100.25	237.14	65.11
终重(g/尾)	100.25	237.14	442.16	442.16
净增重(g/尾)	35.14	136.89	205.02	377.05
日平均增重(g/尾·d)	1.85	2.21	1.68	1.86
日增重率(%)	2.29	1.39	0.51	0.95
饲料鱼糜含量(%)*	100~23.10	23.10	23.10~100	31.70
饲料系数	1.84	1.95	1.47	1.68

*为饲料中野杂鱼干重占饲料百分比,野杂鱼含水量平均为79.96%。

3. 饲料效率

人工饲料喂养 203d，饲料系数合计为 1.68。养殖前期，鳜鱼抢食凶猛，对人工饲料中鱼肉含量的适度降低并不敏感，经 19d 逐步将鱼肉含量降至 23.1%。养殖中期，由于天气炎热，饲料原料特别是进口白鱼粉很难保证十分新鲜，导致饲料适口性降低，部分饲料被摄入后又吐出，造成一定程度浪费，使此阶段饲料系数升高。养殖后期，逐渐增加饲料中鱼肉含量，饲料效率大幅度提高（表 2-48）。

4. 经济效益

利用人工饲料每生产 1kg 鳜鱼，其饲料成本 16 元，较活饲料 36 元/kg 低 56%，经济效益十分显著。另外，人工饲料养鳜鱼成活率高达 81%，未有大规模鱼病发生，而同批鳜鱼鱼种完全按常规方式进行池塘养殖，则大部分发生了鳜鱼暴发性流行病。人工饲料网箱养殖鳜鱼成活率较活饲料池塘养殖提高 14 倍。

5. 人工饲料网箱养殖商品鳜鱼技术

人工饲料养鳜鱼的技术关键是驯食，需按规定程序认真操作，使用驯食剂可明显提高驯食效果。驯食期投喂鱼块时，若采用冰鲜海杂鱼，应选择体薄而肉结实的种类，如蓝圆鲹、花鲭等，而不宜选择体厚而肉松软的种类，如青鲮等。人工饲料中鱼肉、进口白鱼粉等饲料原料务求十分新鲜，不能利用褐鱼粉替代白鱼粉，否则均会严重影响饲料适口性与消化率，降低饲料效率，同时还会造成鳜鱼厌食、生长减慢并发生疾病。

人工饲料养鳜鱼应尽可能提高放养密度并减小养殖水体。据生产性试验结果，240～250 尾/m^3 的高密度驯养效果远优于 50～80 尾/m^3 的密度效果，1m×1m×1.3m 小体积网箱驯养效果显著好于 2m×2m×2m 网箱。由于高密度小水体养殖易发生鱼病，故应选择水质清新的水库开展养殖，同时做好洗箱等日常管理工作。另外，由于养殖过程中容易不断出现鳜鱼个体大小悬殊现象，应及时分箱以免因互相残食而降低成活率。

本生产性试验，由 1 名工人在技术人员指导下进行操作和管理，短期内驯食成功鳜鱼鱼种 4418 尾。1998 年由 2 名工人仅 1 批即驯食成功 9900 余尾，生长十分迅速，20% 个体饲养 3 个月体重平均达到 371g 规格，最大个体重 700g。上述试验成功标志着人工饲料网箱养殖商品鳜鱼技术已完全达到实用化水平。

（四）鳜鱼人工饲料的研究

1. 鳜鱼的营养需要

吴婷婷等（1988）在鳜鱼稚、幼鱼不同生长阶段定量投喂适口活饵料鱼，以稚幼鱼的个体增重、饲料系数及蛋白质利用率计算它们对蛋白质的日需要量，研究结果表明，体重 0.1g、5.2g、34.4g 的鳜鱼稚、幼鱼，其蛋白质日需要量分别为 0.0449g、0.071 58g、0.1248g。活饵料鱼中含有足够的脂肪作为能源，蛋白质可较多地用于生长，所以采用上述方法求出鳜鱼稚、幼鱼的蛋白质日需要量是合理的。这也为确定稚、幼鱼阶段的适宜投喂率提供了依据。

吴遵霖等（1995）以酪蛋白为蛋白源，用糊精调节不同的饲料蛋白质梯度，配成粗蛋白含量为 2.56%～62.13% 的 7 种鳜鱼饲料，给鳜鱼强制填喂。结果发现，当粗蛋白含量最高时，鳜鱼幼鱼（重 12.47～23.5g）的相对增重率最高，并认为这一最高粗蛋白含量尚未达到获得鳜鱼最大生长的饲料蛋白质需要量的上限。后通过食性驯化方法，以鱼粉蛋白和酪蛋白为蛋白源，用糊精调节蛋白质梯度，配制成粗蛋白含量为 0～49.9% 的 7 种鳜鱼饲料，确定鳜鱼幼鱼（15.9g）配合饲料的最适蛋白质含量为 44.7%～45.8%。上述前后两种试验的结果不一样，是因为不同饲料的摄食率相差很大，同时利用糊精调节饲料蛋白梯度，致使不同饲料的可消化能力差异很大。

梁旭方等（Liang et al.，1998；梁旭方，1994b，1995a，1995b；梁旭方等，1999）通过系统研究鳜鱼的摄食机理，确定了给鳜鱼驯食人工饲料的有效而稳定的方法。在此基础上，以大量不同试验配方在室内水泥池和水库网箱作饲养试验，确定了鳜鱼在鱼种（54.91g）和成鱼（378.08g）阶段对蛋白质和能量的营养需求。结果表明，鳜鱼对蛋白质的需求量较高，对脂肪的耐受性较大，而对糖类则几乎不能有效利用。以进口白鱼粉为蛋白源、鸡肠脂肪和鱼肝油为能源，确定鳜鱼鱼种在投喂率为 5% 时，饲料的适宜蛋白质含量为 53%，脂肪含量为 6%；鳜鱼成鱼在投喂率为 3% 时，饲料的适宜蛋白质含量为 47%，脂肪含量为 12%。

2. 饲料配制技术

鳜鱼人工饲料对原料的要求极高，蛋白源以进口白鱼粉为佳，而且应十分新鲜，不能用褐鱼粉替代，否则会严重影响饲料的适口性和消化率，降低饲料效率，并且还会导致鳜鱼厌食、生长减慢、易发生疾病。鳜鱼成鱼饲料中可适量使用优质虾粉、酵母粉及玉米蛋白粉等。虾粉用量一般在 20% 以下，酵母粉及玉米蛋白粉均不宜超 10%。鳜鱼的能量饲料以新鲜动物油脂（如鸡肠脂肪）和鱼肝油混合使用为佳，后者在鱼种饲料中利用，饲料中用作黏合剂的碳水化合物含量最好不超过 5%。鳜鱼饲料的黏合剂宜采用羧甲基纤维素；α-淀粉可适量混合使用，但不宜单独使用。有关鳜鱼饲料中维生素和无机盐的适宜添加量现尚缺乏可资利用的研究资料。作者在室内及野外饲养斑点叉尾鮰、鲑鱼等肉食性鱼类中采用的维生素和无机盐预混合物配方，均能基本满足鳜鱼的营养需求。

鳜鱼人工饲料还需加入一定量的促摄饵物质（鱼肉等），并对饲料的软硬度、外形、质地等物性有特殊要求，故鳜鱼饲料的加工工艺不同于一般的鱼饲料。

鳜鱼配合饲料一般制成粉料短期贮存，投喂前掺入一定量的鲜杂鱼肉糜和油脂，制成湿性软颗粒饲料。原料应充分粉碎，并完全通过 80 目标准筛。鱼肉含量一般为 40% 左右，不能低于 14%，否则会严重影响摄食率。以羧甲基纤维素作黏合剂，饲料含水率为 30% 左右时，其软硬度较适于鳜鱼摄食。饲料应制成长条状，长宽比以 2∶1～3∶1 为佳，直径为鳜鱼口裂的 1/3 左右。颜色最好为近白色或浅色，尽可能避免使用颜色太深的原料。

由于鳜鱼人工饲料对鱼粉的质量要求极高，在鳜鱼快速生长的高温季节，白鱼粉的稳定供应可能较困难，故在生产中应根据当地鲜杂鱼的供应及价格情况，适当加大饲料中鱼肉的含量，以减少鱼粉用量。这还可以在一定程度上增强鳜鱼的食欲并促进其生长。但同时应减少饲料中油脂的添加量并补充抗生素，以预防疾病发生。

鳜鱼鱼种和成鱼的实用饲料配方见表 2-49。进行小规模养殖生产时，鱼种阶段可完全投喂鲜杂鱼块；成鱼阶段可直接使用优质鳗鱼商品饲料（粉料），补充 2%～3% 羧甲基纤维素，并与 40%～50% 的鲜杂鱼肉糜混合，制成软颗粒饲料。

表 2-49　鳜鱼实用饲料配方

饲料原料组成/%	鳜鱼鱼种实用饲料	鳜鱼成鱼实用饲料
白鱼粉	49	40
玉米蛋白粉	—	4
鱼肝油	5	2
鸡肠脂肪	—	8
酵母粉	2	2
磷酸钙	1	1
无机盐预混合物	1	1
维生素预混合物	2	2
羧甲基纤维素	5	5
鲜鱼肉（干重）	35	35

3. 饲喂实践

给鳜鱼饲喂人工饲料需在高密度集约化饲养条件下按专门的驯食程序进行，因而仅适用于网箱养鳜或小型流水池养鳜。水库小体积网箱养鳜是应用鳜鱼人工饲料最为理想的生产模式（梁旭方等，1995）。梁旭方等（1999）在湖北麻城浮桥河水库用人工饲料和鳜鱼一龄鱼种网箱养成商品鱼首获成功，共驯养鳜鱼 4047 尾。

1997 年广东湛江甘村水库利用人工饲料和当年苗种网箱养成商品鳜鱼又获成功，现已发展到年产 3 万尾商品鳜鱼的生产规模。

现将 1997～1998 年甘村水库用人工饲料网箱养鳜鱼情况简要介绍如下。

鳜鱼苗系人工繁育，用活饵在池塘养至体长 8～10cm 后转入网箱。通过食性驯化后投喂人工饲料。第一阶段网箱目大 2a=1cm，套箱目大 2a=3cm。当鳜鱼个体重达到 50～100g 后转入第二阶段网箱，目大 2a=2cm，套箱目大 2a=5cm。网箱高出水面 30 cm，有效养殖水体 1m^3。驯食期每箱放养鳜鱼 240～250 尾，以后随着个体生长将其饲养密度逐渐降至 100 尾/m^3 左右。

采用专门的技术程序驯食人工饲料（梁旭方等，1995）。先用足量活饵料鱼喂养鳜鱼，然后逐渐减少投喂量，使饵料鱼在投喂后即能被吃净。当鳜鱼形成很好的摄食反应后，依次改投完整死鱼、鱼块、鱼糜，然后掺入配合好的人工饲料粉料，最终过渡到鱼糜含量仅 40%左右。每天凌晨和黄昏各饱食投喂 1 次，务求饲料在漂浮下沉状态中为鳜鱼所吞食，当鳜鱼不再上浮抢食时即终止投喂。

用人工饲料养成商品鳜鱼 1kg，饲料成本较用活饵料降低 56%，经济效益十分显著。另外，人工饲料养鳜鱼的成活率较高，未有大规模鱼病发生。而完全按照常规方式在池塘内饲养的同批鳜鱼，与广东其他地方一样，发生暴发性流行病，其成活率仅为以人工饲料饲养的 1/15。

（五）鳜鱼人工饲料诱食剂的研究

饲料中添加诱食剂可以促进水产动物觅食、改善饲料的适口性、提高摄食速度和摄食量，促进生长，同时促进水产动物对饲料的消化吸收，提高饲料转化率，减轻水质污染和降低成本等重要作用。

分别将 0.4% 核苷酸、0.4% 丙氨酸、0.4%甜菜碱、3%酵母膏和 3%乌贼膏添加到含有 80%鱼粉的基础饲料里，另单独设 80%鱼粉的基础饲料为对照组，进行为期 8 周的养殖实验。结果表明，乌贼膏组的摄食量显著高于对照组（表 2-50），促食欲因子 NPY 和抑食欲因子 POMC 分别显著上调和下调（图 2-24、图 2-25）。乌贼膏组饲料系数显著低于对照组，增重率显著高于对照组（表 2-50）。因此，饲料中添加乌贼膏可有效促进鳜鱼食欲，提高摄食量，并促进生长。适当水平的乌贼膏添加可以优化鳜鱼人工饲料。

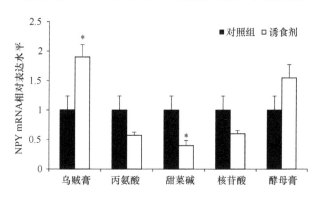

图 2-24　不同促摄饵物质对鳜鱼脑 NPY mRNA 表达的影响

数据表示为平均值±标准误（n＝6）。*表示存在显著差异（$P<0.05$）

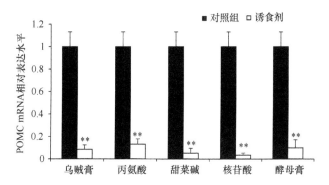

图 2-25　不同促摄饵物质对鳜鱼脑 POMC mRNA 表达的影响

数据表示为平均值±标准误（n＝6）。**表示存在极显著差异（$P<0.01$）

表 2-50　不同促摄饵物质对鳜鱼生长及饲料利用的影响

	对照组	0.4%核苷酸	0.4%丙氨酸	0.4%甜菜碱	3%酵母膏	3%乌贼膏
初始体重(g)	151±5.41	152±7.25	153±5.36	152±3.00	149±2.71	151±5.17
终末体重(%)	37.92±2.46	52.22±1.34**	40.61±0.95	42.57±2.07	46.52±0.98*	61.92±1.00**
存活率(%)	100±0.00	100±0.00	100±0.00	100±0.00	100±0.00	100±0.00
摄食量(g)	121.65±4.67	126.13±1.32	111.86±3.83	128.73±6.00	122.83±1.80	155.08±1.40*
饲料转化效率	2.26±0.05	1.68±0.04**	1.91±0.07**	2.13±0.01	1.85±0.04**	1.71±0.01**

*表示存在显著差异（$P<0.05$），**表示存在极显著差异（$P<0.01$）。

核苷酸可以提高鱼类的早期生长、免疫等生理功能。为了探讨饲料中添加核苷酸对鳜鱼生长、饲料利用、体成分、血清指标和氮代谢的影响，分别将 0.5、1.0、1.5、2.0 和 4.0 g/kg 核苷酸添加到含有 80% 鱼粉的基础饲料里，另单独设 80% 鱼粉的基础饲料为对照组，进行为期 8 周的养殖实验。结果表明，1.5 g/kg 核苷酸添加组增重率、特定生长率、饲料效率、蛋白质效率和蛋白质保留率均最高（表 2-51）。随着饲料核苷酸水平的增加，鳜鱼脑中促食欲因子 NPY mRNA 水平上升，POMC mRNA 水平下降（图 2-26）。肝脏中

表 2-51　不同核苷酸添加水平对鳜鱼生长及饲料利用的影响

	对照组	0.5g/kg	1.0g/kg	1.5g/kg	2.0g/kg	4.0g/kg
初始体重(g)	36.23±1.20	36.45±1.15	36.89±1.24	35.99±1.39	36.25±1.56	36.54±1.28
终末体重(%)	63.35±3.35^a	68.72±2.13^{ab}	73.01±2.94^{ab}	85.02±2.50^c	79.94±3.18^{bc}	72.11±4.59^b
特定增长率(%)	0.87±0.04^a	0.93±0.02^{ab}	0.98±0.04^{ab}	1.10±0.02^c	1.03±0.32^{bc}	0.99±0.02^b
饲料效率	0.47±0.02^a	0.49±0.02^{ab}	0.51±0.01^{ab}	0.58±0.01^c	0.54±0.01^{bc}	0.51±0.03^{ab}
摄食量(g)	0.77±0.02^a	0.87±0.02^{ab}	0.94±0.04^b	1.07±0.05^c	0.94±0.04^b	0.94±0.01^b
蛋白质效率	0.78±0.04^a	0.82±0.05^{ab}	0.85±0.03^{ab}	0.97±0.02^c	0.90±0.04^{bc}	0.85±0.04^{ab}
蛋白质保留率(%)	17.28±0.31^a	18.86±1.21^{ab}	21.20±0.79^{bc}	24.310.04^d	22.11±1.13^{cd}	20.04±0.26^{abc}
存活率(%)	91.11±2.22	93.33±3.84	88.89±4.44	93.33±3.85	91.11±5.88	86.67±6.67

注：不同小写字母表示存在显著差异（$P<0.05$）。

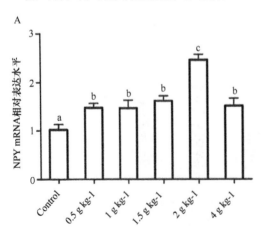
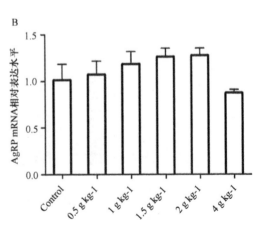

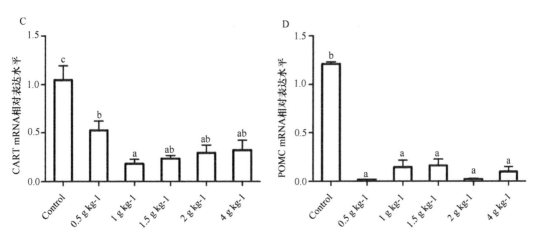

图 2-26 不同核苷酸添加水平对鳜鱼脑 NPY (A)、AgRP (B)、CART (C) 和 POMC (D) mRNA 表达的影响

数据表示为平均值±标准误（n = 9）。不同小写字母表示存在显著差异（$P<0.05$）

谷草转氨酶活力随着饲料中核苷酸浓度的增加先上升再下降，相反地，肝脏中的谷氨酸脱氢酶活力和肌肉中的腺苷酸脱氨酶活力先下降再上升（表 2-52）。肝脏谷氨酸脱氢酶（GDH）和精氨酸酶（ARG）mRNA 水平在 1.5g/ kg 核苷酸添加组最低（图 2-27）。综合以上指标，1.5g/kg 核苷酸添加量最适于改善鳜鱼生长、提高饲料利用。

表 2-52 不同核苷酸添加水平对鳜鱼肝脏和肌肉酶活的影响

	对照	0.5g/ kg	1g/ kg	1.5g/ kg	2g/ kg	4g/ kg
谷草转氨酶 AST	33.02±1.12^a	38.13±0.96^{bc}	40.87±1.03^c	37.88±1.45^{bc}	36.81±1.10^b	37.73±0.61^{bc}
谷丙转氨酶 ALT	115.85±9.85	130.62±13.04	126.31±7.90	123.23±7.97	115.77±7.79	135.78±2.32
谷氨酸脱氢酶 GDH	247.06±4.52^d	236.29±4.17^{cd}	221.96±3.48^b	204.57±3.78^a	232.33±1.93^{bc}	237.65±5.48^{cd}
腺苷酸脱氨酶 AMPD	0.75±0.07^b	0.71±0.08^b	0.71±0.11^b	0.42±0.01^a	0.59±0.05^{ab}	0.56±0.07^{ab}

注：不同小写字母表示存在显著差异（$P<0.05$）。

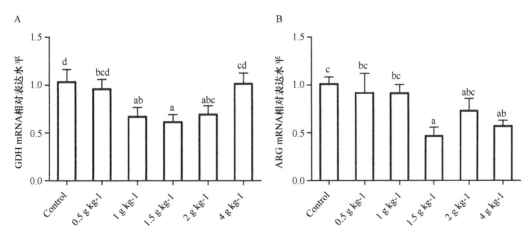

图 2-27 不同核苷酸添加水平对鳜鱼肝脏谷氨酸脱氢酶 (GDH) (A) 和精氨酸酶 (ARG) (B) mRNA 表达的影响

数据表示为平均值±标准误（n = 9）。不同小写字母表示存在显著差异（$P<0.05$）

（六）鳜鱼驯食人工饲料原理与技术

1. 鳜鱼摄食行为类型

游泳能力不强的凶猛鱼类主要以伏击和偷袭两种方式捕食猎物。前者是被动地等待无意识游近的猎物，然后突然攻击；后者则采用缓慢游动的方法主动接近、攻击猎物。鳜鱼主要采用后一种方式捕食，属偷袭型凶猛鱼类。

2. 鳜鱼摄食感觉基础

鳜鱼主要利用视觉和侧线攻击猎物。视觉和侧线均能独立地对猎物进行识别和定位，并诱导对猎物的攻击反应。鳜鱼一般优先利用视觉信息，仅在视觉受到限制时才利用侧线捕食。鳜鱼利用视觉捕食时，反应时间远远小于利用侧线捕食。侧线在鳜鱼夜间捕食中起很大作用。猎物化学刺激不能诱导鳜鱼的攻击行为，但鳜鱼味觉在食物吞咽过程中起很大作用。口咽腔的触觉等其他感觉可能也在吞食过程中起最后的识别作用。

3. 鳜鱼猎物特征

鳜鱼猎物视觉特征是不连续的运动、梭形形状和明显反差，而猎物的颜色则不起决定性作用。鳜鱼的侧线主要对猎物的低频振动起反应。鳜鱼猎物化学本质目前尚未完全研究清楚，但鲜或干鱼虾均是很好的促摄物质。

4. 鳜鱼感觉机能特性

鳜鱼视觉是色盲的，视敏度不高，但适于感觉运动。鳜鱼视觉通过舍弃色觉和降低视敏度，从而大大提高其视网膜的光敏感性，使鳜鱼视觉能在一般饵料鱼（如鲌）眼睛不能起作用的低照度下识别饵料鱼的运动和大头部侧线管系统分枝复杂，侧线管和神经丘的直径在眼的周围均较大，且部分侧线管顶部骨化不完全或未骨化，因而对振动刺激很敏感，使鳜鱼在视觉不能很好的起作用时仍能正常摄食。鳜鱼口咽腔有味蕾分布，适于对进入口腔的食物进行最后识别。

5. 鳜鱼拒食人工饲料感觉生理机制

由于鳜鱼主要依靠对运动刺激敏感的视觉和侧线捕食猎物，而在一般养殖鱼类摄食行为中起很大作用的化学感觉不能诱导鳜鱼的攻击反应，味觉仅在吞食过程中起作用，因而鳜鱼一般拒食静止的食物。虽然掷入水中的人工饲料在落水过程中也在运动，但鳜鱼属偷袭型凶猛鱼类，需对食物窥视一段时间后才突发攻击，而这时食物已沉至水底静止不动。因此，鳜鱼一般不摄食人工饲料。

6. 鳜鱼人工饲料驯食原理

1）训练鳜鱼游至水面抢食

由于人工饲料在落水瞬间均在运动，符合鳜鱼感官要求，因而只要训练鳜鱼主动游至水体表面抢食落水食物即能达到驯食人工饲料的目的。鳜鱼驯化后也能很好摄食中下层正在下落的食物。

2）训练鳜鱼摄食静止食物

虽然鳜鱼一般不摄食鱼池底部静止的人工饲料，但由于人工饲料在落水过程中处于运动状态，只要食物沉底时鳜鱼已主动游近并跟踪食物，这时食物仍处在相对运动之中。因而只要训练鳜鱼在攻击食物前不停顿，鳜鱼即能摄食相对运动的静止食物。

7. 鳜鱼人工饲料驯食程序

先利用过量活饵料鱼喂养鳜鱼，然后逐渐减少投喂量，使鳜鱼在投喂时即能吃净饵料鱼。当鳜鱼形成很好的摄食反应后，即改投死饵料鱼和饵料鱼块。最后投喂鱼糜饲料，并逐渐减少鱼肉含量，过渡到人工配合饲料。

8. 鳜鱼人工饲料特殊要求

鳜鱼人工饲料除了要像一般肉食性鱼类饲料具有较高蛋白含量等营养需求外，还要有一些特殊要求，这些要求在鳜鱼驯食人工饲料初期尤为重要。

（1）外形：应为长条形，长宽比以 2∶1 到 3∶1 为宜。

（2）颜色：最好为白色或浅色，颜色不宜太深，这样反差强易为鳜鱼发现。

（3）软硬：含水量以 30%左右为宜，太软或太硬，鳜鱼均不喜吞食。

（4）质地：饲料组份应粉碎充分，可多加些油脂，使饲料口感更加细腻。

（5）促摄物质：加入鳜鱼促摄物质，如鲜鱼肉等。

9. 鳜鱼驯食人工饲料注意事项

（1）鳜鱼大小：最好选用体长 3.33~10cm 鳜鱼个体进行驯食。个体太小驯食过程中易感染疾病，降低驯食成活率；个体太大则驯食周期较长，驯化率也不高。

（2）水体大小：鳜鱼驯食人工饲料最好选择 2m 以下小水体进行。水体过大则因投食时离鳜鱼距离较远效果不佳。

（3）养殖密度：应尽可能增大鳜鱼养殖密度，这样不仅增加鳜鱼与食物相遇的概率，且因鳜鱼之间的模仿学习将大大缩短驯化周期，提高驯化率。

（4）时间：驯食时间最好选择在黄昏，以后可逐渐过渡到白天。

（5）饥饿因子：鳜鱼驯食人工饲料的关键是把握好适度的饥饿程度。鳜鱼过于饥饿易染病死亡，饥饿不够则很难在短期内改变鳜鱼摄食习性。

参 考 文 献

陈军, 郑文彪, 伍育源, 等. 2003. 鳜鱼和大眼鳜鱼年龄生长和繁殖力的比较研究. 华南师范大学学报: 自然科学版, (1): 110-114.

何吉祥, 丁凤琴, 宋光同, 等. 2003. 网箱培育鳜鱼种的驯食技术. 淡水渔业, 33(6): 46-47.

黄志坚, 何建国. 1999. 鳜鱼疾病的研究概况. 水产科技情报, 26(6): 268-271.
贾长春, 王惠卿, 宋忠林, 等. 1974. 鳜鱼的人工繁殖. 水产科技情报, (10): 12-17.
颉晓勇, 李思发, 蔡完其. 2007. 吉富品系尼罗罗非鱼选育过程中遗传变异的微卫星分析. 水产学报, 31(3): 385-390.
解玉浩, 李文宽, 解涵. 2007. 东北地区淡水鱼类. 沈阳: 辽宁科学技术出版社, 37-437.
孔晓瑜, 周才武. 1992. 鳜亚科 Sinipercinae 鱼类的 LDH 同工酶的比较研究. 青岛海洋大学学报, 22(1): 103-109.
李明锋. 2010. 鳜鱼生物学研究进展. 现代渔业信息, 25(7): 16-21.
李思发, 王成辉, 刘志国, 等. 2006. 三种红鲤生长性状的杂种优势与遗传相关分析. 水产学报, 30(2): 175-180.
梁旭方, 蔡志全. 1997. 冰鲜饲料当年苗种网箱养殖商品鳜生产性试验. 水利渔业, (4): 17-19.
梁旭方, 蔡志全. 1999. 人工饲料当年苗种网箱养殖商品鳜生产性试验. 水利渔业, 19(2): 18-21.
梁旭方, 贺锡勤. 1994. 鲜饲料网箱养殖商品鳜的初步研究. 水利渔业, (1): 3-4.
梁旭方, 黄永川. 1995. 配合饲料网箱养殖商品鳜的初步研究. 水利渔业, (2): 3-5.
梁旭方, 郑微云, 王艺磊. 1994. 鳜鱼视觉特性及其对捕食习性适应的研究Ⅰ. 视网膜电图光谱敏感性和适应特性. 水生生物学报, 18(3): 247-253.
梁旭方. 1994a. 鳜鱼视觉特性及其对捕食习性适应的研究Ⅱ. 视网膜结构特性. 水生生物学报, (4): 376-377.
梁旭方. 1994b. 鳜鱼驯食人工饲料原理与技术. 淡水渔业, 24(6): 36-37.
梁旭方. 1995a. 鳜鱼摄食的感觉原理. 动物学杂志, 30(1): 56.
梁旭方. 1995b. 鳜捕食行为的研究. 海洋与湖沼, 26(5), 119-125.
梁旭方. 1996a. 鳜侧线管结构和行为反应特性及其对捕食习性的适应. 海洋与湖沼, 27(5): 457-463.
梁旭方. 1996b. 鳜鱼口咽腔味蕾和行为反应特性及其对捕食习性的适应. 动物学报, 42(1): 22-27.
梁旭方. 2002. 鳜鱼人工饲料的研究. 水产科技情报, 29(2): 64-67.
刘伯仁. 2005. 鳜苗种人工驯饲初报. 齐鲁渔业, 5: 18.
鲁双庆, 刘臻, 刘红玉, 等. 2005. 鲫鱼 4 群体基因组 DNA 遗传多样性及亲缘关系的微卫星分析. 中国水产科学, 12(4): 371-376.
吴婷婷, 徐跑. 1988. 幼鳜对蛋白质日需要量及投饵率的初步研究. 水产学报, 12(1): 63-66.
吴旭, 严美姣, 李钟杰. 2010. 长江中下游不同地理种群鳜遗传结构研究. 水生生物学报, 34(4): 843-850.
吴遵霖, 李蓓, 吴凡, 等. 2002. 鳜鱼驯饲集约式网箱养殖技术. 淡水渔业, 32(4): 55-56.
吴遵霖, 李蓓. 2000. 配合饲料网箱养鳜影响因素的研究. 水利渔业, 20(2): 37-39.
吴遵霖, 潘德思. 1995. 鳜幼鱼配合饲料最适蛋白质含量初步研究. 水利渔业, (5): 3-6.
杨受保. 2003. 鳜类的资源利用及遗传多样性研究. 水产科技情报, 30(3): 121-125.
杨宇晖, 梁旭方, 林群, 等. 2010. 广东与江西翘嘴养殖与天然种群的遗传多态性分析. 水产学报, 34(4): 515-520.
叶少军, 王志勇, 刘贤德, 等. 2010. 大黄鱼连续两代人工雌核发育群体的微卫星标记分析. 水生生物学报, 34(1): 144-151.
殷文莉, 戴建华, 杨代淑, 等. 1998. 鳜及大眼鳜线粒体 DNA 比较研究. 水生生物学报, 22(3): 257-264.
余帆洋. 2011. 长江鳜和大眼鳜复合种的遗传多样性研究. 广州: 暨南大学硕士学位论文.

张春光, 赵亚辉. 1999. 我国鳜资源现状及其恢复和合理利用的途径. 生物学通报, 34(12): 9-11.

张天时, 孔杰, 栾生, 等. 2008. 应用 BLUP 法对中国对虾一代选择的遗传进展. 海洋水产研究, 29(3): 35-40.

赵金良, 李思发, 蔡完其, 等. 2007. 长江水系不同水体鳜 mtDNA 控制区序列的遗传分析. 湖泊科学, 19(1): 92-97.

赵晓临, 夏大明, 骆小年, 等. 2009. 网箱养殖的鸭绿江斑鳜生长特性及饲养模式. 水产学杂志, 22(2): 26-28.

郑慈英. 1984. 珠江鱼类志. 北京: 科学出版社: 365-369.

郑文彪, 陈旻, 潘炯华. 1993. 胡子鲇消化道粘膜表面结构的扫描电镜观察. 华南师范大学学报(自然科学版), (1): 59-67.

周才武, 杨青, 蔡德霖. 1988. 鳜亚科 SINIPERCINAE 鱼类的分类整理和地理分布. 动物学研究, 9(2): 113-125.

Aboim M, Mavarez J, Bernatchez L, et al. 2010. Introgressive hybridization between two Iberian endemic cyprinid fish: a comparison between two independent hybrid zones. Journal of Evolutionary Biology, 23(4): 817-828.

Allendorf FW, Leary RF, Hitt NP, et al. 2004. Intercrosses and the US Endangered Species Act: should hybridized populations be included as westslope cutthroat trout? Conservation Biology, 18(5): 1203-1213.

Allendorf FW, Leary RF, Spruell P, et al. 2001. The problems with hybrids: setting conservation guidelines. Trends In Ecology & Evolution, 16(11): 613-622.

Anderson CD, Epperson BK, Fortin MJ, et al. 2010. Considering spatial and temporal scale in landscape-genetic studies of gene flow. Molecular Ecology, 19(17): 3565-3575.

Arnold ML, Martin NH. 2010. Hybrid fitness across time and habitats. Trends In Ecology & Evolution, 25(9): 530-536.

Avise JC. 1994. Molecular markers: natural history and evolution. Heidelberg: Springer.

Avise JC, Trexler JC, Travis J, et al. 1991. Poecilia mexicana is the recent female parent of the unisexual fish *P. formosa*. Evolution, 45(6): 1530-1533.

Barbará T, Palma-Silva C, Paggi GM, et al. 2007. Cross-species transfer of nuclear microsatellite markers: potential and limitations. Molecular Ecology, 16(18): 3759-3767.

Barker JSF. 1994. A global protocol for determining genetic distances among domestic livestock breed: proceedings of the 5th world congress on genetics applied to livestock production. Canada: University of Guelph, 21: 501-508.

Baxter JS, Taylor EB, Devlin RH, et al. 1997. Evidence for natural hybridization between Dolly Varden (*Salvelinus malma*) and bull trout (*Salvelinus confluentus*) in a northcentral British Columbia watershed. Canadian Journal of Fisheries and Aquatic Sciences, 54(2): 421-429.

Bernardi G, Planes S, Fauvelot C. 2003. Reductions in the mitochondrial DNA diversity of coral reef fish provide evidence of population bottlenecks resulting from holocene sea-level change. Evolution, 57(7): 1571-1583.

Borrell YJ, Piñera JA, Prado JAS, et al. 2012. Mitochondrial DNA and microsatellite genetic differentiation in the European anchovy *Engraulis encrasicolus* L. ICES Journal of Marine Science, 69(8): 1357-1371.

Botstein D, White RL, Skolnick M, et al. 1980. Construction of a genetic linkage map in man using restriction fragment length polymorphisms. American Journal of Human Genetics, 32(3): 314.

Castric V, Bernatchez L, Belkhir K, et al. 2002. Heterozygote deficiencies in small lacustrine populations of brook charr *Salvelinus fontinalis* Mitchill (Pisces, Salmonidae): a test of alternative hypotheses. Heredity, 89(1): 27-35.

Charrier G, Durand JD, Quiniou L, et al. 2006. An investigation of the population genetic structure of Pollack (*Pollachius pollachius*) based on microsatellite markers. ICES Journal of Marine Science, 63(9): 1705-1709.

Chen S, Yang PC, Jiang F, et al. 2010. De novo analysis of transcriptome dynamics in the migratory locust during the development of phase traits. PLoS One, 5(12): e15633.

Desvignes JF, Laroche J, Durand JD, et al. 2001. Genetic variability in reared stocks of common carp (*Cyprinus carpio* L.) based on allozymes and microsatellites. Aquaculture, 194(3-4): 291-301.

DeWoody J, Avise J. 2000. Microsatellite variation in marine, freshwater and anadromous fishes compared with other animals. Journal of Fish Biology, 56(3): 461-473.

Docker MF, Dale A, Heath DD. 2003. Erosion of interspecific reproductive barriers resulting from hatchery supplementation of rainbow trout sympatric with cutthroat trout. Molecular Ecology, 12(12): 3515-3521.

Doebley JF, Gaut BS, Smith BD. 2006. The molecular genetics of crop domestication. Cell, 127(7): 1309-1321.

Evanno G, Regnaut S, Goudet J. 2005. Detecting the number of clusters of individuals using the software STRUCTURE: a simulation study. Molecular Ecology, 14(8): 2611-2620.

Ferrier DE, Holland PW. 2001. Ancient origin of the Hox gene cluster. Nature Reviews Genetics, 2(1): 33-38.

Fisher RA. 1999. The genetical theory of natural selection: a complete variorum edition. Oxford University Press.

Freeman JD, Warren RL, Webb JR, et al. 2009. Profiling the T-cell receptor beta-chain repertoire by massively parallel sequencing. Genome Research, 19(10): 1817-1824.

Garg R, Patel RK, Tyagi AK, et al. 2011. De novo assembly of chickpea transcriptome using short reads for gene discovery and marker identification. DNA Research, 18(1): 53-63.

Gjedrem T. 1997. Contribution from selective breeding to future aquaculture development. Journal of The World Aquaculture Socciety, 3: 33-45.

Gross BL, Olsen KM. 2010. Genetic perspectives on crop domestication. Trends in Plant Science, 15(9): 529-537.

Gunnell K, Tada MK, Hawthorne FA, et al. 2008. Geographic patterns of introgressive hybridization between native Yellowstone cutthroat trout (*Oncorhynchus clarkii* Bouvieri) and introduced rainbow trout (*O. mykiss*) in the South Fork of the Snake River watershed, Idaho. Conservation Genetics, 9(1): 49-64.

He S, Liang XF, Sun J, et al. 2013. Insights into food preference in hybrid F_1 of *Siniperca chuatsi*(♀) × *Siniperca scherzeri* (♂) mandarin fish through transcriptome analysis. BMC Genomics, 14(1): 601.

Herbinger CM, Doyle RW, Pitman ER, et al. 1995. DNA fingerprint based analysis of paternal and maternal effects on offspring growth and survival in communally reared rainbow trout. Aquaculture, 137(1-4): 245-256.

Iervolino F, De Resende EK, Hilsdorf AWS. 2010. The lack of genetic differentiation of pacu (*Piaractus mesopotamicus*) populations in the Upper-Paraguay Basin revealed by the mitochondrial DNA D-loop region: Implications for fishery management. Fisheries Research, 101(1-2): 27-31.

Kalavacharla V, Liu ZJ, Meyers BC, et al. 2011. Identification and analysis of common bean (*Phaseolus vulgaris* L.) transcriptomes by massively parallel pyrosequencing. BMC Plant Biology, 11: 135.

Karaiskou N, Triantafyllidis A, Katsares V, et al. 2009. Microsatellite variability of wild and farmed populations of *Sparus aurata*. Journal of Fish Biology, 74(8): 1816-1825.

Karlsson S, Moen T, Hindar K. 2010. Contrasting patterns of gene diversity between microsatellites and mitochondrial SNPs in farm and wild Atlantic salmon. Conservation Genetics, 11(2): 571-582.

Kimura M. 1983. The Neutral Theory of Molecular Evolution. Cambridge: Cambridge University Press.

Kobayashi H. 1962. A comparative study on electroretinogram in fish, with special reference to ecological aspects. The Journal of the Shimonoseki College of Fisheries, 11(3): 407-538.

Liang XF, Liu JK, Huang BY. 1998. The role of sense organs in the feeding behaviour of Chinese perch. Journal of Fish Biology, 52(5): 1058-1067.

Liang XF, Lin XT, Li SQ, et al. 2008. Impact of environmental and innate factors on the food habit of Chinese perch *Siniperca chuatsi* (Basilewsky) (Percichthyidae). Aquaculture Research, 39(2): 150-157.

Liang XF, Oku H, Ogata HY, et al. 2001. Weaning Chinese perch *Siniperca chuatsi* (Basilewsky) onto artificial diets based upon its specific sensory modality in feeding. Aquaculture Research, 32(s1): 76-82.

Mayr E. 1947. Systematics and the Origin of Species. New York: Columbia University Press.

Mccusker M, Bentzen P. 2010. Positive relationships between genetic diversity and abundance in fishes. Molecular Ecology, 19(22): 4852-4862.

Mccusker MR, Paterson IG, Bentzen P. 2008. Microsatellite markers discriminate three species of North Atlantic wolffishes (*Anarhichas* spp.). Journal of Fish Biology, 72(2): 375-385.

Mcdowell JR, Graves JE. 2008. Population structure of striped marlin (*Kajikia audax*) in the Pacific Ocean based on analysis of microsatellite and mitochondrial DNA. Canadian Journal of Fisheries and Aquatic Sciences, 65(7): 1307-1320.

Miller PA, Fitch AJ, Gardner M, et al. 2011. Genetic population structure of Yellowtail Kingfish (*Seriola lalandi*) in temperate Australasian waters inferred from microsatellite markers and mitochondrial DNA. Aquaculture, 319(3): 328-336.

O'Reilly PT, Hamilton LC, McConnell SK, et al. 1996. Rapid analysis of genetic variation in Atlantic salmon (*Salmo salar*) by PCR multiplexing of dinucleotide and tetranucleotide microsatellites. Canadian Journal of Fisheries and Aquatic Sciences, 53(10): 2292-2298.

Prado FDD, Hashimoto DT, Senhorini JA, et al. 2012. Detection of hybrids and genetic introgression in wild stocks of two catfish species (*Siluriformes: Pimelodidae*): The impact of hatcheries in Brazil. Fisheries Research, 125: 300-305.

Roberts D, Gray C, West R, et al. 2009. Evolutionary impacts of hybridization and interspecific gene flow on an obligately estuarine fish. Journal of Evolutionary Biology, 22(1): 27-35.

Salzburger W, Baric S, Sturmbauer C. 2002. Speciation via introgressive hybridization in East African cichlids? Molecular Ecology, 11(3): 619-625.

Scribner KT, Page KS, Bartron ML. 2000. Hybridization in freshwater fishes: a review of case studies and cytonuclear methods of biological inference. Reviews In Fish Biology and Fisheries, 10(3): 293-323.

Shi CY, Yang H, Wei CL, et al. 2011. Deep sequencing of the Camellia sinensis transcriptome revealed candidate genes for major metabolic pathways of tea-specific compounds. BMC Genomics, 12(1): 131.

Smith PF, Konings A, Kornfield I. 2003. Hybrid origin of a cichlid population in Lake Malawi: implications for genetic variation and species diversity. Molecular Ecology, 12(9): 2497-2504.

Song W, Pang R, Niu Y, et al. 2012. Construction of high-density genetic linkage maps and mapping of growth-related quantitative trail loci in the Japanese flounder (*Paralichthys olivaceus*). PLoS One, 7(11): e50404.

Sugaya T, Ikeda M, Mori H, et al. 2002. Inheritance mode of microsatellite DNA markers and their use for kinship estimation in kuruma prawn *Penaeus japonicus*. Fisheries Science, 68(2): 299-305.

Vanhaecke D, De Leaniz CG, Gajardo G, et al. 2012. DNA barcoding and microsatellites help species delimitation and hybrid identification in endangered galaxiid fishes. PLoS One, 7(3): e32939.

Vázquez JF, Pérez T, Albornoz J, et al. 2000. Estimation of microsatellite mutation rates in *Drosophila melanogaster*. Genetical Research, 76(3): 323-326.

Vrijenhoek R C. 1993. The origin and evolution of clones versus the maintenance of sex in Poeciliopsis. Journal of Heredity, 84(5): 388-395.

Waples R S. 1998. Separating the wheat from the chaff: patterns of genetic differentiation in high gene flow species. Journal of Heredity, 89(5): 438-450.

Ward R D, Woodwark M, Skibinski D OF. 1994. A comparison of genetic diversity levels in marine, freshwater, and anadromous fishes. Journal of Fish Biology, 44(2): 213-232.

Weber JL, Wong C. 1993. Mutation of human short tandem repeats. Human Molecular Genetics, 2(8): 1123-1128.

Weigel DE, Peterson JT, Spruell P. 2002. A model using phenotypic characteristics to detect introgressive hybridization in wild westslope cutthroat trout and rainbow trout. Transactions of the American Fisheries Society, 131(3): 389-403.

Williams I, Reeves GH, Graziano SL, et al. 2007. Genetic investigation of natural hybridization between rainbow and coastal cutthroat trout in the Copper River Delta, Alaska. Transactions of the American Fisheries Society, 136(4): 926-942.

Yamamoto S, Kitamura S, Sakano H, et al. 2011. Genetic structure and diversity of Japanese kokanee *Oncorhynchus nerka* stocks as revealed by microsatellite and mitochondrial DNA markers. Journal of Fish Biology, 79(5): 1340-1349.

Zheng K, Lin KD, Liu ZH, et al. 2007. Comparative microsatellite analysis of grass carp genomes of two gynogenetic groups and the Xiangjiang river group. Journal of Genetics and Genomics, 34(4): 321-330.

（梁旭方，何　珊，李　姣，李　玲，窦亚琪）

第三章 中国大口黑鲈和花鲈营养和饲料研究进展

第一节 大口黑鲈营养型肝病研究进展

大口黑鲈（*Micropterus salmoides*），俗称加州鲈、黑鲈，属鲈形目（Perciformes）鲈亚目（Porcoidei）太阳鱼科（Cehtrachidae）黑鲈属（*Micropterus*），原产于北美洲。因其具有适应性强、生长快、易起捕、养殖周期短等优点，加之肉质鲜美细嫩、无肌间刺，深受我国养殖者和消费者的青睐，自20世纪80年代引入后，经过多年的发展，已成为我国重要的淡水养殖品种之一（白俊杰和李胜杰，2013）。

目前大口黑鲈难以在北方内陆地区进行人工养殖的主要因素是配合饲料难以解决。虽然国内外对于大口黑鲈各营养素的需要量研究已经取得了一些进展，但以此为基础配制的人工饲料在养殖中后期却会导致大口黑鲈出现明显的肝脏疾病，表现为肝脏肿大、脂肪过度积累等，从而导致其生长性能和饲料利用率的下降（李二超和陈立侨，2011；白俊杰和李胜杰，2013）。

然而，随着我国大口黑鲈产业快速的发展，一系列问题日益突出。其中，开发可供全程使用的全价专用配合饲料，减少我国大口黑鲈的养殖过度依赖冰鲜杂鱼为饵料成为产业发展的关键（李二超和陈立侨，2011；白俊杰和李胜杰，2013）。张丽等（2011）采用粗蛋白、粗脂肪和能量含量分别为41.87%、12.85%和17.60 kJ/g的人工配合饲料饲喂大口黑鲈，发现与冰鲜小杂鱼相比，配合饲料显著地提高了大口黑鲈的肝体比（HSI）和脏体比（VSI），导致脂肪在肝脏中过度积累，降低其生长性能和饲料利用率；朱择敏等（2014）采用粗蛋白含量为45%、粗脂肪含量分别为8%和15%的两种人工配合饲料饲喂大口黑鲈，同样发现与冰鲜杂鱼对照组相比，摄食两种配合饲料的大口黑鲈的肝脏出现不同程度的病变，导致其生长性能和饲料利用能力的显著下降。这种由饲料营养成分所引起的肝脏疾病（营养型肝脏疾病，nutritional liver disease，NLD）的发生是导致大口黑鲈在养殖过程中无法全程使用配合饲料，必须依赖冰鲜杂鱼作为饵料的直接原因。

除细菌或病毒性感染原因之外，对于大部分动物，包括鱼类，饲料中不平衡的营养素搭配或者质量低劣的饲料是导致绝大多数养殖鱼类NLD发生的首要原因（杜震宇，2014）。其中，饲料中非蛋白能量，特别是碳水化合物含量过高，以及因保存不当而导致的脂肪氧化是造成鱼类NLD的主要因素。在实际生产过程中，为了满足养殖鱼类在高密度和短时间内快速的生长需求，必须提高饲料中能量的含量。在饲料三大能源物质（蛋白质、脂肪和碳水化合物）中，蛋白质的成本最高，为了降低蛋白质作为能量来源被过多消耗造成的经济和环境成本的上升，饲料能量的提高主要依靠非蛋白能量物质（脂肪和碳水化合物）含量的提高来实现。确实有研究证明饲料中非蛋白能量物质的合理添加能够促进养殖鱼类更快的生长，发挥对蛋白质的节约作用（Du et al., 2006；Li et al., 2012；Peres and Oliva-Teles, 1999）。但过高的非蛋白能量物质会造成脂肪在肝脏中不正常的积累，形成脂肪肝（fatty liver），进一步会发展成为脂肪肝疾病（fatty liver disease），从而影响鱼类的健康（Du et al., 2006；2008；Lu et al., 2013；Liu et al., 2013）。

已有大量的研究证明，当饲料中添加的脂肪超出鱼类正常生理状态下对脂肪消化吸收和代谢能力的上限时，会降低其对脂肪的消化率并沉积多余的脂肪在其肝脏中，导致肝脏脂肪含量上升，肝体比和脏体比增大等（Grisdale-Helland et al., 2008；Biswas et al., 2009；Li et al., 2010；Yuan et al., 2010）。在对大口黑鲈的研究中，也发现了相同的结果（Bright et al., 2005；陈乃松等，2012）。肝脏脂肪的积累会造成鱼类肝脏组织结构发生一系列变化，如肝实质细胞中空泡数量明显增加、纤维化等症状（刘金桃等，2015；于利莉等，2016）。

相比脂肪和蛋白质，碳水化合物是更为廉价的能量物质，提高饲料中碳水化合物的含量能够有效地降低饲料成本和养殖过程中对环境的污染。然而，饲料中碳水化合物含量的增加同样会提高养殖鱼类患肝脏疾病的风险，而大口黑鲈似乎更加敏感（徐祥泰等，2016）。饲料中过多的碳水化合物会优先造成糖原而非脂肪在肝脏中过多地沉积。这些差异可能与不同鱼种间对碳水化合物的利用能力和糖脂代谢存在的差异有关。Chen 等（2012a）证明，相比碳水化合物，大口黑鲈利用脂肪作为能量来源更为有效。Goodwin 等（2002）发现当饲料中碳水化合物含量大于 21%时会显著增加大口黑鲈肝脏中糖原的含量。谭肖英等（2005）证明，饲料中含 23%的碳水化合物组的 HSI 显著高于含 15%碳水化合物组，但肝脏脂肪含量却显著低于 15%碳水化合物组，证明 HSI 的升高主要是由糖原积累所导致。徐祥泰等（2016）发现饲料中可消化淀粉含量超过 5%即有可能导致大口黑鲈肝细胞受损。Goodwin 等（2002）在对运输过程中死亡的大口黑鲈进行检查时发现，肝脏中糖原的过多积累和肝脏的坏死是导致其抗应激能力下降的主要原因。Amoah 等（2008）报道，大口黑鲈肝脏中空泡化现象的严重程度与饲料中碳水化合物含量呈正相关，并且最高碳水化合物组存活率的显著下降与肝脏损伤的加剧有关。目前，部分企业生产出了低淀粉（<10%）膨化饲料应对大口黑鲈的全程饲料饲喂，取得了较为明显的效果，但也同时对饲料的加工工艺提出了挑战。

脂肪的氧化是另一个可能导致养殖鱼类肝脏疾病发生的重要因素。鱼油由于富含多不饱和脂肪酸（PUFA）而被广泛应用在水产养殖中（Izquierdo et al., 2003；Chen et al., 2011）。然而，在饲料加工和储存过程中，鱼油中的 PUFA 极易通过自由基反应发生脂肪过氧化，产生大量的脂肪氢过氧化物（Frankel, 1998），并且连续分解成为具有毒性的次级氧化产物如乙醛、酮或脂肪酸烷氧基根，导致细胞分子的损伤从而影响细胞的完整性（Janssens et al., 2000）。饲料中脂肪的氧化会导致鱼体内氧化胁迫的增加和还原能力的下降（Lewis-McCrea and Lall, 2007；Huang and Huang, 2004；Peng et al., 2009；Yuan et al., 2014；Fontagné-Dicharry et al., 2014），体内脂肪过氧化和抗氧化系统间的不平衡将会降低鱼类的存活率和生长率（Tocher et al., 2003；Chen et al.,

2012b；2013；Dong et al.，2012；Yuan et al.，2014）。摄食脂肪氧化的饲料会导致鱼类肝脏出现明显的变化。Yuan 等（2014）报道大口黑鲈的 HSI 升高以响应饲料中油脂的氧化；但是 Chen 等（2013）则报道氧化油脂会降低大口黑鲈的 HSI。虽然 HSI 的变化在各报道中存在差异，但摄入氧化鱼油后会导致大口黑鲈肝脏中脂肪含量明显下降（Chen et al.，2012，2013；Yuan et al.，2014）。这种肝脏脂肪沉积的降低与在高非蛋白能量摄入后的反应相反。已有大量的报道证明氧化鱼油的摄入会导致养殖鱼类出现明显的肝脏结构损伤，包括肝实质细胞体积增大、脂滴大量堆积、细胞核偏移、核糖体大量聚合、线粒体空泡，以及内质网卷曲和纤维化（图 3-1，Dong et al.，2012；Chen et al.，2012；刘金桃等，2015）。

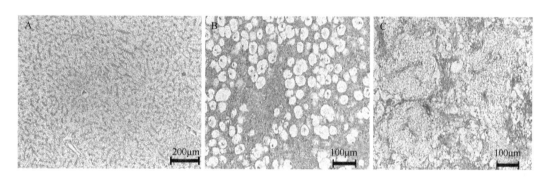

图 3-1 氧化鱼油摄入对肝脏组织结构的影响
A. 新鲜鱼油对照组，肝脏结构正常；B 和 C. 氧化鱼油组，肝实质细胞出现脂滴增大、细胞核移位及纤维化

由饲料中脂肪的氧化导致的鱼类 NLD 与非蛋白能量摄入过高导致的 NLD 在发病机理上存在一定的差异。其最大的区别在于肝脂积累和氧化应激的发生顺序不同。由饲料中脂肪氧化导致的 NLD（外源性氧化）是氧化应激首先在体内发生，损伤细胞生理代谢功能，从而导致脂肪积累；而非蛋白能量摄入过高导致的 NLD 则是肝脏脂肪积累在先，之后再导致体内的氧化应激（杜震宇，2014）。已有的研究证明，鱼类摄食氧化脂肪后，会在体内积累大量的丙二醛（MDA）（Chen et al.，2012；Dong et al.，2012；Yuan et al.，2014；Yun et al.，2013；刘金桃等，2015）。同时，氧化脂肪摄入后会导致鱼类肝脏脂肪含量的下降（Chen et al.，2012；Yuan et al.，2014），血浆和肝脏中 TG 及胆固醇含量下降，肝脏中 LPL 活性降低，证明肝脏摄入脂肪的能力受到抑制（Dong et al.，2012）。另外，本课题组前期通过构建大口黑鲈摄食新鲜鱼油与氧化鱼油饲料的肝脏差异表达转录组发现，氧化鱼油的摄入会显著降低肝脏中 FAT/CD36、FABP7、载酯蛋白 A1（ApoA1）的表达从而显著抑制脂肪酸的转运和分泌；显著降低 SCD1 和脂肪酸脱氢酶 2（FADS2）的表达从而显著抑制脂肪酸的合成；同时会显著抑制血管生成素样蛋白 4（ANGPTL4）和脂联素（ACDC）的表达从而显著抑制脂肪细胞的分化并导致炎症反应的加剧（图 3-2）。

虽然目前对由非蛋白能量过高和脂肪氧化导致的鱼类 NLD 的代谢响应机制的研究已经取得了一些进展，但与在哺乳动物中的研究相比，对 NLD 发展过程中关键代谢途径的调控机制，尤其是关键调控因子的研究相对匮乏。另外，鱼类的 NLD 与哺乳动物

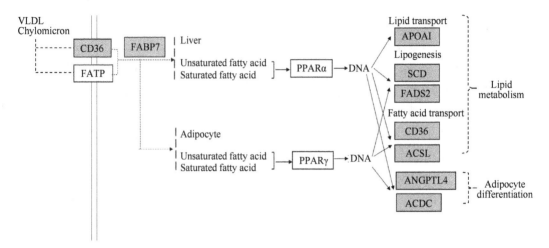

图 3-2　氧化鱼油通过 PPAR 信号转导途径对大口黑鲈肝脏脂肪代谢产生的影响

灰色格显示氧化鱼油组与新鲜鱼油组相比 mRNA 表达量的降低

类似，是一个复杂的动态发展过程，由不同原因导致的 NLD 及处在不同发展阶段的 NLD，鱼类肝脏组织结构和生理生化上的表现不同，相关代谢响应及关键调控因子的调控也存在明显的差异。但目前缺乏对鱼类不同类型 NLD 在不同发展阶段代谢调控差异的系统性研究，也缺乏对不同类型 NLD 在不同发展阶段系统有效的评级标准。因此，阐明其在不同发展阶段表观生理变化和关键代谢途径的调控机制，筛选不同类型 NLD 的关键代谢和调控因子，建立评判 NLD 类型和发展阶段的有效生物学标志系统，对于养殖过程中鱼类 NLD 的诊断、预防和治疗具有关键性意义。

第二节　花鲈动植物蛋白源替代鱼粉创新研究进展

众所周知，蛋白质是生命的物质基础，与生命及各种形式的生命活动紧密联系。对于水产动物而言，由于其对碳水化合物的利用能力有限，需要额外的蛋白质作为能源物质加以利用，因此蛋白质对水产动物有着更加重要的意义。水产动物对饲料中蛋白质水平要求较高，一般占饲料的 25%～50%；在肉食性鱼类的饲料中蛋白质需要量更高，一般在 40%～50%（Wilson and Halver，1986）。由于鱼粉所具有的必需氨基酸和脂肪酸含量高、碳水化合物含量低、适口性好、抗营养因子少、未知促生长因子丰富，以及能够被水产动物很好地消化吸收等特点，一直以来是水产饲料中不可或缺的优质蛋白源。

近年来，由于过度捕捞、环境污染及厄尔尼诺现象等不良气候的影响，野生鱼粉资源日益减少，导致世界鱼粉产量有所下降；而当今世界水产养殖产量却以平均每年 11% 的速度增长（Deng et al.，2006）。中国是一个水产养殖大国，水产品出口价值占全部农产品出口额的 30% 左右，水产养殖产量占全球养殖总产量的 60%～70%。我国每年要消耗国际市场鱼粉交易的 30%～40%，已成为全球最大的鱼粉消费国。同时，中国也是一个缺乏优质蛋白源的国家，目前我国的饲用鱼粉和用于豆粕生产的大豆近 70% 依赖进口。因此，我国水产动物营养与饲料工业目前面临的最主要矛盾，仍然是日益增长的鱼粉需求与渔业资源逐步减少、价格逐渐攀升之间的矛盾，这一矛盾在肉食性鱼类养殖中尤其突出。如何有效提高肉食性鱼类对其他蛋白原料的利用，降低饲料中蛋白质水平和鱼粉的用量，从而降低饲料成本，减少氮、磷排放，是我国水产养殖业可持续发展的重大战略需求。寻求优质的蛋白源替代鱼粉在我国显得尤为紧迫，水产饲料中鱼粉替代后有以下重要意义：①降低养殖成本，有助于水产养殖产量的进一步扩大；②降低水产养殖对鱼粉的过度依赖，减小不利因素对养殖业的消极影响；③减少磷的排放，降低对养殖水体环境的压力；④减少鱼粉原料鱼的捕捞，有利于保护渔业资源，维持海洋鱼类生物生态的多样性。

花鲈（*Lateolabrax japonicus*）属鲈形目尖吻鲈科花鲈属，俗称七星鲈，是广温广盐、凶猛的肉食性鱼类，其对于蛋白质的需求量为40%~45%。Mai等（2006）在对花鲈赖氨酸需求量的研究中确定花鲈赖氨酸需求量为6.2g/100g蛋白质，根据其肌肉中氨基酸组成，可推测其甲硫氨酸和苏氨酸的需求量分别为2.8g/100g和3.4g/100g蛋白质。对于当前未做出需求的部分必需氨基酸，同样可以参考其鱼体的氨基酸组成来提供。花鲈全鱼组成中精氨酸、组氨酸、异亮氨酸、亮氨酸、甲硫氨酸、苯丙氨酸、苏氨酸、缬氨酸与赖氨酸的比例依次为77%、16%、53%、90%、36%、45%、48%、60%。因此，根据赖氨酸的需求量（赖氨酸设定为100%），当饲料粗蛋白为43%左右时，花鲈对于饲料中精氨酸、组氨酸、异亮氨酸、亮氨酸、甲硫氨酸、苯丙氨酸、苏氨酸、缬氨酸的需求依次为1.93%、0.4%、1.33%、2.25%、0.9%、1.13%、1.2%、1.5%。针对鱼粉替代蛋白源普遍存在的限制性氨基酸缺乏的问题，很多研究提出了基于检测水平的理想蛋白模式（ideal protein based on determined amino acids）下的替代方案（Gómez-Requeni et al., 2003，2004；Wang et al., 2006）。然而不同蛋白源必需氨基酸消化率差异较大，因此，基于可消化氨基酸水平的理想蛋白模式会比基于总氨基酸水平模式下的配方更为精确，这个理论在家禽和猪饲料中的应用已经得到证实（Ravindran and Bryden, 2004；Dari et al., 2005），在水产动物饲料中的应用同样适用。前期研究已经充分证明通过多种蛋白源的配伍组合，补充外源性限制性氨基酸，可减少鱼粉使用量。使饲料可消化必需氨基酸水平达到或接近理想蛋白模式是有效解决蛋白源紧张、降低氮和磷排放的途径之一。因此，我们基于可消化氨基酸理想蛋白模型开展了一系列动植物蛋白源在花鲈中对鱼粉替代效果的研究，分别从生长性能、营养物质利用、氮磷排泄、肉品质、生长激素轴调控和摄食调控等角度出发，综合评估替代效果，以期为肉食性鱼类饲料中鱼粉的合理替代提供科学的依据。

一、混合动物蛋白直接替代或补充氨基酸后替代鱼粉对花鲈生长及体成分的影响

陆生动物蛋白源（如肉骨粉、鸡肉粉及血粉等）因蛋白质含量高、碳水化合物含量低、价格较鱼粉便宜，使其成为鱼粉替代的优良原料（Tacon, 1993）。大量研究表明，多数畜禽副产品可以替代鱼粉的20%~45%，而不会抑制鱼类生长（Robaina et al., 1997；Bureau et al., 1998；Webster et al., 2000；Bharadwaj et al., 2002）。然而，更大比例的畜禽副产品的应用则会降低鱼类生长性能（Nengas et al., 1999；Ai et al., 2006）。限制

畜禽副产品在水产饲料中大量应用的一个重要原因在于这些单一的动物蛋白源自身氨基酸不平衡。将不同蛋白源进行合理搭配或在饲料中补充限制性晶体氨基酸（crystalline amino acids，CAA）能使饲料的氨基酸达到平衡状态，从而提高廉价蛋白源在水产饲料中的应用潜力。事实上，当前对 CAA 在水产饲料中的利用率研究尚不一致。有研究表明，CAA 自身的溶失性及其与饲料中的蛋白态氨基酸在鱼类肠道中吸收速率不同会大大降低其在水产饲料中的应用性（Ronnestad et al.，2000；Aoki et al.，2001）。但同样有大量的实验证实，在水产饲料中补充必需 CAA 能大大提高饲料的利用效率，CAA 的添加能降低鲤（Viola et al.，1991）和虹鳟（Yamamoto et al.，2005；Gaylord et al.，2009）饲料中大约 5%的粗蛋白而不显著影响生长，从而使养殖成本大大降低。本研究尝试从可消化氨基酸水平设计配方，研究添加 CAA 后能否提高畜禽副产品的混合物在花鲈饲料中的应用比例。

（一）材料与方法

1. 试验饲料

混合动物蛋白（APB）参照低温干燥鱼粉（low temperature steam-dried fish meal，LT-FM）的蛋白含量及氨基酸组成，以鸡肉粉∶牛肉骨粉∶喷雾血球干燥粉∶水解羽毛粉=40∶35∶20∶5 的比例组成，APB 与 LT-FM 的可消化蛋白及可消化能相当，可实现 APB 对 LT-FM 进行 1∶1 的替代。

实验设 50%、75%、100%三个替代水平，每个替代水平分别以混合蛋白直接替代鱼粉（replacement，R），并依次命名为 R50、R75、R100，另在每个替代水平下设晶体氨基酸平衡组（R+CAA），即：参照对照组的必需氨基酸组成，补充适量的晶体赖氨酸（L-Lys·H$_2$SO$_4$）、甲硫氨酸（DL-Met）及苏氨酸（L-Thr），依次命名为 R50A、R75A、R100A。和对照组共 7 组饲料，各组饲料的可消化蛋白（digestible protein，DP）、可消化能量（digestible energy，DE）及 DP/DE 均一致。各种饲料原料全部过 120 目筛，称重、混合、挤压成直径为 2.0mm 的膨化沉性饲料颗粒。晾干后置–20℃冰箱备用。各试验饲料配方和营养组成见表 3-1。

表 3-1 花鲈试验饲料配方及营养成分表（风干基础）

项目		R			R+CAA		
	LT-FM	R50	R75	R100	R50A	R75A	R100A
低温蒸汽干燥鱼粉	40.00	20.00	10.00	—	20.00	10.00	—
混合蛋白	—	20.00	30.00	40.00	20.00	30.00	40.00
大豆粕	20.00	20.00	20.00	20.00	18.50	17.80	17.00
面粉	22.00	22.00	22.00	22.00	22.00	22.00	22.00
鱼油	5.00	4.50	4.20	4.00	4.50	4.20	4.00
α-微晶纤微素	1.50	2.00	2.30	2.50	2.50	3.00	3.50
预混料[①]	1.00	1.00	1.00	1.00	1.00	1.00	1.00
赖氨酸（50%）	—	—	—	—	0.59	0.89	1.19
甲硫氨酸（98%）					0.28	0.42	0.55

续表

项目	R				R+CAA		
	LT-FM	R50	R75	R100	R50A	R75A	R100A
苏氨酸（98%）	—	—	—	—	0.10	0.15	0.21
其他②	10.40	10.40	10.40	10.40	10.40	10.40	10.40
营养成分							
水分/%	13.45	12.65	13.13	12.68	13.38	6.79	7.16
灰分/%	9.87	9.80	9.84	9.70	9.82	9.75	9.75
粗蛋白/%	40.79	40.64	40.50	41.05	40.83	43.72	43.64
总能/（MJ/kg）	18.19	18.16	18.08	18.05	17.92	19.22	19.29
粗脂肪/%	9.94	9.48	8.96	8.90	8.78	8.66	8.97
可消化氨基酸平衡模式③							
可消化蛋白 DP/%	38.38	38.57	38.67	38.76	38.57	38.69	38.76
可消化能量 DE/（MJ/kg）	15.21	15.20	15.17	15.19	14.98	14.85	14.75
D-赖氨酸/可消化蛋白/%	7.09	6.38	6.03	5.68	7.05	7.03	7.02
D-甲硫氨酸/可消化蛋白/%	2.90	2.20	1.86	1.51	2.88	2.87	2.87
D-苏氨酸/可消化蛋白质/%	3.47	3.24	3.13	3.02	3.45	3.44	3.44
可消化蛋白/可消化能量（mg/kJ）	25.24	25.38	25.48	25.52	25.75	26.05	26.28

①预混料可为每千克饲料提供：维生素 A 20mg；维生素 B_1 10mg；维生素 B_2 15mg；维生素 B_6 15mg；维生素 B_{12} 8mg；烟酸胺 100mg；维生素 C（35%）1000mg；泛酸钙 40mg；生物素 2mg；肌醇 200mg；叶酸 10mg；维生素 E 400mg；维生素 K 320mg；维生素 D 310mg；$MgSO_4·7H_2O$ 2000mg；$FeSO_4·7H_2O$ 600mg；$ZnSO_4·7H_2O$ 200mg；$MnSO_4·7H_2O$ 80mg；KI 1.5mg；Na_2SeO_3 3mg；$CoCl·6H_2O$（10%）5mg；$CuSO_4·5H_2O$ 30mg；NaCl 100mg；次粉 150mg；沸石粉 4780.5mg；抗氧化剂 200mg。②其他：乌贼粉 50g；啤酒酵母 25g；磷脂（98.1%）20g；$Ca(H_2PO_4)_2$ 6g；氯化胆碱（70%）3g。③理想蛋白质模式为计算值。

2. 试验用鱼及饲养管理

随机选择体重为（13.25±0.05）g 健康花鲈 630 尾，放养于中国农业科学院饲料研究所南口试验基地室内循环流水养殖系统中（0.8m×0.8m×0.8m）。共 7 组饲料，每组 3 个重复，每桶放养 30 尾鱼。试验用水为地下水，循环使用。

正式实验前对实验鱼进行 2 周的驯养，期间投喂商品饲料（统一）。驯养结束后，禁食一天。第一周内若有鱼苗死亡，需对死鱼称重记录，并补充相等体重的鱼苗，一周后不再补充。每天分别在 9：00 和 16：00 按表观饱食投喂两次，饲养周期为 56d。试验期间水温控制在 26～28℃，pH 范围为 8.30～8.60，溶氧为 7.0mg/L 左右。

3. 取样及检测

生长试验结束时禁食24h后取样。每桶随机取5尾鱼，其中3尾进行个体称重，测体长，抽血，解剖取得内脏并称重。另外2尾绞碎后在75℃烘干用于体成分检测。分别采用 105℃常压干燥法、凯氏定氮法、酸水解全脂肪测定法及 550℃灼烧法测定饲料和全鱼的水分、粗蛋白、粗脂肪、灰分。饲料中氨基酸组成采用氨基酸分析仪（Hitachi, L8800）测定。

4. 数据统计与分析

试验结果用平均值±标准差表示。应用 STATISTICA 6.0 软件对数据进行双因素方差分析（two-way ANOVA），差异显著者进行 Duncan 氏法多重比较，显著水平以 $P<0.05$ 计，极显著水平以 $P<0.01$ 计。

（二）结果

1. 混合动物蛋白直接替代或补充氨基酸后替代鱼粉对花鲈生长指标的影响

由表 3-2 可以看出，APB 替代鱼粉后，替代组（R 或 R+CAA）花鲈的 SR、FR、FBW、WGR、SGR、PER、CF、VSI 及饲料报酬较对照组均显著降低（$P<0.05$）。相对于 APB 直接替代鱼粉，饲料中补充 CAA 极显著地提高了花鲈的 FR、FBW、WGR、SGR 及 PER（$P<0.01$），极显著地降低了 FCR（$P<0.01$）；R+CAA 处理组之间的 FR、FBW、WGR、SGR、PER 及饲料系数均无显著差异（$P>0.05$），但均极显著地高于 R 处理组（$P<0.01$）；饲料中补充 CAA 对花鲈的 SR 及 CF 无显著影响，各替代组（R 或 R+CAA）间的 SR、CF 无显著差异（$P>0.05$）。除 SR 及 CF 外，晶体氨基酸和替代水平对花鲈的各生长指标及形体指标有显著的交互作用（$P<0.05$）。

2. 混合动物蛋白直接替代或补充氨基酸后替代鱼粉对花鲈体组成成分的影响

由表 3-3 可看出，APB 替代鱼粉后，替代组（R 或 R+CAA）花鲈的全鱼水分、灰分较对照组显著升高（$P<0.05$），全鱼脂肪、能量显著降低（$P<0.05$）；而各 R+CAA 处理组花鲈的全鱼蛋白与对照组之间无显著差异（$P>0.05$）。相对于 APB 直接替代鱼粉，饲料中补充 CAA 极显著地提高了花鲈的全鱼蛋白、脂肪及能量（$P<0.01$），极显著地降低了花鲈的全鱼灰分（$P<0.01$）。晶体氨基酸和替代水平对花鲈的体组成成分有显著的交互作用（$P<0.05$）。

（三）小结

本研究结果表明：①该种混合动物蛋白不能使初始体重为 13.2g 的花鲈饲料料中低温干燥鱼粉的量从 40%降到 20%；②添加必需晶体氨基酸能显著提高混合动物蛋白在花鲈饲料中的应用潜力；③花鲈能有效利用晶体氨基酸。

二、蛋白质水平和混合动物蛋白替代鱼粉对花鲈生长性能和体成分的影响

陆生动物产品加工副产物，如肉骨粉、鸡肉粉、血粉等廉价蛋白质源具有高蛋白、低碳水化合物，以及与植物蛋白相比不存在抗营养因子等优点，是替代鱼粉的优良原料（Tacon，1993）。已有的研究表明，在金头鲷（Robaina et al.，1997）、虹鳟（Bureau et al.，1998）、美国杂交条鲈（Bharadwaj et al.，2002）等饲料中，肉骨粉可替代 20%～45%的鱼粉而不影响其生长。补充晶体氨基酸后，宠物级鸡肉粉甚至可以成功替代美国杂交条鲈饲料中 100%的鱼粉（Gaylord et al.，2005）。虽然对于廉价蛋白质源在水产饲料中应用潜力的研究报道较多，但对于同一蛋白质源在同一品种鱼上的研究结果却差异较大，

表 3-2 不同试验料对花鲈生长指标的影响

组别	晶体氨基酸	替代水平/%	末均重/g	成活率/%	相对增重率/%	特定生长率/%	摄食率/(%/d)	饲料系数	蛋白质效率/%	肥满度/(g/cm³)	肝体比/%	脏体比/%
LT-FM			67.44±2.12^e	0.97±0.02^b	397.09±10.36^e	2.96±0.06^e	2.72±0.01^d	1.12±0.02^a	219.79±3.28^e	1.26±0.02^b	1.74±0.05^b	11.08±0.22^c
R50A	R+CAA	50	36.38±2.18^d	0.68±0.09^a	112.81±8.94^d	1.83±0.11^d	2.21±0.07^d	1.54±0.07^{ab}	176.84±8.01^d	1.19±0.02^{ab}	1.63±0.05^b	9.50±0.20^b
R75A	R+CAA	75	32.68±1.46^d	0.68±0.09^a	96.25±20.92^d	1.64±0.08^{dc}	2.11±0.04^{bc}	1.75±0.29^b	137.25±19.28^{dc}	1.12±0.02^a	1.32±0.05^a	8.05±0.37^a
R100A	R+CAA	100	35.43±3.45^{cd}	0.58±0.06^a	94.84±6.88^{cd}	1.77±0.19^d	2.33±0.13^d	1.70±0.04^b	137.25±19.29^{dc}	1.18±0.02^a	1.32±0.09^a	9.53±0.12^b
R50	R	50	26.61±2.42^{bc}	0.68±0.04^a	64.34±7.69^{bc}	1.26±0.16^{bc}	1.89±0.05^b	1.93±0.15^b	137.25±19.30^{bc}	1.18±0.01^a	1.67±0.2^a	9.48±0.49^b
R75	R	75	21.97±1.9^{ab}	0.57±0.06^a	39.12±5.88^{ab}	0.91±0.16^b	1.81±0.15^b	2.49±0.16^c	137.25±19.31^b	1.14±0.02^a	1.65±0.16^b	9.4±0.12^b
R100	R	100	16.12±0.44^a	0.62±0.06^a	7.93±9.04^a	0.36±0.05^a	1.15±0.14^a	3.81±0.06^d	137.25±19.32^a	1.14±0.04^a	2.88±0.15^c	11.68±0.6^c
双因素方差分析												
晶体氨基酸			**	NS	**	**	**	**	**	NS	*	*
替代水平			*	NS	*	*	NS	*	*	NS	*	*
晶体氨基酸×替代水平			*	NS	*	*	*	*	*	NS	*	*

* 表示组间存在显著差异($P<0.05$), ** 表示组间存在显著差异($P<0.01$), NS 表示差异不显著($P>0.05$), 同一列数据右上角不同英文上标字母表示存在显著差异($P<0.05$)。下表同。

表 3-3　不同试验料对花鲈体组成成分的影响

组别	晶体氨基酸	替代水平/%	水分	灰分	粗蛋白	总能	粗脂肪
初样			74.24	3.72	14.88	6.21	6.62
LT-FM			70.70±0.46^a	3.73±0.02^a	16.47±0.11^c	7.48±0.19^c	8.20±0.14^c
R50A		50	72.65±0.54^{ab}	4.17±0.07^{ab}	16.26±0.13^{bc}	6.47±0.21^b	6.76±0.31^b
R75A	R+CAA	75	73.54±0.16^{bc}	4.27±0.25^{bc}	16.01±0.20^{bc}	6.03±0.14^{ab}	5.73±0.28^{ab}
R100A		100	72.66±0.85^{bc}	4.61±0.12^{bc}	16.32±0.28^{bc}	6.04±0.30^{ab}	5.91±0.48^{ab}
R50		50	73.67±0.69^{bc}	4.84±0.06^c	15.53±0.25^b	5.99±0.22^{ab}	6.06±0.57^{ab}
R75	R	75	74.10±0.55^{bc}	5.54±0.25^d	14.75±0.13^a	5.30±0.22^a	4.74±0.59^a
R100		100	75.44±1.09^a	5.96±0.21^d	14.62±0.22^a	5.47±0.19^a	4.63±0.12^a
双因素方差分析							
晶体氨基酸			*	**	**	**	**
替代水平			*	*	*	*	*
晶体氨基酸×替代水平			*	*	*	*	*

其中饲料的蛋白质水平、配方氨基酸模型及对照组中鱼粉的质量都是影响评价结果的重要原因（Gaylord et al., 2005; Thompson et al., 2006）。建立在理想蛋白质模式基础上的饲料配制是满足鱼类最大生长潜能进而降低氮排泄的有效途径（Peres et al., 2009），由于不同蛋白质源必需氨基酸消化率存在较大差异，因此建立在可消化氨基酸平衡基础上的理想蛋白质模式较建立在检测水平上的模式更为精确（Lemme et al., 2004）。本试验拟在可消化氨基酸平衡基础上设计 2 个蛋白质水平，研究混合动物蛋白（animal protein blend, APB）部分或全部替代低温干燥鱼粉对花鲈生长性能、蛋白质利用及体成分的影响，以期为降低花鲈饲料中鱼粉用量，进而降低成本提供依据。

（一）材料与方法

1. 试验饲料

APB 参照低温干燥鱼粉（low temperature steam-dried fish meal, LT-FM）的蛋白质含量配制，以鸡肉粉：牛肉骨粉：喷雾血球干燥粉：水解羽毛粉=40：35：20：5 的比例组成，粗蛋白含量为 68.13%。

试验共设计 8 组饲料，其中 4 组饲料蛋白质水平为 43%，鱼粉用量为 400g/kg，以 APB 分别替代鱼粉用量的 0、50%、75%和 100%，依次命名为 HC（高蛋白质对照）、HR50、HR75 和 HR100。另外，依据相同的可消化氨基酸平衡（IDAA）模型，相应设计 4 组低蛋白质饲料，蛋白质水平为 40%，鱼粉用量 360g/kg，以 APB 分别替代鱼粉用量的 0、50%、75%和 100%，依次命名为 LC（低蛋白质对照）、LR50、LR75 和 LR100。同一蛋白质水平下，各组饲料的可消化蛋白（digestible protein, DP）、可消化能量（digestible energy, DE）及 DP/DE 均保持一致。除对照组，各替代组均补充适量的赖氨酸硫酸盐（Lys-H_2SO_4）、DL-甲硫氨酸（DL-Met）及 L-苏氨酸（L-Thr），使得各组饲料中每 16 g 可消化氮所含可消化赖氨酸（digestible Lys，DLys）/DP、可消化甲硫氨酸（digestible Met，DMet）/DP 及可消化苏氨酸（digestible Thr，DThr）/DP 含量一致。各种饲料原料全部过 120 目筛，称重，混合，用双螺杆膨化机（EXT50A）挤压成直径为 2.0mm 的膨化沉性颗粒饲料，晾干，置–20℃冰箱备用。各试验饲料组成及营养水平见表 3-4。

表 3-4 试验饲料组成及营养水平（风干基础）

项目	组别							
	HC	HR1	HR2	HR3	LC	LR1	LR2	LR3
低温干燥鱼粉	40.00	20.00	10.00	—	36.00	18.00	9.00	—
混合动物蛋白	—	20.00	30.00	40.00	—	18.00	27.00	36.00
豆粕	20.00	18.50	17.80	17.00	18.00	16.50	15.50	14.50
面粉	22.00	22.00	22.00	22.00	22.00	22.00	22.00	22.00
鱼油	5.00	4.50	4.20	4.00	5.50	5.40	5.30	5.20
次粉	—	—	—	—	4.50	4.50	4.50	4.50
α-微晶纤微素	1.60	2.63	3.14	3.65	2.60	3.31	3.94	4.59
预混料①	1.00	1.00	1.00	1.00	1.00	1.00	1.00	1.00
赖氨酸硫酸盐 L-Lys.H$_2$SO$_4$（50%）	—	0.59	0.89	1.19	—	0.54	0.83	1.11
DL-甲硫氨酸 DL-Met（98%）	—	0.28	0.42	0.55	—	0.25	0.38	0.50
L-苏氨酸 L-Thr（98%）	—	0.10	0.15	0.21	—	0.10	0.15	0.20
其他②	10.40	10.40	10.40	10.40	10.40	10.40	10.40	10.40
合计	100.00	100.00	100.00	100.00	100.00	100.00	100.00	100.00
营养成分/%								
水分	6.35	7.18	6.79	7.16	6.25	7.52	7.16	5.87
灰分	9.87	9.82	9.75	9.75	9.21	9.22	9.55	9.10
粗蛋白质	44.13	43.75	43.72	43.64	41.45	41.52	40.48	40.46
粗脂肪	10.75	9.40	8.66	8.97	10.98	9.39	9.14	9.32
总能/（MJ/kg）	19.68	19.20	19.22	19.29	19.72	19.21	19.20	19.25
可消化氨基酸平衡模式③								
可消化蛋白质/%	38.38	38.57	38.69	38.76	35.46	35.57	35.53	35.48
可消化能/（MJ/kg）	15.21	14.98	14.85	14.75	15.02	14.93	14.82	14.72
赖氨酸硫酸盐/可消化蛋白	7.09	7.05	7.03	7.02	7	6.97	6.98	6.99
DL-甲硫氨酸/可消化蛋白	2.90	2.88	2.87	2.87	2.89	2.88	2.88	2.88
L-苏氨酸/可消化蛋白	3.47	3.45	3.44	3.44	3.46	3.45	3.45	3.46
可消化蛋白/可消化能量（kg/MJ）	25.24	25.75	26.05	26.28	23.61	23.83	23.97	24.10

①预混料可为每千克饲料提供：维生素 A 20mg；维生素 B$_1$ 10mg；维生素 B$_2$ 15mg；维生素 B$_6$ 15mg；维生素 B$_{12}$ 8mg；烟酸胺 100mg；维生素 C（35%）1000mg；泛酸钙 40mg；生物素 2mg；肌醇 200mg；叶酸 10mg；维生素 E 400mg；维生素 K 320mg；维生素 D 310mg；MgSO$_4$·7H$_2$O 2000mg；FeSO$_4$·7H$_2$O 600mg；ZnSO$_4$·7H$_2$O 200mg；MnSO$_4$·7H$_2$O 80mg；KI 1.5mg；Na$_2$SeO$_3$ 3mg；CoCl·6H$_2$O（10%）5mg；CuSO$_4$·5H$_2$O 30mg；NaCl 100mg；次粉 150mg；沸石粉 4780.5mg；抗氧化剂 200mg。②其他：乌贼粉 50g；啤酒酵母 25g；磷脂（98.1%）20g；Ca（H$_2$PO$_4$）$_2$6g；氯化胆碱（70%）3g。③理想蛋白质模式为计算值。

2. 试验动物及饲养管理

试验所用花鲈购自潍坊环海水产良种场，逐步从海水淡化为淡水苗种。试验在中国农业科学院饲料研究所国家水产饲料安全评价基地进行，所有淡化花鲈幼鱼正常摄食配合饲料 4 周后，开始生长试验。试验开始前禁食 24h，挑选平均体重为（13.3±0.1）g 的健康花鲈 720 尾，随机分为 8 组，每组 3 个重复，每重复放养 30 尾鱼，以重复为单位放养于室内循环水养殖系统中（直径 80cm，容积 $0.3m^3$），试验用水为地下水，循环使用。每天分别在 9：00 和 16：00 表观饱食投喂 2 次，养殖周期为 56d。试验期间水温控制在 26～28℃，pH 为 8.30～8.60，溶氧>7.0mg/L，氨氮<0.5mg/L；每日日光灯照射 12 h（7：30～19：30）。

3. 样品采集与分析

生长试验结束时禁食 24h 后取样。每桶随机取 5 尾鱼，其中 3 尾进行个体称重，测体长，抽血，解剖取得内脏并称重。另外 2 尾绞碎后在 75℃烘干用于体成分检测。分别采用 105℃常压干燥法、凯氏定氮法、酸水解全脂肪测定法及 550℃灼烧法测定饲料和全鱼的水分、粗蛋白、粗脂肪和灰分。饲料中氨基酸组成采用氨基酸分析仪（Hitachi，L8800）测定。

4. 数据统计与分析

试验结果用平均值±标准差表示。应用 STATISTICA 6.0 软件对数据进行双因素差分析（two-way ANOVA），差异显著者进行 Duncan 氏法多重比较，显著水平以 $P<0.05$ 计。

（二）结果

1. 不同饲料对花鲈生长性能的影响

由表 3-5 看出，同一替代水平下，蛋白质水平对花鲈的各生长指标有显著影响（$P<0.05$）。与摄食低蛋白水平饲料相比，摄食高蛋白水平饲料的花鲈，其 FBW、WGR、EPV 及饲料效率均明显升高（$P<0.05$）。同一蛋白质水平下，饲料中的鱼粉水平对花鲈的各生长指标有显著或极显著影响（$P<0.05$ 或 $P<0.01$）。摄食对照组饲料的花鲈，其 SR、FR、FBW、WGR、PPV 及 EPV 均极显著地高于各替代组（$P<0.01$）；各替代组之间，花鲈的 SR、FR、FBW、WGR 均无显著差异（$P>0.05$），而 50%替代组的 PPV 及 EPV 显著高于 75%、100%替代组（$P<0.05$）。

花鲈的形体指标 CF、HSI 及 VSI 仅随饲料中鱼粉水平的降低而显著降低（$P<0.05$）（表 3-5）。同一蛋白质水平下，摄食对照组饲料的花鲈，VSI 显著高于各替代组（$P<0.01$）；对照和 50%替代组花鲈的 CF、HSI 显著高于 75%、100%替代组（$P<0.05$）。蛋白质水平和替代水平对花鲈的生长性能及形体指标无显著的交互作用（$P>0.05$）。

如图 3-3、图 3-4 所示，花鲈的 WGR 与赖氨酸、甲硫氨酸及苏氨酸摄入量均表现出很强的线性关系；同时，花鲈的 PPV 也与赖氨酸、甲硫氨酸及苏氨酸摄入量均表现出较高的非线性关系。随赖氨酸、甲硫氨酸及苏氨酸摄入量的提高，花鲈的 WGR 及 PPV 均呈现较强的上升趋势，且根据直线斜率可知，其第一限制性氨基酸为甲硫氨酸。

表 3-5 蛋白质水平和混合动物蛋白替代鱼粉对花鲈生长性能指标的影响

组别	蛋白质水平/%	替代水平/%	末均重/g	成活率/%	增重率/%	摄食率/(%/d)	饲料系数	蛋白质沉积率/%	能量沉积率/%	肥满度/(g/cm³)	肝体比/%	脏体比/%
HC	43	0	67.44±2.12^b	96.6±1.9^b	397.09±10.36^b	2.72±0.01^b	1.12±0.02^a	37.08±0.62^c	38.48±1.66^c	1.26±0.02^c	1.74±0.05^b	11.08±0.22^c
HR1		50	36.38±2.18^a	67.8±6.6^a	112.81±8.94^a	2.21±0.07^a	1.54±0.07^b	28.02±0.98^b	24.53±1.54^b	1.19±0.02^{bc}	1.63±0.05^b	9.5±0.20^b
HR2		75	32.68±1.46^a	67.8±6.6^a	96.25±20.92^a	2.11±0.04^a	1.75±0.29^c	23.67±3.49^a	18.23±3.15^a	1.12±0.02^a	1.32±0.05^a	8.05±0.37^b
HR3		100	35.43±3.45^a	58.7±6.1^a	94.84±6.88^a	2.33±0.13^a	1.7±0.04^c	23.01±1.72^a	17.88±2.96^a	1.18±0.02^a	1.32±0.09^a	9.53±0.12^b
LC	40	0	63.71±1.80^b	91.1±2.9^b	345.12±21.56^b	2.83±0.05^b	1.22±0.04^a	37.35±1.46^c	36.75±0.23^c	1.24±0.05^c	1.89±0.12^b	10.47±0.48^c
LR1		50	30.6±1.95^a	73.3±5.0^a	94.63±3.44^a	2.17±0.02^a	1.7±0.05^b	24.86±1.08^a	21.11±1.89^b	1.26±0.03^c	1.77±0.15^b	9.78±0.64^b
LR2		75	26.86±1.84^a	60.0±6.9^a	59.89±7.85^a	2.15±0.09^a	2.22±0.18^c	19.61±0.25^a	13.32±0.75^a	1.14±0.03^a	1.47±0.10^a	8.76±0.32^a
LR3		100	29.83±1.65^a	58.8±2.9^a	74.48±12.6^a	2.19±0.08^a	1.96±0.23^c	20.21±2.48^a	14.23±3.68^a	1.17±0.02^{ab}	1.36±0.02^a	9.1±0.27^b
双因素方差分析												
蛋白质水平			*	NS	*	NS	*	NS	*	NS	NS	NS
替代水平			**	**	**	**	**	**	**	*	**	**
蛋白质水平×替代水平			NS	NS	NS	NS	NS	NS	NS	NS	NS	NS

*表示组间存在显著差异($P<0.05$),**表示组间存在显著差异($P<0.01$),NS 表示差异不显著($P>0.05$)。同一列数据右上角不同英文上标字母表示存在显著差异($P<0.05$)。表 3-6 同。

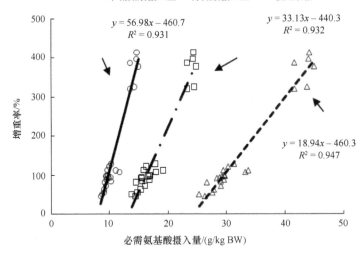

图 3-3　增重率与赖氨酸、甲硫氨酸及苏氨酸摄入量之间的关系

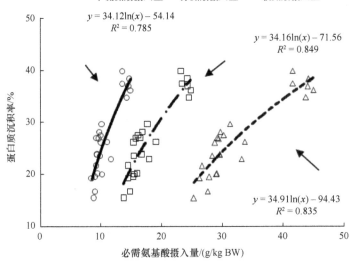

图 3-4　蛋白质沉积率与赖氨酸、甲硫氨酸及苏氨酸摄入量之间的关系

2. 不同饲料对花鲈体成分的影响

从表 3-6 中可知，同一蛋白质水平下，替代水平对花鲈体成分有显著或极显著影响（$P<0.05$ 或 $P<0.01$）。摄食对组照饲料的花鲈，其全鱼水分、灰分均极显著地低于各替代组（$P<0.01$），而其全鱼蛋白、能量和粗脂肪均极显著地高于各替代组（$P<0.01$）；各替代组之间，花鲈的全鱼水分、灰分、蛋白质、能量均无显著差异（$P>0.05$），50%组花鲈的全鱼脂肪显著高于 75%、100%替代组（$P<0.05$）。饲料蛋白质水平对花鲈全鱼成分无显著影响（$P>0.05$）。蛋白质水平和替代水平对花鲈的体成分无显著的交互作用（$P>0.05$）。

表 3-6 蛋白质水平和混合动物蛋白替代鱼粉水平对花鲈体成分的影响（鲜重基础）

组别	蛋白质水平/%	替代水平/%	指标				
			水分	灰分	粗蛋白	总能	粗脂肪
HC		0	70.70±0.46^a	3.73±0.02^a	16.47±0.11^b	7.48±0.19^b	8.20±0.14^c
HR1	43	50	72.65±0.54^b	4.17±0.07^b	16.26±0.13^b	6.47±0.21^a	6.76±0.31^b
HR2		75	73.54±0.16^b	4.27±0.25^b	16.01±0.20^b	6.03±0.14^a	5.73±0.28^a
HR3		100	73.42±0.90^{b}	4.61±0.29^b	15.94±0.41^a	6.04±0.35^a	5.91±0.74^a
LC		0	69.39±0.25^a	3.72±0.22^a	16.87±0.12^b	7.73±0.15^b	9.26±0.20^c
LR1	40	50	73.15±0.35^b	4.76±0.28^b	15.65±0.31^a	6.32±0.20^a	6.56±0.42^b
LR2		75	73.66±0.32^b	4.73±0.10^b	15.82±0.34^a	5.99±0.16^a	5.49±0.23^a
LR3		100	74.27±0.47^b	4.86±0.39^b	15.25±0.20^a	5.81±0.30^a	5.77±0.34^a
双因素方差分析							
蛋白质水平			NS	NS	NS	NS	NS
替代水平			**	*	*	**	**
蛋白质水平×替代水平			NS	NS	NS	NS	NS

（三）小结

本研究结果表明，在可消化氨基酸平衡模式下，适当增加蛋白质水平能显著提高花鲈生长性能；混合动物蛋白难以有效替代花鲈饲料中50%优质低温干燥鱼粉，添加水平应低于200g/kg饲料。

三、鱼粉质量及混合动物蛋白替代鱼粉对花鲈生长性能及肉品质的影响

评价廉价蛋白原料在鱼类上应用潜力的研究相当丰富，对于同一蛋白原料在同一品种鱼上的研究结果亦可大相径庭。Gaylord 和 Rawles（2005）在理想蛋白模式，以及添加晶体甲硫氨酸、晶体赖氨酸的条件下得出，美国杂交条鲈半纯化日粮中的鱼粉（鱼粉使用量为56%）可被宠物级禽副产品粉100%替代而不影响其生长；Rawles 等（2006）研究发现，若添加可利用的晶体氨基酸，用宠物级禽副产品粉可替代杂交条鲈饲料中35%的鱼粉（鱼粉使用量为25%）而不影响其生长；Wang 等（2008）报道，混合动物蛋白可替代花鲈饲料中50%的鱼粉（鱼粉使用量为50%）而不影响其生长。在笔者前期的实验中，当混合动物蛋白替代花鲈饲料中50%的鱼粉时，其生长性能较对照组显著降低。在评价廉价蛋白原料替代鱼粉的潜力时，各个实验中所选择的参考标准（即对照组）不尽相同，当研究者在实验设计中将这个参考标准设计得较低时，则替代效果好；反之，替代效果不理想。而在各对照组中，鱼粉质量和用量是影响这个参考标准的一个重要因素。因此，作为替代实验评价结果的参照，对照组中鱼粉的质量和用量不同，所得出的适宜替代比例存在较大差异；对于鱼粉替代研究的结果需要进行分析应用。本研究从可消化水平设计配方，研究鱼粉质量及鱼粉替代对花鲈生长性能及肉品质的影响，以期为花鲈低鱼粉饲料的配制及优质水产品的生产提供依据。

（一）材料与方法

1. 试验饲料

混合动物蛋白（animal protein blend，APB）参照秘鲁鱼粉（Peru fish meal，PFM）的蛋白含量及氨基酸组成，以鸡肉粉：牛肉骨粉：喷雾血球干燥粉：水解羽毛粉=40：35：20：5 的比例组成。PFM 和 TAB 由国际鱼油及鱼粉组织（International Fishmeal and Fish Oil Organisation，IFFO）提供。国产鱼粉（local fish meal，LFM）由北京伟嘉集团提供，经检测，其 VBN 和酸价分别为 148mg/kg、6.7mg KOH/g。

实验设 6 组等可消化蛋白（380g/kg）、等可消化能量（15.0MJ/kg）的饲料。其中，对照组 PFM 的使用为 400g/kg，并命名为 PFM。用 APB 分别替代对照组中 20%、40%、60%、80%的 PFM，并参照 PFM 的 EAA 组成，补充适量的晶体赖氨酸（L-Lys·H$_2$SO$_4$）、甲硫氨酸（DL-Met）及苏氨酸（L-Thr），依次命名为 APB20、APB40、APB60 及 APB80。另设一组饲料，使用 500g/kg 的 LFM 完全替代对照组中的 PFM。各种饲料原料全部过 120 目筛，称重、混合、挤压成直径为 3.0mm 的膨化沉性饲料颗粒，晾干后置于−20℃ 冰箱备用。各试验饲料配方和营养组成见表 3-7。

表 3-7 花鲈试验饲料配方及营养成分表（风干基础）

成分	PFM	LFM	APB20	APB40	APB60	APB80
秘鲁鱼粉 PFM	40.00	—	32.00	24.00	16.00	8.00
国产鱼粉 LFM	—	50.00	—	—	—	—
混合蛋白 APB	—	—	8.00	16.00	24.00	32.00
豆粕	21.00	11.00	21.00	21.00	20.00	20.00
面粉	22.00	22.00	22.00	22.00	22.00	22.00
次粉	0.60	1.40	0.60	0.50	0.50	1.00
鱼油	5.00	4.20	4.63	4.36	4.93	4.06
预混料[①]	1.00	1.00	1.00	1.00	1.00	1.00
赖氨酸（50%）L-Lys·H$_2$SO$_4$	—	—	0.25	0.49	0.79	1.03
甲硫氨酸（98%）DL-Met	—	—	0.07	0.15	0.22	0.29
苏氨酸（98%）L-Thr	—	—	0.05	0.10	0.16	0.21
其他[②]	10.40	10.40	10.40	10.40	10.40	10.40
营养成分/%						
水分/%	5.73	5.55	8.10	8.60	7.96	7.98
灰分/%	10.14	11.93	9.88	9.73	9.61	9.71
粗蛋白/%	44.34	44.98	43.47	43.44	43.43	43.60
能量/（MJ/kg）	19.52	19.71	19.06	19.08	18.97	19.01
粗脂肪/%	11.74	12.85	10.48	10.22	9.80	10.14
可消化氨基酸平衡模式[③]						
可消化蛋白 DP/%	38.32	38.33	38.47	38.60	38.34	38.53
可消化能量/DE（MJ/kg）	15.17	15.44	15.17	15.23	15.04	15.18
D-赖氨酸硫酸盐/可消化蛋白/%	7.19	7.00	7.17	7.14	7.19	7.16
DL-甲硫氨酸/可消化蛋白/%	2.43	2.14	2.42	2.41	2.43	2.42

续表

成分	PFM	LFM	APB20	APB40	APB60	APB80
可消化氨基酸平衡模式[③]						
L-苏氨酸/可消化蛋白/%	3.67	3.79	3.66	3.65	3.67	3.65
可消化蛋白/可消化能量/(mg/KJ)	25.26	24.83	25.36	25.35	25.49	25.39

[①]预混料可为每千克饲料提供：维生素 A 20mg；维生素 B_1 10mg；维生素 B_2 15mg；维生素 B_6 15mg；维生素 B_{12} 8mg；烟酸胺 100mg；维生素 C（35%）1000mg；泛酸钙 40mg；生物素 2mg；肌醇 200mg；叶酸 10mg；维生素 E 400mg；维生素 K 320mg；维生素 D 310mg；$MgSO_4 \cdot 7H_2O$ 2000mg；$FeSO_4 \cdot 7H_2O$ 600mg；$ZnSO_4 \cdot 7H_2O$ 200mg；$MnSO_4 \cdot 7H_2O$ 80mg；KI 1.5mg；Na_2SeO_3 3mg；$CoCl \cdot 6H_2O$（10%）5mg；$CuSO_4 \cdot 5H_2O$ 30mg；NaCl 100mg；次粉 150mg；沸石粉 4780.5mg；抗氧化剂 200mg。[②]其他：乌贼粉 50g；啤酒酵母 25g；磷脂（98.1%）20g；$Ca(H_2PO_4)_2$ 6g；氯化胆碱（70%）3g。[③]理想蛋白质模式为计算值。

2. 试验鱼选择及饲养管理

试验鱼苗购自潍坊环海水产良种场，逐步从海水淡化为淡水苗种。实验设 6 个处理，每个处理有 3 个重复，每个重复 25 尾鱼，花鲈初始体重为（76.3±0.2）g。试验在国家水产饲料安全评价基地室内循环系统中（0.8m×0.8m×0.8m）进行。养殖周期为 56d。每天分别在 9:00 和 16:00 按表观饱食投喂两次。试验期间水温控制在 26～28℃，pH 范围为 8.30～8.60，溶氧>7.0mg/L。

3. 采样及指标检测

实验结束时，禁食 24 h 后进行采样，用以测定各处理组的 FR、WGR、SGR、FCR、PPV 及 EPV。每桶随机取 3 尾鱼经过 1000mg/L 的三氯叔丁醇麻醉后进行个体称重，测体长，抽血，解剖取得内脏，分离肝脏及内脏周围的脂肪并分别称重。另取 2 尾绞碎后在 75℃烘干用于体成分检测。分别采用 105℃常压干燥法、凯氏定氮法、酸水解全脂肪测定法及 550℃灼烧法测定饲料和全鱼的水分、粗蛋白、粗脂肪和灰分。饲料中氨基酸组成采用氨基酸分析仪（Hitachi, L8800）测定。血液使用肝素抗凝，在 4000g、4℃条件下离心后取上清液放置于-80℃冰箱备用。血浆谷丙转氨酶（ALT）和谷草转氨酶（AST）活性使用江苏南京建成科技有限公司生产的专用试剂盒（C009）测定。

4. 肉质评定实验

1) 肌肉质构分析（TPA）

每桶取 5 条鱼剖取肌肉，去皮后，取两侧侧线上方直径为 4cm、厚度为 0.5cm 的鱼片样品放置在 0～4℃条件下保存。其中左侧样品用于生鲜肌肉的 TPA 分析；右侧样品在 95℃水中煮 35s，晾至室温（25℃）后用于烹饪样品的 TPA 分析。TPA 在取样后的第 3 天进行。质构仪（TA.XT2, Surrey, England）使用的相关附件及参数设置：探头直径为 75mm，控头的下压速率为 0.8mm/s，下压距离为样品厚度的 60%，每个样品下压两次，两次之间间隔 30s。

2) 滴水损失（DL）

每桶取 3 条鱼剖取肌肉，去皮后，取侧线上方 3cm×1cm×1cm 的鱼片样品在电子天平中称重（W_1）；将其悬挂在体积为 250ml 倒扣的纸杯中，放置在 0~4℃条件下保存。24h 后将样品取出，用滤纸轻轻滤去表面析出的水珠后再次称重（W_2）。

$$DL(\%) = [(W_1-W_2)/W_1] \times 100\%。$$

3）肌肉 pH 的测定

分别在取样后 0h、12h、24h、48h、60h 用手术刀在花鲈侧线上方切一个小口，用笔式 pH 计（pH Spear，Eutech，America）插入小口中测定肌肉的 pH。每个小口重复 2 次，每次测定之前用 0.8%的生理盐水清洗探头。pH 计在每次测定之前用缓冲液进行校正。每桶取 3 个重复；样品在待测期间放置在 4℃条件下保存。

4）肌肉营养价值分析

每桶取 3 条鱼去皮后剖取两侧肌肉，用于测定肌肉营养成分的测定。用液相色谱法测定肌肉脂肪酸组成（FAP）；用氨基酸分析仪（Hitachi，L8800）测定肌肉氨基酸组成。样品在待测期间放置在–80℃下保存。

5）肌肉感官评定

选取 PFM、LFM、APB20、APB80 处理组的花鲈各 6 尾（2 尾/桶），取侧线上方的肌肉 25g /样存于 4℃冰箱中用于感官评价。感官评价在取样后的第 3 天进行。评定小组由 8 位经培训后的研究生及 1 位具有食品感官评定经验的资深博士组成。在正式评定之前，取 6 尾对照组的花鲈肌肉，按正式评定的程序进行评定，找出花鲈肌肉的特征风味，并用相应的术语进行表述，作为正式评定的依据。样品洗净后包于锡铂纸中，在微波炉中加热 3min，取出后晾至室温（27~30℃）时开始品尝评定。送评样品圆形摆放。样品使用 3 位随机数字编号。

5. 数据统计与分析

试验结果用平均值±标准差表示。应用 STATISTICA6.0 软件对数据进行单因素方差分析（one-way ANOVA），差异显著者进行 Duncan 氏法多重比较，显著水平以 $P<0.05$ 计。

感官评价各指标的结果用一条 5cm 的线段表示，以 0cm 表示最低值，以 5cm 表示最高值。

（二）结果

1. 不同实验料对花鲈生长性能及血浆生化的影响

由表 3-8 可知，使用 LFM 完全替代 PFM 显著降低了花鲈的 FR（$P<0.05$），但其他生长指标与对照组之间无显著差异（$P>0.05$）。饲料中的 APB 含量过高显著影响花鲈的生长性能及饲料利用率。摄食 APB60 和 APB80 处理组饲料的花鲈，其 FBW、WGR、SGR、FCR、PPV 及 EPV 均显著低于其他处理组（$P<0.05$）；而 PFM、LFM、APB20、APB40 处理组之间，花鲈的生长性能和饲料利用率均无显著差异（$P>0.05$）。饲料中的鱼粉质量及鱼粉用量对花鲈的 CF 和 VSI 无显著影响，但饲料中高含量的 APB 使得 HSI（APB80）显著升高（$P<0.05$），PFI（APB60）显著降低（$P>0.05$）。

表 3-8 不同试验饲料对花鲈生长性能指标及形体指标的影响（平均值±标准误）

项目	PFM	LFM	APB20	APB40	APB60	APB80
FBW/g	235.08±8.79[c]	222.72±3.00[bc]	229.88±5.72[c]	222.77±3.02[bc]	211.61±4.14[ab]	198.30±2.23[a]
SR/%	100.00±0.00	100.00±0.00	100.00±0.00	100.00±0.00	98.67±1.33	98.67±1.33
FR/%	2.00±0.01[bc]	1.93±0.01[a]	2.04±0.01[bc]	2.00±0.02[bc]	2.07±0.04[c]	2.00±0.02[b]
FCR	1.10±0.03[a]	1.10±0.01[a]	1.14±0.03[a]	1.14±0.01[a]	1.24±0.02[b]	1.27±0.03[b]
SGR/%/day	2.01±0.06[c]	1.92±0.02[bc]	1.97±0.04[c]	1.91±0.02[bc]	1.82±0.03[ab]	1.71±0.02[a]
WGR/%	208.32±11.21[c]	192.33±3.73[bc]	201.52±7.49[c]	192.25±3.93[bc]	176.44±6.18[ab]	157.99±4.33[a]
PPV/%	36.77±0.86[b]	36.12±0.57[b]	37.01±0.86[b]	37.42±0.87[b]	33.61±0.26[a]	32.86±0.92[a]
EPV/%	41.44±0.82[bc]	41.86±0.80[c]	40.61±1.13[bc]	38.46±1.62[b]	33.83±0.55[a]	34.39±0.62[a]
HIS/%	1.24±0.01[a]	1.50±0.11[ab]	1.34±0.09[ab]	1.39±0.08[ab]	1.47±0.05[ab]	1.53±0.09[b]
VSI/%	10.95±0.27	11.61±0.32	11.37±0.13	10.94±0.58	10.79±0.30	11.49±0.31
CF/%	1.44±0.03	1.33±0.04	1.44±0.03	1.46±0.06	1.45±0.04	1.46±0.04
PFI/%	59.24±2.05[b]	55.03±1.68[ab]	59.88±1.09[b]	58.30±1.61[ab]	52.70±2.59[a]	57.29±1.33[ab]

注：同一列数据右上角不同英文上标字母表示存在显著差异（$P<0.05$）。

由表 3-9 可知，花鲈的血浆 AST、ALT 活力及 AST/ALT 比值在各处理组间均无显著差异。

表 3-9 不同试验饲料对花鲈血浆谷丙转氨酶和谷草转氨酶的影响（平均值±标准误）

项目	PFM	LFM	APB20	APB40	APB60	APB80
AST/（IU/L）	11.26±0.93	8.58±2.15	8.45±2.41	27.56±4.26	13.78±4.80	11.75±3.76
ALT/（IU/L）	26.47±6.1	19.95±5.57	31.41±12.45	19.93±8.54	33.45±18.13	14.42±2.29
AST/ALT	2.44±0.66	2.31±0.17	4.05±1.95	2.56±1.06	2.13±0.45	1.35±0.20

2. 不同实验料对花鲈全鱼、肌肉营养成份的影响

由表 3-10 可知，使用 LFM 完全替代 PFM 显著提高了花鲈的全鱼脂肪含量及能量，显著降低了花鲈全鱼水分（$P<0.05$）。饲料中的 APB 含量过高显著影响花鲈的全鱼组成

表 3-10 不同试验饲料对花鲈体组成成分的影响（平均值±标准误）

项目	PFM	LFM	APB20	APB40	APB60	APB80
全鱼						
水分/%	66.84±0.48[ab]	66.38±0.27[a]	66.93±0.17[ab]	67.53±0.33[abc]	68.32±0.48[bc]	67.77±0.54[c]
灰分/%	4.16±0.01	4.20±0.04	4.14±0.06	4.27±0.18	4.41±0.09	4.47±0.09
粗蛋白 CP/%	17.46±0.06	17.41±0.02	17.70±0.12	17.87±0.35	17.47±0.11	17.50±0.01
粗脂肪/%	11.29±0.45[b]	11.35±0.26[b]	10.73±0.21[ab]	10.64±0.45[ab]	9.53±0.34[a]	9.67±0.60[a]
能量/（MJ/kg）	8.38±0.21[bc]	8.47±0.11[c]	8.30±0.11[bc]	8.01±0.12[abc]	7.70±0.16[ab]	7.91±0.22[a]
肌肉						
水分/%	78.07±0.15	77.32±0.31	77.34±0.06	77.34±0.35	77.53±0.24	77.68±0.27
粗蛋白 CP/%	19.35±0.14	20.27±0.47	20.29±0.14	19.92±0.51	19.92±0.31	19.92±0.24
粗脂肪/%	1.77±0.11	1.76±0.09	2.04±0.09	1.89±0.11	1.85±0.07	1.77±0.11
肝脏						
水分/%	66.73±1.39[c]	64.28±0.27[abc]	65.21±0.64[bc]	64.83±2.02[abc]	61.15±0.38[a]	61.32±1.33[ab]
粗脂肪/%	8.78±0.67[a]	8.88±0.19[a]	7.54±1.30[a]	10.62±0.54[ab]	13.08±0.48[bc]	14.14±1.81[c]

注：同一列数据右上角不同英文上标字母表示存在显著差异（$P<0.05$）。

及肝脏组成成分。摄食APB60和APB80处理组饲料的花鲈，其全鱼脂肪及能量、肝脏水分含量显著低于其他处理组，而全鱼水分及肝脏脂肪含量显著高于其他处理组（$P<0.05$）。花鲈的肌肉组成成分在各处理间无显著差异（$P<0.05$）。

如表3-11所示，随替代比例的升高，花鲈肌肉的n-3系列多不饱和脂肪酸（n-3 polyunsaturated fatty acid，n-3PUFA）及n-3/n-6的比值显著降低，而单不饱和脂肪酸（monounsaturated fatty acids，MUFA）及血栓形成指数（thrombogenic index，TI）显著升高（$P<0.05$）。花鲈肌肉的花生四烯酸、二十碳五烯酸、二十二碳五烯酸、二十二碳六烯酸均随替代比例的升高显著降低；而硬脂酸、油酸及亚油酸显著升高（$P<0.05$）。

表3-11 不同试验饲料对花鲈肌肉脂肪酸组成的影响（平均值±标准误）

项目	PFM	LFM	APB20	APB40	APB60	APB80
C10：0	0.001±0.00	0.001±0.00	0.001±0.00	0.001±0.00	0.001±0.00	0.001±0.00
C12：0	0.001±0.00	0.001±0.00	0.001±0.00	0.001±0.00	0.001±0.00	0.001±0.00
C14：0	0.05±0.004	0.05±0.004	0.04±0.002	0.05±0.004	0.04±0.003	0.04±0.001
C14：1n5	0.032±0.00	0.003±0.00	0.003±0.00	0.003±0.00	0.003±0.00	0.003±0.00
C16：0	0.38±0.02	0.37±0.02	0.36±0.02	0.44±0.02	0.41±0.02	0.40±0.01
C16：1n7	0.13±0.01	0.12±0.01	0.12±0.01	0.15±0.01	0.13±0.01	0.13±0.00
C18：0	0.09±0.00[ab]	0.08±0.00[a]	0.09±0.01[a]	0.11±0.00[c]	0.11±0.00[c]	0.10±0.00[bc]
C18：1n9c	0.38±0.02[a]	0.33±0.02[a]	0.37±0.02[a]	0.50±0.03[b]	0.52±0.03[b]	0.51±0.01[b]
C18：2n6c	0.24±0.01	0.21±0.01	0.24±0.01	0.27±0.01	0.25±0.01	0.25±0.01
C18：3n3	0.03±0.00	0.03±0.00	0.03±0.00	0.03±0.00	0.02±0.00	0.02±0.00
C18：3n6	0.010±0.00[a]	0.008±0.00[a]	0.011±0.00[a]	0.015±0.00[b]	0.018±0.00[bc]	0.021±0.00[c]
C20：0	0.003±0.00	0.004±0.00	0.003±0.00	0.003±0.00	0.003±0.00	0.003±0.00
C20：1n9	0.02±0.00	0.03±0.00	0.02±0.00	0.03±0.00	0.03±0.00	0.02±0.00
C20：4n6	0.024±0.00[b]	0.028±0.00[c]	0.023±0.00[b]	0.021±0.00[ab]	0.018±0.00[a]	0.019±0.00[a]
C20：5n3	0.13±0.00[b]	0.12±0.01[b]	0.12±0.00[b]	0.11±0.01[b]	0.08±0.00[a]	0.08±0.00[a]
C22：0	0.002±0.00	0.002±0.00	0.002±0.00	0.002±0.00	0.002±0.00	0.002±0.00
C22：1n9	0.003±0.00	0.003±0.00	0.003±0.00	0.003±0.00	0.003±0.00	0.003±0.00
C22：5n3	0.053±0.00[c]	0.036±0.00[ab]	0.051±0.00[c]	0.041±0.00[bc]	0.030±0.00[a]	0.029±0.00[a]
C22：6n3	0.22±0.01[c]	0.27±0.01[d]	0.21±0.00[bc]	0.18±0.01[b]	0.14±0.00[a]	0.13±0.00[a]
C24：0	0.003±0.00	0.002±0.00	0.002±0.00	0.002±0.00	0.002±0.00	0.002±0.00
TFA	1.75±0.09	1.69±0.08	1.67±0.08	1.95±0.08	1.81±0.10	1.77±0.06
SFA	0.53±0.02	0.51±0.02	0.50±0.02	0.60±0.02	0.57±0.02	0.55±0.02
MUFA	0.53±0.04[a]	0.49±0.02[a]	0.51±0.03[a]	0.68±0.04[b]	0.68±0.05[b]	0.67±0.01[b]
PUFA	0.69±0.03[b]	0.70±0.04[b]	0.67±0.03[b]	0.67±0.03[b]	0.56±0.02[a]	0.55±0.03[a]
n-3 PUFA	0.42±0.01[bc]	0.45±0.02[c]	0.40±0.01[bc]	0.36±0.02[b]	0.28±0.00[a]	0.26±0.01[a]
n-6 PUFA	0.27±0.01	0.25±0.01	0.27±0.01	0.31±0.01	0.28±0.01	0.29±0.01
n-3/n-6	1.52±0.05[c]	1.80±0.04[d]	1.46±0.03[c]	1.16±0.09[b]	0.97±0.02[a]	0.89±0.05[a]
AI	0.47±0.00	0.47±0.00	0.45±0.00	0.47±0.01	0.47±0.00	0.45±0.00
TI	0.15±0.01[a]	0.14±0.01[a]	0.15±0.01[a]	0.21±0.01[b]	0.23±0.01[b]	0.24±0.01[b]

注：同一列数据右上角不同英文上标字母表示存在显著差异（$P<0.05$）。AI，动脉硬化指数=（12：0+4×14：0+16：0）/（MUFA+PUFA）；TI，血栓形成指数=（14：0+16：0+18：0）/[0.5×MUFA+0.5×（n-6）PUFA+3×（n-3）PUFA+（n-3/n-6）]。

鱼粉质量对花鲈肌肉的 AA 组成产生了显著影响（表 3-12）。摄食 LFM 饲料的花鲈，其肌肉 Lys、Thr、His、Ser、Gly 含量（g/100g）均显著低于其他处理组（$P<0.05$）；摄食 PFM 饲料的花鲈，其肌肉 Arg 含量最低（$P<0.05$）。

表 3-12　不同试验饲料对花鲈肌肉氨基酸组成的影响（平均值±标准误）

项目	PFM	LFM	APB20	APB40	APB60	APB80
苯丙氨酸 Phe	0.82±0.01	0.73±0.05	0.75±0.02	0.76±0.03	0.77±0.03	0.76±0.04
精氨酸 Arg	1.10±0.00[a]	1.05±0.02[ab]	1.08±0.02[ab]	1.13±0.01[ab]	1.15±0.01[b]	1.14±0.02[b]
亮氨酸 Leu	1.56±0.00	1.46±0.08	1.46±0.02	1.53±0.09	1.59±0.04	1.50±0.04
组氨酸 His	0.45±0.00[ab]	0.42±0.01[a]	0.44±0.00[ab]	0.47±0.01[b]	0.47±0.01[b]	0.48±0.00[b]
缬氨酸 Val	1.00±0.00	0.94±0.06	0.94±0.02	0.94±0.02	0.98±0.03	0.96±0.02
甲硫氨酸 Met	0.56±0.01	0.56±0.01	0.56±0.01	0.59±0.01	0.58±0.01	0.58±0.01
赖氨酸 Lys	1.65±0.02[ab]	1.60±0.06[a]	1.64±0.03[ab]	1.74±0.02[ab]	1.75±0.03[b]	1.70±0.03[ab]
苏氨酸 Thr	0.81±0.00[ab]	0.77±0.03[a]	0.80±0.00[ab]	0.84±0.02[b]	0.84±0.01[b]	0.82±0.01[b]
异亮氨酸 Ile	0.86±0.00	0.80±0.01	0.80±0.02	0.81±0.03	0.85±0.03	0.81±0.03
天冬氨酸 Asp	1.79±0.00	1.72±0.07	1.76±0.03	1.87±0.06	1.87±0.03	1.82±0.02
丝氨酸 Ser	0.70±0.01[ab]	0.67±0.02[a]	0.71±0.01[ab]	0.75±0.01[b]	0.74±0.02[b]	0.73±0.01[b]
谷氨酸 Glu	2.68±0.00	2.58±0.12	2.62±0.01	2.77±0.11	2.78±0.08	2.69±0.04
甘氨酸 Gly	0.96±0.03[ab]	0.90±0.04[a]	0.98±0.03[ab]	1.02±0.04[ab]	1.06±0.02[b]	1.06±0.03[b]
丙氨酸 Ala	0.99±0.01	0.94±0.04	0.96±0.00	1.01±0.04	1.02±0.03	0.99±0.02
半胱氨酸 Cys	0.17±0.00	0.18±0.00	0.17±0.01	0.18±0.00	0.18±0.00	0.18±0.00
酪氨酸 Tyr	0.62±0.01	0.58±0.03	0.59±0.03	0.57±0.03	0.62±0.03	0.59±0.01
脯氨酸 Pro	0.64±0.02	0.61±0.01	0.67±0.03	0.66±0.01	0.63±0.02	0.67±0.02
ΣTAA	17.38±0.11	16.52±0.75	16.97±0.08	17.66±0.66	17.91±0.46	17.47±0.31
ΣEAA	8.81±0.04	8.33±0.41	8.47±0.02	8.80±0.33	8.99±0.23	8.73±0.17
ΣNAA	8.58±0.08	8.20±0.34	8.50±0.09	8.85±0.33	8.92±0.23	8.74±0.15
ΣEAA/ΣNAA	1.03±0.00	1.01±0.01	0.99±0.01	0.99±0.01	1.00±0.01	0.99±0.01

注：同一列数据右上角不同英文上标字母表示存在显著差异（$P<0.05$）。

3. 花鲈肌肉 pH 在 24h 内的变化

由表 3-13 可知，用 APB 替代鱼粉对花鲈肌肉在死后 0h、12h、24h、48h 和 60h 时的 pH 影响不显著（$P>0.05$）。

表 3-13　各处理组花鲈肌肉 pH 在 60h 内的变化情况（平均值±标准误）

项目	PFM	LFM	APB20	APB40	APB60	APB80
0h	6.48±0.12	6.57±0.10	6.55±0.04	6.50±0.05	6.43±0.01	6.57±0.07
12h	6.67±0.08	6.64±0.08	6.71±0.04	6.76±0.06	6.78±0.05	6.74±0.06
24h	6.95±0.09	6.99±0.07	7.05±0.04	7.06±0.06	7.05±0.01	7.39±0.31
48h	7.00±0.07	6.95±0.06	7.07±0.05	7.04±0.03	7.08±0.12	7.05±0.07
60h	7.10±0.03	7.14±0.06	7.18±0.04	7.14±0.07	7.14±0.05	7.16±0.07

4. 花鲈肌肉的质构分析（TPA）

如表 3-14 所示，花鲈肌肉生鱼片与熟鱼片的 TPA 分析结果并不一致。花鲈肌肉的生鱼片质地在各处理间无显著差异；但 APB80 花鲈肌肉熟鱼片的硬度、咀嚼力、弹性、内聚性、回弹力较其余各组均显著升高，而黏附性显著降低（$P<0.05$）；LFM 花鲈肌肉熟鱼片的硬度、咀嚼力、弹性、内聚性、回弹力最低（$P<0.05$）。花鲈肌肉的滴水损失在各处理间无显著差异（$P>0.05$）。

表 3-14　不同试验饲料对花鲈肌肉质构分析的影响（平均值±标准误）

项目	PFM	LFM	APB20	APB40	APB60	APB80
鲜鱼片/g						
硬度	2426.68±114.65	2562.15±180.96	2356.02±209.39	2454.26±217.55	2368.63±106.56	2341.09±98.81
咀嚼力	6298.16±20.36	6312.35±278.81	6037.54±222.00	5895.96±560.61	5993.44±575.93	5612.46±125.54
黏附性	26.83±5.14	17.69±4.86	26.87±3.29	29.83±5.72	16.73±2.32	27.79±7.55
弹性	0.58±0.02	0.57±0.01	0.58±0.02	0.58±0.00	0.57±0.03	0.54±0.02
内聚力	4.53±0.09	4.35±0.06	4.48±0.16	4.18±0.19	4.50±0.11	4.49±0.02
回弹力	0.12±0.01	0.13±0.01	0.12±0.01	0.13±0.01	0.12±0.01	0.12±0.00
滴水损失/%	6.09±0.68	6.04±0.77	6.22±0.77	5.93±0.48	5.94±0.53	5.92±0.64
熟鱼片/g						
硬度	635.10±31.95[a]	644.20±30.62[a]	714.50±22.41[ab]	682.86±36.56[ab]	729.48±49.68[ab]	818.78±70.79[b]
咀嚼力	1663.38±47.07[ab]	1605.60±29.81[a]	1858.93±38.99[bc]	1799.24±70.58[abc]	1716.17±7.77[ab]	1968.01±140.74[c]
黏附性	4.33±0.69[ab]	3.82±1.68[a]	6.50±0.43[ab]	6.38±0.43[ab]	5.21±0.75[ab]	8.09±1.00[b]
弹性	0.63±0.02[ab]	0.62±0.02[a]	0.64±0.02[ab]	0.66±0.02[ab]	0.63±0.02[ab]	0.70±0.03[b]
内聚力	4.17±0.02[b]	4.12±0.21[ab]	4.14±0.04[ab]	4.01±0.28[ab]	3.82±0.18[ab]	3.53±0.21[a]
回弹力	0.09±0.00[ab]	0.09±0.00[ab]	0.08±0.00[a]	0.09±0.00[ab]	0.09±0.00[ab]	0.10±0.02[b]

注：同一列数据右上角不同英文上标字母表示存在显著差异（$P<0.05$）。

5. 花鲈肌肉的感官评价

由图 3-5 可知，饲料中的鱼粉质量及 APB 水平对花鲈肌肉的感官评价无显著影响（$P>0.05$）。不同处理组花鲈肌肉嫩度及喜好度评价结果差异较大，但并不显著（$P>0.05$）。

（三）小结

本研究结果表明：①在补充晶体氨基酸基础上，该种 APB 能使初始体重为 76.3g 的花鲈饲料中 PFM 的用量从 40%降低至 24%而不影响其生长和肉品质；②增加 APB 的用量，使饲料中 PFM 的水平从 40%降低至 8%，不但显著影响花鲈的生长，同时也显著影响花鲈熟鱼片的质地；③鱼粉质量影响花鲈的摄食率及肉品质，但可以通过加大其在配方中的比例来弥补其对花鲈生长的消极影响。

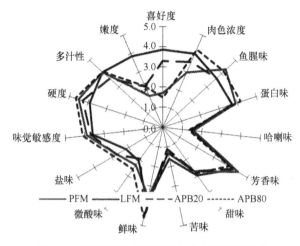

图 3-5　不同饲料对花鲈肌肉感官评价的影响

四、发酵豆粕替代鱼粉对花鲈生长、肉质及氮磷排泄的影响

发酵豆粕是指利用有益微生物发酵低值豆粕，去除多种抗营养因子，同时产生微生物蛋白质，丰富和平衡了豆粕中的蛋白质营养水平，最终改善豆粕的营养品质，提高饲料效率。发酵豆粕含益生菌、酶制剂、肽等功能成分（Hong et al.，2004）。已有的研究表明，生物发酵法处理生豆粕，相对物理、化学、作物育种等方法具有成本低、无化学残留、应用较安全、对饲料营养成分的影响较小，且能使营养物质更易被动物吸收等优点（Hong et al.，2004）。发酵是目前减少抗营养因子影响、提高豆粕蛋白质的消化利用率的有效方法。研究表明，发酵豆粕在水产饲料中能得到很好的应用（Shimeno et al.，1994；Refstie et al.，2005）。

饲料配方具有恰当的蛋白质含量及必需氨基酸（EAA）模型是提高氨基酸利用率、氮沉积及动物生长性能的前提（Peres and Oliva-Teles，2009）。与鱼粉相比，替代蛋白源最大的缺陷在于 EAA 缺乏。因此，在可利用水平下，按理想氨基酸模型平衡 EAA 是提高廉价蛋白源生物效价的重要途径。笔者已有的研究表明，花鲈能有效地利用 CAA，补充限制性 CAA 能提高廉价蛋白原料的利用。可消化必需氨基酸平衡模式是指通过添加原料的限制性氨基酸（在本研究中主要指赖氨酸、甲硫氨酸、苏氨酸），使得各处理之间的主要限制性氨基酸在可消化水平上相当并达到需求，从而更为精确地评定原料之于实验对象的营养价值。本研究尝试从可消化水平设计配方，评价发酵豆粕部分取代鱼粉对花鲈生长和生理功能的影响，为生产中发酵豆粕的合理应用提供理论依据。

（一）材料与方法

1. 试验饲料

发酵豆粕由广州东莞银桦生物科技有限公司提供，用大豆粕在 48～50℃下经复合食品微生物发酵 48h 而成。实验共设 4 种饲料，即在花鲈饵料中分别使用 0%、11%、22% 和 33% 的发酵豆粕，相应替代 0%、25%、50% 和 75% 的低温蒸汽干燥鱼粉，并依次命名为：LT-FM、FSM25、FSM50 和 FSM75。各替代组饲料均按 LT-FM 组的 EAA 模型补充适量的赖氨酸硫酸盐（Lys-H$_2$SO$_4$）、DL-甲硫氨酸（DL-Met）及 L-苏氨酸（L-Thr），使得各组饲料中每 16 g 可消化氮所含可消化赖氨酸（digestible Lys，DLys/DP）、可消化甲硫氨酸（digestible Met，DMet/DP）及可消化苏氨酸（digestible Thr，DThr/DP）含量一致。各种饲料原料全部过 120 目筛，称重，混合，用双螺杆膨化机（EXT50A）挤压成直径为 2.0 mm 的膨化沉性颗粒饲料，晾干，置–20℃冰箱备用。各试验饲料组成及营养水平见表 3-15。

表 3-15 花鲈试验饲料配方及营养成分表

原料配比/%	LT-FM	FSM25	FSM50	FSM75
低温干燥鱼粉 LT-FM	36.00	27.00	18.00	9.00
发酵豆粕	0.00	11.00	22.00	33.00
大豆粕	18.00	18.00	18.00	18.00
面粉	22.00	22.00	22.00	20.00
鱼油	5.50	5.50	5.90	6.30
次粉	4.50	4.00	1.00	—
α-微晶纤微素	2.550	4.00	3.60	3.20
预混料①	1.00	1.00	1.00	1.00
赖氨酸（50%）L-Lys.H$_2$SO$_4$	—	0.39	0.80	1.21
蛋氨酸（98%）DL-Met	—	0.14	0.29	0.44
苏氨酸（98%）L-Thr	—	0.07	0.15	0.23
其他②	7.10	4.49	1.46	0.42
总计	100.00	100.00	100.00	100.00
营养成分/%				
水分	13.01	7.26	7.82	7.93
灰分/%	9.21	8.77	7.97	7.16
粗蛋白/%	38.39	41.4	40.36	39.47
总能/（MJ/kg）	18.26	19.31	19.28	19.3
粗脂肪/%	10.17	10.52	9.96	10.23
可利用磷/%	0.83	0.78	0.70	0.62
三氧化二钇/%	0.095	0.095	0.094	0.098
可消化氨基酸平衡模式③				
可消化蛋白 DP/%	35.46	35.67	35.66	35.65
可消化能量 DE/（MJ/kg）	17.05	17.21	17.24	17.23
D-Lys/DP/%	7.00	6.96	6.96	6.96
D-Met/DP/%	2.89	2.87	2.87	2.87
D-Thr/DP/%	3.46	3.44	3.44	3.44
DP/DE/（mg/KJ）	23.61	23.68	23.86	24.03

①预混料可为每千克饲料提供：维生素 A 20mg；维生素 B$_1$ 10mg；维生素 B$_2$ 15mg；维生素 B$_6$ 15mg；维生素 B$_{12}$ 8mg；烟酸胺 100mg；维生素 C（35%）1000mg；泛酸钙 40mg；生物素 2mg；肌醇 200mg；叶酸 10mg；维生素 E 400mg；维生素 K 320mg；维生素 D 310mg；MgSO$_4$·7H$_2$O 2000mg；FeSO$_4$·7H$_2$O 600mg；ZnSO$_4$·7H$_2$O 200mg；MnSO$_4$·7H$_2$O 80mg；KI 1.5mg；Na$_2$SeO$_3$ 3mg；CoCl·6H$_2$O（10%）5mg；CuSO$_4$·5H$_2$O 30mg；NaCl 100mg；次粉 150mg；沸石粉 4780.5mg；抗氧化剂 200mg。②其他：乌贼粉 50g；啤酒酵母 25g；磷脂（98.1%）20g；Ca(H$_2$PO$_4$)$_2$ 6g；氯化胆碱（70%）3g。③理想蛋白质模式为计算值。

2. 试验用鱼及饲养管理

试验所用花鲈购自潍坊环海水产良种场，逐步从海水淡化为淡水苗种。试验在中国农业科学院饲料研究所国家水产饲料安全评价基地进行，所有淡化花鲈幼鱼正常摄食配合饲料 4 周后，开始为期 16 周的生长试验。试验开始前禁食 24h，挑选平均体重为 (13.3±0.1) g 的健康花鲈 360 尾，随机分为 8 组，每组 3 个重复，每个重复放养 30 尾鱼，以重复为单位放养于室内循环水养殖系统中（直径 80cm，容积 $0.3m^3$），试验用水为地下水，循环使用。每天分别在 9：00 和 16：00 表观饱食投喂 2 次。试验期间水温控制在 26～28℃，pH 为 8.30～8.60，溶氧>7.0mg/L，氨氮<0.5mg/L；每日日光灯照射 12 h（7：30～19：30）。

3. 生长实验

分别在第 8 周和第 16 周时禁食 24h 后进行采样，用以测定各处理组的 FR、WGR、SGR、FCR、PPV 及 EPV。每桶随机取 3 尾鱼，经过 800mg/L 的三氯叔丁醇麻醉后进行个体称重，测体长，抽血，解剖取得内脏，分离肝脏及内脏周围的脂肪并分别称重。另取 2 尾绞碎后在 75℃烘干用于体成分检测。分别采用 105℃常压干燥法、凯氏定氮法、酸水解全脂肪测定法及 550℃灼烧法测定饲料和全鱼的水分、粗蛋白、粗脂肪和灰分。饲料中氨基酸组成采用氨基酸分析仪（Hitachi，L8800）测定。

4. 肉质评定实验

1）样品准备

在第 16 周时将鱼禁食 24h 后进行采样。用木条将鱼敲头处死，切去一侧鳃后放置在覆有冰块的平板上 5min，以使体血流尽。然后放置于 0～4℃冰箱中保存以备进行相关检测。

2）肌肉近红外聚类分析（NIR）

每桶取 2 尾鱼，去皮后取侧线（图 3-6，D）上方的肌肉（图 3-4，C）冻干，然后将其粉碎到 0.28mm（过 60 目筛）。将肌肉粉末均匀铺至直径为 3cm、深为 1cm 的取样槽内，做近红外扫描（DA7200，Perten，Sweden）。

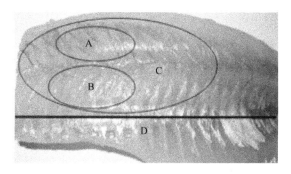

图 3-6 肉质评定试验各指标取样位置示意图

D 为侧线；A、B、C 分别为侧线上方的三个取样点

3）肌肉质构分析（TPA）

取侧线上方 4cm²（2cm×2cm）×0.5cm 的鱼片样品（图 3-6，B）放置在 0～4℃条件下保存。TPA 在取样后的第 3 天进行。质构仪（TA.XT2，Surrey，England）使用的相关附件及参数设置：探头直径为 5mm，控头的下压速率为 0.8mm/s，下压距离为样品厚度的 60%，每个样品下压两次，两次之间间隔 60s。

4）滴水损失（DL）

取侧线上方 3cm×1cm×1cm 的鱼片样品（图 3-6，A），并在电子天平中称重（W_1）；然后将其悬挂在体积为 250ml 倒扣的纸杯中，放置在 0～4℃的冰箱保存（图 3-7）。24h 后将样品取出，用滤纸轻轻滤去表面析出的水珠后再次称重（W_2）。

$$DL（\%）=[（W_1-W_2）/W_1]×100\%$$

图 3-7　滴水损失试验示意图

5）肌肉 pH 的测定

分别在取样后的 0h、6h、12h、24h 用手术刀在花鲈侧线上方切一个小口，用笔式 pH 计（pH Spear，Eutech，America）插入小口中测定肌肉的 pH。每个小口重复 2 次，每次测定之前用 0.8% 的生理盐水清洗探头。pH 计每启用一次，均用缓冲液进行校正后再使用。每桶取 3 个重复；样品在待测期间放置在 4℃条件下保存。

6）肌肉营养价值分析

每桶取三条鱼去皮后剖取两侧肌肉，用于肌肉营养成分的测定。用液相色谱法测定肌肉脂肪酸组成（FAP）；用氨基酸分析仪（Hitachi，L8800）测定肌肉氨基酸组成。样品在待测期间放置在-80℃下保存。

5. 氮、磷代谢试验

在第 9～16 周期间，每次投饲 0.5h 后开始收集新鲜完整的粪便。收集的粪便在 75℃下烘干，然后保存在-80℃下待检，从而核算氮磷的消化率、排泄及氮磷储积率。

6. 数据统计与分析

试验结果用"平均值±标准差"表示。应用 STATISTICA 6.0 软件对数据进行双因素差分析（two-way ANOVA），差异显著者进行 Duncan 氏法多重比较，显著水平

以 $P<0.05$ 计。

在 NIR 检测中，运用 SIMCA（soft independent modeling of class analogy）方法对检测数据进行分析整理。SIMCA 判别方法是基于每一个类别培训集的特征，选定适合的判别准则，建立定性分析模型，然后计算未知样本点与培训集的 PCA（principal component analysis）模型的距离，根据距离判别方法判别未知样本的类别，最后用于预测判定未知样品。花鲈肌肉质构检测分析如图 3-8 所示。

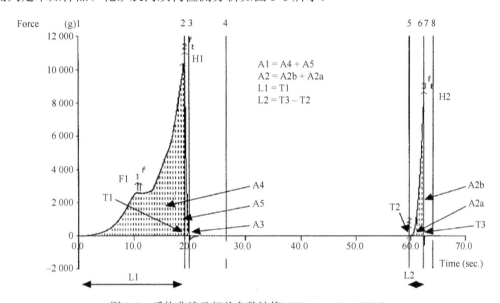

图 3-8　质构曲线及相关参数计算（Ginés et al.，2004）

硬度= H1；弹性= L2/L1；内聚力=（A1/A2）；咀嚼力=[H1*（A1/A2）*L2/L1]；黏附性= A3；回弹力= A5/A4；胶黏度=[H1*（A1/A2）]

（二）结果

1. 不同实验料对花鲈生长性能指标的影响

由表 3-16 可知，0～8 周，FSM25 处理组花鲈的各生长指标与对照组间无显著差异（$P>0.05$）；而 FSM75 处理组花鲈的 SR（60%）、FBW（22.99g）及 SGR（0.99%·d^{-1}）均显著低于其他处理组（$P<0.05$），因此在 8～16 周的试验中将此处理淘汰。摄食量直接影响花鲈对 EAA 的摄取量。以 EAA 的摄入量为横坐标、以花鲈的 SGR 及 PPV 为纵坐标作图发现，EAA 的摄入量与花鲈 SGR（图 3-9）及 PPV（图 3-10）均表现出严格的正相关关系。各处理间，花鲈的 CF、HSI、VSI 均无显著差异（$P>0.05$）。

8～16 周，FSM50 处理组花鲈的 FR（2.35 vs 2.13）、WGR（151.51 vs 108.12）、SGR（1.78 vs 1.67）及 PER（165.51 vs 147.53）均较 0～8 周显著升高，且显著高于 LT-FM 和 FSM25 处理组（$P<0.05$）。而 LT-FM 和 FSM25 处理组花鲈在 8～16 周的 FR、WGR、SGR 及 PER 均较 0～8 周显著降低（$P<0.05$）。FSM50 处理组，花鲈的 CF、HSI、VSI 均显著低于 LT-FM 和 FSM25 处理组（$P<0.05$），而 LT-FM 和 FSM25 处理组间无显著差异（$P>0.05$）。

1～16周，花鲈生长性能及饲料利用率随饲料中FSM含量的升高而逐渐降低。其中，LT-FM和FSM25处理组间无显著差异（$P>0.05$），但均显著高于FSM50处理组（$P<0.05$）。

表3-16 不同试验饲料对花鲈生长性能指标及形体指标的影响（平均值±标准误）

项目	阶段	LT-FM	FSM25	FSM50	FSM75
末均重/g	8w	63.71±1.82[d]	55.19±1.56[c]	33.33±2.72[b]	22.99±1.96[a]
	16w	132.67±4.07[b]	116.75±2.49[b]	80.83±6.79[a]	
成活率/%	0～8w	91.11±2.93[c]	87.78±2.93[c]	77.78±2.93[b]	60.00±1.92[a]
	0～16w	89.88±2.12[b]	84.73±3.54[ab]	73.64±4.45[a]	
增重率/%	0～8w	345.12±21.56[d]	273.04±1.18[c]	108.12±11.72[b]	26.32±8.12[a]
	8～16w	106.22±9.23[a]	115.64±8.56[a]	151.51±3.16[b]	
	0～16w	740.36±51.98[b]	615.99±24.42[b]	329.35±33.10[a]	
特定生长率/%	0～8w	2.86±0.05[c]	2.6±0.05[c]	1.67±0.15[b]	0.99±0.15[a]
	8～16w	1.35±0.06[a]	1.45±0.04[a]	1.78±0.06[b]	
	0～16w	2.10±0.02[b]	1.98±0.01[b]	1.64±0.07[a]	
摄食率/%	0～8w	2.80±0.05[c]	2.52±0.03[c]	2.13±0.06[b]	1.43±0.17[a]
	8～16w	1.63±0.05[a]	1.7±0.04[a]	2.35±0.05[b]	
	0～16w	1.80±0.02[b]	1.70±0.01[a]	1.75±0.01[ab]	
饲料系数	0～8w	1.22±0.04[a]	1.20±0.01[a]	1.69±0.09[a]	3.76±0.59[b]
	8～16w	1.30±0.03[a]	1.28±0.02[a]	1.5±0.03[b]	
	0～16w	1.26±0.03[a]	1.24±0.01[a]	1.56±0.05[b]	
蛋白质效率/%	0～8w	214.1±7.09[c]	201.39±1.73[c]	147.53±7.52[b]	71.43±12.89[a]
	8～16w	200.93±5.72[b]	188.66±4.44[b]	165.51±3.98[a]	
	0～16w	207.06±5.62[b]	194.45±3.30[b]	159.21±5.08[a]	
能量效率/%	0～8w	36.75±0.23[c]	34.28±1.18[bc]	23.40±3.41[b]	6.07±5.52[a]
	8～16w	33.62±4.19[b]	28.68±1.93[ab]	25.00±1.07[a]	
	0～16w	35.21±2.48[b]	31.04±1.57[b]	24.60±1.13[a]	
肥满度	8w	1.24±0.05	1.25±0.02	1.18±0.05	1.12±0.03
	16w	1.28±0.00[b]	1.28±0.02[b]	1.17±0.03[a]	
肝指数	8w	1.89±0.12[b]	1.63±0.04[b]	0.88±0.06[a]	0.87±0.08[a]
	16w	1.73±0.16[b]	1.77±0.10[b]	1.04±0.11[a]	
内脏指数	8w	10.47±0.48	11.08±0.38	9.73±0.48	9.81±0.68
	16w	12.31±0.54[b]	11.87±0.58[ab]	10.16±0.33[a]	

注：同一列数据右上角不同英文上标字母表示存在显著差异（$P<0.05$）。下表同。

2. 不同实验料对花鲈全鱼、肌肉营养成分的影响

由表3-17可知，0～8周，LT-FM和FSM25处理组花鲈的全鱼成分之间无显著差异（$P>0.05$），但其全鱼蛋白、脂肪均显著高于FSM50处理组（$P<0.05$），而全鱼灰分、水分显著低于FSM50处理组（$P<0.05$）。16周时，花鲈的全鱼组成在各处理间无显著差异（$P>0.05$）。但FSM50处理组，花鲈肌肉中的牛磺酸含量显著低于LT-FM和FSM25处理组（$P<0.05$），而后两者之间无显著差异（$P>0.05$）。FSM50处理组花鲈肝脏的脂肪含量显著低于LT-FM和FSM25处理组（$P<0.05$），而后两者之间无显著差异（$P>0.05$）。

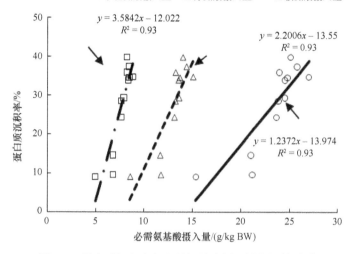

图 3-9 蛋白质沉积率与必需氨基酸摄入量之间的关系

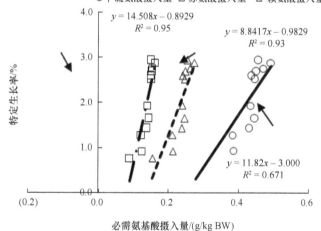

图 3-10 特定生长率与必需氨基酸摄入量之间的关系

表 3-17 不同饲料对花鲈体组成成分的影响（平均值±标准误）

	项目	阶段	LT-FM	FSM25	FSM50	FSM75	初始
全鱼	粗蛋白/%	8w	16.87±0.12[b]	16.65±0.13[b]	16.81±0.29[b]	15.00±0.03[a]	14.88
		16w	17.34±0.06	17.11±0.05	17.33±0.12		
	灰分/%	8w	3.72±0.22[a]	3.57±0.08[a]	4.04±0.17[a]	5.54±0.11[b]	3.72
		16w	4.17±0.11	4.36±0.15	4.55±0.05		
	水分/%	8w	69.39±0.25[a]	70.22±0.45[ab]	71.09±0.50[b]	74.94±0.51[c]	74.42
		16w	0.69±0.01	0.71±0.01	0.70±0.00		
	粗脂肪/%	8w	9.26±0.20[c]	8.86±0.30[bc]	8.30±0.17[b]	4.38±0.39[a]	6.62
		16w	9.46±0.78	8.47±0.44	8.20±0.52		
肌肉	水分/%	16w	75.51±0.00	75.86±0.01	77.04±0.00		
	粗蛋白/%	16w	21.62±0.31	21.72±0.63	21.60±0.43		
	粗脂肪/%	16w	6.03±0.08	5.92±0.26	5.32±0.31		
肝脏	牛磺酸/（mg·kg^{-1}）	16w	1233.33±93.86[b]	1116.67±70.55[ab]	849.67±100.98[a]		
	粗脂肪/%	16w	6.14±0.03[b]	4.94±0.03[ab]	4.52±1.26[a]		

由表 3-18 可知，花鲈肌肉的脂肪酸组成在各组之间无显著差异（$P>0.05$）。

表 3-18　不同饲料对花鲈肌肉脂肪酸组成成分的影响（平均值±标准误）

	g/100g 鲜样			% TFA		
	LT-FM	FS25	FS50	LT-FM	FS25	FS50
C14：0	0.037±0.002	0.034±0.001	0.035±0.005	2.46±0.15	2.31±0.22	2.64±0.34
C16：0	0.388±0.014	0.358±0.002	0.383±0.044	26.20±1.00	23.95±1.5	28.72±2.45
C18：0	0.082±0.003	0.078±0.001	0.087±0.006	5.52±0.23^{ab}	5.24±0.30^a	6.56±0.42^b
C20：0	0.004±0.001	0.004±0.001	0.004±0.000	0.27±0.05	0.25±0.04	0.34±0.01
C16：1	0.094±0.008	0.084±0.001	0.077±0.013	6.35±0.55	5.64±0.42	5.73±0.64
C20：1	0.025±0.001	0.024±0.001	0.020±0.003	1.69±0.08	1.60±0.08	1.50±0.15
C22：1n9	0.017±0.001	0.014±0.002	0.013±0.001	1.11±0.04	0.90±0.09	0.96±0.09
C18：1n9	0.274±0.012	0.260±0.007	0.231±0.025	18.49±0.68	17.34±0.64	17.34±0.89
C18：2n6	0.154±0.003	0.177±0.012	0.147±0.002	10.39±0.17	11.77±0.45	11.11±0.55
γC18：3n6	0.005±0.001	0.005±0.001	0.005±0.001	0.33±0.00	0.33±0.01	0.35±0.01
αC18：3n3	0.018±0.001	0.021±0.002	0.017±0.002	1.24±0.03^a	1.40±0.01^b	1.28±0.01^a
C20：5n3	0.118±0.007	0.135±0.020	0.093±0.009	7.94±0.50	8.84±0.94	7.02±0.83
C22：6n3	0.226±0.005	0.312±0.017	0.212±0.010	17.96±1.87	20.41±2.52	16.17±2.34
TFA	1.481±0.02	1.507±0.05	1.325±0.02	1.48±0.01	1.50±0.08	1.32±0.08
SFA	0.511±0.02	0.475±0.01	0.510±0.05	34.53±1.38	31.76±2.11	38.34±3.22
MUFA	0.410±0.02	0.382±0.01	0.341±0.04	27.66±1.36	25.50±1.21	25.54±1.71
PUFA	0.561±0.03	0.650±0.08	0.473±0.03	37.89±2.43	42.77±3.33	35.95±3.46
n-3	0.402±0.02	0.467±0.03	0.322±0.03	27.15±2.3	30.66±3.48	24.48±3.17
n-6	0.158±0.01	0.182±0.04	0.151±0.05	10.73±0.18	12.11±0.43	11.46±0.57
n-3/n-6				2.52±0.18	2.54±0.34	2.13±0.23
AI	0.55±0.03	0.48±0.05	0.64±0.09			
TI	0.33±0.03	0.28±0.04	0.41±0.07			

注：AI，动脉硬化指数=（12：0+4×14：0+16：0）/（Sum MUFAs + Sum PUFAs）；
TI，血栓形成指数=（14：0+16：0+18：0）/[0.5×MUFA + 0.5×（n-6）PUFA + 3×（n-3）PUFA +（n-3/n-6）]。

3. 花鲈肌肉 pH 在 24h 内的变化

由图 3-11 可知，用 FSM 替代鱼粉对花鲈肌肉在死后 0h、6h、12h 和 24h 时的 pH 影响不显著（$P>0.05$）。

4. 花鲈肌肉的质构（TPA）分析

如图 3-12 所示，较高水平的鱼粉替代显著影响花鲈肌肉的硬度及咀嚼力，而对弹性、内聚性、黏附性及回弹力均无显著影响。FSM50 处理组，花鲈肌肉的硬度（$P=0.003$）及咀嚼力（$P=0.015$）均显著低于 LT-FM 和 FSM25 处理组，而后两者之间无显著差异。鱼体的大小会对花鲈肌肉的 TPA 产生影响，花鲈鱼体规格与肌肉的硬度（图 3-13）存在较强的线性关系。FSM 替代鱼粉对花鲈的 PFI 及花鲈肌肉的 DL 均无显著影响（$P>0.05$）。

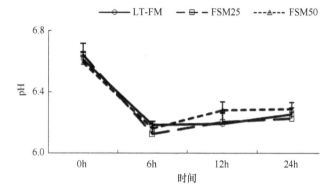

图 3-11 不同处理组花鲈肌肉 pH 在屠宰 24h 的变化情况

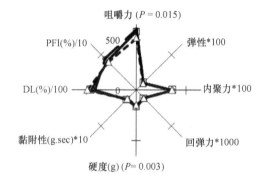

图 3-12 不同处理组花鲈肌肉的质构分析情况

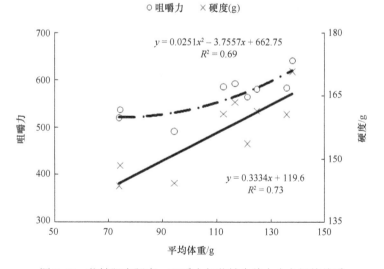

图 3-13 花鲈肌肉硬度、咀嚼力与花鲈个体大小之间的关系

5. 花鲈肌肉 NIR 分析

表 3-19 列出了利用 SIMCA 分析法得出的 NIR 结果。当显著度设为 0.05 时，模型

对于各处理组肌肉样品的辨别率为 100%；当显著度设为 0.01 时，有 16.7% 的 FSM25 样品被误判为 FSM50，但模型对于 LT-FM 及 FSM50 处理组样品的辨别率依然为 100%；相应的，当显著度设为 0.005 时，模型将 33.4% 的 FSM25 样品误判为 FSM50，将 16.7% 的 LT-FM 样品误判为 FSM25。本实验中，当显著度在 0.05~0.005 区间变化时，模型对于 FSM50 的辨别率均为 100%。

表 3-19　近红外光谱对各处理组花鲈肌肉的识别分析

样品	$P=0.05$ 辨别率			$P=0.01$ 辨别率			$P=0.005$ 辨别率		
	LT-FM	FSM25	FSM50	LT-FM	FSM25	FSM50	LT-FM	FSM25	FSM50
LT-FM	100%			100%			83.3%	16.7%	
FSM25		100%			83.3%	16.7%		66.6%	33.4%
FSM50			100%			100%			100%

注：同一列数据右上角不同英文上标字母表示存在显著差异（$P<0.05$）。

6. 消化率及氮、磷排泄

FSM 替代鱼粉对花鲈氮、磷排泄的影响主要通过消化率和沉积率得到反映。如表 3-20 所示，各处理组花鲈对磷的消化率都在 55% 左右；FSM 替代鱼粉显著提高了花鲈对磷的沉积率（phosphorus retention rate，PRR）（$P<0.05$），显著减少了磷排泄及非粪磷的比例（$P<0.05$），但对粪磷比的影响不显著。花鲈对于氮的消化率在各处理组之间无显著差异，均接近 94%，粪氮比接近 6%（$P>0.05$）；但 FSM50 处理组花鲈的蛋白质沉积率较 LT-FM 和 FSM25 处理组显著降低，而氮排泄及非粪氮的比例显著升高（$P<0.05$）。

表 3-20　不同饲料对花鲈氮、磷代谢的影响（平均值±标准误）

营养成分	参数	LT-FM	FSM25	FSM50
磷	ADCp	55.3±1.98	55.52±1.32	56.19±1.12
	磷排泄/（g P/kg BW gain）	8.04±0.29[b]	6.02±0.31[a]	6.66±0.36[a]
	粪磷比/%	44.70±1.98	44.48±1.32	43.81±1.21
	非粪磷比/%	7.95±1.55[b]	3.39±0.38[a]	1.65±0.60[a]
	PRR/%	47.36±0.49[a]	52.14±0.93[b]	54.54±1.62[b]
氮	ADCn	95.15±0.42	93.92±0.31	94.29±0.19
	氮排泄/（g N/kg BW gain）	53.26±2.16[a]	53.27±1.23[a]	71.42±3.41[b]
	粪氮比/%	6.85±0.42	6.07±0.31	5.70±0.19
	非粪氮比/%	59.02±0.96[a]	60.24±0.78[a]	64.65±0.93[b]
	PPV/%	34.38±0.83[b]	34.06±0.54[b]	28.22±1.03[a]

注：同一列数据右上角不同英文上标字母表示存在显著差异（$P<0.05$）。

非粪氮、非粪磷受鱼粉替代的显著影响；非粪氮与花鲈的 SGR 呈正相关，而非粪磷与花鲈的 SGR 呈负相关（图 3-14）。

（三）小结

本研究结果表明，在 IDAA 模式下：①发酵豆粕至少可以替代花鲈饲料中 25%

（360g/kg）的低温干燥鱼粉而不影响其生长、肉质及 N 排泄，且能降低 P 排泄；②若延长养殖周期，发酵豆粕可替代花鲈饲料中 50%（360g/kg）的低温干燥鱼粉，花鲈可通过补偿摄食和补偿增长来弥补前期生长抑制，但其肉品的营养价值和口感会降低，氮排泄升高。

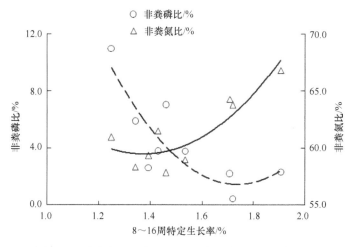

图 3-14 非粪氮、磷与 8～16 周特定生长率之间的关系

五、混合植物蛋白替代鱼粉对花鲈 GH/IGF-I 轴及肉品质的影响

动物的生长受到下丘脑（各种神经内分泌因子）—脑垂体（由生长激素细胞分泌的生长激素 GH）—肝脏（肝细胞产生的生长激素受体 GHR 和类胰岛素生长因子 IGF）轴的调控。鱼类的类胰岛素生长因子 IGF-I（insulin-like growth factor-I）是具有多种生理功能的生长因子，也是生长激素（GH）促进生长的内分泌介质，现已被广泛认为是调控体蛋白代谢的一个重要因素（Beckman and Dickhoff，1998）。已有研究报道，血浆 GH 和 IGF-I 浓度及二者在肝脏中的 mRNA 表达量与饲料蛋白能量比、饲料必需氨基酸和非必需氨基酸的比例及饲料蛋白和脂肪来源具很强的相关性（Pérez-Sánchez and Le Bail，1999；Gómez-Requeni et al.，2003，2004；Benedito-Palos et al.，2007）。鱼类的生长与摄入的营养水平有直接关系，对大部分肉食性鱼类来说，实现无（低）鱼粉日粮最大的障碍就是如何解决替代蛋白适口性和利用率并保证饲料的可消化必需氨基酸需求。对花鲈等典型肉食性硬骨鱼类来说，替代蛋白饲料的适口性较差、氨基酸不平衡、明显降低的摄食率导致鱼体摄入的营养物质（特别是必需氨基酸）不足，从而出现 GH/IGF-I 轴相应的调控反应是导致鱼类生长速度减缓的直接原因。本研究尝试从可消化水平设计配方，研究混合植物蛋白替代鱼粉后对鲈 GH/IGF-I 轴调节的影响，以期为鲈营养生理的深入研究与合理使用饲料蛋白源提供科学依据。

（一）材料与方法

1. 试验饲料

本研究中对照组饲料以低温蒸汽干燥鱼粉（蛋白含量 64.84%）作为唯一蛋白源，添加量为 56.9%，蛋白质含量为 40%，命名为 FM。以混合植物蛋白（豆粕/谷朊粉为 1∶1.67，蛋白含量 64.84%）分别替代对照组饲料中 25%、50%、75%、100%的鱼粉，分别命名为 PPB25、PPB50、PPB75 和 PPB100，5 种饲料均等氮、等能。各饲料原料按照添加量从小到大的顺序逐级搅拌混匀，制成粒径 2mm 的挤压膨化沉性饲料（TSE65 型，现代洋工机械，北京，中国），自然晾干后于-20℃保存。试验饲料组成和营养水平见表 3-21。

表 3-21 饲料组成和营养水平（干物质基础%）

	FM	PPB25	PPB50	PPB75	PPB100
原料					
鱼粉 FM（CP 64.84%）	56.88	42.66	28.44	14.22	0.00
面粉	27.00	27.00	27.00	27.00	27.00
PPB [a]	0.00	13.70	27.40	41.11	54.80
鱼油	5.55	6.19	6.82	7.45	8.09
微晶纤维素	7.17	5.37	3.59	1.79	0.00
磷酸二氢钙 Ca$(H_2PO_4)_2$	0.00	1.02	2.04	3.07	4.09
L-赖氨酸盐酸盐 L-Lys·HCl（98%）	0.00	0.42	0.84	1.25	1.67
DL-蛋氨酸 DL-Met（98%）	0.00	0.12	0.23	0.35	0.47
L-苏氨酸 L-Thr（98%）	0.00	0.12	0.24	0.36	0.48
预混料 [b,c]	1.00	1.00	1.00	1.00	1.00
磷脂（93%）	2.00	2.00	2.00	2.00	2.00
胆碱油（70%）	0.40	0.40	0.40	0.40	0.40
合计	100.00	100.00	100.00	100.00	100.00
化学组成					
干物质（DM，%）	92.90	92.80	93.10	93.10	93.00
粗蛋白（% DM）	44.23	44.17	44.62	44.49	44.73
粗脂肪（% DM）	12.80	12.80	12.00	12.40	12.00
总能（kJ/g DM）	20.00	20.00	20.30	20.40	20.50
总磷（%）	1.74	1.59	1.39	1.18	1.08

a 混合植物蛋白（PPB）：豆粕和谷朊粉比为 1∶1.67。b 维生素预混料（mg/kg diet）：维生素 A 20，维生素 D_3 10，维生素 K_3 20，维生素 E 400，维生素 B_1 10，维生素 B_2 15，维生素 B_6 15，维生素 B_{12} 8，烟酸 100，维生素 C 1000，泛酸钙 40，肌醇 200，生物素 2，叶酸 10，抗氧化剂 200，玉米蛋白粉 150。c 矿物质预混料（mg/kg diet）：硫酸镁 $MgSO_4·5H_2O$ 2000，硫酸亚铁 $FeSO_4·H_2O$ 300，硫酸锌 $ZnSO_4·H_2O$ 220，硫酸锰 $MnSO_4·H_2O$ 25，五水硫酸铜 $CuSO_4·5H_2O$ 10，亚硒酸钠 Na_2SeO_3 5，氯化钴 $CoCl_2·6H_2O$ 5，碘化钾 KI 3，氯化钠 NaCl 432，沸石粉，4800。

2. 试验用鱼与饲养条件

试验采用体质健康、个体大小均匀的花鲈，体重（7.34±0.01）g，随机分为 5 个处理组，每个处理组 4 个重复，每个重复 30 尾。饲养周期为 16 周，每天表观饱食投喂 2 次，时间分别为 9∶00 和 16∶00。在 12 周时称重并记录。

养殖试验在中国农业科学院饲料研究所国家水产饲料安全评价基地室内循环水养殖系统中进行。该系统每桶体积为 256L，试验用水为曝气井水，水流速度约为 0.4L/s。

每3d测定一次水质,溶氧≥7.5mg/L左右,氨氮≤0.5mg/L,亚硝酸盐≤0.1mg/L,pH7.5~8.5,系统水温25~28℃。

3. 取样及分析检测

养殖试验结束的最后一天在餐后6h和24h分别进行采样,采样方法如下。

餐后6h时,每桶随机取2尾鱼经过1000g/m³的三氯叔丁醇麻醉后进行个体称重,测体长,抽血,解剖取得内脏,分离肝脏及内脏周围的脂肪并分别称重,在冰盘上分离出脑垂体和肝脏,装入冻存管后迅速转移至液氮中,采样结束后于-80℃保存。

血液使用肝素钠抗凝,在4000g、4℃条件下离心10min,取上清液分装后放置于-80℃冰箱备用,主要用于测定血浆中GH和IGF-I含量,采样结束后送至北京华英生物研究所检测。

餐后24h时,每桶随机取4尾鱼经过1000g/m³的三氯叔丁醇麻醉后进行个体称重,测体长,抽血,解剖取得内脏,分离肝脏及内脏周围的脂肪并分别称重,在冰盘上分离出脑垂体和肝脏,装入冻存管后迅速转移至液氮中,采样结束后于-80℃保存。分离出脑垂体和肝脏,主要用于检测GH/IGF-I轴基因mRNA的表达量。

血液使用肝素钠抗凝,在4000g、4℃条件下离心10min,取上清液分装后放置于-80℃冰箱备用,主要用于血浆中GH和IGF-I含量,采样结束后送至北京华英生物研究所检测。另外,需检测血浆中超氧化物歧化酶(SOD)、髓过氧化物酶(MPO)、丙二醛(MDA)、谷丙转氨酶(ALT)和谷草转氨酶(AST)活性,使用江苏南京建成科技有限公司生产的专用试剂盒测定。此外,需检测全血中硝基四氮唑蓝(NBT)的活性(取样后24h内检测)。分离出脑垂体和肝脏,主要用于检测GH/IGF-I轴基因mRNA的表达量。餐后24h的取样结束后,将剩余的鱼称重并记录。

分别采用105℃常压干燥法、凯氏定氮法、酸水解全脂肪测定法、氧弹测热法及550℃灼烧法测定饲料的水分、粗蛋白、粗脂肪、总能和灰分。饲料中氨基酸组成采用氨基酸分析仪(L8900,日立,日本)测定。

4. RNA的提取及检测

将采集的样品从-80℃拿出后放置于液氮中,按照TaKaRa的RNAiso Plus总RNA提取试剂盒方法,分别从两种试验鱼的垂体和肝脏中提取总RNA,将提取的各组织的RNA于-80℃超低温冰箱中保存。从提取的RNA中分别取1μl,用1.4%琼脂糖凝胶电泳检测,以确保RNA的完整性;另外再取1.5μl(两个平行)用酶标仪(Power Wave XS2,BioTek,USA)检测其RNA的浓度及质量。

5. 反转录

根据RNA的浓度,脑垂体和肝脏分别以0.5μg和1μg总RNA为模板,反转录所用试剂盒为High-Capacity cDNA TaKaRa kit for Real-time PCR(TaKaRa,大连宝生物公司,中国)。反转录步骤分为两大步:第一步为基因组DNA去除反应,5×gDNA Eraser Buffer 2μl,gDNA Eraser 1μl,Total RNA 0.5/1μg,RNase Free H₂O加至10μl,然后42℃孵育5

min 后 4℃停止；第二步为反转录反应，5×primescript Buffer 2（for Real time）4μl，primescript RT Enzyme Mix 1μl，RT Enzyme Mix 1μl，RNase Free H_2O 4μl 及第一步反应液，共 20μl 反应体系，37℃孵育 15min，85℃孵育 5s 后 4℃停止，用 RNase 抑制酶替代一半的 primescript RT Enzyme Mix 作为阴性对照（作标准曲线时）。

6. 荧光定量 PCR 引物设计

花鲈 GH/IGF-I 轴相关基因定量引物对见表 3-22。

表 3-22 花鲈 GH/IGF-I 轴相关基因的荧光定量 PCR 引物

基因	登录号		引物序列	序列位点	产物大小/bp	退火温度/℃
EF1-α	JQ995147	f	AATCGGCGGTATTGGAACTG	547	205	59
		r	TCCACGACGGATTTCCTTGA	751		
GH	JQ995145	f	ACGGAGGAGCAGCGTCAACT	232	172	58
		r	CAGACAGAGAACGACTGGGGAA	403		
GHR-I	JX402001	f	CGCAGCCAAAACATCACCT	585	245	58
		r	ATCTCCAACGCTTCCCAA	829		
GHR-II	JQ995146	f	GAGAAACCCACTGGCATAGAC	1591	204	58
		r	GGATGGCGAAGAACTCAAG	1794		
IGF-I	JQ327805.1	f	ATCTCCTGTAGCCACACCCTCTC	254	137	59
		r	AAGCCTCTATCTCCACACACAAACT	390		

注：f 指正向引物，r 指反向引物。

7. 荧光定量 PCR

PCR 反应在 Bio-Rad 公司的 IQ5 Real-time Detection System 仪器上进行，反应体系为 25μl：SYBR 12.5μl，灭菌水 8.5μl，正反向引物（10mmol/L）各 1μl，反转录的 cDNA 2μl。反应条件为：95℃变性 30s；接着进行 35 个循环，即 95℃变性 5s，退火（退火温度见表 3-22）20s，72℃延伸 40s。融解曲线：65～95℃，0.05℃/10s。为确保实验结果的准确性，每个样品都技术重复 2 次，并以持家基因 EF1-α 作为内参。最后用溶解曲线来检测 PCR 产物的特异性。参照 Pfaffl（2001）对相对定量的结果进行分析，得到两种试验鱼 GH/IGF-I 轴相关基因的相对表达量。

8. 肌肉品质分析

1）肌肉游离氨基酸和胶原蛋白

每桶随机取 2 尾鱼，去皮后，取两侧肌肉冷冻干燥并粉碎后保存于 4℃的冰箱中用于检测游离氨基酸，样品经过磺基水杨酸处理后，加入正亮氨酸作为内标，用氨基酸分析仪测定（L-8900 型，日立，日本）。

2）质构分析（texture profile analysis，TPA）、剪切力、胶原蛋白和滴水损失

每桶随机另取 2 尾鱼，去皮后，取左右侧背鳍下方侧线上方（图 3-15 中的 B 区）的 2cm×2cm×0.5cm（长×宽×高）大小的肌肉，左侧样品用于检测鲜肉 TPA，右侧样品

在95℃水中煮沸35s，晾至室温（25℃）后用于检测熟肉TPA，样品保存于4℃的冰箱中，TPA检测在取样后3d进行。质构仪（TA.XT2，Surrey，England）使用的相关附件及参数设置为：圆柱状探头直径为5.00mm，探头下压速度为1.00mm/s，下压距离为样品厚度的60%，每个样品下压两次，两次之间的间隔为30s。

取左侧背鳍前方侧线上方（图3-15中的A区）2cm×1cm×0.5cm肌肉用于检测剪切力，样品保存于4℃的冰箱中，剪切力在取样后3d进行（图3-15）。质构仪（TA.XT2，Surrey，England）使用的相关附件及参数设置为：刀刃厚度0.50mm，切刀测试速度1.00mm/s，下压距离为样品厚度的50%。

取右侧背鳍前方侧线上方肌肉（图3-15中的A区）0.50g左右用于检测肌肉中胶原蛋白含量，样品保存于-20℃冰箱中，用试剂盒检测（购于南京建成生物工程研究所，南京，中国）。

取右侧侧线上背鳍后方处肌肉（图3-15中的C区）（2.00g左右）用于检测滴水损失，称重并记录，然后将其悬挂在体积为250ml的倒扣的纸杯中，并用保鲜膜封口，放置在4℃的冰箱中保存，24h后将样品取出，用滤纸轻轻滤去表面析出的水珠后再次称重并记录。

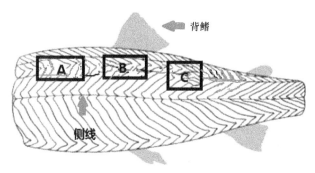

图3-15 取样示意图
A.肌肉胶原蛋白含量和剪切力；B.TPA和肌肉组织切片；C.滴水损失

3）肌肉组织切片

两种鱼25%和100%替代组的桶随机再取2尾鱼，去皮后，取左侧背鳍下方侧线上方（图3-15中的B区）边长为0.5cm的正方体状肌肉，用于观察肌纤维的密度，样品固定于10%中性福尔马林中，经脱水、透明、包埋、切片、摊片、烤片、苏木精-伊红（HE染色）染色及封片后制成肌肉切片，并通过显微镜观察拍照；组织切片中所用的包埋机、切片机、染色机、摊片机、烤片机、封片机及显微镜等均购自Leica公司（Leica，Wetzlar，Germany）。

9. 数据统计与分析

试验数据采用"平均值±标准误（mean±SE）"表示，使用统计软件STATISTICA6.0对试验数据进行单因素方差分析（one-way ANOVA），差异显著时通过Duncan's方法进行多重比较，以$P<0.05$为差异显著性标准。

（二）结果

1. 混合植物蛋白替代鱼粉对花鲈生长性能指标及形体指标的影响

混合植物蛋白替代鱼粉对花鲈生长性能指标及形体指标的影响结果见表 3-23。在 0~12 周期间，花鲈 FBW 和 SGR 随植物蛋白替代水平的上升呈先上升后下降的趋势，PPB25 组 FBW 和 SGR 值最高，FM 组与 PPB25、PPB50 和 PPB75 均无显著差异（$P>0.05$），但是均显著高于 PPB100 组（$P<0.05$）；其 FR 随替代水平上升呈现显著下降的趋势，FM 组显著高于其他四组（$P<0.05$），PPB25、PPB50 和 PPB75 三组又显著高于 PPB100 组（$P<0.05$），且该三组间无显著差异；SR 所呈现的规律与 FR 基本一致，随着替代水平的上升呈现显著下降的趋势（$P<0.05$）；前四个处理组的 FCR 间无显著差异（$P>0.05$），但 PPB100 组显著高于除 FM 组外的其他三组（$P<0.05$）；前四个处理组的 PER 间亦无显著差异（$P>0.05$），但 PPB100 组显著低于除 FM 组外的其他三组（$P<0.05$）。在 12~16 周期间，各个处理组间的 FR 和 SR 均无显著差异（$P>0.05$）；FBW 的结果与 0~12 周的结

表 3-23 不同试验饲料对花鲈生长性能及形体指标的影响（平均值±标准误）

	FM	PPB25	PPB50	PPB75	PPB100
			0~12 周		
FBW/g	89.58±3.51[bc]	93.67±2.89[c]	86.64±4.27[bc]	78.75±6.27[b]	52.62±2.57[a]
FR/%	2.76±0.08[c]	2.37±0.04[b]	2.26±0.05[b]	2.17±0.05[b]	1.88±0.12[a]
SGR/（%d^{-1}）	3.05±0.05[bc]	3.10±0.04[c]	3.01±0.06[bc]	2.88±0.10[b]	2.40±0.06[a]
FCR	1.38±0.05[ab]	1.19±0.03[a]	1.18±0.05[a]	1.25±0.03[a]	1.89±0.4[b]
SR/%	83.33±3.60[d]	76.67±2.72[c]	70.00±1.92[c]	56.67±4.71[b]	36.67±7.70[a]
PER/%	1.77±0.07[ab]	2.04±0.05[b]	2.06±0.08[b]	1.96±0.04[b]	1.43±0.24[a]
			12~16 周		
FBW/g	116.60±4.04[c]	120.25±3.07[c]	106.47±3.12[bc]	101.15±8.95[b]	59.59±1.36[a]
FR/%	1.63±0.07	1.47±0.05	1.29±0.05	1.38±0.07	1.58±0.13
SGR/（%d^{-1}）	0.94±0.08[b]	0.89±0.07[b]	0.74±0.09[b]	0.89±0.10[b]	0.45±0.13[a]
FCR	1.80±0.10[a]	1.68±0.13[a]	1.87±0.15[a]	1.67±0.11[a]	4.86±1.26[b]
SR/%	98.04±1.13	100.00±0.00	98.75±1.25	98.33±1.67	98.33±1.67
PER/%	1.35±0.07[b]	1.47±0.11[b]	1.32±0.12[b]	1.47±0.09[b]	0.58±0.12[a]
			0~16 周		
FBW/g	116.60±4.04[c]	120.25±3.07[c]	106.47±3.12[bc]	101.15±8.95[b]	59.59±1.36[a]
FR/%	2.26±0.06[c]	1.98±0.04[b]	1.92±0.04[ab]	1.83±0.03[ab]	1.80±0.08[a]
SGR/（%d^{-1}）	2.47±0.03[c]	2.50±0.02[c]	2.39±0.03[bc]	2.33±0.08[b]	1.87±0.02[a]
FCR	1.48±0.04[a]	1.30±0.04[a]	1.31±0.04[a]	1.34±0.01[a]	2.17±0.31[b]
SR/%	81.67±3.47[d]	76.67±2.72[cd]	69.17±2.50[c]	55.83±5.16[b]	35.00±4.81[a]
HIS/%	2.41±0.14[b]	2.26±0.07[b]	1.53±0.10[a]	1.54±0.05[a]	1.24±0.13[a]
VSI/%	14.02±0.39[c]	13.71±0.28[c]	11.98±0.75[b]	11.75±0.30[b]	9.59±0.20[a]
CF/%	1.26±0.03[c]	1.24±0.02[c]	1.16±0.02[b]	1.14±0.02[b]	1.04±0.03[a]
PPV	29.06±1.49[b]	30.68±1.21[b]	31.58±1.26[b]	31.12±0.40[b]	20.03±2.42[a]
ERE	33.55±1.11[b]	33.65±1.56[b]	32.93±1.59[b]	31.84±1.32[b]	20.82±2.18[a]

果基本一致；PPB100 组的 SGR 和 PER 显著低于其他四组（$P<0.05$），且其他四组间无显著差异（$P<0.05$）；PPB100 组的 FCR 显著高于其他四组（$P<0.05$），且其他四组间亦无显著差异（$P>0.05$）；在 0~16 周整个期间，FBW 和 SGR 随着替代蛋白水平的上升呈现先上升再下降的趋势，PPB25 值最高，FM 组与 PPB25 和 PPB50 组无显著差异（$P>0.05$），但显著高于 PPB75 组（$P<0.05$），PPB75 组又显著高于 PPB100 组（$P<0.05$）；PPB100 的 FCR 与 12~16 周的 FCR 结果一致；各个处理组的 FR 随着替代水平上升呈现显著下降的趋势（$P<0.05$）；FM 组的 SR 显著高于除 PPB25 外的其他三组（$P<0.05$）；前四个处理组的 PPV 和 ERE 间无显著差异（$P>0.05$），且均显著高于 PPB100 组（$P<0.05$）。对于形体指标，CF、HSI 和 VSI 结果与生长结果基本一致，随着植物蛋白替代水平的上升呈显著下降的趋势（$P<0.05$）。

2. 混合植物蛋白替代鱼粉对花鲈血液生化指标的影响

混合植物蛋白替代鱼粉对花鲈血液生化指标的影响结果见表 3-24。各个处理组间的 SOD 和 AST 无显著差异（$P<0.05$）；血浆中 MPO 和 ALT 活性随着植物蛋白替代水平的上升呈显著上升的趋势（$P<0.05$）；血浆中的 MDA 随着植物蛋白替代水平的上升呈显著下降的趋势（$P<0.05$），FM 组显著高于其他四组；全血的 NBT 随着植物蛋白替代水平的上升呈显著上升再下降的趋势（$P<0.05$），PPB75 组的 NBT 值最高，PPB75 组和 PPB100 组显著高于 FM 组（$P<0.05$）。

表 3-24 不同试验饲料对花鲈血液生化指标的影响（平均值±标准误）

	FM	PPB25	PPB50	PPB75	PPB100
NBT	0.30±0.02^a	0.32±0.02^{ab}	0.35±0.02^{abc}	0.41±0.04^c	0.37±0.02^{bc}
MPO	1.71±0.43^a	2.42±0.33^a	2.60±0.27^a	3.83±0.09^b	—
SOD	12.73±0.42	13.75±0.34	13.85±0.96	13.10±0.83	13.86±0.38
AST	26.89±9.03	24.01±4.04	29.05±2.11	19.78±2.64	19.28±2.27
ALT	1.99±1.05^a	2.66±0.68^{ab}	7.54±2.52^{ab}	9.17±3.40^{bc}	16.31±2.86^c
MDA	47.97±3.76^c	35.22±4.07^b	27.66±2.41^b	26.83±2.23^b	15.41±1.16^a

注：—表示未检测。

3. 混合植物蛋白替代鱼粉对花鲈血浆中 GH 和 IGF-I 含量及 GH/IGF-I 轴相关基因 mRNA 表达的影响

混合植物蛋白替代鱼粉对花鲈血浆中 GH 和 IGF-I 含量的影响见表 3-25。餐后 6h 和 24h 血浆中 GH 含量均随着植物蛋白替代水平的上升呈显著下降的趋势（$P<0.05$），餐后 6h 血浆中 IGF-I 的含量随着植物蛋白替代水平的上升呈先显著上升再显著下降的趋势（$P<0.05$），PPB25 组的 IGF-I 含量最高，在餐后 24h 时，各处理组间血浆中 IGF-I 含量无显著差异（$P>0.05$）。

表 3-25 不同试验饲料对花鲈血浆中 GH 和 IGF-I 含量的影响（平均值±标准误）

	FM	PPB25	PPB50	PPB75	PPB100
GH-6h	5.57±0.26^c	3.21±0.24^b	3.88±0.32^b	1.54±0.17^a	1.61±0.15^a
IGF-I-6h	17.50±0.74^a	45.54±2.49^c	26.60±4.69^b	19.18±0.69^{ab}	23.19±2.05^{ab}
GH-24h	2.42±0.34^b	1.96±0.27^b	1.63±0.73^{ab}	1.56±0.33^{ab}	0.66±0.06^a
IGF-I-24h	35.10±5.13	27.31±2.42	27.14±5.12	25.85±1.91	27.33±2.46

注：同一列数据右上角不同英文上标字母表示存在显著差异（$P<0.05$）。

混合植物蛋白替代鱼粉对花鲈 GH/IGF-I 轴相关基因 mRNA 表达量的影响结果见表 3-26。在餐后 6h 时，各个处理组间脑垂体中 GH，以及肝脏中 GHRI、GHRII 和 IGF-I 的 mRNA 的表达量均无显著差异（$P>0.05$）；在餐后 24h 时，各个处理组间脑垂体中 GH 和肝脏中 GHRI 的 mRNA 的表达量亦无显著差异（$P>0.05$）；但 PPB75 和 PPB100 组肝脏中的 GHRII mRNA 表达量显著高于 PPB50（$P<0.05$），与 FM 和 PPB25 组无显著差异（$P>0.05$）；FM 组肝脏中的 IGF-I mRNA 表达量与其他四组间均无显著差异（$P>0.05$），PPB75 组的表达量最高，且显著高于 PPB50 组（$P<0.05$）。

表 3-26 不同试验饲料对花鲈 GH/IGF-I 轴相关基因 mRNA 表达的影响（平均值±标准误）

	FM	PPB25	PPB50	PPB75	PPB100
GH-6h	3.72±3.07	0.83±0.20	0.44±0.02	18.87±11.78	0.41±0.02
GHRI-6h	1.03±0.10	0.96±0.15	0.92±0.09	0.92±0.13	1.27±0.26
GHRII-6h	1.03±0.11	0.74±0.06	0.81±0.06	1.04±0.12	1.26±0.16
IGF-I-6h	1.04±0.14	0.97±0.09	1.05±0.12	1.04±0.12	1.44±0.23
GH-24h	1.35±0.58	0.90±0.08	0.87±0.08	5.30±4.43	1.62±0.89
GHRI-24h	1.09±0.23	0.77±0.09	0.65±0.19	0.98±0.05	0.77±0.05
GHRII-24h	1.05±0.15^{ab}	1.08±0.14^{ab}	0.91±0.18^a	1.55±0.22^b	1.54±0.15^b
IGF-I-24h	1.08±0.23^{ab}	0.91±0.09^{ab}	0.73±0.11^a	1.22±0.09^b	0.92±0.09^{ab}

注：同一列数据右上角不同英文上标字母表示存在显著差异（$P<0.05$）。

4. 混合植物蛋白替代鱼粉对花鲈全鱼体成分的影响

混合植物蛋白替代鱼粉对花鲈全鱼体成分的影响结果见表 3-27。随着植物蛋白替代水平的上升，全鱼水分和灰分呈现上升的趋势，PPB100 组值最高，显著高于 FM 组（$P<0.05$）；灰分也呈现上升的趋势，FM 组与 PPB25、PPB50 和 PPB75 组无显著差异（$P>0.05$），但显著低于 PPB100 组（$P<0.05$）；全鱼粗脂肪呈现下降的趋势，FM 组显著高于其他四组（$P<0.05$），且其他四组间无显著差异（$P>0.05$）。

表 3-27 花鲈全鱼体成分（平均值±标准误） （单位：%）

	FM	PPB25	PPB50	PPB75	PPB100
全鱼水分	64.93±1.05^a	67.78±1.99^{ab}	67.41±0.30^{ab}	68.00±0.38^{ab}	70.31±0.35^b
全鱼粗灰分	3.67±0.15^{ab}	3.46±0.06^a	3.84±0.07^b	3.86±0.11^b	4.37±0.01^c
全鱼粗蛋白 CP	17.43±0.82	16.35±0.98	16.99±0.32	16.99±0.12	16.53±0.10
全鱼粗脂肪 CL	13.20±0.43^b	11.17±0.61^a	10.77±0.22^a	10.54±0.86^a	10.58±0.46^a
总能/(kJ/g)	26.46±0.72	25.87±0.17	25.35±0.33	25.35±0.70	25.54±0.63

注：同一列数据右上角不同英文上标字母表示存在显著差异（$P<0.05$）。

5. 混合植物蛋白替代鱼粉对花鲈肌肉中游离氨基酸的影响

混合植物蛋白替代鱼粉对花鲈肌肉中游离氨基酸的影响结果见表 3-28。随着混合植物蛋白替代水平的上升，肌肉中总游离氨基酸和呈味氨基酸的含量均呈现先上升后下降的趋势，FM 组与 PPB100 组的含量没有显著性差异，均显著低于其他三个处理组（$P<0.05$），其他三个处理组间无显著性差异（$P>0.05$）；肌肉游离氨基酸中生物胺前体氨基酸中组氨酸的含量也是呈先上升后下降的趋势，PPB75 组含量最高，PPB100 组稍有降低，但各组均显著高于对照组（$P<0.05$）。各组间肌肉游离氨基酸中必需氨基酸的含量无显著差异（$P>0.05$）。肌肉游离氨基酸中牛磺酸的含量亦呈现先上升后下降的趋势，PPB75 组含量最高，FM 组含量最低，显著低于除 PPB100 组外的其他各组（$P<0.05$）。

表 3-28　花鲈肌肉游离氨基酸组成（平均值±标准误）　　（单位：mg/100g 鲜肉）

	FM	PPB25	PPB50	PPB75	PPB100
牛磺酸 Tau	29.2±3.52^a	44.2±2.30^b	43.9±1.29^b	52.4±3.56^c	36.7±1.84^{ab}
谷氨酸 Glu*	2.43±0.35	2.51±2.00	2.94±0.33	3.00±0.25	2.23±0.29
甘氨酸 Gly*	28.0±2.88^a	49.2±4.21^c	42.5±2.13^b	41.1±2.87^b	29.2±3.11^a
丙氨酸 Ala*	6.23±0.75	7.42±1.14	9.36±1.04	8.59±1.02	8.63±0.83
天冬氨酸 Asp*	0.35±0.06^b	0.35±0.06^b	0.30±0.02^b	0.40±0.05^b	0.15±0.05^a
组氨酸 His#	1.69±0.19^a	5.81±0.72^b	9.64±0.51^{cd}	10.9±1.09^d	7.45±1.13^{bc}
酪氨酸 Tyr	0.33±0.08	0.53±0.09	0.51±0.03	0.49±0.06	0.33±0.04
精氨酸 Arg#	1.72±0.10^{ab}	2.30±0.24^b	1.25±0.25^a	1.36±0.13^a	1.14±0.44^a
丝氨酸 Ser	4.36±0.62^{ab}	7.09±0.71^c	5.77±0.41^{bc}	4.75±0.84^{ab}	3.50±0.58^a
缬氨酸 Val#	0.57±0.39	3.25±0.35	2.76±0.45	2.56±0.47	2.18±0.22
甲硫氨酸 Met#	3.84±1.42	2.86±1.35	0.59±0.06	0.95±0.17	0.33±0.11
异亮氨酸 Ile#	0.58±0.18	0.88±0.25	0.87±0.12	1.04±0.17	0.53±0.10
亮氨酸 Leu#	2.91±1.36	4.58±2.05	4.23±1.66	5.65±1.54	2.61±1.12
苯丙氨酸 Phe#	0.37±0.06^{ab}	0.58±0.10^b	0.52±0.03^b	0.53±0.03^b	0.28±0.09^a
赖氨酸 Lys#	6.93±1.37^b	4.29±0.29^a	3.33±0.45^a	3.40±0.36^a	2.76±0.88^a
脯氨酸 Pro	3.87±0.60^a	8.76±0.48^a	9.52±2.71^a	18.9±3.47^b	5.72±2.68^a
苏氨酸 Thr#	2.97±0.27^b	4.77±0.25^d	3.28±0.21^{bc}	3.76±0.11^c	2.09±0.23^a
呈味氨基酸（FAA）	37.1±3.20^a	59.5±5.68^b	55.1±2.31^b	53.1±3.70^b	40.2±3.90^a
必需氨基酸（EAA）	21.6±2.21	26.9±4.26	24.4±1.05	28.3±2.74	17.6±0.55
总游离氨基酸（TFAA）	96.33±8.52^a	146.9±11.9^b	139.2±3.66^b	157.9±8.32^b	104.1±7.47^a

*为呈味氨基酸，#为必需氨基酸。同一列数据右上角不同英文上标字母表示存在显著差异（$P<0.05$）。

6. 混合植物蛋白替代鱼粉对花鲈鱼片质构分析、胶原蛋白含量和滴水损失的影响

混合植物蛋白替代鱼粉对花鲈鱼片 TPA、滴水损失和胶原蛋白的影响结果见表 3-29。鲜鱼片的硬度、黏附性、弹性、内聚力、咀嚼力及剪切力均无显著差异（$P>0.05$），仅黏性和回弹力有所区别（$P<0.05$）；熟鱼片的硬度、黏附性、弹性、内聚力、咀嚼力及黏性无显著差异（$P>0.05$），仅回弹力有显著差异（$P<0.05$）。鲜鱼片的滴水损失没有显著影响（$P>0.05$）。随着混合植物蛋白替代水平的上升，肌肉中胶原蛋白含量均呈现先上升后下降的趋势，FM 组胶原蛋白含量与 PPB25 组和 PPB50 组无显著差异（$P>0.05$），但显著高于 PPB75 组和 PPB100 组（$P<0.05$）。

表 3-29　花鲈鱼片质构分析和滴水损失（平均值±标准误）

	FM	PPB25	PPB50	PPB75	PPB100
鲜鱼片/g					
硬度	282.7±15.7	328.6±31.0	368.1±29.6	343.5±22.8	334.8±20.7
黏附性	10.12±0.51	8.53±1.37	10.35±1.95	7.97±0.95	6.14±1.12
弹性	0.77±0.02	0.73±0.01	0.75±0.02	0.73±0.02	0.72±0.02
内聚力	0.26±0.00	0.26±0.01	0.27±0.01	0.29±0.02	0.25±0.01
黏性	72.58±4.51^a	84.68±6.85^{ab}	100.50±9.14^b	97.95±7.06^b	84.14±4.17^{ab}
咀嚼力	55.99±4.35	61.55±5.21	75.06±6.49	71.13±5.03	60.82±3.07
回弹力	0.088±0.003^a	0.091±0.003^a	0.101±0.003^{ab}	0.105±0.006^b	0.094±0.004^a
剪切力	520.9±75.6	498.9±48.5	623.5±70.9	548.6±49.8	587.5±45.6
滴水损失/%	14.96±1.24	10.04±0.85	13.06±1.55	12.63±2.53	10.24±0.92
胶原蛋白/（μg/mg）	7.76±0.47^{bc}	8.74±0.93^c	6.32±0.40^{ab}	5.70±0.82^a	4.86±0.55^a
熟鱼片/g					
硬度	148.6±26.5	208.0±26.6	270.3±41.3	207.1±20.6	182.8±14.7
黏附性	10.69±1.43	16.46±3.44	12.68±2.56	10.52±2.55	9.03±1.94
弹性	0.80±0.02	0.85±0.02	0.84±0.03	0.85±0.03	0.88±0.01
内聚力	0.39±0.03	0.35±0.02	0.39±0.02	0.38±0.02	0.40±0.02
黏性	61.01±9.48	72.89±9.51	103.59±14.99	78.73±9.06	73.82±7.51
咀嚼力	50.13±8.16	62.72±8.72	88.06±12.92	67.63±9.54	64.94±6.22
回弹力	0.066±0.003^{ab}	0.059±0.003^a	0.082±0.006^c	0.077±0.005^{bc}	0.066±0.004^{ab}

注：同一列数据右上角不同英文上标字母表示存在显著差异（$P<0.05$）。

7. 混合植物蛋白替代鱼粉对花鲈肌肉纤维密度的影响

肌肉的切片见图 3-16，混合植物蛋白替代鱼粉对花鲈肌肉纤维密度的结果见表 3-30。PPB25 组的肌肉纤维间隙较 PPB100 大（箭头指出），肌纤维密度显著小于 PPB100 组（$P<0.05$）。

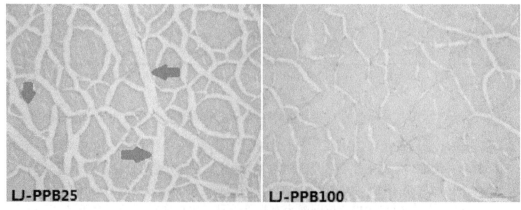

图 3-16　花鲈 PPB25 和 PPB100 肌肉组织切片

表 3-30　混合植物蛋白替代鱼粉对花鲈肌肉纤维密度的影响（平均值±标准误）（单位：根/mm²）

	PPB25	PPB100
肌肉纤维密度	284±16.6ª	500±91.1ᵇ

注：同一列数据右上角不同英文上标字母表示存在显著差异（$P<0.05$）。

（三）小结

本研究结果表明：①在补充晶体氨基酸基础上，混合植物蛋白（豆粕和谷朊粉）可以替代花鲈饲料中 25%鱼粉而对其生长性能及存活率等没有影响；②高水平的植物蛋白替代鱼粉会使花鲈处于免疫应激状态并造成肝脏损伤；③长时间饲喂后，花鲈能够正常摄食高水平的植物蛋白饲料，且高植物蛋白饲料对 GH/IGF-I 轴的抑制作用减弱；④混合植物蛋白替代鱼粉后对花鲈肉质有一定的影响，从风味指标确定花鲈植物蛋白替代水平应低于 50%。

六、混合植物蛋白完全替代鱼粉对花鲈短期生长、摄食、GH/IGF-I 轴及 Ghrelin/ Leptin-NPY/AGRP 和 mTOR-NPY 摄食调控信号通路的影响

摄食是鱼类等水产养殖动物获取营养和能量的唯一途径，动物通过摄食为个体的存活、生长、发育及繁殖等提供物质和能量基础。鱼类和其他动物类似，外周脑肠肽（Ghrelin）和瘦素（Leptin）分别是食欲增强和抑制的第一反应信号。而中枢神经肽 Y 家族（NPY）/AGRP 系统和 POMC/MSH 黑皮质素（melanocortin）系统分别在第一时间反馈启动或者停止摄食。外周调控包括通过脑发出的或者消化道反馈体液信号，如由胃、肠等合成的 Ghrelin，具有促进生长激素释放、增加食欲等功能，是目前研究发现的唯一的外周分泌的能促进食欲的激素。下丘脑 Ghrelin 受体激活中枢 NPY/AGRP 信号通道，释放 NPY 和 AGRP，抑制 POMC 通道，引起食欲增强、摄食提高。Leptin 是外周重要的抑制摄食的因子之一，Leptin 可与下丘脑进食中枢的 Leptin 受体相结合，抑制 NPY/AGRP 的表达，抑制食欲；也可与饱食中枢的 Leptin 受体结合，促使 POMC 神经元分泌，释放 α-促黑素细胞激素（α-MSH），引起食欲降低和机体能耗增加。Volkoff 等（2001，2003）研究发现，给金鱼中央注射 Leptin 对食欲有较强的抑制作用，并且抑制由 NPY 诱导的摄食增加，伴随着脑中 NPY mRNA 表达的降低。此外，有研究表明，给金鱼（De Pedro et al.，2000；Narnaware et al.，2000）、大西洋鲑和斑点叉尾鮰（*Ictalurus punctatus*）（Silverstein and Plisetskaya，2000）中央注射哺乳动物或鱼类 NPY，均会导致剂量依赖的摄食量增加。

在前期的研究中，笔者发现使用 100%的混合植物蛋白替代鱼粉会在短期内（4 周以内）造成花鲈的厌食，其在此阶段一直处于拒食状态或抢食—吐食—厌食的循环，最终导致花鲈存活率和体重的下降。高植物蛋白饲料造成的肉食性鱼类摄食抑制是导致其利用能力低下的直接原因。摄食调控着水产养殖动物整个生命周期的生长和能量水平，大部分鱼类的生长随着摄食率的增加而增加（崔奕波，1989；Brett，1979）。在水产配合饲料中添加适量的促摄食物质，可以在一定程度上提高摄食率，促进生长（王嘉等，2014），但不能从根本上解决花鲈等肉食性鱼类由高植物蛋白造成的厌食现象。本研究

拟从摄食调控的角度出发，探讨花鲈拒绝摄食高植物蛋白饲料的分子调控机制，研究在花鲈摄食抑制期间高植物蛋白饲料对 Ghrelin/Leptin-NPY/AGRP 和 mTOR-NPY 摄食调控信号通路中的关键摄食调控因子 mTOR、S6K1、NPY、leptin、ghrelin、AGRP 及 GH/IGF-I 轴调控的影响，为进一步深入研究肉食性鱼类摄食调控机制提供理论支持。

（一）材料与方法

1. 试验饲料

对照组饲料以 999 丹麦鱼粉（蛋白含量 71.47%）作为唯一蛋白源，对照组饲料添加 51.4%的鱼粉，蛋白质含量为 40.35%，命名为 FM；以混合植物蛋白（豆粕/谷朊粉为 1∶4.843，蛋白质含量 71.47%）完全替代对照组饲料中的鱼粉，命名为 PPB100，两种饲料等氮、等能。各饲料原料按照添加量从小到大的顺序逐级搅拌混匀，制成粒径 2mm 的挤压膨化沉性饲料（TSE65 型，现代洋工机械，北京，中国），自然晾干后于–20℃保存。试验饲料组成和营养水平见表 3-31。

表 3-31　花鲈饲料组成和营养水平（干物质基础%）

	FM	PPB100
原料		
鱼粉 FM(71.47%)	51.40	0.00
面粉	30.00	30.00
PPB[a]	0.00	46.40
鱼油	5.55	8.46
微晶纤维素	9.65	3.78
磷酸二氢钙 $Ca(H_2PO_4)_2$	0.00	4.00
L-赖氨酸盐酸盐 L-Lys·HCl(98%)	0.00	2.52
DL-蛋氨酸 DL-Met(98%)	0.00	0.71
L-苏氨酸 L-Thr(98%)	0.00	0.73
预混料[b,c]	1.00	1.00
磷脂 (93%)	2.00	2.00
氯化胆碱(70%)	0.40	0.40
合计	100.00	100.00
化学组成		
干物质 (%DM)	92.64	92.52
粗蛋白 (% DM)	44.41	43.44
粗脂肪 (% DM)	11.65	11.29
总能/(kJ/g DM)	19.93	20.00
灰分/(% DM)	12.35	6.06
可利用磷/%	1.00	1.00

a. 混合植物蛋白（PPB）：豆粕和谷朊粉比为 1∶4.843。b. 维生素预混料（mg/kg diet）：维生素 A 20，维生素 D_3 10，维生素 K_3 20，维生素 E 400，维生素 B_1 10，维生素 B_2 15，维生素 B_6 15，维生素 B_{12} 8，烟酸 100，维生素 C 1000，泛酸钙 40，肌醇 200，生物素 2，叶酸 10，抗氧化剂 200，玉米蛋白粉 150。c. 矿物质预混料（mg/kg diet）：硫酸镁 $MgSO_4·5H_2O$ 2000，硫酸亚铁 $FeSO_4·H_2O$ 300，硫酸锌 $ZnSO_4·H_2O$ 220，硫酸锰 $MnSO_4·H_2O$ 25，五水硫酸铜 $CuSO_4·5H_2O$ 10，亚硒酸钠 Na_2SeO_3 5，氯化钴 $CoCl_2·6H_2O$ 5，碘化钾 KI 3，氯化钠 NaCl 432，沸石粉，4800。

2. 试验用鱼与饲养条件

正式试验前对试验鱼进行为期 4 周的驯养，以适应环境和形成 12h 的摄食节律。试验采用体质健康、个体大小均匀的花鲈，体重（65.01±0.07）g，随机分为 2 个处理组，每个处理组 4 个重复，每个重复 20 尾花鲈。饲养周期为 3 周，每天表观饱食投喂 2 次，时间分别为 8：00 和 20：00。养殖试验在中国农业科学院饲料研究所国家水产饲料安全评价基地室内循环水养殖系统中进行。该系统每桶体积为 256L，试验用水为曝气井水，水流速度约为 0.4L/s。每 3d 测定一次水质，溶氧≥7.5mg/L 左右，氨氮≤0.5mg/L，亚硝酸盐≤0.1mg/L，pH7.5～8.5，花鲈养殖系统水温 25～28℃。

3. 取样及分析检测

试验结束后，分别在餐后 3h、6h、9h、12h 和 24h 每桶随机取两尾试验鱼的血液、垂体、下丘脑、肝脏和胃等组织。采集后的样品立即放入液氮中进行速冻，随后转入-80℃冰箱保存。

用放免法检测餐后 3h、6h 和 24h 血浆中 GH 与 IGF-I 的含量，以及餐后 3h 血浆中 Ghrlin、Leptin 和 NPY 的含量；通过 qPCR 确定 GH/IGF 生长激素轴，以及 Ghrelin/Leptin-NPY/AGRP 和 mTOR-NPY 摄食调控信号通路中相关基因 mRNA 的表达量，试验过程中用于实时荧光定量的仪器为荧光定量仪（IQ-5，Bio-Rad，America）。

分别采用 105℃常压干燥法、凯氏定氮法、酸水解全脂肪测定法、氧弹测热法及 550℃灼烧法测定饲料的水分、粗蛋白、粗脂肪、总能和灰分。饲料中氨基酸组成采用氨基酸分析仪（L8900，日立，日本）测定。

4. RNA 的提取及检测

将采集的样品从-80℃拿出后放置于液氮中，按照 TaKaRa 的 RNAiso Plus 总 RNA 提取试剂盒分别从垂体、下丘脑、肝脏和胃中提取总 RNA，将提取的各组织的 RNA 于-80℃超低温冰箱中保存。从提取的 RNA 中分别取 1μl，用 1.4%琼脂糖凝胶电泳检测，以确保 RNA 的完整性，另外再取 1.5μl（两个平行）用酶标仪（Power Wave XS2，BioTek，USA）检测其 RNA 的浓度及质量。

5. 反转录

根据 RNA 的浓度，以 1μg 总 RNA 为模板，反转录所用试剂盒为 High-Capacity cDNA TaKaRa kit for Real-time PCR（TaKaRa，大连宝生物公司，中国）。反转录步骤分为两大步：第一步为基因组 DNA 去除反应，5×gDNA Eraser Buffer 2μl，gDNA Eraser 1μl，Total RNA 1μg，RNase Free H$_2$O 加至 10μl，然后 42℃孵育 5 min 后 4℃停止；第二步为反转录反应，5×primescript Buffer 2（for Real time）4μl，primescript RT Enzyme Mix 1μl，RT Enzyme Mix 1μl，RNase Free H$_2$O 4μl 及第一步反应液，共 20μl 反应体系，37℃孵育 15min，85℃孵育 5 s 后 4℃停止，用 RNase 抑制酶替代一半的 primescript RT Enzyme Mix 作为阴性对照（作标准曲线时）。

6. 荧光定量 PCR 引物设计

GH/IGF 生长激素轴相关基因荧光定量 PCR 引物见表 3-22；Ghrelin/Leptin-NPY/AGRP 和 mTOR-NPY 摄食调控信号通路中相关基因荧光定量 PCR 引物见表 3-32。

表 3-32 花鲈摄食调控相关基因荧光定量 PCR 引物

基因	登录号		引物序列（5′→3′）	产物大小/bp	退火温度/℃
EF1-α	JQ99514	f	AATCGGCGGTATTGGAACTG	205	58.5
		r	TCCACGACGGATTTCCTTGA		
mTOR	KJ746670	f	ATAGTGAAGCCAGCAACAGCGAC	115	61.9
		r	GTGTACAGGAGCAACGTCTTCGA		
S6K1	KJ746671	f	CATTATGCTCAACAACAACGGAC	269	60.4
		r	GAAGGCTGAGTTTGCATTTCAAG		
NPY 前体	KJ850326	f	GAGGGATACCCGATGAAACCG	123	58.9
		r	CCTCTTTCCATACCTCTGTCTCG		
ghrelin 前体	KJ850327	f	CAAGCAGTTGAGATTTTGAGTCCAC	139	61.9
		r	TGAGGTTTTTGTGAAGGGCTGAG		
AgRP-1	KJ825853	f	GATGGACACAGGCTCCTACGAC	166	59
		r	GGCATTGAAGAAGCGGCA		
AgRP-2	KJ825854	f	AGACCAGACGGCTGTTTGCG	136	64
		r	CACGGCAAGTGAGAGGAGCA		
leptin	KF850511	f	TGCAACTTTTAAGTGGGGGTA	201	59
		r	TGTTGTAACCCTCCAGCACGG		

注：f 指正向引物，r 指反向引物。

7. 荧光定量 PCR

PCR 反应在 Bio-Rad 公司的 IQ5 Real-time Detection System 的仪器上进行，反应体系为 25μl：SYBR 12.5μl，灭菌水 8.5μl，正反向引物（10mmol/L）各 1μl 及反转录的 cDNA 2μl。反应条件为：95℃变性 30s；接着进行 35 个循环：95℃变性 5s，退火 20s，72℃延伸 40s。融解曲线：65～95℃，0.05℃/10s。为确保实验结果的准确性，每个样品都做两次技术重复，并以持家基因 EF1-α 作为内参。最后用溶解曲线来检测 PCR 产物的特异性。参照 Pfaffl（2001）对相对定量的结果进行分析的方法，得到花鲈 GH/IGF-I 轴相关基因的相对表达量。

8. 数据统计与分析

试验数据采用"平均值±标准误（mean±SE）"表示，使用统计软件 STATISTICA6.0 对试验数据进行单因素方差分析（one-way ANOVA），差异显著时通过 Duncan's 方法进行多重比较，以 $P<0.05$ 为差异显著性标准。

（二）结果

1. 混合植物蛋白完全替代鱼粉对花鲈生长及形体指标的影响

混合植物蛋白完全替代鱼粉对花鲈生长及形体指标的影响结果见表 3-33。当混合植物蛋白完全替代饲料中的鱼粉后，花鲈的 FR 显著下降（$P<0.05$），试验期间 PPB100 组的花鲈出现明显的摄食抑制现象。PPB100 组的 FBW 显著低于 FM 组（$P<0.05$），甚至低于 IBW，出现负增长的现象；PPB100 组的 SGR、FCR 及 WGR 均显著低于 FM 组（$P<0.05$），且均为负值；两个处理组的 SR 虽无显著差异（$P>0.05$），但 PPB100 组的 SR 值低于 FM 组。FM 组的 CF 显著高于 PPB100 组（$P<0.05$）。

表 3-33 混合植物蛋白完全替代鱼粉对花鲈生长性能指标的影响

	FM	PPB100
IBW/g	64.89±0.06	65.13±0.09
FBW/g	81.57±2.22[b]	59.18±2.26[a]
FR/%	1.65±0.09[b]	0.45±0.11[a]
SGR/（%d^{-1}）	1.14±0.13[b]	−0.49±0.19[a]
FCR	1.73±0.22[b]	−0.79±0.13[a]
WGR/%	22.56±3.67[b]	−12.08±3.55[a]
SR/%	97.5±1.44	93.75±2.39
CF	1.36±0.02[b]	1.17±0.05[a]

注：同一列数据右上角不同英文上标字母表示存在显著差异（$P<0.05$）。

2. 混合植物蛋白完全替代鱼粉对花鲈血浆中 GH 和 IGF-I 含量及 GH/IGF-I 轴的 mRNA 表达影响

混合植物蛋白完全替代鱼粉对花鲈血浆中 GH 和 IGF-I 含量的影响结果见表 3-34。两个处理组在餐后 3h、6h 和 24h 的血浆中 GH 的含量均无显著差异（$P>0.05$）；两个处理组在餐后 3h 和 24h 的血浆中 IGF-I 的含量均无显著差异（$P>0.05$），但在餐后 6h 时，FM 组血浆中 IGF-I 的含量显著高于 PPB100 组（$P<0.05$）。

混合植物蛋白完全替代鱼粉对花鲈 GH/IGF-I 轴的 mRNA 表达的影响结果见表 3-35。餐后 6h，两个处理组的脑垂体中 *GH* 基因和肝脏中 *GHRII* 和 *IGF-I* 基因的表达量均无显著差异（$P>0.05$），但 FM 组肝脏中 *GHRI* 的表达量显著高于 PPB100 组（$P<0.05$）；餐后 24h，两个处理组的脑垂体中 *GH* 基因由于组内变异系数较大而无显著差异（$P<0.05$）；但 FM 组肝脏中 *GHRI*、*GHRII* 和 *IGF-I* 基因的表达量均显著高于 PPB100 组（$P>0.05$）。

表 3-34　混合植物蛋白完全替代鱼粉对花鲈血浆中 GH 和 IGF-I 含量的影响（单位：ng/ml）

	FM	PPB100
GH-3h	4.74±0.22	3.89±0.39
IGF-I-3h	184.05±19.72	184.32±21.39
GH-6h	4.05±0.32	4.15±0.20
IGF-I-6h	197.81±21.22^b	133.90±12.20^a
GH-24h	4.51±0.39	4.30±0.37
IGF-I-24h	147.50±17.64	157.27±23.63

注：同一列数据右上角不同英文上标字母表示存在显著差异（$P<0.05$）。

表 3-35　混合植物蛋白完全替代鱼粉对花鲈 GH/IGF-I 轴表达量的影响（平均值±标准误）

	FM	PPB100
GH-6h	174.56±170.17	348.22±339.93
GHRI-6h	1.06±0.14^b	0.62±0.06^a
GHRII-6h	1.05±0.14	1.00±0.11
IGF-I-6h	1.03±0.11	0.97±0.09
GH-24h	297.12±294.80	1086.89±746.22
GHRI-24h	1.02±0.09^b	0.54±0.04^a
GHRII-24h	1.06±0.14^b	0.26±0.07^a
IGF-I-24h	1.02±0.08^b	0.53±0.04^a

注：同一列数据右上角不同英文上标字母表示存在显著差异（$P<0.05$）。

3. 混合植物蛋白完全替代鱼粉对花鲈血浆中摄食有关激素及 Ghrelin/Leptin-NPY/AGRP 和 mTOR-NPY 摄食调控信号通路中相关基因 mRNA 的表达量的影响

混合植物蛋白完全替代鱼粉对花鲈餐后 3h 血浆中 Ghrelin、Leptin 和 NPY 含量的影响结果见表 3-36。当混合植物蛋白完全替代饲料中的鱼粉后，花鲈餐后 3h 血浆中的 NPY 含量显著升高（$P<0.05$）；两个处理组餐后 3h 血浆中 Ghrelin 和 Leptin 含量无显著差异（$P>0.05$）。

表 3-36　混合植物蛋白完全替代鱼粉对花鲈血浆中 Ghr、Lep 和 NPY 含量的影响

	FM	PPB100
Ghr/（ng/ml）	96.56±4.90	90.38±6.28
Lep/（ng/ml）	5.99±0.37	5.34±0.29
NPY/（pg/ml）	126.04±8.16^a	151.45±7.36^b

注：同一列数据右上角不同英文上标字母表示存在显著差异（$P<0.05$）。

混合植物蛋白完全替代鱼粉对花鲈 Ghrelin/Leptin-NPY/AGRP 和 mTOR-NPY 摄食调控信号通路中相关基因 mRNA 的表达量的影响见图 3-17～图 3-26。

如图 3-17～图 3-19 中所示，在下丘脑和肝脏中，植物蛋白组和鱼粉组 mTOR 的 mRNA 表达量在餐后各时间点均无显著性差异（$P>0.05$）。在胃中，餐后 3h、6h、9h 及 12h 鱼粉组 mTOR 的 mRNA 表达量均显著高于植物蛋白组（$P<0.05$），而餐后 24h 两组间 mTOR 的 mRNA 表达量无显著性差异（$P>0.05$）。植物蛋白组 mTOR mRNA 表达量在胃、肝脏及下丘脑 3 种组织中，餐后各时间点之间均无显著性差异（$P>0.05$）；鱼粉组 mTOR mRNA 表达量在肝中，餐后各时间点之间无显著性差异（$P>0.05$）；下丘脑中鱼粉组 mTOR 餐后 6h、9h、12h 及 24h mRNA 表达量均显著性高于餐后 3h（$P<0.05$）；胃中鱼粉组 mTOR 餐后 24h mRNA 表达量显著低于餐后 6h、9h 和 12h。

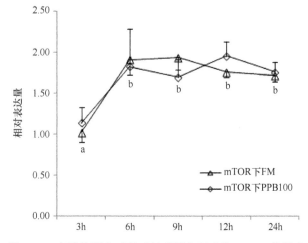

图 3-17 高植物蛋白对餐后各时间点下丘脑 mTOR 的影响

不同英文字母 a、b 表示鱼粉组餐后各时间点之间存在显著差异（$P<0.05$）

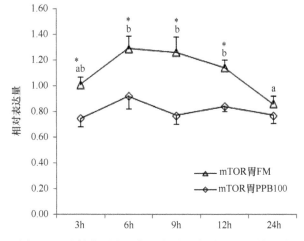

图 3-18 高植物蛋白对餐后各时间点胃 mTOR 的影响

不同英文字母 a、b 表示鱼粉组餐后各时间点之间存在显著差异（$P<0.05$）；*表示同一时间点鱼粉组和植物蛋白组之间存在显著差异（$P<0.05$）

如图3-20和图3-21所示,胃中鱼粉组餐后6h和24h、肝脏中鱼粉组餐后9h S6K1的mRNA表达量均显著低于植物蛋白组($P<0.05$),而胃中鱼粉组餐后12h S6K1的mRNA表达量则显著高于植物蛋白组($P<0.05$),其余各餐后时间点两组之间S6K1 mRNA表达量无显著性差异($P>0.05$)。胃中鱼粉组餐后6h、9h及24h S6K1 mRNA表达量显著低于餐后3h和12h($P<0.05$),餐后3h S6K1 mRNA表达量则显著高于餐后12h($P<0.05$)。胃中植物蛋白组餐后9h S6K1 mRNA表达量显著低于餐后3h、6h、12h及24h($P<0.05$),餐后3h S6K1 mRNA表达量显著高于餐后12h及24h($P<0.05$);肝脏中鱼粉组餐后9h S6K1 mRNA表达量显著低于餐后3h、6h及24h($P<0.05$),肝脏中植物蛋白组各时间点之间S6K1 mRNA表达量无显著性差异($P>0.05$)。

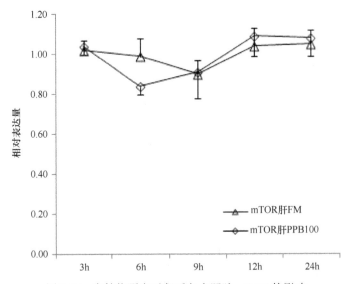

图3-19 高植物蛋白对餐后各点肝脏mTOR的影响

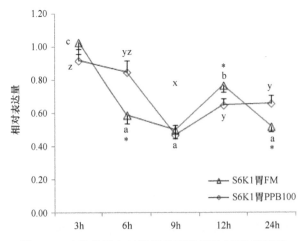

图3-20 高植物蛋白对餐后各时间点胃S6K1的影响

不同英文字母a、b表示鱼粉组餐后各时间点之间存在显著差异($P<0.05$),不同英文字母x、y表示高植物蛋白组餐后各时间点之间存在显著差异($P<0.05$),*表示同一时间点鱼粉组和植物蛋白组之间存在显著差异($P<0.05$)

如图 3-20 所示，肝脏中鱼粉组餐后 6h 和 9h Leptin mRNA 的表达量显著高于植物蛋白组（$P<0.05$），其余各点两组间 Leptin mRNA 的表达量无显著性差异（$P>0.05$）。肝脏中植物蛋白组餐后 24h Leptin 的表达量显著高于餐后 3h、6h 及 9h（$P<0.05$），其余各点之间无显著性差异（$P>0.05$）；鱼粉组餐后各时间点之间 Leptin mRNA 的表达量无显著性差异（$P>0.05$）。

如图 3-23 所示，下丘脑中植物蛋白组和鱼粉组 NPY precursor 的 mRNA 表达量在餐后各时间点均无显著性差异（$P>0.05$）。鱼粉组餐后 3h 和 6h NPY precursor 的 mRNA 表达量均显著低于餐后 12h（$P<0.05$），其余各点之间无显著性差异（$P>0.05$）；植物蛋白组餐后各时间点之间 NPY precursor mRNA 的表达量无显著性差异（$P>0.05$）。

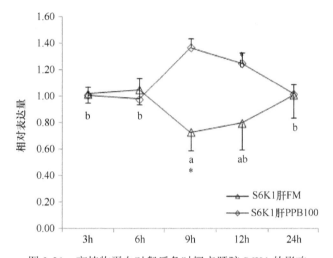

图 3-21 高植物蛋白对餐后各时间点肝脏 S6K1 的影响

不同英文字母 a、b 表示鱼粉组餐后各时间点之间存在显著差异（$P<0.05$），*表示同一时间点鱼粉组和植物蛋白组之间存在显著差异（$P<0.05$）

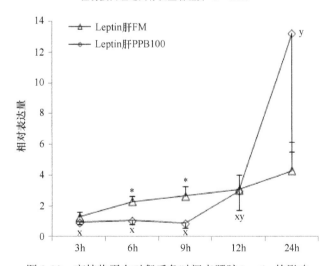

图 3-22 高植物蛋白对餐后各时间点肝脏 Leptin 的影响

不同英文字母 x、y 表示高植物蛋白组餐后各时间点之间存在显著差异（$P<0.05$），*表示同一时间点表示鱼粉组和植物蛋白组之间存在显著差异（$P<0.05$）

如图 3-24 所示，胃中鱼粉组餐后 6h preproghrelin mRNA 表达量显著低于植物蛋白组（$P<0.05$），餐后其他各点两组 preproghrelin mRNA 表达量无显著性差异（$P>0.05$）。鱼粉组餐后 6h preproghrelin mRNA 表达量显著低于餐后 3h、9h 及 24h（$P<0.05$），餐后 24h preproghrelin mRNA 表达量则显著高于餐后 9h 和 12h（$P<0.05$）；植物蛋白组餐后各时间点间 preproghrelin 的 mRNA 表达量无显著性差异（$P>0.05$）。

如图 3-25 和 3-26 所示，下丘脑中餐后 6h 鱼粉组 AgRP2 的表达量显著高于植物蛋白组（$P<0.05$），植物蛋白组和鱼粉组 AgRP1 和 AgRP2 的 mRNA 表达量在餐后其余各时间点均无显著性差异（$P>0.05$）。鱼粉组 AgRP1 餐后 9h mRNA 的表达量显著高于餐后 6h（$P<0.05$），AgRP2 餐后 6h、9h、12 h 及 24h 的 mRNA 表达量均显著高于餐后 3h（$P<0.05$）；植物蛋白组餐后各时间点之间 AgRP1 mRNA 表达量无显著性差异（$P>0.05$），AgRP2 餐后 3h 和 6h mRNA 表达量均显著低于餐后 9h、12h 及 24h（$P<0.05$）。

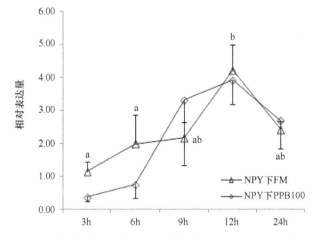

图 3-23　高植物蛋白对餐后各时间点下丘脑 NPY precursor 的影响

不同英文字母 a、b 表示鱼粉组餐后各时间点之间存在显著差异（$P<0.05$）

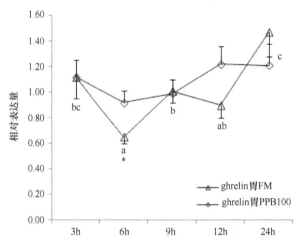

图 3-24　高植物蛋白对餐后各时间点胃 preproghrelin 的影响

不同英文字母 a、b 表示鱼粉组餐后各时间点之间存在显著差异（$P<0.05$），*表示同一时间点鱼粉组和植物蛋白组之间存在显著差异（$P<0.05$）

(三) 小结

本研究结果表明：①短期内（3周）混合植物蛋白（豆粕和谷朊粉）完全替代鱼粉后，显著地抑制花鲈 GH/IGF-I 生长激素轴，最终导致花鲈的生长性能显著下降；②与正常摄食的鱼粉组相比，混合植物蛋白完全替代会导致花鲈出现明显的摄食抑制现象，在此期间花鲈血浆中 NPY 含量升高，胃中 ghrelin mRNA 表达量上升，肝脏中 Leptin 和胃中 mTOR mRNA 表达量下降，证明其外周摄食调控系统能够有效地响应由摄食抑制导致的饥饿状态；③摄食抑制期花鲈下丘脑中 mTOR、NPY 和 AgRP1 mRNA 表达量与

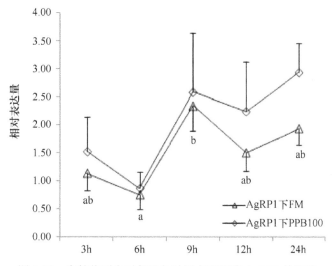

图 3-25 高植物蛋白对餐后各时间点下丘脑 AgRP1 的影响

不同英文字母 a、b 表示鱼粉组餐后各时间点之间存在显著差异（$P<0.05$）

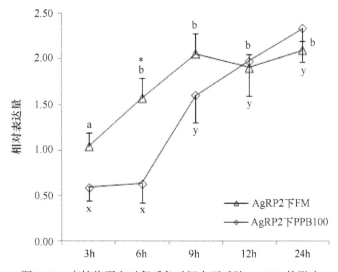

图 3-26 高植物蛋白对餐后各时间点下丘脑 AgRP2 的影响

不同英文字母 a、b 表示鱼粉组餐后各时间点之间存在显著差异（$P<0.05$），不同英文字母 x、y 表示高植物蛋白组餐后各时间点之间存在显著差异（$P<0.05$）；*表示同一时间点鱼粉组和植物蛋白组之间存在显著差异（$P<0.05$）

正常摄食的鱼粉组相比无显著差异而 AgRP2 mRNA 表达量下降，证明花鲈的中枢摄食调控系统对摄食抑制导致的饥饿状态缺乏有效的响应，这可能是导致其虽然处于饥饿状态仍然拒食植物蛋白饲料的原因。

参 考 文 献

白俊杰, 李胜杰. 2013. 我国大口黑鲈产业现状分析与发展对策. 中国渔业经济, 5(31): 104-108.
陈乃松, 肖温温, 梁勤朗, 等. 2012. 饲料中脂肪与蛋白质比对大口黑鲈生长、体组成和非特异性免疫的影响. 水产学报, 36(8): 1270-1280.
崔奕波. 1989. 鱼类生物能量学的理论与方法. 水生生物学报, 13: 369-383.
杜震宇. 2014. 养殖鱼类脂肪肝成因及相关思考. 水产学报, 38(9): 1628-1638.
李二超, 陈立侨. 2011. 大口黑鲈的营养需要研究进展. 现代农业科技, 21: 312-316.
刘金桃, 艾立川, 王嘉, 等. 2015. 乙氧基喹啉对大口黑鲈(*Micropterus salmoides*)的生长、机体抗氧化功能及对耐受性影响. 动物营养学报, 27: 1152-1162.
谭肖英, 刘永坚, 田丽霞, 等. 2005. 饲料中碳水化合物水平对大口黑鲈 *Micropterus salmoides* 生长、鱼体营养成分组成的影响. 中山大学学报(自然科学版), 44 增刊: 258-263.
王嘉, 薛敏, 吴秀峰, 等. 2014. 鱼类对不同蛋白质源饲料选择性摄食调控机制的研究进展. 动物营养学报, 26(4): 833-842.
徐祥泰, 陈乃松, 刘子科, 等. 2016. 饲料中不同淀粉源及水平对大口黑鲈肝脏组织学的影响. 上海海洋大学学报, 25: 61-70.
于利莉, 薛敏, 王嘉, 等. 2016. 大口黑鲈对饲料中丁基羟基茴香醚的耐受性评价. 动物营养学报, 28: 747-758.
张丽, 许国焕, 郭慧青, 等. 2011. 摄食不同饵料对加州鲈生长性能及体成分的影响. 淡水渔业, 41(6): 60-63.
朱择敏, 马冬梅, 白俊杰, 等. 2014. 配合饲料、冰鲜杂鱼对大口黑鲈生长和 LPL 基因 mRNA 表达的影响. 大连海洋大学学报, 29(4): 360-363.
Ai QH, Mai KS, Tan BP, et al. 2006. Replacement of fish meal by meat and bone meal in diets for large yellow croaker, *Pseudosciaena crocea*. Aquaculture, 260: 255-263.
Amoah A, Coyle SD, Webster CD, et al. 2008. Effects of graded levels of carbohydrate on growth and survival of largemouth bass, *Micropterus salmoides*. J World Aquacult Soc, 39(3): 397-405.
Aoki H, Akimoto A, Watanabe T. 2001. Periodical changes in free amino acid levels and feed digesta in yellowtail after feeding non-fishmeal diets with or without supplemental crystalline amino acids. Fisheries Sci, 67: 614-618.
Beckman B, Dickhoff W. 1998. Plasticity of smolting in spring chinook salmon: relation to growth and insulin-like growth factor-I. J Fish Biol, 53: 808-826.
Benedito-Palos L, Saera-Vila A, Calduch-Giner J, et al. 2007. Combined replacement of fish meal and oil in practical diets for fast growing juveniles of gilthead sea bream (*Sparus aurata* L.): Networking of systemic and local components of GH/IGF axis. Aquaculture, 267: 199-212.
Bharadwaj AS, Brignon WR, Gould NL, et al. 2002. Evaluation of meat and bone meal in practical diets fed to juvenile hybrid striped bass *Morone chrysops* × *M. saxatilis*. J World Aquacult Soc, 33(4): 448-457.
Biswas BK, Ji SC, Biswas AK, et al. 2009. Dietary protein and lipid requirements for the Pacific bluefin tuna *Thunnus orientalis* juvenile. Aquaculture, 288: 114-119.
Brett J. 1979. Physiological Energetics. Fish Physiology, 8: 279-352.

Bright LA, Coyle SD, Tidwell JH. 2005. Effect of dietary lipid level and protein energy ration on growth and bady composition of largemouth bass *Micropterus salmoides*. J World Aquacult Soc, 36(1): 129-134.

Bureau DP, Harris AM, Cho CY. 1998. The effects of purified alcohol extracts from soy products on feed intake and growth of chinook salmon (*Oncorhynchus tshawytscha*) and rainbow trout (*Oncorhynchus mykiss*). Aquaculture, 161: 27-43.

Chen JL, Zhu XM, Han D, et al. 2011. Effect of dietary n-3 HUFA on growth performance and tissue fatty acid composition of gibel carp *Carassius auratus gibelio*. Aquacult Nutr, 17: e476-e485.

Chen NS, Jin LN, Zhou HY, et al. 2012a. Effects of dietary arginine levels and carbohydrate-to-lipid ratios on mRNA expression of growth-related hormones in largemouth bass, *Micropterus salmoides*. Gen and Comp Endocrinol, 179: 121-127.

Chen YJ, Liu YJ, Tian LX, et al. 2013. Effect of dietary vitamin E and selenium supplementation on growth, body composition, and antioxidant defense mechanism in juvenile largemouth bass (*Micropterus salmoide*) fed oxidized fish oil. Fish Physiol Biochem, 39: 593-604.

Chen YJ, Liu YJ, Yang HJ, et al. 2012b. Effect of dietary oxidized fish oil on growth performance, body composition, antioxidant defence mechanism and liver histology of juvenile largemouth bass *Micropterus salmoides*. Aquacult Nutr, 18: 321-331.

Dari RL, Penz JM, Kessler AM, et al. 2005. Use of digestible amino acids and the concept of ideal protein in feed formulation for broilers. Appl Poult Res, 14: 195-203.

De Pedro N, Lopez Patino M, Guijarro A, et al. 2000. NPY PRECURSOR receptors and opioidergic system are involved in NPY PRECURSOR-induced feeding in goldfish. Peptides, 21(10): 1495-1502.

Deng JM, Mai KS, Zhang WB, et al. 2006. Effects of replacing fish meal with soy protein concentrate on feed intake and growth of juvenile Japanese flounder, *Paralichthys oliva eus*. Aquaculture, 258: 503-513.

Dong GF, Huang F, Zhu XM, et al. 2012. Nutriphysiological and cytological responses of juvenile channel catfish (*Ictalurus punctatus*) to dietary oxidized fish oil. Aquacult Nutr, 18: 673-684.

Du ZY, Clouet P, Huang LM, et al. 2008. Utilization of different dietary lipid sources at high level in herbivorous grass carp (*Ctenopharyngodon idella*): mechanism related to hepatic fatty acid oxidation. Aquacult Nutr, 14: 77-92.

Du ZY, Clouet P, Zheng WH, et al. 2006. Biochemical hepatic alterations and body lipid composition in the herbivorous grass carp (*Ctenopharyngodon idella*) fed high-fat diets. British J Nutr, 95: 905-915.

Fontagné-Dicharry S, Lataillade E, et al. 2014. Antioxidant defense system is altered by dietary oxidized lipid in first-feeding rainbow trout (*Oncorhynchus mykiss*). Aquaculture, 424-425: 220-227.

Frankel EN. 1998. Lipid Oxidation, The Oily Press Ltd., Dundee, Scotland.

Gaylord TG, Barrows FT. 2009. Multiple amino acid supplementations to reduce dietary protein in plant-based rainbow trout (*Oncorhynchus mykiss*) feeds. Aquaculture, 287: 180-184.

Gaylord TG, Rawles SD. 2005. The modification of poultry by-product meal for use in hybrid striped bass diets. J World Aquacult Soc, 36(3): 365-376.

Ginés R, Valdimarsdottir T, Sveinsdottir K, et al. 2004. Effects of rearing temperature and strain on sensory characteristics, texture, colour and fat of Arctic charr (*Salvelinus alpinus*). Food Qual Prefer, 15(2): 177-185.

Gómez-Requeni P, Mingarro M, Kirchner S, et al. 2003. Effects of dietary amino acid profile on growth performance, key metabolic enzymes and somatotropic axis responsiveness of gilthead sea bream (*Sparus aurata*). Aquaculture, 220: 749-767.

Gómez-Requenia P, Mingarroa M, Calduch-Ginera JA, et al. 2004. Protein growth performance, amino acid utilization and somatotropic axis responsiveness to fish meal replacement by plant protein sources in gilthead sea bream (*Sparus aurata*). Aquaculture, 232: 493-510.

Goodwin AE, Lochmann RT, Tieman DM, et al. 2002. Massive hapatic necrosis and nodular regeneration in largemouth bass fed diet high in available carbohydrate. J World Aquacult Soc, 33: 466-477.

Grisdale-Helland B, Shearer KD, Gatlin DM, et al. 2008. Effects of dietary protein and lipid levels on growth, protein digestibility, feed utilization and body composition of Atlantic cod (*Gadus morhua*). Aquaculture, 283: 156-162.

Hong KJ, Lee CH, Kim SW. 2004. Aspergillus oryzae GB-107 fermentation improves nutritional quality of food soybeans and feed soybean meals. J Medi Food, 7(4): 430-436.

Huang CH, Huang SL. 2004. Effect of dietary vitamin E on growth, tissue lipid peroxidation, and liver glutathione level of juvenile hybrid tilapia, *Oreochromis niloticus* × *O. aureus*, fed oxidized oil. Aquaculture, 237: 381-389.

Izquierdo MS, Obach A, Arantzamendi L, et al. 2003. Dietary lipid sources for seabream and seabass: growth performance, tissue composition and flesh quality. Aquacult Nutr, 9: 397-407.

Janssens BJ, Childress JJ, Baguet F, et al. 2000. Reduced enzymatic anti-oxidative defense in deep-sea fish. J Exp Biol, 203: 3717-3725.

Lemme A, Ravindran V, Bryden WL. 2004. Ideal digestibility of amino acids in feed ingredients for broilers. World's Poultry Science Journal, 60: 423-438.

Lewis-McCrea LM, Lall SP. 2007. Effects of moderately oxidized dietary lipid and the role of vitamin E on the development of skeletal abnormalities in juvenile Atlantic halibut (*Hippoglossus hippoglossus*). Aquaculture, 262: 142-155.

Li XF, Jiang YY, Liu WB, et al. 2012. Protein-sparing effect of dietary lipid in practical diets for blunt snout bream (*Megalobrama amblycephala*) fingerlings: effects on digestive and metabolic responses. Fish Physiol Biochem, 38: 529-541.

Li XF, Liu WB, Jiang YY, et al. 2010. Effects of dietary protein and lipid levels in practical diets on growth performance and body composition of blunt snout bream(*Megalobrama amblycephala*)fingerlings. Aquaculture, 303: 65-70.

Liu KL, Xu WN, Xiang FL, et al. 2013. Hepatic triacylglycerol secretion, lipid transport and tissue lipid uptake in blunt snout bream (*Megalobrama amblycephala*) fed high-fat diet. Aquaculture, 2013: 160-168.

Lu KL, Xu WN, Li JY, et al. 2013. Alterations of liver histology and blood biochemistry in blunt snout bream *Megalobrama amblycephala* fed high-fat diets. Fisheries Sci, 79: 661-671.

Mai KS, Zhang L, Ai QH, et al. 2006. Dietary lysine requirement of juvenile Japanese sea bass, *Lateolabrax japonicus*. Aquaculture, 258: 535-542.

Narnaware Y, Peyon P, Lin X, et al. 2000. Regulation of food intake by neuropeptide Y in goldfish. Physiol, 279: 1025-1034.

Nengas I, Alexis MN, Davies SJ. 1999. High inclusion levels of poultry meals and related byproducts in diets for gilthead sea bream, *Sparus aurata* L. Aquaculture, 179: 13-23.

Peng S, Chen L, Qin JG, et al. 2009. Effect of dietary vitamin E supplementation on growth performance, lipid peroxidation and tissue fatty acid composition of black sea bream (*Acanthopagrus schlegeli*) fed oxidized fish oil. Aquacult Nutr, 15: 329-337.

Peres H, Oliva-Teles A. 1999. Influence of temperature on protein utilization in juvenile European sea bass (*Dicentrarchus labrax*). Aquaculture, 170, 337-348.

Peres H, Oliva-Teles A. 2009. The optimum dietary essential amino acid profile for gilthead seabream (*Sparus aurata*) juveniles. Aquaculture, 296: 81-86.

Pérez-Sánchez J, Le Bail P. 1999. Growth hormone axis as marker of nutritional status and growth performance in fish. Aquaculture, 177: 117-128.

Pfaffl MW. 2001. A new mathematical model for relative quantification in real-time RT-PCR. Nucleic Acids Res, 29(900): 2003-2007.

Ravindran LV, Bryden WL. 2004. Ideal digestibility of amino acids in feed ingredients for broilers. World Poultry Sci J, 60: 423-437.

Rawles SD, Riche M, Gaylord TG, et al. 2006. Evaluation of poultry by-product meal in commercial diets for hybrid striped bass (*Morone chrysops* ♀ × *M. saxatilis* ♂) in recirculated tank production. Aquaculture, 259: 377-389.

Refstie S, Sahlström S, Bråthen E, et al. 2005. Lactic acid fermentation eliminates indigestible carbohydrates and antinutritional factors in soybean meal for Atlantic salmon (*Salmo salar*). Aquaculture, 246: 331-345.

Robaina L, Moyano FJ, Izquierdo MS, et al. 1997. Corn gluten and meat and bone meals as protein sources in diets for gilthead sea bream(*Sparus aurata*): nutrition and histological implications. Aquaculture, 157: 347-359.

Ronnestad I, Conceicao LEC, Aragao C, et al. 2000. Free amino acids are absorbed faster and assimilated more efficiently than protein in postlarval Senegal sole (*Solea senegalensis*). J Nutr, 130: 2809-2812.

Shimeno S, Hashimoto A, Ando Y, et al. 1994. Protein source for fish feed. XVI. Improving the nutritive value of defatted soybean meal through purification and fermentation for fingerling yellowtail. Suisanzoshoku, 42: 247-252.

Silverstein J, Plisetskaya E. 2000. The effects of NPY and insulin on food intake regulation in Wsh. Am Zool, 40: 296-308.

Tacon AGJ. 1993. Feed ingredients for warm water fish, fish meal and other processed feedstuffs. FAO Fisheries Circular, 856: 64.

Thompson KR, Metts LS, Muzinic LA, et al. 2006. Effects of feeding practical diets containing different protein levels, with or without fish meal, on growth, survival, body composition and processing traits of male and female Australian red claw crayfish (*Cherax quadricarinatus*) grown in ponds. Aquacult Nutr, 12: 227-238.

Tocher DR, Mourente G, Eecken AVD, et al. 2003. Comparative study of antioxidant defense mechanisms in marine fish fed variable levels of oxidized oil and vitamin E. Aquaculture International, 11: 195-216.

Viola S, Lahav E. 1991. Effects of lysine supplementation in practical carp feeds on total protein sparing and reduction of pollution. Isr J Aquacult-Bamid, 43: 112-118.

Volkoff H, Eykelbosh A, Peter R. 2003. Role of leptin in the control of feeding of goldfish *Carassius auratus*: interactions with cholecystokinin, neuropeptide Y and orexin A, and modulation by fasting. Brain Res, 972: 90-109.

Volkoff H, Peter R. 2001. Characterization of two forms of cocaine- and amphetamine-regulated transcript (CART) peptide precursors in goldfish: molecular cloning and distribution, modulation of expression by nutritional status, and interactions with leptin. Endocrinology, 142: 5076-5088.

Wang Y, Guo JL, Bureau DP, et al. 2006. Replacement of fish meal by rendered animal protein ingredients in feeds for cuneate drum (*Nibea miichthioides*). Aquaculture, 252: 476-483.

Wang Y, Li K, Han H, et al. 2008. Potential of using a blend of rendered animal protein ingredients to replace fish meal in practical diets for malabar grouper (*Epinephelus malabricus*). Aquaculture, 281: 113-117.

Webster CD, Thompson KR, Morgan AM, et al. 2000. Use of hempseed meal, poultry by-product meal, and canola meal in practical diets without fish meal for sunshine bass (*Mornone chrysops*×*M. saxatilis*). Aquaculure, 188: 299-309.

Wilson RP, Halver JE. 1986. Protein and amino acid requirements of fishes. Ann Rev Nutr, 6: 225-244.

Yamamoto T, Sugita T, Furuita H. 2005. Essential amino acid supplementation to fish meal-based diets with low protein to energy ratios improves the protein utilization in juvenile rainbow trout *Oncorhynchus mykiss*. Aquaculture, 246: 379-391.

Yuan Y, Chen YJ, Liu YJ, et al. 2014. Dietary high level of vitamin premix can eliminate oxidized fish oil-induced oxidative damage and loss of reducing capacity in juvenile largemouth bass (*Micropterus salmoides*). Aquaculture Nutrition, 20: 109-117.

Yuan YC, Gong SY, Luo Z, et al. 2010. Effects of dietary protein to energy ratios on growth and body composition of juvenile Chinese sucker, *Myxocyprinus asiaticus*. Aquacult Nutr, 16: 205-212.

Yun B, Xue M, Wang J. et al. 2013. Effects of lipid sources and lipid peroxidation on feed intake, growth, and tissue fatty acid compositions of largemouth bass (*Micropterus salmoides*). Aquaculture International, 21, 97-110.

（薛 敏，梁晓芳，郁欢欢，韩 娟）

第四章 美国黄金鲈遗传选育

第一节 黄金鲈微卫星标记的开发与亲子鉴定技术的建立

一、黄金鲈微卫星标记的开发

微卫星标记（microsatellite），又称简单序列重复（simple sequence repeat，SSR）、短串联重复（short tandem repeat）或简单序列长度多态性（simple sequence length polymorphism），是分子标记中的一种，以 1~6bp 的短核苷酸序列（又称核心序列，core sequence）为基本单位（Litt and Luty，1989；Tautz，1989），首尾相连组成串联重复序列，一般长几十至几百 bp。根据核心序列排列方式的不同，微卫星可以分为 3 种类型：①完全型微卫星（perfect microsatellite），核心序列以不间断的重复方式首尾相连构成；②不完全型微卫星（imperfect microsatellite），核心序列之间有 1~3 个非重复碱基，其两端的连续重复核心序列重复次数超过 5；③复合型微卫星（compound microsatellite），两种或两种以上的串联核心序列由 3 个以上的非重复碱基分隔开，核心序列重复次数不小于 5。

从 20 世纪 70 年代中期起，尤其是在过去的 20 年里，人们已经在许多物种中成功筛选出了微卫星标记。更有些 SCI 杂志如 *Molecular Ecology Notes* 专收开发各类物种微卫星标记序列的文章，足见人们对微卫星标记研究的热度。1991 年前后，在鲑科鱼类和罗非鱼中开始出现微卫星标记的报道，经过 20 多年的研究，已经有几百种水产动物的微卫星标记序列被报道（孙效文等，2008），远远多于其他分子标记，如限制性片段长度多态性标记（restriction fragment length polymorphism，RFLP）、AFLP 和 RAPD 等在水产动物中的研究报道。因具有数量丰富、突变快（Weber and Wong，1993；Crawford and Cuthbertson，1996）、多态性高、信息含量丰富、呈共显性遗传、遵循孟德尔分离定律和易于 PCR 扩增等特点，微卫星标记目前被广泛应用于水产动物育种研究领域。

作为一个黄金鲈遗传育种团队，笔者实验室（俄亥俄州立大学南方研究中心鱼类遗传育种研究组）已经开发了近 150 个该鱼的微卫星标记，本文接下来介绍我们获得的部分黄金鲈微卫星标记的开发方法及具体信息。

Li 等（2007）利用尼龙膜富集法开发获得了 45 个微卫星标记，其中 32 个是多态位点，等位基因数为 2~16，观测杂合度（H_o）为 0.024~0.979，期望杂合度（H_e）为 0.084~0.902，具体信息见表 4-1。

Zhan 等（2009）利用尼龙膜富集法和公共数据库筛选法共开发获得了 21 个微卫星标记，其中 20 个是多态位点。利用尼龙膜富集法筛选获得了 8 个微卫星，均为多态位点。在 2226 条 EST 序列中，筛选出 110 条（4.93%）含有微卫星的 EST。根据这些含有微卫星序列的 EST，设计合成了 23 对引物，最终筛选获得了 12 个多态微卫星位点和 1 个单态微卫星位点。Zhan 等（2009）获得的 20 个多态微卫星位点具体信息见表 4-2。

表 4-1 黄金鲈微卫星位点的重复结构、引物序列、扩增特征、多态性、观察到野生种群的等位基因数、杂合度(观察和期望)，以及符合 Hardy-Weinberg 平衡的精确检验的 P 值

位点重复结构	GenBank 登录号	引物序列(5'→3')	等位基因数(℃)	片段大小/bp	观测等位基因数	观测杂合度 H_O	期望杂合度 H_E	Hardy-Weinberg 平衡
YP6 (AGT)$_{10}$	DQ826678	CAGTCGGGCGTCATCAAAGTAGCAGATGTAAAAGAGCAAGAAA GGGCAAGAGACAGAAAGCCAATA	57	214	2	0.087	0.084	1.000
YP7 (AAC)$_7$ AAT(AAC)$_2$	DQ826679	ATGTATTTCTGTCAACTGGCGG CAGTCGGGCGTCATCAGAAATGTGTCCTTATTGCGTGG	55	183	3	0.771	0.487	0.000
YP9 (ACT)$_9$ AAT(ACT)$_2$	DQ826680	CAGTCGGGCGTCATCATTGAGCAGACAGGGCAGAGA CCCGTTTCAACTCCACCACT	58	157	3	0.958	0.514	0.000
YP13 (GTA)$_{11}$	DQ826683	GGCACCCAAACTACCACT CAGTCGGGCGTCATCATCAAACAAGCCCCATACA	55	233	4	0.468	0.455	1.000
YP16 (CATT)$_9$	DQ826685	CAGTCGGGCGTCATCAGTGTGTGGGTTACTGCTGGC TCCCTCTCTCTCCCCTTTCA	57	303	3	0.333	0.389	0.360
YP17 (TAG)$_{10}$ TANGTG(TAG)$_2$	DQ826686	CAGTCGGGCGTCATCACAGCGTTTCCACAGTATTGACC GGGTTTTACACTGTTGATGGGAT	55	209	5	0.630	0.614	0.096
YP28 (AGT)$_8$ AATAT(AGT)$_2$	DQ826688	TGCTACAAACTTCTGCCTCAA CAGTCGGGCGTCATCAAACAACAACTGCAACTACCA	55	196	2	0.700	0.810	0.040
YP30 (TTCT)$_6$	DQ826689	CAGTCGGGCGTCATCAACATCTATCTCACTTCATTTCACATT ACATCTTCCTCTTCTCAAACTCCT	55	97	5	0.896	0.561	0.000
YP41 (TCTT)$_{11}$	DQ826692	CGCTCCCTCCCTCCCTATCC CAGTCGGGCGTCATCATTGCTGTGTGCTGCCATTTC	55	175	6	0.375	0.708	0.000
YP49 (TAG)$_{12}$	DQ826693	ATCAGACTGACGACGGCA CAGTCGGGCGTCATCACTCGGACAATGGCAAACT	57	124	7	0.833	0.812	0.000
YP55 (TCTT)$_{10}$	DQ826695	CCCTCCTCTTGTTGTTGTGC CAGTCGGGCGTCATCAGCTCTGAGTCTGCCTTTGTT	55	256	5	0.521	0.794	0.000
YP60 (AGAA)$_{10}$	DQ826697	ATGTGTTATTGCTTTGCGTA CAGTCGGGCGTCATCAGCTGTTCCTGTAATGTGTTG	50	195	12	0.979	0.902	0.000
YP62 (CATA)$_{10}$	DQ826698	CAGTCGGCGTCATCATTCAGGTGAGGTATTGGTTT ATGAGAAGGAGGTGTGTGC	57	215	6	0.813	0.740	0.000

续表

位点重复结构	GenBank 登录号	引物序列(5'—3')	等位基因数(℃)	片段大小/bp	观测等位基因数	观测杂合度 H_O	期望杂合度 H_E	Hardy-Weinberg 平衡
YP65 (AAAG)$_{12}$	DQ826699	CAGTCGGGCGTCATCAGAAGGAATGAAAGAATGAGG TCCCTCCATCTCTCTGTCTG	55	284	5	0.917	0.766	0.000
YP66 (TTCT)$_{11}$	DQ826700	CAGTCGGGCGTCATCACTGCTGATGAAGTGACAA CATAGGGGTCAGGGCAAAC	55	283	3	0.095	0.156	0.015
YP68 (AC)$_5$ GCAC GC(AC)$_5$ AT(AC)$_9$	DQ826701	GACAGAAAGCAAGAAGGGAA CAGTCGGGCGTCATCAATCCTTTTCTCCAATCCTGA	55	210	16	0.542	0.778	0.000
YP71 (GT)$_{10}$ GTACTT	DQ826703	CAGTCGGGCGTCATCATTTGTGCCGATGAGCAGTTA AAACCACACGAACATCCAA	55	231	4	0.688	0.654	0.405
YP73 (CAA)$_{16}$	DQ826704	CAGTCGGGCGTCATCAGATGGGAGGAAAATGGTGAGA GAACGCCCAAGCCTGAAT	55	151	4	0.103	0.460	0.000
YP78 (GTA)$_{13}$	DQ826705	GCAGCCCCTACAATGGTT CAGTCGGGCGTCATCAGCCTTCTCTCTGTTATTTTCC	55	196	8	0.625	0.764	0.000
YP79 (AC)$_5$ AA(AC)$_9$	DQ826706	CTCCAACAGTCAACAGGTAACA CAGTCGGGCGTCATCATCCATTCCTTTACTGCTTTCTA	55	149	3	0.024	0.402	0.000
YP80 (TAC)$_2$ TAA(TAC)$_{16}$	DQ826707	TGTCAGAGTAAAGATGAGCCCA CAGTCGGGCGTCATCATGGACCTTTGGGATTACTTTTA	57	209	3	0.667	0.597	0.000
YP81 (ACA)$_9$	DQ826708	CAGTCGGGCGTCATCACACGAAAGGGAATCAAGTTTT TCATTTACAACATTTCTGCCAT	57	269	10	0.958	0.882	0.000
YP84 (CAA)$_8$ (CAG)$_3$ (CAA)$_3$ CAG	DQ826709	AATTGATGCACCACCACCTT CAGTCGGGCGTCATCAAGGAGGGAGGTCTCTGCTTT	57	189	3	0.708	0.547	0.000
YP85 (TCTT)$_{15}$	DQ826710	CCCAGCCCTTCCGTTTTA CAGTCGGGCGTCATCACGCCCTTACAAAGCATCA	55	187	5	1.000	0.794	0.000
YP96 (ACA)$_{13}$	DQ826713	CTAACACAAGTTTCCACCGC CAGTCGGGCGTCATCAGAACCATAAATCACCTTCTAAT	55	144	7	0.896	0.757	0.000

续表

位点重复结构	GenBank 登录号	引物序列(5'→3')	等位基因数(℃)	片段大小/bp	观测等位基因数	观测杂合度 H_O	期望杂合度 H_E	Hardy-Weinberg 平衡
YP99 (GATA)$_{15}$	DQ826715	ACACAGAGCAATACCATCGTCA CAGTCGGGCGTCATCAAGCAACTGTATGTTCCTCCAAA	55	279	5	0.521	0.763	0.000
YP106 (GT)$_{16}$(GA)$_3$(GGA)$_6$(GT)$_4$	DQ826716	CAGTCGGGCGTCATCACAAGGAGACTTTACCCCAGG TTTTCCGATGTGGTAAGGCA	55	357	15	0.708	0.759	0.000
YP108 (TAC)$_{12}$	DQ826717	TGTCATAGCAGAACAACACCTT CAGTCGGGCGTCATCATCACTTCATTACCGTGGTTTCT	55	173	4	0.375	0.718	0.000
YP109 (ACA)$_{16}$	DQ826718	CAGTCGGGCGTCATCATCCAGAGGTTGGCAAGACT CATTGTTCCGTGTTGCTTCA	55	147	6	0.896	0.828	0.000
YP110 (TTG)$_{18}$	DQ826719	CAGTCGGGCGTCATCATTCAGACCCCTTCACTTTTG ATCAGAGCAATGACCAAGCC	55	207	4	0.646	0.687	0.121
YP111 (CTA)$_{16}$(ATA)$_{18}$	DQ826720	CAGTCGGGCGTCATCATGTATGGCTATTGTGCTC TTTGTTCAGTGTTTTTTCGC	53	251	5	0.813	0.763	0.000
YP113 (GT)$_{17}$	DQ826721	CAGTCGGGCGTCATCACGGTTGGGACACAGAGACAC TGGTGTGGATTGGGGCAT	57	130	11	0.854	0.891	0.000

表 4-2 黄金鲈(*Perca flavescens*)基因组 SSR 和 EST-SSRs 的特征分析

位点	引物序列 (5'→3')	T_a	重复结构	S/bp	A	H_O	H_E	P-value	交叉效用(T_a; A)
YP23† FJ547096	F: M13-TTGGACAAAAATAACTCACT R: AGAGTAGAAATGCGGTTGCT	5	(TTC)₁₆	180~210	0	0.8077	0.8620	0.8312	52; 3
YP72† FJ547097	F: AAAGAGAGCAAAGGGAAGA R: M13-TGTGTAAGAAACAGGCAGGT	5	(GGT)₅GAA (GGT)₅GAA(GGT)₁₆	255~264	2	0.3846	0.4970	0.8312	54; 2
YP86† FJ547098	F: M13-CCGGCTACTTCATGTTAAAA R: GTGGGAATAAGGGTTAGGCT	5	(AGAT)₁₄	331~387	2	0.5185	0.9371	0.8312	—
YP89† FJ547099	F: ATGGAGATTTACAGCCCTA R: M13-ACTAATAACCACCATCCTGC	5	(CA)₅GA(CA)₁₈	191~227	1	0.1238	0.6260	0.8312	—
YP90† FJ547100	F: M13-AGAAAAGAGGGAAAGAAGG R: CCGCTATTTCACTCTGTTT	2	(GAAAA)₁₆	123~171	1	0.5556	0.7596	0.8312	—
YP94† FJ547101	F: M13-TTCACATTCAATAGGAGTAGAGT R: CTGTAAAACCATTGCCGATAAA	0	(ACAT)₁₅	331~407	1	0.0714	0.8331	0.8312	—
YP95† FJ547102	F: GTGCCCTTTGTCACCAT R: M13-GCCCTCATTTATGTCTCTCC	5	(CA)₁₄	127~133	1	0.0870	0.3710	0.8312	52; 1
YP105† FJ547103	F: M13-TAGAAGCAAAACCCGTGA R: TGTCCCTCACCAGCCAGT	5	(CTA)₁₄	169~214	4	0.4815	0.9511	0.8312	—
PFE01# DR730576	F: M13-CTCCAAAATAAAGCCAATGTC R: ACAGAGTTTCAGGCACTTGTGG	54	(TC)₁₀	250~268	2	0.0714	0.0701	0.8907	54; 2
PFE03# DR730639	F: M13-GCAGAAATGCTACATAGATCCT R: AGTCAATATCCTCCAAATGTGC	52	(GT)₁₆	124~136	5	0.5714	0.5396	0.8719	50; 3
PFE06# DV671343	F: M13-TTGCCTGAGGTTGTATTGAGAA R: ACAGTCGTAGCAGAGGGTCAC	52	(AG)₇	164~176	2	0.0357	0.0357	1.0000	52; 2
PFE07# DV671312	F: M13-CGGCAGGGGACTGTAATC R: TGTGCTCTTTCCCTTGTGACCG	50	(AAC)₆	109~121	3	0.0357	0.1045	0.0018*	54; 1
PFE08# DV671070	F: M13-GTCTTAAACAAGTCTTCATAGCAC R: GGACAGAGAACACATAGAAATC	56	(TAA)₁₁	160~168	2	0.0357	0.0357	1.0000	50; 1

续表

位点	引物序列 (5'→3')	T_a	重复结构	S/bp	A	H_O	H_E	P-value	交叉效用(T_a; A)
PFE11# DW985750	F: M13-CTTAGACAGACCGACCTACAG R: ATGTCAGCCAAGATGTAATG	50	(TGA)$_{12}$	220~223	2	0.0357	0.0357	1.0000	—
PFE12# DV752650	F: M13-TGCGTGCCAAGGGCGGTGTT R: CCGTCCCCTCAACAAATACC	54	(CCT)$_5$	131~149	3	0.0357	0.0708	0.0018*	54; 1
PFE14# DV671188	F: M13-AGCCACAAAGCTGAACATAG R: TGCCATGTTGTATCTCCCAC	52	(AT)$_{10}$	258~264	3	0.1429	0.1351	0.7270	50; 1
PFE15# DR731110	F: M13-GTATTAGTTCTATGTATATTGCC R: CGGGATGTCACTTACTTCTC	55	(TATC)$_{17}$	292~296	2	0.0357	0.0357	1.0000	50; 1
PFE19# DV671307	F: M13-TGTCTAACGATTGCTTTTCCT R: CAATGAAAAATAAACATGCGTGACC	56	(AT)$_{10}$	80~82	2	0.0000	0.0701	0.0016*	—
PFE20# DR731052	F: M13-GATCCATCCTGCTCAGACTC R: AAGAGATTGAGTTTGGTAGC	56	(TC)$_{23}$	281~283	2	0.0000	0.0701	0.0016*	—
PFE22# DR730585	F: M13-ATACAGAGGCCTTCATTTGT R: CAGCTACAGTTCATTCTACCT	56	(TA)$_9$	280~282	3	0.0714	0.0701	0.8907	—

注: T_a: 退火温度(℃). S: 等位基因片段大小范围(包括M13); A: 等位基因数; H_O: 观测杂合度; H_E: 期望杂合度; P值: 哈迪-温伯格平衡精确检验的P值(HWE); M13: 通用M13尾部(5'-CAGTCGGGCGTCATCA-3'); 交叉效用: 用于角膜白斑的黄金鲈EST-SSRs; #表示米目微卫星富集基因文库的基因组SSR; *表示邦费罗尼校正后的HWE。

二、黄金鲈亲子鉴定技术的建立

在亲子鉴定技术引入水产动物育种研究之前，育种工作者们通常是利用物理标记，如将电子标记打入目标动物体内或将物理标记系挂在目标动物上来获得系谱信息。但是，这种办法有许多不足，比如在目标动物长到足够使用物理标记之前，各家系都需要分养，因此需要大量的养殖设备，这就在很大程度上限制了选择育种工作的开展，特别是对那些地方性特色种类，因为没有足够的资金支持，它们的育种工作往往比较难开展起来。亲子鉴定技术运用于水产动物育种，解决了目标动物因个体小而难以物理标记进而需要家系分养的问题，使得各家系在受精卵阶段起就能混在一起，实行家系的"终生"混养。家系混养不仅解决了育种过程中养殖设备需求量大的问题，而且能大幅度地增加用于育种研究的家系数量和家系大小（Moav and Wohlfarth，1974；McGinty，1987；Macbeth，2005），提高育种效率。另外，家系混养使得所有家系在同一养殖环境下生长，这就排除了由于不同养殖环境（如池塘、水缸和网箱）而造成的数量性状表型方差，从而提高剖分性状加性遗传效应的准确度。有学者还指出家系混养方式比分养更适合于评估和比较各家系的性能及表现（Moav and Wohlfarth，1974；Wohlfarth and Moav，1991）。

用于水产动物亲子鉴定研究的分子标记主要为微卫星标记（Jackson et al.，2003；Hayes et al.，2005；Porta et al.，2006；Castro et al.，2006；Gray et al.，2008）。Saillant 等（2006）利用 3～6 个多态微卫星标记对狼鲈（*Dicentrarchus labrax* L.）选育群体进行亲子鉴定分析，获得了 100%的成功率。Couch（2006）利用 6 个多态微卫星标记对条鲈（*Morone saxatilis*）进行亲子鉴定分析，最终 99%的子代定位到父母本。Vandeputte 等（2004）选取了 7 个多态性高的微卫星标记对鲤（*Cyprinus carpio*）进行了亲子鉴定研究，获得 95.3%的成功率。Dupont-Nivet 等（2008）利用 6 个多态微卫星标记构建了狼鲈亲子鉴定技术，最终获得 99.2%的子代系谱信息。本文在已开发获得的近 150 个黄金鲈微卫星标记的基础上筛选高效的微卫星位点，成功地建立了黄金鲈亲子鉴定技术。

（一）用于亲子鉴定的微卫星标记的评估研究

材料鱼来源于俄亥俄州立大学南方研究中心鱼类遗传育种研究组开展的黄金鲈遗传选育项目。随机选取连续 3 年（2006～2008 年）的黄金鲈部分亲本的鳍条样本。样本数量按照年份顺序依次为 36 尾、56 尾和 61 尾，共选取亲本样 153 尾。

采用乙酸铵/异戊醇法提取基因组 DNA，具体操作为：①取小块鳍条组织放入 1.5ml 的离心管中，加入 600μl 细胞裂解液和 10mg/ml 蛋白酶 K 6μl，用剪刀将鳍条剪碎，然后将离心管放入 62℃水浴锅中水浴 2～4h，每隔 0.5h 轻摇离心管，直到组织充分裂解；②常温下，静置离心管，待其温度降到室温，加入 200μl 7.5mol/L 的乙酸铵，充分混匀，放入 4℃冰箱静置 10min，然后于 4℃ 12 000r/min 离心 10min，取上清液；重复离心一次，取上清液；③加入等体积的异戊醇，充分混匀，室温下沉淀 2min，于 4℃、12 000r/min 离心 10min，弃上清，保留 DNA 沉淀；④ 70%乙醇洗涤 DNA 两遍，室温干燥 10min，加入去离子水溶解 DNA，DNA 样品加入 10mg/ml RNA 酶 1μl；⑤利用紫外分光光度仪测量 DNA 浓度和质量，DNA 样品浓度调至 100ng/μl。

1. 微卫星标记的选择和基因分型

前期的一些水产动物的亲子鉴定研究结果表明，用于构建亲子鉴定技术的多态微卫星标记数一般为3~7。微卫星标记筛选的原则：①核心重复序列碱基数大于2，一般选3碱基或4碱基重复；②PCR扩增结果理想（课题组已有相关信息）；③PCR扩增退火温度相同或相近；④基因分型状况（稳定与否，课题组已有相关信息）；⑤扩增片段大小要存在差异。利于多个微卫星标记扩增产物同孔上样检测基因型，最终选取了8个微卫星标记（YP30、YP41、YP49、YP60、YP73、YP78、YP96和YP109，表4-3）用于黄金鲈亲子鉴定研究。

表4-3 实验用黄金鲈微卫星位点引物序列、核心序列、退火温度及扩增片段大小

位点	核心重复序列	引物序列（5'→3'）	大小/bp	T_a/℃
YP 30F	$(TTCT)_6$	ZACATCTATCTCACTTCATTTCACATT	97	55
YP 30R		ACATCTTCCTCTTCTCAAACTCCT		
YP 41F	$(TCTT)_{11}$	ZTTGCTGTGCTGCCATTTC	175	55
YP 41R		CGCTCCCTCCCTCTATCC		
YP 49F	$(TAG)_{12}$	ZCTCGGACAATGGCAAACT	124	57
YP 49R		ATCAGACTGACGACGGCA		
YP 60F	$(AGAA)_{10}$	ZGCTGTTCCTGTAATGTGTTG	195	50
YP 60R		ATGTGTTATTGCTTTGCGTA		
YP 73F	$(CAA)_{16}$	ZGATGGGAGGAAATGGTGAGA	151	55
YP 73R		GAACGCCCAAGCCTGAAT		
YP 78F	$(GTA)_{13}$	ZGCCTTCTTCTGTTATTTTCC	196	55
YP 78R		GCAGCCCTACAATGGTT		
YP 96F	$(ACA)_{13}$	ZGAACCATAAATCACCTTCTAAT	144	55
YP 96R		CTAACACAAGTTTCCACCGC		
YP 109F	$(ACA)_{16}$	ZTCCAGAGGTTGGCAAGACT	147	55
YP 109R		CATTGTTCCGTGTTGCTTCA		

参照Schuelke（2000）发明的单管巢氏PCR扩增方法进行微卫星位点基因分型。荧光标记PCR反应总体系为6μl：3μl JumpStart Red Mix，1.5pmol/L反向引物，1.5pmol/L荧光标记M13通用引物，0.1 pmol/L含尾巴的正向引物，100μmol/L亚精胺，25ng DNA。反应条件为：95℃预变性5min；95℃ 30s，55℃ 30s，72℃ 45s共35个循环；72℃延伸5min。微卫星基因分型的上机体系为：0.5μl GeneScan^{TM} 350 ROX^{TM} Size Standard，6.5μl Hi-Di^{TM} 甲酰胺，1μl 荧光PCR产物。8个微卫星位点根据产物大小区间分成两组（图4-1），然后选择荧光标记，每组产物最大的位点和最小的位点选择相同的荧光标记，其他另外两个位点分别选择另外两种荧光标记。每组中同一个体的荧光PCR产物都取1μl加在同一个孔（96孔板上样）内。将96孔板放入PCR仪中95℃变性10min。变性后将96孔板立即放置冰上，然后上机到ABI 3130基因分析仪进行毛细管电泳。电泳结束后，利用软件GeneMapper 4.0做基因型分型。

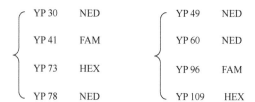

图 4-1　用于黄金鲈亲子鉴定分析的微卫星标记上机分组

2．评估微卫星标记的软件

对于每个亲本群体（2006～2008 年）的每个位点，利用软件 POPGENE（Raymond and Rousset，1995）在线版本（http://wbiomed.curtin.edu.au/genepop/）和 ARLEQUIN 3.1（Schneider et al.，1997）计算等位基因数（the number of alleles，A）、观测杂合度（observed heterozygosity，H_o）、期望杂合度（expected heterozygosity，H_e）多态信息含量（polymorphism information content，PIC）、近交系数（inbreeding coefficient，F_{is}）和 Hardy-Weinberg 平衡。多重检验采用 Bonferroni 校正（sequential Bonferroni correction）。利用软件 Fstat（Goudet，2001）计算等位基因丰富度（allelic richness，Rs）（EI Mousadik and Petit，1996）。

P-Loci（Matson et al.，2008）是一个非常有效的用于评估亲子鉴定研究所需共显性标记（主要指微卫星标记）数量的软件。运行该软件时，输入的交配文件令父本和母本随机交配；软件模拟产生子代基因型信息；每组配对产生子代 100 尾；软件设置最小亲子鉴定分析成功率为 99%。为了确认所需微卫星标记的个数，软件模拟分别产生 10 个、20 个、50 个、100 个、150 个、200 个和 250 个家系。每个家系数，模拟分析 5 次。

3．评估结果

1）微卫星标记遗传参数信息

如表 4-4 所示，所选的 8 个微卫星标记，其扩增片段的区间都较大；每个位点的等位基因数最小为 5，最大的达到 23；期望杂合度范围为 0.6367～0.9131；观测杂合度范围为 0.4262～0.9107；同时这些位点表现出很高的 PIC 值，范围为 0.6212～0.9032，平均 PIC 值为 0.7911。这些结果说明本试验所选的 8 个微卫星标记用于亲子鉴定研究将会非常有效。Fis 值很低，说明 3 个亲本群的近交水平低。通过 Bonferroni 校正后发现，8 个位点在 3 个亲本群中几乎都处于 Hardy-Weinberg 平衡状态。

2）P-Loci 模拟亲子鉴定成功率

一般选育群体的家系数为 100 个左右，当家系数为 100 时，利用本试验选择的 4 个微卫星标记就可以成功获得 90%以上个体的系谱关系；利用本试验选择的全部微卫星标记即 8 个，亲子鉴定成功率可接近 100%。当家系数升至 250 个时，利用本试验选择的 8 个微卫星标记，亲子鉴定成功率也能达到 90%。P-Loci 软件模拟评估结果说明本试验选择的 8 个微卫星标记适于构建黄金鲈亲子鉴定技术。

表 4-4　所选的 8 个微卫星标记在 3 个亲本群体中的遗传参数信息

群体	微卫星位点								平均值
	YP49	YP109	YP96	YP60	YP30	YP73	YP41	YP78	
2006（$N=36$）									
A	8	10	9	11	9	5	8	8	8.9
As	8.1	9.6	8.2	10.0	8.8	5.0	7.7	10.0	8.4
S	123～165	147～189	137～200	200～256	92～120	134～152	180～220	187～231	—
H_o	0.8333	0.5556	0.8056	0.6667	0.6389	0.4722	0.5556	0.5556	0.6354
H_e	0.8275	0.8279	0.7418	0.7696	0.7989	0.7801	0.7786	0.8275	0.7940
PIC	0.8264	0.8206	0.7309	0.7532	0.7904	0.7609	0.7421	0.8145	0.7754
Fis	−0.182	0.100	−0.262	0.052	−0.142	0.093	0.033	0.035	−0.034
P	0.0070	0.1460	0.2986	0.2691	0.3728	0.0801	0.1641	0.8554	—
2007（$N=56$）									
A	9	23	16	9	8	11	9	11	12.5
As	8.1	17.3	13.9	8.9	7.3	8.6	9.2	9.9	10.4
S	129～156	132～210	131～221	200～236	100～140	125～188	184～220	202～240	—
H_o	0.9107	0.8929	0.5893	0.8750	0.4464	0.6250	0.6250	0.8571	0.7277
H_e	0.8153	0.9131	0.8600	0.8499	0.8148	0.6367	0.8531	0.8227	0.8207
PIC	0.8062	0.9032	0.8471	0.8312	0.8023	0.6212	0.8425	0.8113	0.8109
Fis	−0.148	0.022	0.113	−0.030	0.225	0.019	−0.008	−0.156	0.005
P	0.0000	0.0000	0.0000	0.0108	0.0016	0.0111	0.0195	0.0000	—
2008（$N=61$）									
A	13	18	16	9	11	12	11	11	13.4
As	9.1	14.1	11.4	8.2	8.4	8.9	9.6	9.8	9.9
S	117～156	132～201	113～203	200～236	88～148	137～197	184～228	187～234	—
H_o	0.5902	0.8689	0.6230	0.6393	0.4262	0.4918	0.7541	0.8197	0.6516
H_e	0.7995	0.8865	0.7857	0.7472	0.7403	0.7509	0.8259	0.8560	0.7990
PIC	0.7728	0.8713	0.7721	0.7386	0.7234	0.7421	0.8209	0.8414	0.7888
Fis	0.186	−0.086	0.076	0.043	0.375	−0.003	−0.026	−0.068	0.062
P	0.0001	0.0048	0.0353	0.0277	0.0000	0.2365	0.0345	0.0277	—

N，样本数量；S，等位基因片段大小范围（bp）；A，等位基因数；As，等位基因丰富度；H_o，观测杂合度；H_e，期望杂合度；PIC，多态信息含量；Fis，近交系数；P，Hardy-Weinberg 平衡精确检验 P 值。

（二）黄金鲈亲子鉴定技术的应用评估

1. 家系构建、育苗与驯食

电子芯片标记（passive integrated transponder tags，PIT tags）标记的 13 尾母本和 21

尾父本，按照雌：雄为 1:2 或 1:1 的比例构建家系。本试验共 13 组配对组合，其中 12 组配对组合为雌：雄为 1:2，还有 1 组配对组合为雌：雄为 1:1，21 尾父本中有 4 尾被重复利用。每个配对组合放入 55L 的水缸中，自然产卵受精后，每个配对组合的受精卵被移至另一个 25L 的水缸中，流水孵化 11~12d，水温为 11~12℃。13 组配对组合都成功获得子代。如果所有亲本都贡献子代，本试验预期获得 25 个全同胞家系。每个组合产生的子代以相同数目（约 5000 尾/组合）混合，然后放养于一个 0.1hm^2 的土池中育苗 6 周。接着在 400L 水缸中进行驯食 3 周。

2. 家系混养和采样

驯食后，选择 4 个相邻的 0.1hm^2 的池塘（池塘 4、池塘 6、池塘 7 和池塘 8），在每个池塘中投放驯食后的混合家系子代 6100 尾。经过 1 年的养殖，从池塘 4 和池塘 7 中分别采样 150 尾黄金鲈，剪鳍条，保存在 95%乙醇中用于 DNA 的提取。对池塘 4 和池塘 7 的黄金鲈进行淘汰选择：从每个池塘中随机采样 100 尾，测量全长，然后对所有样本的全长进行排序，得到用以淘汰生长较慢的黄金鲈（50%）的全长值，接着从池塘中再随机取 10~20 尾黄金鲈用来设置筛选门的宽度（留大去小）。利用设置好的筛选门，分别淘汰掉池塘 4 和池塘 7 中的一半数量的黄金鲈个体。池塘 4 中选留的黄金鲈转到池塘 6 中，池塘 7 中选留的黄金鲈转到池塘 8 中继续第二年的养殖。同时原来在池塘 6 和池塘 8 中养殖的黄金鲈，经过 1 年的养殖，分别从每个池塘采样 150 尾，剪鳍条，保存在 95%乙醇中用于 DNA 的提取。接着将池塘 6 中的黄金鲈转到池塘 4 中，将池塘 8 中的黄金鲈转到池塘 7 进行第二年的养殖。

完成第二年养殖后，分别从池塘 6、池塘 8、池塘 4 和池塘 7 中随机采样 122 尾、147 尾、148 尾和 146 尾；同时分别从池塘 6、池塘 8、池塘 4 和池塘 7 中采集生长最快的 10%黄金鲈 111 尾、105 尾、137 尾和 127 尾，剪鳍条，保存在 95%乙醇中用于 DNA 的提取。

家系混养过程中，投喂来自美国犹他州 Nelson and Sons 饲料公司的配合饲料（Silver Cup，含蛋白质 45%、脂肪 16%）。夏季时，每天饲料的投喂量为鱼质量的 2%；春季和秋季时，每天饲料的投喂量为鱼质量的 3%；冬季时，水温超过 10℃时，每天饲料的投喂量为鱼质量的 1%。每天监测池塘中水的溶氧量，保证其值不低于 5.0mg/L。同时，每天测量水温。

3. 微卫星标记基因分型

利用 8 个多态微卫星标记（YP30、YP41、YP49、YP60、YP73、YP78、YP96 和 YP109）对上述 1677 尾黄金鲈进行基因分型，其中包括 34 尾亲本和 1643 尾子代。

4. 亲子鉴定分析及结果

亲子鉴定分析利用 Cervus 3.0 软件（Marshall et al., 1998）的排除法，分别依次进行等位基因频率分析（allele frequency analysis）、模拟分析［simulation of parentage analysis, parent pair（sexes known）］和亲子分析［parent analysis, parent pair（sexes known）]，最后得到亲子鉴定结果。运行等位基因频率分析，得到每一个微卫星位点的等位基因频率、观测杂合度、期望杂合度、PIC、排除率、无效等位基因频率及哈迪-温伯格平衡结果，用于模拟分析和亲子分析。运行模拟10 000次，得到不同置信水平（95%和80%）的Delta值标准，最后进行亲子分析，根据LOD值（即似然率的自然对数值）大小最终判定亲子关系。

亲子鉴定软件分析的模拟结果显示本文利用8个微卫星位点对不同池塘养殖、不同生长阶段和不同生长速度的黄金鲈群体进行了亲子鉴定研究，几乎都获得了100%的理论鉴定成功率，即每个子代都鉴定出了一对候选父母本。结合配对组合信息，实际获得了很高的亲子鉴定成功率。1643尾子代中有1543尾获得了亲子鉴定信息。不同池塘养殖、不同生长阶段和不同生长速度的黄金鲈群体的成功率值从91%到97%，亲子鉴定平均成功率为94%（表4-5）。

表4-5 黄金鲈亲子鉴定结果

	第一年（随机群体）				第二年（随机群体）				第二年（生长最快的10%群体）				合计
	P4	P7	P6	P8	P6	P8	P4	P7	P6	P8	P4	P7	
NOSP	150	150	150	150	122	147	148	146	111	105	137	127	1643
NOPAP	142	139	145	140	117	137	138	137	101	98	126	123	1543
SROPA	95%	93%	97%	93%	96%	93%	93%	94%	91%	93%	92%	97%	94%

P4，池塘4；P7，池塘7；P6，池塘6；P8，池塘8；NOSP，采集的子代样本数；NOPAF，确定亲本信息的子代个数；SROPA，亲子关系判定成功率。

(三) 黄金鲈亲子鉴定技术总结

通过"用于亲子鉴定的微卫星标记的评估研究"试验和"黄金鲈亲子鉴定技术的应用评估"试验，黄金鲈亲子鉴定技术成功构建，以下对该技术的主要要素进行归纳。

①微卫星标记。8个微卫星标记分别是YP30、YP41、YP49、YP60、YP73、YP78、YP96和YP109。②基因组DNA提取。乙酸铵/异戊醇法或Whatman®微平板法（96孔板法，该方法适合大规模样本的DNA提取）。③荧光标记PCR反应总体系6μl：3μl JumpStart Red Mix，1.5pmol/L反向引物，1.5pmol/L荧光标记通用引物，0.1 pmol/L含尾巴的正向引物，100μmol/L亚精胺，25ng DNA。反应条件为：95℃预变性5min；95℃ 30s，55℃ 30s，72℃ 45s共35个循环，然后72℃延伸5min。④微卫星标记的上机分组和相应的荧光通用引物：第一组为YP30（NED）、YP 41（FAM）、YP 73（HEX）和YP 78（NED）；第二组为YP49（NED）、YP60（NED）、YP 96（FAM）和YP 109（HEX）。微卫星基因分型上机体系（每孔）为：0.5μl GeneScan^{TM} 350 ROX^{TM} Size Standard、6.5μl Hi-Di^{TM}甲酰胺和荧光PCR产物4μl（每个标记1μl）。⑤亲子鉴定分析软件，Cervus 3.0。利用该软件分别依次进行等位基因频率分析、模拟分析和亲子分析，然后根据LOD值大小最终判定亲子关系。

第二节 黄金鲈群体遗传学分析

黄金鲈（*Perca flavescens*）是北美淡水食物网生态链中的重要组成部分，分布在整个新北区，从美国的南卡罗来纳州到加拿大的新斯科舍省，西至五大湖地区和密西西比河流域，北至红河盆地（Nelson，1976）。黄金鲈是一种肉食性鱼类，主要以浮游动物、昆虫幼虫、小龙虾及小型鱼类为食（Hildebr and Schroeder，1928）。自20世纪50年代以来，由于天气异常变化、饥饿、竞争、新的病原菌及外来物种（如五大湖的斑马贻贝）等原因，黄金鲈野生种群数量大量减少（Eshenroder，1977；Wells，1977；McComish，1986；Marsden and Robillard，2004）。同时，黄金鲈被引入到美国西部的大部分水域，并且逐渐在这些地区定植下来（Coots，1956），继而和土著鱼类竞争食物或捕食土著鱼类（Echo，1955）。

黄金鲈群体遗传学已有研究报道。Leclerc 等（2008）利用微卫星和 mtDNA 对黄金鲈群体的遗传变异进行了比较研究，基于微卫星评估的遗传变异明显高于基于 mtDNA 评估的遗传变异。Miller（2003）利用微卫星研究密歇根湖黄金鲈群体遗传结构发现，该群体有着较高的遗传变异，而之前基于异构酶和 mtDNA 评估的遗传变异较小。

除了具有重要的生态学意义，黄金鲈还是一种受欢迎的食物、一种公共水族馆鱼类和受欢迎的休闲垂钓鱼类。黄金鲈味鲜美、脂肪和磷脂含量低，这些特点使其受到了消费者和餐饮行业的青睐（Malison，2000）。1950～1990年间，尽管五大湖黄金鲈种群数量下降了很多，但是市场对黄金鲈的需求仍然很高，说明人们对黄金鲈强烈的喜好（Malison，2000；Manci，2001）。现今，黄金鲈有很高的市场价值，与鲇、虹鳟及其他淡水鱼类一样具有较高经济价值和较大的养殖潜力（Malison，2000）。2002年黄金鲈平均零售价为 26 美元/kg，相比 11 美元/kg 的鲇（肯塔基州立大学 2003）和 8～12 美元/kg 新鲜罗非鱼鱼片价格高得多（Lutz et al.，2003）。

因为持续的高需求及五大湖过度的污染，使得黄金鲈养殖受到了极大欢迎（Malison，2000）。为提高黄金鲈水产养殖量，俄亥俄州立大学推行了一个 O'GIFT（俄亥俄州养殖鱼类经济性状遗传改良）计划，旨在提高黄金鲈和其他鱼类的水产养殖量。本研究组（俄亥俄州立大学南方研究中心鱼类遗传育种研究组）采集了 6 个不同地理群体的黄金鲈群体作为黄金鲈育种的基础群体。本章利用多态微卫星标记对这 6 个黄金鲈群体进行了遗传结构的分析，分析结果可为黄金鲈育种策略的确定提供重要依据。

一、黄金鲈群体采集

2003～2004 年间从缅因州（ME, Sebasticook River；$n=96$）、北卡罗莱纳州（NC, Perquimans River；$n=62$）、纽约州（NY, Erie Canal；$n=76$）和宾夕法尼亚州（PA, Wallenpaupack Lake；$n=97$）采集了 4 个黄金鲈野生群体，同时从密歇根州（MI, Saginaw Bay；$n=88$）和俄亥俄州立大学南方研究中心（OH, Erie Lake；$n=73$）采集获得了 2 个黄金鲈养殖群体。16 个多态微卫星标记被用于这 6 个黄金鲈群体的遗传结构分析。

二、群体遗传学分析

(一) 群体内遗传变异

所有群体中,16 个微卫星位点中总计有 223 个等位基因被发现,其中 37%等位基因发生率低于 5%。每个位点的等位基因数从 3(微卫星 P2)到 22(微卫星 P4)不等,每个位点平均有 7 个等位基因。只有密歇根州养殖群体展示出好的群体遗传结构(即符合哈迪温伯格平衡,F 和 $F$is 接近于零)。其他群体显著偏离哈迪温伯格平衡(表 4-6)。除了 MI,其他群体存在明显的杂合子缺失($P<0.0001$),表明这些群体偏离了随机交配。群体中微卫星位点 PflaL2、PflaL4、PflaL5、YP1、YP9-1、YP13、YP17、YP30 和 YP32 等位基因频率的双峰分布表明了无效等位基因、亚群结构或最近有祖先种群补充的可能性。尽管在所有位点连锁不平衡并不常见,6 个地理群体中的 5 个均出现了明显的连锁不平衡现象。PA 群体中发现了 4 个连锁群,OH 群体中发现了 3 个连锁群,MI 和 NY 中各 3 个连锁群,NC 中只有 1 个连锁群。单个位点 $F$is 值为 –0.55(MI:YP30)~0.90(MI:YP79),除 MI 群体外,其均值约为 0.20。PA 群体表现出最低的近亲繁殖($F<0.2$),ME 组表现出中等近亲繁殖($F=0.2$),NY 和 NC 种群表现出较高的近亲繁殖($F=0.3$)。近亲系数 F 的分布图显示 MI 和其他 5 个群体之间明显不同($P<0.0001$)(图 4-2)。

表 4-6 6 个不同地理黄金鲈群体遗传变异分析结果

位点	群体						平均值
PflaL2	ME	MI	NY	NC	OH	PA	
A	10	7	12	16	14	2	11
H_o	0.58	0.75	0.86	0.94	0.75	0.91	0.80
H_e	0.70	0.71	0.88	0.83	0.84	0.87	0.80
HWE	0.0136	0.5417	0.7702	0.0568	0.1067	0.9836	
PflaL4							
A	29	25	18	23	16	21	22
H_o	0.58	0.57	0.64	0.88	0.90	0.63	0.70
H_e	0.87	0.91	0.91	0.94	0.92	0.88	0.91
HWE	0.0000	0.0000	0.0000	0.0000	0.0219	0.0000	
PflaL5							
A	9	8	6	8	2	6	7
H_o	0.47	0.47	0.62	0.63	0.50	0.23	0.49
H_e	0.57	0.45	0.70	0.80	0.40	0.34	0.54
HWE	0.0000	0.0146	0.2125	0.0895	1.0000	0.0000	
PflaL6							
A	5	10	13	14	13	15	12
H_o	0.27	0.68	0.73	0.51	0.83	0.56	0.60
H_e	0.25	0.59	0.81	0.68	0.87	0.75	0.66

续表

位点	群体						平均值
PflaL6							
HWE	0.8457	0.0459	0.0000	0.0286	0.0004	0.0000	
PflaL9							
A	4	9	12	10	11	18	11
H_o	0.24	0.73	0.29	0.55	0.86	0.64	0.55
H_e	0.59	0.76	0.81	0.88	0.86	0.85	0.79
HWE	0.0000	0.0165	0.0000	0.0043	0.6077	0.0000	
YP1							
A	7	3	6	8	4	9	6
H_o	0.40	0.04	0.31	0.07	0.18	0.72	0.29
H_e	0.67	0.04	0.70	0.41	0.46	0.80	0.52
HWE	0.0000	1.0000	0.0000	0.0000	0.0014	0.0009	
YP6							
A	9	2	2	3	2	5	4
H_o	0.45	0.06	0.55	0.38	0.24	0.42	0.35
H_e	0.53	0.06	0.43	0.45	0.21	0.51	0.37
HWE	0.0000	1.0000	0.0293	0.3243	1.0000	0.0000	
YP7							
A	4	4	4	5	10	7	6
H_o	0.68	0.64	0.30	0.27	0.34	0.67	0.49
H_e	0.49	0.49	0.59	0.50	0.57	0.74	0.56
HWE	0.0000	0.0002	0.0000	0.0000	0.0000	0.0000	
YP9-1							
A	5	6	5	7	4	5	5
H_o	0.28	0.91	0.20	0.31	0.78	0.54	0.50
H_e	0.24	0.63	0.26	0.32	0.71	0.56	0.45
HWE	0.5666	0.0000	0.0013	0.0982	0.0000	0.0000	
YP13							
A	12	6	11	12	7	14	10
H_o	0.43	0.45	0.43	0.44	0.36	0.70	0.47
H_e	0.54	0.42	0.83	0.78	0.73	0.88	0.70
HWE	0.0015	0.9383	0.0000	0.0000	0.0000	0.0000	
YP16							
A	4	3	2	3	3	5	3
H_o	0.42	0.20	0.51	0.54	0.39	0.51	0.43
H_e	0.56	0.26	0.50	0.58	0.44	0.47	0.47
HWE	0.0000	0.0671	1.0000	0.3978	0.3004	0.6979	

续表

位点	群体						平均值
YP17							
A	5	5	5	4	4	5	5
H_o	0.48	0.65	0.39	0.57	0.70	0.48	0.55
H_e	0.49	0.57	0.70	0.59	0.63	0.61	0.60
HWE	0.0000	0.0279	0.0000	0.7337	0.1012	0.0005	
YP30							
A	4	5	4	3	3	5	4
H_o	0.68	0.82	0.79	0.76	0.87	0.97	0.81
H_e	0.66	0.53	0.57	0.59	0.65	0.66	0.61
HWE	0.0621	0.0000	0.0000	0.0131	0.0003	0.0000	
YP66							
A	5	3	5	6	5	5	5
H_o	0.21	0.13	0.33	0.56	0.29	0.47	0.33
H_e	0.44	0.15	0.79	0.80	0.73	0.67	0.60
HWE	0.0000	0.0266	0.0000	0.007	0.0000	0.0000	
YP73							
A	6	4	6	4	4	5	5
H_o	0.08	0.09	0.07	0.22	0.27	0.04	0.13
H_e	0.70	0.32	0.58	0.74	0.56	0.35	0.54
HWE	0.0000	0.0000	0.0000	0.0000	0.0000	0.0000	
YP79							
A	6	3	7	3	3	5	5
H_o	0.36	0.03	0.58	0.76	0.54	0.51	0.46
H_e	0.50	0.25	0.64	0.56	0.65	0.47	0.51
HWE	0.0085	0.0000	0.0005	0.0000	0.0000	0.0243	

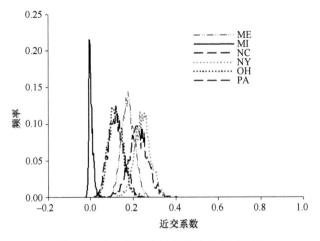

图 4-2 黄金鲈 6 个地理群体近交系数图

(二)群体间遗传变异

各个群体的微卫星等位基因频率是不同的,表明不同群体之间存在显著的遗传分化($\chi^2=\infty$,$P=0.0000$)。本章中整个北美地区黄金鲈亲本 Φ_{ST} 值为 0.242($P<0.0001$),表明大约 24.2%的遗传多样性发生于不同地理群体之间,而不是群体内。ME 和 MI 群体遗传差异最大($\Phi_{ST}=0.490$;$P<0.0001$),OH 和 NY 群体之间的最小($\Phi_{ST}=-0.052$;$P=0.999$)(表 4-7)。OH 和 NY 群体之间 F_{st} 最低为 0.05,ME 和 MI 群体之间的最高为 0.44(表 4-7)。不同地理黄金鲈群体间的遗传距离(D_S)为 0.13(NY 和 OH 之间)~1.15(MI 和 ME 之间)(表 4-8 和图 4-3)。两两之间的有效迁移率(N_em)为 0.3(ME 和 MI 之间)~4.5(OH 和 NY 之间)(表 4-8)。不同地理群体抽样分析结果,发现遗传距离(D_S)和地理距离之间没有显著的关系($Z=1917$,$P=0.639$)。

表 4-7　6 个黄金鲈群体间 F_{st}(对角线上方)和 Φ_{ST} 值

群体	ME	MI	NC	NY	OH	PA
ME		0.445	0.185	0.179	0.189	0.207
MI	0.490(0.000)		0.345	0.220	0.164	0.338
NC	0.251(0.000)	0.455(0.000)		0.106	0.122	0.091
NY	0.159(0.000)	0.315(0.000)	0.125(0.000)		0.052	0.091
OH	0.146(0.000)	0.191(0.000)	0.064(0.000)	−0.051(0.999)		0.154
PA	0.208(0.000)	0.453(0.000)	0.198(0.000)	0.115(0.000)	−0.006(0.952)	

表 4-8　6 个黄金鲈群体间有效迁移率和遗传距离(对角线上方)

群体	ME	MI	NC	NY	OH	PA
ME		1.15	0.36	0.37	0.40	0.45
MI	0.31		0.77	0.35	0.20	0.82
NC	1.10	0.47		0.28	0.31	0.41
NY	1.15	0.89	2.10		0.13	0.20
OH	1.07	1.27	1.80	4.51		0.40
PA	0.96	0.49	1.34	2.49	1.34	

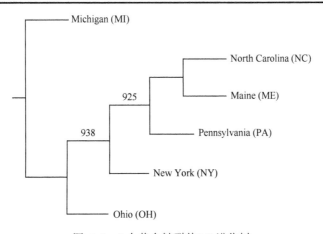

图 4-3　6 个黄金鲈群体 NJ 进化树

三、结语

本节中黄金鲈群体亲缘关系和遗传距离与先前的报道是一致的。微卫星位点的平均等位基因数（7）与之前的报道相近。Miller（2003）观察到相近数量的等位基因数（平均 8.7，3.2～19.1）和 Leclerc 等（2008）记录的等位基因数为 7.5，范围为 2～18。本章评估的黄金鲈群体观测杂合度为 0.04～0.88，比 Miller（2003）评估的 0.21～0.86 和 Leclerc 等（2000）评估的 0.25～0.82 范围更广，这可能与本章使用了更多的黄金鲈群体数量、采集的各群体个体数更多及更广的采样面积有关。基于这些多态性位点的遗传变异分析结果，表明本章选择的 6 个黄金鲈群体具有一定的育种价值。

目前的数据表明，黄金鲈之间存在非随机交配现象。黄金鲈明显下降的产卵群体数量（McComish，1986；Marsden and Robillard，2004）等同于一个遗传瓶颈，制约着黄金鲈种群规模（Sanderson et al.，1999）。自然选择和/或竞争会导致更大种群数量的黄金鲈生殖隔离。尽管我们在捕获点没有发现最近的二级或三级捕捞网，这样的活动是常见的且会影响到黄金鲈的随机交配。另外，捕捞，特别是捕捞较大的雌性个体，也可导致高水平的近亲繁殖，呈现非随机交配现象。

遗传多样性评估（F_{st}）显示密歇根州黄金鲈群体与其他群体之间的遗传距离最远，纽约州群体和俄亥俄州群体遗传关系最近。种群之间的遗传分化与地理距离不相关。总的来说，本章采集的黄金鲈养殖群体（密歇根州和俄亥俄州）和野生群体都存在遗传差异，表明到目前为止，黄金鲈群体遗传变异水平没有显著降低。

第三节　黄金鲈生长性状微卫星标记辅助育种技术

众所周知，现在畜牧业的快速发展很大程度上归功于利用选择育种技术进行的优良品种的开发。近 20 多年来，水产养殖业迅速发展，无论是在管理水平、养殖技术工艺还是在营养研究等领域都取得了长足的进展，但是同时水产养殖业也面临着各种难题，如病害问题、种质混乱问题。为了使水产养殖业持续健康地发展，水产动物遗传育种越来越受到关注。随着科学技术和育种实践的发展，产生了多种多样的水产动物遗传改良方法，如杂交育种、性别调控育种和多倍体育种等遗传操作水平上的育种方法，以及选择操作水平上的育种方法（即选择育种）如群体选育和家系选育。目前，在各种遗传改良方法中，选择育种在水产动物育种中应用最广（Moav and Wohlfarth，1976；Gjedrem，1983；Gjerde，1986；Huang and Liao，1990；Robert，2004；Gjedrem and Thodesen，2005），效益也最明显，如著名的挪威大西洋鲑选择育种计划（胡红浪，2003）。

水产动物选择育种方法主要分为群体选育和家系选育。对比家系选育，群体选育操作简单，对育种者的要求不是很高，并且育种投资不大。但是群体选育时，亲本随机交配，近交难以控制，极易产生衰退现象，当衰退严重时会导致育种计划的夭折。另外，还有报道发现，有些物种运用群体选育方法经过第一代选育后获得的遗传进展无法持续到第二代（Friars et al.，1990）。因此，家系选育被认为是一种更有效率的选择育种方法

(Hershberger et al., 1990; O'Flynn et al., 1999)。

在传统的家系选择方法中，各个家系需要分养或等到各家系子代长大到足够使用物理标记时再混养，这就要求在实施选育工作时要有大量的养殖设备（如池塘、水缸或网箱）来分养家系。由于对养殖设备数量的要求，许多育种计划不能使用足够多的家系进行选育，最后难以获得理想的选育效益。幸运的是，随着分子生物学的发展，尤其是分子标记如RFLP、AFLP和SSR等的出现，使得任何时期（从受精卵时期开始）的家系混养成为可能，这就大大地减少了养殖设备的数量，同时使大规模家系育种在许多的水产动物（尤其是地方性种类，其往往不能获得很大的资金资助来开展育种计划）育种计划中实现。另外，家系混合养殖消除了环境差异和养殖差异，这有助于遗传参数的准确评估。目前，借助于分子标记（一般为微卫星标记，SSR）的大规模家系育种技术开始流行于水产动物育种研究中，越来越多的水产动物育种计划在使用此技术选育优良品种。

作为一个鱼类遗传育种团队，在美国农业部的资助下，我们开始了黄金鲈选育计划，以期育成黄金鲈生长性状优良品种，从而解决黄金鲈养殖过程中的"生长缓慢"问题。综合考虑黄金鲈现有的遗传背景信息（暂无高密度遗传连锁图谱，因此无法采用聚合育种技术），我们选用的育种技术是当今流行的分子育种技术中的微卫星标记辅助大规模家系育种技术（图4-4）。

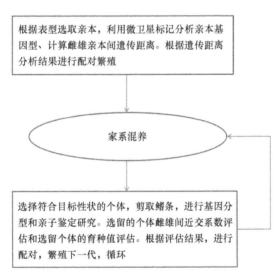

图4-4 微卫星标记辅助家系选育流程图

选育过程中，在不同的生长阶段，对选育群体进行选择，选留繁殖下一代的预备亲本，可以大大缩小育种计划的开支和缩短育种周期（Chevassus et al., 2004）。因此，本文构建了两种用于黄金鲈生长性状选育的微卫星标记辅助家系育种技术。这两种技术分别是：①育种技术一，微卫星标记辅助的家系育种技术，该技术的核心内容是利用微卫星标记使家系混养，同时，根据雌雄亲本间近交系数和亲本育种值进行雌雄配对繁殖选育下一代，该技术没有多步选择亲本，因此称之为一步选择法（one-stage selection, OSS）；

②育种技术二，结合亲本多步选择的微卫星标记辅助的家系育种技术，该技术是在育种技术一的基础上加入了亲本两步选择的步骤，称之为二步选择法（two-stage selection，TSS）。本文对两种育种技术进行了比较研究。

一、家系构建、育苗与驯食

同第一节的第二部分。图 4-5 表示亲本配对过程（图 4-5A）、孵化过程（图 4-5B）、育苗过程（图 4-5C）和驯食后的黄金鲈个体（图 4-5D）。

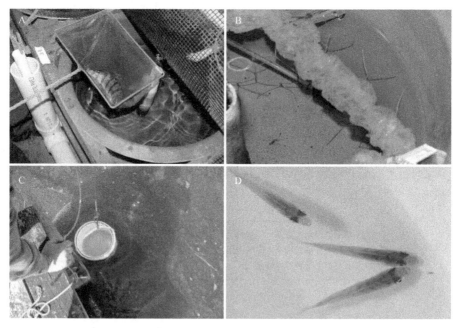

图 4-5 亲本配对过程（A）、孵化过程（B）、育苗过程（C）和驯食后的黄金鲈个体（D）（另见彩图）

二、育种技术一

图 4-6 为用于黄金鲈生长性状选育的微卫星标记辅助家系育种技术即育种技术一的具体操作流程图。将驯食后的黄金鲈家系混合群体放养到池塘 6 和池塘 8 中，每个池塘放养 6100 尾。经过 1 年的养殖，分别从每个池塘随机采样 150 尾，剪鳍条，保存在 95%乙醇中用于 DNA 的提取。接着将池塘 6 中的黄金鲈转到池塘 4 中，将池塘 8 中的黄金鲈转到池塘 7 完成第二年的养殖。然后，分别从池塘 4 和池塘 7 中随机采样 148 尾和 146 尾，剪鳍条，保存在 95%乙醇中用于 DNA 的提取。同时，从每个池塘筛选出长得最快的 10%个体（池塘 4：137 尾；池塘 7：127 尾），用作繁殖下一代的候选亲本，根据雌雄间近交系数和亲本的育种值进行雌雄选配组合。

三、育种技术二

图 4-7 为用于黄金鲈生长性状选育的结合亲本多步选择的微卫星标记辅助家系育

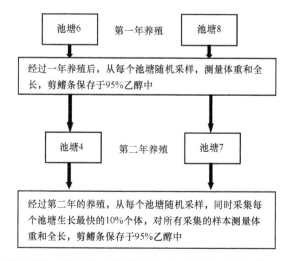

图 4-6 用于黄金鲈生长性状选育的微卫星标记辅助家系育种技术（一步选择法）

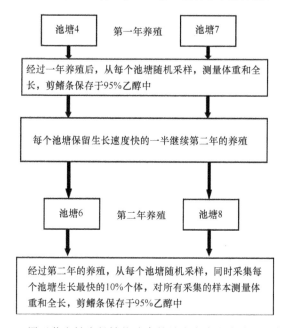

图 4-7 用于黄金鲈生长性状选育的结合亲本多步选择的微卫星
标记辅助的家系育种技术（二步选择法）

种技术即育种技术二的具体操作流程图。将驯食后的黄金鲈家系混合放养到池塘 4 和池塘 7 中，每个池塘放养 6100 尾。经过 1 年的养殖，分别从每个池塘随机采样 150 尾，剪鳍条，保存在 95%乙醇中用于 DNA 的提取。接着对池塘 4 和池塘 7 的黄金鲈进行淘汰选择：从每个池塘中随机采样 100 尾，测量全长，然后对所有样本的全长进行排序，得到用以淘汰生长较慢的黄金鲈（50%）的全长值，接着从池塘中再随机取 10~20 尾黄金鲈用来设置筛选闸的宽度（留大去小）。利用设置好的筛选闸，分别淘汰掉池塘 4 和池塘 7 中的一半数量的黄金鲈个体。池塘 4 中选留的黄金鲈转到池塘 6 中，池塘 7 中选留的黄金鲈转到池塘 8 中继续完成第二年的养殖。然后，分别从池塘

6 和池塘 8 中随机采样 122 尾和 147 尾，剪鳍条，将鳍条保存在 95%乙醇中用于 DNA 的提取。同时，从每个池塘筛选出长的最快的 10%个体（池塘 6：111 尾；池塘 8：105 尾），用作繁殖下一代的候选亲本，根据雌雄间近交系数和亲本的育种值进行雌雄选配组合。

四、不同池塘养殖环境评估

统计分析结果表明，4 个池塘间水的溶氧量和温度均没有显著差异（$P>0.05$）。

五、不同池塘中黄金鲈群体遗传结构

如表 4-9 所示，一龄黄金鲈群体、育种技术一的二龄黄金鲈群体和育种技术二的二龄黄金鲈群体的总的平均等位基因数分别是 9.8、10.8 和 11。一龄和二龄黄金鲈各个群体在每个微卫星位点上的观测杂合度分别为 0.40~0.96、0.45 和 0.96。一龄黄

表 4-9 不同年龄(一龄和二龄)和不同池塘的黄金鲈群体的等位基因数(A)、期望杂合度(H_e)、观测杂合度(H_o)和多态信息含量(PIC)，以及不同育种技术下的二龄黄金鲈群体的 A 和 H_e

		池塘 4			池塘 7			池塘 6			池塘 8			池塘 11		
	基因座 A	H_o	H_e	PIC	A	H_o	H_e	PIC	A	H_o	H_e	PIC	A	H_o	H_e	PIC
第一年 YP30	5	0.42	0.51	0.44	5	0.40	0.47	0.41	5	0.46	0.50	0.43	5	0.47	0.50	0.44	6	0.44	0.50	0.43
YP41	6	0.66	0.66	0.62	6	0.73	0.66	0.61	6	0.64	0.66	0.62	6	0.77	0.70	0.66	7	0.70	0.67	0.63
YP49	8	0.90	0.73	0.67	6	0.84	0.71	0.66	7	0.80	0.70	0.64	9	0.84	0.72	0.66	9	0.85	0.72	0.66
YP60	9	0.93	0.78	0.75	9	0.89	0.77	0.74	9	0.81	0.74	0.71	9	0.87	0.76	0.73	10	0.88	0.76	0.73
YP73	5	0.55	0.50	0.43	6	0.52	0.46	0.38	6	0.73	0.60	0.52	5	0.76	0.62	0.55	7	0.64	0.56	0.48
YP78	8	0.77	0.78	0.74	8	0.73	0.74	0.70	11	0.78	0.74	0.70	10	0.83	0.79	0.76	11	0.78	0.77	0.73
YP96	8	0.93	0.74	0.70	9	0.75	0.68	0.63	9	0.73	0.66	0.61	11	0.86	0.73	0.69	11	0.82	0.71	0.66
YP109	14	0.96	0.81	0.79	13	0.88	0.79	0.75	12	0.89	0.77	0.74	13	0.94	0.80	0.77	17	0.92	0.79	0.77
Mean	79	0.98	0.69	0.64	7.8	0.98	0.66	0.61	8.1	0.98	0.67	0.62	8.5	0.98	0.70	0.66	9.8	0.98	0.68	0.64

		池塘 6			池塘 8			池塘 4			池塘 7			TSS		OSS
	基因座 A	H_o	H_e	PIC	A	H_o	H_e	PIC	A	H_o	H_e	PIC	A	H_o	H_e	PIC	A	H_e	A	H_e
第一年 YP30	11	0.45	0.58	0.54	8	0.49	0.55	0.50	7	0.48	0.54	0.48	8	0.49	0.58	0.52	12	0.56	9	0.56
YP41	8	0.76	0.65	0.61	7	0.77	0.66	0.62	6	0.81	0.67	0.62	8	0.78	0.68	0.64	9	0.66	8	0.68
YP49	10	0.82	0.70	0.64	9	0.75	0.68	0.62	8	0.81	0.71	0.65	9	0.83	0.70	0.64	12	0.69	9	0.70
YP60	7	0.78	0.70	0.66	8	0.75	0.69	0.66	10	0.79	0.70	0.67	10	0.74	0.70	0.67	8	0.70	12	0.70
YP73	8	0.60	0.53	0.44	5	0.58	0.53	0.44	6	0.65	0.57	0.48	7	0.72	0.59	0.51	8	0.53	7	0.58
YP78	8	0.85	0.76	0.72	11	0.80	0.76	0.72	9	0.94	0.73	0.69	10	0.85	0.77	0.74	11	0.76	10	0.76
YP96	11	0.80	0.68	0.62	11	0.65	0.60	0.54	9	0.82	0.69	0.64	11	0.79	0.71	0.66	12	0.64	13	0.70
YP109	13	0.96	0.80	0.77	13	0.96	0.80	0.77	15	0.91	0.77	0.74	16	0.86	0.80	0.78	16	0.80	18	0.79
Mean	9.5	0.96	0.67	0.63	9.3	0.92	0.66	0.61	9	0.93	0.67	0.62	9.9	0.91	0.69	0.64	11	0.67	10.8	0.68

OSS，一步选择法；TSS，二步选择法；第二年，带#的池塘为实施技术二即二步选择法的池塘；第二年，不带#的池塘为实施技术一即一步选择法的池塘。

金鲈群体、育种技术一的二龄黄金鲈群体和育种技术二的二龄黄金鲈群体的总平均期望杂合度分别是 0.68、0.68 和 0.67。不同池塘养殖的一龄和二龄黄金鲈群体的平均 PIC 值为 0.61～0.66。任意两个一龄黄金鲈群体间的平均 A 和 H_e 不存在显著差异（$P>0.05$）。育种技术二中两个池塘间二龄黄金鲈群体的平均 A 和 H_e 不存在显著差异，而育种技术一中两个池塘间二龄黄金鲈群体的平均 A 和 H_e 存在显著差异。两种育种技术间二龄黄金鲈群体的平均 A 和 H_e 不存在显著差异。

六、黄金鲈亲子鉴定

亲子鉴定的成功率为 94%，具体信息可见表 4-5。子代由 25 个全同胞家系构成，所有亲本都贡献了子代。卡方检验结果表明各黄金鲈群体母系同胞家系大小差异明显，说明黄金鲈存活率存在明显的父母本效应。

七、黄金鲈生长性状和家系大小的池塘效应

4 个池塘养殖的一龄黄金鲈平均体重和平均全长分别为 16.91～27.46g 和 11.05～13.03cm。由图 4-8 可知，池塘间一龄黄金鲈体重和全长的差异均比较显著。

各个育种技术内，两池塘间的二龄黄金鲈随机群体及长得快的 10%群体的体重（全长）存在一定的差异（表 4-10）。

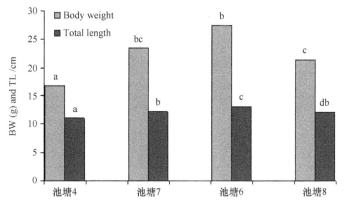

图 4-8 不同池塘中一龄黄金鲈平均体重和平均全长及差异分析
有相同小写字母的平均体重/全长组差异不显著（$P>0.05$）

表 4-10 二龄黄金鲈随机群体和长得快的 10%群体在不同池塘中的平均体重和平均全长，以及相同育种技术内池塘间二龄黄金鲈随机群体及长的快的 10%群体体重（全长）的差异分析

第二年	随机群体		长的快的 10%群体	
	BW /g	TL /cm	BW /g	TL /cm
池塘 6[#]	123.06±38.60[a]	22.42±2.25[a]	193.62±69.94[a]	24.04±2.55[a]
池塘 8[#]	128.29±46.98[a]	21.55±2.28[b]	178.05±62.90[a]	23.42±2.42[a]
池塘 4	102.40±33.79[a]	21.08±2.38[a]	146.79±59.43[a]	22.29±2.44[a]
池塘 7	119.11±51.40[b]	20.98±2.46[a]	183.71±59.66[b]	23.77±2.24[a]

#，二步选择法；在每种育种技术中（一步选择法或二步选择法），同一列的两个值带着不同字母上标表示两个值存在显著差异（$P<0.05$）。

除了池塘 4 和池塘 7 之间一龄黄金鲈群体家系平均体重存在显著相关外（$P=0.043$），其他各组池塘间一龄黄金鲈群体家系平均体重和家系平均全长不存在显著相关，说明黄金鲈在生长的第一年，如果某个家系在一个池塘中长得很快，并不意味着该家系在另外的池塘中也一样的优秀，反映了较明显的池塘效应（表 4-11）。每种育种技术内，没有发现两个池塘间二龄黄金鲈随机群体家系平均体重和家系平均全长存在显著相关。育种技术二中，两个池塘间二龄黄金鲈生长的快的 10%群体家系平均体重和家系平均全长不存在显著相关，虽然相反的结果在育种技术一内的两个池塘间发现（表 4-12）。表 4-12 所显示的结果在一定程度上也反映了池塘效应的存在。

不同池塘间一龄黄金鲈群体家系大小，以及不同育种技术内两池塘间二龄黄金鲈随机群体及长得快的 10%群体家系大小存在极显著相关（$P<0.01$，表 4-13），说明池塘效应不显著作用于家系存活率。

表 4-11 不同池塘间一龄黄金鲈群体家系平均体重及家系平均全长的相关系数和 P 值

相关系数 CC	家系平均体重			家系平均全长		
	池塘 7	池塘 6	池塘 8	池塘 7	池塘 6	池塘 8
池塘 4	0.51* ($P=0.043$)	0.085 ($P=0.75$)	0.20 ($P=0.46$)	0.48 ($P=0.063$)	−0.007 ($P=0.98$)	0.15 ($P=0.58$)
池塘 7	—	−0.05 ($P=0.85$)	0.17 ($P=0.53$)	—	−0.084 ($P=0.76$)	0.18 ($P=0.51$)
池塘 6	—	—	−0.16 ($P=0.56$)	—	—	−0.17 ($P=0.53$)

*表示显著相关（$P<0.05$）。

表 4-12 不同育种技术内两池塘间二龄黄金鲈随机群体及长得快的 10%群体的家系平均体重和家系平均全长的相关系数和 P 值

相关系数 CC	随机群体		长的快的 10%群体	
	池塘 6# × 池塘 8#	池塘 4 × 池塘 7	池塘 6# × 池塘 8#	池塘 4 × 池塘 7
家系平均体重 MFW	0.027 ($P=0.92$)	−0.039 ($P=0.88$)	0.19 ($P=0.47$)	0.58* ($P=0.011$)
家系平均全长 MFL	−0.07 ($P=0.78$)	−0.045 ($P=0.86$)	0.17 ($P=0.55$)	0.53* ($P=0.024$)

#表示二步选择法；*表示相关显著（$P<0.05$）。

表 4-13 不同池塘间一龄黄金鲈群体家系大小的相关系数和 P 值，以及不同育种技术内两池塘间二龄黄金鲈随机群体及长得快的 10%群体的家系大小的相关系数和 P 值

相关系数 CC	第一年			第二年 随机群体		第二年 长的快的 10%群体	
	池塘 7	池塘 6	池塘 8	池塘 7	池塘 8#	池塘 7	池塘 8#
池塘 4	0.80** ($P=0.00$)	0.85** ($P=0.00$)	0.88** ($P=0.00$)	0.82** ($P=0.00$)	—	0.78** ($P=0.00$)	—
池塘 7	—	0.82** ($P=0.00$)	0.77** ($P=0.00$)	—	—	—	—
池塘 6#	—	—	0.82** ($P=0.00$)	—	0.93** ($P=0.00$)	—	0.65** ($P=0.00$)

#表示二步选择法；**表示极显著相关（$P<0.01$）。

八、黄金鲈不同年龄阶段体重遗传相关和表型相关

黄金鲈一龄和二龄体重的遗传相关和表型相关分别为 0.98±0.29 和 0.71±0.076（表 4-14）。黄金鲈一龄和二龄家系平均体重间与一龄和二龄家系平均育种值间均存在显著相关（表 4-14 和图 4-9）。

九、不同育种技术黄金鲈生长性状比较

如表 4-15 所示，育种技术二中的二龄黄金鲈随机群体/长得快的 10% 群体分别极显著重于和长于育种技术一中的二龄黄金鲈随机群体/长得快的 10% 群体。

表 4-14 育种技术一中黄金鲈随机群体一龄和二龄家系平均体重间与一龄和二龄家系平均育种值间的相关系数（CC），以及一龄和二龄体重的遗传相关和表型相关

一步选择法 OSS	第一年 × 第二年
一龄和二龄黄金鲈平均家系体重间的相关系数	0.67**
一龄和二龄黄金鲈平均家系育种值间的相关系数	0.44*
一龄和二龄体重间的遗传相关	0.98±0.29
一龄和二龄体重间的表型相关	0.71±0.076

*$P<0.05$；**$P<0.01$。

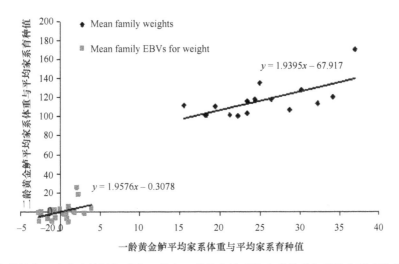

图 4-9 育种技术一中黄金鲈随机群体一龄和二龄黄金鲈平均家系体重与平均家系育种值的相关图

表 4-15 两种育种技术中二龄黄金鲈随机群体和长得快的 10% 群体的平均体重和平均全长及其差异性分析

第二年	随机群体		长的快的 10% 群体	
	体重（g）	全长（cm）	体重（g）	全长（cm）
二步选择法 TSS	125.91±43.38	21.95±2.30	186.05±66.91**	23.74±2.50**
一步选择法 OSS	110.70±44.16	21.03±2.42	164.55±62.24	23.00±2.46

**表示极显著差异（$P<0.01$）。

十、不同育种技术的比较

本文发现黄金鲈有着较少的平均等位基因数（9.8、10.8 和 11），这在一定程度上说明黄金鲈遗传变异较小，这个结果和 Brown 等（2007）的观点不大一致。这样的结论提示在黄金鲈遗传选育过程中，我们需要很重视控制近交衰退的出现。任意两个一龄黄金鲈群体间的平均 A 和 H_e 不存在显著差异（$P>0.05$）。另外，育种技术二下两个池塘间二龄黄金鲈群体的平均 A 和 H_e 也不存在显著差异，说明池塘效应对黄金鲈群体遗传结构影响不显著。两种育种技术间二龄黄金鲈群体的平均 A 和 H_e 不存在显著差异，说明育种技术二在养殖第一年底淘汰一半的个体并不会影响群体的遗传变异。

选育黄金鲈群体母系同胞家系大小差异明显，说明黄金鲈存活率存在明显的父母本效应。相似的结论在很多其他鱼类中也报道过（Fishback et al., 2002; Navarro et al., 2009）。为了保证用于选择育种研究的各个家系大小相同或相近，许多学者建议将卵子按照父本的数量等分，然后再进行人工授精建立家系（Vandeputte et al., 2004; Saillant et al., 2006）。

池塘养殖过程中，环境因子如溶氧量、水温、养殖密度和营养水平等的变化会影响鱼类的生长。有研究报道水温和养殖密度能明显影响黄金鲈生长（Tidwell et al., 1999; Headley and Lauer, 2008）。我们尽量使得 4 个池塘的环境因子（如水温、溶氧和投喂水平等）保持一致，使得各池塘间黄金鲈生长性状的差异不是主要来源于环境因子的不同。然而，我们发现不同池塘间一龄黄金鲈体重和全长存在显著差异。另外，不同的育种技术内两池塘间的二龄黄金鲈随机群体与长得快的 10%群体的体重和全长也存在一定的差异，这说明黄金鲈生长性状存在明显的池塘效应。关于基因和环境相互作用的研究在很多水产动物中研究报道过（Fishback et al., 2002; Saillant et al., 2006; Wang and Li, 2007）。Wang 等（2009）发现不同池塘间黄金鲈长得快的 10%群体各家系体重的排序没有显著差异。这与本文在育种技术一内发现两池塘间黄金鲈生长得快的 10%群体家系平均体重显著相关的结果一致，说明池塘作用家系生长的效应不明显。然而，本文还发现不同池塘间一龄黄金鲈群体家系平均体重和家系平均全长的相关性不显著，说明存在较明显的池塘效应。另外，在每种育种技术内的两个池塘间，没有发现二龄黄金鲈随机群体家系平均体重和家系平均全长存在显著相关，以及二龄黄金鲈生长得快的 10%群体家系平均体重和家系平均全长在育种技术二中的两个池塘间没有发现显著相关，这也说明了黄金鲈家系生长过程中，池塘效应明显。池塘效应作用于家系表型变异不会高于遗传效应，但它是存在的，甚至有时还很明显。因此，建议在对黄金鲈进行生长性状选择育种时，我们不仅仅要考虑保留最大的一批个体作为预备亲本，第二大的一批个体也应该考虑在亲本选择范围内。

评估各年龄阶段目标性状的遗传相关是非常有意义的，因为根据评估结果，育种者可以做出是否进行提前选育的育种决策。各年龄阶段目标性状的遗传相关评估已经在较多的水产动物中报道（Su et al., 2002; Saillant et al., 2006）。Navarro 等（2009）报道头海鲷 130 日龄和 509 日龄体重之间的遗传相关为 0.11，这个结果与其他学者的推论（即两间隔较长时间的体重之间的遗传相关值较低）一致（Kolstad et al., 2006; Vandeputte et al.，2008)。Navarro 等（2009）还报道了头海鲷 130 日龄和 330 日龄体重之间的遗传相关值较低，为 0.36；330 日龄和 509 日龄体重之间的遗传相关值很高，为 0.93。两个差不多时间间隔的体重遗传相关值差异非常大（0.36 vs 0.93）。Saillant 等（2006）报道了狼鲈在 341 日龄到 818 日龄之间，体重之间的遗传相关值高，其值的范围为 0.61～0.85，说明 341 日龄的体重状况可以预测后期的体重状况（818 日龄以前）。Fishback 等（2002）指出虹鳟 9 月龄体重和 12 月龄体重之间存在很高的遗传相关。以上的几个例子及其他的许多研究（Elvingson and Johansson，1993；Winkelman and Peterson，1994），表明两个年龄段都较接近目标动物成体年龄段时，它们之间体重的遗传相关值往往很高，较年轻的年龄段的体重状况能够预测出后一个年龄段的体重状况。

本文估算出黄金鲈一龄体重和二龄体重之间的遗传相关为 0.98，说明第一年生长快的黄金鲈个体到第二年仍然为生长快的个体。黄金鲈一龄和二龄家系平均体重间与一龄和二龄家系平均育种值间的存在显著相关，说明在第一年生长快的家系到第二年仍然为生长快的家系。另外，育种技术二中的二龄黄金鲈随机群体/长得快的 10%群体极显著重于和长于育种技术一中的二龄黄金鲈随机群体/长得快的 10%群体。根据以上的结果，得出加了亲本多步选择法的育种技术二在节约育种成本和提高育种效率方面要优于育种技术一。

十一、结语

微卫星标记辅助家系育种技术的一个非常核心的内容是利用微卫星标记构建亲子鉴定平台，从而实现家系混养。黄金鲈亲子鉴定平台的成功构建，保障了育种技术一（微卫星标记辅助家系育种技术）在黄金鲈生长性状选育计划中的顺利实施（即具有可行性）。图 4-10 是一则关于本课题组利用该技术对黄金鲈生长性状进行选育的进展报道，目前选育群体的生长速度比未经过遗传改良的群体快 28%～42%。

图 4-10　黄金鲈生长性状选择育种进展报道

通过对比育种技术一的研究发现，加了亲本多步选择法的育种技术二（结合亲本多步选择的微卫星标记辅助家系育种技术）在黄金鲈生长性状选育计划中也是非常可行的，并且在节约育种成本和提高育种效率方面要稍优于育种技术一。

第四节　黄金鲈生长性状基因环境互作分析

一、混养条件下黄金鲈家系的生长性能及基因环境互作分析

黄金鲈在五大湖区和美国中西部地区是一个特别重要的水产养殖和生态物种。由于对黄金鲈掠夺性的捕捞和生态环境的破坏，从20世纪50年代起，其野生资源呈现急剧下降的趋势，导致了其主要产区（北美五大湖区）周边的一些州已经大幅度地减少或禁止了对它的捕捞。黄金鲈锐减的捕捞量远远不能满足市场的需求，使得其市场价格持续走高。为弥补黄金鲈渔业资源的严重枯竭和满足消费者的需求，美国企业和水产工作者于20世纪90年代开始对黄金鲈养殖产业进行了开发和研究。然而相比于其他的养殖鱼类，黄金鲈生长较为缓慢，其养殖产业无法迅速发展，作为一种非常受欢迎的经济鱼类，至今它在美国水产养殖业中仍只是一个很有潜力的"候选种"。为了改变黄金鲈养殖产业的尴尬境地，培育出优质快速生长的黄金鲈品种成为了当务之急。

在传统的家系选育过程中，各个家系必须分养，或者标记后混养，这就意味着需要大量养殖设备，以至于在很大程度上影响了投入到育种计划中的家系数量，从而导致无法获得较大的遗传进展。同时，分养会带来池塘或者缸之间的环境差异和投喂差异等问题，从而影响遗传参数的准确评估。随着分子标记尤其是微卫星标记的发现，亲子鉴定技术被引入水产动物育种工作中，使得家系"终生"混养成为可能，从而弥补了传统家系选育的不足。本节评估了混养条件下黄金鲈家系的生长性能，同时还评估了环境效应（不同池塘）对黄金鲈生长性状的影响。

（一）家系构建与育苗

黄金鲈亲本取自俄亥俄州立大学南方研究中心黄金鲈选育项目。2004年4月，在每个黄金鲈地理种群中（包括北卡罗莱纳州群体、宾夕法尼亚州群体、缅因州群体、密歇根州群体和俄亥俄州群体），5尾雌性亲本和10尾雄性亲本被随机地选择用于双列杂交试验。每个杂交组合中，1尾雌鱼配对2尾雄鱼（可能1尾雄鱼贡献精子，也可能2尾均贡献）。最终，24个组合有成活的后代，62个亲本在杂交中有贡献，共获得了28~48个半同胞家系。从24个组合中选择相近数量的黄金鲈仔鱼混养在3个池塘中开展育苗工作。同时，在24个组合中选择了6个组合混养在另一个池塘中开展育苗工作。

（二）混养

育苗驯食结束后，开展了为期21个月的混养试验。在池塘11混养了来自24个组合的6300尾黄金鲈稚鱼。这样可以评估出各个家系的生长性能。与此同时，在池塘4和池塘7分别混养了来自6个组合的6300尾黄金鲈稚鱼。这样可以评估出池塘效应对黄金鲈生长性能的影响。在整个养殖过程中，每天两次测量池水溶氧量（DO）

和温度。

（三）采样、基因分型和数据分析

在养殖过程中的 4 个不同时间点，从池塘 11、池塘 4 和池塘 7 各随机取 100 尾黄金鲈用于体重和全长的测量。2006 年 3 月，排干池水，统计每个池中黄金鲈的数量并称重。同时，从每个池塘中随机选择 200 尾黄金鲈称重和测量全长。另外，在每个池塘中随机选择 100 尾黄金鲈，按照其长度排序，确定长得快的 10%（top 10%）的标准。然后，基于这个标准，从每个池塘中选择 10~20 尾长得快的黄金鲈用于确定可以区分出 top 10%黄金鲈群体的鱼筛。最终，从池塘 11 中随机选择了 360 尾 top 10%黄金鲈、池塘 4 和池塘 7 中分别随机选择了 100 尾 top 10%黄金鲈用于研究。

利用 7 个多态的微卫星位点（YP49、YP60、YP65、YP73、YP78、YP85 和 YP109；Li et al.，2007）对 62 尾黄金鲈亲本（24 尾雌性亲本、38 尾雄性亲本）和 560 尾 top 10%子代（池塘 11：360 尾；池塘 4：100 尾；池塘 7：100 尾）进行了基因分型。

Genetic Studio 被用于等位基因频率、个体亲缘关系，以及每个池塘近交系数的测量。软件 PAPA 2.0 被用于杂合度、多态信息含量（PIC）和系谱信息研究。SAS 软件被用于表型数据的分析。

（四）基因型多样性和系谱信息确认

在这 62 尾黄金鲈亲本中，有 18 尾（6 雌、12 雄）黄金鲈没有成功获得基因型。这是由于这 18 尾黄金鲈的鳍条样品没有保存好，从而导致其基因组 DNA 提取失败，最终无法通过 PCR 成功获得基因型。微卫星位点平均等位基因数为 16.4（等位基因数范围为 6~21），观测杂合度为 0.57~0.98（表 4-16）。黄金鲈亲本的 PIC 值为 0.74。系谱模拟试验结果表明超过 98.37%的子代可以成功找到亲本。但实际上，在 560 尾 top 10%的子代中仅 400 尾（池塘 11：239；池塘 4：88；池塘 7：73）最终推测出了亲本。

表 4-16 3 个池塘黄金鲈等位基因数、观测杂合度、期望杂合度和多态信息含量

位点	池塘 4				池塘 7				池塘 11				总计			
	A	H_o	H_e	PIC	A	H_o	H_e	PIC	A	H_o	H_e	PIC	A	H_o	H_e	PIC
YP49	6	0.97	0.73	0.69	7	0.95	0.72	0.68	7	0.99	0.67	0.61	8	0.96	0.72	0.68
YP60	7	0.90	0.79	0.76	8	0.87	0.76	0.73	12	0.98	0.69	0.64	13	0.93	0.74	0.71
YP65	8	0.95	0.78	0.75	8	0.94	0.86	0.83	16	0.96	0.71	0.66	17	0.94	0.78	0.75
YP73	6	0.89	0.68	0.63	—	—	—	—	7	0.52	0.54	0.44	13	0.59	0.63	0.58
YP78	6	0.69	0.67	0.62	9	0.56	0.59	0.54	12	0.93	0.74	0.70	15	0.83	0.82	0.80
YP85	9	0.89	0.84	0.81	10	0.93	0.85	0.82	14	0.96	0.79	0.76	20	0.93	0.83	0.81
YP109	15	0.98	0.90	0.88	15	1.00	0.90	0.89	21	0.99	0.67	0.62	29	0.98	0.85	0.84
Mean	8.1	0.90	0.77	0.73	9.5	0.88	0.78	0.75	12.7	0.90	0.70	0.63	16.4	0.88	0.77	0.74

池塘 11 中黄金鲈的期望杂合度为 0.70，显著低于池塘 4 和池塘 7。池塘 4、池塘 7 和池塘 11 中的 top 10%的个体亲缘系数分别为–0.15±0.26、–0.15±0.27 和 0.00±0.52（图

4-11)。单位点的近交系数（F_{is}）评估结果显示池 4 和池 7 属于中度近交水平，而池塘 11 的黄金鲈无近交现象。

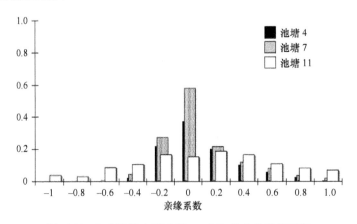

图 4-11　3 个池塘中黄金鲈 top 10% 的个体亲缘系数

（五）池塘环境因子

在整个试验周期，池塘 4、池塘 7 和池塘 11 的平均水温分别为 14.9℃、14.5℃和 14.3℃，没有明显差异。大约一半总记录天的水温处于黄金鲈生长所需的温度范围内（11~26℃）。在整个试验周期，池塘 4、池塘 7 和池塘 11 的溶氧量分别为（9.72±2.89）mg/L、（10.67±3.88）mg/L 和（10.48±3.53）mg/L，没有明显差异。3 个池塘黄金鲈的放养密度没有显著差异。

（六）生长性能与基因环境互作分析

1. 快速生长的鱼

池塘 4 和池塘 7 中 top 10% 的黄金鲈在体重和全长上没有显著的差异（表 4-17），这说明在本节中环境（即池塘）对黄金鲈家系的生长影响不明显。将池塘 4 和池塘 7 中 top 10% 的黄金鲈家系按照重量排序后，发现这两个池中家系的排序没有显著的差异，这说明在池塘 4 中长得快的家系在池塘 7 中也长得快，即无明显的池塘效应。在池塘 11 中，top 10% 的黄金鲈群体有 30 个家系的个体存在，其中 5 个家系也出现在了池塘 4 和池塘 7 的 top 10% 中。

2. 随机选择的鱼

池塘 4 和池塘 7 中随机选择的黄金鲈在体重和全长上不存在显著的差异，这说明池塘效应对黄金鲈的生长性状没有显著作用。

二、黄金鲈体重遗传力和基因环境互作分析

遗传参数如遗传力、遗传相关及基因环境互作效应的评估是很好地开展一项选择育种项目的重要基础工作。遗传力研究虽然在水产动物中起步比畜禽动物晚很多，但是近年来，随着水产动物育种研究的发展，遗传力研究已经在超过 200 种的水产动物中报道。

表 4-17　三个池塘 top 10% 的黄金鲈各家系的平均体重和全长

家系	池塘 4 体重	池塘 4 全长	池塘 7 体重	池塘 7 全长	池塘 11 体重	池塘 11 全长
12×57	—	—	—	—	72.2±3.0（2）	18.5±1.6（2）
13×57	—	—	—	—	197.9±60.6（2）	24.2±0.28（2）
14×09	—	—	—	—	96.0±0（1）	19.7±0（1）
15×01	—	—	—	—	204.0±0（1）	24.3±0（1）
15×32	—	—	—	—	183.6±59.3（13）	23.8±2.4（13）
16×02	145.9±28.6（31）	22.3±1.3（31）	123.6±21.1（27）	21.7±1.0（27）	147.4±34.9（2）	22.1±1.6（2）
16×61	—	—	—	—	161.0±0（1）	23.9±0（1）
17×03	156.4±34.2（27）	22.6±1.4（27）	138.4±25.7（20）	22.6±1.2（20）	118.7±56.0（3）	20.8±3.5（3）
17×32	—	—	—	—	182.5±14.8（2）	25.4±0（2）
18×04	112.0±0（1）	21.5±0（1）	190.3±23.6（4）	24.4±0.8（4）	184.0±0（1）	25.5±0（1）
18×61	—	—	—	—	157.2±85.1（4）	22.7±3.5（4）
19×01	—	—	—	—	153.4±106.7（3）	22.0±4（3）
20×02	143.6±33.5（19）	22.0±1.5（19）	142.5±37.8（12）	22.0±1.7（12）	108.1±47.8（10）	20.2±2.9（10）
20×48	—	—	—	—	167.5±6.4（2）	24.0±0.6（2）
22×03	142.9±25.0（8）	22.0±1.3（8）	112.6±24.5（7）	21.2±1.2（7）	—	—
23×31	—	—	—	—	170.5±50.9（8）	23.5±2.2（8）
26×25	—	—	—	—	55.1±0（1）	17.5±0（1）
26×07	—	—	—	—	163.9±45.5（75）	23.6±2.4（75）
28×58	—	—	—	—	137.1±67.8（4）	22.3±3.3（4）
29×05	194.4±17.5（2）	23.7±1.0（2）	183.9±94.5（3）	24.2±2.7（3）	173.0±12.7（2）	23.3±1.5（2）
33×42	—	—	—	—	189±0（1）	22.7±0（1）
34×08	—	—	—	—	81.9±35.8（5）	18.2±3.0（5）
36×06	—	—	—	—	208.4±140.5（3）	23.8±4.0（3）
37×08	—	—	—	—	178.3±47.9（13）	24.1±2.6（13）
38×11	—	—	—	—	120.9±59.0（16）	21.1±3.0（16）
39×10	—	—	—	—	165.0±49.8（55）	23.6±2.5（55）
40×11	—	—	—	—	204.3±34.6（3）	24.9±1.3（3）
44×53	—	—	—	—	187.0±0（1）	25.3±0（1）
54×24	—	—	—	—	204.0±42.0（3）	24.7±1.5（3）
59×52	—	—	—	—	76.5±0（1）	19.4±0（1）
59×06	—	—	—	—	168.0±0（1）	25.0±0（1）
Unallocated	158.8±36.3（12）	22.9±1.6（12）	151.7±44.7（27）	22.9±1.7（27）	165.6±53.5（145）	23.6±3.1（145）
Fish No.	100		100		360	
Mean	149.74±32.22^z	22.38±1.42	140.40±38.33^z	22.40±1.55	161.2±54.9^y	23.3±2.9
Allocated（n）	88		73		239	
Mating sets stocked	6		6		24	
Families identified	6		6		30	
χ^2_{DF}	χ^2_{11}=179.02*		χ^2_{11}=114.1*		χ^2_{47}=1083.25*	

遗传力研究结果表明水产动物通常比畜禽动物有更高的遗传变异，例如，畜禽动物生长性状的遗传变异一般为7%～10%，而水产动物的一般为20%～35%（田燚和孔杰，2005），这说明水产动物选择育种潜力是很大的。在水产动物中，基因环境互作效应评估没有遗传力和遗传相关研究得那么广泛，但是基因环境互作效应评估在选择育种工作中也是非常重要的。根据该参数评估的结果，可以得出是否有必要在不同的养殖环境中都开展育种计划。Maluwa 等（2006）对马拉维本土产的一种罗非鱼（*Oreochromis shiranus*）的体重进行了基因环境互作效应研究，试验选取该罗非鱼的三种主要养殖海拔区域，不同养殖环境间很高的遗传相关表明对该罗非鱼的选育研究可以只在一种主养区进行。Saillant 等（2006）评估了狼鲈（*Dicentrarchus labrax*）体重的基因环境互作效应。Swan 等（2007）对太平洋牡蛎（*Crassostrea gigas*）的体重基因环境互作效应进行了研究。

为了更好地开展我们的黄金鲈生长性状选择育种计划，本小节设置不同的养殖水温和养殖密度，对黄金鲈体重的基因环境互作效应进行评估。

（一）家系构建、育苗与驯食

构建家系的黄金鲈亲本来自美国俄亥俄州立大学南方研究中鱼类遗传育种研究组的养殖场。电子芯片标记的58尾母本和116尾父本按照雌:雄为1∶2的比例构建家系，共58个配对组合。每个配对组合放入55L的水缸中，自然产卵受精后，每个配对组合的受精卵被移至另一个25L的水缸中，流水孵化11～12d，水温为11～12℃。58个配对组合都成功获得子代。

58个配对组合随机分成4组，每个组各配对组合以相同数目子代（约4000尾/组合）混合，然后分别放养于0.1hm^{2}的土池中育苗6周，接着进行为期3周的驯食。最后得到4个不同混合群体，为P1、P2、P3和P4。

（二）养殖环境

图4-12是黄金鲈养殖环境设计的示意图。本小节设计两种养殖环境因子，分别是不同的养殖密度（即70尾/缸、50尾/缸和30尾/缸）和不同的养殖水温（即25℃和16℃）。当水温为25℃时，设置3种不同养殖密度，每个养殖密度下设4个直径为0.5m的水缸养殖4个不同黄金鲈混合群体（即P1、P2、P3和P4）。在养殖密度为50尾/缸的情况下，设置2种不同的养殖水温，每个养殖水温条件下，有4个直径为0.5m的水缸养殖4个不同黄金鲈混合群体。

（三）取样、体重测量和亲子鉴定

经过1年养殖后，随机采集每个水缸一半的个体，即70尾/缸、50尾/缸和30尾/缸的养殖密度下分别采样35尾、25尾和15尾，测量其体重，剪鳍条，保存在95%乙醇中用于DNA的提取。共采集400个样本。亲子鉴定方法可见第一节。

（四）基因环境互作分析

各养殖环境下的体重的方差分析和协方差分析通过软件 ASREML 3.0 ［VSN

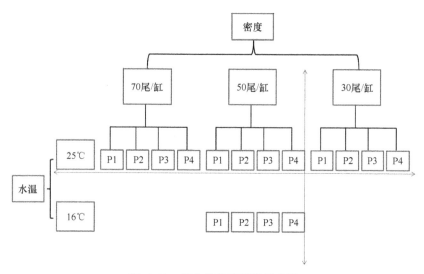

图 4-12 黄金鲈养殖环境示意图

International Ltd（VSNi），UK］的多性状动物模型（multi-trait animal model）实现。模型公式为

$$Y = Xb + Za + e$$

式中，Y 表示所研究的性状即各养殖环境下体重的表型向量；b 表示固定因子（不同混合群体）向量；a 表示随机因子向量也是育种值向量；e 表示随机误差向量；X 和 Z 分别表示与固定因子和随机因子所决定的表型相关联的矩阵。

遗传力 h^2 根据公式 $h^2=\sigma^2_a/(\sigma^2_a+\sigma^2_e)$ 来估算。不同水温间和不同养殖密度间黄金鲈体重的遗传相关 $r_{a(i,j)}$ 根据公式 $r_{a(i,j)}=\sigma_{a(i,j)}/\sigma_{a(i)}\sigma_{a(j)}$ 估算，其中 $\sigma_{a(i,j)}$ 表示环境 i 和环境 j 条件下体重的遗传协方差，$\sigma_{a(i)}$ 表示环境 i 条件下体重的遗传方差平方根，$\sigma_{a(j)}$ 表示环境 j 条件下体重的遗传方差平方根。不同水温间和不同养殖密度间黄金鲈体重的表型相关 $r_{p(i,j)}$ 根据公式 $r_{p(i,j)}=\sigma_{p(i,j)}/\sigma_{p(i)}\sigma_{p(j)}$ 估算，其中 $\sigma_{p(i,j)}$ 表示环境 i 和环境 j 条件下体重的表型协方差，$\sigma_{p(i)}$ 表示环境 i 条件下体重的表型方差平方根，$\sigma_{a(j)}$ 表示环境 j 条件下体重的表型方差平方根。

（五）结果

如表 4-18 所示，16℃和 25℃养殖的一龄黄金鲈体重的遗传力分别为 1.00±0.00 和 0.49±0.26。不同水温间黄金鲈体重的遗传相关和表型相关分别为 0.49±0.32 和 0.36±0.26，相关系数值较小。

表 4-18 不同养殖水温一龄黄金鲈体重遗传力和遗传相关

	16℃	25℃
16℃	1.00±0.00（h^2±SE）	0.36±0.26（P±SE）
25℃	0.49±0.32（G±SE）	0.49±0.26（h^2±SE）

G，遗传相关；P，表型相关；SE，标准误。

如表 4-19 所示，不同养殖密度（即 70 尾/缸、50 尾/缸和 30 尾/缸）养殖的一龄黄金鲈体重的遗传力分别为 0.18±0.16、0.49±0.26 和 0.94±0.35。不同养殖密度间黄金鲈体重的遗传相关和表型相关分别为 –0.17～0.58 和 0.17～0.61，相关系数值小。

表 4-19　不同养殖密度一龄黄金鲈体重遗传力和遗传相关

	70 尾/缸	50 尾/缸	30 尾/缸
70 尾/缸	0.18±0.16（h^2±SE）	0.61±0.19（P±SE）	0.17±0.23（P±SE）
50 尾/缸	0.035±0.52（G±SE）	0.49±0.26（h^2±SE）	0.56±0.29（P±SE）
30 尾/缸	–0.17±0.60（G±SE）	0.58±0.41（G±SE）	0.94±0.35（h^2±SE）

G，遗传相关；P，表型相关；SE，标准误。

第五节　生长性状与个体杂合度和微卫星等位基因距离相关性分析

杂合度与适应相关性状如生长性状、存活率和发育稳定性性状等的相关现象（Heterozygosity-fitness correlation，HFC）已经在非常多的物种中发现，如植物（Schaal and Levin，1976；Ledig et al.，1983）、海水双壳类（Zouros et al.，1980；Koehn and Gaffney，1984）、甲壳类（Bierne et al.，2000）、两栖动物（Pierce and Mitton，1982）、鲑鳟类（Leary et al.，1984；Danzmann et al.，1987；Thelen and Allendorf，2001）和哺乳动物（Slate and Pemberton，2002；Hildner et al.，2003）。

最开始研究 HFC 时，人们选用等位基因酶（allozyme）作标记，研究发现等位基因酶位点为杂合子时，适应相关性状优于位点为纯合子时，这推导出了直接的超显性假说（hypothesis of direct overdominance）。对比等位基因酶位点纯合子，杂合子被认为有能量消耗低和新陈代谢效率高的优点（Mitton，1993）。

学者利用中性 DNA 标记（目前常用微卫星标记）也发现了杂合度与适应相关性状呈正相关，说明这种相关性不仅仅与相关基因的直接作用有关，也与性状基因的遗传关联有关（即中性 DNA 标记和性状基因存在遗传关联）（David，1998），这就推导出了关联超显性假说。利用中性 DNA 标记发现杂合度与适应相关性状相关现象，存在着两种解释：一是局部效应（local effect），即中性 DNA 标记与性状基因之间存在连锁关系而造成 HFC；另一个是一般效应（general effect），这个效应与近交有关（David et al.，1995）。

HFC 研究在鱼类中比较少，主要集中在鲑鳟类和欧洲鳗（*Anguilla anguilla*）。Danzmann 等（1987）在养殖的虹鳟（*Oncorhynchus mykiss*）中发现等位基因酶位点杂合度与生长性状存在正相关。虽然大多数 HFC 都是正相关的，但在一些物种中也有负相关的报道（Ferguson，1990；1992）。

黄金鲈在美国是一种非常重要的养殖和垂钓淡水鱼类。很大的市场需求量使得该种鱼成为一个很有潜力的养殖种类。目前黄金鲈生长性状的育种计划正在开展，了解其杂合度和生长性状间的关系对育种研究有着重要的意义（如杂种优势的利用）。本文利用 8

个微卫星标记对养殖黄金鲈杂合度与生长性状相关关系进行了研究。

一、材料鱼来源

利用 13 尾黄金鲈母本和 21 尾黄金鲈父本按照雌:雄 1∶2 或 1∶1 的比例构建家系。本试验共有 13 组配对组合，其中 12 个配对组合为雌雄比 1∶2，还有 1 个配对组合为雌雄比 1∶1，21 尾父本中有 4 尾被重复利用。每个配对组合放入 55L 的水缸中，自然产卵受精后，每个配对组合的受精卵被移至另一个 25L 的水缸中，流水孵化 11~12d，水温为 11~12℃。13 组配对组合都成功获得子代。每个组合的子代以相同数目混合，然后放养于一个 $0.1hm^2$ 的土池中育苗 6 周，接着在 400L 水缸中进行驯食，持续 3 周。

驯食后，选择 4 个相邻的 $0.1hm^2$ 的池塘（池塘 4、池塘 6、池塘 7 和池塘 8），向每个池塘投放驯食后的混合家系子代 6100 尾。经过 1 年的养殖，从池塘 4 和池塘 7 中分别采样 150 尾黄金鲈，测量全长和体重，剪鳍条，保存在 95%乙醇中用于 DNA 的提取。对池塘 4 和池塘 7 的黄金鲈进行大小分级选择，选择的步骤是：从每个池塘中随机采样 100 尾，测量全长，然后对所有样本的全长进行排序，得到用以淘汰生长较慢的黄金鲈（50%）的全长值，接着从池塘中再随机取 10~20 尾黄金鲈用来设置筛选闸的宽度（留大去小）。利用设置好的筛选闸，分别淘汰掉池塘 4 和池塘 7 中的一半数量的黄金鲈个体。池塘 4 中选留的黄金鲈转到池塘 6 中，池塘 7 中选留的黄金鲈转到池塘 8 中继续第二年的养殖。同时原来在池塘 6 和池塘 8 中养殖的黄金鲈，经过 1 年的养殖，分别从每个池塘采样 150 尾，测量全长和体重，剪鳍条，将鳍条保存在 95%乙醇中用于 DNA 的提取。接着将池塘 6 中的黄金鲈转到池塘 4 中，将池塘 8 中的黄金鲈转到池塘 7 进行第二年的养殖。

养殖至第二年，分别从池塘 6、池塘 8、池塘 4 和池塘 7 中随机采样 122 尾、147 尾、148 尾和 146 尾，测量全长和体重，剪鳍条，将鳍条保存在 95%乙醇中用于 DNA 的提取。共采样 1163 尾。

二、基因分型与分析

选择 8 个微卫星标记（YP30、YP41、YP49、YP60、YP73、YP78、YP96 和 YP109）进行基因分型。

用于统计分析的个体基因型要满足 8 个位点，至少有 4 个位点的基因型存在，如果不满足这个条件的样本则被淘汰。因此，最后用于统计分析的样本为 1159 个，淘汰的 4 个样本均来自养殖第二年池塘 6 中的样本。

1159 个样本分为不同年龄组即一龄组和二龄组。一龄黄金鲈因为养殖环境不同（4 个池塘、池塘 4、池塘 7、池塘 6 和池塘 8）而分成 4 组。二龄黄金鲈因为不同池塘分成 4 大组，每个大组中因不同性别分为 2 个小组。有 2 个大组（池塘 6 和池塘 8）的二龄黄金鲈在经过第一年养殖后分别淘汰了生长慢的一半个体，留下了生长快的一半的个体。另 2 个大组（池塘 4 和池塘 7）中的二龄黄金鲈没有淘汰步骤。

通常人们用个体多位点杂合度（individual multilocus heterozygosity，MLH）和等位基因距离平方的平均数（mean d^2）来衡量杂合度。MLH 指的是 8 个位点上杂合子的百分含量（用小数表示）。mean d^2 指的是 8 个位点上等位基因大小差的平方和的平均值。杂合度和等位基因距离平方的平均数与不同群体（即第一年的每组和第二年的每小组）的体重和全长的相互关系通过回归分析（Pearson 相关系数）来评估。每个群体的体重值和全长值要先进行正态分布的检验，如果不符合就转换成自然对数。本试验所有统计分析均利用 SPSS 17.0 完成。

三、黄金鲈生长性状

表 4-20 和表 4-21 分别表示用于本试验的一龄黄金鲈 4 个群体的数量、平均全长和平均体重，以及二龄黄金鲈 8 个群体的数量、平均全长和平均体重。

表 4-20　用于统计分析的一龄黄金鲈 4 个群体的数量、平均全长和平均体重

第一年	样本数量	平均体重（±SD，g）	平均全长（±SD，cm）
池塘 4	150	16.91±12.07	11.05±2.17
池塘 7	150	23.48±16.28	12.11±2.55
池塘 6	150	27.46±13.86	13.03±1.96
池塘 8	150	21.40±11.76	11.97±1.83

SD，标准差。

表 4-21　用于统计分析的二龄黄金鲈 8 个群体的数量、平均全长和平均体重

第二年	性别	样本数量	平均体重（±SD，g）	平均全长（±SD，cm）
池塘 4	雌 F	85	120.38±31.67	22.41±1.99
	雄 M	63	78.14±17.51	19.29±1.52
池塘 7	雌 F	76	149.4±52.54	22.21±2.61
	雄 M	70	86.22±21.05	19.64±1.36
池塘 6 #	雌 F	67	143.55±35.09	23.76±1.74
	雄 M	51	97.28±26.33	20.71±1.67
池塘 8 #	雌 F	96	153.68±36.56	22.82±1.54
	雄 M	51	80.49±18.32	19.17±1.32

SD，标准差；#表示养殖一年后，实施了淘汰步骤的池塘。

四、黄金鲈生长性状与个体杂合度相关性

除了池塘 4 养殖的一龄黄金鲈体重的自然对数值与个体杂合度间存在较为显著的负相关（$P=0.046$，稍小于 0.05，图 4-13），其他各组的黄金鲈生长性状（体重和全长）与个体杂合度均没有显著相关性（$P>0.05$）（图 4-14～图 4-16，表 4-22）。

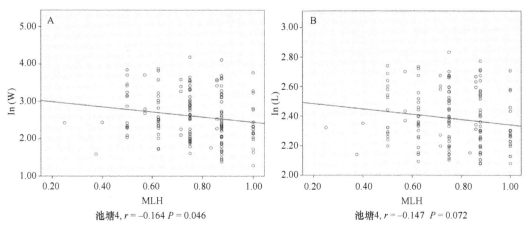

图 4-13 池塘 4 养殖的一龄黄金鲈体重的自然对数和全长的自然对数与个体多位点杂合度的相关性

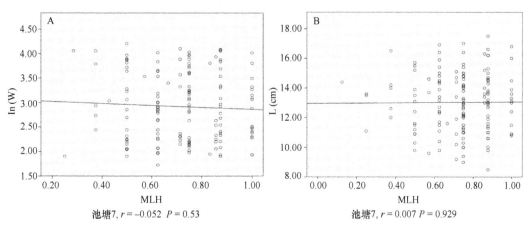

图 4-14 池塘 7 养殖的一龄黄金鲈体重的自然对数和全长与个体多位点杂合度的相关性

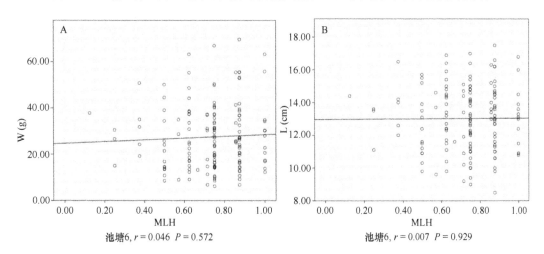

图 4-15 池塘 6 养殖的一龄黄金鲈体重和全长与个体多位点杂合度的相关性

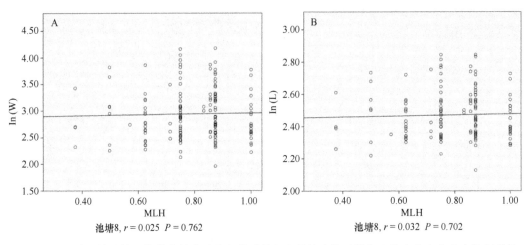

图 4-16 池塘 8 养殖的一龄黄金鲈体重的自然对数和全长的自然对数与个体多位点杂合度的相关性

表 4-22 各组二龄黄金鲈体重和全长与个体多位点杂合度的相关性

第二年	性别	体重与个体多位点杂合度的相关系数及 P 值 e	全长与个体多位点杂合度的相关系数及 P 值
池塘 4	雌 F	−0.059（P=0.593）	−0.04（P=0.717）
	雄 M	−0.116（P=0.365）	−0.127（P=0.322）
池塘 7	雌 F	0.164（P=0.157）	0.105（P=0.367）
	雄 M	0.051（P=0.677）	−0.007（P=0.952）
池塘 6[#]	雌 F	0.043（P=0.732）	−0.016（P=0.897）
	雄 M	−0.102（P=0.474）	−0.193（P=0.175）
池塘 8[#]	雌 F	0.164（P=0.111）	0.136（P=0.185）
	雄 M	0.208（P=0.142）	0.085（P=0.553）

[#]表示养殖一年后，实施了淘汰步骤的池塘。

五、黄金鲈生长性状与个体微卫星等位基因距离相关性

如表 4-23 和表 4-24 所示，一龄和二龄的黄金鲈体重和全长与个体微卫星等位基因距离均没有显著相关（$P>0.05$）。

表 4-23 各组一龄黄金鲈体重和全长与等位基因距离的相关性

第一年	体重与等位基因距离的相关系数及 P 值	全长与等位基因距离的相关系数及 P 值
池塘 4	−0.015（P=0.851）	−0.012（P=0.889）
池塘 7	−0.098（P=0.233）	−0.077（P=0.348）
池塘 6	−0.102（P=0.215）	−0.117（P=0.153）
池塘 8	−0.049（P=0.55）	−0.071（P=0.386）

表 4-24　各组二龄黄金鲈体重和全长与等位基因距离的相关性

第二年	性别	体重与等位基因距离的相关系数及 P 值	全长与等位基因距离的相关系数及 P 值
池塘 4	雌 F	−0.161（P=0.14）	−0.164（P=0.133）
	雄 M	−0.004（P=0.975）	0.001（P=0.995）
池塘 7	雌 F	−0.112（P=0.336）	−0.12（P=0.301）
	雄 M	−0.105（P=0.386）	−0.095（P=0.432）
池塘 6[#]	雌 F	−0.231（P=0.059）	−0.221（P=0.072）
	雄 M	−0.093（P=0.517）	−0.065（P=0.65）
池塘 8[#]	雌 F	−0.188（P=0.066）	−0.19（P=0.063）
	雄 M	−0.178（P=0.211）	−0.217（P=0.126）

#表示养殖一年后，实施了淘汰步骤的池塘。

六、结语

杂合度与适应相关性状存在正相关在许多物种中有报道（Thelen and Allendorf, 2001；Pujolar et al., 2005）。但在黄金鲈养殖群体中并没有发现杂合度和生长性状的正相关，根据他人对杂合度与适应相关性状的相关性研究，可以得到以下推论。

（1）杂合度与适应相关性状相关性因为种类不同而表现出不同的结果。因此，根据本试验结果推论：对于黄金鲈生长性状，关联超显性假说很可能不成立（Pujolar et al., 2005）。

此外，可能关联超显性假说在黄金鲈生长性状中存在，但是本次试验却没有发现黄金鲈个体杂合度与生长性状相关的现象。这样的试验结果可以用（2）和（3）两点解释。

（2）选择的微卫星标记数量较少，这些标记并没有和控制黄金鲈生长性状的基因存在连锁关系，从而出现检测不到关联超显性假说的试验结果。再次研究关联超显性假说是否存在于黄金鲈生长性状时，需要加大微卫星数量。

（3）在一龄和二龄黄金鲈群体中没有发现杂合度与生长性状的正相关，不能否认黄金鲈生长性状关联超显性假说的存在，因为研究发现杂合度与适应相关性状的相关性随着物种年龄的增大会逐渐减弱或消失。因此，再次研究关联超显性假说是否存在于黄金鲈生长性状时，可以在黄金鲈仔稚鱼时期采样（David, 1998）。

第六节　黄金鲈生长性状遗传力和遗传相关分析

黄金鲈广泛分布于美国中北部地区，是美国一种非常重要的淡水水产养殖和垂钓鱼类。虽然在美国尤其是在五大湖区黄金鲈被认为是一种很有潜力的养殖鱼类，但由于该鱼生长速度缓慢，多年来它的养殖业一直处于不温不火的尴尬境地。因此，对黄金鲈进行遗传改良、培育出生长性状优良的品种成为了发展黄金鲈养殖业亟待解决的问题。作为一个鱼类遗传育种团队，我们实验室（俄亥俄州立大学南方研究中心鱼类遗传育种实验室）得到美国农业部（United States Department of Agriculture，USDA）资助，开始开展借助于微卫星标记的黄金鲈生长性状选择育种计划。

遗传参数（尤其是遗传力和遗传相关）评估是水产动物选择育种研究的一项必不可少的基础工作。遗传力作为最重要的一个遗传参数，是帮助人们根据数量性状的表型变异研究其遗传实质的一个关键的定量指标。另外，遗传力在育种值估计、选择反应预测、选择方法的比较、选择指数的评估和育种规划等方面，都起着很重要的作用。遗传相关描述的是不同性状间由于遗传原因造成的相关程度，它在确定间接选择的依据、预测间接选择反应大小、比较不同环境下选择效果和综合选择指数评估等方面具有重要作用（盛志廉和吴常信，1999）。

20世纪70年代，关于遗传力和遗传相关的评估研究开始在一些重要的经济水产动物中开展。在过去的近40年的时间里，人们已对200多个水产动物性状遗传力和遗传相关进行了评估，其中对鱼类研究最多，贝类的也较多，虾、蟹和一些棘皮动物的相对较少（Koedprang et al.，2000；Vandeputte et al.，2004；Liu et al.，2005；Maluwa et al.，2006；Ando et al.，2008）。

本文通过建立全同胞家系，利用软件ASREML3.0的动物模型（animal model）对养殖在池塘和水缸中的黄金鲈生长性状的遗传力和遗传相关进行估算，旨在为黄金鲈选择育种提供必要的基础依据和技术参数。

一、家系混养和采样

（一）池塘养殖

每个组合产生的子代以相同数目（约5000尾/组合）混合，然后放养于一个0.1hm^{2}的土池中育苗6周。接着在400L水缸中驯食3周。

驯食后，选择4个相邻的0.1hm^{2}的池塘（池塘4、池塘6、池塘7和池塘8），向每个池塘投放驯食后的混合家系子代6100尾。经过1年的养殖，从每个池塘中采样150尾黄金鲈，测量全长和体重，剪鳍条，将鳍条保存在95%乙醇中用于DNA的提取。池塘6和池塘8中的所有个体继续第二年的养殖，然后在第二年养殖后分别采样148尾和146尾，测量全长和体重，剪鳍条，将鳍条保存在95%乙醇中用于DNA的提取。

家系混养过程中，投喂配合饲料（Silver Cup，含蛋白质45%、脂肪16%）。夏季时，每天饲料的投喂量为鱼质量的2%；春季和秋季时，每天饲料的投喂量为鱼质量的3%；冬季时间水温超过10℃时，每天饲料的投喂量为鱼质量的1%。每天检测池塘中水的溶氧量，保证其值不低于5.0mg/L。同时，每天测量水温。

（二）水缸养殖

图4-17是黄金鲈在水缸中混养的示意图。构建的黄金鲈家系分3组进行育苗和驯食：2个配对组合、9个配对组合和13个配对组合。每组选择4个100L的平行水缸养殖（t1~4、t5~8和t9~12），100尾/缸。经过1年养殖，将每组的个体混合，随机取样60尾，测量全长和体重，剪鳍条，将鳍条保存在95%乙醇中用于DNA的提取。然后，3个组即2个配对组合、9个配对组合和13个配对组合的个体分别转往3个400L的水缸（依次为T1、T2和T3）进行第二年的养殖，转入T1、T2和T3中时的黄金鲈个体

数分别为 230 尾、253 尾和 242 尾。经过第二年的养殖，从每组随机取样 60 尾，测量全长和体重，剪鳍条，将鳍条保存在 95%乙醇中用于 DNA 的提取。水缸养殖过程中，投喂饲料量的方法和水环境监测同池塘养殖。

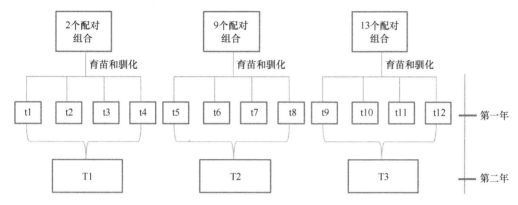

图 4-17　水缸养殖黄金鲈示意图

二、亲子鉴定、遗传力和遗传相关评估

亲子鉴定方法见第一章。对于生长性状数据的方差分析和协方差分析，通过软件 ASREML 3.0 的多性状动物模型实现。模型公式为

$$Y = Xb + Za + e$$

式中，Y 表示所研究的性状即全长和体重表型向量；b 表示固定因子（性别和池塘或水缸）向量；a 表示随机因子向量也是育种值（父本、母本和子代的育种值）向量；e 表示随机误差向量；X 和 Z 分别表示与固定因子和随机因子所决定的表型相关联的矩阵。

遗传力 h^2 根据公式 $h^2 = \sigma^2_a / (\sigma^2_a + \sigma^2_e)$ 来估算。本实验对池塘养殖的和水缸养殖的黄金鲈一龄全长、一龄体重、二龄全长和二龄体重的 8 个遗传力进行了评估。性状间遗传相关 $r_{a\,(i,j)}$ 根据公式 $r_{a\,(i,j)} = \sigma_{a\,(i,j)} / \sigma_{a\,(i)} \sigma_{a\,(j)}$ 估算，其中 $\sigma_{a\,(i,j)}$ 表示性状 i 和性状 j 的遗传协方差，$\sigma_{a\,(i)}$ 表示性状 i 的遗传方差平方根，$\sigma_{a\,(j)}$ 表示性状 j 的遗传方差平方根。性状间表型相关 $r_{p\,(i,j)}$ 根据公式 $r_{p\,(i,j)} = \sigma_{p\,(i,j)} / \sigma_{p\,(i)} \sigma_{p\,(j)}$ 估算，其中 $\sigma_{p\,(i,j)}$ 表示性状 i 和性状 j 的表型协方差，$\sigma_{a\,(i)}$ 表示性状 i 的表型方差平方根，$\sigma_{a\,(j)}$ 表示性状 j 的表型方差平方根。本试验对池塘养殖的和水缸养殖的黄金鲈（一龄与二龄）全长和体重间的遗传相关和表型相关进行了评估。

遗传力和遗传相关估算通过软件 ASREML 3.0 完成，运行该软件需要编写.as 文件（程序文件）、.dat 文件（数据文件）及.pin 文件（遗传力和遗传相关计算文件），运行结束后，会输出一系列的结果文件，包括.asr 文件（方差和协方差结果文件）、.pvc 文件（遗传力和遗传相关结果文件）和.sln 文件（育种值文件）等。

三、池塘养殖黄金鲈生长性状遗传力和遗传相关

如表 4-25 所示，池塘养殖条件下，一龄黄金鲈全长和体重的遗传力分别为 0.075±

0.053 和 0.082±0.056，二龄黄金鲈全长和体重的遗传力分别为 0.049±0.057 和 0.14±0.09，黄金鲈（一龄或二龄）体重和全长间表现出很高的遗传相关和表型相关，（0.92±0.01）～（0.97±0.031）。

表 4-25　池塘养殖黄金鲈一龄和二龄生长性状遗传力和遗传相关

池塘	第一年	第二年
全长遗传力（±SE）	0.075±0.053	0.049±0.057
体重遗传力（±SE）	0.082±0.056	0.14±0.09
全长与体重遗传相关（±SE）	0.97±0.031	0.93±0.13
全长与体重表型相关（±SE）	0.96±0.0038	0.92±0.01

SE，标准误。

四、水缸养殖黄金鲈生长性状遗传力和遗传相关

如表 4-26 所示，水缸养殖条件下，没有估算出一龄黄金鲈全长和体重的遗传力，以及全长和体重的遗传相关。一龄黄金鲈全长和体重间的表型相关系数为 0.907±0.014，二龄黄金鲈全长和体重的遗传力分别为 0.518±0.208 和 0.513±0.207，二龄的黄金鲈全长和体重间的遗传相关和表型相关分别为 0.976±0.0045 和 0.999±0.0055。

表 4-26　水缸养殖黄金鲈一龄和二龄生长性状遗传力和遗传相关

水缸	第一年	第二年
全长遗传力（±SE）	—	0.518±0.208
体重遗传力（±SE）	—	0.513±0.207
全长与体重遗传相关（±SE）	—	0.976±0.0045
全长与体重表型相关（±SE）	0.907±0.014	0.999±0.0055

SE，标准误。

五、结语

本文第一次对黄金鲈生长性状遗传力进行了估计，这为黄金鲈选择育种提供了非常重要的参考依据。体重和体长的遗传力评估已经在较多的水产动物中报道，在大部分的水产动物中，这两个生长相关性状均表现出中高遗传力，例如，Fishback 等（2002）估算虹鳟体重和体长的遗传力分别为 0.546～0.719 和 0.517～0.664；Dupont-Nivet 等（2008）估算狼鲈体重和体长的遗传力分别为 0.62 和 0.54；Navarro 等（2009）估算头海鲷体重和体长的遗传力分别为 0.28～0.34 和 0.27～0.35。根据 Cardellino 和 Rovira（1987）对性状遗传力大小值进行低、中、高等级的区分可知，池塘养殖的黄金鲈全长和体重的遗传力处于较低水平，表明家系选育技术较适于池塘养殖的黄金鲈生长性状的选育研究。水缸养殖的二龄黄金鲈全长和体重的遗传力处于较高水平，但由于采集的样本数量较小，水缸养殖黄金鲈生长性状遗传力的评估结果仅能用作选育研究时的参考资料。本文用于评估黄金鲈生长性状遗传力的家系数不多、采样的家系也比较小（尤其是水缸养殖

的黄金鲈群体），这导致了遗传力评估的标准误较大，以后评估黄金鲈生长性状遗传力时应加多家系数目和加大家系规格。

黄金鲈（一龄和二龄）全长和体重间表现出高度的遗传相关和表型相关（其值的范围几乎接近 1），这意味着对黄金鲈体重的选择可以利用测量较为方便的性状即全长进行间接选择，最终得到较好的选择效果。相似的结果在很多种水产动物中都报道过（Vandeputte et al., 2004；Navarro et al., 2009）。

第七节　标记辅助黄金鲈生长性状选育六代遗传多样性分析

育种计划的成功和可持续性取决于育种工作者如何使用高效和新颖的选育策略，在保持遗传多样性的同时，获得最大化的遗传增益。实际上，与野生群体相比，由于选育过程中过度的遗传漂变和不可避免的近交，选育计划得到的品种往往易丢失遗传多样性（Cruz et al., 2004）。遗传多样性的减少可能导致遗传改良鱼类的适应性下降，这将有损选育鱼类的遗传增益。因此，使用分子标记的方法来监测选育群体在世代间的遗传变异和遗传结构，对于控制选育计划中的近交和保持遗传增益有着重要的作用。

黄金鲈在五大湖区和美国中西部是一个十分重要的水产养殖鱼类。由于是当地餐馆、社交组织的传统鱼类，黄金鲈在五大湖区的需求量很高。在五大湖区，黄金鲈的健康效益及其在市场上消费者的忠诚度为渔民提供了一个重要的市场机遇。目前，阻碍黄金鲈养殖业发展的一个重要原因是其较慢的生长速度。

长期以来，我们借助标记辅助选育技术（MACS）进行黄金鲈的商业化规模（每年超过 100 家系）选育工作。到目前为止，我们已经进行了六代的选育工作。在选育工作中，一种高效的黄金鲈标记辅助选育技术被开发出来，在育种过程中可获得最大化的遗传增益和最小化的遗传变异。在三个不同纬度的农场和实验站的育种结果表明：与那些没有经过选育的黄金鲈相比，借助于标记辅助选育技术和育种策略的选育黄金鲈群体存活率更高、生长速度也更快。我们选育的黄金鲈比未选育的产量高 27.6%~42.1%，生长速度快 25.5%~32.0%，存活率高 12.3%~27.8%。本节的目的旨在检测 MACS 育种策略是否可以在黄金鲈选育群体中避免严重的遗传多样性的降低。

一、选育策略和选育世代的建立

在选育过程中，我们运用了以下的策略：①使用具有高遗传多样性的亲本群；②在每代中保持一个大的群体数量（>100 家系）；③保持大致 1:1 的性别比；④多样性的交配策略，包括阶乘交配、多对巢式交配和单对交配；⑤混养以减少环境影响和节约孵化场/池塘资源；⑥利用分子标记建立系谱信息及鉴别各个体间的遗传相关性；⑦使用群体策略；⑧世代交叠。

创建者或者基础群体（YC-2004 和 YC-2005）来自于 8 个不同的群体。2003 年冬季和 2004 年春季，采集了 4 个黄金鲈野生群体，分别为北卡罗来纳州群体、宾夕法尼亚州群体、纽约群体和缅因州群体；另外还有两个采集自密歇根和俄亥俄州立大学南方研究中心的人工饲养群体。2005 年春季，从威斯康星州和内布拉斯加州又获得了两个黄金鲈群体。随后，不同群体间的个体杂交后产生了 5 个选育群体。根据生长记录和基因型信息，大约有 1500 尾生长快速的候选亲鱼在考虑了亲本间个体相关性的基础上配对产生了 100 多个家系，从而建立起 YC-2006 和 YC-2007。在接下来的每一代中，有 800~1000 育种候选者（前 5%~10%，每个群体 200 尾鱼）被选出。在这 800~1000 尾鱼中，至少有 150 对生长最快且无亲缘关系的亲本交配来构建新的 4~5 个群体，同时保证每个世代至少有 100 个家系。每一代中的育种候选者使用 8 个微卫星来进行基因分型。为了提高基因多样性，部分亲代种源群体于 2008 年和 2009 年被引进，新的野生 NC 群体于 2010 年和 2011 年被引进。

二、取样和微卫星基因分型

2006~2013 年，每个世代（平行世代，L-1 包括 YC-2006、YC-2008 和 YC-2010；L-2 包括 YC-2007、YC-2009 和 YC-2011）中生长快速的二龄亲鱼雌雄各约 100 尾被选出。在 YC-2006 中随机选出 600 尾鱼用于比较随机选出的鱼和选育亲鱼的遗传多样性。共 3318 尾亲本和 600 尾随机选择的鱼被用于基因分型。根据 Li 等（2007）的方法，基因组 DNA 提取自鳍条组织。8 个高多态性的微卫星位点（YP30、YP41、YP49、YP60、YP73、YP78、YP96 和 YP109）用于基因分型分析。

三、数据分析

每一代/群体的基础数据分析使用遗传分析包 PowerMarker 3.25。每个微卫星位点的多样性分析，包括基因多样性/期望杂合度（H_e）、观测杂合度（H_o）和多态性信息含量（PIC），同样也使用上述软件进行评估。F_{IS} 和 F_{st} 被用来评估群体遗传结构。PHYLIP 3.69 被用来计算种群/代间的 Nei's 遗传距离。Mega 5.0 被用于聚类分析。所有群体的遗传距离矩阵使用邻接法（NJ）。

四、遗传多样性分析

1. 各代间亲鱼的遗传变异比较

通过对 L-1 与 L-2 两个平行的黄金鲈选育群体的比较，发现 L-2 整体杂合度（H_o）更高，为 0.85；而 L-1 稍低于 L-2，其整体杂合度为 0.79。L-1 和 L-2 群体间的各代（每个群体包含三代）的平均杂合度值范围分别在 0.76~0.80 和 0.85~0.88。在两个群体的所有代中，L-2 的 YC-2011 代的杂合度最高，L-1 的 YC-2010 代杂合度最低。本章基于微卫星标记评估的亲鱼群体杂合度（H_o 为 0.75~0.88）要大于其他商业化养殖群体。

2. 各代亲鱼小组间的遗传多样性比较

各代各亲鱼小组的杂合度变化范围在 0.53~0.95，其中最高和最低的杂合度值分别出现在 YC-2010 的小组 1 和小组 2。L-2 中的世代间的杂合度变化范围略小些，为 0.82~0.92，其中杂合度最高值和最低值分别出现在 YC-2007 和 YC-2009 的小组 2。

3. 随机选择的鱼和亲鱼的遗传多样性比较

来自 YC-2006 的随机群体与 L-1 和 L-2 的亲鱼群体的比较分析显示最低的观测杂合度为 0.75，出现在随机群体中。随机群体中特定小组的杂合度范围为 0.72~0.79，这个范围落在了 L-1 亲鱼群体的杂合度变化范围之内。

4. 遗传分化系数 F_{st} 和近交系数 F_{IS}

L-1 中的遗传分化系数（F_{st}）略高于 L-2（分别为 0.05 和 0.04）。L-1 和 L-2 的近交系数（F_{IS}）接近于零，分别为 0.03 和-0.04。L-1 各代的遗传分化系数变化范围为 0.17~0.22，而 L-2 各代的遗传分化系数略低，其范围为 0.02~0.09。遗传分化系数最低值为 0.02 出现在 YC-2011，最高值为 0.22 出现在 YC-2010。所有世代的近交系数（F_{IS} 值）都是小于零的（-0.18~-0.08），YC-2010 的近交系数最高，YC-2009 的近交系数最低。

5. 有效群体大小

各代亲鱼的 Ne 值的范围为 394.2~1013.7，其中，最高的为 YC-2008，最低的为 YC-2011。

6. 遗传多样性

不同群体之间的遗传距离变化范围为 0.002~0.228。在这些群体中，随机群体和 YC-2006 亲鱼群体表现了最低的遗传距离，而随机群体和 YC-2011 亲鱼群体表现了最高的遗传距离。在系统树图中，我们观察到了黄金鲈群体单独分开的两个聚类。在 L-1 中，YC-2008 和 YC-2010 聚在一起，而 YC-2006 与 L-2 中的 YC-2007 和 YC-2009 聚在一起。

五、结论

我们的研究结果表明，标记辅助选育技术（MACS）能够很好地控制黄金鲈育种过程中的近交水平。MACS 不仅有助于遗传增益，而且可以保持黄金鲈育种群体的遗传多样性，应该能够作为一种高效的育种技术应用到其他的水产养殖品种上。

参 考 文 献

胡红浪. 2003. 挪威大西洋鲑良种选育的发展历程. 中国水产, 6: 64-65.
盛志廉, 吴常信. 1999. 数量遗传学. 北京: 中国农业出版社.
孙效文, 张晓锋, 赵莹莹, 等. 2008. 水产生物微卫星标记技术研究进展及其应用. 中国水产科学, 15(4): 689-703.
田燚, 孔杰. 2005. 水产养殖遗传育种的研究现状与展望. 福建厦门: 第三届海洋生物高技术论坛.
Ando D, Mano SI, Koide N, et al. 2008. Estimation of heritability and genetic correlation of number of abdominal and caudal vertebrae in masu salmon. Fisheries Science, 74: 293-298.
Bierne N, Beuzart I, Vonau V, et al. 2000. Microsatellite-associated heterosisinhatchery-propagated stocks of the shrimp *Penaeus stylirostris*. Aquaculture, 184: 203-219.
Brown B, Wang H P, Li L, et al. 2007. Yellow perch strain evaluation I: Genetic variance of six broodstock

populations. Aquaculture, 271: 142-151.

Cardellino R, Rovira J. 1987. Mejoramiento genético animal. Hemisferio Sur, Buenos Aires: 253.

Castro J, Pino A, Hermida M, et al. 2006. A microsatellite marker tool for parentage assessment in Senegal sole (*Solea senegalensis*): genotyping errors, null alleles and conformance to theoretical assumptions. Aquaculture, 261: 1194-1203.

Chevassus B, Quillet E, Krieg F, et al. 2004. Enhanced individual selection for selecting fast growing fish: the "PROSPER" method, with application on brown trout (*Salmo trutta fario*). Genet Sel Evol, 36: 643-661.

Coots M. 1956. The yellow perch, *Perca flavescens* (Mitchill), in the Klamath River. Calif Fish Game, 42:219-228.

Couch CR. 2006. Microsatellite DNA marker-assisted selective breeding of striped bass. Doctor dissertation. North Carolina State University.

Cruz P, Ibarra AM, Mejia-Ruiz H, et al. 2004. Genetic variability assessed by microsatellites in a breeding program of Pacific white shrimp (*Litopenaeus vannamei*). Mar Biotechnol, 6:157-164.

Danzmann RG, Ferguson MM, Allendorf FW. 1987. Heterozygosity and oxygen-consumption rate as predictors of growth and developmental rate in rainbow trout. Physiol Zool, 60: 211-220.

David P, Delay B, Berthou P, et al. 1995. Alternative models for the allozyme-associated heterosis in the marine bivalve *Spisula ovalis*. Genetics, 139: 1719-1726.

David P. 1998. Heterozygosity-fitness correlations: New perspectives on old problems. Heredity, 80: 531-537.

Dupont-Nivet M, Vandeputte M, Vergnet A, et al. 2008. Heritabilities and GxE interactions for growth in the European sea bass (*Dicentrarchus labrax* L.) using a marker-based pedigree. Aquaculture, 275: 81-87.

Echo JB. 1955. Some ecological relationships between yellow perch and trout in Thompson Lake, Montana. Trans Amer Fish Soc, 84, 239-248.

El Mousadik A, Petit R J. 1996. High level of genetic differentiation for allelic richness among populations of the argan tree (*Argania spinosa* (L.) Skeels) endemic to Morocco. Theoretical and Applied Genetics, 92: 832-839.

Elvingson P, Johansson K. 1993. Genetic and environmental components of variation in body traits of rainbow trout (*Oncorhynchus mykiss*) in relation to age. Aquaculture, 118: 191-204.

Eshenroder RL. 1977. Effects of intensified fishing, species changes, and spring water temperatures on yellow perch, *Perca flavescens*, in Saginaw Bay. J Fish Res Board Can, 34: 1830-1838

Ferguson MM. 1990. Enzyme heterozygosity and growth in rainbow trout reared at two ratios. Biol J Linn Soc, 40: 215-227.

Ferguson MM. 1992. Enzyme heterozygosity and growth in rainbow trout: Genetic and physiological explanations. Heredity, 68: 115-122.

Fishback AG, Danzmann RG, Ferguson MM, et al. 2002. Estimates of genetic parameters and genotype by environment interactions for growth traits of rainbow trout (*Oncorhynchus mykiss*) as inferred using molecular pedigrees. Aquaculture, 206: 137-150.

Friars GW, Bailey JK, Coombs KA. 1990. Correlated responses to selection for grilse length in Atlantic salmon. Aquaculture, 85: 171-176.

Gjedrem T, Thodesen J. 2005. Selection. In: Gjedrem Ed., Selection and Breeding Programs in Aquaculture. Springer, Berlín: 89-111.

Gjedrem T. 1983. Genetic variation in quantitative traits and selective breeding in fish and shellfish. Aquaculture, 33: 51-72.

Gjerde B. 1986. Growth and reproduction in fish and shellfish. Aquaculture , 57: 37-55.

Goudet J. 2001. FSTAT, a program to estimate and test gene diversities and fixation indices(version 2. 9. 3). Available from http://www. unil. ch/izea/softwares/fstat. html.

Gray AK, Joyce JJ, Wertheimer AC. 2008. Unanticipated departures from breeding designs can be detected using microsatellite DNA parentage analyses. Aquaculture, 280: 71-75.

Hayes CN, Sonesson AK, Gjerde B. 2005. Evaluation of three strategies using DNA markers for traceability in aquaculture species. Aquaculture, 250: 70-81.

Headley HC, Lauer TE. 2008. Density-dependent growth of yellow perch in southern Lake Michigan,

1984-2004. N Am J Fish Manage, 28: 57-69.

Hershberger WK, Myers JM, Iwamoto RN, et al. 1990. Genetic changes in the growth of coho salmon (*Oncorhynchus kisutch*) in marine-net pens, produced by ten years of selection. Aquaculture, 85: 187-197.

Hildebrand SF, Schroeder WC. 1928. Fishes of Chesapeake Bay. Washington, DC: Smithsonian Institution Press.

Hildner KK, Soule ME, Min M, et al. 2003. The relationship between genetic variability and growth rate among populations of the pocket gopher, *Thomomys bottae*. Conserv Gen, 4:233-240.

Huang CM, Liao IC. 1990. Response to mass selection for growth rate in *Oreochromis niloticus*. Aquaculture, 85: 199-205.

Jackson TR, Martin-Robichaud DJ, Reith ME. 2003. Application of DNA markers to the management of Atlantic halibut (*Hippoglossus hippoglossus*) broodstock. Aquaculture, 220, 245-259.

Koedprang W, Ohara K, Taniguchi N. 2000. Genetic and environmental variances on growth and reproductive traits of silver crucian carp *Carassius langsdorfii* using communal and separate rearing systems. Fisheries Sci, 66: 1092-1099.

Koehn RK, Gaffney PM. 1984. Genetic heterozygosity and growth rate in *Mytilus edulis*. Mar Biol, 82:1-7.

Kolstad K, Thorland I, Refstie T, et al. 2006. Genetic variation and genotype by location interaction in body weight, spinal deformity and sexual maturity in atlantic cod (*Gadus morhua*) reared at different locations off Norway. Aquaculture, 259: 66-73.

Leary RF, Allendorf FW, Knudsen KL. 1984. Superior development stability of heterozygotes at enzyme loci in salmonid fishes. Am Nat, 124: 540-551.

Leclerc D, Wirth T, Bernatchez L. 1999. Isolation and characterization of microsatellite loci in the yellow perch (*Perca flavescens*), and cross species amplification within the family Percidae. Molec Ecol, 9: 995-997.

Leclerc É, Mailhot Y, Minglbier M, et al. 2008. The landscape genetics of yellow perch (*Perca flavescens*) in a large fluvial ecosystem. Mol Ecol, 17: 1702-1717.

Ledig FT, Guries RP, Bonefeld BA. 1983. The relation of growth to heterozygosity in pitch pine. Evolution, 37: 1227-1238.

Li L, Wang HP, Givens C, et al. 2007. Isolation and characterization of microsatellites in yellow perch (*Perca flavescens*). Molecular Ecology Notes, 7: 600-603.

Litt M, Luty JA. 1989. A hypervariable microsatellite revealed by in vitro amplification of dinucleotide repeat within the cardiac muscle actin gene. Am J Hum Genet, 44: 397-401.

Liu X, Chang Y, Xiang J, et al. 2005. Estimates of genetic parameters for growth traits of the sea urchin, *Strongylocentrotus intermedius*. Aquaculture, 243: 27-32.

Lutz G, Sambidi P, Harrison R. 2003. Tilapia Industry Profile. Agriculture Marketing Resource Center, Iowa State University. (http://test. agmrc. org/20aquaculture/ profiles/ 20tilapiaprofile. pdf)

Macbeth M. 2005. Rates of inbreeding using DNA fingerprinting in aquaculture breeding programs at various broodstock fitness levels-a simulation study. Aust J Exp Agr, 45: 893-900.

Malison JA. 2000. A White Paper on the Status and Needs of Yellow Perch Aquaculture in the North Carolina Regions. North Central Regional Aquaculture Center, Michigan State University, East Lansing, Michigan, USA.

Maluwa AO, Gjerde B, Ponzoni RW. 2006. Genetic parameters and genotype by environment interaction for body weight of *Oreochromis shiranus*. Aquaculture, 259: 47-55.

Manci W. 2001. Is commercial yellow perch production in the US feasible? Aquac Mag, 27: 26-30.

Marsden JE, Robillard SR. 2004. Decline of yellow perch in Southwestern Lake Michigan, 1987-1997. North Am. J Fish Manage, 24: 952-966.

Matson SE, Camara MD, Eichert W, et al. 2008. P-LOCI: a computer program for choosing the most efficient set of loci for parentage assignment. Mol Ecol Res, 8(4): 765-768.

McComish TS. 1986. A decade of dramatic change in the yellow perch population in Indiana waters of Lake Michigan, Ball State University, Special Report, Muncie, Indiana.

McGinty AS. 1987. Efficacy of mixed-species communal rearing as a method for performance testing of tilapias. The Progressive Fish-Culturist, 49: 17-20.

Miller, Loren M. 2003. Microsatellite DNA loci reveal genetic structure of yellow perch in Lake Michigan. Trans Amer Fish Soc, 132, 203-213.

Mitton JB. 1993. Enzyme heterozygosity, metabolism, and development stability. Genetica, 89: 47-65.

Moav R, Wohlfarth GW. 1974. Magnification through competition of genetic differences in yield capacity in carp. Heredity, 33(2): 181-202.

Moav R, Wohlfarth GW. 1976. Two way selection for growth rate in the common carp(*Cyprinus carpio* L.). Genetics, 82: 83-101.

Navarro A, Zamorano MJ, Hildebrandt S, et al. 2009. Estimates of heritabilities and genetic correlations for growth and carcass traits in gilthead seabream(*Sparus auratus* L.), under industrial conditions. Aquaculture, 289: 225-230.

Nelson JS. 1976. Fishes of the World. New York: JohnWiley & Sons.

Nielsen EE, Hansen MM, Bach LA. 2001. Looking for a needle in a haystack: Discovery of indigenous Atlantic salmon (*Salmo salar* L.) in stocked population. Conservation Genetics, 2: 219-232.

O'Flynn FM, Bailey JK, Friars GW. 1999. Responses to two generations of index selection in Atlantic salmon (*Salmo salar*). Aquaculture, 173: 143-148.

Pierce BA, Mitton JB. 1982. Allozyme heterozygosity and growth in the tiger salamander, *Ambystoma tigrinum*. J Hered, 73:250-253.

Porta J, Porta J, Martínez-Rodríguez G, et al. 2006. Genetic structure and genetic relatedness of a hatchery stock of Senegal sole(*Solea senegalensis*)inferred by microsatellites. Aquaculture, 251:46-55.

Pujolar JM, Maes GE, Vancoillie C, et al. 2005. Growth rate correlates to individual heterozygosity in the european eel, *Anguilla anguilla* L. Evolution, 59(1): 189-199.

Raymond M, Rousset F. 1995. An exact test for population differentiation. Evolution, 49:1280-1283.

Robert GD. 2004. Selection for faster growing black bream *Acanthopagrus butcheri*. Doctoral dissertation, Murdoch University.

Saillant E, Dupont-Nivet M, Haffray P, et al. 2006. Estimates of heritability and genotype–environment interactions for body weight in sea bass(*Dicentrarchus labrax* L.)raised under communal rearing conditions. Aquaculture, 254: 139-147.

Sanderson BL, Hrabik TR, Magnuson JJ, et al. 1999. Cyclic dynamics of a yellow perch (*Perca flavescens*) population in an oligotrophic lake: evidence for the role of intraspecific interactions. Can J Fish Aquat Sci, 56:1534-1542.

Schaal BA, Levin DA. 1976. The demographic genetics of *Liatris cylindracea* Mitchx (Compositae). Am Nat, 110: 191-206.

Schneider S, Kueffer JM, Roessi D, et al. 1997. AREQUIN Version 1. 1: a software for population genetic data analysis. Geneva, Switzerland: Genetics and Biometry Laboratory, University of Geneva

Schuelke M. 2000. An economic method for the fluorescent labeling of PCR fragments. Nat Biotechnol, 18: 233-234.

Slate J, Pemberton JM. 2002. Comparing molecular measures of detecting inbreeding depression. J Evol Biol, 15: 20-31.

Su G, Liljedahl L, Gall GAE. 2002. Genetic correlations between body weight at different ages and with reproductive traits in rainbow trout. Aquaculture, 213: 85-94.

Thelen GC, Allendorf FW. 2001. Heterozygosity-fitness correlations in rainbow trout: Effects of allozyme loci or associative overdominance? Evolution, 55: 1180-1187.

Tidwell JH, Coyle SD, Evans J, et al. 1999. Effect of culture temperature on growth, survival, and biochemical composition of yellow perch *Perca flavescens*. J World Aquacult Soc, 30: 324-330.

Vandeputte M, Kocour M, Mauger S, et al. 2004. Heritability estimates for growth-related traits using microsatellite parentage assignment in juvenile common carp (*Cyprinus carpio* L.). Aquaculture, 235: 223-236.

Vandeputte M, Kocour M, Mauger S, et al. 2008. Genetic variation for growth at one and two summers of age in the common carp (*Cyprinus carpio* L.): heritability estimates and response to selection. Aquaculture, 277: 7-13.

Wang CH, Li SF. 2007. Genetic effects and genotype × environment interactions for growth-related traits in common carp, *Cyprinus carpio* L. Aquaculture, 272: 267-272.

Wang D, Mao HL, Chen HX, et al. 2009. Isolation of Y- and X-linked SCAR markers in yellow catfish and application in the production of all-male population. Animal Genetics, doi:10.1111/j.1365-2052.2009.01941.x.

Weber JL, Wong C. 1993. Mutation of human short tandem repeats. Hum Mol Genet, 2: 1123-1128.

Wells L, Jorgenson SC. 1983. Population biology of yellow perch in southern Lake Michigan, 1971-79. U. S. Fish Wildlife Service Technical Papers 109.

Winkelman AM, Peterson RG. 1994. Genetic parameters (heritabilities, dominance ratios and genetic correlations) for body weight and length of chinook salmon after 9 and 22 months of saltwater rearing. Aquaculture, 125: 31-36.

Wohlfarth GW, Moav R. 1991. Genetic testing of common carp in cages I. Communal versus separate testing. Aquaculture, 95: 215-223.

Zhan A, Wang Y, Brown B, et al. 2009. Isolation and Characterization of Novel Microsatellite Markers for Yellow Perch (*Perca flavescens*). International Journal of Molecular Sciences, 10: 18-27.

Zouros E, Singh SM, Miles H E. 1980. Growth rate in oysters: An overdominant phenotype and his possible explanations. Evolution, 42: 1332-1334.

（Han-Ping Wang，曹小娟）

第五章 美国养殖鲈类（条鲈、大口黑鲈、黄金鲈、赤鲈）营养学：新兴水产养殖品种的营养需求和操作

　　世界上用于评估水产养殖可行性的鱼类有上千种，而它们都面临一个共同的挑战——当其营养素需求未知时如何提供最佳的饲料。其中包括，美国杂交条鲈（HSB，*Morone saxatilus* × *M. chrysop*)、大口黑鲈（LMB，*Micropterus salmoides*)、黄金鲈（YP，*Perca flavescens*) 和欧洲赤鲈（EP，*P. fluviatilus*)。科学杂志中很少有关于这几种鱼营养素需求的定量研究，这就限制了满足其营养需要的专用配合饲料的生产。随着对一些关键营养素包括粗蛋白、必需氨基酸等需求的关注，以及基于鱼体必需氨基酸和饲料需求之间的高度相关，可以在较短时间内开发出一些近似最优的饲料并应用于新出现的鱼类品种。本文以美国杂交条鲈和黄金鲈为例，首先有效评估实用饲料原料中的粗蛋白和必需氨基酸，然后遵循其规律以预测的方式制作低成本的配合饲料。使用一些新的研究技术手段如代谢组学等，通过鉴定的营养素之间的交互作用，可以获得其他传统的动物营养学研究不能预测的效果，从而为应对饲料快速的发展变化提供了可能。当然，这些新技术手段需要在更多新出现的水产养殖品种上进行持续的验证，而不能被认为是传统的鱼类营养素需要定量试验的替代方法。然而，这些新的技术确实鼓舞了那些研究团体在开展常规量化营养素需求获取资金困难时，寻求新的资助途径。另外，这些新方法也进一步揭示了随着现代水产养殖产业快速发展出现的新的需求。

一、引言

　　地球上有30 000多种鱼类，而有上千种都在开展应用于水产养殖的评估。所有新出现的水产养殖品种都面临共同的挑战，包括：驯化、饲料可接受性、繁殖、疾病、市场、产品品质和形式、生产成本等。然而，如果目标品种不接受配合饲料的食物，该品种的整个产业发展就会受到挑战。本文的核心就是提供一种方法来为新出现的水产养殖品种提供适宜的配合饲料，并且为鲈的定量营养需求研究建立基础数据库。

　　新出现的水产养殖品种，面临的最主要挑战是要有足够的饵料来满足其最佳生长。充足的饵料不仅能促进鱼类快速生长，而且最佳营养素摄取也与其健康、繁殖性能、经济性能密切相关。目前主要的密集型水产养殖产业多使用的是配合商业饲料，通常是挤压型颗粒饲料；在配制饲料时候，配合饲料厂需要知道目标种类的营养需求。然而，对所有的营养素需求及交互作用进行定量研究是一个非常耗时、昂贵的研究，而配合饲料厂几乎没有所必需的基础数据。一些新出现的养殖品种产业正在经历一个飞速发展的阶段，并没有足够时间等待开展长期系统的定量需求研究。

　　本文以两大类鲈（bass 和 perch）为例，呈现了对于新出现的水产养殖品种，如何使用新的研究手段来快速为其提供近似最优的配合饲料，并且推荐了这两类鲈的营养素需求。

本文选取的研究对象主要是美国杂交条鲈和大口黑鲈（bass）、黄金鲈和欧洲赤鲈（perch）。

二、鲈（bass）饲料的早期试验

在大多数情况下，未驯养的动物用于开展水产养殖初始的评估，首要的挑战是鉴定该目标品种可以接受的食物，随后需要考虑的是在饲喂不同的基础饲料时如何实现最大的生长率；在高度控制的试验条件下是否对鱼类造成应激，从而影响了体重增加至最大化。野生条件下鱼的生长或者体重增加值，可能因为饵料限制不能提供一个精确、真实的基因决定型最大值，最后，什么可以作为一个阳性的对照饲料组？实用饲料原料中含有各种含量多样的主要营养素，如粗蛋白、粗脂肪，但是这些饲料也含有一些不被目标品种接受的成分；使用化学组成明确的饲料，通常指纯化饲料和半纯化饲料，可精确满足营养研究所需，但是对于新品种，由于其营养需求未知，因此阐述这类试验饲料的主要营养成分是不可能的；此外，鱼类也有几种不同的纯化的基础饲料配方，而这些饲料配方也许并不能被目标鱼种所接受。

更常用的半纯化饲料通常在粗蛋白和必需氨基酸种类上呈现不同。鲑鳟的饲料中酪蛋白作为主要的粗蛋白来源，但是酪蛋白通常缺乏精氨酸，因此通常加入精氨酸盐酸盐来补充。温水性鱼类，如鲇和罗非鱼，通常广泛应用酪蛋白和明胶，明胶含有相对高含量的精氨酸。酪蛋白、明胶和晶体氨基酸通常主要由生化药品供给商供给，因此纯度和一致性比较好。酪蛋白和明胶的组合通常可以保证所有必需氨基酸以蛋白质形式供给，因为必需氨基酸的消化和吸收率需要遵循相同的时间模式；使用酪蛋白/精氨酸盐可以提供一个有效的基础配方，但是也会存在一些有关蛋白形式（酪蛋白）和晶体氨基酸形式（精氨酸）不同吸收速率的考虑；另外一个常用的基础配方仅含有少量的蛋白形式（<10%饲料），而大部分必需氨基酸由晶体氨基酸提供，这种配方通常用来确定必需氨基酸需求和研究必需氨基酸之间可能的交互作用。

为了解决饲料可接受性的基础难题及获得满足最大体重增加的阳性对照饲料，Brown等（1993）提供了5种试验饲料（表5-1）和3种应用饲料配方开展美国杂交条鲈养殖试验。几种试验饲料在粗蛋白和必需氨基酸的来源上有所不同，而实用饲料在蛋白质/脂肪含量和主要成分上有所不同。试验饲料1～3都不能被美国杂交条鲈很好地接受，试验饲料4和饲料5分别是主要的晶体氨基酸饲料和晶体氨基酸添加10%的鱼粉作为诱食添

表5-1 条鲈的试验饲料配方

组分	饲料序号				
	1	2	3	4	5
酪蛋白	43.4	32.7	42.2	9.0	41.25
明胶	10.0	1.8	0	0	0
鲱鱼粉	0	0	0	0	10.0
精氨酸盐酸盐	0	0	1.15	0	1.15
氨基酸预混物	0	0	0	23.76	0
常量	42.5	→			
纤维素	不同量				

加剂，两者可以很好地被鱼接受。投喂试验饲料 4 和饲料 5 的鱼，以及投喂实用饲料的鱼的增重及饲料效率结果如表 5-2 所示，美国杂交条鲈在投喂试验饲料 5 及含有 44%蛋白和 8%脂肪的实用饲料时增重最多。

表 5-2　条鲈幼鱼投喂不同的试验饲料和实用饲料后的增重、饲料效率和存活率

试验饲料	体增重	饲料效率	存活率
4	317.7^c	0.65^c	76.7
5	611.3^a	0.94^a	63.3
鳟鱼饲料，44/8*	487.0^{a,b}	0.84^b	83.3
鳟鱼饲料，35/10	432.4^{b,c}	0.80^b	83.3
鲇鱼饲料，42/4	346.9^c	0.71^c	76.7

*3 种实用饲料的配方是从 3 种不同的饲料厂获得，被配比来满足虹鳟或者鲇鱼幼鱼的营养素需求，数字指的是饲料粗蛋白/粗脂肪。同一列数据右上角不同英文上标字母表示存在显著差异（$P<0.05$）。

另一个试验是为了进一步验证适宜的试验饲料配方（表 5-3），以及评估额外的其他实用饲料配方。在该试验中试验饲料 1 和 2 是唯一能接受的，鱼的生长效果反应如表 5-4 所示。美国杂交条鲈在投喂含 10%鱼粉、35%粗蛋白和 10%脂肪的鲑饲料试验饲料时，生长结果在两个试验中相似。这些数据为将来的试验研究提供了基础试验配方，并且为美国杂交条鲈饲料生产商提供了坚实的基础。而这个试验中美国杂交条鲈在投喂实用鲑饲料时更为显著的表现，表明我们在提供更优的饲料配方方面仍有较多的工作需要努力。在这些已经开展及未来将要开展的美国杂交条鲈试验中，使用了具有相同的遗传背景的鲈，并且所有的试验鱼都来自同一个供应商，可以大大降低由于不同基因型的巨大差异导致的结果变异。

表 5-3　条鲈幼鱼的试验饲料配方

组分	饲料序号					
	1	2	3	4	5	6
酪蛋白	35.2	38.6	41.4	42.1	40.6	40.4
鲱鱼粉	10.0	5.0	1.0	0	0	0
L-精氨酸盐酸盐	1.0	1.1	1.2	1.2	1.2	1.3
L-甲硫氨酸	0	0	0	0	1.3	0
L-胱氨酸	0	0	0	0	0	1.5
常量	50	50	50	50	50	50
纤维素	不同量 →					

表 5-4　条鲈幼鱼的增重、饲料效率及存活率

试验饲料	增重	饲料效率	存活率
1	439.9^b	0.95^b	83.3^a
2	375.4^c	0.86^c	56.7^b
鲇鱼饲料，36/8	280.2^d	0.75^d	93.3^a
鳟鱼饲料，35/10	424.4^{b,c}	0.96^b	93.3^a
鲑鱼饲料，55/15	649.5^a	1.20^a	90.0^a

同一列数据右上角不同英文上标字母表示存在显著差异（$P<0.05$）。

三、鲈（perch）饲料的早期试验

在黄金鲈上也开展了一系列相似的研究试验，并且对于鱼大小的差异也有鉴定。野

生环境（初始鱼重 5g）和水产养殖的黄金鲈（初始鱼重 5g）在长大之后，生长速度显著减缓，这种生长的减缓被归因于摄食的减少（Brown et al.，1996）。

本研究用的试验饲料与表 5-1 中相似，只是在粗蛋白和必需氨基酸含量上有所改变。类似的也有 3 种实用饲料投给黄金鲈幼鱼（表 5-5）。含有酪蛋白作为唯一蛋白来源（阴性对照）或者以酪蛋白和明胶作为蛋白来源的试验饲料不能很好地被黄金鲈（5g）所接受，含有酪蛋白添加精氨酸及含有较多晶体氨基酸的饲料可以被接受。更有意思的是，投喂大量晶体氨基酸时鲈的增重比其他各组显著更优，这是首次报道的一种可以接受大量晶体氨基酸饲料并且生长与投喂实用饲料时相似的鱼。与美国杂交条鲈的试验相同，黄金鲈投喂含更高蛋白质含量的饲料时比投喂低蛋白质含量的饲料时体重增加更多。

大的黄金鲈（51g）可以接受所有的试验饲料，并且在投喂酪蛋白/精氨酸组合时或者投喂晶体氨基酸时鱼的增重最多（表 5-6）。投喂鳟饲料的鱼类比投喂鲇饲料的鱼增重更多，而黄金鲈投喂含有 40%粗蛋白/10%粗脂肪时增重也是最多的。

对两个不同大类的鲈的研究表明：
（1）饲料的可接受度随着鱼的种类而不同；
（2）鱼类对试验饲料有明显的偏好；
（3）同样的试验饲料和实用饲料对不同鱼种的结果不同；
（4）这两大类鲈饲料中适宜的粗蛋白和粗脂肪含量与已报道的鱼饲料，如低蛋白 32/低脂肪 4 鲇或高蛋白 36-44/高脂肪 12-26 的鲑鳟饲料之间的差异不大。

表 5-5　投喂不同试验饲料和实用饲料的黄金鲈（初始体重 5g）的增重和饲料系数

饲料	增重	饲料系数
酪蛋白/精氨酸	167.7^b	3.1^b
晶体氨基酸 s	215.0^a	1.8^a
鲇鱼饲料，36/6	127.8^c	2.9^c
鳟鱼饲料，36/8	174.7^{a,b}	2.3^a
鳟鱼饲料，45/15	212.1^a	2.3^a

注：同一列数据右上角不同英文上标字母表示存在显著差异（$P<0.05$）。

表 5-6　黄金鲈（初始体重 51g）投喂不同的试验饲料和实用饲料后的增重和饲料系数

饲料	增重	饲料系数
酪蛋白	47.5^{b,c}	5.0^{b,c}
酪蛋白/明胶	48.1^{b,c}	5.1^c
酪蛋白/精氨酸	64.6^a	4.0^a
晶体氨基酸	53.1^b	4.7^b
鳟鱼饲料，33/8	43.3^c	5.9^c
鳟鱼饲料，38/12	38.7^{c,d}	6.5^{c,d}
鳟鱼饲料，40/10	63.4^a	4.4^a
鳟鱼饲料，50/17.5	46.3^{b,c}	5.7^{b,c}
鲇鱼饲料，35/4	46.0^{b,c}	5.7^{b,c}
鲇鱼饲料，32/3.5	10.2^e	25.8^e

注：同一列数据右上角不同英文上标字母表示存在显著差异（$P<0.05$）。

四、营养素需求

已经报道的美国杂交条鲈的营养素需求总结归纳如表 5-7，营养素需求定量研究增长快速，这也反映了过去 22 年的研究关注点。但重要的是这个表的内容是不全面的：10 种必需氨基酸中已研究的只有 6 种，12 种矿物质只有 3 种，而 15 种维生素中已研究的只有 6 种。从应用角度来讲，当某一种营养素需求未知时，饲料中该营养素通常添加为其他鱼类中已报道的最高需求值，适用于新出现的养殖品种。如果该品种对于营养素需求高于已报道的鱼最高营养需求时候，该饲料就会出现营养素缺乏，早期开展的水产养殖新品种评估如果使用了营养素缺乏的饲料，就会导致结果有偏差；而如果该鱼种对于某营养素的需求低于已报道的鱼类最高需求值时，饲料会过度强化而使成本过高。一般来讲，饲料中维生素和矿物质的过度添加对于饲料成本的影响显著低于氨基酸的过度添加。

已报道的大口黑鲈的营养素需求如表 5-8 所示，大口黑鲈自 20 世纪 50 年代开始在美国公共孵育场养殖，对于食物鱼市场来说还是一个新兴的养殖种类。尽管在各种公共鱼类项目中有好的历史及普及度，但是有关于其营养需求的定量研究仍然很少。

已经报道的有关黄金鲈和欧洲赤鲈的营养素需求如表 5-9 所示，类似大口黑鲈，已经报道的营养素需求仍然只占所有营养素中很少一部分。

五、应用中的挑战

尽管经过一直持续到现在的一系列努力研究，对两大类的鲈的基础挑战仍然存在。当某个新品种的营养素需求仅有部分已知时，如何为其配制适宜的配合饲料？正如前文所述，向其饲料中添加已报道的鱼类中营养素最高需求值是一个方法，另外一种新的方法是采用与其相关的、更加详细研究的其他已知养殖品种进行推测。

表 5-7 已报道的美国杂交条鲈的营养需求

营养素	需求	文献来源
粗蛋白	32%~44%	Swann et al. 1994
		Brown et al. 2008
		Nematipour et al. 1992
		Webster et al. 1995
		Brown et al. 1992
		Wetzel et al. 2006
粗脂肪	8%~18%	Gallagher 1995
		Webster et al. 1995
		Gallagher 1996
		Burr et al. 2006
		Rawles et al. 2012
氮能比	9	Nematipour et al. 1992
		Webster et al. 1995
		Keembiyehetty and Wilson 1998
	40 kJ/g protein	Twibell et al. 2003

营养素	需求	文献来源
n-3 长链不饱和脂肪酸	0.5%~1.0%	Nematipour and Gatlin 1993
精氨酸	1.0%~1.5%	Griffin et al. 1994b
赖氨酸	1.4%~2.1%	Griffin et al. 1992
		Keembiyehetty and Gatlin 1992
甲硫氨酸	0.7%	Griffin et al. 1994a
甲硫氨酸+（半）胱氨酸	1.0%~1.1%	Griffin et al. 1994a
		Keembiyehetty and Gatlin 1993
苏氨酸	0.9%	Keembiyehetty and Gatlin 1997
色氨酸	0.21%~0.25%	Gaylord et al. 2005
磷	0.5%	Brown et al. 1993
锌	37 mg/kg	Buentello et al. 2009.
硒	0.25 mg/kg	Jaramillo et al. 2009
A	0.5 mg/kg	Hemre et al. 2004
E	28 mg/kg	Kocabas and Gatlin 1999
核黄素	5 mg/kg	Deng and Wilson 2003
胆碱	500 mg/kg	Griffin et al. 1994c
C	22 mg/kg	Sealey and Gatlin 1999

表 5-8　已发表的大口黑鲈营养素需求值

营养素	需求	文献来源
粗蛋白	40%~47%	Tidwell et al. 1996
		Bright et al. 2005
粗脂肪	7%~13%	Bright et al. 2005
氮能比	25~26（mg protein/kJ DE）	Portz et al. 2001
精氨酸	1.9%	Zhou et al. 2012

表 5-9　已报道的黄金鲈（YP）和欧洲赤鲈的（EP）营养素需求

营养素	需求值	文献来源
粗蛋白	24%~34%（YP）	Ramseyer and Garling 1998
	43%~56%（EP）	Fiogbe et al. 1996
粗脂肪	8%（YP）	Cartwright 1998
	18%（EP）	Kestemont et al. 2001
氮能比	18%~22%（EP，mg protein/kJ GE）	Mathis et al. 2003
	22%（YP，mg protein/MJ ME）	Ramseyer and Garling 1998
精氨酸	1.4%（YP）	Twibell and Brown 1997
甲硫氨酸	1.1%（YP）	Twibell et al. 2000a
甲硫氨酸+（半）胱氨酸	0.9%（YP）	Twibell et al. 2000a
胆碱	600 mg/kg（YP）	Twibell et al. 2000b

Arai（1981）、Ogata 等（1983）、Wilson 和 Poe（1985）分别报道了鱼体必需氨基酸组成模式和饲料需求之间的关系。Twibell 等（2003）和 Hart 等（2010）分别评估了在美国杂交条鲈和黄金鲈中这种关系的预测准确性。表 5-10 表明了预测的美国杂交条鲈苯丙氨酸、组氨酸、亮氨酸、异亮氨酸及缬氨酸的需求量，使用这些估计数值向上文说的试验饲料中添加必需氨基酸，结果发现：投喂预测必需氨基酸模式与投喂鱼粉中氨基酸模式投喂的鱼增重没有显著差别；另外，在含有最少必需氨基酸含量模式的试验饲料中，当额外添加脂肪进入饲料的时候鱼反应更佳，表明了过度的必需氨基酸添加后会有部分在美国杂交条鲈中用于提供能量。类似的，黄金鲈使用预测必需氨基酸模式投喂的饲料比使用鱼粉氨基酸模式投喂饲料组的增重显著更佳。事实上，两大类鲈需要比预测必需氨基酸多 20%来维持其最大生长效应。

表 5-10 预测的条鲈的必需氨基酸需求

必需氨基酸	需求
苯丙氨酸	0.9%
组氨酸	0.5%
亮氨酸	1.5%
异亮氨酸	0.9%
缬氨酸	0.8%

表 5-11 预测的黄金鲈的必需氨基酸需求值

氨基酸	需求
赖氨酸	3.0%
苯丙氨酸	1.6%
苏氨酸	1.6%
色氨酸	0.3%
组氨酸	0.5%
亮氨酸	1.5%
异亮氨酸	0.9%
缬氨酸	0.8%

预测必需氨基酸需求的理论基础存在于动物的遗传构造。细胞内的 DNA 需要不同的 RNA 种类来编码蛋白质，用于稳态维持、生长、繁殖和健康。DNA 的组成及表达翻译后的产物是相对稳定的。必需氨基酸的周转可能会影响细胞需求，但是相对含量应该维持稳定；对于矿物质和维生素的定量需求来说就更加困难，甚至可能是不可行的。但是，通过一些新的技术能够预测微量营养素的适宜添加量，并且加速推进水产养殖新品种饲料的快速发展。

六、组学研究

质谱分析仪为精确、精准地鉴定和定量一些主要的化学物，包括小的代谢物

（<1000kDa）提供了机会；在使用质谱鉴定之前，可以通过气相或者液相色谱分离的技术来实现化学物质的分离。在营养学研究领域，使用代谢组学技术有很多潜在的应用，包括为新出现的水产养殖品种提供快速发展饲料。

Pei 等（2010）使用代谢组学鉴定了在投喂豆粕为主的饲料中添加或者不添加胆固醇时海水虾类中主要营养素的交互关系。在缺乏胆固醇时，大部分的代谢改变体现在肝胰脏、肌肉及血淋巴中的氨基酸含量改变上。普渡大学一些未发表的数据评估了饲喂大口黑鲈时豆粕的可接受性和耐受性，结果发现了精氨酸代谢通路的改变。事实上，早已进行了大口黑鲈对于精氨酸需求的定量研究，但是尚没有预测过使用豆粕添加之后精氨酸代谢的改变，该研究结果也需要进一步的试验验证。在投喂不同含量的豆粕之后，大口黑鲈之后的其他代谢反应还包括维生素等代谢途径的紊乱，维生素代谢通路包括了烟酸、泛酸、核黄素、硫胺素、维生素 A 等。事实上，在该试验中使用了一个营养全面的维生素预混物配方，结果表明在豆粕和维生素之间存在交互作用；同样的，这些结果完全不能通过传统的水产动物营养研究方法来预测。目前，由于饲料原料越来越多地从鱼粉转移到植物蛋白上来，适宜的微量营养素添加变得越来越重要（Hansen et al.，2015）。因此，代谢组学为在这种饲料主要成分发生改变时，快速检测鱼体变化并调整配方提供了可能。转录组学和蛋白质组学检测也为适应主要原料变化之后鱼的快速反应提供了机会。

七、实际应用

在仔细地分析已报道的两大类鲈的营养需求后，可清晰地显示鱼类精确营养需求的优先次序。饲料中粗蛋白和能量提供了配合饲料的基础框架，随后是必需氨基酸、维生素和矿物质。饲料中蛋白质的结构及必需氨基酸的组成，是鱼类饲料配方中的核心，因为鱼在投喂高蛋白含量的饲料时生长显著加快，而蛋白质部分通常是饲料中最昂贵的组分。在最适的主要营养素（粗蛋白、粗脂肪）含量、必需氨基酸需求量及预测的必需氨基酸需求基础上，能有效地评估实用饲料中的替代饲料原料。

Brown 等（1997）评估了美国杂交条鲈实用饲料配方中 3 种不同的豆粕产品，即未加工的、加热处理的、溶剂提取过后的/脱皮的豆粕。未加工的或者原始的豆粕即使在最少添加时（饲料中 20%）也会对鱼的增重出现显著的抑制作用。加热处理的豆粕在饲料中含量达到 40%以上时才对鱼的增重产生了显著的抑制作用，表明热处理显著降低了豆类产品中的抗营养因子。溶剂抽提后的豆粕在饲料中含量达到 45%时才对鱼的体重产生显著的抑制作用。在随后的一个试验中，使用含有高含量豆粕的饲料时对于矿物质添加的需求进行了评估，结果发现当使用一种营养全面的矿物质预混物时，饲料中添加豆粕含量到达 50%，美国杂交条鲈生长才出现了生长抑制效果（结果未发表）。这些试验结果表明，条鲈可以耐受高含量的豆粕，这与其他的很多肉食性鱼类（如鳟和鲑）相反。在美国杂交条鲈实用饲料中提高豆粕添加量的一个可能的途径就是通过整合已经发表和预测的必需氨基酸的需求（而不仅仅是粗蛋白含量的需求）进行饲料配方优化，这也为在其他肉食性鱼类中的豆粕应用相关研究提供了曙光。

Kasper 等（2007）评估了压榨的豆粕和普通豆粕在黄金鲈幼鱼饲料中的应用效果。

压榨是烘焙技术的一种改进方法，包含了热处理来降低抗营养因子活力，但是也包含了降低一小部分脂肪含量的技术。两种来源的豆粕中粗蛋白和必需氨基酸都能够被黄金鲈幼鱼很好地接受，并且在饲料中含量超过 30%以上时才出现生长抑制效果。正如美国杂交条鲈一样，黄金鲈对于高含量豆粕的耐受力，与其他的肉食性鱼类相比明显更加不规律。然而，在这两个品种上的实用饲料开发，以及通过使用植物蛋白为基础降低饲料成本，将有利于这个行业未来几年甚至更久的长期发展。

随后在美国杂交条鲈上评估鉴定了使用其他饲料原料如肉骨粉的可接受性（Bharadwaj et al., 2002）。后来大量的蛋白质原料在两类鱼上都进行了评估（未发表数据，普渡大学）；在两种鱼上，植物蛋白和动物副产品蛋白（如肉骨粉、禽类副产品）的复合蛋白都能被接受，并且没有发现生长抑制。因此，无鱼粉饲料在这两类鱼上是可行的。

八、结论

近年来，鲈的养殖业在世界很多地方都迅猛发展，但是很少有关于其营养素需求的定量研究。新的研究技术手段可以在短期内获得近似于最优营养的饲料。通过描述鱼在投喂试验饲料配方后的反应，研究人员可以确定鱼类在随后试验中的生长速率。聚焦于关键营养需求（粗蛋白和必需氨基酸）及随后的预测必需氨基酸需求的努力，为评估优化的实用饲料提供了基础支撑。新的实用技术如代谢组学为鉴定新的营养素交互作用提供了机会，这是基于传统的动物营养学研究方法所无法预测到的，而这些早期的研究需要进一步的验证。快速发展的饲料会推动新出现的水产养殖品种行业的快速发展，能够在区域及全球产量增长而利润率下降的背景下维持快速增长状态。

（Paul B. Brown；王庆超 译）

第六章 美国杂交条鲈养殖现状与展望

一、条鲈属

美国有 4 种性情比较温和的鲈，它们都属于条鲈属，包括条鲈（*Morone saxatilis*）、白条鲈（*M. chrysops*）、美国条鲈（*M. americana*）和密西西比条鲈（*M. mississippiensis*）。其中两种鲈生活在盐水和海水环境中，而另外两种鲈是淡水品种（Jobling et al.，2010）。两种咸水性鱼类条鲈和美国条鲈，是典型的亚特兰大沿岸品种（Harrell and Webster，1997）。条鲈最初分布于加拿大的劳伦斯河一直延伸到北佛罗里达，又从北佛罗里达穿越墨西哥湾沿岸支流，最后一直到达路易斯安那（Raney，1952）。作为一种流行的"运动鱼"和"食物鱼"品种，条鲈属可以在邻近的 48 个州被发现。条鲈也在前苏联、以色列、法国、葡萄牙、中国台湾、德国（Harrell and Webster，1997）及最近的中国等地有发现的报道。

二、形态特征

条鲈、白条鲈及它们的杂交子代，大都有银色的体色及黑色的水平条纹一直贯穿整个鱼体，腹部为白色而背部从黑色至橄榄灰色，色度不均（Kohler，2000）。通常情况下条鲈大都有 7~8 排条纹；而白条鲈则有 6~10 排微弱条纹：3~5 条在体上侧，1 条伴随着侧线，以及 2~5 条在体下侧（Clay，1975）。相对于白条鲈，条鲈一个独特的特点是它的体形相对较长：两侧扁平、最厚处位于背鳍棘的后端区域并与软的背鳍相连（Scott and Crossman，1973）；白条鲈则是更加横向压缩，但是垂直方向上更深、更强健，而美国杂交条鲈子代在外观和形态特征上处于二者之间（Woods，2005）。除了体形和条纹之外，牙齿斑的排列也被用来鉴别条鲈、白条鲈及它们的子代。白条鲈在靠近口腔背侧的中线附近有一排牙齿，而美国杂交条鲈和条鲈在口腔背侧有两列牙齿。这些牙齿斑在条鲈上是很独立的，而在美国杂交条鲈上可能是独立或者结合在一起。

三、研究概述

19 世纪 80 年代，为了罗阿诺克河鱼类资源的增殖（Worth 1984），在 1874 年美国渔业委员会开发的人工孵育手段基础上，在北卡罗莱纳州韦尔登市的罗阿诺克河河岸建立了第一个专业的条鲈孵育场（Baird，1874）。到 1904 年，条鲈的产量达到了大约 300 000 尾鱼苗（Worth，1904）。Worth（1904）描述了从河中雌鱼体内收集鱼卵的方法，然后将收集的鱼卵与从捕获的雄鱼获得的精液进行人工授精后孵育。受精卵在 McDonald 培养瓶里面孵化，要得到 300 000 尾鱼苗，一般大约需要收集 2 000 000 颗鱼卵。早期的条鲈养殖专注于强化本地沿岸鱼资源的恢复（Woods，2005）；然而到了 1910 年美国渔业委员会决定不再支持其增殖，条鲈的生产就此停止（Worth，1910）。

20 世纪 50 年代，因南卡罗莱纳州 Santee-Cooper 水库的蓄积，对条鲈的养殖又出现了新的兴趣，因此也扩大到在全美人工池里开始养殖新的品种（Woods，2005）。20 世纪 60 年代中期，激素诱导的产卵方法建立起来，使得诱导雌鱼排卵更加方便，也不再需要从野外捕获怀卵雌鱼放入产卵池中产卵（Stevens et al.，1965；Stevens，1966，1967），这项技术为 20 世纪 60 年代每年数以百万的条鲈鱼苗提供了途径（Stevens，1967）。北卡罗莱纳州开展的有关条鲈养殖的工作基础，为后面整个条鲈属的养殖提供了良好的借鉴，这也包括现在水产养殖中"食物鱼"产量的供给，以及种间杂交等（Harrell and Webster，1997）。

当一种技术建立起来可以保证稳定的资源和子代存活率时，一个商业化的产业就可以很快建立起来。到 1999 年，有 12 个私立的育苗场为商业化养鱼企业生产了大约 18.5 亿尾鱼苗，以及 1800 万尾条鲈和美国杂交条鲈商品鱼（Woods，2005）。在生产的鱼苗和稚鱼中，Woods（2005）报道有大约 15 亿万尾的鱼苗和 1700 万尾的鱼种在全美销售、3500 万尾的鱼苗和 500 万尾鱼种被输出到其他国家。

四、杂交条鲈养殖的发展和商业化

20 世纪 60 年代对于条鲈养殖是十分重要的一个阶段。在 1965 年开展了一些条鲈和其他条鲈品种的杂交试验，并在 1966 年成功得获得了一些杂交条鲈（Woods，2005）。从这些早期的研究中很明显发现，美国杂交条鲈呈现出杂交优势可以比任何父母一方都生长更迅速（Logan，1968）。需要强调的是，杂交并不会导致子代的不育，事实上，1968 年美国杂交条鲈子代成功地突破了种间隔离与条鲈成功进行交配（Bishop，1968）。最开始的杂交配对是通过条鲈雌鱼和白条鲈雄鱼交配获得，子代称为矮棕榈鲈（Robins et al.，1991），这种鱼通常存在于人工水库中，成为美国一种流行的"运动鱼类"。相反，另外一种杂交类型是通过条鲈雄鱼和白条鲈雌鱼交配获得的阳光鲈，并成为一种更流行的杂交鱼类，主要用于商业化"食品鱼"的生产（Woods，2005）。其他类型的杂交鲈子代也有生产，包括马里兰鲈（白条鲈♀×条鲈♂）、维吉尼亚鲈（条鲈♀×白条鲈♂）及天堂鲈（条鲈♀×密西西比条鲈♂）（Harrell et al.，1990）。培养的阳光鲈会产生父母双方的优良特征，例如，阳光鲈生长更快、更容易被驯化摄食颗粒饲料、抵抗疾病能力较强（Kohler，2004）。

鲈作为"食品鱼"生产在 1973 年随着第一个商业化养鱼场的出现而开始，然而在 1974 年该养鱼场失败之前只有 20 000lb（1lb = 0.45kg）产量；类似的，第二个鱼场在 1977 年建立，生产了 29 000lb 鱼并于 3 年后宣告失败（Van Olst and Carlberg，1990）。伴随着一个个养殖场的兴起和停办，养殖美国杂交条鲈企业的生存能力逐渐变强，直到 20 世纪 80 年代末出现了一些主要的大型企业，这很大程度上归因于 20 世纪公共孵育场中养殖技术的发展，以及包括最近进行的驯化、繁殖和营养等方面的研究（Kerby et al.，1983；Woods，2005）。

五、产量统计

20 世纪 80 年代末到 90 年代末，是美国杂交条鲈工业生产迅速发展的阶段。到 20

世纪 90 年代末，美国大约 56%用于"食品鱼"市场的条鲈生产是在高密度的池塘养殖系统中完成的，而剩余的大部分的生产商主要是用土池生产，只有 1%的产量来自于网箱养殖（Carlberg，1998）。同期其他国家的产量也也快速增加，在亚洲市场上中国大陆和中国台湾有 600 万 lb 的产量供应；在欧洲市场上，以色列有约 50 万 lb 的产量（Carlberg，1998）。在 2000 年开展的一项调查研究显示，条鲈和美国杂交条鲈总计在美国的 69 个养殖场中开展生产（Carlberg et al.，2000），产量从 20 世纪 90 年代的峰值开始回落到 2000 年的 1100 万 lb，然后缓慢增加到 2005 年的大约 1200 万 lb。在下一个阶段里，美国杂交条鲈的产量每年进一步减少，直到今日达到 800 万 lb 左右的平衡。

美国大约 47%的美国杂交条鲈生产是在西部进行的，第二个主要的产区位于东南部和中南部。除了美国中西部之外，其他区域的产量主要是靠土池生产，以及一些养殖缸生产补充。中西部区域的特殊性体现在当地存在一些露天矿湖改造后可以容纳美国杂交条鲈养殖的网箱。事实上，包括市场距离和运输压力等在内的因素导致了美国杂交条鲈的生产主要是供给冰鲜市场。活鱼运输主要发生在亚洲市场，但是鲜活鱼的销售市场相比于北美的冰鲜市场还是要小很多。对于活鱼，2012 年鱼场的塘口均价是$4.43/lb，而冰鲜鱼的价格是$3.60/lb，就一个产业整体而言，这代表了 570 万美元的活鱼市场和 2380 万美元的冰鲜市场，这些与 40 万美元的鱼苗市值和 240 万美元的鱼种市场一起，代表了 2012 年美国杂交条鲈大约 3230 万美元的市值（Turano，2012）。

另一方面，养殖生产者获得的利润并没有与产量成本的增加同步。从 1996 年到 2012 年，养殖生产的成本大约每年增加 2.9%，而养殖生产者从银行获取的利润每年仅增加 1.8%（Turano，2012）。养殖生产成本的增加在所有的养殖过程中都有出现，涵盖了从配电到饲料等的成本，事实上饲料已经成为最主要成本，并且饲料成本增加超过了 16.9%，显著高于其他的生产成本，人力成本是另外一个较大增加的开支方向（8.5%）。在这两个领域的研究可引起生产成本的显著下降，通过改善营养和使用可替代原料，以期改善鱼类生长表现和获得更好的养殖效果。开展的一些行业调查一直持续将营养和驯养亲鱼作为提高生产效率中最迫切需要解决的问题。

六、生物学和养殖方法

1. 美国杂交条鲈的生物学

白条鲈是密西西比河流域的本地淡水品种，而条鲈是美国东海岸的一种溯河产卵种类，并且拥有宽广的纬度分布范围，因而条鲈是广盐性、广温性的鱼类，这些特性也转移到杂交子代（Jobling et al.，2010）。事实上，美国杂交条鲈更能忍受极温条件，也比父母本都能忍受更低水平的溶氧。

条鲈和白条鲈都被认为是雌雄异体、群体同步产卵的种类，在成年后的几年内每年都会定期产卵（Jobling et al.，2010）。条鲈和白条鲈的雄鱼个体比雌鱼个体性成熟早。条鲈雄鱼通常在 2 龄时成熟而雌鱼则需要 4 年或者更久。白条鲈两种性别都性成熟更早，白条鲈雄鱼通常是一年就可以性成熟，而雌鱼需要 2～3 年。两种鲈在春天随着日照时间延长和水温升高而产卵（Jobling et al.，2010）。

2. 环境需要

Morris 等（1999）报道了养殖美国杂交条鲈的适宜水质条件：水温 25～27℃、溶氧>5 mg/L、pH7.5～8.5、游离氨<0.1g/m³、$CaCO_3$ 水硬度>60 mg/L。更多养殖期间的环境需求信息可以参考 Tomasso（1997），而产卵和卵孵化期间的水环境要求见 Bayless（1972）。考虑到两种鲈的繁育史，白条鲈是一种淡水种类而条鲈迁移到淡水中产卵，因此低盐度的环境可以获得更优的卵存活率。Jobling 等（2010）报道了杂交鲈产卵的最适盐度是 2‰～5‰，而在孵化期间一般要求低于 10‰盐度。最适宜的产卵水温 16.7～19.4℃，而卵约在 18℃能达到最佳的孵化效果（Bayless，1972）。Jobling 等（2010）报道了卵和仔鱼的存活温度为 12.8～23.0℃，而在低于 10℃或者高于 26℃时仔鱼死亡，仔鱼的溶解氧和 pH 的需求分别是>5 mg/L 及 7.0～8.5（Jobling et al.，2010）。

3. 养殖生产阶段

美国杂交条鲈的整个养殖生产包括 4 个独立的阶段：①孵化期；②仔鱼期，即长到 25～75mm 幼鱼；③幼鱼期，即在一年时间内养到 250mm；④长成期，即一直养到上市规格（Jobling et al.，2010）。孵化期最主要的工作是卵的孵化，采用类似条鲈的生产措施。然而，相比于条鲈和白条鲈来说，刚孵化出来的美国杂交条鲈个体更小，孵化时必须要有一些特殊的考虑，比如鉴于杂交鲈初始体型更小，口裂也更小，因而更需要关注开口饵料（Jobling et al.，2010）。在受精之后，卵在 McDonald 孵育瓶进行孵化，每一个 McDonald 培养瓶里面含有 10 万～20 万粒卵。因为白条鲈卵是黏附卵，通常用 50～300mg/L 单宁酸处理 7～12min。在 16～18℃条件下，孵化时间为 40～48h。

仔稚鱼阶段从仔鱼孵出后开始，一般孵化后 2～10d，鱼苗转移到消毒过的育苗土池中，密度为 25～50 万尾/hm²（Jobling et al.，2010）。育苗池需要有充足的浮游动物，至少每升有 300 个个体（Ludwig et al.，2008）。池塘养殖条件下需要成功地饲养充足的浮游动物、丰年虫无节幼体及脱壳丰年虾（Harrell and Woods，1995；Jobling et al.，2010；Ludwig et al.，2008）。大约在两周后开始转饵到进食干饲料，但是干饲料不应该是排他性的专一投喂，因为一直到孵化后 16d 鱼苗才开始出现发育完好的胃和消化系统来处理干饲料（Jobling et al.，2010）。尽管微营养的需求很少被研究，开口饵料一般设定为含有 45%～55%粗蛋白（Gatlin，1997），更多的仔稚鱼养殖信息请参考 Harrell 等（1990）。

幼鱼阶段（有时又称为幼鱼的第二阶段，而把仔稚鱼阶段称为幼鱼第一阶段）在鱼苗达到 25～75mm 时候开始，然后经过 1 年左右养殖长到大约 250mm（Jobling et al.，2010）。幼鱼的养殖在鱼种培育池中进行，密度大约为每公顷 37 500～50 000 尾幼鱼（Carlberg et al.，2000）。在这个阶段，需要在饲料选择和饲喂方面投入大量的精力（Jobling et al.，2010）。季节的温度变化显著影响了鱼的生长，因此必须有适宜的饲料和投喂技术来实现最佳的生长。通常每天投喂两次高蛋白饲料（>40%），可以显著提高存活率（>85%），但是也使得饲料系数达到了 2∶1。个体大小分化也会随着鱼的生长而成为一个问题（Jobling et al.，2010），可以通过池内的大小分级和去除大鱼来应对。如果需要更全面的幼鱼池塘养殖信息，请参考 Smith 等（1990）、Kelly 和 Kohler（1996）；有关土池养殖技术，请参考 Nicholson 等（1990）；另外，Harrell 等（1990）和 Harrell（1997）也将这些技术进行了统一整理和描述。

长成阶段通常在 1 年后开始，当体重达到 90~225 g 时，在精养池养殖中大约需要 8~13 个月达到 0.5~2kg 的市场规格，而在半精养的土塘或者网箱里面需要 18~24 个月来达到市场规格。在这个阶段大约一半的商业化美国杂交条鲈是在池塘中，养殖密度一般在每公顷 7500~10 000 尾，池塘面积 2~2.5hm^2（Harrell，1997）。已有研究表明，美国杂交条鲈在水温达到 30℃时候生长迅速，但饲料效率在低温时（接近 20℃）最大化（Tomasso，1997）。

达到市场规格之后，美国杂交条鲈从养殖精养池和土池中收获，一般面向活鱼市场的美国杂交条鲈必须要更加精细的照料来降低应激和物理损伤。由于收获及转运时应激导致的红斑及鳍损伤，经常会导致鱼在运输过程中出现大量死亡。因此，除距离很近的主要市场外，北美大量的美国杂交条鲈市场主要依靠冰鲜产品。Rawles（1997）报道了冰鲜鱼可以在 8~10d 内保持很高的质量，在两周内仍然可以食用。只有 5%的美国杂交条鲈进入了鱼片市场（Woods，1997）。

4. 繁殖

条鲈是一种雌雄异体、群体同步产卵的种类（Sullivan et al.，1997），在性成熟之后，会在每年的春分时节产卵一次（Woods et al.，2009）。早期条鲈的繁殖学研究优先着眼于雌鱼的繁殖（Berlinsky and Specker，1991；Swanson and Sullivan，1991；Tao et al.，1993），特别是在最后卵母细胞成熟时期的内分泌调控方面取得一些突破（King et al.，1994）。Woods 和 Sullivan（1993）的研究系统地介绍了条鲈雌鱼和雄鱼的配子发生，包括捕捞的、野生的及家养条鲈的多个子代。此外，Sullivan 等（1997）对条鲈繁殖也做了全面介绍。

尽管对捕获及驯养的条鲈，采用激素诱导和非诱导都能在池中成功产卵，更多的关注已转移到通过诱导产卵和体外授精生产美国杂交条鲈（Woods et al.，1992，Hodson and Sullivan，1993，Mylonas et al.，1993）。条鲈鱼卵的质量成为捕捞和驯养群体的一个重要问题（Harrell and Woods，1995），有关捕捞、控制条件下的条鲈营养生理学及改善饲料配方的研究，特别是亲鱼营养学研究帮助缓解了一些隐忧（Woods et al.，1995a；Dougall et al.，1996；Small et al.，2000，2002）。激素诱导一般在条鲈全卵黄的卵母细胞中发挥作用（Jobling et al.，2010），或者在经历最后的卵母细胞成熟并且卵母细胞直径> 650 μm 时发挥作用。GnRH 类似物已经被证明在以下几种情况下发挥作用：两次肌肉注射相对较低浓度（如先 5μg/kg 体重，随后 10μg/kg 体重），间隔 4~6h；或者是一次性高浓度注射（10~15μg/kg 体重）；时间缓释型的埋植剂用量一般是 20 μg/kg 体重（Mylonas et al.，1993；Woods and Sullivan，1993）。人类促性腺激素如绒毛膜促性腺激素，已经获得美国食品药品监督管理局许可，可以用作鱼类繁殖辅助物，以及作为常规的卵母细胞成熟后的条鲈肌下注射物（275~330IU/kg 体重）（Stickney，2000）。在进行注射或者移植之后，大约经过 12~16h 可以开始监控到卵母细胞的发育，可通过卵巢活检数次直到雌鱼排卵。鱼卵应该迅速被转移到干净而干燥的盆中来与冷藏的精液受精，如果条件允许，最好是与雄鱼刚排的精液进行受精。

最近的研究已经开始尝试使用雄性条鲈作为亲本，与白条鲈的雌性个体配对。特别是最新的一些研究也采用了分子生物学技术来评估条鲈精液的质量（Castranova et al.，2005；Guthrie et al.，2008，2011，2014），以及使用有效的技术来冷冻保存高质量的条鲈精子（Jenkins-Keeran and Woods，2002a，2002b；He and Woods，2003a，2003b；He and Woods，2004a，2004b；Woods，2011；Frankel et al.，2013）。

最近，一些研究旨在阐明条鲈繁殖的调控机制，包括通过转录组学检测卵母细胞进而研究性成熟和卵质量的调控机制（Reading et al.，2012，2013），以及成功地分离和纯化精子中的 mRNA，这是检测精子转录组学的先决条件（Woods et al.，2013）。

5. 营养

条鲈及杂交子代的营养素需求持续不断地精确化。最近研究关注点已转移到饲料中鱼粉和鱼油的替代蛋白源、脂肪源的消化率，以及可持续供给能力的研究（Kerby and Lee，1994；Sullivan and Reigh，1995；Papatryphon et al.，1999；Small et al.，1999；Webster et al.，2000；Gaylord et al.，2004；Li and Gatlin，2003；Papatryphon and Soares，2001；Webster et al.，1999；Papatryphon and Soares，2001；Bharadwaj et al.，2002；Gaylord and Rawles，2005；Muzinic et al.，2006；Rawles et al.，2006；Lane et al.，2006；Trushenski and Boesenberg，2009；Crouse et al.，2013）。Gatlin 和 Harrell（1997）综述了之前条鲈与美国杂交条鲈的营养和饲喂学研究。总体而言，美国杂交条鲈的营养素需求与条鲈亲本相似或略低。

鱼类营养与饲料研究的第一个方面就是饲料蛋白质和氮能比的需求。一些学者研究了饲料蛋白水平对于美国杂交条鲈表现的影响，Millikin（1982）发现 O^+ 龄的条鲈饲喂 55% 蛋白时有最佳的增重和饲料效率，而 Millikin（1983）又报道了含有高蛋白（57%）、低脂肪（7%）的饲料比含有低蛋白或高脂肪的饲料产生更多的蛋白质沉积和更少的体脂。美国杂交条鲈最优的氮能比是 125mg 蛋白/kcal（Nematipour et al.，1992），低于条鲈（Woods et al.，1995a）；后来的研究建议 O^+ 龄的阳光鲈需要 41% 粗蛋白且氮能比在 99mg 蛋白/kcal，并且鱼粉要占饲料配方的 56%（Webster et al.，1995）。

有关条鲈和美国杂交条鲈的最适氨基酸需求的测定工作是由几个实验室共同完成的，这是研究的一个重要领域，因为蛋白质是条鲈饲料中最主要和最昂贵的成分，而赖氨酸经常是条鲈饲料中的第一限制性氨基酸（Small and Soares，1998）。条鲈幼鱼赖氨酸需求大约是干饲料的 2.1%（Small and Soares，2000），而美国杂交条鲈的需求是干饲料的 1.4%，这种差别可以看成是杂交子代的一种优势，减少了对于饲料成本的消耗（Griffin et al.，1992）。条鲈第二和第三限制性氨基酸是含硫氨基酸（甲硫氨酸和半胱氨酸）及苏氨酸（Small and Soares，1998）。总的含硫氨基酸需求大约是干饲料的 1.0%（Keembiyehetty and Gatlin，1993），条鲈和美国杂交条鲈的苏氨酸需求分别是干饲料的 1.03% 和 0.9%。全面的条鲈和美国杂交条鲈氨基酸需求已通过使用限制性氨基酸和理想蛋白模型加以确定（Small and Soares，1998；Twibell et al.，2003）。Small 等（2000）报道了完整的氨基酸需求模式。

对条鲈和杂交子代的必需脂肪酸需求也做了很多研究，将野生条鲈鱼卵的脂肪酸谱与驯养的用商业饲料投喂的条鲈的卵进行比较，发现野生的条鲈鱼卵的总脂肪和 n-3 高不饱和脂肪酸（HUFA），特别 C20：5n-3 [EPA]和 C22：6n-3 [DHA]（Harrell and Woods，1995）含量更高。这些研究者报道了野生鱼与家养鱼的 n-3/n-6 脂肪酸分别是 10.99mg/g 与 1.27 mg/g，并且得出结论：野生雌鱼以更接近于海水鱼而不是淡水鱼的方式将脂肪酸转移到卵中，而驯养的条鲈更接近于淡水鱼的 n-3/n-6 比率。尽管检测值之间有很多的不同，但是这些研究人员推断驯养鱼的卵中必需脂肪酸水平仍然要高于报道的幼鱼满足生长和存活的最小值。

第一批报道的有关条鲈和棕榈鲈的必需脂肪酸的需求都表明两种基因型的鱼都有类似于海水鱼的脂肪酸需求，如饲料 HUFA 的需要量达到 5.7mg/g 干体重卤虫无节幼体（Tuncer and Harrell，1992）。特别的是，Nematipour 和 Gatlin（1993a）报道了阳光鲈缺乏脂肪酸（18：1n-9、18：2n-6 和 18：3n-3）延长酶和去饱和酶活力，表明了阳光鲈中 C20：5n-3 （EPA）和 C22：6n-3 （DHA）对于鱼生长最大化、饲料效率及存活是十分重要的。他们也报道了美国杂交条鲈 n-3 高不饱和脂肪酸（HUFA，包括 EPA 和 DHA）需要至少占 1%饲料重或者总脂肪 20%（Nematipour and Gatlin，1993b）。

6. 应激和疾病

条鲈和美国杂交条鲈是早期研究鱼类应对环境及其他应激很好的研究模型。因此，对于应激的反应已经在生理和与可能的疾病相关性方面有大量报道。Tomasso 等（1980）报道了条鲈在拉网和转运时血液中的皮质醇变化及电解质动力学，结果发现这些鱼类对于短期应激的长期负效应是明显的血液皮质醇升高和延迟的氯化物降低。Wang 等（2004）描述了拉网时，无论是条鲈遗传品系内或之间不同的应激反应都是稳定的。在另外一个研究中，Davis 和 Parker（1990）观测到几种在温度极端条件时的应激反应，表明处理鱼的最适宜水温为 10～16℃。应激导致的损伤涵盖了激素、代谢及电解质平衡的改变，而每一个改变严重时都可能导致死亡。Noga 等（1998）阐述了 2h 限制移动的应激会导致鳍上皮糜烂和溃疡，这些都解释了为什么条件性的病原可以快速发展为条鲈和美国杂交条鲈的严重感染（Noga et al.，1998）。

条鲈和美国杂交条鲈的应激及疾病控制具有很高的商业重要性，通常这类鱼的感染性疾病被认为是很多年养殖的结果，Plumb（1997）在书中进行了详细描述，条鲈的感染性疾病与其他鱼类差异不大，一些美国政府部门也通过了治疗措施。Plumb（1997）报道了最严重的病毒病是淋巴囊肿病，同期也观察到了感染胰腺坏死病。Jobling 等（2010）报道条鲈的呼肠孤病毒是另外一个很重要的病毒病。Plumb（1997）报道弧菌病（*Vibrio* sp.）及运动性气单胞菌（*Aeromonas hydrophil*）败血症是最常见的细菌病。最严重的致病细菌有：*Flavobacterium columnare*，*A. hydrophila*，*Vibrio anguillarum*，*Edwardsiella tarda*，*Photobacterium damsela* sub sp. *pisicida*，*Enterococcus* spp.，*Streptococcus* spp.，*Mycobacterium marinum*（Woods，1997）。应激及物理损伤通常会引起真菌感染,通常是水霉寄生(Plumb,1997)。条鲈和美国杂交条鲈最严重的原生动物感染有淀粉卵甲藻和多子小瓜虫,其他常见的是车轮虫病和刺激隐核虫病(Plumb,1997;Jobling et al.,2010)。Woods 等(1990)报道渗透压能成为一个问题,尤其是当鱼养殖在河口时问题会突出。幼鱼的吸虫、线虫、绦虫、寄生甲壳动物也被检测到(Jobling et al.,2010)。Plumb(1997)和 Jobling 等(2010)都强调在养殖群体中处理感染发病对死亡率影响的重要性。然而,在美国养殖鱼类的疾病处理是一个严重问题,主要是缺少政府批准的治疗药物。

七、行业扩展的限制和前景

美国杂交条鲈养殖者协会每年都会开展一些行业调查来评估养殖者对行业研究的需求。结果一致显示,遗传改良和亲鱼培育总是在表单的前列,每年的鱼苗产量和高密度的仔稚鱼培育也在限制发展因素的名单上,另外两个重要的领域是营养/投喂和运输/操作应激。由于遗传改良和亲鱼培育在将本章下一部分讲述,此处不详解。

1. 鱼苗生产

Smith 和 Jenkins(1984)描述了条鲈控制产卵策略,他们通过压缩光照和热度,成功地将每年的繁殖周期缩短到 9 个月,然后使用 hCG 使 F_1 杂交子代成功进行产卵,这些条鲈的结果与白条鲈的结果相似(Kohler et al.,1994)。Kohler 等(1994)在书中阐述了白条鲈通常的亲鱼养殖和调控策略,通过刺激光照和温度调控等可以在第二年进行产卵。他们在夏季收集性成熟的白条鲈,然后注射 hCG 诱导产卵。同一年,通过光热机制调控,成功地在更短时间内诱导条鲈成熟(Blythe et al.,1994)。他们同样成功地将循环缩短至 9 个月,但发现在 9 个月循环时出现了产卵雌鱼较少,以及鱼卵、卵母细胞和精巢直径较小等症状,这些结果表明,将条鲈放置在短于 9 个月的光热周期时会抑制性腺成熟和繁殖成功。从这些及其他的研究中可以得出,短于全年期的鱼苗生产尽管有限但是可能的。限制全年期产量的其他因素还有更低的鱼苗成活率,通常认为低于 10%,远低于孵化池塘中 35%成活率(Ludwig et al.,2008)。

短于全年周期的产卵和鱼苗生产需要给亲鱼大量的空间,这与遗传改良项目一样。维持亲代大量的数量和多样性已经通过提高狼鲈精液储存技术实现,一些研究已经阐述了如何储存和低温保存狼鲈精子(Kerby,1983;Kerby et al.,1985;Mylonas et al.,1997;Allyn et al.,2001;Jenkins-Keeran et al.,2001;Jenkins-Keeran and Woods,2002a;2002b;Thirumala et al.,2006)。马里兰大学的最新研究着眼于条鲈的精子低温保存,He 和 Woods(2003a,2003b,2004a,2004b)及 He 等(2004)通过评估精子活力、受精率、线粒体功能、细胞 ATP、对于血浆和线粒体膜的损伤等,强调了渗透度、冷冻保存剂、平衡时间对于储存和冷冻保存的影响。通过这些研究开发出切实可行的方法用于美国杂交条鲈精子的冷冻保存,条鲈的冷冻精子在液氮中冷冻保存一年,然后用于白条鲈的鱼卵受精,冷冻保存的精子受精效果与新鲜的精子对照组相比没有统计差异(He and Woods,2004a)。这些结果可以应用于商业化冷冻保存的精子,可以转运并储存到固定位置，保证白条鲈是在一年中任意时间进行产卵后都可以顺利受精。

2. 仔稚鱼养殖

尽管条鲈和美国杂交条鲈仔稚鱼养殖技术在不断进步，但由于美国杂交条鲈仔稚鱼口裂很小而使得池塘养殖十分困难。如前面所述，稚鱼的池塘养殖需要成功地培育浮游动物、丰年虫无节幼体及脱壳丰年虾（Harrell and Woods，1995；Jobling et al.，2010；Ludwig et al.，2008）。仔稚鱼阶段需要活的饵料，在有健康的浮游动物的孵化池塘中通常成活率为35%，而在缸中成活率可能低于10%（Ludwig et al.，2008）。

最近的研究中，一些活的饵料培养及营养富集策略已经被用于改善池塘中鱼苗存活率。活饵料的培养是一个挑战，通过建立一些直接可行的策略来提高成功率，是改善美国杂交条鲈仔稚鱼养殖效果的一个重要方面。Pfeiffer 和 Ludwig（2007）建立了一个小规模的系统，使用商业化的微绿球藻来生产卤虫，21d 内使用 45L 的养殖缸成功地获得了 1500 轮虫/ml。Ludwig 和 Lochman（2007）使用藻类养殖系统评估了美国杂交条鲈仔稚鱼适宜的养殖密度，使用的方法包括开始使用轮虫（60 轮虫/ml/d）饲喂仔稚鱼直至孵化后10d；轮虫与微绿球藻及商业化的轮虫饲料共同培养仔稚鱼，然后从孵化后 7d 开始转成投喂卤虫 *Artemia* sp.，每天投喂的比率是 4 卤虫/ml，然后每 4 天增加 4 卤虫/ml 直到 20 卤虫/ml；最后仔稚鱼从第 20 天起转成干的开口饵料，开始投喂 6g/d 的商业化开口饵料，然后 2d 后转成喂鲑的开口饵料，以 8g/d 每天投喂 10 次。通过以上方法可以获得最大的存活率，饲养密度是 87 仔稚鱼/L，远超过前期报道的存活率（Denson and Smith，1996；Ludwig and Lochman，2000；Ludwig，2003）。

轮虫进行营养强化也被认为是稚鱼培养一个十分重要的环节（Ludwig et al.，2008）。在他们的研究中，使用微藻和商业乳剂不同的组合来提升对仔稚鱼生长、存活和环境的适应力。在所有测试的营养强化剂中，Culture Selco 3000（Inve Aqua-culture NV，Dendermonde，比利时）是唯一能够在转饵至卤虫前提高稚鱼产量的一个产品。养殖的步骤包括使用微绿球藻和 Culture Selco 3000（添加量为 3g/d/100L）来强化轮虫进而投喂条鲈，使用这些措施能够使仔稚鱼成活率达到 81.7%并且改善生长。

Ludwig 与合作者建立了一个高密度的、持续的轮虫养殖系统来供给美国杂交条鲈的养殖，除了营养强化以外，特别需要提及水的质量对于轮虫培养至关重要。这个轮虫养殖系统包括：氧气注入，过滤以去除粪便残渣，羟甲基磺酸钠去除氨氮，碳酸氢钠中和由于呼吸作用引起的 pH 降低。此外，每天收集养殖系统中 30%~40%的轮虫来维持在最大可容纳体积范围内，并且通过营养强化剂的添加来优化培养基。这些技术反映了美国杂交条鲈仔稚鱼养殖的重大改进。尽管如此，仍然需要更多的研究来优化营养素需求，探讨投饵率、养殖水温、光照强度、光周期及其他的养殖变量，也包括遗传改良来增加仔稚鱼的口裂大小能够适应轮虫，从而降低转食人工配合饲料所用的时间（Ludwig，2005）。

3. 饲料成本

饲料成本通常被单独列出作为鱼类养殖生产中最昂贵的支出部分，通常认为这部分可以达到总生产成本的 80%。最近由于鱼粉和鱼油价格不断攀升，导致饲料成本进一步增加。通过对营养素需求的深入研究，能够帮助降低饲料成本，但也仅仅是一定程度上降低。最近的研究重点是替代鱼粉和鱼油研究，对可用蛋白和脂肪来源的消化率研究及鱼生长表现的评估已经开展了很多年，这些大量的消化率实验结果已经发表，很多可以在《鱼虾营养素需求》中获得（National Research Council，2011）。持续的可替代原料供给，成为饲料制作商和养殖户的一个生产难题。

豆粕由于可大量获得、具有良好的氨基酸组成等特点，而成为研究最多的替代蛋白源。Gallagher（1994）最早评估了豆粕作为美国杂交条鲈的饲料原料，发现 75%的鱼粉可以被豆粕替代。其他的研究表明替代 40%～56%鱼粉可以不显著影响生长（Brown et al.，1997；Keembiyehetty and Gatlin，1997），但并不推荐使用豆粕替代全部鱼粉，因其通常会导致包括生长的性能下降（Brown et al.，1997；Webster et al.，1999；Laporte and Trushenski，2011）、小肠肠炎及不耐受应激等（Laporte and Trushenski，2011）。最新的研究表明，以豆粕为主要蛋白源含低鱼粉的饲料可以支持过冬期间充足的生长（Rossi et al.，2015）。此外，一些豆类的再加工产品，包括大豆浓缩蛋白、豆蛋白提取物，都被证明能够满足美国杂交条鲈的蛋白质和氨基酸需求，但是这些产品价格相对较高，阻碍了其在美国杂交条鲈饲料中的广泛应用（Blaufuss and Trushenski，2012）。

Trushenski 及合作者关注于美国杂交条鲈饲料中鱼油的替代研究。Trushenski 和 Kanczuzewski（2013）观察到使用氢化豆油来部分或者全部替代鱼油时，对美国杂交条鲈生长有微小的影响，同时鱼片中脂肪酸组成仅有极细微的差异。在所有评估的不同豆油中，相比鱼油投喂组，饱和脂肪酸富集的豆油产生了最好的鱼肉脂肪酸组成，在饲喂豆油或者其他油时产生的脂肪酸组成上的微小差别，可以通过在最后阶段投喂传统的鱼粉/鱼油饲料补偿回来（Trushenski and Boesenberg，2009）。

4. 运输和处理应激

Kohler 等（1994）报道了美国杂交条鲈关键的处理时间是在 I 期和 II 期之间、II 期和 III 期之间，以及所有的仔稚鱼阶段之后的活鱼运输阶段。他们建议生产者需要发展一些手段来减小应激和提高成活率，但是除了减少操作时间和频率之外，很少有其他的改善措施。对于条鲈，在运输和进行恢复时使用 1.0%氯化钠，可以获得更高的存活率和低的应激反应（Mazik et al.，1991）。美国杂交条鲈幼鱼运输实验的结果表明，处于良好条件中、提高运输水的质量会获得更高的运输成活率，使用含有 80mg/L 钙的淡水或 8‰盐水可以获得最高的成活率（Weirich and Tomasso，1992）。通过这些研究可以发现，在等渗于血浆的水环境中运输可以显著改善鱼的成活率，然而市场规格的活鱼运输仍然是行业的一个难题，主要反映在活鱼运输后产品质量变差，包括鱼体外观变差（如尾鳍腐烂、出血性溃疡）、鱼片纹理受损，以及运输应激引起的死亡。

八、遗传改良

1. 驯化及亲鱼培育

1983 年马里兰州的 Crane 水产养殖中心开始了条鲈的驯化工作，主要是一些对高密度养殖环境中鱼类生活周期的熟悉和控制（Woods and Kraeuter，1984）。多种驯化的条鲈世代被养殖到成熟，并且在这个研究设施里面成功产卵（Woods et al.，1990，1992）。从北美大西洋沿岸的群体中获得了条鲈的纯化的遗传家系，并且于1983～1996年持续在 Crane 水产养殖中心进行繁殖。对从美国佛罗里达州到加拿大的新斯科舍省获得的条鲈不同地理种群、遗传家系以及条鲈个体，进行了驯化选择和变异对生长速度影响的评估，评估内容包括其生长速度（Woods et al.，1999；Woods，2001）和遗传纯度（Woods et al.，1995b）。

包括美国北卡罗莱纳州的 Pamlico 水产养殖实验室等在内，培育条鲈亲鱼的努力一直持续到今天，主要集中于遗传选育（Garber and Sullivan，2006）。美国北卡罗莱纳州州立大学的研究者与一些工业财团、政府和大学的科学家等开展合作，包括国家遗传改良和选育美国杂交条鲈项目中来自美国农业部 ARS-Stuttgart 水产养殖研究中心的的科学家。条鲈的亲鱼培育是在北卡罗莱纳州州立大学的 Pamlico 水产养殖实验室中进行的（Aurora，NC），这些亲鱼是从 6 个独立的条鲈储备群体中的 400 个配对发展起来的（Canadian，Hudson River，Roanoke River，Chesapeake Bay，Santee-Cooper Reservoir，Florida - Gulf of Mexico），这些群体大都是在淡水池塘和流水池中经过数代筛选的快速生长或具有其他特点的鱼；事实上，该条鲈筛选项目现在已经繁育了 4 代，并且在每年的春天产生新一代。

目前最新的工作阐述了亲鱼对于整个行业价值的实验证据，主要定向于改善繁育和繁殖策略。最新的研究表明，使用人工挤卵方法时，驯化的条鲈雌鱼的繁殖能力优于同等大小的捕捞的雌鱼（Locke et al.，2013），并且驯化的条鲈雌鱼能够使用简化的激素措施（Woods and Sullivan，1993）或者完全不使用任何的激素处理措施（Woods et al.，1995b）在池塘中诱导产卵。此外，这些驯化的条鲈雌鱼较野生的条鲈及早期驯化的世代，一些产卵中常规的应激信号如"红尾"会减少或者缺少（Harms et al.，1996）。这些零碎的证据表明，使用驯化的条鲈亲鱼进行商业化生产美国杂交条鲈和条鲈具有优势，并且也将继续开展一些工作来促进增殖和优化亲鱼繁育条件。

2. 基因库和生物信息资源建立

尽管目前学术界对有关条鲈的基因组资源有广阔的兴趣，但是相对于其他主要的水产养殖品种如罗非鱼和沟鲇来说仍然十分有限。目前，已经获得了含有 289 个 DNA 遗传标记（微卫星）中等密度的遗传连锁图谱（Liu et al.，2012），从多组织的转录组中获得了 29 000 个功能基因序列（Li et al.，2014；NCBI SRA：SRP039910），以及具有很好的注释的、含 11 000 个功能基因的卵巢转录组（Reading et al.，2012；NCBI SRA：SRX007394），这些可用于后期的基因组组装和基因注释。

最近采用全基因组鸟枪测序（WGS）法进行条鲈基因组序列的组装，通过使用 38 Gb 的 Illumina 短片段阅读序列（66×覆盖），结合 1.6 Gb 的 PacBio 序列（2.8×覆盖），得到一个含有 35 010 个支架的共 585 Mb 的基因组序列。条鲈的基因组组装评估是使用 CEGMA 预测了 248 个核心的真核基因（Parra et al.，2007），结果表明组装的完整度约是 88.3%。很少的组装间隙（25 539）表明条鲈组装与 Ensembl 中鱼基因组的结果相似或者更优。考虑到相近的欧洲狼鲈的单倍体基因组大小是约 600 Mb（Kuhl et al.，2010），这些结果总起来表明测得的条鲈基因组序列具有相对完整和较全面的覆盖。通过 MAKER Annotation Pipeline 进行的基因预测鉴定到 27 485 个编码基因。条鲈的基因组序列组装和相关的转录组，对于条鲈和美国杂交条鲈的选育和研究会是十分有力的促进。目前也有一个门户网站 JBrowse，专门介绍条鲈基因组及基因预测和相关的 BLAST、InterProScan 结果，作为未限制的公共资源对外开放（Reading et al.，2015）。

最新的数据挖掘方面的计算机科学进展使得使用机器学习来分析定量的生物学数据成为可能，这种方法已经用于从全新的角度来分析与条鲈鱼卵质量相关的基因表达数据（Chapman et al.，2014；Sullivan et al.，2015）。基于人工神经网络的计算机学习可以 80%准确预测条鲈的产卵力，这是基于基因芯片和 RNA 测序得到的基因表达数据。类似的，使用 RNA-Seq 测定的条鲈的精子质量评估也已经开始（Woods et al.，2013），这些发现表明可用转录组生成的数据库变化来推测其生理状态。另外一个机器学习格式叫做支持向量机（SVM），也被用来分析来自条鲈和其他鲈的质谱蛋白组数据（Reading et al.，2013；Schilling et al.，2014，2015）。这些机器学习平台依赖于模式识别，表达变化的集合，被认为是检测的诊断指纹，可以用来将动物基于它们独特的基因和蛋白质表达反应进行分组。

3. 选择育种的建议策略

选择育种已成为美国杂交条鲈行业发展中的一个关键环节（Hallerman，1994；Woods，2001）。在美国，最近一些研究小组受到行业驱动，集中于通过选择育种来提高美国杂交条鲈产量，而有关亲本生物学和生活史的基础研究尚且未知或者不全面（Garber and Sullivan，2006）。尽管本章描述了很多的生物学和生活史的内容，但是一些相关知识仍然有限。想要成功实现选择育种，必须制定且执行明确的目标和选育措施。尽管对于美国杂交条鲈的最佳选育方法没有达成共识，但是 Garber 和 Sullivan（2006）描述了 3 种选育策略（交互反复选择、直接选择和渐渗杂交）可以作为美国杂交条鲈品种改进的可能途径。

1）交互反复选择

交互反复选择（reciprocal recurrent selection）通常用于通过选择两种基因型的综合优势来改善植物系。对于美国杂交条鲈来说，这涉及通过杂交后代的表现来选择未来亲本种类。在这种情形下，选育是建立在纯化的亲本系基础上，通过检测多个不同遗传系白条鲈和条鲈的种间杂交来进行。纯系的未来亲本被保留下来以产生下一个杂交子代的亲本（Hallerman，1994），这种选育通过杂交获得额外的遗传变异性（V_A）而表现出重要的商业性状。通过这种做法，也可以进一步挖掘条鲈和白条鲈的一般或者特定的配合力来筛选优势的基因变异（V_D）。Garber 和 Sullivan（2006）建议将这种方法作为一个保守策略，使改善美国杂交条鲈的性能有更多成功机会，因为它获得亲本双方的遗传变异。

Hallerman（1994）认为交互反复选择的一个限制因素在于，不能预测美国杂交条鲈性能改善程度究竟是归因于优势变异还是额外的遗传效应（如母系的遗传效应还是其他因素）。Garber 和 Sullivan（2006）继续深入研究认为，尚不知道白条鲈和条鲈的后代产生的纯系亲本是否会遗传相同的有益性状。此外，他们指出，对于这种选择育种的项目也有很多潜在风险。从市场大小的后代检测到随后的基因型分析都意味着，需要至少维持亲代两年直到他们的育种价值可以被确定，但是在这期间的亲本容易丢失。因此，一个方案是美国杂交条鲈的两代表现可以被立刻评估。但这不是一个廉价的工作，需要大量的设施和资金支持。Hallerman（1994）鉴于美国杂交玉米数十年一代的选育及大量而持续的遗传改良记录，认为交互反复选择项目具有潜在能力，预见其需要的投资十分巨大。

2）直接选择

直接选择（direct selection）被认为是一个相对廉价的和容易的策略，涉及在每个亲本系中选育表现更佳的鱼（Garber and Sullivan，2006）。这种选择策略仅需要一个亲本系来维持，消除了交互反复选择中在两种不同种类、不同家系同步配子产量的困难。有人建议这种类型的选育具有很大的潜力，用来生产条鲈选育系可以胜过现阶段养殖的条鲈，并且能够被行业所接受（Garber and Sullivan，2006）。

尽管更廉价和简单，直接选择也有自己的限制因素。直接选择涉及 V_A 但是并没有开发 V_D。Garber 和 Sullivan（2006）很快指出可能受限于条鲈产量的问题，因为来自双方亲本系的最优性能的鱼，也许不能结合产生具有最优性能的美国杂交条鲈。他们建议通过过量的配子来产生美国杂交条鲈，然后分散到不同的养殖场中，通过粗略测量性能指导选择育种过程，但是这又会类似于相互反复选择。

3）渐渗杂交

美国杂交条鲈在 F_2 杂交子代上的表现表明它们不适合水产养殖生产，但是 F_1 杂交子代在繁殖上具有多样性，可以进行需求性产卵（Garber and Sullivan，2006）。此外，F_1 杂交子代被假定成含有完全的杂种优势，渐渗杂交可以通过"回交"充分利用这种杂交优势，主要是使雌性的美国杂交条鲈与雄性的条鲈回交。这个过程假定了开始的回交子代会含有亲代 F_1 代一半的杂种优势（Garber and Sullivan，2006）。事实上，回交的杂交子代被证明比相互杂交的子代有相同或者更好的生长（Jenkins et al.，1998；Tomasso et al.，1999）。进一步的筛选和回交试验需要选择大量的条鲈系来寻找更优越的雄本，持续与成功的回交子代进行杂交。当足够多的条鲈基因组被恢复之后，回交的鱼类就互相交配来创造杂交子代，作为真正的美国杂交条鲈育种系并分布到行业中去（Garber and Sullivan，2006），使行业不必维持和繁育两个亲本种类。

渐渗杂交选育的一个陷阱在于白条鲈等位基因的超显性。Garber 和 Sullivan（2006）描述了这种条件下，当杂合子比任一纯合子有一种表型更优势或者更加适应的时候，就不能建立一个真正的品种。幸运的是，Garber 和 Sullivan（2006）已经发现了证据表明美国杂交条鲈的适应力增加可能基于额外的遗传因素（Burke and Arnold，2001），并且基于 V_D 的杂种优势是功能优势而不是超显性（Gibson，1999）。渐渗杂交选育的另外一个可能的陷阱是子代在重组中出现超出预期的白条鲈等位基因（Garber and Sullivan，2006）。Garber 和 Sullivan（2006）建议使用 DNA 标记来监控进展及最大化条鲈等位基因的存在，以防止这种现象的发生并缩短筛选真正的品种育种需要的时间。

九、结论

Garber 和 Sullivan（2006）对于条鲈育种的综述很好地介绍了美国杂交条鲈选育不断改善的历史、目前状态及未来潜力。但是，对于鲈的遗传学正如他们指出的一样，还有很多研究空白。Garber 和 Sullivan（2006）强烈地呼吁加强对于群体遗传学、关于杂交优势与额外的遗传变异、复杂表型的遗传结构等的研究和了解，以便填补该领域内知识的空白，从而显著地改善美国杂交条鲈的性能。在本章中详细地描述了美国杂交条鲈养殖的现状，读者应该可以辨识到在领域内需要更多研究，来促使整个行业变得更加全球化。随着基因组学和生物信息学的持续快速发展，毫无疑问，对于提高美国杂交条鲈的产量会有突出的进展。需要注意的是，在重要的生长性能上如果有10%的增加，就可以让养殖户的利润加倍（Knibb，2000）。通过对本章中阐述的一些研究领域，包括营养学、管理、遗传学等持续不断的深入研究，美国的美国杂交条鲈产业应该在未来变得更加切实可行。

（Brian C. Small，L. Curry Woods III；王庆超　译）

第七章 美国条鲈属（温水鲈类：狼鲈科）养殖与基因组育种研究进展

美国杂交条鲈是白条鲈（*Morone chrysops*）和溯河产卵的条鲈（*Morone saxitilis*）杂交获得的，比其亲本对水温和盐度有更强的适应性，在北美洲有大范围生存的巨大潜力。美国杂交条鲈在美国是继鲇、鲑、罗非鱼之后第四大养殖鱼类，年产值超过 3000 万美元。通过水产养殖者、政府和大学研究者共同确立的"美国杂交条鲈国家遗传改良和选育计划"，美国杂交条鲈基因组信息的建立有了很大的进展。通过 Illumina-PacBio 结合法测得基因组全序列，条鲈转录组已经完成测序，代表了条鲈基因组中 27 000 个预测的蛋白质结构基因。分析条鲈转录组、蛋白质组和条鲈基因组数据有助于对其繁殖、其他重要水产养殖性状的研究以及未来的研究。美国国内条鲈和白条鲈最初来自几十年前北卡罗来纳州立大学，已分别被驯化 6～7 代和 9 代。目前，美国作为食用鱼的美国杂交条鲈中大约超过 90%来自国家育种计划中的雄条鲈。

一、条鲈

条鲈（*Morone saxatilis*）原产自北美洲大西洋海岸，分布范围从新斯科舍省（加拿大）的圣劳伦斯湾到佛罗里达州（美国）的圣约翰河（Hill et al., 1989）。条鲈的墨西哥湾品种可以从佛罗里达州的 Suwannee 河和路易斯安那州的 Pontchartrain 湖找到。条鲈不是北美洲太平洋海岸的本地品种，于 19 世纪末被引入这里，可在从华盛顿到加利福尼亚（美国）的海岸找到。条鲈是溯河产卵鱼类，即成鱼在海水中生活，每年春天到淡水河流产卵。有些条鲈不迁移停留在河口，如圣劳伦斯湾、桑提河、萨凡纳。

条鲈是非常珍贵的休闲娱乐鱼，是美国杂交条鲈（白条鲈，淡水白条鲈×条鲈）的祖先，是北美洲有很大经济效益的品种（Garber and Sullivan, 2006）。在美国东海岸，条鲈被认为是殖民时期（17 世纪）以来最重要的食用鱼之一。条鲈常被称为"白石鲋"，沿着银白色体表的每一侧各有易被识别的 7～8 条横向条纹。它们的背鳍完全分开，第一（前）背鳍有 8～10 个硬棘，第二（后）背鳍有 10～13 个软棘。

和条鲈最近的淡水种类有白条鲈（*M. chrysops*）、密西西比条鲈（*M. mississippiensis*）和美国条鲈（*M. americana*），它们被统称为"温带鲈"（狼鲈科条鲈属）。最接近的欧洲种类有欧洲狼鲈（*Dicentrarchus labrax*），也是狼鲈科。尽管条鲈养殖在北美洲很少，但是驯化和育种技术的最新研究使条鲈养殖有巨大潜力。与亲缘关系最近的欧洲狼鲈已经在欧洲许多国家大量养殖。

二、美国杂交条鲈

条鲈也与白条鲈杂交产生美国杂交条鲈，如 *wipers*、*white rock bass* 和 *Cherokee bass*

被垂钓者熟知。用雌白条鲈杂交时，后代被称为反杂交条鲈或"阳光鲈"；用雌条鲈杂交时，后代被称为正杂交条鲈或"棕榈鲈"（Hodson，1989）。

类似于条鲈，白条鲈银白色体表也有横向黑色条纹（条纹更窄），并且白条鲈不能长得很大。白条鲈是狭盐性的，在北美洲有很严格的淡水分布，尽管杂交鱼可以在盐水中存活，但也被认为是淡水鱼（Woods et al.，1983）。美国杂交条鲈已在美国许多淡水水库和河流生活了几十年，是垂钓者喜爱的休闲娱乐鱼（Smith and Jenkins，1985）。杂交鱼不是自然产生的，因为条鲈和白条鲈在自然条件下不能杂交。尽管有记录表明杂交品种在野生情况下能够产卵，但没有产生新个体的记录（自然条件下杂交种很罕见或存在争议）（Hodson，1989）。因此，美国杂交条鲈必须通过人工放养来弥补自然死亡和垂钓导致的死亡数。

美国杂交条鲈是在商业化或者政府支持的孵化场通过人工繁殖产生的，第一条美国杂交条鲈于20世纪60年代在南卡罗莱纳州产生（Harrell，1997b；Garber and Sullivan，2006）。条鲈和白条鲈可以通过它们体表的条纹与杂交后代区分开，美国杂交条鲈的条纹是中断或者断裂的。

美国杂交条鲈是美国水产养殖业目前第4大养殖鱼类，仅次于鲇、鲑和罗非鱼。在美国通常每年养殖800万～1200万lb美国杂交条鲈，价值约3000万美元。由于雌白条鲈卵更易获得并且具有相对较强的繁殖力，所以水产养殖业中的美国杂交条鲈通常是阳光鲈。美国杂交条鲈的养殖1986年始于北卡罗莱纳州，由Ronald G. Hodson（北卡罗莱纳州立大学）首创，北卡罗莱纳州立大学的Pamlico水产养殖实验室（奥罗拉，NC）继续支持美国条鲈和美国杂交条鲈的养殖。这是世界上唯一一个条鲈和白条鲈驯化点，并且是主要的繁殖场所。

三、白条鲈

白条鲈属于温带鲈（狼鲈科），不是真正的海水鲈，属于淡水鲈（Stanley et al. 1983）。白条鲈在北美洲东部被当成一种食物和娱乐鱼，但是数量并不多。它们体表银白色，背鳍跟其他温带鲈一样完全分开，但是缺少侧条纹。白条鲈广盐度并倾向咸水，但是也能在淡水如圣劳伦斯河和安大略湖南部到南卡罗来纳州皮德河的沿海地区发现，能向东一直到加拿大的新斯科舍省；也生存于五大湖、长岛湾、哈德逊、特拉华河和切萨皮克湾。白条鲈易于培育但生长缓慢，因此不是理想的水产养殖品种。由于它们容易在大学研究实验室的小养殖池中养殖，因此已经开发为条鲈的动物模型。近20年来，一批捕获的白条鲈已经在北卡罗莱纳州立大学养殖了几个世代来提供实验动物。

四、水产养殖研究和育种

由于条鲈及其他温带鲈的商业价值和娱乐价值，已经被广泛研究，并且出版了书籍（Harrell，1997a）和养殖方法指南（Bonn et al.，1976；Geiger et al.，1985；Harrell et al.，1990；Geiger and Turner，1990；Hodson et al.，1999）。几十年来的研究重点专注于选育（Hodson and Sullivan，1993；Woods and Sullivan，1993；Weber et al.，2000；Sullivan et al.，2003；Mylonas and Zohar，2007）、求偶行为（Salek et al.，2001a，b，2002）、生殖

生理（Blythe et al.，1994；King et al.，1994a，b；Holland et al.，2000；Lund et al.，2000；Klenke and Zohar, 2003; Clark et al., 2005; Weber and Sullivan, 2007; Reading and Sullivan, 2011；Reading et al.，2009，2011，2014，2017；Williams et al.，2014ab；Hiramatsu et al., 2013，2015）、转录组学 Chapman et al.，2014；Reading et al.，2012；Sullivan et al.，2015）、蛋白质组学（Reading et al.，2013；Schilling et al.，2014，2015a）、发育生物学（Scemama et al.，2006）、营养和生长（Woods and Soares，1996；Gatlin，1997；Small and Soares, 1998；Small et al.，2000；Picha et al.，2008，2009；Turano et al.，2008）、渗透调节（Jackson et al.，2005；Madsen et al.，2007；Tipsmark et al.，2007）、免疫和应激调节（Plumb, 1997；Harrell，1992；Harrell and Moline，1992；Clarke et al.，2012；Hardee et al.，1995；Harms et al.，1996；Silphaduang and Noga，2001；Lauth et al.，2002；Noga et al.，2009；Salger et al.，2011，2016）和毒理学（Monnosson et al.，1994，1996；Heppell et al.，1995；Schilling et al.，2015b）。

或许重要的是对条鲈繁殖取得的研究进展使驯养亲本成为可能。早期的研究集中在了解雌性的生殖周期（Berlinsky and Specker，1991；Swanson and Sullivan，1991；Woods and Sullivan，1993；Tao et al.，1993）和卵巢成熟期间的内分泌研究（King et al.，1994ab），随后又通过改变环境（温度、光照）来调节生殖周期诱导季节产卵（Blythe et al.，1994；Clark et al., 2005）。已经实现了激素诱导和未诱导的条鲈及其他温带鲈进行池塘产卵（Smith and Whitehurst，1990；Woods et al.，1990，1995），尽管更集中于研究雌条鲈人工排卵（Woods and Sullivan，1993；Hodson and Sullivan，1993；Mylonas et al.，1993）和体外受精来培育美国杂交条鲈"棕榈鲈"。最近研发了一种用于商业化生产的条鲈非诱导产卵方法，并且这些方法正在进一步优化（Reading et al.，2016）。

五、遗传改良和驯养

能够连续生产鱼苗的人工养殖亲鱼的获得对美国杂交条鲈的成功养殖至关重要（Hallerman，1994；Carlberg et al.，2000）。许多有鳍鱼类证明，被动和直接的遗传选择可以快速提高生长速率。在鱼类驯养的最初几代，生长速率平均每代增长15%（Gjedrem, 2005）。此外，依赖于捕捞野生亲本导致每代性能产生巨大差异、不稳定的鱼种供应、运输和监管问题，使水产养殖业产生疾病等严重的生物安全风险。

在美国杂交条鲈早期养殖阶段，一般采用Stevens等的方法（1966，1967）捕捞野生鱼作为亲本和繁殖。20世纪80年代末至90年代初，开始驯养条鲈和白条鲈培育美国杂交条鲈；2000年，美国农业部、北卡罗来纳州立大学、一些商业条鲈和美国杂交条鲈养殖者，以及其他政府机构和大学实验室共同开展"美国杂交条鲈国家遗传改良和选择育种计划"（创始协调员Craig V. Sullivan）。这个育种计划的目标是通过驯化和选育获得优异的条鲈及美国杂交条鲈品种，不仅增加商业化生产，还能降低产品价格、促进行业发展。

条鲈亲鱼养殖始于20世纪90年代。养殖和野生的条鲈由Craig V. Sullivan孵出，随后由北卡罗莱纳洲立大学Pamlico水产养殖实验室Andrew S. McGinty和Michael S. Hopper将幼鱼养大。在20世纪90年代，进行了大约400个关于6种不同野生条鲈群体

（加拿大种，哈德逊河、罗阿诺克河、切萨皮克湾的野生和养殖品种，Santee-Cooper 河口，佛罗里达墨西哥湾的野生和养殖品种）的杂交。20 世纪 80 年代，马兰里大学的 L. Curry Woods III 开始于切萨皮克湾养殖条鲈第二代（F_2）养殖鱼被运往北卡罗莱纳州立大学。同时，北卡罗莱纳州立大学也养殖了野生和驯养的弗罗里达湾条鲈（商业途径获得）。20 世纪 90 年代开始将大量的不同种群和品种条鲈亲鱼混合养殖，2005 年获得第二代。在原种混合之前，所有亲鱼被单独标记以确保在杂交过程中包含所有亲本品种并防止近亲交配。

21 世纪以来，条鲈已经被人工繁殖了 6~7 代，并且在淡水池塘和流水中进行了生长速率、鱼体特征和其他性能的选择。条鲈育种计划目前生产了 3 代，每年春天生产新一代，包括来自 30 多种雌鱼的 60~150 个半同胞家系。雄鱼 3 龄达到性成熟，雌鱼 4 龄性成熟。因此，该计划中大约每 4 年产生新一代。自 1990 年以来（不包括当前最小的一批），每年都会孵出条鲈，它们的后代再被培养产生新的一代条鲈。目前美国许多商业化养殖采用的是雄性条鲈，获得美国杂交条鲈"阳光鲈"。据统计，2014~2016 年，在美国养殖的美国杂交条鲈超过 90% 是人工养殖的雄性条鲈繁殖的。

白条鲈也在北卡罗莱纳州立大学人工养殖，最初是 20 世纪 90 年代由伊利湖鱼和田纳西河捕获的鱼杂交，随后每 2~3 年产生一批，目前繁殖了 9 代（F_9）。人工繁殖的白条鲈已经进行了广食性、较小的头部及优异的卵巢发育的选择。白条鲈大约 2 龄达到性成熟，因此比条鲈选择更快，每两年产生新的一代。尽管这些生产者用人工养殖的雄条鲈繁殖每一代的美国杂交条鲈，但是每年的鱼苗生产仍依赖野生白条鲈雌亲鱼。这使选育易受每年养殖效率的影响，也会导致疾病随野生鱼进入水产养殖体系。因此，未来的工作需要促进人工养殖白条鲈亲本来进行美国杂交条鲈商业化生产。

美国杂交条鲈是由两个物种杂交产生的独特品种，通过杂种优势表现出比亲本更为优良的性状。例如，在养殖条件下美国杂交条鲈比条鲈和白条鲈有更快的生长速率、更强的抗病性（Bishop，1968；Logan，1968；Williams，1971；Bayless，1972；Ware，1975；Bonn et al.，1976；Kerby and Joseph，1979；Kerby et al.，1983；Kerby，1986；Rudacille and Kohler，2000）。对这种杂种优势的基本遗传信息了解少能影响对其亲本的选育。因此，仅用美国杂交条鲈进行研究，对了解亲本选育和杂交品种选择的遗传基础的价值是有限的。

等位基因突变体特异组合能产生新的基因表达（新的基因型），被认为是杂交后代比其祖先种性能优秀的基础，但是这不遵循经典遗传学（如上位相互作用，Wang et al.，2006，2007；Birchler et al.，2003）。这些效应容易在基因座之间变化，想要对目的基因进行长远研究、潜力挖掘和选择育种，必须对这些模式进行深入的、全基因组的了解。简而言之，在我们解决杂交品种基因改良问题之前，我们先要了解条鲈和白条鲈产生杂交品种的基因组合方式。条鲈和白条鲈的遗传信息可以用于阐明美国杂交条鲈杂种优势的分子基础，这事实上几乎没有研究。

六、基因组资源

已经获得的条鲈全基因组资源有包含 289 个多态微卫星 DNA 标记的中等密度遗传

连锁图谱（Liu et al., 2012）、来自多个组织转录组的 23 000 个基因序列（Li et al., 2014; NCBI: GBAA00000000）和一个注释好的含 11 000 个基因的卵巢转录组（Reading et al., 2012; NCBI: SRX007394）。已得到白条鲈多组织转录组的 22 000 个基因序列（Li et al. 2014; NCBI: GAZY00000000）、美国条鲈的一个小转录组（1730 个基因）（Schilling et al., 2014; NCBI: GAQS00000000）。

使用全基因组鸟枪法获得的条鲈基因组包含 38Gb Illumina 短序列（66×基因组覆盖）和 1.6Gb Pacific Biosciences 单分子长读长序列（2.8×基因组覆盖）（Reading et al., 2015）。PacBio 法使组装支架和间隙数分别减少 26% 和 46%，并且将 N50 支架增加至 48%（至 29 981bp），585.1Mb 的条鲈基因组装包含 35 010 个支架。合理的组装间隙数（25 539）和真核基因组核心基因分析（CEGMA 的 88.31% 部分）表明，条鲈基因组组装与许多 Ensembl 鱼基因组一致（图 7-5），这意味着使用 PacBio 序列能有效改进短读长全基因组鸟枪法组装而不依赖于配对插入文库。由于没有高分辨率连锁图，无法进行支架的进一步组装，与其他高等脊椎动物相比，条鲈基因组组装包含更多的支架，这可以通过未来的光学图谱改良修正（Zhou et al. 2007）。通过 MAKER 注释流程进行了 Ab-initio 和基于证据的基因预测（使用已知的转录组信息），鉴定出 27 485 个蛋白编码基因，与所报道的欧洲狼鲈基因组 26 719 个基因相近（Tine et al., 2014）。条鲈基因组的组装、预测的蛋白质编码转录本、蛋白质序列和收集的注释信息被公开编进了 JBrowse 资源，并且是在线分开的（图 7-6）（Reading et al., 2015）。

采用 Illumina 平台也对雌雄性白条鲈进行测序并组装成草图，雌雄性白条鲈的基因组分别有 57 533 个重叠群（643 Mb）和 56 818 个重叠群（644 Mb）。CEGMA 完整性得分，雄性白条鲈为 97.98%（局部）和 82.66%（全部），雌性为 97.98%（局部）和 84.68%（全部）。这些基因组组装注释正在进行中（Reading et al., 未发表数据）。

之前的报道估计，条鲈和欧洲狼鲈的基因组大小为 600~900Mb（Hinegard and Rosen, 1972; Hardie and Hebert, 2003, 2004; Kuhl et al., 2010）。欧洲狼鲈基因组序列组装为 675Mb，其中 575Mb 被分为 24 个连锁群（Tine et al., 2014）。欧洲狼鲈、条鲈和白条鲈的基因组组装报告表明，温带鲈的基因组可能更接近 600~700Mb，而不是之前估计的 900Mb。

基因组和转录组资源也促进了蛋白质组分析（Reading et al., 2012, 2013; Schilling et al., 2014）。蛋白质组学能够促进我们理解许多生产性状的生理学基础，但是这些方法依赖于目前的同源序列数据库，而一些非模式生物包括重要的水产养殖品种信息还不完全。蛋白质组学中的串联质谱法用这些数据库进行蛋白质片段鉴定，所以需要氨基酸（或核酸）序列信息，最好来自正在研究调查的生物体。因此，基因组和蛋白质组资源是促进温带鲈蛋白质组研究、传统转录组和功能基因组研究的强有力工具。为解答关于繁殖的问题，已经通过串联质谱法鉴定和测量了数千种不同的蛋白质，利用的数据库有条鲈和美国条鲈转录组、条鲈基因组的核苷酸序列（Reading et al., 2013; Schilling et al., 2014, 2015a; Williams et al., 2014a）。

条鲈和其他鱼类基因组的测序为可持续性水产养殖物种的选育和养殖提供了极好的资源，也促进了鱼类生物学、生理学、种群遗传学和进化的研究。条鲈和白条鲈基因组序列提供了可作为研究和改良的目的基因完整目录，可用于遗传改良的分子标记辅助选择的蓝图，能够更好地了解动物杂种优势的分子基础的工具。这一研究对其他鱼类类似研究的进步也很重要。

七、机器学习法

现在广泛应用的高通量技术让我们能够评估各种水平——基因组、表观基因组、转录组、蛋白质组和代谢组水平的生物系统。这些技术用于生成数据来解决越来越多样化的问题。下一个巨大的挑战就是利用新颖的监督机器学习法将数据分析整合成真正的系统生物学方法，该方法能适应数据的异质性，对生物变异是健全的，并能提供机械探测。

监督机器学习是一种强大而新颖的数据分析方法，包括支持向量机（support vector machines，SVM）和人工神经网络（artificial neural networks，ANN）。SVM 是非概率的二进制线性分类器（Cortes and Vapnik，1995；Yang et al.，2004），ANN 是以生物系统神经网络功能为基础设计的非线性计算模型（Lisboa and Taktak，2006；Motsinger-Reif et al.，2008）。简单地说，这些系统可以识别某些数据输入模型，能被用于预测结果、分类数据，或者进行语音、图像和字符识别。

我们通过生物信息学分析方法使用机器学习，通过模式识别（"指纹"表达）进行转录组和蛋白质组数据分类（Sullivan et al. 2015）。通过了解基因和蛋白质的表达模式，我们可以对性状或应答的重要组分进行建模和识别。机器学习 ANN 已经被用于分析基因芯片和 RNA-Seq 研究中数以万计的表达基因，表明了 233 个卵巢基因（少于实测基因的 2%）表达的集体变化，解释了超过 90% 的条鲈胚胎存活率变化（Chapman et al.，2014；Sullivan et al.，2015）。基于排卵前卵巢组织的基因表达谱，这些 ANN 能将雌条鲈归类为是否可产丰富可育卵子两类，分类正确率超过 80%（$R^2 > 0.80$）。因此，机器学习可以作为潜在的诊断工具，如分辨能产高质量卵的雌鱼。

此外，SVM 已经用于建立条鲈卵巢蛋白质组模型（355 种蛋白质），该系统能够通过半定量串联质谱数据分辨特定的卵巢生长期（$R^2 = 0.83$）（Reading et al.，2013）。因此机器学习可以提供一种评估鱼繁殖情况的方法。SVM 还能通过血浆蛋白质组数据（94 种蛋白质）将对照和雌激素处理的雄性和雌性白条鲈根据处理情况及性别进行分类（$R^2 = 1.00$）（Schilling et al.，2015b）。机器学习 SVM 也能通过每个样品中 242 种蛋白质含量的丰富度用最高 ANOVA P 值（通过统计推断出一个组分都没有显著富集的情况下）将粗分级分离的白条鲈卵巢样品鉴定为膜或胞质级（Schilling et al.，2014）。因此，SVM 作为生物数据的分类器有高灵敏度并被用于各种不同问题的研究，甚至是那些看起来没什么差异的数据。

当与其他下游程序如相关矩阵和通路分析结合后（Reading et al.，2013；Chapman et al.，2014），这些机器学习模型让我们能够更充分地了解形成复杂生理性状的整合基因和蛋白质网络，这对进行有意义的纯种和美国杂交条鲈的全基因组标记辅助选择育种有指导性作用。我们目前正致力于用机器学习分析代谢组学和单核苷酸多态性标记（SNP）数据，以更好地了解条鲈和美国杂交条鲈的重要生产性状（Reading et al.，未发表数据）。

八、结论

海产品消费的增加及水产养殖的停滞发展导致海产品进口持续增长，使美国成为世界上最难实现水产养殖业增长潜力的国家之一（FAO，2014；Lem et al.，2014）。除了近海养殖，条鲈和美国杂交条鲈养殖的巨大养殖潜力还存在于池塘、养殖缸和网箱养殖。在被白肉、野生海洋物种（如鲽、石斑鱼和狼鲈）占领的高价值鲜鱼市场中，美国主要的水产养殖品种只有美国杂交条鲈占有一席之地。为了避免进口野生和养殖品种的激烈竞争并进行充分的发展，必须降低生产成本和产品价格，传统的海产品零售市场才能渗入。基因组启动有助于这一措施，我们前边所说的工具和信息资源成为继续研究以促进未来几年产业成功增长的坚实基础。条鲈和白条鲈亲本养殖将会作为未来优质品种遗传改良的起点。未来生产性状的显著改善需要标记辅助选择，基因组信息资源对标记辅助选择有很大的促进作用。现在的主要问题是更深入地了解杂种优势的分子基础以制定如何培育改良美国杂交条鲈的方法。

（Benjamin J. Reading，Andrew S. McGinty，Robert W. Clark，Michael S. Hopper，David L. Berlinsky，L. Curry Woods III，David A. Baltzegar；刘　红　译）

第八章 欧洲狼鲈养殖与育种现状

　　欧洲狼鲈是一种海洋硬骨鱼类，因其品质优良而成为消费者喜爱的食用鱼类。它分布在大西洋东北部、地中海及黑海，每年的捕捞量稳定在9000t左右。19世纪70年代，欧洲狼鲈的整个生命周期绘制完成，这对于其在养殖环境下自然产浮性卵有一定帮助，同时对于欧洲狼鲈生理学方面的研究也促进了其养殖业的发展。因此，从19世纪80年代开始欧洲狼鲈的产量稳定提升，2014年达到157 516t，主要产地有土耳其、希腊、西班牙、埃及、意大利和法国。温度和光周期是影响欧洲狼鲈繁殖周期的两个关键环境因素，因此通过控制这两个因素可以实现全年产卵受精。在一些孵化场，会定期用野生的欧洲狼鲈更新亲本，但是一些选择育种项目正在进行中，主要目标是选择生长快速或者具有更高食物转化效率的群体来增加产量；抗病性是选择育种的另一个重要目标。一些繁殖相关的问题仍然存在，如在养殖条件下雄鱼会发生早熟现象，并且比雌鱼生长得要慢，所以也有研究对产生更高比例的雌鱼后代比较感兴趣，但是这对欧洲狼鲈并不是一个有效的方法，因为其多基因的性别决定系统阻碍了能够帮助亲鱼管理和选择育种的可靠的性别相关辅助标记的发展。目前它已经成为基因组资源最丰富的物种之一，这表明未来以科学知识为基础以更进一步提高产量的实际应用前景光明。鉴于此，本章总结了这个重要经济物种的繁殖和养殖相关实践信息。

一、引言

　　"鲈"是很多淡水和海水鱼类共用的常用名，它们都属于鲈形目（perch-like）。鲈的种类有很多：黑鲈有大口黑鲈/加州鲈（*Micropterus salmoides*）、斑点黑鲈（*M. punctulatus*），属于太阳鱼科；真鲈有欧洲狼鲈（*Dicentrarchus labrax*）、条鲈或者叫美国条鲈（*Morone saxatilis*），属于狼鲈科；亚洲鲈有亚洲尖吻鲈（*Lates calcarifer*）、花鲈（*Lateolabrax japonicus*），属于尖吻鲈科。此外，还有很多其他的物种常用名中有"鲈"，比如黑海鲈（条纹锯鮨，*Centropristis striata*），是鮨科的一种。

　　因此，随着上述鱼类中的许多种类在世界范围内的养殖和研究的发展，当涉及这些种类的常用名时，使用合适的形容词以避免混淆是很重要的。本章着重介绍欧洲狼鲈。

　　欧洲狼鲈对商业渔民特别是竞技捕鱼者具有很高的价值。强劲的国际市场需求导致其市场价格比较高，因此欧洲狼鲈成为欧洲最早驯养的、用于高密度养殖的海洋鱼类之一，肉质细腻的口感使得它在地中海地区的产量迅速增加。除了单纯改善养殖的研究，一大批关于欧洲狼鲈生理学和内分泌学（主要关注生长和繁殖）、病理学、免疫学、分子生物学等方面的研究正在进行中。伴随着对改良育种的功能性研究和遗传学研究的兴起，很多方案都开始实施，目前欧洲狼鲈已经成为基因组资源最为丰富的物种之一。本章将针对这个重要经济种类的上述方面，结合繁殖和养殖的实践信息展开简要讨论。

二、生物学特性

1. 分类学和常用名

欧洲狼鲈是一种辐鳍鱼类（辐鳍鱼纲），属于硬骨鱼类两个主要分支之一，在真骨鱼亚纲鲈形目（perch-like fishes）中，属于狼鲈科（温水鲈类），但是有时候仍然错误地把它们当鮨科的一种，因为它曾经一度被划归为鮨科。它们的属名 *Dicentrarchus* 出处不明确，是因为不同作者之间没有仔细校对而不断被错误解读，因而我们不想再进一步增加混乱。我们这里做一个简单的表述，除了英文常用名欧洲狼鲈（尽管在英国被简化成鲈）外，它在法国还被称为"bar"、"loup"或者"loupdemer"，在葡萄牙被称为"robalo"，在西班牙被称为"róbalo"和"lubina"，在加泰罗尼亚被称为"llobarro"，在意大利被称为"spigola"、"branzino"和"bronzino"，在希腊叫做"λαβράκι"，在土耳其叫做"levrek"。

欧洲狼鲈大约能长到 1m 长、9~10kg 重，有的能长到 15kg，生命周期长达 20 年；鳞片大而分布均匀；根据 Pickett 和 Pawson（1994）的描述，欧洲狼鲈有 8~10 根背棘，12~13 根背鳍鳍条，3 根臀鳍棘，10~12 根臀鳍鳍条，颜色取决于来源地，背部深灰色、蓝色或者绿色，腹部白色或淡黄色。突出的头部覆盖着圆形的鳞片，并且随着年龄增长而越来越圆。大龄鱼体色要比小龄鱼更暗，并且幼鱼在背部和上半部有黑斑，这些黑斑到 1 龄时就会正常消失，如果没有这样的变化过程就会和最近缘的斑点舌齿鲈混淆。鳃盖和鳃盖后缘有微小的锯齿。嘴部微微突出，只在最前端有犁骨齿，呈新月带状（Pickett and Pawson，1994）。

2. 地理分布

欧洲狼鲈是一种温水性鱼类，地理分布十分广泛，从挪威到摩洛哥的大西洋东北部海岸线都有分布，偶尔还会出现在塞内加尔，包括北海和南波罗的海，遍及整个地中海和黑海。绝大数生活在北纬 53°以南的北海，以及北纬 54°以南的爱尔兰海和大西洋沿爱尔兰海岸线。最近观察到欧洲狼鲈沿着挪威海岸线往北迁移的现象，并将奥斯陆峡湾作为新的栖息地，可能是全球变暖所致（Hillen et al.，2014）。在白海、巴伦支海和里海并没有发现欧洲狼鲈，甚至从黑海北部到亚速海都没有。欧洲狼鲈已被引种到以色列、加那利群岛进行养殖，最近还被引进到波斯湾和阿拉伯海（Freyhof and Kottelat，2008）。

3. 环境条件

欧洲狼鲈是一种广盐性种类，生存在咸水和半咸水中，偶尔也会游入河流。它的仔稚鱼是浮游的，幼鱼随着生长会游到近海岸的地方，聚集在河口半咸水中的繁殖区域，一直生活到它们的第二个夏天（Pickett and Pawson，1994；Pérez-Ruzafa and Marcos，2015）。大的幼鱼和成鱼表现出复杂的海中迁徙路线，在夏天靠近海岸线进入入海口淡水区域去找饵料。年龄小的鱼是广温性的，并且对盐度变化有很高的耐受，所以可以栖息在盐度 0.24%~0.37%的水里，并且成鱼能耐受 5~32℃的温度（Pérez-Ruzafa and Marcos，2015）。成鱼表现出底栖行为，栖息在沿海大约 100m 深的区域，但是大多在

10m深的浅水区。它们通常出现在滨海区的各种河口和潟湖的底部。鱼群由小龄鱼组成，成鱼很少群居。幼鱼以浮游动物和无脊椎动物为食，随着年龄的增长，它们慢慢地以蠕虫、虾类、鱿鱼、软体动物和小鱼为食（如沙丁鱼、鲱鱼和银河鱼），长到成鱼后食鱼类（肉食性）（Pickett and Pawson，1994）。欧洲狼鲈是一种伺机捕食鱼类，能攻击捕食相当凶猛的鱼类。它们通常在一个特定地点捕获任何季节性丰富的种类为食（Pickett and Pawson，1994；Pérez-Ruzafa and Marcos，2015）。

野生群体中，地中海地区雌、雄鱼分别在2年和4年间达到性成熟，而在大西洋，雄鱼达到性成熟需要4~7年，雌鱼需要5~8年。成鱼繁殖是体外受精。地中海地区雌鱼在冬天分批次产卵（12月~翌年3月），而大西洋地区则会到翌年6月。在一个特定的群体中，一般一年只会产卵一次。雌鱼表现出旺盛的生殖力（大约200 000粒/kg），当它们超过2kg就开始繁殖（Pickett and Pawson，1994）。温度是开始产卵和选择产卵地的关键因素，当水温低于8.5~9.0℃或者高于15~17℃时，很少有卵存在。受精卵是浮游性的，直径1.1~1.3mm，含多至5颗脂肪粒最终融合。受精卵在受精3~9d后孵化，取决于海水温度，仔鱼在19℃的水温中发育大约40d。孵化时仔鱼的长度在3mm左右。在接下来的2~3个月里成长的仔鱼从开放海域近海岸的地方漂流到海岸区域，最终进入小溪、滞水区和河口地区。幼鱼在这些有保护的栖息地生活4~5年，直到它们性成熟并适应成鱼的迁移生活（Pickett and Pawson，1994）。

三、养殖

欧洲狼鲈的养殖可以追溯到19世纪60年代，那时地中海地区捕获野生鱼苗进行混养，发现欧洲狼鲈能在人工饲养的情况下产卵毋庸置疑地对养殖业有极大贡献，很快欧洲狼鲈的生活史绘制完成，真正的养殖才开始。商业规模的欧洲狼鲈养殖在19世纪80年代变得可行，成为欧洲第一个非鲑科的经济养殖鱼类，因为人们发现了增加仔鱼存活率的方法。在19世纪80年代中期，法国、西班牙、意大利和以色列的一些育种工作者开始驯养和选育工作，尽管现在的育种实践在应用水平和产量方面仍然各不相同：从一年一次的野生群体的补充到不进行选择或过度选择的封闭循环系统（Barnabé，1990；Sola et al.，1998；Bahri-sfar et al.，2005；Quéré et al.，2010）。因此极有可能在经过几代的选择之后，至少有一些重要经济性状会得到很大改善（Chatain and Chavanne，2009；Teletchea，2015）。1990年以后，欧洲狼鲈的养殖产量迅速、稳定地增长，2014年总产量165 000t中就有157 516t来自养殖（FAO）。共有19个国家养殖欧洲狼鲈，但是主要产地是土耳其（67 912t）、希腊（42 000t）、西班牙（17 376t）、埃及（14 800t）、意大利（7000t）和法国（2000t）（APROMAR，2015）。

四、生殖生理学

1. 生殖的激素调节

和所有的脊椎动物一样，欧洲狼鲈的配子形成取决于垂体激素促卵泡激素（Fsh）（Molés et al.，2008，2012）和黄体生成素（Lh）（Mateos et al.，2006）。血浆促性腺激素水平和雌雄垂体内容物数据暗示 Fsh/Lh 释放到该种血液中和在配子形成过程中的不同调控作用（Mazón et al.，2013，2014）。因此，在欧洲狼鲈中 Fsh 参与早中期的精子发生和卵黄生成的调节，同时 Lh 参与精子发生、精子排出和卵子的成熟排出（Rocha et al.，2009；Molés et al.，2011；Mazón et al.，2015）。需要特别提出的是，其他重要的系统（kisspeptins 和 gnih）参与鱼类生殖的主要控制，在欧洲狼鲈中也得到了证实。关于这点两个 kiss 基因（kiss1，kiss2）和两个 kiss 受体基因（gpr54 或 kissr；kissr2，kissr3）都已经被鉴定，Kiss2 十肽诱导促性腺激素分泌的作用比 Kiss1 要有效得多（Felip et al.，2009b，2015；Tena-Sempere et al.，2012；Espigares et al.，2015）。此外，kiss1 和 kiss2 及其受体表达的细胞及其受体在雌雄鱼脑中的分布都已经被鉴定描述，因此证明 kissr3 表达与 Kiss2 纤维在中脑和下丘脑的侧隐窝中的表达有交叉（Escobar et al.，2013a，b）。此外，欧洲狼鲈成鱼脑中 kisspeptin 基因在性腺发育不同时期表达的变化证明其对季节性繁殖有控制作用（Migaud et al.，2012；Alvarado et al.，2013）。另外，证据显示褪黑素可能引起 kisspeptins 和荷尔蒙系统基因 mRNA 水平的改变，反映了其对于精子发生的干扰作用（Alvarado et al.，2015）。有趣的是，在大多数脊椎动物包括欧洲狼鲈中，当 GnRH 和 kisspeptin 系统被认为是主要的下丘脑刺激垂体促性腺激素释放和繁殖的主要因素时，在硬骨鱼类的研究显示出其对生殖轴的抑制控制。在欧洲狼鲈中发挥这种抑制作用的是一种下丘脑神经肽，即促性腺激素抑制激素（GnIH）（Paullada-Salmerón et al.，2016a）。在欧洲狼鲈脑室内注射 GnIH 引起雄鱼生殖轴的抑制作用，影响脑和垂体生殖相关基因（gnrh1，gnrh2，gnrh3，kiss1，kiss2，lhβ，fshβ）及其受体基因（gnrhr II-1a，gnrhr II-2b，kissr2，kissr3）的表达，同时也影响循环血浆中的 Fsh 和 Lh 水平（Paullada-Salmerón et al.，2016b）。

雌鱼血浆中睾酮、雌二酮和卵黄生成素水平的季节性变化，及雄鱼血浆雄激素在性腺复发期间的水平变化都有报道（Prat et al.，1990；Mañanós et al.，1997；Cerdá et al.，1997；Navas et al.，1998）。此外，17,20b-dihydroxy-4-pregnen-3-one（17,20βP）和 17,20β,21-trihydroxy-4-pregnen-3-one（20βs）已被证明与雌雄鱼的生殖周期关联，也证实欧洲狼鲈这些孕激素的变化与诱导性成熟类固醇类功能相近（Asturiano et al.，2002）。

2. 性腺形态学

欧洲狼鲈有小叶型的精巢，在精子发生的同一发育时期生成包含生殖细胞的储精囊（Rodríguez et al.，2001；Begtashi et al.，2004）。另一方面，卵巢发育被认为是群同步发育的（Zanuy et al.，2001；Taranger et al. 2010），在性腺复苏期间每个卵巢包含数个不同发育时期的卵母细胞团，并且在不同的时间排出。因此，在整个生殖周期里，不同发育时期的卵泡在卵巢中并存，并且在 2～3 个月内分 3～4 次排出（Mayer et al. 1990；Asturiano et al. 2000，2002）。关于精子发生和卵子发生的详细研究已有报道（Mayer et al.，1990；Asturiano et al.，2000；Begtashi et al.，2004）。精子发生的组织学检验显示至少有 8 代精原细胞，和其他鱼类一样存在两种主要的精原细胞（类型 A 和 B）（Schulz et al.，2010）。另外，精巢发育的 6 个不同时期的鉴定已有描述（Begtashi et al., 2004）。雌鱼卵巢发育时期可以通过 Mayer 等（1990）和 Alvariño 等（1992）建立的标准进行分期。

3. 性别比例和自然种群

欧洲狼鲈是雌雄异体的物种，意味着一个个体不是雄就是雌，即两性是分开的。因此，欧洲狼鲈不是雌雄同体的物种。对不同野生种群所有分布地点的调查显示，年龄较小的欧洲狼鲈的性别比例是平衡的。但是，如果只考虑到年龄大的成鱼，性别比例倾向于雌鱼，能达到差不多 70%（Vandeputte et al., 2009）。这种失衡的原因目前还不是完全明确，可能是因为寿命不同或者取样有偏差（Vandeputte et al., 2009）。

4. 性别决定

欧洲狼鲈的性别是多基因决定的结果（Vandeputte et al., 2007），温度也有影响（Piferrer et al., 2005），基因和环境因素的影响差不多均等。性别比例的遗传力比较高，大约是 0.62，并且与体重极相关。在不耐热的时期（1～60d），高一点的温度会利于产生雄性（Navarro-Martín et al., 2011; Díaz and Piferrer, 2015）。

Navarro-Martín 等（2011）总结了性别分化的动力学，生殖腺在孵化后（dph）35d 前都不会形成。在孵化后 60d 生殖细胞开始快速增殖。性别分化的第一个分子信号（性腺芳香化酶增加，*cyp19a1a* 在雌性中表达）大概在 100～120d 时出现，形态学上的性别分化在孵化后 150d 才可见，并且在雌性中首先发生。所有鱼的两性分化在孵化后 250d 完成。形态学上的性别分化发生在全长 8～14cm 时，但是其中的分子过程可能在全长 3～4 cm 时就开始了。而且，一个种群早期的大小分级（84dph；3.6～4.5cm）会隔离大部分的雌性个体，额外分级无进一步影响（Saillant et al., 2003）。

欧洲狼鲈和其他鱼类一样，一些涉及性别分化和性腺成熟的关键基因都已经被描述，包括：性腺芳香化酶 *cyp19a1a*（DallaValle et al., 2002）、神经芳香化酶 *cyp19a1b*（Blázquez and Piferrer, 2004）、雄性激素受体 *ar*（Blázquez and Piferrer, 2005）、抗穆氏管荷尔蒙（*amh*）（Halm et al., 2007）及其受体（*amhr*）（Rocha et al., 2016）、雌激素受体（Blázquez et al., 2008）、*sox17*（Navarro-Martín et al., 2009a）、*sox 19*（Navarro-Martín et al., 2012）、性腺细胞衍生因子 *gsdf1* 和 *gsdf2*、细胞核受体 5 亚族成员 *nr5a1a*（*ff1b*）、*nr5a1b*（*ff1d*）、*nr5a2*（*ff1a*）和 *nr5a5*（*ff1c*），以及增殖细胞细胞核抗原或 *pcna* 基因（Crespo et al., 2013a）。另一方面，性腺 *foxl2* 和 *foxl3* 的表达模式突显了强烈的性别二态性，显示了卵巢 *foxl2* 和精巢 *foxl3* 的 mRNA 水平在生殖周期里显著变化（Crespo et al., 2013b）。这些数据说明 *foxl2* 在卵巢成熟的过程中发挥着保守的作用，而这种真骨鱼的 *foxl3* 在精巢的生理学方面发挥作用（Crespo et al., 2013b）。也有学者关注转变生长因子（TGF-β）超家族、生长分化因子 9（GDF9/*gdf9*）和成骨蛋白 15（BMP15/*bmp15*）等基因，它们对早期卵母细胞有调控作用（García-López et al., 2011）。已有结果显示卵母细胞是 Bmp15 和 Gdf9 在卵巢中最初的产生部位，尽管它们的调控机制和在卵子发生中的功能还未完全阐明（García-López et al., 2011）。到目前为止还没有可靠的鉴定遗传性别的标记（Palaiokostas et al., 2015），但是在 50mm 全长或者较长的幼鱼中，性腺芳香

化酶 *cyp19a1a* 的表达水平可以很准确地预测大部分个体的性别（Blázquez et al., 2009）。

五、繁殖

1. 亲鱼管理

雌性亲鱼最佳年龄是 4~7 年，雄性为 2~4 年。通过控制环境因素如温度和光周期可全年生产受精卵。亲鱼池里最合适的性别比例没有严格的要求，可以是雌雄平衡的，也可以是倾向雄性的以便使一个或者多个雌鱼的卵充分受精，或者是雌性居多以便获得最大数量的受精卵，但是就我们所知，关于是否有一个最佳的性别比例能促进遗传多样性和受精卵产量的研究目前还没有开展。欧洲狼鲈通常都会在繁殖池里自然产卵，浮性卵会在这些繁殖池的出水口处收集起来。也可以通过使用 LHRH 或者 GnRH 的类似物刺激排卵和排精，然后在麻醉后的鱼腹部轻轻按摩收集配子，随后进行人工的挤卵/精和受精（Alvariño et al., 1992；Zanuy et al., 2001；Felip et al., 2009a）。精子的低温储存技术流程发展得比较完备，因此这种方法可以用来进行欧洲狼鲈的繁殖（Fauvel et al., 1998），13~14℃时胚胎发育一般需 3d 左右。

2. 仔稚鱼养殖

受精之后受精卵要转移到孵化池中，密度约为 2000 颗受精卵/L，并且要在孵化前保证低光环境，15~16℃时孵育约 72h 之后开始孵化。然后仔鱼转移到饲养池，密度为 1000 仔鱼/L，处于自然光周期环境。一般在孵化后 7~10d 卵黄囊就会被吸收并且开口，这时仔鱼要马上开始饲喂活饵料包括轮虫，一段时间后开始饲喂卤虫无节幼体，密度为 10 个/L。稚鱼的饲养一般会持续 45d 直到鱼总长达到 16~18mm。温度是一个棘手的问题，因为通常升温（到 21℃）让生长速率最大化，但是温度高于 17℃会导致出现过多的雄性（Navarro-Martín et al., 2009）。喂养人工饲料（"断奶"）以富含鱼油和鱼粉的高蛋白饲料开始。稚鱼养殖在 20 个/L 的密度下，光周期为 16h 光照：8h 黑暗。断奶期持续 20~30d 直到鱼体重达到 0.01~0.015g。需要额外的 30~40d 的照料直到鱼体重达到 0.3~0.5g，此时温度可以增高，整个"预生长"过程还要在 10 kg/m^3 密度下、自然光周期下额外进行大概 20d。当幼鱼体重达到 5g（大约 4 个月），它们会被转移到生长池，通常是海上的漂浮网栏，但是也有塑料的或者混凝土的陆基池设备，并在这些养殖池生长到市场规格（300~500g），大概需要 1.5~2 年，但是这些都取决于温度和市场需求。地中海地区因管理方法不同，食物转化率一般为 1.7∶1~2.2∶1。关于仔稚鱼发育和饲养的详细说明可以在 Gisbert 等（2015）中找到。

3. 性成熟控制

有很多控制欧洲狼鲈繁殖的研究正在进行。在高密度养殖情况下，提早的性成熟（早熟）影响着 20%~30% 的 1 龄、还没有达到上市规格的雄鱼（Carrillo et al., 2009, 2015）。尽管大多数关于过早性成熟的研究都关注雄鱼，最近的一些证据显示性早熟也影响着饲养的雌鱼（Brown et al., 2014）。一个分析性早熟如何影响生长性能的对比研究表明，在第二年的生活周期，早熟的雄鱼比未早熟的同批鱼体重增长要慢 18%，体长短 5%（Felip et al.，2006）。虽然其他的研究关注于预防欧洲狼鲈性早熟方法的建立，如遗传（诱导三倍体）和激素治疗（单性养殖）等方法，但是主要的限制和障碍仍然存在于它们的商业化应用中（Felip et al.，2001；Zanuy et al.，2001；Piferrer et al.，2007，2009；Carrillo et al.，2009，2015）。有趣的是，三倍化优势在于诱导雌雄功能性不育，并且对环境有好处，因为有遗传封闭作用。但是欧洲狼鲈三倍体并不能提高生长速率。Felip 等（2009c）的研究表明诱导三倍体可能会满足市场对于大规格鱼的需求，因为三倍体的躯体生长速率稳定的高于二倍体。在这种情况下，更多的关于三倍体信息将引起大众的关注，以便社会接受。在另一方面，关于光周期对性早熟的影响已经有很多研究（Begtashi et al.，2004；Felip et al.，2008）。最近通过连续的光照管理方法，发现了雄性幼鱼一个光敏感的时期（Rodríguez et al.，2012）。如果这种相似的光敏感期被证明存在于其他温水鱼中，那么相似的方法可以被设计应用，从而达到控制性成熟、增加产量的目的。

4. 性别比例控制

水产养殖中，在孵化早期发育过程中可能因为一个稍高的温度，导致成鱼大部分为雄性（75%～100%），这种情况不是我们想要的，因为雌鱼一般会比同龄的雄鱼大（30%）（Zanuy et al.，2001；Carrillo et al.，2009，2015；Piferrer et al.，2005）。和很多鱼类一样，欧洲狼鲈的性别比例可以通过管理早期发育阶段的性甾体进行控制。易变期已经被确定，单性养殖的技术也已经存在。但是这并不可取，因为存在着对消费者安全及接受程度的担忧。由于多基因的性别决定方式不能应用间接的方法雌性化，因此，目前只有利用多基因控制系统或者温度处理才有可能解决这一问题。

因此，多基因决定模式的结果是不同家系性别比例变化相当大（1%～45%），这个结果是在渔场养殖条件下应用频率相关的选择进行的估算，在进行到 7～8 代时可以达到平衡的性别比例，前提是没有进行性别比例的选择或者性别相关的实验（Vandeputte et al.，2007）。这样至少可以清除偏雄性的性别比例。另一方面，生长和性别分化之间存在一定的关系，因为在性别分化的时候雌鱼的生长更快。但是，用试验改变性别分化时期的生长速率并不能响性别比例（Díaz et al.，2013）。

欧洲狼鲈早期发育阶段应用温度调节会产生雄性化的影响（Blázquez et al.，1998；Pavlidis et al.，2000；Saillant et al.，2002；Koumoundouros et al.，2002；Piferrer et al.，2005；Navarro-Martín et al.，2009b）。在生活史的前 2 个月温度高于 17℃会产生这种雄性化效应。雄性化率相当不稳定，取决于每个群体的遗传背景，但是就平均水平而言，雄性化影响着差不多一半的个体，温度低一点发育为雌性。在这点上，人们发现暴露在高温条件下，可以诱导 *cyp19a1a* 启动子甲基化，阻止转录因子结合，因而降低了 *cyp19a1a* 的表达。雄性中 *cyp19a1a* 启动子甲基化水平持续很高并没有什么影响，但是在雌性中这就导致一部分雌鱼在高温环境下发育为雄鱼而不是雌鱼。这是欧洲狼鲈中最早证明的表观遗传机制调控的环境温度和性别比例之间的联系（Navarro-Martín et al.，2011）。

因此，合适的温度管理和选择育种的结合可以产生高雌性比例的群体，雌性与雄性相比生长快、成熟晚，因而人们对这种方法非常感兴趣，但是这样的性别高度失衡并且雌性占主要优势的群体目前还没有实现商业规模的生产。另一方面，还需要致力于发现是否有一个应答温度的表观遗传机制及这种趋势是否能够传代的研究来完善我们有关温度对于性别比例的影响的了解，这将对全雌或雌性为主的群体的生产做出贡献。

六、基因组资源

由欧洲许多科学家参与的、有数个国际和欧洲基金包括不同企业联盟进行经济支持的项目，对于现在可以用于欧洲狼鲈基因组学和遗传学研究的工具的发展起着至关重要的作用，这让欧洲狼鲈成为现在基因组资源最为丰富的十大硬骨鱼之一（Louro et al.，2014）。欧洲狼鲈的基因组大小为675Mb，有27 000个注释基因（Tine et al.，2014）。二倍体欧洲狼鲈的核染色体包含24对A型染色体（$2n=48$）且大小差异比较大（Sola et al.，1993）。这个数据与尖吻鲈（Lates calcarifer）比较相似，其基因组大小为700Mb，有相同数量并且共线性很高的染色体对（Vij et al.，2016）。但是还没有关于欧洲狼鲈中B型染色体的报道。

目前基因组资源有一个中等密度的遗传连锁图谱（Chistiakov et al.，2005；2008）、一个辐射杂交图谱（Guyon et al.，2010），以及一个有65 000个序列表达标签的转录组（Louro et al.，2010）。最初有368个多态微卫星标记、200个AFLP多态性标记（Chistiakov et al.，2008）、20 000个SNP，这些SNP来源于一个雄性的3条染色体（Souche et al.，2012），还有一个关于颌骨畸形（Ferraresso et al.，2010）和繁殖（Ribas et al.，未发表）的基因芯片的数据。此外，数据分析显示出欧洲狼鲈的地中海和大西洋种群互补的多样性、结构、进化和结构信息（Kuhl et al.，2010；Tine et al.，2014）。一些经济性状相关的数量性状位点（QTL）的鉴定和定位已经在实施（Saillant et al.，2006；Chatziplis et al.，2007；Dupont-Nivet et al.，2008；Massault et al.，2010；Volckaert et al.，2012）。在这种情况下，很多能解释8%～38%表型差异的QTL已经被鉴定（Massault et al.，2010）：1个关于体长和体宽（如背鳍和腹鳍之间的距离）（Chatziplis et al.，2007），2个关于体重，6个关于形态学性状，3个可能与应激反应相关。接下来重要的是利用这些工具开展对欧洲狼鲈更有针对性的选择育种和可持续育种的项目（Louro et al.，2014）。欧洲狼鲈基因组数据的公开（Tine et al.，2014）非常迅速地扩充了目前已有的数据资源，如SNP的数量和基因型分型。

七、选择育种

欧洲狼鲈目前成为硬骨鱼类中研究繁殖，以及其他诸如营养、免疫、最近的遗传和表观遗传的一个受欢迎的模式生物。欧洲狼鲈在水产养殖相关研究中之所以受到特别的重视，是因为它是欧洲水产养殖中最重要的物种之一。目前驯化仍然是很多孵化场的初始方式，所以养殖群体仍然和野生群体比较接近（Loukovitis et al.，2015）。一些公司在实施选择育种，但大部分养殖仍然依赖野生亲本进行繁殖。

选择育种被期望在保证鱼的供应和在不久的未来改善繁殖性状的发展中发挥越来

越重要的作用。但是这对于欧洲水产养殖的影响取决于公司是否采纳选择育种。在这种情况下,水产养殖相关部门在支持选择育种项目的过程中不得不面对一些问题：第一,公司必须认识到这个技术的优势并且提供适当的投资；第二,公司必须掌握实施选择育种的专业技术（Chavanne et al.，2016；Janssen et al.，2016）。通过一些欧洲资助的项目比如quaTrace（https：//aquatrace.eu/）和FishBoost（http：//www.fishboost.eu），一些关于当前欧洲水产养殖工业对于选择育种应用趋势的调查已经实施（Chavanne et al.，2016；Janssen et al.，2016）。结果明确显示,所有调查的物种包括金头鲷、欧洲狼鲈、大菱鲆、虹鳟、大西洋鲑和鲤等养殖鱼类,近几年育种项目都在增加,特别需要指出的是,调查认为这种趋势在欧洲狼鲈中将持续下去。事实上,考虑到关于欧洲狼鲈繁殖的大量可用的信息,以及最近10年基因组研究成果（Louro et al.，2014）包括全基因组测序（Tine et al.，2014）,欧洲狼鲈的养殖需要加强可持续养殖和提高竞争力。在这个行业,遗传改良被认为是水产养殖产业可持续发展的主要目标（Chatain and Chavanne，2009）。人们普遍认为在几代之后会将出现大的性状改善。

虽然欧洲狼鲈没有集中驯养或人工选择,但是一些选择育种的实验早就开始了（Chavanne et al.，2016；Janssen et al.，2016）。欧洲狼鲈的育种公司控制着从繁殖到捕获的整个过程。最近对于5个已有的欧洲狼鲈育种公司的调查显示,其中3个进行过群体选育,另外2个正在发展家系选育；选育的代数从2~8代不等。有趣的是,一些研究通过对比野生个体的后代和选育父本与野生母本的后代之间的生长差异,对选择效应进行评估（Vandeputte et al.，2009）,结果证明选育后代表现出产量增加12%的选择效应（Vandeputte et al.，2009）。在欧洲狼鲈中,选育的特色性状都与生长（Saillant et al.，2006；Dupont-Nivet et al.，2010）和形态学尤其是无刺性状相关（Bardon et al.，2009；Karahan et al.，2013）。但是,其他感兴趣的性状包括那些与抗病相关的性状,因为传染病是水产养殖产业最主要的威胁（Pallavicini et al.，2010；Chistiakov et al.，2010）、肉质和产量性状（Saillant et al.，2009）、抗应激性状（Volckaert et al.，2012）和性别比例性状,因为同龄雌鱼要比雄鱼更大,所以全雌种群更有价值（Piferrer et al.，2005；Vandeputte et al.，2007）。这是因为这些性状的遗传力大多高而稳定,需求的性状之间的相关性比较大,而且繁殖力比较高,能满足高强度选育。由于养殖场是在不同的条件下进行养殖,基因型与环境之间的互作、不同性状之间的遗传关联需要作为可能调节一些生理过程和性状的环境因子进行评估（Dupont-Nivet et al.，2008，2010；Vandeputte et al.，2014）。到目前为止,关于欧洲狼鲈繁殖（成熟、繁殖力）的育种项目都没有继续的报道。繁殖性状被认为与性早熟一样,是影响欧洲狼鲈经济效益的重要问题（Carrillo et al.，2009，2015；Taranger et al.，2010）。最后,值得一提的是,根据荷兰瓦赫宁根大学进行的一个调查,市场上的基因改良过的欧洲狼鲈占43%~56%。这个数据比欧洲其他水产养殖种类（大菱鲆100%,大西洋鲑94%,虹鳟67%,金头鲷64%）报道的数据低得多,但是这个数据会随着应用育种计划的公司的增加而大幅上升。

八、结论

欧洲狼鲈养殖在几个地中海国家有坚实基础,并且产量稳定增加,而且因为消费者非常喜爱它的肉质，欧洲狼鲈的市场需求量很大。当然，仍然有许多养殖需要改进的方面（如食物转化率、疾病控制、性别比例和成熟控制等），但是也可以认为其生产已经到了成熟阶段。然而尽管选择育种已经被应用，在一些情况下经过几代养殖之后，仍然会取得大的进展和收获。此外，发展相对完整的基因组信息资源所付出的努力，只有在未来用于实践后才能带来实际收益。因此，欧洲狼鲈养殖在未来几年将继续为世界水产养殖发展做出贡献。

（Alicia Felip，Francesc Piferrer；刘红　译）

第九章 欧洲赤鲈与梭鲈养殖现状

一、简介

1. 欧洲赤鲈

欧洲赤鲈（*Perca fluviatilis* L.）是一种常见淡水鱼类，广泛分布在欧洲和亚洲，除了伊比利亚半岛、意大利南部和巴尔干半岛西部区域（Craig，2000）。鲈通常居住在中等生产力湖泊或缓慢流动的河流中（Thorpe，1977）。欧洲赤鲈是一种兼性捕食者，主要吃浮游生物或小型无脊椎动物（Treasurer and Holliday，1981），大约全长 10cm 时成为捕食者（Eklöv，1992；Eklöv and Diehl，1994），自然环境中的雌性个体在 2~5 年间性成熟，这取决于特定栖息地的环境条件,同一群体的雄性通常早一年性成熟(Heibo and Magnhagen，2005；Heibo and Vøllestad，2002）。

欧洲赤鲈是完全产卵鱼类（即在生殖周期中，产卵时一次性释放其配子），生殖季节从春季 2 月到 7 月之间，这取决于地理纬度。早期已经在南部的欧洲和热污染水域记录其产卵（Długosz，1986；Thorpe，1977）。欧洲赤鲈的一个典型特征是，雌性个体只有一个卵巢，由两个原发性的卵巢在早期发育阶段融合形成（Treasurer and Holliday，1981）。它们的配子形成是群同步的，表现出较长的性腺周期，其特点是春天产卵，经过一个较长的卵黄发生后期，最后直接形成成熟的卵母细胞(Długosz,1986；Treasurer and Holliday，1981）。卵黄形成开始于 7~8 月，此时温度升高、光周期增长，产卵后经过一个短暂的休息期，并持续到初春。这个物种的另一个独特之处在于它的卵为圆柱形，通常被描述为一个链或丝带（Formicki et al.，2009），卵带由厚的胶状外壳组成，包围每一个卵（详见 Formicki et al.，2009），并形成屏障，抵御捕食者和潜在的害虫。

2. 欧洲梭鲈

欧洲梭鲈（*Sander lucioperca*）是在淡水和微咸水域发现的捕食性鱼类，它的自然栖息地包括海水、湖泊、河流、运河、大型水库等沿岸区，适宜生活在浑浊和富营养的水中，这和梭鱼（*Esox lucius*）正好相反，其原始的自然分布范围从东欧到亚洲，包括里海、阿拉尔、波罗的海和黑海盆地（Kottelat and Freyhof，2007）。欧洲梭鲈被认为是消费和垂钓的重要鱼类，且几个国家已经引入该物种，然而，欧洲梭鲈有时会产生不利的生态影响。1878 年，在大不列颠的水域（Sachs，1878； Lappalainen et al.，2003）中引入了欧洲梭鲈，随后在西德（莱茵河、缅因州、康斯坦茨）引进，并传播到比利时、荷兰、丹麦、法国。

成年的欧洲梭鲈主要以群居的表层鱼类为食，幼鱼长到 10cm 前捕食浮游动物。根据纬度和海拔高度，在 4~5 月温度达到 10~14℃时，欧洲梭鲈产卵，2 月下旬至 7 月产卵属于异常情况。一些种群进行短期产卵迁移，雄鱼在领地的沙、砾石中或植物根部挖掘浅洼地以便卵的沉积。产卵通常发生在黎明或晚上，雌性一年只产卵一次，并且一次产完；雄性用它们的胸鳍捍卫自己的巢，并拍击卵；幼鱼是趋光的，并且以浮游动物为食（Froese and Pauly，2016）。

二、欧洲鲈科鱼的养殖

水产养殖是世界上增长最快的产业，全球以平均每年 8%的速度增长（联合国粮农组织，2012）。鉴于鱼和海产品（人均约 24.5kg）的人均消费量不断增加，捕捞渔业产量下降，可持续水产养殖业的经济和社会重要性日渐突出。在欧洲，每个成员国在水产养殖领域每年产生约 235 万 t 的水产品，价值 80 亿欧元（FEAP，2016）。然而，欧盟 65%的鱼和海产品依赖于从世界其他地区进口。因此，欧盟蓝色增长战略的总体目标是通过促进环境、社会和经济的结合带来可持续发展的水产养殖，帮助填补欧盟海产品消费和生产之间的差距。然而，与世界上其他水产养殖业增长率高并采取保护措施的地区相比，欧洲水产养殖部门停滞不前。作为回应，欧盟委员会于 2013 年确定了"欧洲水产养殖可持续发展战略"，展示了为提高该部门竞争力而应采取的行动。这些行动包括鼓励水产养殖多样化和一体化、促进最高产品质量，以及采用创新解决方案在欧洲实现可持续水产养殖生产。

虽然联合国粮农组织指出，内陆水产养殖增长更快，在全球范围内的养殖量中占主导地位，但目前欧盟盛行沿海水产养殖。欧洲内陆水产养殖鱼类品种有限（年产 35 万 t），目前主要有两种：虹鳟（*Oncorhynchus mykiss*）和鲤（*Cyprinus carpio*），分别占当前欧盟淡水鱼产量的 78%和 17%（FEAP，2016）。鲈养殖被认为是欧洲有前途的新兴淡水鱼类产业。到目前为止，鲈科鱼生产部门每年生产约 23 500t 鲈和 15 000t 鲇，其中绝大多数来自野生渔业，每年约有 1500t 的鲈科鱼是在循环水产养殖系统中养殖的。受当地生物和非生物环境及过度捕捞的影响，野生种群数量出现波动，不易预测。对于企业家和研究人员来说，鲈科鱼类养殖的利益日益增长。在东欧国家（如捷克共和国、匈牙利、波兰、斯洛伐克、罗马尼亚、塞尔维亚），鲈科鱼类广泛用于人类消费、休闲垂钓和放养等，这是一个悠久的传统，在这些国家中，鲈科鱼类具有几十年的池塘养殖历史。最近，北欧和西欧国家，特别是丹麦、瑞士、荷兰、法国、爱尔兰、德国、比利时、奥地利、瑞典和芬兰，对通过强化循环水产养殖系统技术，集约化生产淡化鲈科鱼类表现出浓厚的兴趣。经过 20 年鲈科鱼类养殖技术的发展，在这些国家中，我们可以找到 30 多个密集型淡水养殖场。然而，他们仍然面临不同的挑战，主要涉及亲本培育、人工繁殖，包括非繁殖季节繁殖的刺激（Zakes and Szczepkowski，2004；Ronyai，2007）、配子和幼鱼质量改善（Castets et al.，2012；Schaefer et al.，2016）等问题。为了解决阻碍鲈科鱼养殖业发展的障碍，科学家团队、专家和企业家团队联合在欧洲水产养殖学会（EAS）下成立了欧洲鲈科鱼养殖（EPFC）专题小组。

1. 欧洲赤鲈的市场情况

欧洲赤鲈在其存在的整个范围内具有重要的商业利益，既具有商业渔业价值，又具有休闲垂钓价值，因为欧洲钓鱼者高度青睐鲈（如 Heermann et al.，2013）。每年，全球以捕捞渔业为基础的鲈生产量约为 3 万 t，这些统计数据在 30 年内相对稳定，同时，水产养殖的年产量（自 1996 年以来统计记录）不超过 400t（Steenfeldt et al.，2015）。然而，其产量和价值不断上升，表明该物种的集约化养殖正处于发展的初始阶段，并且大部分需求仍未得到满足（Fontaine et al.，2009）。爱沙尼亚、波兰和俄罗斯的野生渔业占据主要市场（Toner，2015）。

在东欧，鲈养殖通常很大程度上选择池塘养殖。大约 10 年前，使用循环水产养殖系统（RAS）建造了一些养殖场，这使得全年可以集中生产鲈，最大的 RAS 生产基地位于瑞士、爱尔兰和法国。瑞士是鲈消费的主要市场，每年消费鱼片量约 7000t，其中 85%～90% 是以冷冻产品形式进口。德国市场鲈鱼鱼片消费规模为 2000t，法国为 1500t，奥地利为 500t（Watson，2008）。考虑到鲜鱼片市场的增长潜力，在欧洲各地建立更多的养殖基地势必有利可图。在撰写本文时，有一些养殖基地已经正在建设中（T. Janssens 的个人交流，2016）。

2. 欧洲梭鲈的市场情况

由 Inagro 和 Vlaamse Visveiling 委托 Tradelift 进行的市场研究表明，梭鲈最主要的市场（主要是野生捕获）在德国南部、瑞士说法语的地区、法国巴黎附近和靠近瑞士边境区域、华沙及莫斯科。大多数情况下，梭鲈被运到荷兰的乌尔克出售，这个重要的贸易地点（平均每年 200t 的梭鲈销售量）被用作参考，来设定西欧的梭鲈的市场价格。在出售后，乌尔克当地鱼类贸易商将梭鲈加工并运到上述地区。瑞士零售和餐馆需要最高质量的梭鲈，因此进价比乌尔克鱼市场的平均价格高出 1 欧元。对于梭鲈水产养殖者而言，他们正在与当地贸易商合作，将鱼卖给瑞士，通常在 8 月（低收入）和 12 月（高需求；圣诞节和除夕晚餐）的时候价格最高。

三、使用室内 RAS 系统养殖的生产和性能指标

1. 赤鲈

RAS 的主要优点是可以有效控制生产的所有参数。对于鲈，与自然条件下相比，适当的温度控制可以缩短其达到市场规模的养殖时间，封闭的环境还提供了更好的保护，同时防止疾病的爆发。

与其他养殖品种相比，鲈养殖场的年产量较小。迄今为止最大的渔场年产量为 300t，但要达到这个产量，还需要有很多的幼鱼，这就可以解释为什么市场规格通常仅为 200g 或更小。通常将 5～10g 的幼鱼引进渔场养殖，并在 5～6 个月内达到市场规模，由于可以全年生产，可在渔场同时养殖几个批次的不同规格鱼种。

鲈生长的最佳温度为 22～24℃，pH 为 7～7.5，溶氧应该保持相对较高（大约在饱和水平），以减少压力并促进生长。鲈对良好的水质非常敏感，建议保持总氨和亚硝酸盐到最低值（TAN-N 低于 1mg/L，NO_2-N 低于 0.5mg/L），特别是悬浮固体可能是一个问题，因为它们可能导致鳃部感染细菌性疾病和食欲不振。为了达到这些最佳条件，再循环系统综合机械过滤、生物过滤、脱氮步骤和 UV 处理，有时用臭氧降低细菌压力

并通过有机分解澄清水质。

10～200g 之间的鱼需要按照尺寸大小分级，以便有效地管理生长、减少对饲料的竞争并避免同类相食，这一点是特别重要的，因为受两性异型和遗传学的影响，养殖过程中会产生生长不均一的现象。鲈生长较慢，并且密度和生产条件对生长速率影响很大，养殖 5～10g 鱼时，养殖池密度为 30～50 kg/m^3 较为合适；对于较大的鱼，密度为 60～80 kg/m^3 对于促进生长是最好的。

赤鲈对应激敏感，因此，避免不必要的干扰非常重要，对养殖池进行仔细的清洁，并优选自动进料，高水箱和相对较低的光照条件（200Lux）有助于减少压力。

由于产业规模小，市场上没有特定的鲈饲料，大多数生产者使用高蛋白、低脂肪的海水鱼或鲟的饲料作为食物，良好的培养条件将提高饲料转化率（FCR）至 1.2。

鲈养殖中最常见的细菌性疾病是黄杆菌和嗜水气单胞菌，这些疾病的爆发通常与次优生长条件有关。链球菌可导致鲈高死亡率；最常见的寄生虫是车轮虫（*Costia*）、*Trichodina* sp. 和陀螺乳杆菌（*Gyrodactilus* sp.），但它们通常可以通过施用低剂量的氯化钠而轻易地控制。

2. 梭鲈

2008 年，Inagro 开始了 RAS 室内养殖梭鲈研究计划，该系统由几个圆形鱼缸、鼓式过滤器和移动床生物过滤器组成。由于该系统和方法基于对商品梭鲈 RAS 的实践，因此与大多数在小实验室条件下工作的学术研究机构相比，它需要更多的应用研究。该设施完全封闭，与室外气候隔离，并采用人工照明 24h/24h 保持在 10～30Lux（水表面测量），光照系统是从荷兰的梭鲈生产商复制而来的，而 30～50 Lux 的恒定光也是根据 G. Schmidt 推荐的（Schmidt，2015）。对于孵化场的条件，在出膜后的前两周，建议采用具有低波长（即红色光谱）的光可能有益于生长、摄食和饲料效率，尽管在我们仅有的知识范畴内，这一点还尚未通过研究来证实（Luchiari，2009）。

欧盟第七框架计划的研究、技术开发和示范项目 DIVERSIFY（www.difersifyfish.eu）将在不久的将来公布一些关于推荐光照管理的研究结果：光谱、光周期和光强度（Fontaine et al.，2015）。

对于幼鱼（>5g）和成年梭鲈，RAS 中的温度保持在恒定的 24℃可以达到最佳生长。Wang（2009）指出，与 20℃和 24℃相比，起始质量为 6.4g 的梭鲈在 28℃的温度下表现出更快的特定生长率（SGR）、重量增加（WG）和饲料效率（FE）；而其他研究表明，大于 500g 的梭鲈在 24℃或略低（Teerlinck 未发表数据）的温度下生长更好。

通常用 Inagro 自动投饵机随意喂食，饲料的种类不同，其标准生长率（SGR）和食物转化率（FCR）也不同。对于 10g 左右的鱼，FCR 可以低至 0.6；而对于大于 500g 的鱼，FCR 接近 1.6，因此，SGR 范围在 0.6～1.6。通常使用鳟、鲟、比目鱼和鲇饲料，这些颗粒可以是沉性的或浮性的，根据 RAS 类型、鱼类习性和渔民的经验，不同种类的鱼投喂不同类型的饲料。Inagro 的应用研究表明，使用蛋白质和优质鱼粉含量较高的饲料，其 SGR 和 FCR 值会更高。在 Inagro 中，我们使用浮式涡轮饲料颗粒（>50%鱼粉），因为即使它们投喂在远处，但饲料很容易随着鱼儿漂浮，利于鱼类进食。

就算是具有相同 SGR 和 FCR 的梭鲈群体，它们之间的生长速率也存在明显差异，这是因为现在大多数渔民将人工梭鲈和野生的一起养殖，这样一些鱼在 9 个月就可以达到 1kg，而对于从 10g 开始的鱼，则需要 16 个月。

当我们谈到养殖的最佳密度时，通常认为密度对饲料摄入量、生长和受伤情况、死鱼是没有负面影响的。建议 10g 的幼鱼密度保持在 10kg/m³；而对于 300~500g 以上的鱼，放养密度可以增加到最大 70~80kg/m³（Schmidt，2015；Teerlinck 未发表数据）。

四、赤鲈和梭鲈的繁殖

1. 池塘和室内结合生产梭鲈幼鱼

用池塘养殖获得 30~50mm 的梭鲈，而大于这个规格的梭鲈，则采用 RAS 系统进行养殖，这样就可以综合这两种养殖方式的优点，降低生产成本，对亲鱼和幼鱼采用最合适的饲料、最好的养殖环境，有效地培养大量幼鱼，卖到日益增多的室内成鱼养殖市场。

自 2009 年以来，南波希米亚大学（水产和水域保护学院）的一个研究小组展示了如何提高池塘养殖的幼鱼的饲料利用率和存活率。Policar 等（2012，2016）在幼鱼生产中采取的步骤描述如下：

使用池塘养殖亲鱼；

激素诱导产卵；

仔鱼孵化 2d 后放入准备好的池塘；

将仔鱼留在池塘中，在自然条件下喂养和生长 42d；

在打捞幼鱼之前，采取样品进行医学检查，必要时进行治疗；

打捞后的鱼（约 41mm）最好进行 2~3d 的隔离；

在放入 RAS 系统养殖之前，对鱼进行规格分类，且 RAS 系统中鱼的密度为 3.85 kg/m³ 最佳；

将温度升至 23℃，光照条件设为 15L / 9D（L = 100Lux）；

放入 RAS 系统中后第 3 天和第 4 天开始投喂红虫；

用食虫草和干饲料混合物喂养，在 7d 后逐渐增加干饲料；

第 11 天时只提供干饲料；

鱼类"断奶"。

2. 室内养殖梭鲈

自 2 月开始，北欧一些梭鲈品种开始自然产卵，而南欧的品种则主要在 6 月产卵，这取决于环境因素，如光和温度（Lappalainen，2003）。为了在非繁殖季节产卵，商业公司在温室里饲养成年梭鲈，在这里可以模仿季节特征，控制合适的光和温度。

可以只通过光热处理来诱导产卵，并且不需要激素作用，虽然一些研究者推荐使用激素刺激促使其同步产卵并使雌鱼排卵（Kucharczyk et al.，2007）。如今，丹麦的 Aquapri 商业公司能够在一年内成功繁殖 6 次，而不使用激素，他们密切关注鱼的行为，以此来决定受精的时机（J. Overton and F. Schäfer，个人交流）。

室内养殖的梭鲈可以分组或按雌雄分类喂养，通过增加温度和日常光期，产卵便会开始。在 Inagro，梭鲈在室内的产卵温度为 11.5～16℃。当温度增加到 14℃时，将鱼放在人工产卵巢（例如，用铁格栅铺设、人造草制成）内，产卵期从一周到一个月不等。每天收集产卵巢并检卵。对于附着在产卵巢上的卵，则将卵巢放在单独的孵化池内，缓慢通气，控制水流速度。为了将卵放在孵化池内，对于粘在罐底部的卵，有时可以用水族网轻轻地从底部刮下来。在 16.5℃的温度下孵化 4～5d 后，受精卵开始孵化。从第 3 天开始，用卤虫喂食；从第 5 天，幼虫明显开始吃 1 龄卤虫（幼虫腹部呈橙色）；第 8 天开始，强化卤虫投喂，增加 2 龄的卤虫，并混合一些干饲料（150μm）组合投喂；第 20～25 天，幼鱼开始停止投喂卤虫，转向投喂干饲料；到第 26 天，只投喂干饲料，白天每 15min 投喂一次；从第 30 天开始，缓慢升高温度（1℃/d）至 20℃，然后在养殖时升至 24℃。同样，光照从 12L／12D 缓慢地转换为 24h 的暗光（Teerlinck，未发表数据）。

从喂干饲料开始，每周对鱼进行分级一次，以避免同类竞争残食的行为，从第 60 天开始的后 2 周，停止分级。在商业生产中，从最小化同类相食、胁迫（分级通常也对鱼有胁迫）、分级损伤和人工成本等方面决定分级或不分级（Teerlinck，未发表数据）。

幼鱼长到 10g 时（第 75～100 天），就可以出售或者转移到室外去养殖。幼鱼的市场价格通常在 0.8～1.3 欧元，这要根据大小、生产方式、季节和运输成本来决定（Teerlinck，未发表数据）。

3. 欧洲赤鲈的室内养殖

欧洲水产养殖的多样性成为水产养殖部门和决策者考虑是否扩大梭鲈集约化水产养殖规模的主要因素，虽然养殖技术（涉及所有生产步骤）仍然是梭鲈养殖能否普及的主要瓶颈，考虑到赤鲈的集约化饲养必须采用 RAS，这是唯一可以带来高经济效益的水产养殖生产系统，这种生产技术必须是高度精确且可复制的，这允许增加生产计划，从而减少成本。

在生产的第一阶段，即在受控繁殖之后，便是早期培育期，仔鱼通常在 15～22℃饲养，在仔鱼发育的早期阶段，温度则要相对低一点。欧洲赤鲈仔鱼在孵化后并没有表现出鲑科或鲤科鱼类的典型行为，但会迅速游向水面，以便冲破表面张力，并吞咽空气使得鱼鳔充气——这是这个物种早期培育的最关键步骤。在此期间，提供合适的光照、选择合适的培养池内壁颜色是非常重要的，这可以防止仔鱼聚集于池的角落或边缘，仔鱼应该尽可能均匀地分布在整个水池中，这会增加鱼鳔充气的机会。为了增强该方法的有效性，通常使用各种表面撇浮器，它可以除去表面的油性膜，而这个油性膜被发现是鲈鱼在鱼鳔充气阶段的限制因素。若想了解更多细节，请参考 Kestemont 等（2015）。

首先需要喂活的食物给赤鲈仔鱼，新鲜孵出的卤虫无节幼虫是最常用的饲料，一般用卤虫喂养 7～20d，这取决于特定养殖场的食物转换策略，在大多数情况下，所谓的共同投饵，其目的是为了后续减少卤虫的投喂量，并在每日投喂计划中增加干饲料的比例。共同投饵通常指的是，在早期投喂干饲料，一段时间后在水池中也补充一些卤虫。到目前为止，没有明确且详细的饵料转换方案，每个养殖场都根据自己的经验和常用做法来决定。然而，食物转换过程是否成功通常是相对的，最重要的是要注意不能造成群体大小极端化，这种现象的发生通常与过早地转换饵料或不恰当的饵料转换方式有关。在饵料转换成功后，集约化养殖就相对容易，因为当只投喂复合饲料时，赤鲈生长情况较好。欧洲赤鲈养殖的更多细节和替代方法可以参考 Kestemont 等（2015）的研究。

4. 欧洲赤鲈的非繁殖季节生产

基于 RAS 系统的养殖生产可能可以全年供应产品，这是它的主要优势，但也是挑战。得益于对光热条件的完全控制，进而可以完全控制生殖周期，从而在一年中的任何时间诱导产卵（Fontaine et al., 2015）。对于赤鲈，光热程序控制已经得到相对较好地发展，促使仔鱼全年生产，这样的程序涉及光热年度波动，其中的一个关键阶段是越冬期（Abdulfatah et al., 2013；Fontaine et al., 2016）。尽管许多养殖场已经开始尝试非繁殖季节产卵，但仍然存在许多未解答的问题，例如，在冬季期间应该怎样维持热度，以及采用怎样的喂养方式可以提高卵质量和繁殖成功率。Fontaine 等（2015）已经描述了在非繁殖季节产卵的整个方案，这可能为这一领域进一步发展奠定基础。

尽管已经开始普遍采用光热诱导性腺周期，欧洲赤鲈非繁殖季节生产的最大挑战之一是控制 FOM 和产卵。与其他鲈科鱼类似，赤鲈具有性成熟和产卵不同步的特征（与其较长卵黄后期相符），这可能是这种物种的繁殖策略。然而，由于其不同期的 FOM 过程，导致必须长期从特定雌鱼收集卵，造成仔鱼高度可变的孵化期，其可以延长至 12 周。这种现象具有巨大的商业影响，仔鱼期极度的大小差异和强化同类相食是最严重的问题，因此在非繁殖季节生产赤鲈最重要的就是要控制其繁殖（更多细节参考 Żarski et al., 2015）。

赤鲈可以在没有任何激素刺激的情况下产卵，然而在这种情况下，很难控制 FOM 和产卵，且产卵几乎不可能预测，因为这需要频繁检查雌鱼，是什么诱导应激，而这样会影响生殖效率。因此，许多养殖场都采用激素诱导，这涉及要应用非常安全的催产剂，通过触发与天然激素的级联，使其控制更精准，从而预测产卵时间。最常用的催产剂是人绒毛膜促性腺激素（hCG）和鲑促性腺激素类似物（sGnRHa）（Żarski et al., 2015），目前后者的作用已在养殖中得到验证。然而，激素诱导还需要考虑到特定雌鱼的准确成熟阶段，这是控制繁殖时不可或缺的要素（Żarski et al., 2011）。雌鱼的成熟（代表 FOM 过程的阶段）决定了需要采用的激素策略，以及激素诱导和产卵之间的潜伏期，这在预测产卵过程中是至关重要的。在这个意义上，整个非繁殖季节的生产被认为是一个相对困难的挑战，未来仍有很多问题和具体方案需要研究（细节参见 Żarski et al., 2015）。

5. 野生和 RAS 系统养殖梭鲈的亲本性别鉴定

在春天（3~4 月）可以通过观察野生梭鲈胸鳍和腹部来鉴定性别：雄鱼的鳍条呈蓝色，腹部扁平银灰色；雌鱼的鳍条透明，且其白色的腹部呈圆形。虽然有时这种判断方法是主观的，但这种方法对于野生梭鲈的性别鉴定是行之有效的。对于通过 RAS 系统养殖的梭鲈，是没有这些显著的差异的，只能观察到雌鱼的腹部呈圆形，而这一点却极容易与雄鱼混淆，因为即使冬天过了，由于雄鱼在夏天积累了大量的脂肪，使得其腹部因为充满脂肪而看起来也呈圆形（未发表数据，Teerlinck，2014）。

回声是鉴别 RAS 和野生梭鲈性别的最好技术，这种方法只有在早春才有用，此时温度开始上升，因此卵巢的体积也开始变大，而在夏季或冬季是没有差异的，因为此时性腺发育较小不足以区分雄性和雌性（未发表数据，Teerlinck，2014）。

6. 性别控制和全雌性生产

在水产养殖中鲈科鱼的养殖是最近兴起的，仍然处于生产技术开发阶段，并且缺乏许多具体的方案。然而，长远的观点揭示了一个事实，那就是选择育种和其他具体技术将在未来几年开始发挥越来越重要的作用。这也适用于染色体组操作和性别控制，其中不育鱼（三倍体化）和全雌性鱼的繁殖将带来更直接的商业利益。

从水产养殖的角度来看，三倍体养殖可以带来利益主要基于以下几个方面的原因：三倍体是不育的；对于三倍体而言，其吸收的能量和营养成分主要用于生长而不是性腺发育，这似乎具有高度的商业利益。到目前为止，已经有研究报道了可以通过在开始和完成减数分裂期间阻止第二极体的排出，从而产生三倍体欧洲赤鲈，这个过程是在受精后直接发生的。鉴于此，对受精后 5~7min 的卵进行热激（在此期间将受精卵暴露于 30℃下 10~25min），使得第一极体保留在受精卵内，这样可以导致超过 45%的个体成功三倍体化。然而，抛开这些成果不说，三倍体的商业应用仍不清楚，需要进一步验证（详见 Rougeot，2015）。

所有可利用的性别控制技术中，在赤鲈商业水产养殖中，只有自然雌鱼的卵子同性反转雄鱼（基因型为雌性表型为雄性）的精子受精后的受精卵才有用。对于赤鲈，其遗传性别决定方式与人类相似，人类染色体为雌性同配性（XX）和雄性异配性（XY）（Rougeot，2015；Rougeot et al.，2005）。因此，卵子（仅具有一个性别相关染色体 X）与精子（具有 X 或 Y）结合后，理论上可获得性别比为 1∶1 的后代。然而，和其他物种相似的是，如果遗传决定的雌性个体在性别分化的时候，暴露于高浓度的雄激素中，极有可能使得雌性的性腺发育转变为睾丸。以这种方式，可以产生所谓的性逆转雄性个体，它可以产生仅具有 X 染色体的活的精子（Rodina et al.，2008；Rougeot et al.，2004）。使用这样的精子来与卵子结合，将使得下一代仅产生雌性个体。从水产养殖的角度来看，这可能是非常有益的，因为雌性的生长速率比雄性快。然而，尽管已经有报道显示，用含有 40mg/kg 的 17α-甲基睾酮饲料喂养平均体重为 40mg 赤鲈 30d，结果产生了 100%的雄性个体，但到目前为止，在商业养殖中还没有数据显示这些雌性个体是否具有商业价值。这些雄性个体中，大概 50%应该是性逆转雄鱼。更重要的是，性逆转雄鱼具有一个典型特征，那就是它的性腺的形态与正常雄性是不同的，并且缺少输精管，这样可以防止正常精子剥离（Rougeot，2015）。因此，每个性逆转雄鱼只能受精一次，因为精子只有在性腺解剖后才能获得。不管怎样，这样获得精子是完全可行的，并且可以经受正常的受精程序，甚至可以冷冻保存用于以后使用（Rodina et al.，2008；Rougeot，2015；Rougeot et al.，2004）。

五、未来挑战

欧洲鲈鱼水产养殖协会专题组的核心成员撰写并提交了 COST（欧洲科学技术合作）项目。如果这个项目获得批准，将综合来自 30 多个国家的研究人员一起来突破欧洲鲈鱼的养殖瓶颈。

如何生产"全年"优质鱼苗？虽然在东欧和中欧，渔民可以通过池塘养殖繁殖出高质量的仔鱼，但这种繁殖方式仅限于自然产卵季节（4~5 月）。在西欧和北欧，许多科研机构和私人单位能够通过控制 RAS 的温度和光周期，在非自然季节下繁殖。然而，与在繁殖季节池塘繁殖的仔鱼比较，这种在 RAS 系统中非自然季节下繁殖的仔鱼质量较差（例如，生长速率和存活率方面）。RAS 生产需要先进的微生物控制设备和水处理管理，构建发展一个强大的免疫系统、增加胁迫耐受性和降低早期幼鱼阶段死亡率应有助于稳定的繁殖优质仔鱼，而这些障碍对两种系统中的仔鱼繁殖的经济可行性均造成巨大压力，只能通过 RD&I 对亲本管理、人工繁殖仔鱼、改进仔鱼生产程序和科学技术来克服，从而获得高质量的仔鱼。

怎样对鲈进行选育和驯化呢？现代对亲本选育基于鱼类养殖实践，选择具有商业潜力的成年个体。虽然其他重要经济物种（如大西洋鲑）在选择育种方面取得了很大进展，但是这种方法对鲈选育仍然是不稳定的。因此，亲本的选择通常是基于质量、年龄或体型等性状随机选择已成熟的雌鱼。然而，在自然品种、野生种群和第一代杂交后代中存在一些优良性状。现在迫切需要制定和实施一个研究推动的亲体选育和管理的计划（包括记录保存、群体结构分析和需要考虑的优良性状等）。

如何标准化鲈养殖系统？鉴于自然市场供给和需求的波动，鲈的水产养殖持续发展需要考虑降低生产成本，同时又要增加和/或维持经济可行性和可持续性，也需要考虑生态和社会可持续性发展。目前，尽管在几个欧盟国家和全球开展了重要的 RD&I 活动，但生产中的最佳实践知识是分散的，没有结构化。重要指标涉及以下问题：如何确定关于福利和健康的特定养殖需求？不同物种对水质的具体要求是什么？它们如何与养殖环境、RAS 技术、处理、分级、转移和运输等方法相互作用？考虑到动物福利和肉质，鱼类屠宰最合适的方法是什么？如何处理主要的致病菌并提供有效的治疗？这些都需要对有关资源效率、消费者需求、鱼类健康和福利，以及其他整体可持续性指标的最佳做法和生产标准进行研究。

如何使鲈的养殖更有效率？虽然在中欧和东欧，池塘养殖被认为可以低成本饲养高质量幼鱼、商品鱼和亲鱼，但这些养殖系统面临着一些几乎无法解决的问题，包括季节性和不可控制的自然繁殖、养殖密度较低和生长周期较长。在北欧和西欧，鲈养殖越来越多地使用封闭的 RAS 系统。当然，RAS 系统也有一些具体的缺点，包括投资高、使用电力、技术复杂及经济可行性等。一些湖泊、其他水体（如水电站）及集约化系统（如水产养殖）等淡水水域中的网箱养殖被认为是养殖鲈的潜在选择。在爱尔兰，最近的重点已经从 RAS 的集约化养殖转向利用淡水 IMTA 的分离池塘系统。同时，池塘养殖和其他开放系统所面临的另一个挑战和机会将会是如何处理由气候变化引起的更极端的水温变化，这可能会导致疾病风险的增加、氧耗竭和有害藻类大量繁殖，同时还可能增加北欧物种的地理范围,从而增加这些国家的生产潜力。需要制定基准系统,以比较生长性状、资源效率和不同繁殖技术的适应性,以便进行跨部门比较和改进。

用什么喂养鲈?在鲈的苗种培育阶段,经常使用同其他肉食(海洋)物种相同的饲料。对于成鱼,渔民有时用鳟、鲟、比目鱼饲料,喂养亲鱼时,通常在池塘中投喂大量的活的饵料鱼。最先进的挤压式鲈饲料配方可用于所有这些生命阶段,但正面临原料的严重缺乏,这也是许多其他肉食性水产物种所面临的问题。需要进一步研究营养需求和鲈的原料吸收率,以便跟上整个水产养殖饲料部门的发展步伐。次优饲料应用系统和管理制度使得鲈 RAS 系统养殖的运行成本极高,次优营养通常和仔鱼阶段对胁迫抗性降低、幼鱼畸形、增加自残率、脂肪肝、生长率降低和健康问题、低屠宰产量、高代谢物排泄等相关。研究鲈不同生命阶段的营养需求、替代原料、功能性饲料、益生菌和微生态制剂、健康和生长促进饲料等方面,将带来前瞻性研究结果。

如何市场化鲈?鲈水产养殖生产力远低于总需求,因此,其生产主要面向小众市场(即数量有限,但价格高)。然而,将目前鲈的市场情况和大约 20 年前的大西洋鲑的情况比较,可以学到什么经验来确保行业的可持续性发展?如何确保渔民养殖鲈的长期利润?需要什么供应链结构?垂直整合是唯一的前进方向吗?产品多元化对于渔民而言是好的解决方案吗?通过增加水产养殖产品可追溯性和开发新的特定种类标准(如全球GAP、自然保护区等),鲈部门能从目前的计划中获利吗?必须要证明鲈是有机的,它才具有经济可行性吗?与野生鱼品种相比,消费者对鲈产品是怎样认识的?根据国家、渔民的个人情况和养渔场的生产能力,可能需要采取不同的营销策略。因此,在调研市场时应考虑到消费者的习惯、产品多样化、产品质量、消费者选择等各个方面,这对为供应链利益相关者提供健全的指导是至关重要的,也是鲈商业化过程非常欠缺的。

(Stefan Teerlinck,Dieter Anseeuw,Thomas Janssens,
Stefan Meyer,Tomas Policar,Damien Toner,Daniel Zarski;刘 红 译)

第十章 澳大利亚尖吻鲈、银鲈、宝石鲈、金鲈及鳕鲈育种与养殖现状

虽然与其他大洲相比，澳大利亚的淡水养殖鱼类较少（300～500 种，Allen et al.，2002），但是一些源于真鲈科、尖吻鲈科和 Terapontidae 科的鲈类已被驯化，成为水产养殖的产品。尽管目前澳大利亚养殖的本土淡水种类有 5 种，但是其产量与亚洲养殖产业相比仍很小。虽然如此，澳大利亚鲈被认为是极具市场竞争力的产品，不仅在澳大利亚、中国、中东和比利时都有养殖，而且养殖量在不断增加。

下面将介绍全球水产养殖产品中几种主要的淡水鲈。

一、尖吻鲈（*Lates calcarifer*：Latidae）

1. 分布区域

尖吻鲈（*Lates calcarifer*，Bloch，1790；也被称为亚洲鲈）是一种降海洄游产卵的鱼类，分布于处于热带的澳大利亚北部、巴布亚新几内亚、东南亚、斯里兰卡、中国、阿拉伯湾及部分西太平洋的河流和近海岸栖息地（Jerry，2014）。在淡水、河口甚至是海水环境都发现有存活的尖吻鲈。直到最近，尖吻鲈因为其广布性才被认为是一个单独的物种。然而，最近的形态学和遗传学工作证实东南亚存在杂交的尖吻鲈，并且存在着 3 种不同类型的姊妹物种（Pethiyagoda and Gill，2012；2014），这 3 个种类分别是 *L. calcarifer*（东南亚、巴布亚新几内亚和澳大利亚有广泛分布）、*L. lakdiva*（斯里兰卡西南部）和 *L. uwisara*（缅甸）。另一个亲缘关系比较近的种类是日本南部的 *L. japonicus*。

2. 环境耐受性/普通生物学/生态学

尖吻鲈是一种典型的热带鱼类，通常水温大于 15℃才能存活（Katersky and Carter，2007），温度低于 22℃时尖吻鲈生长受到抑制，并且易感染海豚链球菌 *Streptococcus iniae*（Bromage and Owens，2002）等疾病。尖吻鲈的最佳生长和摄食温度是 26～35℃，但是，温度高于 38℃时摄食和生长显著下降（Bermudes et al.，2010）。澳大利亚的这些种类的一些品系能够短时间耐受 40℃水温（Katersky and Carter，2005；Norin et al.，2014）。尖吻鲈在温度达到 36℃时都能耐低氧，但是摄食行为一般会在溶氧低于 30%时停止，低于 20%时会出现死亡（Collins et al. 2015，2013）。尖吻鲈是一种比较抗逆的鱼类，它的耐盐性使其能够在 0～44ppt 的盐度中养殖（Jerry DR, personal obs.）。它是一种雄性先熟的雌雄同体种类，初次性成熟时为雄性，然后经过性逆转变成雌性。在澳大利亚，雄性一般在第 3～5 年时性成熟，并且有 1～2 个季度的排精期（Davis，1984）。在大约 5 龄（或 70cm）时，它们会性逆转成雌性，性腺的逆转变化非常快，仅仅需要 1 个月就

可以从睾丸变成卵巢（Guiguen et al., 1994）。虽然尖吻鲈一般认为是雄性先熟，但是自然群体中也发现有群体主要是雌性的现象（Moore, 1979），而 Davis（1982）认为一些雄性可能永远不会发生性逆转。在亚洲自然群体中的性逆转的信息几乎没有，虽然水产养殖中亲鱼主要是雌性的证据很普遍（Parazo and Avila, 1991）。

3. 水产养殖价值

尖吻鲈正迅速成为热带地区一个非常受欢迎的水产养殖物种，对养殖业有很多积极的作用。这个种类可以在从淡水到海水的多样环境中养殖，可以用池塘、海水网箱、水沟、密集型水箱、循环水产养殖系统（RAS）等不同方式进行养殖。尖吻鲈可在 2 年左右快速生长到 2.5kg 以上，而且在 20~23℃时摄食颗粒饲料食物转化率为 1.0~1.4（Williams and Barlow, 1999），尽管生长过程中一般都会处于一个更高的温度。尖吻鲈可以忍受比较差的水质并且有比较好品质的白鱼片。重要的是，孵化场设备和生产技术相当先进，亲鱼可以很容易地按需孵化，鱼苗在孵化后的 10~15d 就开始摄食人工饲料。

4. 繁殖/亲鱼管理/鱼苗培育

自然种群的尖吻鲈产卵通常具有季节性，产卵时间因纬度而异，可能与水温、光周期有关。在南半球（澳大利亚、巴布亚新几内亚和印度尼西亚），尖吻鲈在 10 月到翌年 2 月之间产卵，与夏季季风一致（Moore, 1982）；而在北半球（菲律宾、越南、泰国）（Toledo et al., 1991）的产卵时间是 6~10 月。在很多赤道地区（如新加坡、泰国），产卵持续的时间更长，但是在 4~10 月有一个产卵的高峰期（Lim et al., 1986）。尽管野生群体是季节性产卵，但是通过操纵水温和光周期，亲鱼一整年都可以在产卵场产卵。Garrett 和 O'Brien（1994）通过控制水温（28~29℃），每天光照>13 h，盐度 30~36ppt，并且定期注射促黄体释放激素类似物（LHRH-a：19~27μg/kg 体重），实现了亲鱼连续 15 个月每月产卵。

尖吻鲈生殖力强，每尾雌鱼可以产卵 20 万~320 万枚（Moore, 1982）。这个物种被认为是大量成熟的雌鱼，通常需要几个雄性和雌性一起才能成功产卵。在水产养殖中，虽然一般会通过 LHRH-a 控制亲鱼交配时间实现诱导产卵，但如果环境条件有利，亲鱼会在网箱、鱼池中自然产卵（Garcia, 1990）。LHRH-a 是通过肌肉注射（50μg/kg 体重）注射到亲鱼体内，或卵在 350~400μm 大小的时候植入胆固醇（100~200μg/kg 体重）。注射后的效应时间大约是 36h。

受精卵是浮性卵，大小为 796.0±4.3μm，且其内有一个油状小球，直径大约 264.0±2.4μm。胚胎发育很快，28℃时受精后 40min 开始第一次卵裂，大约 16h 后孵化（Thépot and Jerry, 2015）。刚孵化出来的幼体因为卵黄囊和油滴的原因，会颠倒漂游，36~48h 内不要喂食。仔鱼需要不断地提供小生物如轮虫（15~20 个/ml）作为食物，在 7~12d 的时候开始吃卤虫（密度 0.5~5 个/ml），随后在 10~15d 用干饲料替代（Ayson et al., 2014）。尖吻鲈仔鱼从第 22 天开始变形成稚鱼，且自变形后它们的生长非常迅速，需要经常分级（每 3~4d 一次），防止残食的发生。同一批鱼如果大小差距超过33%，就需要分不同级直到鱼体大小为100mm,不再出现残食(Parazo et al., 1991）。

5. 成鱼养殖/营养

在澳大利亚，尖吻鲈在淡水、微咸水池、咸水水道、密集池的 RAS 和海洋网箱中饲养。在东南亚，尖吻鲈则主要在海水网箱或淡水池里养殖。尖吻鲈也可以在运河排水稻田里养殖，但与其他养殖方法相比，养殖规模较小。在密集型养殖中，幼鱼的密度是 $80\sim100$ 尾$/m^2$，当鱼长大到 2kg 的大小时稀释到 $10\sim15$ 尾$/m^2$。尖吻鲈生长很快，$12\sim18$ 个月就生长到 $1.5\sim2.5$kg 的市场规格（Ayson et al., 2014）。在东南亚，野杂鱼一直是主要的饲料来源，但是商业化颗粒饲料的生产已经做到了 $1.0\sim1.4$ 的食物转化率（Williams and Barlow, 1999）。在幼鱼（$50\sim100$g）阶段，一般每天投喂 $3\sim4$ 次，每次 $5\%\sim6\%$BW；随后投喂量减少到 $3\%\sim4\%$BW，每日 2 次大量投喂。随着从野杂鱼到颗粒饲料的工业发展，选择尖吻鲈最佳人工饲料和确定其营养需要大量工作。作为一个肉食性物种，澳洲肺鱼在养殖中对蛋白质的要求比较高，在进行的许多研究中，表明 $40\%\sim65\%$蛋白比例是最优的（Glencross et al., 2013）。脂类也是必不可少的，总含量要求在 $15\%\sim18\%$的水平（Sakaras et al., 1989）。尖吻鲈的营养需求大都总结在 Glencross 等（2014）中。

6. 疾病

尖吻鲈可以因水质差和胁迫而被多种病毒、细菌和微生物疾病感染。这些疾病对尖吻鲈不同养殖阶段有很大的影响，如果不及时发现或不处理，就可能导致严重的损失。尖吻鲈的主要病原包括病毒，如 Nodaviruses（Betanodavirus 属）和虹彩病毒。Nodaviruses 是一种单链 RNA 病毒，能够造成病毒性神经坏死（VNN），主要影响早期幼鱼的中枢神经系统，在所有养殖尖吻鲈的国家都有发现。患有 VNN 的幼鱼一般体色苍白、失去平衡、螺旋游动（Hutson, 2014）。成鱼可以携带 VNN，但并不表现出负面影响。在细菌病原中，能引起重大疾病的是海豚链球菌、*Vibrio* 和 *Flexibacter* spp.。对于一些细菌，比如海豚链球菌，会定期使用特定疫苗来减少其影响。

影响尖吻鲈的最主要的原生动物是纤毛虫 *Trichodina*（海淡水）、鲤斜管虫（*Chilodonella*，淡水）和刺激隐核虫（*Cryptocaryon irritans*，海水）。腰鞭毛虫 *Amyloodinium ocellatum* 会产生丝绒病，是海洋养殖尖吻鲈的主要病原，其感染后会使体表面长有丝绒物以致挡水、换气过度并大量死亡（Hutson, 2014）。由于尖吻鲈的广盐性，因此可以通过改变水体盐度来控制这些细菌和原生动物病原，尽管如甲醛、高锰酸钾和硫酸等化学物质使用更为普遍。

7. 未来研究方向

从大约 30 年前在泰国首次驯化成功后，尖吻鲈的养殖有了很大的发展。孵化期的生产和成长期的养殖流程都很完备。虽然取得了这些进展，但这些亲鱼刚从野生得来，并且只有 $2\sim3$ 代的驯化，并没有遗传改良。澳大利亚和新加坡的选择育种流程已经发展起来，一系列的分子和群体遗传技术亦可采用（Jerry and Smith-Keune，2014）。一些国家的选择育种也已经开始。通过选择育种可以培育获得病原耐受的良种，目前在东南亚已经开始，并且能够改善生长和肉质性状，如 ω-3 脂肪酸。其他优先研究领域包括降低颗粒饲料中的鱼粉含量以降低生产成本和提高可持续养殖。肉质风味的改善将增加尖吻鲈产品对消费者的吸引力。

二、银鲈（*Bidyanus bidyanus*：Terapontidae）

1. 普通生物学和生态学

银鲈（*Bidyanus bidyanus*，Mitchell，1838）是最大的澳大利亚淡水 grunters（Terapontidae），是澳大利亚东南部 Murray-Darling Basin（MDB）特有的种类。体色主要呈银灰色，背部橄榄绿色、腹部白色。银鲈自然存在于 MDB 的所有地区，但是偏向于水流比较快的河流。从历史上看，银鲈曾经出现在 MDB 的所有地方，但是随着过度捕捞、水质恶化、栖息地被分割等因素的影响，通过堰（鱼梁）的银鲈数量显著减少，并且野生银鲈的丰度也在下降（Clunie and Koehn，2001）。目前，这个物种在 SA（South Australia）、ACT（Australian Capital Territory）、NSW（New South Wales）和 QLD（Queensland）等地是"禁止捕捞"，并且被列为维多利亚极度濒危物种（Department of the Environment，2016）。

2. 环境耐受力

银鲈能够忍受 2～37℃ 的温度（Allen et al.，2002），但野外温度常在 10～25℃ 范围内变化（NSW Gov，2016）。银鲈是一种淡水鱼类，其成鱼无法耐受高于 12ppt 的盐度（Guo et al.，1995），幼鱼无法耐受高于 9ppt 的盐度（Guo et al.，1993）。Dorou 等（2007）发现生存在咸水（10ppt）中的银鲈与对照组（淡水）并没有差异，表明这可能成为未来一种可行的养殖银鲈的方法。Kibria 等（1999）同样发现生长和食物转化率在 4ppt 盐度并没有受到影响。银鲈生长在氨浓度≥0.36mg/L 时受到抑制，但是在 5ppt 的盐度下可以改善这种抑制作用（Alam and Frankel，2006；Frances et al.，2000）。

3. 水产养殖价值

在澳大利亚专性淡水鱼类中，银鲈是国内养殖最广泛的，并且获得最多的研究关注。养殖这个种类的优势包括其能够在高密度下养殖、能够接受人工饲料和低能量饲料、生长快速、没有残食现象、紧实白嫩的肉质和高含量的 ω 脂肪酸（Rowland，2009）。

4. 繁殖、亲鱼管理和幼鱼养殖

银鲈的孵化技术于 20 世纪 80 年代从澳大利亚开始发展（Green and Merrick，1980；Rowland，1984），并且在以色列（Levavi-Sivan et al.，2004）和中国台湾（Liu et al.，2000）独立发展。雄性亲鱼（2～3 龄）和雌性亲鱼（3～4 龄）在温度高于 20℃ 时会在池塘中自然产卵，但是，通过注射激素的方法可以在生产中获得更多的卵。水温 24～25℃ 时产卵会减少，但是在中国台湾繁殖时用稍高的温度（28～31.5℃）（Liu et al.，2000）。最常见的诱导产卵的方式是通过腹腔注射 200IU/kg HCG（Rowland，1984）。中国台湾银鲈卵的平均孵化率为 33.6%～78.6%不等，而在澳大利亚上述 HCG 最佳剂量条件下平均孵化率则是 33.9%～88.8%。在以色列的独立试验结果表明，鲑促性腺激素释放激素类似物（sGnRHa）或许是 HCG 的一个可选替代物（Levavi-Sivan et al.，2004），虽然 sGnRHa 作用下的孵化率还没有发表。在澳大利亚的试验中，效应期（从注射到产卵）大概是 32～39h（mean±SD=35.7±2.4h），而以色列的实验结果要稍长（38～43h）。

产卵 90min 后，卵可以从水箱转移到孵化箱（玻璃水族箱，70L）进行孵化（Rowland，1984）。产卵后 28～31h 开始孵化，在 25℃条件下持续 12～15h。目前在澳大利亚，需要手动将受精卵转移到孵化箱。受精卵（直径约 1mm）是非浮性卵，可以通过一根连接管被自动转移（通过重力水流）到孵化箱，从而减少手动操作（Liu et al.，2000）。孵化过程中的盐度通常<2ppt，但是 Guo 等（1993）发现最佳的存活率和孵化率出现在 6ppt。

刚孵化的仔鱼留在孵化箱里直至卵黄被完全吸收（约在孵化 5d 后），然后它们会被转移到预先准备好的育苗池。银鲈鱼苗在 2～4 周开始摄食，以浮游动物、昆虫和甲壳类动物为主（Warburton et al.，1998）。育苗池的养殖密度大约 100 鱼苗/m^2，存活率 35%～80%。在捕捞并转移到养成条件前，鱼苗生长到 35mm 两周后开始投喂人工饲料。

5. 成鱼养殖和营养

银鲈主要生长在有增氧的池塘里，但是人们越来越喜欢把它养在蓄水大坝中（Collins et al.，2009；Denney et al.，2009）。鱼苗（0.5g）长到上市规格（400～800g）需要 10～18 个月，时间长短受水温影响（Rowland，2009），存活率>90%，放养密度在 10 000～20 000 尾/hm^2，澳大利亚已报道的池塘年产量约 10t/hm^2。

生长的最适温度目前还不清楚，但是建议在 23～28℃。银鲈在温度高于 30℃时会出现食欲下降，温度低于 10℃时会出现疾病爆发（Rowland，2009）。

银鲈是杂食性动物，在澳大利亚的试验估计食物可消化的蛋白含量要求为 25%～29%，粗脂肪含量 6%～12%。在实践中，在银鲈生长阶段的生产过程中往往会投喂高蛋白饲料（35%～40%粗蛋白）（Harpaz et al.，1999）。

21 世纪早期在澳大利亚 NSW 的大量试验都在探索鱼粉的植物替代物，并且有一些乐观的成果（Allan and Booth，2004；Allan et al. 2000a；Allan et al. 2000b；Booth and Allan，2003；Booth et al.，2001；Stone et al.，2003b；Stone et al.，2000）。为了使植物蛋白成分容易吸收，饲料制作过程中用蒸汽调节和压榨使鱼类更容易消化、吸收和生长（Allan and Booth，2004；Booth et al.，2002；Booth et al.，2000；Stone et al.，2003a；Stone et al.，2003b）。饲料中的添加物，如左旋肉碱可以帮助消化植物成分（Yang et al.，2012）。银鲈饲料中需要亚油酸，并且需要含高度不饱和脂肪酸（HUFA）的鱼油（Smith et al.，2004）。在澳大利亚的试验表明低鱼粉（0%～10%）的生长率可以与参考饲料相当，并且在这些条件下仍保持鱼的适口性（Allan and Rowland 2005；Allan et al.，2000b）。用植物和动物性蛋白替代鱼粉在未来可以帮助减少生产成本，增加银鲈养殖者的经济收入。和下面介绍的几种鱼类一样，用植物油（如菜籽油）养殖的鱼类在生长过程中可能需要精加工饲料,以保持脂肪酸组成,使对人类健康潜在的有益作用最大化。

随着银鲈大小和温度的变化,建议的投喂量也不一样。在15~30℃时,与成鱼(50~500g;1%~3%体重/d)相比,鱼苗(2~50g)一般需要高投喂量(2.5%~7.5%体重/d)(Allan and Rowland, 2002; Rowland et al., 2005)。更多关于银鲈生长和营养的资料可在2篇优秀的综述中找到(Allan and Rowland, 2002; Rowland et al., 2009)。

6. 疾病

银鲈极易感染多种疾病和寄生虫,包括:细菌(Frances et al., 1997),真菌,寄生虫如单殖吸虫(Forwood et al., 2013; Rowland et al., 2006),病毒如流行性器官坏死病毒(EHNV),原生动物如斜管虫和锚头蚤(Rowland et al., 2008)。银鲈在冬天很容易爆发真菌 *Saprolegniosis parasitica* 引起的疾病。当温度低至16℃时(Lategan et al., 2004; Rowland et al., 2008),银鲈养殖场则容易爆发白斑病(*Ichthyophthirius multifilis*)(Rowland et al., 2008),它是另一种原生动物寄生虫。一个很好的关于治疗银鲈这一系列疾病的参考可以在 Rowland 等(2008)中找到。关于影响银鲈疾病的综述,可以在 Rowland 等(2007)和 Rowland(2009)中找到。

7. 未来研究方向

银鲈被认为是淡水鱼类中具有较高养殖潜力的种类,虽然关于营养需求取得了相当大的进展,但是一系列的挑战阻碍了澳大利亚该养殖产业的发展,包括在稍冷地区生长缓慢、冬天疾病爆发、养殖成本高、市场接受度和规模经济问题等都与产业发展息息相关。

银鲈的繁殖能力随着养殖时间的增加而下降,一般在 4~5 年重复的周期产卵之后就会丧失繁殖能力。在澳大利亚,银鲈亲鱼历来都是用野生的鱼来替代,但是野外银鲈丰度的下降迫使人们开始亲鱼驯化的研究(Rowland, 2004b)。近亲繁殖、在水产养殖设施中的表现不佳和野外种群的基因多样性降低,这些都是要克服的困难(Keenan et al., 1995)。事实上,对于澳大利亚以外没有自然群体的渔场,这是发展银鲈养殖的一个相当严峻的挑战。选择快速生长银鲈的育种计划已经被确定为 NSW 一个研究重点。

渔业部门最近的调查强调了尽量增加亲鱼遗传多样性的重要性(Guy et al., 2009a; Guy et al., 2009b)。银鲈可以与 Welch's grunter(*Bidyanus welchi*)杂交,可能会成为增加遗传多样性和增产的一条潜在途径(Lyster, 2004)。这两个物种在自然环境下并不在同一区域,因为 Welch's grunter 是澳大利亚中部艾尔湖流域的土著种类。与银鲈不同,Welch's grunter 并没有野生群体丰度低的问题,可能因为它们生长在荒芜的河流系统中,远离人类定居点和人类的开发。银鲈与 Welch's grunter 杂交种的表现目前还不清楚可能会从未来的研究和发展中获益(Rowland and Tully, 2004)。

与许多淡水鱼一样,银鲈具有泥、异味(Romanowski, 2007),在送往市场前需要适当的清理(Romanowski, 2007)。鸟类的捕食会造成银鲈养殖场大量的损失,因此发展适宜的防护措施需要进一步的关注。较冷月份里银鲈疾病也能导致渔民巨大的损失,克服这一问题的可能方法就是在较冷的时期,把鱼转移到加热的可循环系统中去(Foley et al., 2010),但是这种方法的成本收益需要进一步研究。

尽管有上述因素的存在，银鲈仍然是有希望在澳大利亚和世界其他地方作为商业化养殖对象的一种鱼类。

三、宝石鲈（*Scortum barcoo*：Terapontidae）

1. 普通生物学和生态学

宝石鲈（*Scortum barcoo*，McCulloch and Waite，1917；也被称为 barcoo grunter）是澳大利亚中部艾尔湖流域系统的土著种类，包括 Cooper Creek、the Georgina、Diamantina、及 Bulloo 等河流（Allen et al.，2002）。宝石鲈在很多方面都与银鲈相似，都来自鯻科（Terapontidae）。野生情况下，宝石鲈是银灰色的，背部橄榄绿色，有 1~4 个不规则排列的黑斑，腹部白色。人工养殖的通常为蓝绿色，因此被称为宝石鲈。宝石鲈天然栖息地的特点是罕见、大规模洪水，以及长时间干旱（Puckridge et al.，2010）。在旱季，河水停止流动、减少，变成一系列互不联系的水面和湿地，很多都会完全干涸（Arthington and Balcombe，2011；Arthington et al.，2010）。

2. 环境耐受

Arthington 等（2010）和 Sheldon 等（2002）记录了大量的自然环境中的水质变化，包括水温（21~31℃）、pH（6.0~10.1）、溶氧（71%~144%饱和度）和透明度（<100mm）。Chen 等（2007）评估了不同温度和盐度下鱼苗的生长及发育，发现其在 24~27℃生长最佳。21℃时鱼卵不孵化，在 31℃时发育和孵化率大幅下降。孵化率和受精卵发育在盐度 0~8ppt 时没有影响，但是在 12ppt 环境中 72h 死亡率为 100%。Luo 等（2012）发现在 0~10ppt 的盐度中，增重和食物转化效率（FCE）都没有受影响，但是特定生长率（SGR）和血浆皮质醇在 10ppt 时都有升高。澳大利亚宝石鲈在 0~8ppt 的盐度中生长并没有差异，而且血浆钠、钾和渗透压直到 15ppt 也没有变化（Collins GM，未发表数据）。这些发现都表明宝石鲈的环境耐受力与银鲈相似。

3. 水产养殖价值/产量统计

宝石鲈显示出很多有益的水产养殖优势，包括生长迅速、良好的 FCR、对疾病的抗性、杂食性、口感好、能够高密度养殖等（Queensland State Government，2015；Romanowski，2007）。宝石鲈目前在世界上很多国家养殖，包括澳大利亚、中国（除澳门和香港）、马来西亚和泰国，欧洲和美国的养殖热情也在增加（Abdul Rahim，2012；Lawson et al.，2013）。除了池塘和鱼缸的商业化生产外，小型鱼类共生系统也让其产量不断增加，展现出未来养殖宝石鲈的发展机会。

4. 繁殖/亲鱼管理/鱼苗培育

宝石鲈在夏季水温>23℃时开始产卵，明显与夏季降雨形成的洪水期一致（Queensland State Government，2015）。宝石鲈在人工养殖的情况下通过注射激素诱导产卵（Queensland State Government，2015）。激素剂量比例与银鲈报道的剂量相似，但是亲鱼具体使用剂量目前还没有可用的文献信息。Chen 等（2007）观察了宝石鲈胚胎发育并记录如下细节：受精卵圆形（直径 0.87～0.92mm），透明有浮性。充水后受精卵直径增加到约 2.1mm，27℃时受精卵孵化大约需要 18.5h。根据 Chen 等（2007）的记录，刚孵出的鱼苗体长为 2mm，但是在另一个独立试验中体长稍长（2.32～2.98mm）（Luo et al.，2008）。孵化后 4d 左右卵黄完全吸收（Luo et al.，2008），第一次喂食时稚鱼的体长大约为 5mm（Queensland State Government，2015）。Van Hoestenberghe 等（2015）发现孵化 4d 后的摄食行为，而且鱼缸养殖的宝石鲈在孵化后 12d 内需要活饵料（卤虫无节幼体），但 Luo 等（2008）在孵化后第 3 天观察到一个稍早的摄食行为。宝石鲈稚鱼的摄食行为与银鲈相似，但没有详细的生长和营养信息报道。宝石鲈在孵化后 10d 开始摄食人工饲料。Zhao 等（2011）报道鱼苗的最佳生长温度为 30℃，但是 Chen 等（2007）发现稍低一点的温度（27℃）生长效果更好。

5. 成鱼养殖/营养

养到市场规格的宝石鲈的主要产区是澳大利亚的池塘（Romanowski，2007）、中国和马拉西亚的循环水养殖系统（Mosig，2013）。在中国的养殖条件下，宝石鲈从鱼苗长到 500g 只需要 6 个月（Mosig，2013）；在澳大利亚的养殖条件下，从晚期的鱼苗（50mm）生长到市场规格（800g）只需要 7 个月（Queensland State Government，2015），这取决于水温。宝石鲈最适的生长温度目前还没有描述，但是 Zhang 等（2010）推荐 25～26℃ 的范围。Zhang 等（2010）表明宝石鲈 SGR 和 FCR 在 28℃时并没有比 22℃要好，并且在 28℃条件下养殖会使其皮质醇升高而产生应激。

Luo 等（2013）验证了宝石鲈在鱼缸中不同养殖密度下的生长和应激反应，发现与 75kg/m^3 和 33kg/m^3 的密度相比，50kg/m^3 条件下有良好的生长表现。Shao 等（2004）发现生长率（增重百分比）在粗蛋白水平>33.5%时并没有增加，但是在低蛋白水平条件下生长受到抑制。Qi 等（2010）发现在碳水化合物含量为 23%时生长性能最佳。

过去的 15 年里，中国和比利时研究主要集中在宝石鲈饲料配方的优化方面，因此宝石鲈的产量得到持续增加。Song 等（2009）发现 SGR 和 FCR 在 12%～15%粗脂肪（粗蛋白=36%）最高，但是随着饲料中脂质含量的增加，脂质会沉积在肌肉组织中。在宝石鲈中可以实现用植物油如葵花籽油、亚麻籽油、海藻（*Schizochytrium*）油完全替代鱼油，并且不对 SGR、FCR 或存活时间（超过 10 周）产生负面影响（Van Hoestenberghe et al.，2014，2013）。鱼体内的脂肪酸组成受饲料中脂质形式的影响，与其他鱼类相似研究的报道一致（Francis et al.，2006；Izquierdo et al.，2005）。饲料中的脂质组成，特别是对人类健康有益的油类（二十二碳六烯酸 DHA 和二十碳五烯酸 EPA），可以在喂食包含植物油的精加工鱼油饲料 2 周后重新恢复，尽管鳕鲈试验表明这个过程需要更长的时间。用海藻作为脂质的饲料对于肉质的气味、口感和鱼片的质地有负面影响，但是尖吻鲈中使用石莼则可以提升鱼片肉质和口感（Jones et al.，2016），并且提出了解决宝石鲈使用海藻引起的鱼片品质问题的潜在途径。

6. 疾病

目前尚缺乏关于宝石鲈病害的详细资料，但是它们很可能极易感染银鲈和其他淡水鱼遇到的很多病害。Liu 等（2014）报道了中国商业化养殖场无乳链球菌的暴发，这种疾病的症状包括眼球突出、出血及尾鳍溃烂。Lucas 和 Southgate（2012）同样描述了澳大利亚宝石鲈养殖群体中的流行性溃疡综合征（*Aphanomyces invadans*）。宝石鲈极易感染病毒性脑病和视网膜病（AGDAFF-NACA，2007）。虽然宝石鲈被广泛的养殖，但是并没有其他疾病或者寄生虫的报道，也许这类报道会随着宝石鲈养殖的增加而出现。

7. 未来研究

宝石鲈可能是澳大利亚本土以外养殖最广泛的澳大利亚特有鱼类。其从 2004 年开始就在中国成功繁殖和养殖，但因初始群体遗传多样性很低，吸引了研究者对近亲交配的关注（Chen et al.，2011），该物种是澳大利亚中部河流系的特有种，群体遗传多样性的改良依靠从澳大利亚额外进口该鱼。在孵化场该种鱼类的种群很大，因选择育种对提高产量有所帮助，这仍是未来的一个研究方向。宝石鲈通常生长在密集型循环水养殖系统中，并且有远程评估鱼体重的技术正在研发中，可以减少人工操作对鱼的影响（Viazzi et al.，2015）。宝石鲈的营养需求和银鲈相似，尽管生产规模很小，低成本饲料的研发或许可以从澳大利亚对银鲈的大量试验研究中受益。澳大利亚宝石鲈的养殖主要局限于一小部分养殖者，虽然该行业规模还比较小，但宝石鲈仍是未来有巨大增长潜力的鱼类。

四、金鲈（*Macquaria ambigua*：Percichthyidae）

1. 普通生物学和生态学

金鲈（*Macquaria ambigua*，Richardson，1845；也被称为"yellow belly"或澳洲淡水岩鲈）是一种体型较大的真鲈科鲈（Jerry et al.，2001），是澳大利亚 MDB，Fitzroy-Dawson and Lake Eyre 河流系统的土著鱼类。金鲈是澳大利亚最大的专性淡水鱼类之一，捕获的最大金鲈大约 76cm、23kg，而且有的寿命长达 26 年（Allen et al.，2002；Mallen-Cooper and Stuart，2003），但是野外最常见的是长 40～50cm、体重 1～2kg 的金鲈（Allen et al.，2002；Pusey et al.，2004）。大的成鱼有比较独特的隆起的背部和凹陷的头部，随着年龄增长越来越明显。体色为棕色或铜色、橄榄绿色、黄色等，各不相同（Pusey et al.，2004），但是艾尔湖的种群体色相对较浅。成年金鲈在整个水系中不规则迁移，主要与水流量的变化有关（Koster et al.，2014）。

该种的分布横跨很多水系，产生明显的种群结构。Musyl 和 Keenan（1992）认为艾尔湖流域的金鲈遗传多样性很高，高于 Fitzroy-Dawson 或 MDB 种群形成的隔离物种。来自 MDB 和 Fitzroy-Dawson 河流系统的金鲈也显出大量的遗传变异，使得它们目前被认为是独立亚种：*M. ambigua ambigua*（MDB）和 *M. ambigua oriens*（Fitzroy-Dawson）（Faulks et al.，2010a；Faulks et al.，2010b）。

2. 环境耐受

金鲈喜欢温暖、水流缓慢而且浑浊的河流系统，但也在湖泊、潟湖和蓄水地发现过

(Allen et al., 2002)。金鲈可以耐受4～35℃的温度范围，而且耐低氧，尽管关于该种的环境耐受和生理性能实验数据还很缺乏。金鲈可以耐受从淡水（0ppt）到海水（33ppt）的盐度变化（Pusey et al., 2004），可能是对艾尔湖咸水的自然适应，但是金鲈大都出现在盐度<2ppt 的环境中。和宝石鲈一样，金鲈自然状况下存在于非常浑浊的河流系统，经常分布在透明度小于 10cm 的地方。

Geddes 和 Puckridge（1989）报道了池塘中金鲈的幼鱼生长的温度范围为 17～26℃、pH 7.6～9.7 和溶氧 3～15mg/L。Rowland（1996）报道在池塘中，经过一天表面和底部溶氧分别为 2.7mg/L 和 0.4mg/L 仍有高存活率，但是长期（3d）暴露在 1.5～2.1mg/L 的溶氧下可能会导致 100%的死亡率。

3. 水产养殖价值

金鲈表现出很多水产养殖动物有益的特点，包括生长迅速、口感好。但是金鲈在幼鱼阶段存在大量残食现象，可以通过定期分级来管理。金鲈是澳大利亚淡水系统中的一种非常理想的垂钓品种，因为它们的美味被人熟知（Hunt et al., 2010；Thurstan, 2000）。

4. 繁殖/亲鱼管理/鱼苗培育

雄性金鲈 2～3 年（20～30cm）能够性成熟，雌性大概在 4 年体长约 40cm 时成熟（Mallen-Cooper and Stuart, 2003）。野生种群在春季和夏季大量降雨时的夜里产卵，可以发生在 9 月和 4 月（Allen et al., 2002）。金鲈产卵的温度大都在 23℃，但是 Ebner 等（2009）表明中温度<19℃也可产卵，在 Darling River system 的湖泊，一年里的任何时候都可以产卵，表明该种不同群体的产卵时间有极大的可塑性。

澳大利亚的金鲈商业化养殖和产卵技术由 Rowland（1984）开发，并由 Rowland（1996）发展。成熟的亲鱼在 25℃用 500IU/kg HCG 诱导，注射后 26～38h 开始产卵。在 HCG 达到上述剂量时可以实现受精率和孵化率分别为 80%和 87%（Rowland, 1984）。但是，稍低一点的孵化率（68%）在另一个实验中被报道（Thurstan, 2000）。Collins 和 Anderson（1999）表明，饲料不足可能有利于雌性金鲈卵母细胞发育和卵黄发生。卵是浮性卵，直径大约 3.9mm（Lake, 1967b）。卵母细胞发育（Mackay, 1973）和鱼苗发育（Lake, 1967a）都被详细描述，并被 Rowland（1984）进一步总结。金鲈孵化后 5d 开始摄食，第一次摄食时口裂很小（0.5mm），限制了捕食对象的大小（Arumugam and Geddes, 1986）。鱼苗被转移到育苗池，首先喂食小型浮游动物（桡足类无节幼体、桡足类、枝角类、轮虫），但通常轮虫并不是很重要的食物。备用池塘应该在鱼苗转移前 10～14d 准备好，而且池塘在注水和施肥前应先干塘（Thurstan, 1992）。Rowland（1996）报道在无机肥料、或无机肥料和苜蓿干草混合、或家畜粪肥等一系列池塘施肥方法中，鱼苗的表现并没差异。鱼种在超过 10d 后就可以成功地开始摄食干饲料，并且每天的吞食量会缓慢增加（Herbert and Graham, 2004）。

5. 成鱼养殖/营养

目前已发表的关于金鲈生长到市场规格的养殖条件的信息几乎没有，因为它的养殖规模比较小,并且主要的焦点在幼鱼放养的自然水道的保护工作或休闲垂钓上。通过Rowland(1996)概述的方法可以实现良好的生长率(0.5~1.1mm/d)和生产率(150 kg/hm^2)。现在还没有饲料配方的信息,但是和宝石鲈一样,金鲈的养殖可以从已有的类似物种如鳕鲈(下面会进一步描述)的营养需求研究中受益。

6. 病害

金鲈容易感染一些其他温带淡水鱼易患的寄生虫和疾病,包括单殖吸虫(Fletcher and Whittington, 1998)和车轮虫(Dove and O'Donoghue, 2005)。Rowland(1991)报道了金鲈对于斜管虫、多子小瓜虫和白粉病的易感性。Herbert和Graham(2004)也报道了原生动物、寄生虫、白粉病在金鲈孵化场群体中的流行情况。

7. 未来研究方向

澳大利亚金鲈的养殖规模相对于其他养殖鱼类而言仍然比较小,基本局限在群体恢复项目中。在澳大利亚已建立该种孵化技术,其产量足以满足国内需要。该种的高繁殖能力意味着鱼苗产量多于增殖放流需要量。比较流行的银鲈和宝石鲈表现出和金鲈相当的生长率,但是残食现象少,蛋白需求低,意味着除非需求量在目前水平上增长,否则金鲈养殖量不会增加。然而,金鲈是澳大利亚公认的已知比较好的淡水鱼类之一,金鲈养殖量的增加或许有助于澳大利亚其他淡水养殖鱼类的发展。

五、鳕鲈(*Maccullochella peelii*:Percichthyidae)

1. 普通生物学和生态学

鳕鲈(墨瑞鳕,M*accullochella peelii peelii*,Mitchell,1839)显然是澳大利亚最大的专性淡水鱼类,最大体重>100kg,体长可达1.8m,寿命可以达到50年(Allen et al., 2002;Anderson et al,. 1992)。和银鲈一样,鳕鲈是MDB的地方性物种。较大的鳕鲈喜欢的栖息地是水流缓慢、浑浊的河流,但是在湖泊、蓄水坝和清澈多石的溪流中也能发现它们的踪迹(Allen et al., 2002)。其体色是奶油色,橄榄棕色的背部和背侧有独特的绿色和黄色斑点。鳕鲈最早的商业化养殖是在20世纪初,但是过度捕捞使其资源严重减少,在1960年接近崩溃(Lintermans et al., 2005)。2003年该鱼的渔场正式关闭,现在被南澳大利亚列为"完全开发"种类。

鳕鲈的迁移距离比较大,早春的时候穿过MDB(>100km),与典型的产卵行为一致(Koehn et al., 2009),但是通常会返回相同"家"所在的河段。历史上MDB一直都没有任何阻碍鱼类分散传播的障碍,鳕鲈群体在分布区域内高度随机交配,在上游的一些支流如Gwydir and Macquarie Rivers除外(Rourke et al., 2010)。有人对于增殖放流可能会导致野外种群遗传多样性丢失表示担忧(Lintermans et al., 2005),但是,最近的研究表明,微卫星位点标记发现增殖放流并没有实质上改变野生种群的遗传结构(Rourke et al., 2010)。

2. 环境耐受力

鳕鲈和银鲈、金鲈的分布区域相同，处在相似的环境条件，具有相似的环境耐受力。然而对于这样一个标志性的种类，只有很少关于环境耐受的信息，几乎所有的对于该种的自然管理都是基于繁殖生物学的信息。对于该种的担忧是野生环境中来自蓄水大坝的冷水污染，因为鳕鲈鱼苗据报道在温度<13℃时无法生存，一些水系中的野生种因此消失。

3. 水产养殖价值

鳕鲈适应高密度养殖，并在幼鱼阶段表现出生长快速的特点，但是与金鲈和尖吻鲈一样，它们需要定期分级防止残食带来的损失。鳕鲈是一种食用鱼，因为可以达到大尺寸，是澳大利亚著名的标志性鱼类之一（Ingram and Larkin，2000）。

4. 繁殖/亲鱼管理/鱼苗培养

鳕鲈性成熟的年龄和大小因地而异，自然情况下雌、雄性一般在 4～5 年时性成熟（体长>500mm，体重>2.1kg），但是一般认为与年龄的相关性较大。维多利亚西部雌性鳕鲈在性成熟时的年龄和大小差异已有报道，其雄性成熟较早（3～4 年，700g），雌、雄性成熟较晚（6 年，2kg）（Douglas et al.，1995）。雌性的生殖状态可以通过超声波成像来预测，但是雄性的生殖状态并没有可靠的方法来测量，因为睾丸比卵巢小得多（Newman et al.，2008）。

鳕鲈在野外情况下，大约在水温>15℃的早春到初夏（9～12 月）产卵，与河流系统的水流变化相符（Humphries，2005；Rowland，2004b）。如果在繁殖季节前，养殖水坝内能提供合适的栖息地（如人工鱼巢）用于卵沉积，鳕鲈也会比较容易产卵，并且和注射刺激相比能够产生更高质量的卵子（Rowland，2004a）。从亲鱼池中收集黏附着受精卵的人工鱼巢之后，放在孵化条件下孵化，随后孵化的仔鱼要转移到预先准备好的池塘。在野外，仔稚鱼离开父母的"巢穴"之后，随着河流漂流大概 5～7d（Humphries，2005；Koehn and Harrington，2005），直到幼鱼开始摄食。野生幼鱼最初的饵料主要是底栖无脊椎动物（Kaminskas and Humphries，2009）。池塘养殖幼鱼最初的饵料是枝角类、桡足类和摇蚊幼虫（Ingram and De Silva，2007），随着其长大会逐渐换成较大的捕食对象。在孵化场中，如果要完全过渡到工业饲料，在转化之前 12d 喂食卤虫和干饲料的混合饲料就可以实现（Ingram et al.，2001；Ryan et al.，2007）。鳕鲈幼鱼在各种季节下养殖的详细描述见 Ingram（2009）和 Ingram 等（2005）。

5. 成鱼养殖/营养

该种最佳的蛋白需求量与其他大型食肉鱼类相似，粗蛋白含量在 40%～50%（Gunasekera et al.，2000）。De Silva 等（2002）评估了饲料含蛋白质（40%～50%）和脂质（10%～24%）范围内的不同组合时，SGR 和 FCR 的差异并不明显。但例外是，蛋白质含量 40%和脂质含量 10%时表现明显较差。De Silva 等（2004）开发了专门饲喂鳕鲈的饲料配方（49%粗蛋白、17%粗脂肪、21～22kJ/g 能量），并且发现饲喂商业化生产的尖吻鲈和鲑饲料的鱼之间表现并没有差异，这两种饲料都包含更低的蛋白质（44%～47%）和更高的脂质（19%～22%）。

鱼粉替代蛋白源如血粉和豆粕，已经取得了一些成功的测试（Abery et al.，2002）。Gunasekera 等（2000）发现可以用鲨鱼粉或豆粕替代大约 30%的含量，并对生长没有任何影响。Francis 等（2006）发现鱼油可以用菜籽油 100%替代，并且对生长完全没有影响，然而鱼片的脂肪酸组成可以反映饲料的脂肪酸成分，其内会积累来自菜籽油的 n-6 脂肪酸（Francis et al. 2007b；Turchini et al.，2006b）。随后的实验结果与此产生冲突，报道称含>50%的亚麻油或含>75%的菜籽油会出现较低的生长率（Francis et al,．2007a），而且可能对鱼片肉质产生影响（Senadheera et al.，2011）。值得注意的是，饲料中含高浓度的亚油酸会抑制鱼肉保持 EPA 和 DHA 的能力。

在捕捞送往市场前 10～15 周饲喂含有 100%鱼油的饲料可以改变鱼肉脂肪酸的组成（Turchini et al.，2006a），在养殖中的生长阶段交替饲喂植物油和鱼油饲料也可以达到这种目的（Francis et al.，2009；Turchini et al.，2007）。其他水产养殖产品的副产物（如鲑鱼油）（Turchini et al. 2003），以及植物油包括棕榈油、橄榄油、葵花油（Turchini et al.，2011），都能部分或完全取代该种饲料中鱼油。

与澳大利亚其他淡水鱼一样，在送往市场前通常都必须清洗除异味。研究发现鳕鲈清洗 2 周就足够了（Palmeri et al.，2008b），推荐在清洁（不循环）的水中清洗时间喂以防止体重下降（Palmeri et al.，2008a）。

6. 病害

鳕鲈对多种疾病易感，这些疾病也会感染本章其他鱼类。它很容易被其他观赏鱼类的病菌感染，如虹彩病毒（*Megalocyto virus* sp.）（Go et al.，2006；Go and Whittington，2006）。地下水被认为与澳大利亚养殖场爆发慢性糜烂性皮肤病有关，这种病可以用河水来缓解（Baily et al.，2005；Schultz et al.，2008）。亲鱼的营养状况影响其卵黄囊综合征的患病率，这种病会导致低的幼苗成活率（Gunasekera et al.，1998）。关于影响鳕鲈的病害和治疗方法的深入总结见参考文献（Ingram et al.，2005；De Silva et al.，2004；Rowland，1991）。

7. 未来研究

鳕鲈在澳大利亚的养殖目前规模还很小，主要是一些增殖放流的项目，对该鱼生长到市场规格的研究兴趣正在逐渐增加。让亲鱼提前成熟被认为是一种提高和改善该种产量的方法（Newman et al.，2010）。人工养殖的鱼可以通过操纵光周期来诱导性成熟（Newman et al.，2008）。选择育种的方法在未来可以用于进一步增加养殖产量，但是，目前用于池塘产卵的方法在可靠地评价亲本对后代的贡献中存在困难。

与本章其他专性淡水鱼一样，鳕鲈与其他几个同类物种关系非常近：其中一种（the trout cod；*Maccullochella macquariensis*）和鳕鲈同处于 Murray and Murrumbidgee Rivers

上游的区域，还有两种 Clarence River cod（*Maccullochella ikei*）和 the Mary River cod（*Maccullochella mariensis*）是不同分布区域的（Nock et al.，2010）。这些种类都被列为自然保护区的濒危物种（Allen et al.，2002），并且它们从生物学角度而言是有可能杂交的（Douglas et al.，1995），但是在目前的商业养殖下还没有能力实现。

鳕鲈在澳大利亚非常著名并且被高度重视，因此拥有巨大的市场潜力。一个制约澳大利亚鳕鲈和本章提到的其他淡水鱼类养殖的共同挑战就是澳大利亚的消费者倾向于野生的海洋鱼类，单单这个原因，就严重制约了其养殖产业的发展。

（Geoffrey M. Collins，Dean R. Jerry；刘 红 译）

Chapter 1 Early Research on Nutrition and Feeding of Chinese Perch (*Siniperca chuatsi* Basilewsky, 1855) in China

1. Introduction

Chinese perch are a highly valued, freshwater food fish in China with historical references to their consumption being recorded during the Tang Dynasty over 1500 years ago. Chinese perch are native to China including the Amur River that divides China from eastern Russia, the Korean peninsula, Viet Nam and Japan. Of the 11 species of Chinese perch, nine are found in China but only one species, *Siniperca chuatsi*, is farmed due to its rapid growth rate. Chinese perch tolerate a wide range of water temperatures, surviving winter water temperatures in the 1-5℃ range, but require warm water (26℃ to 30℃ to grow rapidly). Fish typically reach to 400-600 g after one year of rearing and can attain a weight of 1.5kg after two years, but growth rates decline thereafter (FAO, 2015). Chinese perch are a demersal species, inhabit both lakes and river systems. They are aggressive predators from an early age (4-6d post-hatch, 5mm total length), consuming fish, invertebrates and other live animals, typically by ambush. They tend to be nocturnal feeders and thus have a highly developed sense of vision and/or mechano-receptive awareness.

As has been the case in the development of aquaculture production of many species of fish, the first impediment to production is generally the supply of fry or fingerlings to stock farms. Aquaculture production of Chinese perch in China began approximately 50 years ago using wild-caught juveniles to stock farms but production was limited by the supply of fingerlings. By the late 1970s, research on Chinese perch reproduction resulted in the establishment of standard protocols for induced spawning, greatly increasing the availability of fingerlings for aquaculture production. Research then turned to the second impediment that often limits production of new species to aquaculture, namely suitable and economical feed. Chinese perch had traditionally been reared using live food, such as carp fry, tilapia fry or other small fish (*Gambusia* spp.). Because wild fingerlings begin consuming live prey at an early age, farmers needed to supply live prey as food for farmed fingerlings to rear fish to market size. A constant supply of live fish was required because the Chinese perch, being extreme predators, become cannibalistic if their food supply is low. The logistics and cost of supplying live food to Chinese perch in aquaculture resulted in relatively low production and high prices compared to other fish in Chinese markets. Attempts to rear Chinese perch using pelleted feed or any food other than live prey were complete failures.

In the mid-1980s, cultural and scientific exchanges between China and the USA were expanding. Professor Duncan Law, Oregon State University, participated in one of these exchanges, visiting fisheries research stations in China. Professor Law had developed the

Oregon Moist Pellet (OMP), a semi-moist pelleted feed used to rear Pacific salmon fry and fingerlings in hatcheries in the Pacific Northwest states of the U.S.A. Prior to the OMP, feeds for salmon were made at each hatchery using locally-available feed ingredients. In fact, making feed was the major expense of rearing salmon fingerling, and the negative effects of hatchery-made feeds on water qualtity hatchery production. Hatchery-made feed varied in quality from hatchery to hatchery, and the effects of feedon water quality increased losses to fish diseases unless fish rearing densities were kept low relative to water flow. The OMP, in contrast, was produced by commercial feed manufacturing companies and eliminated differences in feed quality among hatcheries. Rearing water quality was higher when the OMP was used compared to hatchery-made feeds, allowing higher production from hatcheries and reducing the cost of rearing juvenile salmon. Development of pelleted feed for Chinese perch aquaculture was identified as a high priority area for research in China, and, in 1986, Professor Law, given his knowledge and experience, was asked to arrange a scientific exchange to determine if the technology and knowledge used to develop pelleted feed for juvenile salmon could be extended to Chinese perch. Professor Law approached this author regarding the scientific exchange and, after some discussion, the exchange was arranged to begin in May of 1986 and extend for a period of six weeks. The site in China chosen for the exchange research was Hubei Fisheries Science Research Institute in Wuhan. The Chinese side was in charge of preparing the research station to conduct a series of trials with juvenile Chinese perch, including obtaining Chinese perch fry for experiments, providing staff to assist with research studies and setting up tanks and aquaria for the studies. The American side was tasked with obtaining all necessary feed ingredients to develop feeds differing in texture, flavor and formulation with the expectation that a combination could be developed that would be accepted by Chinese perch. This approach was based on experience with other novel fish species, such as largemouth bass, that rejected pelleted feeds lacking the right combination of texture and palatability. Thus, ingredients known to enhance the palatability of feeds to juvenile salmon and other predatory species were brought to China to produce test feeds for Chinese perch. Professor Law and his associates provided a small, hand-operated feed pelleting device to produce small batches (~100 g) of pellets for testing in China.

2. Initial research

Mr. Zunlin Wu was the scientist at the Hubei Fisheries Science Research Institute in charge of the research program with Chinese perch. He had a staff of 11 support scientists, technicians and staff. Several attempts had been made to rear Chinese perch fry (50mm total length) using artificial feeds without success (Table 1-1). None of the Chinese perch examined in preliminary studies had food in the gut. Because Chinese perch did not consume feed, even when starved for several days, the premise was that the feeds made for initial trials lacked the proper texture and sensory attributes to initiate feeding behavior.

Several test batches of feed were made to train the staff on experimental feed production, using a casein-gelatin based semi-purified diet (H-440, NRC, 1973). The feeds were made by combining the wet and dry ingredients separately, mixing and then combining wet and dry mixtures. After further mixing the feed mixtures were cold-extruded into noodles of various

Table 1-1 Artificial feeds used in early attempts to rear Chinese perch fry

Feed	Result
Chopped fish muscle	fry died after one day
Fresh ground shrimp	fry died after one day
Chopped pig liver	fish died after one day
Cooked chicken egg	fry died after two days
Live zooplankton from ponds	fry died after three to four days
No food	fry died after one day

diameters (0.8 mm, 1.2 mm, 1.6 mm and 3.2 mm). For each batch, half of the extruded material was dried at 60℃ for two hours and manually broken into particles, then separated into various particle sizes using screens. The remaining material was kept refrigerated without drying, and chopped into smaller particles before being fed to fish. Mr. Wu's staff obtained juvenile Chinese perch by capturing them in local rivers. Two size ranges of fish were obtained, 10-15 mm or 50-70 mm (total length) fish. Small fish were placed individually into small plexiglass, inverted cone-shaped tanks with upwelling water. Large fish were placed in 40L glass aquaria. Both systems received 26-28℃ water and were aerated using air stones. The small tanks received flow-through water whereas the aquaria water was static during the trials. For studies with unfed fry, fertilized eggs were obtained from a local hatchery and incubated until hatching.

Initial trials with large fry captured from local rivers were conducted using several local feed ingredients mixed individually with the casein-gelatin diet in 30:70 ratio. The local ingredients were silkworm pupae meal, fishmeal, dried freshwater mussel meat and dried fish hydrolysate. None of the initial test diets was accepted by the fish when fed by hand. In fact, fish did not exhibit any interest in or even react to the feed. Fish tanks were then covered using a screen so that the fish could not see human activity associated with feeding and, as a result, be stressed and refuse feed. However, putting screens around the tanks did not change the outcome; fish continued to ignore the pellets.

3. Experiments with unfed fry

The initial trials were conducted with 50 mm fry captured from local rivers. These fish had consumed live prey for two-three months since hatching and were presumably habituated to live prey. Therefore, new trials were initiated using unfed fry (five days post-hatch). The hypothesis being tested was that first-feeding fry could be trained to accept prepared feed particles if they had not yet consumed live prey. Fertilized eggs were placed in 40 L glass aquaria and within two days, eggs hatched. After another two days, fry were gently siphoned from the tanks and placed into 5 L plexiglass containers supplied with upwelling water. Each container was stocked with three fry.

Trials were conducted different feed formulations containing ingredients known to stimulate feed intake in juvenile salmon, trout and other carnivorous freshwater fish. These included frozen, ground krill, clam viscera, tuna viscera, fish hydrolysates and mixtures of amino acids, namely glycine and alanine (Table 1-2). Diets were fed by hand in small amounts as moist pellets, dry pellets or combinations of moist and dry pellets (Table 1-3). In experiment 1, after five hours, several mortalities were noted as follows: tank 1, one mortality; tanks 2 and 3, two mortalities; tank 4, three mortalities; and tank 5, no mortalities. The mortalities were replaced with new fry. To test whether or not the Chinese perch were unwilling to consume food in the aquaria, live carp larvae were supplied to fry in other, identical tanks. In each experiment, without exception, the juvenile Chinese perch responded to the presence of live prey by immediately initiating behavior leading to capture and ingestion of the prey, often within 20-30 seconds. After 16 hours, the experiment was ended. During this time, no feeding activity was observed. After 18 hours in experiment 2, some feed remained floating on the surface but most had sunk to the bottom of the containers. After 38 hours, fry supplied with the feeds began to die and the experiment was ended.

Table 1-2   Composition (%) of experimental diets used to feed Chinese perch fry

Ingredient	Diet number							
	1	2	3	4	5	6	7	8
Hydrolyzed fish concentrate[a]	45.0[a]	45.0[a]	25.0[a]	25.0[a]	0	0	0	25.0[b]
Fishmeal	25.0	25.0	25.0	25.0	45.0	40.0	40.0	40.0
Wheat germ meal	8.9	8.8	8.4	8.0	0	0	0	8.4
Wheat starch	10.0	10.0	10.0	10.0	10.0	10.0	10.0	10.0
Lignon sulfonate	4.0	4.0	4.0	4.0	4.0	4.0	4.0	4.0
Fish oil	2.0	2.0	2.5	2.5	8.9	8.9	8.9	2.5
Choline chloride (70% liquid)	0.5	0.5	0.5	0.5	0.5	0.5	0.5	0.5
Vitamin premix[c]	1.5	1.5	1.5	1.5	1.5	1.5	1.5	1.5
Ascorbic acid	0.1	0.1	0.1	0.1	0.1	0.1	0.1	0.1
Clam viscera	0	20.0	20.0	20.0	30.0	0	0	20.0
Tuna viscera	0	0	0	0	0	35.0	0	0
Frozen krill	0	0	0	0	0	0	35.0	0
Amino acid mixture[d]	0	0.1	0	0	0	0	0	0
Calcium hydroxide	0	0	0	0.4	0	0	0	0
Total	100.0	100.0	100.0	100.0	100.0	100.0	100.0	100.0

a Preserved with 3.0% phosphoric acid. b Preserved with 1.5% hydrochloric acid. c Vitamin premix supplied the following per kg diet: vitamin A acetate, 1654 I.U.; alpha-tocopheryl acetate, 503 I.U.; menadione sodium bisulfite, 18 mg; thiamin, 46 mg; riboflavin, 53 mg; pyridoxine HCl, 38.6 mg; pantothenic acid, 115 mg; biotin, 0.6 mg; vitamin B_{12}, 0.06 mg; myoinositol, 132 mg; and folic acid, 16.5 mg. d amino acid mixture contained alanine and glycine.

4. Experiments with 10-15mm fry

Tests were performed with carp and tilapia fry to determine if fish would consume the prepared diets and if so, which diet was preferred. Diets supplied as a moist pellet were clearly preferred compared to the same diet as a dry pellet. Diets 2 and 4 were preferred over diet 1. Diets 5-7 were all well accepted by the carp and tilapia fry; fish readily consumed these diets in the experimental system.

Table 1-3 Diets tested with unfed Chinese perch fry (2-3d post-hatch)

Experiment 1 Tank number	Diet
1	Diet 1, dry
2	Diet 1, moist
3	Diet 4, dry
4	Diet 4, moist
5	Live carp larva
Experiment 2 Tank number	Diet
1	Live carp larvae
2	Diet 5, moist + dry
3	Diet 6, moist + dry
4	Live carp larva e
5	Diet 5, dry

Seven-day old Chinese perch (10-15 mm) which had consumed live prey from first feeding were placed in 100 ml glass beakers containing static water to observe feed behavior when fed either live prey or prepared feed particles. Diets 2 and 4 were sifted using screens to produce 0.4mm particles. Feed particles were added to the beakers by hand. Most of the particles remained on the surface but a continuous stream of particles drifted down to the bottom of the beakers as the particles lost surface tension and buoyancy. Chinese perch showed no interest in feed particles floating on the surface, falling through the water column or after they reached the bottom of the beakers. Fish sometimes followed the pellets as they slowly fell through the water column but they did not ingest pellets. In separate beakers, a variety of potential prey items (carp larvae, zooplankton captured by net from a nearby outdoor pond, benthic worms from the pond and small shrimp. Two 15 mm Chinese perch that had not been fed for 24 hours were then place in each beaker. Within five minutes, all carp larvae had been consumed by the Chinese perch. Other live prey were not eaten, even after 24 hours.

After conducting the first round of trials with Chinese perch unfed fry, small fry and larger fry using a range of feed formulations and additives, it became clear that lack of feed consumption by Chinese perch was not due to feed texture or palatability. The only time that Chinese perch showed any interest in any feed was when pellets slowly fell through the water column. This interest did not result in feed intake but it did indicate that motion might be a trigger to initiate feeding behavior in Chinese perch. Therefore, the research efforts changed direction from the exploration of feed formulations to exploration of feeding behavior and how to stimulate it.

5. Experiments with feeding behavior

In an initial trial, 50mm Chinese perch were placed in a 40L aquarium and pellets were introduced. No feeding behavior was observed. A pellet was then tied to a small thread, lowered into the aquarium, and the pellet was moved around in the aquarium using the thread. Several Chinese perch chased the moving pellet and appeared to strike the pellet. However, no actual biting or ingestion was observed. Sand and aquatic plants were then added to the aquarium and pellets were towed around the aquarium using threads. Again, Chinese perch chased the pellets but did not feed on them.

A small thread was tied carefully through the lower jaw of a small carp fry and the carp fry was placed in the aquarium with the Chinese perch. The carp fry, which was swimming around, was attacked and the thread detached. The carp fry was immobile and looked dead. The attacks by the Chinese perch immediately stopped. After a few minutes, however, the carp fry began to revive. As soon as it moved, Chinese perch came close. However, the carp fry became still and the Chinese perch moved away. After another few minutes, the carp fry revived and began swimming. It was attacked and consumed within 15 seconds. Another carp fry was placed in fish anesthetic and a thread was attached to the lower jaw as before. After it was lowered into the aquarium, it did not move and Chinese perch showed no interest in it. The carp was then towed around the tank with the thread. Chinese perch then attacked and consumed the carp larvae. The Chinese perch were then starved for 24 hours in the aquarium and offered dead carp larvae, feed pellets, feed pellets with fish eyes and scales attached. Each of these items was attached to a thread and moved around the aquarium. Mandarin fish showed some interest but no feeding activity occurred.

Mr. Wu created a 5-point scale to score feeding activity shown by the Chinese perch in the aquarium as follows:

1. No response
2. Fish looked at the food item
3. Fish swam to examine the food item
4. Fish bit the food item
5. Fish ingested the food item.

The scoring system was then used to evaluate the feeding activity of Chinese perch presented with a number of food items. Results are shown in Table 1-4 and Table 1-5 For each tested item, five fish were tested. Each tested material except live fish was tied to a thin thread, hung in the water column of the aquarium and moved. The results suggested that vision was the primary sense used by Chinese perch to identify and attack prey.

To further test the role of vision in the feeding behavior of Chinese perch, two experiments were conducted in which the sense of vision was obstructed. For these experiments, the 5-point scoring system to score feeding activity was expanded to a 6-point scoring system as follows:

1. No response
2. Fish looked at the food item
3. Fish followed the food item
4. Fish attacked the food item
5. Fish bit the food item
6. Fish ingested the food item.

Table 1-4 Response score of 50mm Chinese perch. Numbers under each score are the number of responses

Food item/material	Score				
	1	2	3	4	5
Plastic fish	1	4	4	1	0
Fish head and tail, fish feed as body	7	7	5	3	1
Dead carp larvae	0	3	3	2	2
Worm	2	0	0	0	0
Fish meat, dried	5	5	3	0	0
Plastic fish outside the glass	0	5	0	0	0

Scoring system: 1 = No response; 2 = fish looked at the food item; 3 = fish swam to examine the food item; 4 = fish bit the food item; 5 = fish ingested the food item.

Table 1-5 Response score of 50mm Chinese perch using a six-point revised scoring system. Numbers under each score are the number of responses. Five replicate trials were conducted with each food item

Food item/material	Score					
	1	2	3	4	5	6
Fish egg	0	3	2	0	0	0
Dead carp larvae	0	0	0	0	1	4
Live carp larvae	0	0	0	0	0	5
Plastic fish	0	1	4	0	0	0
Feed pellet Diet 2	2	4	3	0	0	0
Feed pellet Diet 4	0	4	1	0	0	0
Feed pellet Diet 5	3	2	0	0	0	0
Feed pellet Diet 6	0	3	1	1	0	0
Worm	3	2	0	0	0	0
Fresh snail meat	0	3	2	0	0	0
Plastic circle	4	1	0	0	0	0
Dragon fly larvae	0	0	4	1	0	0
Carp larvae head only	0	1	3	0	0	0
Carp larvae head with Diet 4 body	0	1	3	0	0	0
Carp larvae tail with Diet 4 body	0	1	2	0	0	0
Carp larvae head and tail with Diet 4 body	0	4	0	0	0	0

Scoring system: 1 = No response; 2 = fish looked at the food item; 3 = fish followed the food item; 4 = fish attacked the food item; 5 = fish bit the food item; 6 = fish ingested the food item.

In the first experiment, a gel containing a pigment was obtained from a local pharmacy and placed over the eyes of Chinese perch. This temporarily blocked the vision of the fish. Fish with gel covering the eyes were then placed in an aquarium with live carp larvae and no feeding behavior was observed over a period of 30 minutes. Fish were then removed, the gel gently wiped away from the eyes, and the fish returned to the aquarium. The Chinese perch immediately responded to the carp larvae, attacked it and consumed it within one minute. This was repeated on a total of five Chinese perch with the same result. In the second experiment, silt was mixed with water in a glass beaker containing a Chinese perch, and several carp larvae were introduced. After 1-2 hours, no feeding had occurred. The Chinese perch and carp larvae were then removed and placed in a beaker containing clean water. The Chinese perch immediately initiated stalking behavior and consumed the carp larvae within five minutes. This experiment was repeated with five Chinese perch with similar results.

To test the role of olfaction on feeding behavior of Chinese perch, petroleum jelly was placed into the nostrils of Chinese perch and the fish placed in a beaker with clean water containing carp larvae. The Chinese perch consumed the carp larvae within minutes. This was repeated with five Chinese perch with similar results, showing that olfaction played no role in the feeding behavior or prey selection of Chinese perch.

6. Conclusions

The studies conducted in Wuhan in 1986 documented the challenges associated with rearing Chinese perch using conventional fish feeds as opposed to using live prey. Transitioning small Chinese perch captured from wild stock to pelleted fish feeds or any other food item other than live carp larvae proved impossible. Even newly hatched, first feeding fry that had never consumed live prey were unwilling to consume pelleted feeds and starved to death. The studies with first-feeding fry did not, however, include feeding fish scraps, snail meat or other unprocessed potential food items. In the years following these initial studies, Chinese perch were successfully trained to consume such food items, leading to development of Chinese perch aquaculture production in China.

The role of vision in feeding behavior of Chinese perch was documented, demonstrating that training Chinese perch fry and fingerlings to accept diets involves more than simply developing a suitable formulation containing feeding stimulants known to be attractive to other farmed fish species. Research to develop Chinese perch culture systems were found to involve more than improved feed formulations and extend to studies of fish behavior and domestication.

The most important outcome of the joint China-US cooperative research project on Chinese perch feeds was the establishment of research connections between the two parties involved in this effort. Over subsequent years, further exchanges of information were conducted, providing a solid foundation for research on Chinese perch nutrition that continues to this day.

References

Food and Agriculture Organization of the United Nations (FAO). 2015. Fisheries and Aquaculture Department, Cultured Aquatic Species Information Programme, *Siniperca chuatsi* (Basilewsky, 1855). Rome. http://www.fao.org/fishery/culturedspecies/Siniperca_chuatsi/en.

National Research Council (NRC). 1973. Nutrient Requirements of Trout, Salmon and Catfish. National Academy Press, Washington, D.C. 57 pp.

Wu ZL and Hardy RW. 1988. A preliminary analysis on feeding behavior of the young fish of *Simperca chautsi*. Freshwater Fisheries, 5: 18-20 (in Chinese).

(Ronald W. Hardy)

Chapter 2 Breeding and Feeding of Chinese Perch

Chinese perch, an absolutely carnivorous fish, is one of the most famous high valued fish species in China. Chinese perch only consumes live prey fish throughout its life and refuses dead prey fish or artificial diets, which has been widely known as a hard nut to crack in the field of aquaculture. The commercial production of Chinese perch not only consumes large amounts of fry and fingerlings, but also brings pathogens as well as toxic chemical drugs to Chinese perch culture ponds through live prey fish. It is overwhelmingly important to domesticate the feeding habit of Chinese perch to ensure the sustainable and wholesome development of Chinese perch cultivation industry. It is imminent to carry out the researches on natural resources, genetic diversity, breeding, feeding habit domestication and nutrition need of Chinese perch.

1. Analysis of natural resources and genetic diversity in Chinese perch

We have collected wild Sinipercine samples (*Siniperca chuatsi*, *S. kneri*, *S. scherzeri*, *S. undulata*, *S. obscura*, *S. roulei*, *Coreoperca liui* and *C. whiteheadi*) from major river systems in China, including Mudanjiang-Amur River, Aihe-Yalu River, Yangtze River, Xin'anjiang-Qujiang-Qiantang River, Minjiang River and Pearl River, and cultured Sinipercine samples from main producing regions, including Guangdong, Hubei, Hunan, Jiangxi, Anhui and Liaoning Provinces. By means of high-throughput sequencing and magnetic bead enrichment, 80,632 microsatellite loci were identified, including 1,128 effective polymorphic microsatellite markers, and more than 7,500 SNP sites were verified. The identification of genetic diversity in Chinese perch was established based on these molecular markers, and the distribution and degradation causes of wild resources of *S. chuatsi* in China were clarified. The wild *S. chuatsi* in the middle Yangtze River displayed high genetic diversity and low genetic differentiation. Inbreeding of *S. chuatsi* was the main reason for germplasm degradation and loss of genetic diversity, leading to decrease in disease resistance and increase in abnormal rate of fry.

The physical appearance of *S. chuatsi* and *S. kneri* are similar, while *S. chuatsi* displays better growth performance than *S. kneri*. With the aid of four species-specific loci which could verify these two species effectively, we have clarified that introgression from S. *kneri* to *S. chuatsi* is the main reason for the irregular offspring and the slow growth of wild *S. chuatsi* individuals in the middle of the Yangtze River.

2. Genetic basis of feeding habit domestication trait in Chinese perch

To investigate the genetic basis of feeding habit domestication trait in Chinese perch, transcriptome sequencing and digital gene expression profiling have been performed. 1,986 and 4,526 unigenes are differentially expressed between feeders and nonfeeders of dead prey fish from transcriptome and DGE analysis, respectively. These genes are involved in four signaling pathways, including retinal photosensitivity (retinal G protein-coupled receptor (*Rgr*), retinol dehydrogenase 8 (*Rdh8*), cellular retinol-binding protein (*Crbp*) and guanylate cyclase (*Gc*)), circadian rhythm (period 1 (*Per1*), period 2 (*Per2*), Rev-erbα, casein kinase (*Ck*) and nocturnin), appetite control (neuropeptide Y (*Npy*), growth hormone (*Gh*), pro-opiomelanocortin (*Pomc*), peptide YY (*Pyy*), insulin and leptin), and learning and memory (cyclic AMP-response element-binding protein (*Creb*), c-fos, fos-related antigen 2 (*Fra-2*), CCAAT enhancer binding protein (*C/EBP*), *zif268*, brain-derived neurotrophic factor (*Bdnf*) and synaptotagmin (*Syt*)).

3. Molecular markers of growth trait and feeding habit domestication trait for Chinese perch

Six microsatellites and three SNPs significantly associated with growth trait have been identified in *S. chuatsi*. The dominant genotype (SC10 (230/256)) of microsatellite loci and genotype (A+4940A(CC)) of SNP site showed enrichment with selection breeding. These markers have been used for molecular marker-assisted breeding of growth trait in Chinese perch.

Three SNPs significantly associated with feeding habit domestication trait have been identified in *S. chuatsi*. Neuropeptide Y (*Npy*), serine/threonine protein phosphatase 1 (*PP1*), pepsin (*Pep*) and lipoprotein lipase (*Lpl*) are involved in the process of food appetite control, learning and memory, protein digestion, and lipid metabolism. SNP locus -1258A/C in 5'-flanking region of *Npy*, G1416A in 3'-untranslated region of *PP1caa*, C1285G in exon 7 of *PP1cb*, diplotypes CTCC and TTTT between two SNPs (T2477C, C2528T) of *Pep*, and diplotype ATTTCC among three SNPs (A1220T, G1221T and C1224G) of *Lpl* are associated with feeding habit domestication trait. These markers have been used for molecular marker-assisted breeding of feeding habit domestication trait in Chinese perch.

4. The hybrid Siniperca strains display hybrid advantages on traits for both growth and feeding habit domestication

After five consecutive generations of molecular marker-assisted breeding and population breeding, we have obtained a new *S. chuatsi* strain "Huakang No.1" with good growth performance (growth rate has been increased by 18.54%) and a new *S. scherzeri* strain with easy feeding habit domestication trait to accept artificial diets. The hybrid strain of *S. chuatsi* "Huakang No.1" and the new *S. scherzeri* strain displays the hybrid advantages on traits for both growth and feeding habit domestication.

5. Sensory basis of Chinese perch refusing artificial diets

The role of sense organs in feeding behavior of Chinese perch has been well characterized. Chinese perch are able to feed properly on live prey fish when either eyes or lateral lines are intact or functional, but can scarcely feed without these two senses. Chinese perch recognizes its prey fish by vision through the perception of motion and shape. Chemical stimulation by food can not elicit any feeding response in Chinese perch, and gustation is only important for the last stage of food discrimination in the oropharyngeal cavity of Chinese perch. The sensory basis of Chinese perch in feeding is well adapted to its nocturnal stalking hunting strategy, and also explains its peculiar food habit of accepting live prey fish only and refusing dead prey fish or artificial diets.

6. Specific training procedure to wean Chinese perch from live prey fish to artificial diets

Based upon the sensory modality of Chinese perch in feeding, specific training procedure to wean Chinese perch from live prey fish to artificial diets has been developed. On the first day, live prey fish are offered in excess at dusk. Chinese perch can seize live prey fish by stalking mostly at night long after fed. On days 2-4, the feeding level is gradually reduced day by day. Chinese perch can accept more and more live prey fish soon after fed. On day 5, Chinese perch are fed to satiation with live prey fish only. They can capture live prey fish immediately by darting beneath water surface when fed. On days 6-8, live prey fish are gradually replaced by dead prey fish day by day. Chinese perch can accept more and more dead prey fish instead of live prey fish. On day 9, Chinese perch are fed with dead prey fish only. They can capture dead prey fish immediately by darting beneath water surface when fed. On days 10-12, dead prey fish are gradually replaced with minced prey or trash fish day by day. Chinese perch can accept more and more minced prey or trash fish instead of dead prey fish. On day 13, Chinese perch are fed with minced prey or trash fish only. They can capture minced prey or trash fish immediately by darting beneath water surface when fed. On days 14-16, minced prey or trash fish are gradually replaced with Oregon moist pellet. They can accept more and more Oregon moist pellet instead of minced prey or trash fish. On day 17, Chinese perch are fed with Oregon moist pellet only. They can capture Oregon moist pellet immediately by darting beneath water surface when fed.

7. Nutritional requirements of Chinese perch

In recent years, the researches on artificial diets for Chinese perch have made a breakthrough. The optimal formulation of artificial diet for fingerling and adult Chinese perch has been developed using white fish meal as protein source, chicken intestines fat and fish liver oil as energy sources. The optimal lipid level in diets is 10-15%, and higher lipid could cause growth inhibition, whereas excessive lipid also leads to the accumulation of triglyceride in liver. Chinese perch can not utilize carbohydrates effectively, and the carbohydrates are converted into lipid in liver, resulting in metabolic disorders and decreased food intake. Based on these researches, we suggest that the suitable protein content of artificial diets is 53%, and the suitable fat content is 6% in fingerling; the suitable protein content of artificial diets is

47%, and the suitable fat content is 12% in adult fish of Chinese perch.

In addition, several efficient feeding stimulants which can improve the utilization rate of artificial diets are successfully developed. Supplemental 3% squid extract can enhance food intake and growth of Chinese perch. 3% yeast meal can enhance food intake and protein utilization. 1.5 g/kg nucleotide can improve growth performance and protein utilization. The feeding stimulants addition can optimize the artificial diets for Chinese perch.

(Xu-Fang Liang, Shan He, Jiao Li, Ling Li, Ya-Qi Dou)

Chapter 3 Status of Nutrional and Feed Research in Largemouth Bass and Japanese Sea Bass in China

1. Research progress of nutritional liver disease in largemouth bass

Largemouth bass (*Micropterus salmoides*) is an important freshwater fish species in China. However frequent nutritional liver disease (NLD) occurrence becomes the key factor that restricts its aquaculture industrial development. Dietary high non-protein energy and lipid oxidation are the major reason to induce the NLD in fish. Fish NLD is a complex and dynamic development process involved in a series of metabolic disorders. There is a lack of the systematic study on the differences of apparent response and metabolic regulation between different types and development stages of fish NLD. A long time feeding trial and stage sampling will be carried out in largemouth bass with high lipid, high carbohydrate or oxidized fish oil feeds to obtain different development stage NLD models caused by high non-protein energy and lipid oxidation. The apparent response and the regulation mechanism of key metabolic pathways in different types of NLD at different development stages will be clarified through the liver structure, physiological and biochemical, metabolic pathways, and regulatory factors analysis. The generality and specificity of apparent and metabolic regulation indices will be screening to build the macroscopic and microcosmic biomarker systems for effective evaluation of the types and development stages of NLD. The results of the studies will provide scientific basis for prevention, diagnosis, and treatment of NLD in largemouth bass aquaculture.

2. Effects of fish meal replacement by animal protein blend with or without essential amino acids supplementation on growth and body composition in Japanese sea bass

The present study was conducted to evaluate the effects of 0%, 50%, 75%, and 100% dietary low temperature steam-dried fish meal (LT-FM) replacement by animal protein blend (APB, poultry by-product meal : beef meat and bone meal : spray dried blood meal : hydrolyzed feather meal = 40 : 35 : 20 : 5) with or without crystallized Lys, Met and Thr supplementation on growth and body composition in Japanese sea bass (*Lateolabrax japonicus*) (Initial body weight: 13.2±0.05 g). After an eight week feeding trial, growth performance of sea bass decreased when increasing the replacement level; fish fed the control diet had significantly ($P<0.05$) higher survival rate (SR), feeding rate (FR), final body weight (FBW), special growth rate (SGR), weight gain rate (WGR), protein efficiency ratio (PER) and feed efficiency than those fed diets containing APB. Sea bass which fed with supplementation of crystallized amino acids diets showed remarkably higher FR, FBW, SGR, WGR, PER, feed efficiency and crude protein, crude lipid, and gross energy but lower ash and moisture than their counterparts in which LT-FM were replaced directly ($P<0.05$). Results demonstrated that (1) no more than 50% of LT-FM can be replaced by APB in the diet of Japanese sea bass; (2) supplementations of crystallized amino acids improve potential of APB replacing dietary LT-FM of sea bass; (3) crystallized amino acids can be efficiently utilized by sea bass.

3. Effects of fish meal replacement by animal protein blend at two digestible protein levels on growth and body composition in Japanese sea bass under ideal digestible amino acid profile

The present study was conducted to evaluate the effects of 0%, 50%, 75% and 100% dietary LT-FM replacement by APB with crystallized Lys, Met and Thr supplementations under ideal digestible amino acid profile (IDAAP) on growth and body composition at two digestible protein levels (DPL, 38.5% vs 35.5%) in Japanese sea bass (13.25 g ± 0.05 g). After an eight week feeding trial fish fed 0% diet had significantly ($P<0.05$) higher SR, FR, FBW, SGR, WGR, protein productive value (PPV), energy productive value (EPV) and feed efficiency than those fed diets containing APB. Fish fed diets with low DPL displayed remarkably ($P<0.05$) lower SR, SGR, PPV and feed efficiency than their counterparts in high DPL group; however, no differences were found in condition factor (CF), hepaticsomatic index (HSI), viscerasomatic index (VSI) and whole body composition between the two DPL groups. Results demonstrated that high digestivle protein level (38.5% vs 35.5%) in diet could improve the growth performance of Japanese sea bass. No more than 50% of LT-FM can be replaced by APB in the diet of Japanese sea bass under IDAAP.

4. Effects of fish meal replacement by animal protein blend and fish meal quality on growth and flesh quality in Japanese sea bass

The present study was conducted to evaluate the effects of 0%, 20%, 40%, 60% and 80% dietary Peru fish meal (PFM) replacement by APB with Lys, Met and Thr supplementation on growth and flesh quality of Japanese sea bass (76.3g ± 0.2g). Another diet containing 50% local fish meal (LFM) formulated according to PFM was added to test the effects of fish meal quality in this species. After an eight week feeding trial, growth performance was decreased with higher APB inclusion level, and APB60 and APB80 showed significant lower SR, FBW, SGR, WGR, PPV, EPV and nutritional value of muscle than the other groups ($P<0.05$). LFM group showed significant poor FR and cooked muscle texture values than PFM group, but no difference was found in the growth profile. No differences of plasma ALT and AST activities were found between all groups. Results demonstrated that: (1) APB could reduce dietary PFM from 400 mg/kg to 160 mg/kg without depressing growth or affecting flesh quality of Japanese sea bass; (2) more than 240 mg/kg inclusion of APB would induce poor growth and nutritional value of sea bass; (3) fish meal quality influence the FR and flesh quality of sea bass.

5. Effects of fish meal replacement by fermented soybean meal on growth, flesh quality and nitrogen and phosphorus metabolism in Japanese sea bass

The present study was conducted to evaluate the effects of 0%, 25%, 50%, 75% dietary LT-FM replacement by fermented soybean meal (FSM) with Lys, Met and Thr supplementations on growth, flesh quality, and nitrogen and phosphorus metabolism of Japanese sea bass (13.25 g ± 0.05 g). After an eight week feeding trial, SR, FR, FBW, SGR, WGR, PER, EPV, feed efficiency, body composition, and hematological parameters were not different ($P>0.05$) between FM and FSM25 group, but both of them performed better than the other groups ($P<0.05$). FSM75 group showed very low growth performance in the first eight weeks and did not continue the next eight weeks of the growth trial. After asixteen week feeding trial, FSM50 group showed compensatory growth with significantly higher FR, SGR, WGR and PRR than those of LT-FM and FSM25 groups, but still showed lower PPV, EPV and feed efficiency than those of LT-FM and FSM25 groups ($P<0.05$). FSM50 group showed lowest hardness, gumminess, and chewiness of flesh. Results demonstrated that: (1) FSM could replace no less than 25% of dietary LT-FM in sea bass, without influencing growth, feed utilization and flesh quality; (2) in the longest time (sixteen weeks), FSM could replace 50% of dietary LT-FM in sea bass diet with good growth performance and feed utilization through compensatory growth, but the flesh quality will reduce andnitrogen excretion will increase.

6. Effects of replacement of fish meal by plant protein blend on growth performance, GH/IGF-I axis and flesh quality in Japanese sea bass

A sixteen-week growth trial was conducted to evaluate the effects of 0%, 25%, 50%, 75% and 100% dietary LT-FM replacement by plant protein blend (PPB, soybean meal and wheat gluten meal at 1: 1.67) with Lys, Met, Thr and $Ca(H_2PO_4)_2$ supplementation on growth, GH/IGF-I axis and flesh quality of Japanese sea bass (7.34±0.01g). The results showed that: (1) During 0-12 week, the SR, FR and SGR of Japanese sea bass was significantly decreased with increasing of PPB levels ($P<0.05$); but during the twelve-sixteenth week, the fish showed feeding adaptation to the high plant protein diets, and there were no differences in five groups ($P>0.05$); during this stage, the SGR of FM group had no significant differences with PPB25, PPB50 and PPB75 groups ($P>0.05$), but significantly higher than PPB100 group ($P<0.05$). (2) After twelve weeks, Japanese sea bass fed on high levels of plant protein diet normally, and the mRNA expression of GH/IGF-I axis genes increased as the nutrients intake increased, and the growth performance was recovered. (3) The blood respiratory burst acitivity (expressed as NBT reaction), plasma myeloperoxidase (MPO) and alanine aminotransferase (ALT) were significantly increased with an increase of PPB levels ($P<0.05$) suggesteed that the diets of higher plant protein would inhibit the immunity response and induce liver function damage. 4) The flesh quality was decreased due to the fish meal replacement by high levels ($\geqslant 50\%$) of PPB in the diet of Japanese sea bass.

7. Effects of total fishmeal replacement by plant protein blend on short-term feeding, growth performance, GH/IGF-I axis and Ghrelin/Leptin-NPY/AGRP, mTOR-NPY signal pathway in Japanese sea bass

A three-week feeding trial was conducted to study the effect of totally replaced dietary low temperature steam dried fish meal (LT-FM) by PPB (Soybean meal/wheat gluten meal=1 : 4.843, CP, 71.47%) with Lys, Met, Thr and $Ca(H_2PO_4)_2$ supplementation on short-term feeding, growth performance, GH/IGF-I axis and Ghrelin/Leptin-NPY/AGRP, mTOR-NPY signal pathway in Japanese sea bass (Initial weight, 65.01±0.07 g). Results showed that total replacement of fishmeal by PPB would inhibit the short-term (three-week) feed intake. The expression of GH/IGF-I axis gens significantly down regulated with the absent nutrients intake, which was the main reason for lower growth performance of Japanese sea bass. Compared with the normal feeding FM group, PPB100 group appeared obvious feeding inhibition with increasing plasma NPY level and gastric ghrelin mRNA expression and decreasing hepatic leptin and gastric mTOR mRNA expression, suggested that peripheral feeding control system can effectively respond to the starvation stage caused by feeding inhibition in Japanese sea bass. mTOR, NPY and AgRP1 mRNA expression were no different and AgRP2 mRNA expression was decreased compered with the normal feeding fishmeal group in the hypothalamus of PPB100 group. It suggested that the central feeding control system can not effectively responsd to the starvation stage, which may lead to antifeeding the plant protein diet in Japanese sea bass.

(Min Xue, Xiao-Fang Liang, Huan-Huan Yu, Juan Han)

Chapter 4 Selective Breeding of Yellow Perch

1. Introduction

Yellow perch *Perca flavescens* is a particularly important aquacultural and ecological species in the Great Lake Region (GLR) and the Midwest USA. The demand for yellow perch has remained very high in the GLR since they are the traditional fish species used in local restaurants, social organizations, and the Friday night fish fry dinners that are a staple in many Great Lakes states. The health benefits of yellow perch and its history of consumer fidelity in the market place present significant marketing opportunities for fish farmers in the Great Lake region. The development of the yellow perch aquaculture industry has been hindered due to the relatively slow growth of currently cultured populations of this species. As a part of the effort to enhance aquaculture production of yellow perch, we have undertaken a selective breeding program for improving their growth rate using a marker-aided cohort selection with different strategies.

2. Genetic tool development

More than 200 microsatellites have been developed using methods of microsatellite-enriched library construction and EST database mining for perch breeding program at beginning. Eight microsatellite markers were optimized for parentage analyses for the breeding program. Parentage assignments were performed using the exclusion-based approach implemented in the program CERVUS 2.0. Recently, we completed whole genome sequencing of yellow perch. Through RNA sequencing, a total of 183,939 SNPs, 11,286 InDels and 41,479 microsatellites were identified.

3. Selection strategy and establishment of base and selected generations

In the first three rounds of selection, we have employed a marker-aided cohort selection (MACS) and the following specific strategies for perch selective breeding: (1) using founder stocks with high variability; (2) maintaining large effective population sizes (>100 families) in each generation; (3) keeping about 1:1 sex ratio; (4) diversifying mating strategy, including factorial mating, multi-pair nest mating and single-pair mating; (5) communal rearing to reduce environmental effects and conserve hatchery/pond resources; (6) molecular fingerprinting to reconstruct the pedigrees of communally-reared individuals and identify genetic relatedness for mating unrelated individuals; (7) using cohort strategy; and (8) overlapping generations or lines.

Founder animals or base populations (YC-2004 and YC-2005) for production of the base generations (YC-2006 and YC-2007) originated from eight different populations. During the winter 2003 and spring 2004, four broodstock strains were obtained from geographically disparate wild populations: North Carolina, Pennsylvania, New York and Maine; two additional broodstock groups were derived from captive populations held in Michigan and Ohio State University South Centers. In spring 2005, two strains were obtained from Wisconsin and Nebraska. In both starting years (YC-2004 and YC-2005) five cohorts were established and cross-breeding was performed among the individuals from different cohorts. Using performance records and the genotypic information, approximately 1500 fast-growing and least-related broodfish candidates constituting more than 100 families were selected from progeny of previously established 5 cohorts as base generations (YC-2006 and YC-2007). For each subsequent generation, approximately 800 - 1000 breeding candidates (top 5-10% and~ 200 fish from each cohort) were selected from progeny of previous cohorts, which were produced by cross-breeding of, or breeder-exchange between, five cohorts from previous generation. Among the 800-1000 fish, at least 150 pairs of the largest and least-related fish were mated to reconstruct new 4-5 cohorts based on their cohort origin and pedigree to make sure that there were at least 100 families in each generation. That means the selection lines were created by pair-mating at least 30 pairs within each cohort to find the next generation of improved cohort lines. These breeding candidates in each generation were genotyped using 8 microsatellites. If the constraint on the rate of inbreeding could not be achieved, another batch of fish was genotyped and included in the total number of candidates. To increase genetic diversity, a part of founder populations was used in 2008 and 2009, and new wild NC population was introduced in 2010 and 2011.

4. Selection response and growth performance tests

On-farm and on-station tests on three sites at different latitudes showed that our three rounds of selection using the marker-aided cohort selection and breeding strategy enabled us to get significantly higher production, survival and growth rate over non-selected local commercial strains of yellow perch. On an average, our improved fish exhibited 27.6-42.1% higher production, and 25.5-32.0% higher growth rates in the condition of having 12.3-27.8% higher survival than local strains across the three sites (Wang et al. unpublished data).

5. Genetic variability of selected populations

Monitoring genetic variation over generations and the effect of selection on the genetic structure of selected populations with molecular markers is crucial to control inbreeding and maintain genetic gain for a selective breeding program. In total 3,318 broodfish and 600 random fish from two overlapping lines (L-1 and L-2) consisting six generations of selected populations and a random population were genotyped using eight microsatellite markers to investigate genetic structure and diversity among and within these generations. Global heterozygosity values of L-1 and L-2 generations ranged from 0.76-0.80 and 0.85-0.88, respectively. Cohort-specific heterozygosity ranged from 0.53-0.95, suggesting it was well maintained during the course of selection. Global inbreeding coefficient values (F_{IS}) for L-1

(0.03) and L-2 (0.04) were found close to zero, while generation specific F_{IS} values were less than zero ranging from -0.18 to -0.08, indicating heterozygote abundance and clarifying that inbreeding was avoided over six generations of selection. Effective population size (N_E) ranged from 1,013.7 to 394.2 in all broodfish generations. The genetic distance among the 7 populations ranged from 0.002 to 0.228.

6. Conclusion

A marker-aided cohort selection has been developed and tested to establish an effective selection method, which was designed to be easily adapted by industry, maximize genetic gain and minimize loss of genetic variation for the breeding program. The result of well-maintained heterozygosity through eight years of breeding infers that MACS strategy in our yellow perch breeding program has been working well for controlling the levels of inbreeding. MACS strategy not only worked well for elevating genetic gain, but also maintaining genetic diversity for yellow perch breeding program. Our findings suggest the levels of variation are appropriate to proceed with a long-term selective breeding program in yellow perch. MACS can be easily adapted by industry and should be an effective breeding method for other aquaculture species.

(Han-Ping Wang, Xiao-Juan Cao)

Chapter 5 Bass and Perch Nutrition: Requirements and Experimental Approaches for Emerging Aquaculture Species

Thousands of species of fish are under evaluation in aquaculture and they all face a common challenge, provision of optimal nutrition when the requirements for nutrients are unknown. Two of those species groups are the bass and perch; defined as hybrid striped bass (HSB, *Morone saxatilus×M. chrysops*) and largemouth bass (LMB, *Micropterus salmoides*) and yellow perch (YP, *Perca flavescens*) and Eurasian perch (EP, *P. fluviatilus*), respectively. Few nutritional requirements for these species have been quantified and published in the scientific literature, which prohibits formulation of diets that meet their unique dietary needs. With a focus on critical nutritional requirements, such as the crude protein and essential amino acid (EAA) requirements, coupled with the high correlations between whole-body EAA concentrations and dietary requirements, near-optimal diets can be developed for new and emerging species in a relatively short period of time. The approach is described in this paper for both HSB and YP. Meaningful evaluation of practical dietary sources of crude protein and EAA then follow and the required data for formulating least-cost diets can be made available in an expedited manner. Using new enabling technologies such as metabolomics, offers the potential of continuing the rapid development of diets by identifying nutritional interactions that might not have been predicted based on our current understanding of nutrition of animals. These approaches require continued verification with new and emerging aquaculture species and should not be viewed as replacements for the systematic quantification of nutritional needs of fish. However, these expedited approaches do acknowledge the changing funding approaches in the research communities where funding for relatively routine quantification of nutritional requirements is increasingly difficult to obtain. The approach further acknowledges the immediate needs within rapidly developing aquaculture industries.

1. Introduction

There are over 30,000 species of fish on Earth and thousands of those species are under evaluation as potential aquaculture candidates. Two of those species groups are the bass and perch. All new or emerging aquaculture species face a common suite of challenges including, domestication, feed acceptance, reproduction, diseases, marketing, product quality and form and cost of production. However, if the target species is unwilling to accept nutrient inputs in the form that can be provided, industrial development will be challenging. The focus of this paper is an approach to rapid development of diets for emerging aquaculture species and the developing datasets of quantitative nutritional requirements for the bass and perch.

One of the fundamental challenges with new or emerging aquaculture species is provision of adequate food resources to achieve maximum growth of the target species. Adequate food resources not only facilitates rapid growth, but there are health, reproductive and economic considerations associated with optimal nutritional intake. Most intensive aquaculture industries use formulated commercial diets that are commonly extruded products. When formulating diets, feed mills need to know the nutritional requirements of the target species. However, defining all nutritional requirements and interactions is a very long and expensive line of research and formulators rarely have all the necessary data. Species specific industries are developing at a rapid rate and do not have the time to wait on long research lines to be completed.

Using bass and perch as examples, this article presents some of the approaches that can be implemented to rapidly develop diets for new and emerging aquaculture species as well as the current recommendations for both species groups. For the purposes of this article, bass include both largemouth bass (LMB, *Micropterus salmoides*) and the hybrid striped bass (HSB, *Morone saxatilus*×*M. chrysops*); perch include the yellow perch (YP, *Perca flavescens*) and the Eurasian perch (EP, *P. fluviatilus*).

2. Initial considerations-bass

In most situations, nondomesticated animals are the initial stock used in aquacultural evaluations and simply identifying diets the target species accepts can be a challenge. The next fundamental question that must be addressed is growth of the target species when fed various basal formulations. Is the rate of weight gain in a stressful, highly controlled laboratory situation near maximal? Growth or weight gain of fish from wild populations may not provide an accurate measure of their true genetic potential. Finally, what can serve as a positive control diet? Practical dietary formulations are available that contain varying concentrations of macronutrients, such as crude protein and fat, but these diets also contain varying concentrations of major ingredients that may not be accepted by the target species. Use of chemically defined diets, often referred to as purified or semi-purified diets, provides the accuracy and precision desired in nutritional research, but with new species, establishing the optimal macronutrient concentrations for these experimental diets is not possible because they have not be defined. Further, there are several different basal purified dietary formulations in use with fish. All of these formulations may not be acceptable to the target species.

The more commonly used basal semi-purified diets vary in the source of crude protein and essential amino acids (EAA). Diets used with salmonids (trout and salmon) often contain casein as the primary source of crude protein. However, casein is deficient in arginine and arginine-HCl is commonly added to correct the deficiency. With warmwater species, such as catfish and tilapia, a combination of casein and gelatin is commonly used. Gelatin contains a relatively high concentration of arginine. Casein, gelatin and purified crystalline amino acids are available from major biochemical suppliers and the purity and consistency is very high. The casein/gelatin combination offers the advantage of providing all EAA from intact proteins. Thus, digestibility and absorption of the EAA should follow a similar time frame. Using casein/arginine-HCl has proved a valuable basal formulation, but there are concerns about differential absorption rates from intact proteins (casein) and a crystalline EAA (arginine). The other commonly used basal formulation contains only a small amount of intact protein (<10% of the diet) and the majority of EAA are provided by crystalline amino acids. This formulation approach is commonly used to define EAA requirements and to study potential interactions of EAA.

To address the fundamental challenges of feed acceptance, establishing maximum weight gain, and identification of positive control diets, Brown et al. (1993) offered 5 experimental (Table 5-1) and 3 practical dietary formulations to juvenile hybrid striped bass. The experimental diets varied in the sources of crude protein and essential amino acids, while the practical diets varied in protein/fat concentrations and major ingredients. Experimental diets 1-3 were not accepted by HSB. Experimental diets 4 and 5, a largely crystalline amino acid diet and a casein-based diet supplemented with 10% fish meal as a flavor additive, were accepted. Weight gain and feed efficiency of fish fed experimental diets 4 and 5, along with the responses of fish fed the practical diets is shown in Table 5-2. Highest weight gain was recorded in fish fed experimental diet 5 and the practical diet containing 44% crude protein and 8% lipid.

Table 5-1 Composition of experimental diets fed to hybrid striped bass to define optimal experimental diets (%, dry matter)

Ingredient	Diet number				
	1	2	3	4	5
Casein	43.4	32.7	42.2	9.0	41.25
Gelatin	10.0	1.8	0	0	0
Menhaden fish meal	0	0	0	0	10.0
L-Arginine·HCl	0	0	1.15	0	1.15
Amino acid premix	0	0	0	23.76	0
Constant	42.5				
Cellulose	Vary				

Table 5-2 Weight gain, feed efficiency (FE) and survival of juvenile hybrid striped bass fed experimental and practical dietary formulations

Diet	Weight gain	FE	Survival
4	317.7^c	0.65^c	76.7
5	611.3^a	0.94^a	63.3
Trout, 44/8[1]	487.0$^{a, b}$	0.84^b	83.3
Trout, 35/10	432.4$^{b, c}$	0.80^b	83.3
Catfish, 42/4	346.9^c	0.71^c	76.7

1 Practical formulations were acquired from three different feed mills and were formulated to meet the nutritional needs of either rainbow trout (Onchorhynchus mykiss) or juvenile channel catfish (Ictalurus punctatus). Numbers refer to dietary crude protein/dietary fat.

A second experiment was conducted designed to further refine appropriate experimental diets (Table 5-3) and to evaluate additional practical dietary formulations. Experimental diets

1 and 2 were the only ones accepted in the second experiment; responses are in Table 5-4. Responses of HSB fed experimental diet containing 10% fish meal and those fed the trout formulation containing 35% crude protein/10% fat were similar across the two experiments. These data helped identify experimental basal dietary formulation for future research with this species and provided clear recommendations for producers of HSB. The significantly higher response of fish fed the practical salmon diet in the second experiment suggested there was much work to do before we would identify an optimal diet for this emerging species. In these and all future experiments with HSB, the same genetic stock was used. All experimental fish ere sourced from one supplier to decrease the potential of confounding effects caused by significant variations in genotype.

Table 5-3 Composition of experimental diets fed to juvenile hybrid striped bass in the second experiment

Ingredient	Diet number					
	1	2	3	4	5	6
Casein	35.2	38.6	41.4	42.1	40.6	40.4
Menhaden fish meal	10.0	5.0	1.0	0	0	0
L-Arginine·HCl	1.0	1.1	1.2	1.2	1.2	1.3
L-Methionine	0	0	0	0	1.3	0
L-Cystine	0	0	0	0	0	1.5
Constant	50	50	50	50	50	50
Cellulose	Vary					

Table 5-4 Weight gain, feed efficiency (FE) and survival of juvenile hybrid striped bass in the second experiment

Diet	Weight gain	FE	Survival
1	439.9^b	0.95^b	83.3^a
2	375.4^c	0.86^c	56.7^b
Catfish, 36/8	280.2^d	0.75^d	93.3^a
Trout, 35/10	424.4^{b,c}	0.96^b	93.3^a
Salmon, 55/15	649.5^a	1.20^a	90.0^a

3. Initial considerations-perch

A similar series of studies was conducted with YP, but fish size differences were also explored. Growth of YP in wild settings and in aquaculture slows significantly as fish get larger and this decrease in growth appears to be directly related to feed intake, which decreases. Initial fish weights were either 5 g or 51 g (Brown et al. 1996). Experimental diets were similar to those in Table 5-1, varying in sources of crude protein and EAA. Similarly, 3 practical diets were offered to juvenile perch (Table 5-5). Experimental diets containing casein as the only source of dietary crude protein (negative control) or casein + gelatin were not accepted by juvenile perch (5 g). The casein + arginine diet and the diet containing a large percentage of free amino acids were accepted. More interestingly, weight gain of juvenile perch fed a largely crystalline amino acid diet grew better than any other treatment. This appears to be the first species documented that will accept crystalline amino acid diets and grow at rates similar to those observed in fish fed practical diets. Similar to the HSB experiments, YP fed higher crude protein concentrations in practical diets gained more weight than those fed lower protein concentrations.

Larger YP (51 g) accepted all experimental diets and gained the most weight when fed the casein/arginine combination or the crystalline amino acid diet (Table 5-6). Fish fed the practical diets formulated for trout gained more weight than those fed diets formulated for catfish and fish fed a diet containing 40% crude protein/10% fat gained the most weight.

Comparison of the two series of studies indicates;

Acceptance of diets varies significantly across species;

Fish have distinct preferences for experimental diets;

Similarly formulated experimental and practical diets exert significant differences in fish; and, Optimal dietary crude protein and lipid concentrations for these species appears to be slightly different from the established fish diets that contain low protein and low fat (32/4, channel catfish) or high protein and high fat (36-44/12-26, trout and salmon).

Table 5-5 Weight gain and feed conversion ratio (FCR) of juvenile yellow perch fed various experimental and practical diets. Initial weight of fish was 5 g

Diet	Weight gain	FCR
Casein/arginine	167.7[b]	3.1[b]
Crystalline amino acids	215.0[a]	1.8[a]
Catfish, 36/6	127.8[c]	2.9[c]
Trout, 36/8	174.7[a, b]	2.3[a]
Trout, 45/15	212.1[a]	2.3[a]

Table 5-6 Weight gain and feed conversion ratio (FCR) of yellow perch fed various experimental and practical diets. Initial weight of fish was 51 g

Diet	Weight gain	FCR
Casein	47.5[b, c]	5.0[b, c]
Casein/gelatin	48.1[b, c]	5.1[c]
Casein/arginine	64.6[a]	4.0[a]
Crystalline amino acids	53.1[b]	4.7[b]
Trout, 33/8	43.3[c]	5.9[c]
Trout, 38/12	38.7[c, d]	6.5[c, d]
Trout, 40/10	63.4[a]	4.4[a]
Trout, 50/17.5	46.3[b, c]	5.7[b, c]
Catfish, 35/4	46.0[b, c]	5.7[b, c]
Catfish, 32/3.5	10.2[e]	25.8[e]

4. Nutritional requirements

Published nutritional requirements for HSB are summarized in Table 5-7. While the number of quantified nutritional requirements have increased significantly, this represents focused research effort over a 22 year period. More importantly, the list is incomplete. There are only 6 of 10 essential amino acid requirements quantified, 3 of 12 essential minerals and 6 of 15 essential vitamins. From a practical perspective, when a nutritional requirement is

Table 5-7 Published nutritional requirements for hybrid striped bass

Nutrient	Requirement	Source
Crude protein	32-44%	Swann et al. 1994
		Brown et al. 2008
		Nematipour et al. 1992
		Webster et al. 1995
		Brown et al. 1992
		Wetzel et al. 2006
Crude lipid	8-18%	Gallagher 1995
		Webster et al. 1995
		Gallagher 1996
		Burr et al. 2006
		Rawles et al. 2012
Protein:energy	9	Nematipour et al. 1992
		Webster et al. 1995
		Keembiyehetty and Wilson 1998
	40 kJ/g protein	Twibell et al. 2003
n-3 LC PUFA	0.5-1.0%	Nematipour and Gatlin 1993
Arginine	1.0 -1.5%	Griffin et al. 1994b
Lysine	1.4-2.1%	Griffin et al. 1992
		Keembiyehetty and Gatlin 1992
Methionine	0.7%	Griffin et al. 1994a
Methionine + cyst(e)ine	1.0-1.1%	Griffin et al. 1994a
		Keembiyehetty and Gatlin 1993
Threonine	0.9%	Keembiyehetty and Gatlin 1997
Tryptophan	0.21-0.25%	Gaylord et al. 2005
Phosphorus	0.5%	Brown et al. 1993
Zinc	37 mg/kg	Buentello et al. 2009.
Selenium	0.25 mg/kg	Jaramillo et al. 2009
A	0.5 mg/kg	Hemre et al. 2004
E	28 mg/kg	Kocabas and Gatlin 1999
Riboflavin	5 mg/kg	Deng and Wilson 2003
Choline	500 mg/kg	Griffin et al. 1994c
C	22 mg/kg	Sealey and Gatlin 1999

unknown, nutrients are commonly added at the highest known requirement for fish, which has proven a reasonable approach for new and emerging species. However, if the nutritional requirement is higher than the published requirements for aquatic animals, diets will be nutritionally deficient. Early evaluations of emerging aquaculture species using nutritionally deficient diets can result in misleading data. If the requirement for nutrients is lower than the highest known within the fishes, feeds will be overfortified and dietary costs will be higher than necessary. Vitamin and mineral supplementation above requirements often has less of an impact on cost than essential amino acid supplementation.

The published nutritional requirements for largemouth bass are presented in Table 5-8. Largemouth bass were initially cultured in the United States in the 1950's in public hatcheries and are a new culture species for the food market. Despite their popularity and history within the public sector fish propagation programs, very few nutritional requirements have been quantified.

The published nutritional requirements for YP and EP are presented in Table 5-9. Similar to the dataset for largemouth bass, the published nutritional requirements represent a small fraction of the essential nutrients for vertebrates.

Table 5-8 Published nutritional requirements for largemouth bass

Nutrient	Requirement	Source
Crude protein	40-47%	Tidwell et al. 1996
		Bright et al. 2005
Crude lipid	7-13%	Bright et al. 2005
Protein:energy	25-26 (mg protein/kJ DE)	Portz et al. 2001
Arginine	1.9%	Zhou et al. 2012

Table 5-9 Published nutritional requirement for yellow perch (YP) and Eurasian perch (EP)

Nutrient	Requirement	Source
Crude protein	24-34% (YP)	Ramseyer and Garling 1998
	43-56% (EP)	Fiogbe et al. 1996
Crude lipid	8% (YP)	Cartwright 1998
	18%(EP)	Kestemont et al. 2001
Protein:energy	18-22 (EP, mg protein/kJ GE)	Mathis et al. 2003
	22 (YP, mg protein/MJ ME)	Ramseyer and Garling 1998
Arginine	1.4% (YP)	Twibell and Brown 1997
Methionine	1.1% (YP)	Twibell et al. 2000a
Methionine + cyst(e)ine	0.9% (YP)	Twibell et al. 2000a
Choline	600 mg/kg (YP)	Twibell et al. 2000b

5. Practical challenge

Despite the research effort to date, the fundamental challenge with both species groups remains. How do we formulate a diet for a new aquaculture species when the nutritional requirements are only partially known? As mentioned above, adding nutrients at the highest known requirements levels for fish is one method. A new method involves using a predictive relationship identified with other, more established, aquaculture species.

Arai (1981), Ogata et al. (1983) and Wilson and Poe (1985) reported interesting and potentially applicable correlations between whole body EAA profiles and dietary requirements. Twibell et al. (2003) and Hart et al. (2010) evaluated the predictive capability of these relationships in HSB and YP, respectively. Table 5-10 shows the predicted essential amino acids requirements for phenylalanine, histidine, leucine, isoleucine and valine for HSB. Using these values, dietary essential amino acid concentrations were incorporated into experimental diets identified in the initial experiments. Weight gain of fish fed the predicted EAA pattern was not different from those fed the EAA pattern of fish meal. In experimental diets containing a minimal amount of EAA, fish response was higher when additional dietary lipid was added to diets suggesting that excessive concentrations of EAA were used as sources of energy in HSB. Similarly, yellow perch fed diets formulated using predicted EAA requirements (Table 5-11) gained more weight than fish fed the fish meal EAA pattern. In both species, an additional 20% of each predicted EAA was required for maximum response.

Table 5-10 Predicted essential amino acid requirements for hybrid striped bass

Essential amino acid	Requirement
Phenylalanine	0.9%
Histidine	0.5%
Leucine	1.5%
Isoleucine	0.9%
Valine	0.8%

Table 5-11 Predicted essential amino acid requirements for yellow perch

Amino acid	Requirement
Lysine	3.0%
Phenylalanine	1.6%
Threonine	1.6%
Tryptophan	0.3%
Histidine	0.5%
Leucine	1.5%
Isoleucine	0.9%
Valine	0.8%

The theoretical basis for our ability to predict dietary EAA requirements lies in the genetic makeup of animals. Cellular DNA encodes proteins and various RNA species required for homeostasis, growth, reproduction and health. The composition and resulting products of DNA expression are relatively stable. Turnover of EAA might impact cellular needs, but the relative concentrations should remain constant. A similar argument for minerals and vitamins is more difficult, perhaps even not feasible. However, there are new technologies that might identify optimal dietary intake of micronutrients and facilitate rapid development of diets for new aquaculture species.

6. The –omics era

Advances in mass spectrometers (MS) provided the opportunity to accurately and precisely identify and quantify major classes of chemicals, including small metabolites (<1000 daltons). Separation of chemicals prior to identification based on mass can be achieved by either gas- or liquid chromatography with LC approaches being preferred. Application of metabolomics in nutrition appears to have several potential applications including rapid development of diets for new and emerging aquaculture species.

Using metabolomics, Pei et al. (2010) identified several major nutrient interactions in marine shrimp (*Litopenaeus vannamei*) fed soy-based diets with or without supplemental cholesterol. Most of the metabolic changes associated with a lack of dietary cholesterol were seen in amino acid concentrations in hepatopancreas, muscle and hemolymph. Unpublished data from Purdue evaluating acceptance and tolerance of soybean meal in diets fed to LMB indicated significant alterations in the arginine metabolic pathway. The dietary arginine requirement of LMB has been quantified; thus, alterations in arginine metabolism as a function of dietary soybean meal incorporation would not have been predicted. These findings require verification with additional experiments. Additional metabolite responses from LMB fed varying concentrations of dietary soybean meal included significant disruptions in vitamin metabolic pathways as dietary soybean meal concentration increased. Vitamin pathways affected included niacin, pantothenic acid, riboflavin, thiamin and vitamin A. A nutritionally complete vitamin premix was used in that experiment, suggesting there was an interaction of soybean meal with vitamins. Again, this would not have been predicted based on our current understanding of aquatic animal nutrition. Appropriate micronutrient supplementation becomes increasingly important as practical diets are moving away from fish meal to use of more plant protein sources (Hansen et al. 2015) and metabolomics offers the promise of rapidly identifying the needed changes as major ingredient shifts occur. Similar opportunities are offered by transcriptomics and proteomics as response variables in nutrition research.

7. Practical application

Close examination of the published nutritional requirements for bass and perch clearly show the prioritization of critical nutritional requirements for fish. Dietary crude protein and energy provide the basic framework for formulating diets, followed by critical EAA, vitamins and minerals. The dietary protein fraction, and their component EAA, are typically the focus of dietary formulation in fishes because fish grow maximally when fed high concentrations of dietary crude protein and this fraction is often one of, or the, most expensive component in diets. Using the optimum macronutrient concentrations (crude protein and lipid), the quantified EAA requirements and the predicted EAA requirements, alternative dietary ingredients for practical diets can be efficiently evaluated.

Brown et al. (1997) evaluated 3 different soybean products in practical formulations fed to juvenile hybrid striped bass; raw soybean seeds ground into a meal, roasted soybean seeds, or solvent-extracted, dehulled soybean meal (SBM). Unprocessed, or raw, soybean meal exerted a significant depression on weight gain in fish fed the lowest concentration evaluated (20% of the diet). Depression in weight gain in fish fed roasted SBM was not apparent until the dietary concentration reached 40% of the diet, suggesting that heat processing inactivated antinutritional factors found in soy products. Solvent extracted SBM did not cause a depression in weight gain until the dietary concentration reached 45% of the diet. In a subsequent experiment, the dietary mineral supplementation in diets containing high concentrations of SBM was evaluated. When using a nutritionally complete mineral premix, hybrid striped bass did not exhibit a depression in weight gain until the dietary concentration of SBM exceeded 50% of the diet (unpublished data). These experiments suggest the hybrid striped bass is tolerant of high dietary concentrations of SBM, in contrast with many other piscivorous species such as trout and salmon. An alternative explanation for the acceptance of high concentrations of SBM in practical diets for HSB might also be the dietary formulation approach; using the published and predicted EAA requirements of the target species, not simply the optimal dietary crude protein concentration. Additional evaluations with other piscivorous species may shed some light on these possibilities.

Kasper et al. (2007) evaluated expelled SBM and SBM in practical diets fed to juvenile YP. The expelled product is a modified form of roasting that involves heat treatment to reduce antinutritional factor activity, but an approach that also removes a small percentage of the lipid fraction. Both sources of crude protein and EAA were accepted by juvenile YP and depression in weight gain did not occur until dietary concentrations exceeded 30% of the diet. As with the HSB, the tolerance of YP to high concentrations of SBM appears atypical when compared to other piscivores. However, formulating practical diets for both species and keeping cost of feed low by using plant-based protein co-products, should help the developing industry for many years into the future.

Subsequent practical ingredient evaluations with HSB identified acceptance of meat and bone meal (MBM, Bharadwaj et al. 2002). Finally, blends of protein supplying ingredients have been evaluated in both species groups (unpublished data, Purdue University). With both species, blends of plant-based and animal by-product meals (MBM and poultry by-product meal) were accepted by both species and no growth depression was evident. Thus, fish meal-free diets are possible with both species groups.

8. Conclusions

Aquaculture of bass and perch is growing rapidly in several parts of the world, but little information has been developed identifying their nutritional requirements. New approaches are available that might result in near-optimal diets in the short term. By characterizing the response of fish fed experimental dietary formulations, researchers can verify the rate at which fish are growing in subsequent experiments. Focused effort on critical nutritional requirements (crude protein and EAA) followed by predictions of the remaining EAA requirements, provides a fundamental base for evaluating modified practical diets in a meaningful way. New enabling technologies such as metabolomics offers the opportunity to identify new nutritional interactions that would not be predicted based on our current understanding of nutrition in animals. These early studies require additional validation before they can be accepted with all species groups. Rapid development of diets should help emerging aquaculture industries develop and thrive as profit margins decrease in response to regional and global production increases.

Acknowledgements

Special thanks to Drs. Xufang Liang, Huazhong Agricultural University, and Hanping Wang, The Ohio State University for coordinating the China-U.S. Forum on the Innovation for Mandarin-Fish and Bass/Perch Production.

References

Bharadwaj A, Brignon WR, Gould NL, et al. 2002. Evaluation of meat and bone meal in practical diets fed to juvenile hybrid striped bass *Morone chrysops* × *M. saxatilis*. Journal of the World Aquaculture Society, 33:448-457.

Bright LA, Coyle SD, Tidwell JH. 2005. Effect of Dietary Lipid Level and Protein Energy Ratio on Growth and Body Composition of Largemouth Bass *Micropterus salmoides*. Journal of the World Aquaculture Society, 36: 129-134.

Brown ML, Nematipour GR, Gatlin DM. 1992. Dietary protein requirement of juvenile sunshine bass at different salinities. Progressive Fish-Culturist, 54(3): 148-156.

Brown ML, Jaramillo F, Gatlin DM. 1993. Dietary phosphorus requirement of juvenile sunshine bass, *Morone chrysops* × *M. saxatilis*. Aquaculture, 113:355-363.

Brown PB, Griffin ME, White MR. 1993. Experimental and practical diet evaluations with juvenile hybrid striped bass. Journal of the World Aquaculture Society, 24:80-89.

Brown PB, Dabrowski K, Garling Jr DL. 1996. Nutrition and feeding of yellow perch (*Perca flavescens*). Journal of Applied Ichthyology, 12:171-174.

Brown PB, Twibell R, Jonker Y, et al. 1997. Evaluation of three soybean products in diets fed to juvenile hybrid striped bass *Morone saxatilis* × *M. chrysops*. Journal of the World Aquaculture Society, 28:215-223.

Brown PB, Brown BJ, Hart S, et al. 2008. Comparison of soybean-based practical diets containing 32, 36, or 40% crude protein fed to hybrid striped bass in earthen culture ponds. North American Journal of Aquaculture, 70:128-131.

Buentello JA, Goff JB, Gatlin DM. 2009. Dietary zinc requirement of hybrid striped bass *Morone chrysops* × *M. saxatilis* and bioavailability of two chemically different zinc compounds. Journal of the World Aquaculture Society, 40:687-694.

Burr GS, Li P, Goff JB, et al. 2006. Evaluation of growth performance and whole-body composition of juvenile hybrid striped bass *Morone chrysops* × *M. saxatilis* and red drum *Sciaenopsocellatus* fed high-protein and high-lipid diets. Journal of the World Aquaculture Society, 37:421-430.

Cartwright DD. 1998. Dietary lipid studies with juvenile yellow perch. M.S. thesis, Purdue University, West Lafayette, IN, 78 pp.

Deng DF, Wilson RP. 2003. Dietary riboflavin requirement of juvenile sunshine bass (*Morone chrysops* × *M. saxatilis*). Aquaculture, 218:695-701.

Fiogbe ED, Kestemont P, Melard C, et al. 1996. The effects of dietary crude protein on growth of the Eurasian perch Percafluviatilis. Aquaculture, 144: 239-249.

Gallagher ML. 1995. Interactions of carbohydrate and lipid in diets for hybrid striped bass (*Morone chrysops*× *M. saxatilis*). Journal of Applied Aquaculture, 5:53-60.

Gallagher ML. 1996. Growth responses and liver changes in juvenile sunshine bass (*Morone chrysops* ×*M. saxatilis*) associated with dietary protein and lipid level. Journal of Applied Aquaculture, 6:75-86.

Gaylord TG, Rawles SD, Davis KB. 2005. Dietary tryptophan requirement of hybrid striped bass (*Morone chrysops* × *M. saxatilis*). Aquaculture Nutrition, 11:367-374.

Griffin ME, Brown PB, Grant AL. 1992. The dietary lysine requirement of juvenile hybrid striped bass. Journal of Nutrition, 122: 1332-1337.

Griffin ME, White MR, Brown PB. 1994a. Total sulfur amino acid requirement and cysteine replacement value for juvenile hybrid striped bass (*Morone saxatilis* × *M. chrysops*). Comparative Biochemistry and Physiology, 108A: 423-429.

Griffin ME, Wilson KA, Brown PB. 1994b. Dietary arginine requirement of juvenile hybrid striped bass. Journal of Nutrition, 124: 888-893.

Griffin ME, Wilson KA, White MR, et al. 1994c. Dietary choline requirement of juvenile hybrid striped bass. Journal of Nutrition, 124: 1685-1689.

Hanson AC, WaagboR, Hemre GI. 2015. New B vitamin recommendations in fish when fed plant-based diets. Aquaculture Nutrition, 21(5): 507-527.

HemreG, Deng D, Wilson RP, et al. 2004. Vitamin A metabolism and early biological responses in juvenile sunshine bass (*Morone chrysops* × *M. saxatilis*) fed graded levels of vitamin A. Aquaculture, 235: 645-658.

Kasper CS, Watkins BA, Brown PB. 2007. Evaluation of two soybean meals fed to yellow perch (*Perca flavescens*). Aquaculture Nutrition, 13:431-438.

Keembiyehetty CN, Gatlin DM. 1992. Dietary lysine requirement of juvenile hybrid striped bass (*Morone chrysops* × *M. saxatilis*). Aquaculture, 104:271-277.

Keembiyehetty CN, Gatlin DM. 1993. Total sulfur amino acid requirement of juvenile hybrid striped bass (*Morone chrysops* × *M. saxatilis*). Aquaculture, 104:271-277.

Keembiyehetty CN, Gatlin DM. 1997. Dietary threonine requirement of juvenile hybrid striped bass (*Morone chrysops* × *M. saxatilis*). Aquaculture Nutrition, 3:217-221.

Keembiyehetty CN, Wilson RP. 1998. Effect of water temperature on growth and nutrient utilization of sunshine bass *Morone chrysops* × *Morone saxatilis* fed diets containing different energyrprotein ratios. Aquaculture, 166:151-162.

Kestemont PE, Vandeloise C, Melard P, et al. 2001. Growth and nutritional status of Eurasian perch Percafluviatilis fed graded levels of dietary lipids with or without added ethoxyquin. Aquaculture, 203: 85-99.

Kocabas AM, Gatlin DM. 1999. Dietary vitamin E requirement of hybrid striped bass (*Morone chrysops* × *M. saxatilis*). Aquaculture, 110:331-339.

Mathis N, Feidt C, Brun-Bellut J. 2003. Influence of protein/energy ratio on carcass quality during the growing period of Eurasian perch (*Perca fluviatilis*). Aquaculture, 217: 453-464.

Nematipour GR, Brown ML, Gatlin DM. 1992. Effects of dietary energy: protein ratio on growth characteristics and body composition of hybrid striped bass, *Morone chrysops* × *M. saxatilis*. Aquaculture, 107, 359-368

Nematipour GR, Gatlin DM. 1993. Requirement of hybrid striped bass for dietary (n-3) highly unsaturated fatty acids. Journal of Nutrition, 123:744-753.

Ogata H, Arai S, Nose T. 1983. Growth responses of cherry salmon *Oncorhynchus masou* and amago salmon *O. rhodurus* fry fed purified casein diets supplemented with amino acids. Bulletin of the Japanese Society of Scientific Fisheries, 49:1381-1385.

Portz L, Cyrino J, Martino R. 2001. Growth and body composition of juvenile largemouth bass *Micropterus salmoides* in response to dietary protein and energy levels. Aquaculture Nutrition, 7:247-254.

Ramseyer LJ, Garling DL. 1998. Effects of dietary protein to metabolizable energy ratios and total protein concentrations on the performance of yellow perch Percaflavescens. Aquaculture Nutrition, 4:217-223.

Rawles SD, Green B, Gaylord TG, et al. 2012. Response of sunshine bass (*Morone chrysops* × *M. saxatilis*) to digestible protein/ dietary lipid density and ration size at summer culture temperatures in the Southern United States. Aquaculture, 356-357:80-90.

Sealey WM, Gatlin DM. 1999. Dietary Vitamin C Requirement of Hybrid Striped Bass *Morone chrysops* × *M. saxatilis*. Journal of the World Aquaculture Society, 30:297-301.

Swann DL, Riepe JR, Stanley JD, et al. 1994. Cage culture of hybrid striped bass in Indiana and evaluation of diets containing three levels of dietary protein. Journal of the World Aquaculture Society, 25:281-288.

Tidwell JH, Webster CD, Coyle SD. 1996. Effects of dietary protein level on second year growth and water quality for largemouth bass (*Micropterus salmoides*) raised in ponds. Aquaculture, 145: 213-223.

Twibell RG, Brown PB. 1997. Dietary arginine requirement of juvenile yellow perch. Journal of Nutrition, 127:1838-1841.

Twibell RG, Wilson KA, Brown PB. 2000a. Dietary sulfur amino acid requirement of juvenile yellow perch fed the maximum cystine replacement value for methionine. Journal of Nutrition, 130:612-616.

Twibell RG, Brown PB. 2000b. Dietary choline requirement of juvenile yellow perch (*Perca flavescens*). Journal of Nutrition, 130:95-99.

Twibell RG, Griffin ME, Martin B, et al. 2003. Predicting dietary essential amino acid requirements for hybrid striped bass. Aquaculture Nutrition, 9:373-382.

Webster CD, Tiu LG, Tidwell JH, et al. 1995. Effects of dietary protein and lipid levels on growth and body composition of sunshine bass (*Morone chrysops* × *M. saxatilis*) reared in cages. Aquaculture, 131:291-301.

Wetzel JE, Kasper CS, Kohler CC.2006. Comparison of pond production of phase-III sunshine bass fed 32-, 36-, and 40%-crude-protein diets with fixed energy: protein ratios. North American Journal of Aquaculture, 68:3, 264-270.

Wilson RP, Poe WE. 1985. Relationship of whole body and egg essential amino acid patterns to amino acid requirement patterns in channel catfish, Ictalurus punctatus. Comparative Biochemistry and Physiology, 80B:385-38.

Zhou H, Chen N, Qiu X, et al. 2012. Arginine requirement and effect of arginine intake on immunity in largemouth bass, *Micropterus salmoides*. Aquaculture Nutrition, 18:107-116.

(Paul B. Brown)

Chapter 6   Status and Prospective for North American Hybrid Striped Bass Production

1. The genus *Morone*

In the United States, there are four species of temperate basses, all belonging to the family Moronidae. This family includes the striped bass *Morone saxatilis*, white bass *M. chrysops*, white perch *M. americana*, and yellow bass, *M. mississippiensis*. Two of the four species occur in brackish water and marine coastal areas, and the other two are confined to fresh water (Jobling et al., 2010). The two brackish species, striped bass and white perch, are historically Atlantic coast drainage species (Harrell and Webster, 1997). Striped bass originally ranged from the St. Lawrence River in Canada to northern Florida and throughout the coastal tributaries of the Gulf of Mexico from western Florida to Louisiana (Raney, 1952). Because of their popularity as a sport and food fish, *Morone* can now be found in all 48 contiguous United States. Striped bass have also been exported to the former USSR, Israel, France, Portugal, Taiwan, Germany (Harrell and Webster, 1997), and most recently China.

2. Meristic characteristics

Striped bass, white bass and their hybrids generally have a silver coloring with dark horizontal stripes running laterally along the sides of the body, a white abdomen and black to olive gray back (Kohler, 2000). The stripes of striped bass usually are composed of 7-8 narrow stripes on alternate rows of scales, while the white bass have 6-10 faint stripes arranged with 3-5 on the upper body, 1 along the lateral line, and 2-5 on the lower body (Clay, 1975). A distinctive characteristic of the striped bass, relative to the white bass, is its elongated body; described as laterally compressed, with the deepest part below the posterior portion of the spinous dorsal fin, which is contiguous with the soft dorsal fin (Scott and Crossman, 1973). The white bass is more compressed laterally but is deeper and robust vertically, while the hybrids are intermediate in appearance and in meristic characteristics to the parents (Woods, 2005). In addition to body shape and striping, tooth patches are sometimes used in the identification of striped bass, white bass and their hybrids. White bass have one tooth patch near the midline towards the back of the tongue, while striped bass and hybrids have two tooth patches towards the back of the tongue. These patches are distinct in striped bass and may be distinct or close together in hybrids (Fig.6-1). Additional meristic characteristics can found in Table 6-1.

Table 6-1 Meristic characteristics of striped bass and white bass (Woods, 2005)

Meristic characteristic	Striped bass	White bass
Lateral stripes	7-8	6-10
Tongue teeth patches	2	1
Gill rakers	20-29	23-25
Soft anal rays	11	11-13
Soft dorsal rays	12	13-14

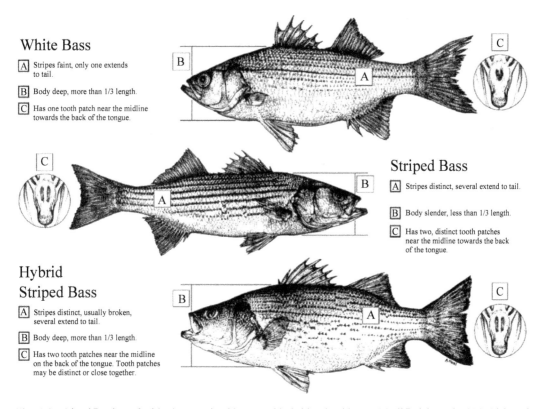

Fig. 6-1 Identification of white bass, striped bass, and hybrid striped bass. (Modified from the U.S. Fish and Wildlife Service, Sports Fish Restoration Program guide for "Identifying Yellow Bass, White Bass, Striped Bass, and Hybrid Striped Bass.")

3. Historical overview

The first dedicated striped bass hatchery was constructed on the banks of the Roanoke River in Weldon, North Carolina, USA in the 1880's for the purpose of stock enhancement into the Roanoke River (Worth, 1984). This facility was built upon the successful development of artificial conditions to hatch striped bass eggs by the U.S. Commission of Fish and Fisheries in 1874 (Baird, 1874). By 1904, striped bass production was occurring at a rate of almost 300,000 viable fry for stocking (Worth, 1904). The method detailed by Worth (1904) described eggs collected from gravid females spawning in the river and fertilized with milt from captured males. Fertilized eggs were incubated in McDonald incubating jars. To produce 300,000 fry, over two million eggs were collected. Early striped bass culture was entirely dedicated to enhancing commercial and recreational fisheries of native coastal stocks (Woods, 2005). However, by 1910 the U.S. Fish and Fisheries Commission made the decision to no longer augment marine stocks, and the production of striped bass was halted (Worth, 1910).

In the 1950's, there was a renewed interest in striped bass culture for the augmentation of the Santee-Cooper Reservoir in South Carolina, which then expanded to establish new populations in man-made reservoirs throughout the United States (Woods, 2005). It wasn't until the mid-1960's that hormone-induced spawning was developed, which allowed for the induced ovulation of gravid females, negating the need to capture ovulating females on the spawning grounds (Stevens et al., 1965; Stevens, 1966, 1967). This technology paved the way for the production of millions of striped bass fry annually by the late 1960's (Stevens, 1967). The work done in North Carolina to refine striped bass culture laid the foundation for much of what we now know about *Morone* culture requirements, including that necessary for food-fish production and interspecific hybridization, which today's aquaculture industry is based upon (Harrell and Webster, 1997).

Once the techniques were developed for stock enhancement and acceptable survival of striped bass stocked in reservoirs was observed, it didn't take long to develop a commercial industry. By 1999, 12 private producers alone produced 185 million fry and nearly 18 million striped bass and hybrid striped bass for the commercial foodfish aquaculture industry (Woods, 2005). Of those fry and fingerlings produced, Woods (2005) reports approximately 150 million fry and 17 million fingerlings were sold in the United States, and 35 million fry and just over one half million fingerlings were exported to foreign producers.

4. Development and commercialization of *Morone* hybrids

The 1960's were pivotal for *Morone* culture. In 1965, trials were undertaken to hybridize striped bass with the other *Morone* species and in 1966, successful production hybrid fingerlings occurred (Woods, 2005). From these early trials, it was evident that *Morone* hybrids exhibited hybrid vigor and grew faster that either parental species (Logan, 1968). It should be noted that hybridization does not result in sterility for this genus. In fact, striped bass hybrids were first successfully backcrossed with striped bass in 1968 (Bishop, 1968). The original hybrid cross was made by crossing female striped bass with male white bass, referred to as a palmetto bass (Robins et al., 1991) and remains a popular sportfish for stocking into manmade reservoirs in the United States. The reciprocal cross, the sunshine bass, is made by crossing female white bass with male striped bass, and is the more popular hybrid for commercial foodfish production (Woods, 2005). Other types of *Morone* hybrids have been produced for potential production, including the Maryland bass (white perch ♀ × striped bass ♂), Virginia bass (striped bass ♀ × white perch ♂), and paradise bass (striped bass ♀ × yellow bass ♂) (Harrell et al., 1990). Culturing the sunshine bass rather than either parental species yields beneficial characteristics of both species. Sunshine bass grow faster, are easier to train to a pelleted feed, and are more resistant to disease (Kohler, 2004).

Foodfish production began with the first commercial farm in 1973; however, only 20,000 lb were produced before failing in 1974. Similarly, a second farm began in 1977 and produced 29,000 lb, only to fail after 3 years (Van Olst and Carlberg, 1990). With several starts and stops, commercial viability of the hybrid striped bass industry took the better part of two decades. It wasn't until the late 1980's when significant industry growth began to manifest. This is largely in part to the culture methodologies developed over the previous century at public hatcheries and more recent research efforts aimed at domestication, reproduction, and nutrition (Kerby et al., 1983; Woods, 2005).

5. Production statistics

The late 1980's to late 1990's were a period of significant growth for the hybrid striped bass industry (Fig.6-2). By the late 1990's, about 56% of hybrid striped bass produced in the United States for food markets was grown in intensive tank systems by a single producer, with the large majority of remaining producers using ponds. Only 1% of production was coming from cages or net pens at that time (Carlberg, 1998). Foreign production had also increased by that time, with nearly 6 million pounds being produced in China and Taiwan for Asian markets and over half a million pounds produced in Israel for European markets (Carlberg, 1998). A survey in 2000 indicated striped bass and hybrid striped bass were being produced at 69 production facilities in the U.S. (Carlberg et al., 2000). Production had dropped from its peak in the late 1990's to a little over 11 million pounds in 2000, then increased slightly until 2005, reaching 12 million pounds. Over the next couple years, hybrid striped bass production would decline and level out at about 8 million pounds annually from 2011 to the present day (Fig.6-3).

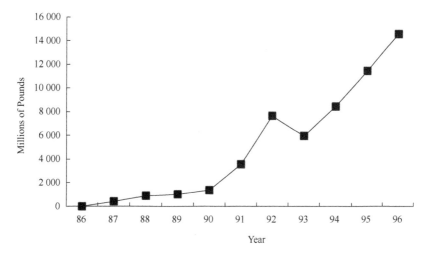

Fig. 6-2 Commercial production of food fish during the rapid expansion of the U.S. hybrid striped bass industry (Harrell and Webster, 1997)

288 | World Perch and Bass Culture: Innovation and Industrialization

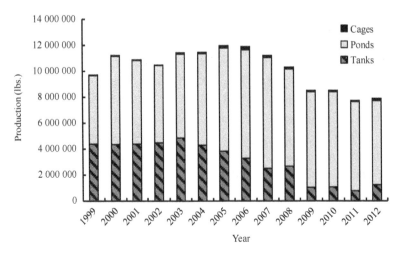

Fig. 6-3 U.S hybrid striped bass production by facility type since 1999 (Turano, 2012)

Approximately 47% of the total U.S. hybrid striped bass production occurs in the western U.S. The second highest producing regions are the southeastern and mid-southern United States (Fig.6-4). With the exception of the U.S. Midwest, production in these regions is primarily pond production with some tank production. The Midwest is unique in that many old strip mine lakes have been converted to accommodate cage culture of hybrid striped bass. Factors such as market distance and hauling stress have driven the hybrid striped bass industry toward primarily a dead-on-ice market (Fig.6-5). Live hauling of fish mostly occurs to local Asian markets and has not grown relative to on-ice markets in the North America. For live fish, the average 2012 farm price was $4.43/lb at the farm. For fish sold dead-on-ice, the farm price was $3.60/lb. As an industry, this represents live farm bank values of $5.7 million and on-ice values of $23.8 million. Together with farm bank values of $400,000 for fry sales and $2.4 million for fingerling sales, this represents

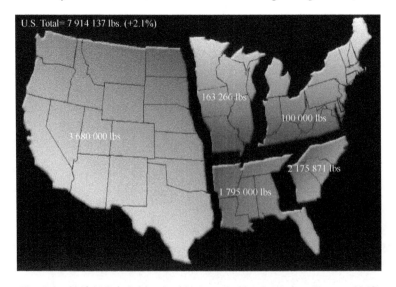

Fig. 6-4 2012 U.S. hybrid striped bass production by region (Turano, 2012)

a total farm bank value of $32.3 million for the U.S. hybrid striped bass industry in 2012 (Turano, 2012).

Farm bank prices paid to producers have not kept pace with increases in production costs (Fig.6-6). Between 1996 and 2012, production costs increased 2.9% annually, while farm bank prices paid to producers increased at a much slower rate of 1.8% annually (Turano, 2012). Production costs have increased in all aspects of the culture process, from distribution to feed costs. In fact, feed has been the greatest expense and has outpaced all other aspects of production costs, increasing 16.9% over this period. Production labor is another area which has seen a large increase (8.5%). Research in these two areas can lead to reduced production costs-through improvement of nutrition and use of alternative ingredients, as well as improved fish performance and more efficient culture practices. Surveys of the industry consistently rank nutrition and domesticated broodstock among the top needs to achieve improvements in production efficiency.

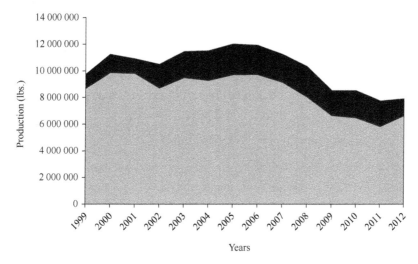

Fig. 6-5   U.S. hybrid striped bass sales (Turano, 2012)

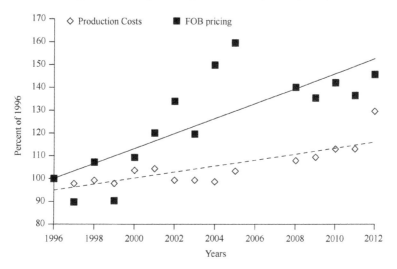

Fig. 6-6   Economics of hybrid striped bass (1996 – 2012). Production costs increased 2.9% annually, while FOB pricing increased 1.8% annually. (Turano, 2012)

6. Biology and culture methods

6.1   Hybrid striped bass biology

White bass is a freshwater species native to the Mississippi River Basin, and striped bass is an anadromous species native to the east coast of the United States. Being anadromous and having a large latitudinal range, striped bass are both euryhaline and eurythermic, traits which have been conferred to the hybrids (Jobling et al., 2010). However, hybrid striped bass are known to be more tolerant of temperature extremes. The hybrids also tolerate lower levels of dissolved oxygen than either the striped bass or white bass.

Both striped bass and white bass are considered to be dioecious, group synchronous spawners, spawning annually for several year as adults (Jobling et al., 2010). Maturation in male striped bass and white bass occurs at a younger age than females of both species. Male striped bass usually mature by two years of age, while female striped bass typically require four or more years. White bass mature at a younger age for both sexes. The male white bass usually matures by one year of age, and the female by 2-3 years of age. Both parental species spawn during the spring under conditions of increasing day length and water temperature (Jobling et al., 2010).

6.2   Environmental requirements

Optimum water quality requirements for hybrid striped bass culture have been reported by Morris et al. (1999) and are as follows: temperature, 25-27°C; dissolved oxygen, >5 mg/L; pH, 7.5-8.5; unionized ammonia, <0.1 ppm; $CaCO_3$ hardness, >60 mg/L. More information on environmental requirements can be found in Tomasso (1997). Optimal environmental requirements for spawning and egg incubation have been reported by Bayless (1972). Given the reproductive history of both parental species, white bass being a freshwater species and striped bass migrating into fresh water to spawn, it is not surprising that low saline water yields optimal egg survival. Jobling et al. (2010) reports optimal water salinity for spawning to be between 2 and 5‰ with improved hatching below 10‰ salinity. Optimal spawning temperature is reported to be between 16.7 and 19.4°C, with egg incubation at approximately 18°C yielding the best hatching results (Bayless, 1972). Jobling et al. (2010) reports egg and larval survival at temperatures between 12.8 and 23.0°C, and total mortality of larvae at temperatures below 10°C and above 26°C. Dissolved oxygen and pH requirements for larvae are reported to be >5 mg/L and 7.0-8.5, respectively (Jobling et al., 2010).

6.3   Production phases

Hybrid striped bass culture involves four distinct phases: (1) hatchery phase, (2) larval phase-rearing to a 25-75 mm juvenile, (3) juvenile phase-rearing juveniles to approximately 250 mm over a full year, and (4) grow-out phase-growing year-old juveniles to market size (Jobling et al., 2010). Egg incubation makes up the hatchery phase, and procedures similar to those developed for striped bass are used. However, special consideration must be given to the smaller size of the hybrid at hatch, relative to both the striped bass and white bass. Along with the hybrids' small initial size, they also have a smaller mouth gape and, thus, require more care with regard to first feeding (Jobling et al., 2010). Once fertilized, the eggs are incubated in up-flowing McDonald hatch jars (Fig.6-7). Each McDonald jar typically contains between 100,000 and 200,000 eggs. Because white bass eggs are adhesive, they are usually treated in a 150-300 mg/L solution of tannic acid for 7-12 minutes. At 16-18°C, the incubation period is in the range of 40-48 hours.

Fig. 6-7   Incubation of hybrid striped bass eggs in a McDonald hatching jar

The larval phase begins post-hatch. Between 2 and 10 days post-hatch, the fry are stocked into fertilized earthen ponds at a rate of 250,000-500,000 fry per hectare (Jobling et al., 2010). Fry ponds are expected to have an abundance of zooplankton, at least 300 organisms per liter (Ludwig et al., 2008). Tank rearing requires the successive feeding of enriched zooplankton, brine shrimp nauplii, and decapsulated brine shrimp (Harrell and Woods, 1995; Jobling et al., 2010; Ludwig et al. 2008). Weaning onto dry feeds can begin around 2 weeks post hatch, but dry feeds should not be fed exclusively until fry are at least 16 days post-hatch, as this is the approximate time the fish have a fully developed stomach and the appropriate digestive enzymes to process dry feeds (Jobling et al., 2010). Fry feeds typically contain 45-55% crude protein, although little of the micronutrient requirements have been determined (Gatlin, 1997). For a more encompassing review of larval culture, see Harrell et al. (1990).

The juvenile phase (sometimes referred to as the second phase of juvenile rearing, with the larval phase being the first) begins when the fish have attained a length between 25 and 75 mm. They are then reared for a period of one year and may reach lengths up to 250 mm (Jobling et al., 2010). Culture of juveniles in earthen ponds involves stocking the fish at densities of 37,500-50,000 fish per hectare (Carlberg et al., 2000). During this phase, a great deal of attention must be given to feeds and feeding (Jobling et al., 2010). Seasonal temperature fluctuations greatly affect fish growth and feeds and feeding should be provided to optimize growth. High protein feeds (>40%) are often fed twice daily during this period. This results in high survival (>85%), but yields a feed conversion ratio of only 2:1. Cannibalization can also be a problem as the fish grow (Jobling et al., 2010). This can be prevented by in-pond grading and removal of larger fish. For a more comprehensive review of juvenile pond culture, see Smith et al. (1990) and Kelly and Kohler (1996). For tank culture, see Nicholson et al. (1990). These have also been collated and described in Harrell et al. (1990) and Harrell (1997).

The grow-out phase begins when fish reach one year of age and are between 90 and 225 g body weight each. From this point, it typically takes another 8-13 months to reach a market size of 0.5 to 2 kg when grown intensively in tanks, or another 18-24 months to reach market size when grown semi-intensively in ponds or cages. About half of commercial hybrid striped bass production occurs in ponds during this phase, where they are stocked at densities of 7,500-10,000 fish per hectare, typically in 2 to 2.5 hectare ponds (Harrell, 1997). It has been demonstrated that hybrids will grow rapidly at temperatures close to 30°C, but feed efficiency is maximized at lower temperatures, closer to 20°C (Tomasso, 1997).

Hybrid striped bass are harvested by seining from production ponds and tanks once they reach market size. Fish being sold to live market must be handled with extreme care to reduce stress and physical damage. It is not uncommon massive fish kills to occur during hauling, or for the delivery of fish with red blotches and damaged fins as a result of harvesting and handling stress. For this reason, as well as distance to major markets, the majority of hybrid striped bass sold in North America are sold dead, whole-on-ice. Rawles (1997) reports that fish sold on-ice maintain higher quality for eight to nine days, and are edible for up to two weeks. Only about 5% of hybrid striped bass sold enter the fillet market (Woods, 1997).

6.4 Reproduction

Striped bass are iteroparous, group synchronous spawning fish (Sullivan et al., 1997) that once mature, spawn near the vernal equinox once each year (Woods et al., 2009). Earlier, studies on striped bass reproduction prioritized a better understanding of female reproduction (Berlinsky and Specker, 1991; Swanson and Sullivan, 1991;Tao et al. 1993) and especially the endocrine events occurring during final oocyte maturation (King et al. 1994). An excellent study that describes in detail the gametogenic cycle of both male and female striped bass broodstock; including captive, wild and, multiple generations of domesticated striped bass, was published by Woods and Sullivan (1993). In addition, a comprehensive review of striped bass reproduction was described by Sullivan et al. (1997).

While both hormone-induced (Smith and Whitehurst, 1990) and non-induced tank spawning (Woods et al., 1990,1995) of captive and domesticated striped bass has been achieved; considerably more attention has been focused on induced spawning that is used to create the hybrid striped bass via in vitro fertilization (Woods et al., 1992, Hodson and Sullivan, 1993, Mylonas et al., 1993). Striped bass egg quality has been an issue especially in captive and domestic populations (Harrell and Woods, 1995). Studies of striped bass nutritional physiology under captive, controlled conditions and improved feed formulations specifically for moronid broodstocks has helped alleviate some of those concerns (Woods et al., 1995a; Dougall et al., 1996; Small et al., 2000, 2002). Hormone induction is generally only effective in striped bass with fully vitellogenic oocytes (Jobling et al., 2010) or those undergoing final oocyte maturation and with oocyte diameters > 650 μm. GnRH analogs have been found to be effective when administered as two, intra-muscular injections of relatively low dosage (i.e. 5 μg and then 10 μgper kg body weight) given 4-6 hours apart, as a single injection with a larger dose (10-15 μgper kg body weight), and in time released implants containing approximately 20 μg/kg body weight (Mylonas, et al. 1993; Woods and Sullivan 1993). Human chorionic gonadotropin (i.e. Chorulon®) has been approved by the U.S. Food and Drug Administration as a spawning aid for fish and is routinely administered to striped bass with fully matured oocytes via intra-muscular injections of 275-330 IU per kg body weight (Stickney, 2000). Following injections or implantations, oocyte development is monitored, starting 12-16 hours post injection/implantation, by ovarian biopsies multiple times until the female has ovulated. The eggs should be immediately strip-spawned into clean, dry pans for in vitro fertilization with either cryopreserved semen or if available, semen stripped from ripe males.

Recent research efforts have started to include studies of the male striped bass as the hybrid striped bass aquaculture industry prioritizes the white bass female x striped bass male cross. Specifically, research has focused on molecular techniques used to evaluate striped bass sperm quality (Castranova et al., 2005; Guthrie et al., 2008, 2011, 2014) and the development of effective protocols to cryopreserve high quality striped bass spermatozoa (Jenkins-Keeran and Woods, 2002a, 2002b; He and Woods, 2003a, 2003b; He and Woods, 2004a, 2004b; Woods 2011; Frankel et al., 2013).

Most recently, studies have been conducted to elucidate the mechanisms controlling striped bass reproduction. These studies include an examination of the ovarian transcriptomes involved in the regulation of vitellogenisis and egg quality (Reading et al., 2012, 2013); as well as the successful isolation and purification of mRNA from sperm, a prerequisite for examination of the spermatozoal transcriptomes (Woods et al., 2013).

6.5 Nutrition

Nutritional requirements of striped bass and its hybrids are continuously being refined. Most recently, the focus has turned toward alternative protein digestibility and availability as well as lipid sources for the replacement of fish meal and fish oil (Kerbyand Lee, 1994; Sullivan and Reigh, 1995; Papatryphon et al., 1999; Small et al., 1999; Webster et al., 2000; Gaylord et al., 2004; Li and Gatlin, 2003; Papatryphon and Soares, 2001; Webster et al., 1999; Papatryphon and Soares, 2001; Bharadwaj et al., 2002; Gaylord and Rawles, 2005; Muzinic et al., 2006; Rawles et al., 2006; Lane et al., 2006; Trushenski and Boesenberg, 2009; Crouse et al., 2013). Gatlin and Harrell (1997) reviewed what was known at the time of striped bass and hybrid striped bass nutrition and feeding. In general, it appears that the nutritional requirements of the hybrids are similar to or lower than the striped bass parent.

Among the first aspects of feed development to be determined for fish are the dietary protein needs and the dietary protein:energy ratio. Several studies have been conducted on the effects of dietary protein levels on hybrid striped bass performance. Millikin (1982) observed age-0 striped bass fed a 55% crude protein diet had the highest average weight gain and feed efficiency. Millikin (1983) then reported age-0 fish fed a high protein (57% crude protein) with low lipid content (7% crude lipid) resulted in higher protein deposition and less body fat than low protein diets or diets high in crude lipid content. The optimal protein to energy ratio for hybrid striped bass was reported to be 125 mg protein/kcal (Nematipour et al., 1992); less than that reported for striped bass (Woods et al., 1995a). It was later suggested that age-0 sunshine bass required only 41% dietary crude protein, as long at the protein:energy ration was greater than 99 mg protein/kcal and fish meal comprised 56% of the dietary formulation (Webster et al., 1995).

A significant amount of work was conducted by several labs to estimate the optimal amino acid requirements for striped bass and hybrid striped bass. This is an important area of research because protein is the most costly component of hybrid striped bass feeds. Lysine is typically the first limiting amino acid in striped bass feed formulations (Small and Soares, 1998). The quantitative dietary lysine requirement of juvenile striped bass was reported to be 2.1% of dry diet (Small and Soares, 2000), while the hybrid requirement is reported to be only 1.4% of dry diet. This difference can be a substantial advantage for hybrid production, reducing dietary costs significantly (Griffin et al.,1992). The second and third limiting amino acids in striped bass feeds are usually the total sulfur amino acids (methionine and cysteine) and threonine (Small and Soares, 1998). The total sulfur amino acid requirement for hybrid striped bass is reported to be 1.0% of dry diet (Keembiyehetty and Gatlin, 1993). Dietary threonine requirements for striped and hybrid striped bass are reported to be 1.03% and 0.9% of dry diet, respectively. Complete amino acid requirements for striped bass and hybrid striped bass have been predicted using the limiting amino acid and ideal protein concept (Small and Soares, 1998; Twibell et al., 2003). An optimal amino acid profile for striped bass broodfish was published by Small et al. (2000).

The essential fatty acid requirements for striped bass and its hybrids has also been investigated over the years. Fatty acid profiles from eggs of wild striped bass have been compared with eggs from domesticated striped bass fed a commercial diet. Wild striped bass eggs were found to be significantly higher in total lipid and n-3 HUFAs (Highly Unsaturated Fatty Acids), specifically eicosapentaenoic acid (C20:5n-3 [EPA]) and docosahexaenoic acid (C22:6n-3 [DHA]) (Harrell and Woods, 1995). These authors reported a ratio of n-3/n-6 fatty acids from wild fish verses domesticated fish of 10.99 vs. 1.27 mg/g respectively and concluded that wild female dietary input of fatty acids into eggs more closely approximated marine species than freshwater species, while fish eggs from domesticated striped bass more closely reflected the fatty acid n-3/n-6 ratios of a freshwater species. Regardless of the differences observed, the authors concluded that the levels in domestic eggs were higher than the reported minimum needed for larval growth and survival.

One of the first reports of essential fatty acid requirements for larval striped bass and palmetto bass also indicated larvae of both genetic groups have essential fatty acid requirements similar to marine species, with dietary HUFAs being required at levels of 5.7 mg/g dry weight of *Artemia* nauplii (Tuncer and Harrell, 1992). Specifically, Nematipour and Gatlin (1993a) observed no capability for elongation and desaturation of fatty acids (18:1n-9, 18:2n-6 and 18:3n-3) in sunshine bass, meaning n-3 highly unsaturated fatty acids such as eicosapentaenoic (20:5n-3) and docosahexaenoic (22:6n-3) acids are essential for maximum growth, feed efficiency and survival of sunshine bass. They also reported that hybrid striped bass require the n-3 HUFAs 20:5n-3 and 22:6n-3 at a minimum dietary concentration of 1% of diet or 20% of dietary lipid (Nematipour and Gatlin, 1993b).

6.6 Stress and disease

Striped bass and hybrid striped bass were an early model for studies of fish stress response to environmental and handling stressors. Therefore, the response to stressors is well characterized both physiologically and as it relates to disease susceptibility. In 1980, Tomasso et al. published the plasma corticosteroid and electrolyte dynamics of hybrid striped bass during netting and hauling. These fish were observed to have significantly elevated plasma cortisol concentrations and a delayed reduction in chloride levels suggestive of long term negative impacts of short term stressors. Wang et al. (2004) demonstrated divergent stress responsiveness to netting and handling, which is stable over time, both within and between genetic strains of striped bass. In another study, Davis and Parker (1990) observed severe stress responses at temperature extremes, and suggested optimal temperatures for handling fish to be between 10 and 16℃. The damage caused by stress goes beyond hormonal, metabolic, and electrolytic alterations in the fish, each of which if severe enough, can lead to mortality. Noga et al. (1998) demonstrated that a 2-hour confinement stress caused epithelial erosion and ulcerations on the fins. These findings provide an explanation for why opportunist pathogens can rapidly develop into serious infections in striped bass and hybrid striped bass (Noga et al., 1998).

Stress and diseases of striped bass and their hybrids are of extreme commercial importance. Infectious diseases of these fish are well known as a result of many years of culture and have been described by Plumb (1997). The diseases which affect them do not differ greatly from those of other fishes; however, there are few U.S. government approved treatment methods. Plumb (1997) reports the most significant viral disease is lymphocystis, and states that infectious pancreatic necrosis has also been observed. Jobling et al. (2010) reports striped bass aquareovirus to be another important viral disease. Plumb reports Vibriosis (*Vibrio* sp.) and motile *Aeromonas* septicemia (*Aeromonas hydrophila*) as the most frequently encountered bacterial diseases. The most severe bacterial diseases reportedly include: *Flavobacterium columnare, Aeromonashydrophila, Vibrio anguillarum, Edwardsiella tarda, Photobacterium damsela* subspecies *pisicida, Enterococcus* spp., *Streptococcus* spp., and *Mycobacterium marinum* (Woods, 1997). Stress and physical injury often lead to fungal infections, usually *Saprolegnia parasitica* (Plumb, 1997). The most severe protozoan infections of striped bass and hybrid striped bass include: *Amyloodinium ocellatum* and *Ichthyophthirius multifiliis*, but other common protozoans include *Trichodina* and *Cryptocaryon* (Plumb, 1997; Jobling et al., 2010). Woods et al. (1990) also reportedthat leaches can be problematic when culturing these fish in estuarine surface waters. Larval trematodes, nematodes, cestodes and parasitic crustaceans have also been observed (Jobling et al., 2010). Plumb (1997) and Jobling et al. (2010) both emphasize the importance of treating for infections or risking morbidity and mortality in culture populations. However, disease treatment of cultured fish in the United States is a problem because of the absence of approved drugs or chemicals for use on striped bass or its hybrids.

7. Constraints and prospects for expansion

The U.S. Striped Bass Grower's Association routinely survey's the industry to assess farmers' assessment of industry needs. Consistently, genetic improvement and brood stock development are at the top of the list. Year-round fry production and intensive larval rearing are also high on the list of industry constraints. Two other areas of high importance are nutrition/feeding and transport/handling stress. Since genetic improvement and brood stock development are the topic of the next section of this chapter, it will not be discussed here.

7.1   Year-round fry production

Controlled spawning of hybrid striped bass was demonstrated by Smith and Jenkins (1984). In their study, they successfully shortened the annual reproductive cycle to 9 months by compressing photo- and thermoperiods, and then spawned F_1 hybrid striped bass using human chorionic gonadotropin (hCG). Their findingswere similar to those found for white bass (Kohler et al., 1994). Controlled spawning studies with white bass also demonstrated the ability to habituate broodfish in tanks and manipulate them to spawn the next year via simulated photo and thermal regimes (Kohler et al., 1994). In their study, mature white bass collected the summer before tank spawning were induced to spawn by human chorionic gonadotropin (hCG) injections. In the same year, induced maturation of striped bass exposed to shortened photothermal regimes was published by Blythe et al. (1994). Although they observed similar success to an abbreviated 9-month cycle, they also reported a low number of spawning females and small egg, ovarian, and testicular diametersforfish held on the 6-month cycle. These results suggest that subjecting striped bass to a shortened photothermal cycle of less than 9 months inhibits gonadal maturation and reproductive success. From these and other studies, it can be concluded that out of season production is possible, albeit limited. An additional constraint to year-round production is low fry survival in tanks, generally thought to be less than 10% compared more than 35% survival in fertilized ponds (Ludwig et al., 2008).

Out of season spawning and fry production requires substantial tank space for broodfish. This is also true of genetic improvement programs (discussed below). The ability to maintain large numbers and diversity of parental genotypes has been improved by the development of techniques for *Morone* semen storage. Several studies have addressed storage and cryogenic preservation of *Morone* sperm (Kerby, 1983; Kerby et al., 1985; Mylonas et al., 1997; Allyn et al., 2001; Jenkins-Keeran et al., 2001; Jenkins-Keeran and Woods, 2002a, 2002b; Thirumala et al., 2006). Recent research at the University of Maryland has focused on striped bass sperm cryopreservation. He and Woods (2003a, 2003b, 2004a, 2004b) and He et al. (2004) addressed the effects of osmolality, cryoprotectants, equilibrium time on storage and cryopreservation of striped bass spermatozoa as determined by: characterization of sperm motility, fertilization rate, mitochondrial function, cellular ATP and damage to plasma and mitochondrial membranes. From these studies, a viable protocol for cryopreservation of striped bass sperm has been developed. Cryopreserved sperm from striped bass has been stored under liquid nitrogen for a year, then shipped and used to fertilize white bass eggs with the same statistical efficacy as the fresh semen control (He and Woods, 2004a). These results can now be applied commercially and cryopreserved striped bass sperm can be shipped and stored on-site wherever white bass females are environmentally conditioned to spawn on a year-round basis.

7.2 Larval rearing

Although larval rearing techniques have been developed for striped bass and its hybrids, tank rearing can be especially difficult due to the small mouth gape of young hybrid striped bass. As was stated earlier, larval tank rearing requires the successive feeding of enriched zooplankton, brine shrimp nauplii, and decapsulated brine shrimp (Harrell and Woods, 1995; Jobling et al., 2010; Ludwig et al., 2008). Because fry demand live food, those stocked into fertilized ponds with healthy zooplankton populations usually have about 35% survival; for those reared in tanks survival may be below 10% (Ludwig et al., 2008).

Most recently, live feed culture and enrichment strategies have been developed for improving fry survival in tanks. Live feed culture can be challenging, and developing straight-forward protocols yielding high success rates is important to maintaining hybrid striped bass fry. Pfeiffer and Ludwig (2007) published results of a small-scale system for mass producing rotifers using a commercially available *Nannochloropsis* algal paste. They were successful in harvesting 1500 rotifers/mL from 45 L culture systems during a 21-d culture period. Ludwig and Lochman (2007) utilized the algal paste system to evaluate the optimal stocking density for hybrid striped bass fry survival. The methodology used included initially feeding larvae with rotifers *Brachionusplicatilis* at 60 rotifers/ml/day until 10 days post hatch. Rotifers were cultured with *Nannochloropsis* algae paste and commercial rotifer feed. Larvae were converted to brine shrimp *Artemia* sp. starting at 7 days post hatch. The daily ration of brine shrimp started at 4/ml and increased by 4/ml every 4 days up to 20/ml. Finally, the larvae were weaned onto dry starter feed beginning at 20 days post hatch; specifically, feeding 6 g/day a commercial larval starter meal, then 2 d later, feeding a salmon starter meal at 8 g/d in 10 equal daily portions. This methodology yielded the highest fry survival (79%) when stocking density equaled 87 larvae/L, exceeding previously reported survival rates (Denson and Smith, 1996; Ludwig and Lochman, 2000; Ludwig, 2003).

Rotifer enrichment has also been shown to be a critical part of the larval rearing protocol (Ludwig et al., 2008). In their research, different combinations of algal pastes and commercial emulsions were evaluated for their effects on larval growth, survival, and condition. Of the enrichment emulsions tested, Culture Selco 3000 (Inve Aqua-culture NV, Dendermonde, Belgium) was the only one to improve larval production from prior to the time of conversion to brine shrimp *Artemia* sp. The rearing protocol involved feeding hybrid striped bass fry rotifers cultured with the *Nannochloropsis* sp. paste and Culture Selco 3000 at the rate of 3 g/d/100 L of culture water. Using this protocol they were able to demonstrate larval survival rates of 81.7% on average and with improved growth.

From the studies published by Ludwig and coworkers, the blue-print for a high density, continuous rotifer culture system to feed hybrid striped bass larvae has been developed. In addition to enrichment, it is import to mention that water quality is of extreme importance to rotifer culture. The system developed by Ludwig and coworkers over the series of those studies includes the utilization of oxygen injection, filtration to remove fecal contamination, sodium hydroxymethanesulfonate used to eliminate ammonia, and sodium bicarbonate to counteract decreased pH due to high respiration levels. In addition, a daily harvestof 30-40% of the rotifers was used to maintain the culture at its maximum sustainable yield and enrichment products were added to optimize the culture media. This protocol represents a significant advancement for hybrid striped bass larval rearing. Even so, more research is needed to optimize nutrient requirements, feeding rates, culture temperatures, light intensity, photoperiod and other culture variables, including genetic selection for increased larval gape to preclude the need for rotifers and reduce the time to wean fry onto artificial feeds (Ludwig, 2005).

7.3 Feed costs

Feeds costs have always been singled out as the most expensive aspect of fish production, and typically are stated to be as high as 80% of total production costs. In recent years, these costs have increased due to higher demand and volatility in the fish meal and fish oil industries. Research to better define nutrient requirements can help reduce feed costs, but only to a certain extent. Emphasis now lies on the replacement of fish meal and fish oil in hybrid striped bass feeds. Studies evaluating digestibility of alternative protein and oil sources and fish performance have been conducted for many years. The results of numerous digestibly trials have been published, many of which can be found in the Nutrient Requirements of Fish and Shrimp (National Research Council, 2011). Consistent availability of alternative ingredients can be a problem for feed manufactures and subseq. uently fish farmers.

Soybean meal is perhaps the most studied alternative protein source due to its availability and favorable amino acid profile. One of the earliest studies evaluating soybean meal for hybrid striped bass feeds (Gallagher, 1994) reported that, at least for larger hybrid striped bass, up to 75% of the fish meal protein in diets can be replaced with soybean meal protein. Other studies have suggested dietary rates of 40-56% without a significant reduction in growth (Brown et al., 1997; Keembiyehetty and Gatlin, 1997). Complete replacement of fishmeal with soybean meal, however, is not recommended and comes with reduced performance, including growth (Brown et al., 1997; Webster et al., 1999; Laporte and Trushenski, 2011), intestinal enteritis and stress intolerance (Laporte and Trushenski, 2011). A more recent study suggested that a low fish meal, soy-based diet can support adequate performance during overwintering (Rossi et al., 2015). Furthermore, refined soy products, such as soy protein concentrate and soy protein isolate have been shown to be useful in meeting hybrid striped bass protein and amino acid requirements, although high costs for these products currently inhibit their use in hybrid striped bass feeds (Blaufuss and Trushenski, 2012).

The replacement of fish oil in hybrid striped bass diets has received a lot of attention by Trushenski and coworkers. Trushenski and Kanczuzewski (2013) observed that hybrid striped bass fed diets with hydrogenated soybean oil, substituted partially or entirely for fish oil, had minimal reductions in growth and only slight differences in their fillet fatty acid composition. Of the different soy oils evaluated, saturated fatty acid-enriched soy oil yielded the best fillet fatty acid profile when compared to fish oil fed hybrid striped bass. The small differences in fatty acid composition resulting from feeding soy or other alternative oils may be negated in hybrid striped bass when fed traditional fish meal/fish oil based diets during a short finishing period (Trushenski and Boesenberg, 2009).

7.4 Transport and handling stress

Kohler et al. (1994) reported that the critical handling times for hybrid striped bass are between phases I and II, between phase II and III, and all live-hauling stages beyond the larval stage. They suggested that procedures need to be developed to reduce stress and improve survival after handling and live hauling. Few advancements have been made in this area outside of minimizing handling time and frequency. For striped bass, better survival and lower stress response occur when they are transported and allowed to recover in 1.0% sodium chloride (Mazik et al., 1991). Results from transport trials with hybrid striped bass fingerlings suggest that fish in good condition receiving proper acclimation to transport water quality have high survival; the greatest survival occurring in freshwater with 80 mg/L calcium or 8‰ saltwater (Weirich and Tomasso, 1992). From these studies, it can be concluded that transport in water near isosmotic with the plasma improves fish survival. However, live transport of market size fish is still a problem for the industry, with poor product quality associated with external appearance (i.e. fin erosion and hemorrhagic ulcerations) and fillet texture as well asmortality resulting from transport stress.

8. Genetic improvement

8.1 Domestication and broodstock management

Initial efforts to domesticate striped bass were undertaken in 1983 during efforts to understand and control the life cycle of the species under intensive aquaculture conditions at the *Crane Aquaculture Facility* in Maryland, USA (Woods and Kraeuter, 1984). Multiple generations of domesticated striped bass were reared to maturity and successfully spawned at this research facility (Woods et al., 1990, 1992). Putative geographic strains from the range of the striped bass along the North American Atlantic Coast were produced and maintained at the Crane Aquaculture Facility from 1983-1996. The effects of domestication selection and variation in growth rates among and between geographic strains, families and individuals of the striped bass, ranging from Florida, USA to Nova Scotia, Canada, were evaluated for growth rate (Woods et al., 1999; Woods, 2001) and genetic purity (Woods et al., 1995b).

Efforts that continue to the present day to develop striped bass broodstock, including active genetic selection are concentrated at the *Pamlico Aquaculture Field Laboratory*, North Carolina, USA (Garber and Sullivan, 2006). Researchers at this North Carolina State University facility work together with a consortium of industry, government and university scientists: the *National Program for Genetic Improvement and Selective Breeding of Moronids for the Hybrid Striped Bass Industry*; includingscientists at the USDA-ARS Stuttgart National Aquaculture Research Center, Arkansas, USA. The striped bass broodstock in the breeding program are housed and spawned at the North Carolina State University Pamlico Aquaculture Field Laboratory (Aurora, NC). These broodstock were initially developed from ~400 crosses of 6 distinct striped bass stocks (Canadian, Hudson River, Roanoke River, Chesapeake Bay, Santee-Cooper Reservoir, Florida - Gulf of Mexico) that were collapsed into homogenous domesticated stocks that have been selected for rapid growth and other attributes in freshwater ponds and flow-through pools over several generations. The striped bass breeding program is presently spread across 4 year classes and each spring, a new year class is produced (Fig.6-8).

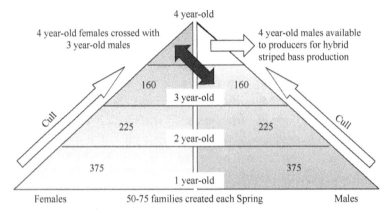

Fig. 6-8 A graphical representation of the structure of the *National Program for Genetic Improvement and Selective Breeding for the Hybrid Striped Bass Industry*, organized into 4 year classes of fish. Numbers within each segment represent numbers of fish. Each spring 4 year-old females are crossed with 3 year-old males to produce the next year class (diagonal arrow at the top of the pyramid). Up to 160 fish of each gender are conditioned to produce these crosses each year, which typically result in 50 to 75 distinct striped bass families. Each year the fish are culled for undesired aquaculture traits. Broodstock are available to the industry, primarily 4 year-old male fish that are typically used to make reciprocal crossed sunshine bass, however female broodstock are available as well (Reading, BJ, Hopper, MS, and McGinty, AS, unpublished data)

Current and recent work demonstrates empirical evidence of the value of these broodstock to the industry, targeting improvements in reproduction and propagation strategies. Recent studies have demonstrated that female reproductive potential in the domesticated striped bass is superior to that of equally-sized females captured from the wild using a manual strip spawning method (Locke et al., 2013) and that domestic female striped bass are capable of volitional tank spawning using simplified hormone induction procedures (Woods and Sullivan 1993) and without any recourse to hormone treatment at all (Woods et al., 1995b). Additionally, the incidence of stress induced "red tail" in these domestic striped bass females, which are regularly spawned, is reduced or absent in comparison to wild striped bass or earlier generations of domesticated striped bass (Harms et al., 1996). These pieces of evidence are beginning to show the advantage of using domestic striped bass broodstock for commercial production of hybrid striped bass and striped bass, and work continues to further refine husbandry practices for reproduction and broodstock conditioning.

8.2 Genomic and bioinformatic resource development

Despite broad interest, genomic resources available for striped bass are limited compared to other important aquaculture species such as tilapia (*Oreochromis niloticus*) and channel catfish (*Ictalurus punctatus*), with only a medium-density genetic linkage map of 289 polymorphic microsatellite DNA markers (Liu et al., 2012), 29,000 unigene sequences from a multi-tissue transcriptome (Li et al., 2014; NCBI SRA: SRP039910), and a well-annotated, 11,000 unigene ovarian transcriptome (Reading et al., 2012; NCBI SRA: SRX007394) available for use in genome assembly and annotation.

Recently, a Whole Genome Shotgun (WGS) approach was adopted to produce the striped bass genome assembly, which was completed using 38 Gb of Illumina short-read sequence (66×coverage) and then refined by an additional 1.6 Gb of PacBio sequence (2.8×coverage). The 585 million base (585 Mb) genome sequence assembly contains 35,010 scaffolds. The striped bass genome assembly was evaluated for the presence of 248 core eukaryotic genes (CEGs) using CEGMA (Parra et al., 2007) and these estimates indicate that the assembly is ~ 88.3% complete. The low number of assembly gaps (25,539) suggests that the striped bass assembly is on par or better than many Ensembl fish genomes (Fig.6-9). Since the haploid genome size of related European sea bass (*Dicentrarchus labrax*) is ~ 600 Mb (Kuhl et al., 2010), these results collectively suggest that the striped bass genome sequence represents a considerably complete and consistently covered assembly. *Ab-initio* and evidence-based gene predictions performed using the MAKER Annotation Pipeline identified 27,485 coding genes. The striped bass genome sequence assembly and associated transcriptomes will be powerful tools for facilitating improved striped bass and hybrid striped bass breeding and research. A JBrowse web portal of the striped bass genome assembly along with gene predictions, relational BLAST matches, and InterProScan results is hosted online for use as an unrestricted public resource (Reading et al., in review).

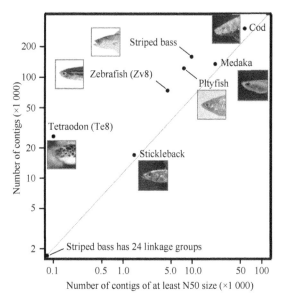

Fig. 6-9 Comparisons of selected fish genome sequence assemblies including the striped bass genome sequence assembled from 38 billion bases (38 Gbp) of Illumina short read sequences. Species are Atlantic Cod (*Gadusmorhua*), medaka (*Oryzias latipes*), platyfish (*Xiphophorus maculatus*), stickleback (*Gasterosteus aculeatus*), Tetraodon (*Tetraodon nigroviridis*), and zebrafish (*Danio rerio*). For both axes, a lower number generally represents a more optimal assembly. The striped bass genome assembly is comparable to the genome assemblies of other teleost fishes. The number of striped bass linkage groups (haploid chromosome number) isindicated. Data from Star et al. (2011) and Ensembl http://www.ensembl.org/index.html (Reading et al., unpublished data)

Recent computational advances in data mining have made it possible to analyze quantitative biological data using machine learning, and these methods have been implemented to analyze gene expression data related to striped bass egg quality in a revolutionary way (Chapman et al., 2014; Sullivan et al., 2015). Artificial neural networks (ANNs) based machine learning was able to predict the fertility of striped bass eggs with nearly 80% confidence based on gene expression data from microarray and RNA-Seq experiments. Similarly, striped bass sperm quality evaluations via RNA-Seq experiments have recently been initiated (Woods et al., 2013). These findings illustrate the power of detecting corollaries between biological state and changes in the collective datasets generated in transcriptomics studies. Another form of machine learning called Support Vector Machines (SVMs) also has been used to analyze mass spectrometry proteomics data from striped bass and other moronids (Reading et al., 2013; Schilling et al., 2014, 2015). These machine learning platforms rely on pattern recognition and, as such, the collective expression changes are considered to be diagnostic "fingerprints" that can be used to sort animals into groups based on their distinct gene and protein expression responses.

8.3 Proposed approaches for selective breeding

Selective breeding is considered to be an essential step in the progression of the hybrid striped bass industry (Hallerman, 1994; Woods, 2001). In the United States, recent industry-driven workshops have been focused on improving hybrid striped bass production through selective breeding; however, fundamental information about parental species biology and life history traits were identified as unknown or incomplete (Garber and Sullivan, 2006). While this chapter has described much of moronid biology and life history, limitations in knowledge should be clear. For success in selective breeding, clear goals and breeding protocols must be defined and followed. Although there is no consensus on the optimal method of selection for hybrid striped bass, Garber and Sullivan (2006) describe three selective breeding techniques (reciprocal recurrent selection, direct selection, and introgressive hybridization) as potential avenues for hybrid striped bassimprovement.

8.3.1 Reciprocal recurrent selection

Reciprocal recurrent selection is often used in the development of improved plant lines by selecting for the combining ability of two different genotypes. For hybrid striped bass, this would involve choosing future breeders of each parent species based on how their hybrid progeny perform. In this situation, selection is conducted on each pure parental line by testing several inter-species crosses between many difference genetic lines of white bass and striped bass. Future parents are retained as breeders within the pure line to produce parents for the next hybrid generation (Hallerman, 1994; Fig.6-10A). This type of selective breeding exploits additive genetic variance (V_A) through hybridization for the performance traits identified as commercially important. In doing so, it is also selecting for dominance genetic variance (V_D) by exploiting general or specific combining ability of white bass and striped bass. Garber and Sullivan (2006) suggest this to be a conservative approach with a high probability of success for improving hybrid striped bass performance since it exploits both types of genetic variation.

Hallerman (1994) suggests that one constraint of the reciprocal recurrent selectiontechnique is the inability to predict the degree to which improved hybrid striped bass performance is actually due to dominance-based variation versus additive genetic effects, maternal effects, or other factors. Garber and Sullivan (2006) go on to say that it is not known whether white bass and striped bass progeny bred to produce the subsequent pure line broodstock would inherit the same beneficial trait(s). Furthermore, they point out that there are substantial risks to this type of selective breeding program. Progeny testing to market size and subsequent genotypic analyses could mean maintaining parental broodstocks for at least two years until their breeding value can be determined, and during which these broodstocks are susceptible to loss. As such, a scenario in which two generations of hybrid striped bass would usually be performance-evaluated at once can be envisioned. This is not an inexpensive endeavor and will require extensive facilities and funding. Hallerman (1994) sees the enormity of the investment required as justifiable, given the potential power of a reciprocal recurrent selection program, and in view of the documented substantial and continuing improvement of hybrid corn in the United States over many decades of generational selection.

8.3.2 Direct selection

Proposed asa less expensive and simpler alternative to reciprocal recurrent selection, direct (mass) selection involves breeding superior performing fish in each parental line (Garber and Sullivan, 2006; Fig.6-10B). This method of selection provides the advantage of only requiring a single population of parental strain to be maintained and removes the difficultly often associated with synchronizing gamete production between multiple lines of two different species, as would be required if conducting reciprocal recurrent selection. It has also been suggested that this type of selection may have the potential to yield a line of select striped bass which outperform presently available hybrids and could be adopted by some industry sectors (Garber and Sullivan, 2006).

Although less expensive and simpler than reciprocal recurrent selection, direct selection has its limitations. Direct selection exploits V_A but does not specifically exploit V_D. Garber and Sullivan (2006) are quick to point out that this may be problematic for an industry which depends on hybrid production, given that the top performing fish from both parental lines may not combine to produce the top performing hybrid striped bass. It is their recommendation that hybrids be produced from excess gametes and distributed to private farms where gross measures of performance could serve as a guide for selective breeding progress, but this, then, would resemble reciprocal recurrent selection.

8.3.3 Introgressive hybridization

Performance data on F_2 hybrids indicates that they are not suitable for aquaculture production; however, the F_1 hybrid is reproductively viable and can be spawned in captivity (Garber and Sullivan, 2006). Furthermore, the F_1 hybrid can be presumed to have complete heterosis (hybrid vigor). Introgressive hybridization takes advantage of this heterosis by fixing it in a population through "backcrossing" (Fig.6-10C). In doing so, a reciprocal cross hybrid striped bass female is crossed "back" to a striped bass male. This process presumes that the initial backcross hybrids would then have half the heterosis on average as the parental

F_1 hybrid (Garber and Sullivan, 2006). In fact, backcross hybrids have been shown to have equal or greater growth than the reciprocal cross hybrid (Jenkins et al., 1998; Tomasso et al., 1999). Further selection and introgression are accomplished by mass selecting the striped bass line for superior sires and continuing to cross with successive generations of backcross hybrids. When enough of the striped bass genome is recovered, the backcrossed fish are then bred with each other to create intercross lines of true-breading hybrid striped bass for distribution to the industry (Garber and Sullivan, 2006). This would free the industry of having to maintain and breed two parent species.

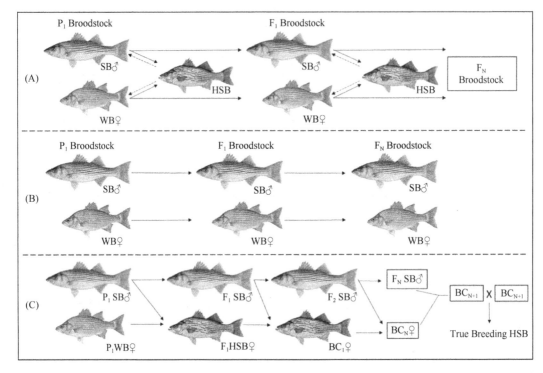

Fig. 6-10 Possible approaches to selective breeding for improved hybrid striped bass (HSB). (A) Reciprocal recurrent selection, in which HSB exhibiting superior traits are assigned (dashed arrows) to white bass (WB) dams and striped bass (SB) sires and used to select conspecifics for producing the next generation of broodstock based upon HSB performance. (B) Direct selection, in which each population of parental species, SB and WB, are mass selected for superior performance, regardless of HSB performance. (C) Introgressive hybridization, in which WB serve as a donor line for SB, the recipient line, to create reciprocal hybrid striped bass. The initial generation produces a HSB. The HSB females are then backcrossed to males from a select line of SB for successive generations until enough striped bass genome is recovered, at which point the BC_{N+1} are bred with one another to create intercross lines of true breeding HSB. (Modified from Garber and Sullivan, 2006)

Pitfalls of conducting an introgressive hybridization program include the possible overdominance of white bass alleles. Garber and Sullivan (2006) describe this condition as being when the heterozygote has a phenotype that is more pronounced or better adapted than that of either homozygote, thus preventing the establishment of a true breeding cultivar. Fortunately, Garber and Sullivan (2006) have found evidence that the increase in fitness observed in hybrid striped bass may be primarily due to additive genetic factors (Burke and

Arnold, 2001) and that heterosis based on V_D is more a function of dominance rather than overdominance (Gibson, 1999). Another potential pitfall of this type of selective breeding could be the generation of offspring with a higher than expected frequency of white bass alleles due to recombination during meiosis (Garber and Sullivan, 2006). Garber and Sullivan (2006) suggest the use of DNA markers to monitor progress and maximize the presence of striped bass alleles to prevent this phenomenon and possibly reduce the time required for selecting a true breeding cultivar.

9. Conclusion

The review on striped bass breeding by Garber and Sullivan (2006) provides a good overview of the history of, current state of, and potential for selective breeding for improved hybrid striped bass selection. However, as they point out, there are still many gaps in our knowledge of moronid genetics. Garber and Sullivan (2006) strongly defend a need for a better understanding of population genetics, the molecular basis of hybrid vigor and additive genetic variation, and the genetic architecture of complex traits. Filling the knowledge gap in these areas could greatly improve hybrid striped bass performance. While this chapter concisely describes the state of hybrid striped bass aquaculture in United States, the reader should recognize areas in need of more research to grow the industry nationally and globally. As genomic and bioinformatics capabilities continue to expand, there will undoubtedly be significant advances toward improving hybrid striped bass production. It is important to remember that a modest 10% gain on important production traits may double a farmer's profits (Knibb, 2000). By continuing to address all the areas presented in this chapter, whether it be through nutrition, management, or genetics, the United States hybrid striped bass industry should remain viable well into the future.

Acknowledgements

The authors wish to thank Dr. Benjamin J. Reading in the Department of Applied Ecology at North Carolina University for providing updated information and data regarding striped bass broodstock development, at the *Pamlico Aquaculture Field Laboratory*, North Carolina, USA and the *National Program for Genetic Improvement and Selective Breeding of Moronids for the Hybrid Striped Bass Industry*, including recent developments in genomic and bioinformatic Resource Development. The authors also wish to thank Jenny Paul and Julie Schroeter in the Center for Fisheries and Aquatic Sciences at Southern Illinois University for their reviews and editorial comments.

References

Allyn ML, Sheehan RJ, Kohler CC. 2001. The effects of capture and transportation stress on white bass semen osmolality and their alleviation via sodium chloride. Transactions of the American Fisheries Society, 130: 706-711.

Baird SF. 1874. Report of the Commissioner, in: Report of the Commissioner for 1872 and 1873. U.S.

Commission of Fish and Fisheries, Washington, D.C. pp. I-XCII

Bayless JD. 1972.Artificial Propagation and Hybridization of Striped Bass, *Morone saxatilis* (Walbaum). South Carolina Wildlife Resources Department.

Berlinsky DL, Specker JL. 1991. Changes in gonadal hormones during oocyte development in the striped bass, *Morone saxatilis*. Fish Physiology and Biochemistry, 9: 51-62.

Bharadwaj AS, Brignon WR, Gould NL, et al. 2002. Evaluation of meat and bone meal in practical diets fed to juvenile hybrid striped bass *Morone chrysops* X *M. saxatilis*. Journal of the World Aquaculture Society, 33: 448-457.

Bishop RD. 1968. Evaluation of striped bass (*Roccus saxatilis*) and white bass (*R. chrysops*) hybrids after two years. Proceedings of the Annual Conference Southeastern Association of Game and Fish Commissioners, 21: 245-254.

Blaufuss P, Trushenski J. 2012. Exploring soy-derived alternatives to fish meal: using soy protein concentrate and soy protein isolate in hybrid Striped Bass feeds. North American Journal of Aquaculture, 74: 8-19.

Blythe WG, Helfrich LA, Libey G, et al. 1994. Induced maturation of striped bass *Morone saxatilis* exposed to 6, 9, and 12 month photothermal regimes. Journal of the World Aquaculture Society, 25: 183-192.

Brown PB, Twibell R, Jonker Y, et al. 1997. Evaluation of three soybean products in diets fed to juvenile hybrid striped bass *Morone saxatilis* × *M. chrysops*. Journal of the World Aquaculture Society, 28: 215-223.

Burke JM, Arnold ML. 2001.Genetics and the fitness of hybrids. Annual Review of Genetics, 35: 31-52.

Carlberg J. 1998. The hybrid striped bass industry: History, current status, and research needs, in: Book of Abstracts, Aquaculture '98, Las Vegas, Nevada, USA, 14-17 February 1998. World Aquaculture Society.

Carlberg JM, Van Olst JC, Massingill MJ. 2000. Hybrid striped bass: an important fish in US aquaculture. Aquaculture Magazine Arkansas, 26: 26-38.

Castranova DA, King VW, Woods III LC. 2005. The effects of stress on androgen production, spermiation response and sperm quality in high and low cortisol responsive domesticated male striped bass. Aquaculture, 246: 413-422.

Chapman RW, Reading BJ, Sullivan CV. 2014. Ovary transcriptome profiling via artificial intelligence reveals a transcriptomic fingerprint predicting egg quality in striped bass, *Morone saxatilis*. PLoS ONE, 9: e96818.

Clay WM. 1975. The fishes of Kentucky.Kentucky Department of Fish and Wildlife Resources, Frankfort.

Crouse CC, Kelley RA, Trushenski JT, et al. 2013. Use of alternative lipids and finishing feeds to improve nutritional value and food safety of hybrid striped bass. Aquaculture, 408: 58-69.

Davis KB, Parker NC.1990. Physiological stress in striped bass: effect of acclimation temperature. Aquaculture, 91: 349-358.

Denson MR, Smith TI. 1996. Larval rearing and weaning techniques for white bass *Morone chrysops*. Journal of the World Aquaculture Society, 27: 194-201.

Dougall DS, Woods III LC, Douglass LW, et al. 1996. Dietary phosphorus requirement of juvenile striped bass *Morone saxatilis*. Journal of the World Aquaculture Society, 27: 82-91.

Frankel TE, Theisen DD, Guthrie HD, et al. 2013. The effect of freezing rate on the quality of striped bass sperm.Theriogenology, 79: 940-945.

Gallagher ML. 1994. The use of soybean meal as a replacement for fish meal in diets for hybrid striped bass (*Morone saxatilis* × *M. chrysops*). Aquaculture, 126: 119-127.

Garber AF, Sullivan CV. 2006. Review Article. Selective breeding for the hybrid striped bass (*Morone chrysops*, Rafinesque × *M. saxatillis*, Walbaum) industry: status and perspectives. Aquaculture Research, 37: 319-338.

Gatlin III DM, Harrell RM. 1997. Nutrition and feeding of striped bass and hybrid striped bass. Striped bass and other *Morone* culture. Pp. 235-251.

Gaylord TG, Rawles SD. 2005.The modification of poultry by - product meal for use in hybrid striped bass

Morone chrysops × *M. saxatilis* diets. Journal of the World Aquaculture Society, 36: 363-374.

Gaylord TG, Rawles SD, Gatlin DM. 2004. Amino acid availability from animal, blended, and plant feedstuffs for hybrid striped bass (*Morone chrysops*× *M. saxatilis*). Aquaculture Nutrition, 10: 345-352.

Gibson JP. 1999. Molecular and quantitative genetics: a useful flirtation. In: Dekkers J C M, et al. Eds. From Jay Lush to Genomics: Visions for Animal Breeding and Genetics. Iowa State University, Ames, IA, USA: 77-84.

Griffin ME, Brown PB, Grant AL. 1992. The dietary lysine requirement of juvenile hybrid striped bass. Journal of Nutrition, 122: 1332-1337.

Guthrie HD, Woods III LC, Long JA, et al. 2008. Effects of osmolality on inner mitochondrial transmembrane potential and ATP content in spermatozoa recovered from the testes of striped bass (*Morone saxatilis*). Theriogenology, 69: 1007-1012.

Guthrie HD, Welch GR, Theisen DD, et al. 2011. Effects of hypothermic storage on intracellular calcium, reactive oxygen species formation, mitochondrial function, motility, and plasma membrane integrity in striped bass (*Morone saxatilis*) sperm. Theriogenology, 75: 951-961.

Guthrie HD, Welch GR, Woods III LC. 2014. Effects of frozen and liquid hypothermic storage and extender type on calcium homeostasis in relation to viability and ATP content in striped bass (*Morone saxatilis*) sperm. Theriogenology, 81: 1085-1091.

Hallerman EM. 1994. Toward Coordination and Funding of Long - Term Genetic Improvement Programs for Striped and Hybrid Bass *Morone* sp. Journal of the World Aquaculture Society, 25: 360-365.

Harms CA, Sullivan CV, Hodson RG, et al. 1996. Clinical pathology and histopathology of net-stressed striped bass with "red tail". Journal of Aquatic Animal Health, 8: 82-86.

Harrell RM. 1997. Striped bass and other *Morone culture* (Vol. 30). Elsevier, Amsterdam, The Netherlands.

Harrell RM, Webster DW. 1997. An overview of *Morone* culture. Developments in Aquaculture and Fisheries Science, 30: 1-10.

Harrell RM, Woods III LC. 1995. Comparative fatty acid composition of eggs from domesticated and wild striped bass (*Morone saxatilis*) Aquaculture, 133: 225-233.

Harrell RM, Kerby JH, Minton RV. 1990. Culture and Propagation of Striped Bass and its Hybrids. Striped Bass Committee, Southern Division, American Fisheries Society, Bethesda, MD.

He S, Jenkins-Keeran K, Woods III LC. 2004. Activation of sperm motility in striped bass via a cAMP-independent pathway. Theriogenology, 61: 1487-1498.

He S, Woods III LC. 2003a. Effects of glycine and alanine on short-term storage and cryopreservation of striped bass (*Morone saxatilis*) spermatozoa. Cryobiology, 46: 17-25.

He S, Woods III LC. 2003b. The effects of osmolality, cryoprotectant and equilibrium time on striped bass *Morone saxatilis* sperm motility. Journal of the World Aquaculture Society, 34: 255-265.

He S, Woods III LC. 2004a. Changes in motility, ultrastructure, and fertilization capacity of striped bass *Morone saxatilis* spermatozoa following cryopreservation. Aquaculture, 236: 677-686.

He S, Woods III LC. 2004b. Effects of dimethyl sulfoxide and glycine on cryopreservation induced damage of plasma membranes and mitochondria to striped bass (*Morone saxatilis*) sperm. Cryobiology, 48: 254-262.

Hodson RG, Sullivan CV. 1993. Induced maturation and spawning of domestic and wild striped bass (*Morone saxatilis*) broodstock with implanted GnRH analogue and injected hCG. Journal of Aquaculture and Fisheries Management, 24: 271-280.

Jenkins WE, Heyward LD, Smith TI. 1998. Performance of domesticated striped bass *Morone saxatilis*, palmetto bass and backcross hybrid striped bass (sunshine bass ♀ × striped bass ♂) raised in a tank culture system. Journal of the World Aquaculture Society, 29(4): 505-509.

Jenkins-Keeran K, Woods III LC. 2002a. The cryopreservation of striped bass *Morone saxatilis* semen. Journal of the World Aquaculture Society, 33: 70-77.

Jenkins-Keeran K, Woods III LC. 2002b. An evaluation of extenders for the short-term storage of striped bass milt. North American Journal of Aquaculture, 64: 248-256.

Jenkins-Keeran K, Schreuders P, Edwards K, et al. 2001. The effects of oxygen on the short-term storage of striped bass semen. North American Journal of Aquaculture, 63: 238-241.

Jobling M, Peruzzi S, Woods IIILC. 2010. The temperate basses (Family: Moronidae), In: Le Francois N, et al. Eds. Finfish Aquaculture Diversification. CABI, Oxfordshire, UK, pp. 337-360.

Keembiyehetty CN, Gatlin DM. 1993. Total sulfur amino acid requirement of juvenile hybrid striped bass (*Morone chrysops* × *M. saxatilis*). Aquaculture, 110: 331-339.

Keembiyehetty CN, Gatlin III DM. 1997. Performance of sunshine bass fed soybean-meal-based diets supplemented with different methionine compounds. The Progressive fish-culturist, 59: 25-30.

Kelly AM, Kohler CC. 1996. Sunshine bass performance in ponds, cages, and indoor tanks. The Progressive fish-culturist, 58: 55-58.

Kerby JH. 1983. Cryogenic preservation of sperm from striped bass. Transactions of the American Fisheries Society, 112: 86-94.

Kerby JH, Woods III LC, Huish MT. 1983. Culture of the striped bass and its hybrids: a review of methods, advances and problems, in:Proceedings of the warmwater fish culture workshop. World Mariculture Society Special Publication (Vol. 3): 23-54.

Kerby JH, Bayless JD, Harrell RM. 1985. Growth, survival, and harvest of striped bass produced with cryopreserved spermatozoa. Transactions of the American Fisheries Society, 114: 761-765.

King W, Thomas P, Harrell RM, et al. 1994. Plasma levels of gonadal steroids during final oocyte maturation of striped bass, *Morone saxatilis* L. General and Comparative Endocrinology, 95: 178-191.

Knibb W. 2000.Genetic improvement of marine fish–which method for industry? Aquaculture Research, 31: 11-23.

Kohler CC. 2000. Striped bass and hybrid striped bass culture. In: Stickney R R Ed. Encyclopedia of Aquaculture. Wiley-Interscience, New York: 898-907.

Kohler CC. 2004. A white paper on the status and needs of hybrid striped bass aquaculture in the North Central Region. North Central Regional Aquaculture Center, Michigan State University, East Lansing, Michigan, USA.

Kohler CC, Sheehan RJ, Habicht C, et al. 1994. Habituation to captivity and controlled spawning of white bass. Transactions of the American Fisheries Society, 123: 964-974.

Kuhl H, Beck A, Wozniak G, et al. 2010. The European sea bass *Dicentrarchus labrax*genome puzzle: comparative BAC-mapping and low coverage shotgun sequencing. BMC Genomics, 11: 68.

Lane RL, Trushenski JT, Kohler CC. 2006. Modification of fillet composition and evidence of differential fatty acid turnover in sunshine bass *Morone chrysops* × *M. saxatilis* following change in dietary lipid source. Lipids, 41: 1029-1038.

Laporte J, Trushenski J. 2011. Growth performance and tissue fatty acid composition of Largemouth Bass fed diets containing fish oil or blends of fish oil and soy-derived lipids. North American Journal of Aquaculture, 73: 435-444.

Li C, Beck BH, Fuller SA, et al. 2014. Transcriptome annotation and marker discovery in white bass (*Morone chrysops*) and striped bass (*Morone saxatilis*).Animal Genetics, 45: 885-887.

Li P, Gatlin DM. 2003. Evaluation of brewers yeast (*Saccharomyces cerevisiae*) as a feed supplement for hybrid striped bass (*Morone chrysops* × *M. saxatilis*). Aquaculture, 219: 681-692.

Liu S, Rexroad III CE, Couch CR. et al. 2012. A microsatellite linkage map of striped bass (*Morone saxatilis*) reveals conserved synteny with the three spinedstickleback (*Gasterosteus aculeatus*). Marine Biotechnology, 14: 237-244.

Locke SH, Sugg N, Sullivan CV, et al. 2013. Domesticated Broodstock for Hybrid Striped Bass Farming: Pioneering Industry Implementation. Final Report Sea Grant Project # 11-AM-07.

Logan HJ. 1968. Comparison of growth and survival rates of striped bass and striped bass white bass hybrids under controlled environments. Proceedings of the Southeastern Association of Game and Fish Commissioners, 21: 260-263.

Ludwig GM. 2003. Tank culture of larval sunshine bass, *Morone chrysops* (Rafinesque) ×*M. saxatilis* (Walbaum), at three feeding levels. Aquaculture Research, 34: 1277-1285.

Ludwig G. 2005. Advances in tank culture of sunshine bass fry to fingerlings. Global Aquaculture Advocate, 8: 56-57.

Ludwig GM, Lochmann SE. 2007. Effect of tank stocking density on larval sunshine bass growth and survival to the fingerling stage. North American Journal of Aquaculture, 69: 407-412.

Ludwig GM, Lochmann S. 2000. Culture of sunshine bass, *Morone chrysops* × *M. saxatilis* fry in tanks with zooplankton cropped from ponds with a drum filter. Journal of Applied Aquaculture, 10: 11-26.

Ludwig GM, Rawles SD, Lochmann SE. 2008. Effect of rotifer enrichment on sunshine bass *Morone chrysops* × *M. saxatilis* larvae growth and survival and fatty acid composition. Journal of the World Aquaculture Society, 39: 158-173.

Mazik PM, Simco BA, Parker NC. 1991. Influence of water hardness and salts on survival and physiological characteristics of striped bass during and after transport. Transactions of the American Fisheries Society, 120: 121-126.

Millikin MR. 1982. Effects of dietary protein concentration on growth, feed efficiency, and body composition of age-0 striped bass. Transactions of the American Fisheries Society, 111: 373-378.

Millikin MR. 1983. Interactive effects of dietary protein and lipid on growth and protein utilization of age-0 striped bass. Transactions of the American Fisheries Society, 112: 185-193.

Morris JE, Kohler CC, Mischke CC. 1999. Pond culture of hybrid striped bass in the north central region. North Central Regional Aquaculture Center. Iowa State University, Ames, Iowa.

Muzinic LA, Thompson KR, Metts LS, et al. 2006. Use of turkey meal as partial and total replacement of fish meal in practical diets for sunshine bass (*Morone chrysops* × *Morone saxatilis*) grown in tanks. Aquaculture Nutrition, 12: 71-81.

Mylonas CC, Swanson P, Woods III LC, et al. 1993. GnRHa-induced ovulation and sperm production in striped bass, Atlantic and Pacific salmon using controlled release devices, in: Proceedings of the World Aquaculture Congress, Torremolinos, pp. 3-7.

Mylonas CC, Woods III LC, Zohar Y. 1997. Cyto-histological examination of post-vitellogenesis and final oocyte maturation in captive-reared striped bass. Journal of Fish Biology, 50: 34-49.

National Research Council. Committee on the Nutrient Requirements of Fish and Shrimp, 2011. Nutrient requirements of fish and shrimp. National academies press. Washington, D.C., USA.

Nematipour GR, Gatlin III DM. 1993a. Requirement of hybrid striped bass for dietary (n-3) highly unsaturated fatty acids. The Journal of Nutrition, 123: 744-753.

Nematipour GR, Gatlin III DM. 1993b. Effects of different kinds of dietary lipid on growth and fatty acid composition of juvenile sunshine bass, *Morone chrysops* ♀ *M. saxatilis* ♂. Aquaculture, 114: 141-154.

Nematipour GR, Brown ML, Gatlin DM. 1992. Effects of dietary energy: protein ratio on growth characteristics and body composition of hybrid striped bass, *Morone chrysops* × *M. saxatilis*. Aquaculture, 107: 359-368.

Nicholson LC, Woods III LC, Woiwode JG. 1990. Intensive culture techniques for the striped bass and its hybrids. In: Harrell R M, et al. Eds. Culture and Propagation of Striped Bass and Its Hybrids. Striped Bass Committee, Southern Division, American Fisheries Society, Bethesda, Maryland, USA: 141-157.

Noga EJ, Botts S, Yang MS, et al. 1998. Acute stress causes skin ulceration in striped bass and hybrid bass (Morone). Veterinary Pathology Online, 35: 102-107.

Papatryphon E, Soares JrJH. 2000. The effect of dietary feeding stimulants on growth performance of striped bass, *Morone saxatilis*, fed-a-plant feedstuff-based diet. Aquaculture, 185: 329-338.

Papatryphon E, Howell RA, Soares JrJH. 1999. Growth and mineral absorption by striped bass *Morone saxatilis* fed a plant feedstuff based diet supplemented with phytase. Journal of the World Aquaculture Society, 30: 161-173.

Parra G, Bradnam K, Korf I. 2007. CEGMA: a pipeline to accurately annotate core genes in eukaryotic genomes. Bioinformatics, 23: 1061-1067.

Pfeiffer TJ, Ludwig GM. 2007. Small-scale system for the mass production of rotifers using algal paste. North American Journal of Aquaculture, 69: 239-243.

Plumb JA. 1997. Infectious diseases of striped bass. Developments in Aquaculture and Fisheries Science, 30: 271-313.

Raney EC, Tresselt EF, HollisEH, VladykovVD, WallaceDH. 1952. The striped bass (*Roccus saxatilis*). Bulletin of the Bingham Oceanographic Collection, Yale University, 14: 5-97.

Rawles DD, Fernandes CF, Flick GJ, et al. 1997. Processing and food safety. Developments in Aquaculture and Fisheries Science, 30: 329-356.

Rawles SD, Gaylord TG, Gatlin III DM. 2006. Digestibility of gross nutrients by sunshine bass in animal by-products and commercially blended products used as fish meal replacements. North American Journal of aquaculture, 68: 74-80.

Reading BJ, Chapman RW, Schaff JE, et al. 2012. An ovary transcriptome for all maturational stages of the striped bass (*Morone saxatilis*), a highly advanced perciform fish. BMC Research Notes, 5: 111.

Reading BJ, Williams VN, Chapman RW, et al. 2013. Dynamics of the striped bass (*Morone saxatilis*) ovary proteome reveal a complex network of the translasome. Journal of Proteome Research, 12: 1691-1699.

Reading BJ, Baltzegar DA, Dashiell C, et al. *In review*. The striped bass (*Morone saxatilis*) genome sequence reveals a complex evolutionary history for teleost vitellogenins. *BMC Genomics*.

Robins CR, Bailey RM, Bond CE, et al. 1991. Common and scientific names of fishes from the United States and Canada. 5th edition. American Fisheries Society, Special Publication 20, Bethesda, Maryland: 183.

Rossi JrW, Tomasso JR, Gatlin III DM. 2015. Performance of Cage-Raised, Overwintered Hybrid Striped Bass Fed Fish Meal-or Soybean-Based Diets. North American Journal of Aquaculture, 77(2):178-185.

Schilling J, Nepomuceno A, Muddiman DC, et al. 2014. Compartment proteomics analysis of white perch (*Morone americana*) ovary using support vector machines. Journal of Proteome Research, 13: 1515-1526.

Schilling J, Nepomuceno AI, Planchart A, et al. 2015. Machine learning reveals sex-specific 17β-estradiol-responsive expression patterns in white perch (*Morone americana*) plasma proteins. Proteomics, 15: 2678-2690.

Scott WB, Crossman EJ. 1973. Freshwater fishes of Canada. Fisheries Research Board of Canada, Bulletin, 184: Ottawa, Canada.

Small BC, Soares JrJH. 1998. Estimating the quantitative essential amino acid requirements of the striped bass, *Morone saxatilis*, using filet A/E ratios. Aquaculture Nutrition, 4: 225-232.

Small BC, Soares JrJH, Woods III LC. 2000. Optimization of feed formulation for mature female striped bass. North American Journal of Aquaculture, 62: 290-293.

Small BC, Soares JrJH, Woods III LC, et al, 2002. Effect of fasting on pituitary growth hormone expression and circulating growth hormone levels in striped bass. North American Journal of Aquaculture, 64: 278-283.

Smith TI, Jenkins WE. 1984. Controlled spawning of f1 hybrid striped bass (*Morone saxatilis* × *M. chrysops*) and rearing of F2 progeny. Journal of the World Mariculture Society, 15: 145-161.

Smith JM, Whitehurst DK. 1990. Tank spawning methodology for the production of striped bass, In: Harrell RM et al. Eds. Culture and Propagation of Striped Bass and Its Hybrids. Striped Bass Committee, Southern Division, American Fisheries Society, Bethesda, Maryland: 73-77.

Smith TI, Svrjcek RS. 1990. Aquaculture of striped bass, *Morone saxatilis*, and its hybrids in North America, in: Genetics in aquaculture. Proceedings of the sixteenth US-Japan meeting on aquaculture, Charleston, South Carolina, 20-21. October 1987. National Oceanic and Atmospheric Administration. Washington, D. C., USA: 53-61.

Stevens RE. 1966. Hormone-induced spawning of striped bass for reservoir stocking. Progressive Fish-Culturist, 28: 19-28.

Stevens DE. 1967. Food habits of striped bass, *Roccussaxatilis*, in the Sacramento – San Joaquin delta. California Department of Fish and Game, Fisheries Bulletin, 136: 68-96.

Stevens RE, May Jr OD, Herschell JL. 1965. An interim report on the use of hormones to ovulate striped bass (*Roccus saxatilis*). Proceedings of the Southeastern Association of Game and Fish Commissioners, 17: 226-237.

Stickney RR. 2000. Encyclopedia of Aquaculture. Wiley-Interscience, New York, New York, USA.

Sullivan C, Berlinsky DL, Hodson RG. 1997. Reproduction, in: R. M Harrell (Ed),Striped bass and other Morone culture. Elsevier, Amsterdam, The Netherlands: 11-73.

Sullivan JA, Reigh RC. 1995. Apparent digestibility of selected feedstuffs in diets for hybrid striped bass (*Morone saxatilis* × *Morone chrysops*). Aquaculture, 138: 313-322.

Sullivan CV, Chapman RW, Reading BJ, et al. 2015. Transcriptomics of mRNA and egg quality in farmed fish: Some recent developments and future directions. General and Comperative Endocrinology, 221: 23-30.

Swanson P, Sullivan CV. 1991.Isolation of striped bass (*Morone saxatilis*) pituitary-hormones. American Zoologist, 31, A3.

Tao Y, Hara A, Hodson RG, et al. 1993. Purification, characterization and immunoassay of striped bass (M.s.) vitellogenin. Fish Physiology and Biochemistry, 12: 31-46.

Thirumala S, Campbell WT, Vicknair MR, et al. 2006. Freezing response and optimal cooling rates for cryopreserving sperm cells of striped bass, *Morone saxatilis*.Theriogenology, 66(4):964-973.

Tomasso JR. 1997. Environmental requirements and noninfectious diseases. In: Harrell R M Ed. Striped bass and other Morone culture. Elsevier, Amsterdam, The Netherlands: 253-270.

Tomasso JR, Davis KB, Parker NC. 1980. Plasma corticosteroid and electrolyte dynamics of hybrid striped bass (white bass × striped bass) during netting and hauling. Proceedings of the World Mariculture Society, 11: 303-310.

Tomasso JR, Kempton CJ, Gallman A, et al. 1999. Comparative production characteristics of sunshine bass and sunshine bass × striped bass in recirculating-water systems. North American Journal of Aquaculture, 61: 79-81.

Trushenski JT, Boesenberg J. 2009. Influence of dietary fish oil concentration and finishing duration on beneficial fatty acid profile restoration in sunshine bass *Morone chrysops* × *M. saxatilis* ♂. Aquaculture, 296: 277-283.

Trushenski JT, Kanczuzewski KL. 2013. Traditional and modified soy oils as substitutes for fish oil in feeds for hybrid striped bass. North American Journal of Aquaculture, 75: 295-304.

Tuncer H, Harrell RM.1992.Essential fatty acid nutrition of larval striped bass (*Morone saxatilis*) and palmetto bass (*M. saxatilis* × *M. chrysops*). Aquaculture, 101: 105-121.

Turano M. 2012. 2012 US hybrid Striped Bass industry update. Presentation at Aquaculture America 2012, Las Vegas, Nevada, World Aquaculture Society.

Twibell RG, Griffin ME, Martin B, et al. 2003. Predicting dietary essential amino acid requirements for hybrid striped bass. Aquaculture Nutrition, 9: 373-381.

Van Olst JC, Carlberg JM. 1990. Commercial culture of striped bass: status and potential. Aquaculture Magazine, 16: 49-59.

Wang C, King VW,Woods III LC. 2004. Physiological indicators of divergent stress responsiveness in male striped bass. Aquaculture, 232: 665-678.

Webster CD, Tiu LG, Tidwell JH, et al. 1995. Effects of dietary protein and lipid levels on growth and body composition of sunshine bass (*Morone chrysops* × *M. saxatilis*) reared in cages. Aquaculture, 131: 291-301.

Webster CD, Tiu LG, Morgan AM, et al. 1999. Effect of partial and total replacement of fish meal on growth and body composition of sunshine bass *Morone chrysops* × *M. saxatilis* fed practical diets. Journal of the World Aquaculture Society, 30: 443-453.

Webster CD, Thompson KR, Morgan AM, et al. 2000. Use of hempseed meal, poultry by-product meal, and canola meal in practical diets without fish meal for sunshine bass (*Morone chrysops*× *M. saxatilis*). Aquaculture, 188: 299-309.

Weirich CR, Tomasso JR, Smith TI. 1992. Confinement and Transport - Induced Stress in White Bass *Morone chrysops*× Striped Bass *M. saxatilis* Hybrids: Effect of Calcium and Salinity. Journal of the World Aquaculture Society, 23: 49-57.

Woods III LC. 2001. Domestication and strain evaluation of striped bass (*Morone saxatilis*). Aquaculture,

202: 343-350.

Woods III LC. 2005. Striped bass and hybrid striped bass culture, in: Kelly,A.M., Silverstein,J. (Eds), Aquaculture in the 21st Century. Fish Culture Section, American Fisheries Society, Bethesda, Maryland, USA: 339-353.

Woods III LC. 2011. Cryopreservation of Striped Bass Spermatozoa, in:Tiersch, T. R. and Green C.C. (Eds), *Cryopreservation in Aquatic Species,* 2nd Edition. World Aquaculture Society, Baton Rouge, Louisiana, USA, pp. 455-458.

Woods III LC, Kraeuter JN. 1984. The Crane Aquaculture Facility revisited.Proceedings of the Annual Meeting Potomac Chapter American Fisheries Society, 8: 93-98.

Woods III LC, Sullivan CV. 1993. Reproduction of striped bass, *Morone saxatilis*(Walbaum), broodstock: monitoring maturation and hormonal induction spawning. Aquaculture and Fisheries Management, 24: 211-222.

Woods III LC, Woiwode J, McCarthy M, et al. 1990. Non-induced spawning of captive striped bass in tanks.The Progressive Fish-Culturist, 52: 201-202.

Woods III LC, Bennett RO, Sullivan CV. 1992. Reproduction of a domestic striped bass broodstock. The Progressive Fish-Culturist, 54: 184-188.

Woods III LC, Yust D, McLeod C, et al. 1995a. Effects of dietary protein:energy ratio on weight gain, body composition, serum glucose and triglyceride levels, and liver function of striped bass. Water Science and Technology, 31: 195-203.

Woods III LC, Kohler CC, Sheehan RJ, et al. 1995b. Volitional tank spawning of female striped bass with male white bass produces hybrid offspring. Transactions of the American Fisheries Society, 124: 628-632.

Woods III LC, Hallerman EM, Douglass L, et al. 1999. Variation in growth rate within and among stocks and families of striped bass. North American Journal of Aquaculture, 61: 8-12.

Woods III LC, He S, Jenkins-Keeran K. 2009. Cryopreservation of striped bass *Morone saxatilis* spermatozoa, In: Cabrita E, et al. Eds, Methods in reproductive aquaculture: marine and freshwater species. Taylor and Francis Group, CRC Press. Boca Raton, Florida, USA: 421-426.

Woods III LC, Guthrie HD, Welch GR, et al. 2013. Isolation of RNA from striped bass *Morone saxatilis* spermatozoa: implications for teleost male fertility and beyond? Proceedings of the Physiological Insights Towards Improving Fish Culture - III Symposium. Aquaculture, 2013. Nashville, Tennessee, USA.

Worth SG. 1884. Report upon the propagation of striped bass at Weldon, N. C. in the spring of 1884. Bulletin of the United States Fish Commission, 4:225-230.

Worth SG. 1904. The recent hatching of striped bass and possibilities with other commercial species. Transactions of the American Fisheries Society, 33: 223-230.

Worth SG. 1910. Progress in hatching striped bass. Transactions of the American Fisheries Society, 39: 155-159.

(Brian C. Small, L. Curry Woods III)

Chapter 7   Genomic Enablement of Temperate Bass Aquaculture (Family Moronidae)

Hybrid striped bass, a cross between the freshwater white bass (*Morone chrysops*) and the anadromous striped bass (*Morone saxitilis*), tolerate a wide range of water temperatures and salinities and tremendous potential for expanding hybrid striped bass farming exists in North America. Hybrid striped bass is the fourth largest form of finfish aquaculture in the United States, behind catfish, salmons, and tilapia and has an annual farm gate value of over $50 million. Considerable progress in establishing genomic resources has been made by the *National Program for Genetic Improvement and Selective Breeding for the Hybrid Striped Bass Industry*, a consortium of aquaculture industry, government and university scientists. Striped bass transcriptomes have been sequenced, representing most of the 27,000 predicted protein-coding genes in the draft striped bass genome, which was completed using an Illumina-PacBio hybrid whole-genome shotgun approach. Numerous studies on reproduction and other important aquaculture traits have been conducted with novel machine learning approaches to analyze transcriptomic and proteomic data and the striped bass genome greatly empowers these and other future studies. Domestic striped bass and white bass lines, originally developed at North Carolina State University decades ago, have been domesticated for 6-7 and 9 generations, respectively. Currently, it is estimated that over 90% of the hybrid striped bass produced as food-fish in the United States are derived from domestic male striped bass raised in this national breeding program.

1. About striped bass

Striped bass (*Morone saxatilis*) are a native fish to the Atlantic coast of North America, ranging from the Gulf of St. Lawrence in Nova Scotia (Canada) to St. John's River in Florida (United States) (Hill et al., 1989). A Gulf of Mexico population of striped bass can be found from the Suwannee River in Florida to Lake Pontchartrain in Louisiana. Striped bass are not native to the Pacific coast of North America, however they were introduced there in the late 1800's and can be found along the coast from Washington to California (United States). Striped bass are anadromous, meaning the adult fish typically live in saltwater and then migrate to spawn in fresh water rivers each spring. Some striped bass are non-migratory and remain within estuarine river systems such as the St. Lawrence, the Santee-Cooper, or the Savannah.

Striped bass are highly prized as a recreational sport fish and also are a progenitor species of the hybrid striped bass (white bass, *Morone chrysops* × *Morone saxitilis*), a prominent commercial aquaculture species in North America (Garber and Sullivan, 2006). On the east coast of the United States, striped bass are recognized as one of the most important food fishes since the colonial times (1600's). Striped bass, or "rockfish" as they are sometimes called, are easily recognizable by the 7 to 8 lateral black stripes that run along each side of their silvery-white bodies. The dorsal fins are completely separated; the first (anterior) dorsal fin has 8-10 hard spines and the second (posterior) has 10-13 soft rays (Fig.7-1 and Fig.7-2).

Fig. 7-1 Hybrid striped bass (*top*) and purebred domestic striped bass (*bottom*)

Fig. 7-2 Aquacultured domestic striped bass fillets (July 2015), retail market price $16.00 per lb. skin on fillet (Locals Seafood, Raleigh Farmer's Market, Raleigh, NC)

The closest freshwater relatives of the striped bass are the white bass (*Morone chrysops*), the yellow bass (*Morone mississippiensis*), and the white perch (*Morone americana*), which collectively are called the "temperate basses" (Family Moronidae, Genus *Morone*). The closest European relative is the European sea bass (*Dicentrarchus labrax*), which also is from Family Moronidae. Although there are only a handful of striped bass aquaculture producers in North America, recent advancements in domestication and breeding technologies provide great potential for establishing a striped bass aquaculture industry. The closely related European sea bass is already produced in appreciable numbers by several countries throughout Europe.

2. About hybrid striped bass

Striped bass also have been hybridized with white bass to produce hybrid striped bass known as wipers, white rock bass, and Cherokee bass among anglers. When the white bass female is used to produce the hybrid, these offspring are referred to as reciprocal crossed hybrids or sunshine bass and when the striped bass female is used to produce the hybrid, these offspring are referred to as original crossed hybrids or *palmetto bass* (Hodson, 1989).

Similar to the striped bass, white bass also have lateral black stripes against a silvery-white body (although the stripes are narrower) and the white bass do not grow to as large of a size. The white bass is stenohaline and has a strict freshwater distribution in North America and the hybrids are likewise considered freshwater fish, although they can tolerate brackish water (Woods et al., 1983). Hybrid striped bass have been stocked in many freshwater impoundments and rivers across the United States for decades and they are a popular game fish among anglers (Smith and Jenkins, 1985). The hybrids are typically considered to be "non-naturally" occurring as the white bass and striped bass do not naturally hybridize. Although it has been documented that hybrids participate in spawning runs in the wild, appreciable recruitment has not been noted (the existence of natural young-of-the year hybrids are rare or debated) (Hodson, 1989). Thus, hybrid striped bass fisheries must be supported though stocking efforts to offset natural and angler mortality.

Hybrid striped bass are produced by artificial strip-spawning methods performed by personnel at commercial fish hatcheries or at facilities supported by government agencies and the first hybrid striped bass were produced in South Carolina during the 1960s (Harrell, 1997b; Garber and Sullivan, 2006). Striped bass and white bass can be distinguished from their hybrids by the regularity of their stripes, whereas hybrid striped bass typically have interrupted or broken stripes (Fig.7-1).

Farming of hybrid striped bass is presently the fourth largest form of United States finfish aquaculture, behind only catfish, salmonids and tilapia. Typically, between 8 and 12 million pounds of hybrid striped bass are raised by farmers in the United States each year, with a farm gate value of around $50 million USD. The hybrid cross that is typically produced in aquaculture is the sunshine bass, since the white bass female is generally easier to strip eggs from and has a greater fecundity in relation to its smaller size. The hybrid striped bass aquaculture industry originated in North Carolina in 1986, pioneered by Ronald G. Hodson (North Carolina State University), and the North Carolina State University Pamlico

Aquaculture Field Laboratory (Aurora, NC) continues to support the striped bass and hybrid striped bass farming industry in the United States. This site is the sole world source of domesticated striped bass and white bass and it serves as the primary site for breeding activities for the industry.

3. About white perch

The white perch is a member of the temperate bass family (Moronidae), therefore they are not true perches, but rather basses (Stanley et al., 1983). White perch are considered a food and game fish in eastern North America, although they are not cultured in appreciable numbers. They are silvery-white in color and the dorsal fins are completely separated like other temperate basses, however they lack lateral stripes. White perch are euryhaline and favor brackish waters, however they also are found in freshwater and coastal areas from the St. Lawrence River and Lake Ontario south to the Pee Dee River in South Carolina, and as far east as Nova Scotia. They also are found in the lower Great Lakes, Long Island Sound, Hudson River system, and the Delaware and Chesapeake Bays. White perch are easy to culture, however they grow slowly and therefore they are not an ideal aquaculture species. They have been developed as an animal model for the striped bass, as they can be easily reared in small tanks at university research laboratories. A captive population of white perch has been reared over several generations for almost 20 years at North Carolina State University to provide experimental animals.

4. Aquaculture research and breeding

By virtue of their commercial and recreational value, striped bass and other temperate basses have been extensively studied and books (Harrell, 1997a) and culture method guidelines have been published (Bonn et al., 1976; Geiger et al., 1985; Harrell et al., 1990; Geiger and Turner, 1990; Hodson et al., 1999). Research focus over decades has been dedicated in particular to captive breeding (Hodson and Sullivan, 1993; Woods and Sullivan, 1993; Weber et al., 2000; Sullivan et al., 2003; Mylonas and Zohar, 2007) and courtship behavior (Salek et al., 2001ab, 2002), reproductive physiology (Blythe et al., 1994; King et al., 1994ab; Holland et al., 2000; Lund et al., 2000; Klenke and Zohar, 2003; Clark et al., 2005; Weber and Sullivan, 2007; Reading and Sullivan, 2011; Reading et al., 2009, 2011, 2014, 2017; Williams et al., 2014ab; Hiramatsu et al., 2013, 2015), including sperm cryopreservation and quality (He and Woods, 2003ab; He and Woods, 2004ab; Woods, 2011; Guthrie et al., 2011, 2014; Frankel et al., 2013), transcriptomics (Chapman et al., 2014; Reading et al., 2012; Sullivan et al., 2015) and proteomics (Reading et al., 2013; Schilling et al., 2014, 2015a), developmental biology (Scemama et al., 2006), nutrition and growth (Woods and Soares, 1996; Gatlin, 1997; Small and Soares, 1998; Small et al., 2000; Picha et al., 2008, 2009; Turano et al., 2008), osmoregulation (Jackson et al., 2005; Madsen et al., 2007; Tipsmark et al., 2007), immunology and stress mitigation (Plumb, 1997; Harrell, 1992; Harrell and Moline, 1992; Clarke et al., 2012; Hardee et al., 1995; Harms et al., 1996; Silphaduang and Noga, 2001; Lauth et al., 2002; Noga et al., 2009; Salger et al., 2011, 2016), and toxicology (Monnosson et al.,

1994, 1996; Heppell et al., 1995; Schilling et al., 2015b).

Perhaps importantly, the wealth of studies that have been conducted on striped bass reproduction facilitated initial efforts to develop and evaluate domesticated broodstock (Woods et al., 1992, 1995, 1999; Harrell and Woods, 1995; Woods, 2001). Earlier studies focused on understanding the female reproductive cycle (Berlinsky and Specker, 1991; Swanson and Sullivan, 1991; Woods and Sullivan, 1993; Tao et al., 1993) and endocrine events that occur during ovary maturation (King et al., 1994a, 1994b). These studies were followed by others that employed environmental (temperature, photoperiod) manipulation to phase-shift the reproductive cycle to induce out of season spawning (Blythe et al., 1994; Clark et al., 2005). Both hormone-induced and non-induced tank spawning of striped bass and other temperate basses has been achieved (Smith and Whitehurst, 1990; Woods et al., 1990, 1995), although considerably more attention has been focused on inducing ovulation in striped bass females for manual strip spawning (Woods and Sullivan, 1993; Hodson and Sullivan, 1993; Mylonas et al., 1993) and *in vitro* fertilization used to produce palmetto hybrid striped bass. Most recently, a non-induced group spawning method has been developed for commercial scale production of domestic striped bass fry and these procedures are being further optimized (Reading et al., 2016).

5. Genetic improvement and domestication

The availability of domesticated broodstocks for consistent production of fingerlings was considered vital for the success of the hybrid striped bass aquaculture industry early in its existence (Hallerman, 1994; Carlberg et al., 2000). As demonstrated with many finfish species, considerable, rapid gains in growth rates can be achieved with both passive and direct genetic mass selection. Average genetic gain for growth rate among fish species is estimated at as much as 15% per generation during the first few generations of domestication (Gjedrem, 2005). Additionally, reliance on wild captured fish for use as broodstock can result in tremendous year-to-year performance differences, inconsistent fingerling supply, transport and regulatory issues, and it poses serious biosecurity risks for diseases in aquaculture operations.

During the early stages of the hybrid striped bass industry, wild captured fishes served as broodstock and propagation methods generally followed those of Stevens et al. (1966, 1967). In 1983, L. Curry Woods III (University of Maryland) pioneered the effort to begin domesticating striped bass (Woods et al., 1992, 1995, 1999; Harrell and Woods, 1995; Woods, 2001) and by c. 2000 the *National Program for Genetic Improvement and Selective Breeding for the Hybrid Striped Bass Industry* officially began (Craig V. Sullivan, Founding Coordinator) as a collaboration between the United States Department of Agriculture, North Carolina State University, several commercial striped bass and hybrid striped bass farmers, and other government and university research laboratories. The goal of this breeding program is domestication and selective breeding to produce superior striped bass and hybrid striped bass cultivars that will enable commercial producers not only to continue bringing fish to market, but also to decrease product prices and expand the industry.

Domestic striped bass broodstock were first developed by L. Curry Woods III at the University of Maryland during the 1980s. Domestic and wild striped bass were also spawned by Craig V. Sullivan and subsequently reared from larvae to maturity by Andrew S. McGinty and Michael S. Hopper at the North Carolina State University Pamlico Aquaculture Field Laboratory. About 400 crosses of six distinct wild striped bass stocks (Canadian, Hudson River, Roanoke River, Chesapeake Bay: wild and domestic, Santee-Cooper drainage, and Florida Gulf of Mexico: wild and domestic) were made throughout most of the 1990s. Domestic Chesapeake Bay striped bass (F_2) were transported from University of Maryland to North Carolina State University for inclusion in the domestic breeding program there. Both a wild and domesticated Florida Gulf strain striped bass (acquired from a commercial venture) were bred at North Carolina State University as well during this time. In the late 1990s, the decision was made to collapse the numerous stocks and strains into a homogenous domesticated foundation striped bass broodstock considered F_2 domesticated by 2005. Prior to collapsing the stocks, all broodstock were individually tagged for identification to ensure inclusion of all the strains in the mixing of the genotypes and to eliminate the possibility of accidental inbreeding in the foundation stock.

Overall, the striped bass have been domesticated in captivity as a stock for about six or seven generations (Fig.7-3) and have been selected for rapid growth, body conformation, and other attributes in freshwater ponds and flow-through pools since the early 2000s (Table 7-1). The striped bass breeding program is presently spread across four year classes and each spring, a new year class is produced, typically consisting of between 60 and 150 half-sibling families derived from 30 or more individual females (Fig.7-4). Males reach sexual maturity at age three years and females reach sexual maturity at age four years. Therefore, a new filial domesticated generation is produced by the program approximately every four years. Every year since 1990 (excluding the current youngest year classes), striped bass have been spawned and their offspring reared to produce the next year class of striped bass. Many commercial aquaculture producers in the United States currently utilize the domesticated striped bass males to produce the sunshine hybrid striped bass cross. It is estimated that 90% or more of the hybrid striped bass fingerlings raised in the United States during 2014-2017 were produced using domesticated male striped bass.

White bass also were domesticated at North Carolina State University originally by out-crossing several Lake Erie fish with those captured from the Tennessee River in the early 1990s. Subsequently every 2 to 3 years a new year class was produced resulting in about nine generations of domestication in captivity (F_9 domesticated). The domesticated white bass have been selected for acceptance of pelleted rations, smaller head size, and superior ovarian development. White bass reach sexual maturity at about two years of age, therefore the animals can be selected more rapidly than the striped bass, with a new filial domesticated generation being produced about every two years. There is a continued reliance of industry on wild white bass female broodstock for annual fingerling production, even though these producers use domesticated striped bass males to create each production class of sunshine hybrid striped bass. This practice renders the industry vulnerable to year-to-year variation in culture efficiencies and also diseases that may accompany wild fish to the aquaculture operations. Therefore, further work is required to improve the domestic white bass broodstocks and to foster their use for commercial hybrid striped bass production in the United States.

1990	1995	2000	2005	2010	2015	2020
				F_3 F_4 F_5 F_6 F_7		Male (3 year)
F_0	F_1		F_2			
				F_3 F_4 F_5		F_6 Female (4 year)

Fig. 7-3 Striped bass breeding and domestication at North Carolina State University. The initial phases of domestication (c. 1983-2003) focused on collecting large numbers of wild striped bass (F_0) from diverse geographical regions along the Atlantic coast of the United States and passively selecting for adaptation to culture conditions and captive breeding. Once these fish were successfully bred in captivity for 1-2 generations (F_1-F_2) the individual strains were collapsed into a single homogenous domestic stock (c. 2004-2007) along with some F_0 fish to enhance diversity. The fish were then bred to F_3 and subsequent generations using the general strategy shown in Figure 7-4. Domestic striped bass are bred each year and genetic improvement from 2008 to present is based on mass selection. Generation times shown (F_x) are approximate

Table 7-1 Direct and passive genetic mass selection of example traits in domesticated striped bass broodstock. Selection may involve actual manipulation of culture conditions (challenge) and/or removal of those individuals (culling) with suboptimal performance. Passive selection may involve the loss of those individuals that cannot tolerate culture conditions (those that die off due to stress, for example); direct selection involves active removal of individuals (hand sorting). For certain traits, for example growth, only the top 3% or less of the individuals from each year class may be retained for future breeding efforts. In order to avoid bias due to family genetics or sexual dimorphism, the cohort is gradually reduced each year as shown in Fig. 7-4 as opposed to selecting only the top performers at the end of a single aspect of the production cycle, for example fingerling production. Consideration also should be paid to selecting for balanced somatic growth and reproductive output

Direct Selection Traits
Smaller head size (improved dress-out weight)
No blindness or pin-eye
No scoliosis or tail deformity
No obvious diseases, body lesions, or malformed scales
Desired morphology for market (proper body shape and coloration/markings)
All fins formed correctly
No crooked jaws
No folded or incomplete opercles
Good semen production, fecundity, and fertility
Age at maturity (3 years for males and 4 years for females)
Fast growth (large body size)
Volitional tank spawning behavior
Reduced cannibalism
Passive Selection Traits
Ease of feed training
Tolerance to handling, anesthesia, and dewatering
Tolerance to crowding and diseases
Tolerance to pond and tank rearing conditions
Tolerance to suboptimal water quality and temperature
Successful captive spawning (hormone and non-hormone induction)
Production of robust fry and fingerlings

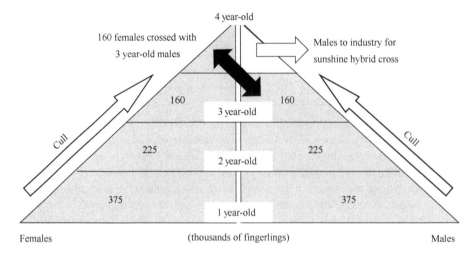

Fig. 7-4 Domestic striped bass breeding program design. The program is organized over four year classes and the approximate numbers of fish representing each gender for each year class are shown. Individual broodstock are culled from 10,000 or more fingerlings to approximately 160 top performing fish of each gender that are spawned at maturity. In order to avoid sampling bias due to family genetics or sexual dimorphism, the cohort is gradually reduced each year to approximately the top 3% of individuals, which will be spawned to create the next year classes. Age four females are crossed with age three males to ensure that full-sibling mating does not accidentally occur. Age three males that produce sufficient, high quality semen and offspring are retained, conditioned to spawn at age four years, and provided to commercial producers to create the sunshine hybrid striped bass cross for the United States hybrid striped bass industry

The hybrid striped bass is a unique cultivar in that it is a hybrid of two progenitor species, which exhibits traits that are more desirable than those present in either of the progenitor species through heterosis or hybrid vigor. For example, hybrid striped bass show superior growth to market size and have better disease resistance in culture conditions than either the striped bass or the white bass (Bishop, 1968; Logan, 1968; Williams, 1971; Bayless, 1972; Ware, 1975; Bonn et al., 1976; Kerby and Joseph, 1979; Kerby et al., 1983; Kerby, 1986; Rudacille and Kohler, 2000). The fundamental genetic basis of this heterosis is poorly understood and can confound selective breeding efforts of the parental broodstocks. Thus, studies performed using only hybrid striped bass are of limited value for understanding the genetic basis of performance in regard to selective breeding for the progenitor lines and long-term improvement of the hybrid cultivar.

Novel responses of gene expression resulting from unique combinations of allelic variants is proposed to underlie the superior performance of hybrid offspring relative to the progenitor species, but this ultimately may not reflect classic genetic paradigms (e.g. epistatic interactions; see Wang et al., 2006, 2007; Birchler et al., 2003). These effects likely vary between loci, and a thorough, genome-wide understanding of these patterns will be requisite for isolating gene targets for further study, potential augmentation, or selective breeding. Simply, before we tackle the problem of genetic improvement for hybrid cultivars, we need to first understand how the striped bass and white bass genomes combine to produce hybrid phenotypes. Striped bass and white bass genome resources may be used to shed light on the molecular basis of heterosis in hybrid striped bass, for which virtually nothing is known.

6. Genomic resources

Genomic resources available for striped bass include a medium-density genetic linkage map of 289 polymorphic microsatellite DNA markers (Liu et al., 2012), 23, 000 unigene sequences from a multi-tissue transcriptome (Li et al., 2014; NCBI: GBAA00000000), and a well-annotated, 11, 000 unigene ovary transcriptome (Reading et al., 2012; NCBI: SRX007394). A multi-tissue transcriptome of 22, 000 unigene sequences also is available for white bass (Li et al., 2014; NCBI: GAZY00000000). A small white perch transcriptome (1, 730 unigenes) has been published as well (Schilling et al., 2014; NCBI: GAQS00000000).

A whole genome shotgun assembly approach was used to produce the striped bass genome with 38Gb of Illumina short-read sequence (66-fold genome coverage) and an additional 1.6Gb of Pacific Biosciences single molecule, real-time long-read sequence (2.8-fold genome coverage) (Reading et al., 2015). The modest PacBio refinement reduced assembly scaffold and gap number by 26% and 46%, respectively, and increased scaffold N50 by 48% (to 29,981 bp). The 585.1 Mb striped bass genome assembly contains 35,010 scaffolds. The reasonable number of assembly gaps (25,539) and analysis of core eukaryotic genes (CEGMA 88.31% partial) suggest the striped bass assembly is on par with that of many *Ensembl* fish genomes (Fig.7-5), indicating a substantial benefit for using PacBio sequence to efficiently refine short-read whole genome shotgun assemblies without reliance on mate-pair insert libraries. Without a high-resolution linkage map to further join scaffolds within the assembly, the striped bass genome contains a greater number of scaffolds than other higher quality vertebrate genome assemblies and this may be amended by future optical mapping (Zhou et al., 2007). *Ab-initio* and evidence-based gene predictions (using available transcriptome resources) were performed with the MAKER Annotation Pipeline, identifying 27, 485 protein coding genes, an estimate similar to that of European sea bass, whose genome reportedly has 26, 719 genes (Tine et al., 2014). The striped bass genome assembly, predicted protein coding transcripts, protein sequences, and collected annotation information were compiled into a JBrowse-enabled web resource for public use and is hosted online (Fig.7-6) (Reading et al., 2015).

Female and male white bass genomes also have been sequenced using the Illumina platform and assembled into drafts. The female and male white bass draft genome assemblies consist of 57, 533 contigs (643Mb) and 56, 818 contigs (644Mb), respectively. CEGMA completeness scores for the male white bass genome are 97.98% (partial) and 82.66% (complete) and for the white bass female are 97.98% (partial) 84.68% (complete). These genome assemblies are presently being annotated (Reading et al., unpublished data).

Prior reports estimate that the genomes of striped bass and confamilial European sea bass are 600 Mb to 900 Mb in size (Hinegard and Rosen 1972; Hardie and Hebert 2003, 2004; Kuhl et al., 2010). The European sea bass genome sequence assembly is 675 Mb and 575 Mb of this sequence could be assigned into 24 linkage groups (Tine et al., 2014). The European sea bass genome assembly and that of the striped bass and white bass reported here suggest that the genomes of temperate basses are probably closer to the 600-700 Mb as opposed to the 900 Mb end of the estimated size range.

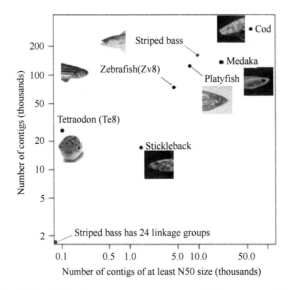

Fig. 7-5 Contig metrics of select teleost genome sequence assemblies compared to that of the striped bass. Data from *Ensembl* and National Center for Biotechnology Information (NCBI)

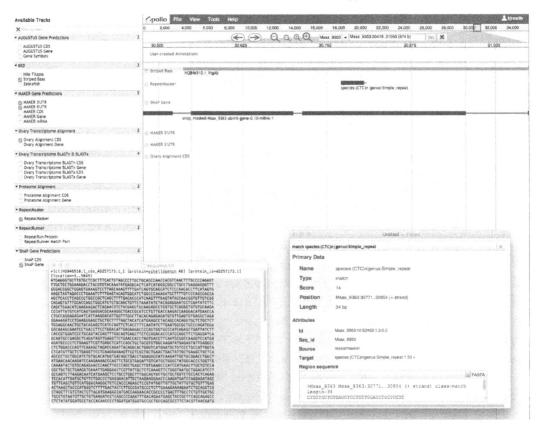

Fig. 7-6 JBrowse-enabled striped bass genome web resource for public use hosted at http://appliedecology.cals.ncsu.edu/striped-bass-genome-project/. Some of the tracks and other features of the browser are shown

Genome and transcriptome resources also empower proteomic analysis (Reading et al., 2012, 2013; Schilling et al., 2014). Proteomics offers great promise for advancing our understanding of the physiology of important production traits, however these methods rely on extant homologous sequence databases, which remain incomplete for many non-model organisms, including important aquaculture species. Tandem mass spectrometry approaches in proteomics use these databases to identify protein fragments by mass and thus require amino acid (or nucleic acid) sequence information, optimally from the research organism under investigation. Therefore, genome and transcriptome resources are powerful tools for facilitating proteomics research in temperate basses as well was traditional transcriptomic and functional genomic research. Thousands of different proteins have already been identified and measured with tandem mass spectrometry approaches using databases of the nucleotide sequences from the striped bass and white perch transcriptomes and the striped bass genome to answer important questions about reproduction (Reading et al., 2013; Schilling et al., 2014, 2015a; Williams et al., 2014a).

Sequencing of striped bass and other fish genomes also provide excellent resources for selective breeding and domestication of sustainable aquaculture species, as well as enhancing studies of fish biology, physiology, population genetics, and evolution. The striped bass and white bass genome sequences provide a complete catalogue of genes that can be targeted for study and/or modification, a blueprint that can empower marker-assisted selection for genetic improvement, and a tool that can be used to better understand the molecular basis of heterosis in animals. The research also is important for similar progress in other fish species.

7. A machine learning approach

A wide range of high-throughput technologies now enable us to evaluate biological systems at various levels–at the genome, epigenome, transcriptome, proteome, and metabolome. These technologies are being used to generate data to answer an ever-increasingly diverse set of questions. The next great challenge is integrating data analysis in a true systems biology approach that utilizes novel supervised machine learning methods, which accommodate heterogeneity of data, are robust to biological variation, and provide mechanistic insight.

Supervised machine learning is a powerful and novel data analysis method that includes Support Vector Machines (SVMs) and Artificial Neural Networks (ANNs). SVMs are non-probabilistic, binary linear classifiers (Cortes and Vapnik, 1995; Yang et al., 2004); ANNs are non-linear computational models that are functionally designed based on the neural nets of biological systems (Lisboa and Taktak, 2006; Motsinger-Reif et al., 2008). Simply put, these are systems that can be trained to recognize certain data input patterns and then can be used to predict outcomes, classify data, or otherwise solve problems such as speech, image, and character recognition.

We use machine learning to classify transcriptomic and proteomic data by pattern recognition (expression "fingerprinting") in an analytical bioinformatics approach (Sullivan et al., 2015). By understanding the expression patterns of genes and proteins, we can model and identify those that are the most important ones contributing to a trait or response. Machine learning ANNs have been used to analyze tens of thousands of expressed genes in microarray and RNA-Seq studies to show that the collective changes in the expression of 233 ovary genes (less than 2% of the genes measured) explained over 90% of the variation in striped bass embryo survival (Chapman et al., 2014; Sullivan et al., 2015). These trained ANNs also classify, with over 80% correct classification rate ($R^2 > 0.80$), female striped bass as producing fertile or infertile eggs based on gene expression profiles of ovary tissues sampled prior to ovulation. Therefore, machine learning additionally poses a potential use as a diagnostic tool, for example in identifying those females that will produce the highest quality eggs.

Additionally, SVMs have been used to model the striped bass ovary proteome (355 proteins) and this system can identify the specific ovary growth stage ($R^2 = 0.83$) based on semi-quantitative tandem mass spectrometry data (Reading et al., 2013). Therefore, machine learning may offer a method to evaluate the reproductive status of fishes. SVMs also were able to classify ($R^2 = 1.00$) control and estrogen-treated male and female white perch into the categories of treatment and gender based on plasma proteome data (94 proteins) (Schilling et al., 2015b). Machine learning SVMs also have been used to identify ($R^2 = 1.00$) crudely fractionated white perch ovary samples as either membrane or cytosolic fractions based on the abundance of 242 proteins present in each of the samples with the highest ANOVA p-values (those that were not considered significant for enrichment in either fraction by inferential statistics) (Schilling et al., 2014). Thus, SVMs have high sensitivity for use as classifiers of biological data and can be applied to a variety of different research questions even in light of data that are not considered "significantly" different.

When paired with other downstream procedures, such as correlation matrices and pathway analyses (Reading et al., 2013; Chapman et al., 2014), these machine learning models allow us to fully appreciate the integrated gene and protein networks that underlie complex physiological traits, which will be required to guide meaningful genome-wide marker-assisted selective breeding strategies for both purebred and hybrid striped bass. We are currently working to apply machine learning analysis to metabolomics and single nucleotide polymorphic marker (SNP) data to better understand important production traits in striped bass and hybrid striped bass (Reading et al., unpublished data).

8. Closing remarks

An increase in seafood consumption paired with stagnant growth in aquaculture production has resulted in a continued increase of seafood imports into the United States, leading to one of the greatest unrealized aquaculture industry growth potentials of all countries in the world (FAO, 2014; Lem et al., 2014). Tremendous potential exists for expansion of farming striped bass and hybrid striped bass inland in ponds, tanks, and cages in addition to offshore culture of striped bass. Furthermore, among major United States aquaculture species, only hybrid striped bass have a share of the highest value market for fresh fish that is also occupied by white-fleshed, wild marine species such as flounder, grouper or sea bass. For the industry to stave off intense competition from imported wild and cultured species and to grow to full potential, it will be necessary to reduce production costs and product prices so that traditional retail seafood markets can be penetrated. Genomic enablement will help with this endeavor and the tools and resources described here form a strong foundation that will likely perpetuate research to support growth of a successful industry for years to come. The domestic striped bass and white bass broodstocks will serve as the starting point for future genetic improvement of superior cultivars for production. In the future, significant improvement in production traits will require marker-assisted selection, which will be greatly facilitated by genomic resources. One of the major hurdles now is to better understand the molecular basis of heterosis in order to formulate a strategy for how to breed improved hybrid striped bass.

Acknowledgements

Funding for this research was provided to B.J.R., D.L.B., and Charles H. Opperman (North Carolina State University) by the United States Department of Agriculture National Research Support Project 8 (NRSP-8; National Animal Genome Project) and to B.J.R., Craig V. Sullivan (North Carolina State University), and Robert W. Chapman (South Carolina Department of Natural Resources) and to B.J.R. and A.S.M. by North Carolina SeaGrant (awards R/12-SSS-3 and NA10OAR1040080, respectively). Funding also was provided to B.J.R. from D.L.B. and L.C.W. III (Northeastern Regional Aquaculture Center), Nelson Wert and the Pennsylvania Striped Bass Association, and other benefactors including those from government agencies, non-profit organizations, companies, and owner-operator aquaculture producers. Researchers who contributed to this project include: Jennifer E. Schaff, Shane McCoy, Cory L. Dashiel, Brad D. Ring, John Davis, Linas Kenter, Valerie N. Williams, Justin D. Schilling, Scott A. Salger, Amber F. Garber, and Charlene R. Couch. B.J.R also would like to thank his mentors Craig V. Sullivan and Ronald G. Hodson, who have contributed extensively to striped bass and hybrid striped bass research over many years.

B.J.R. is a member of the NRSP-8, Co-Coordinator of the *National Program for Genetic Improvement and Selective Breeding for the Hybrid Striped Bass Industry* (with S. Adam Fuller, United States Department of Agriculture, Agricultural Research Service), and a recipient of the Foundation for Food and Agriculture Research (FFAR)*New Innovator in Food and Agriculture Research Award*. A.S.M. supervises this national breeding program and Robert W. Clark is the hatchery manager. This is publication number 110 from the North Carolina State University Pamlico Aquaculture Field Laboratory, the sole world source of domesticated striped bass broodstock.

References

Bayless JD. 1972. Artificial propagation and hybridization of striped bass, *Morone saxatilis* (Walbaum). South Carolina Wildlife and Marine Resources Department, Columbia.

Berlinsky DL, Specker JL. 1991. Changes in gonadal hormones during oocyte development in the striped bass, *Morone saxatilis*. Fish Physiology and Biochemistry, 9: 51-62.

Birchler JA, Auger DL, Riddle NC. 2003. In search of the molecular basis of heterosis. Plant Cell,

15:2236-2240.

Bishop RD. 1968. Evaluation of striped bass (*Roccus saxatilis*) and white bass (*R. chrysops*) after two years. Proceedings of the Annual Conference Southeastern Association of Game and Fish Commissioners, 21(1967):245-254.

Blythe WG, Helfrich LA, Sullivan CV. 1994. Sex steroid hormone and vitellogenin levels in striped bass (*Morone saxatilis*) maturing under 6-, 9-, and 12-month photothermal cycles. General and Comparative Endocrinology, 94:122-134.

Bonn EW, Bailey WM, Bayless JD, et al. 1976. Guidelines for striped bass culture. American Fisheries Society, Southern Division, Striped Bass Committee, Bethesda, Maryland.

Carlberg JM, Van Olst JC, Massingill MJ. 2000. Hybrid striped bass: an important fish in US aquaculture. Aquaculture Magazine, 26:26-38.

Chapman RW, Reading BJ, Sullivan CV. 2014. Ovary transcriptome profiling via artificial intelligence reveals a transcriptomic fingerprint predicting egg quality in striped bass, *Morone saxatilis*. PLoS ONE, 9(5):e96818.

Clark RW, Henderson-Arzapalo A, Sullivan CV. 2005. Disparate effects of annually-cycling daylength and water temperature on reproductive maturation of striped bass (*Morone saxatilis*). Aquaculture, 249:497-513.

Clarke III EO, Harms CA, Law JM, et al. 2012. Clinical and pathological effects of the polyopisthocotylean monogenean, *Gamacallum macroura* in white bass. Journal of Aquatic Animal Health, 24:251-257.

Cortes C, Vapnik V. 1995. Support-vector networks. Machine Learning, 20:273-297.

FAO. 2014. The State of World Fisheries and Aquaculture-Opportunities and challenges. Rome, FAO: 223.

Garber AF, Sullivan CV. 2006. Selective breeding for the hybrid striped bass (*Morone chrysops*, Rafinesque × *M. saxatilis*, Walbaum) industry: status and perspectives. Aquaculture Research, 37:319-338.

Gatlin III DM. 1997. Nutrition and feeding of striped bass and hybrid striped bass. *In*: R.M. Harrell (Ed.). Striped Bass and Other *Morone* Culture. Elsevier Science, Amsterdam, The Netherlands: 235-252.

Geiger JG, Turner CJ, Fitzmayer KM, et al. 1985. Feeding habits of larval and fingerling striped bass and zooplankton dynamics in fertilized rearing ponds. Progressive Fish-Culturist, 47:213-223.

Geiger JG, Turner CJ. 1990. Pond fertilization and zooplankton management techniques for production of fingerling striped bass and hybrid striped bass. *In*: Harrell RM, et al. Eds. Culture and Propagation of Striped Bass and its Hybrids. Striped Bass Committee, Southern Division, American Fisheries Society, Bethesda, MD: 79-98.

Gjedrem T. 2005. Selection and Breeding Programs in Aquaculture. Springer, Dordrecht, The Netherlands: 364.

Guthrie DH, Welch GR, Woods III LC. 2014. Effects of frozen and liquid hypothermic storage and extender type on calcium homeostasis in relationship to viability and ATP content in striped bass (*Morone saxatilis*) sperm. Theriogenology, 81:1085-1091.

Guthrie HD, Welch GR, Theisen DD, et al. 2011. Effects of hypothermic storage on intracellular calcium, reactive oxygen species formation, mitochondrial function, motility, and viability in striped bass (*Morone saxatilis*) sperm. Theriogenology, 75:951-961.

Hallerman EM. 1994. Toward Coordination and Funding of Long-Term Genetic Improvement Programs for Striped and Hybrid Bass *Morone* sp.. Journal of the World Aquaculture Society, 25:360-365.

Hardee JJ, Godwin U, Benedetto R, et al. 1995. Major histocompatibility complex class II A gene polymorphism in the striped bass. Immunogenetics, 41:229-238.

Hardie DC, Hebert PDN. 2003. The nucleotypic effects of cellular DNA content in cartilaginous and ray-finned fishes. Genome, 46:683-706.

Hardie DC, Hebert PDN. 2004. Genome-size evolution in fishes. Canadian Journal of Fisheries and Aquatic Sciences, 61:1636-1646.

Harms CA, Stoskopf MK, Hodson RG, et al. 1996. Clinical pathology and histopathology characteristics of net-stressed striped bass with "red tail." Journal of Aquatic Animal Health, 8:82-86.

Harrell RM, Kerby JH, Minton RV. 1990. Striped bass and hybrid striped bass culture: the next twenty-five years. *In*: R.M. Harrell, J.H. Kerby, and R.V. Minton (Eds.). Culture and propagation of striped bass and its hybrids. Striped Bass Committee, Southern Division, American Fisheries Society, Bethesda, MD: 253-261.

Harrell RM, Moline MA. 1992. Comparative stress dynamics of brood stock striped bass *Morone saxatilis* associated with two capture techniques. Aquaculture, 23:58-63.

Harrell RM, Woods III LC. 1995. Comparative fatty acid composition of eggs from domesticated and wild striped bass (*Morone saxatilis*). Aquaculture, 133:225-233.

Harrell RM. 1992. Stress mitigation by use of salt and anesthetic for wild striped bass captured for brood stock. The Progressive Fish-Culturist, 54:228-233.

Harrell RM. 1997a. Striped Bass and Other *Morone* Culture. Elsevier Science, Amsterdam, The Netherlands: 365.

Harrell RM. 1997b. Hybridization and genetics. *In*: R.M. Harrell. Striped Bass and Other *Morone* Culture. Elsevier Science, Amsterdam: 217-234.

He S, Woods III LC. 2003a. Effects of glycine and alanine on short-term storage and cryopreservation of striped bass (*Morone saxatilis*) spermatozoa. Cryobiology, 46:17-25.

He S, Woods III LC. 2003b. The effects of osmolality, cryoprotectant and equilibration time on striped bass (*Morone saxatilis*) sperm motility. Journal of the World Aquaculture Society, 34:255-265.

He S, Woods III LC. 2004a. Effects of dimethyl sulfoxide and glycine on cryopreservation induced damage of plasma membranes and mitochondria to striped bass (*Morone saxatilis*) sperm. Cryobiology, 48:254-262.

He S, Woods III LC. 2004b. Changes in motility, ultrastructure and fertilization capacity of striped bass Morone saxatilis spermatozoa following cryopreservation. Aquaculture, 236:667-686.

Heppell SA, Denslow ND, Folmar LC, et al. 1995. 'Universal' assay of vitellogenin as a biomarker for environmental estrogens. Environmental Health Perspectives, 103:9-15.

Hill J, Evans JW, Van Den Avyle MJ. 1989. U.S. Army Engineer Waterways Experiment Station Coastal Ecology Group, U.S. National Wetlands Research Center. Species profiles: Life histories and environmental requirements of coastal fishes and invertebrates (South Atlantic): Striped bass. Fish and Wildlife Service, U.S. Department of the Interior, Washington, DC. Biological Report 82(11.118).

Hinegard R, Rosen DE. 1972. Cellular DNA content and evolution of teleostean fishes. American Naturalist, 106:621-644.

Hiramatsu N, Luo W, Reading BJ, et al. 2013. Multiple ovarian lipoprotein receptors in teleosts. Fish Physiology and Biochemistry, 39(1):29-32.

Hiramatsu N, Todo T, Sullivan CV, et al. 2015. Ovarian yolk formation in fishes: Molecular mechanisms underlying formation of lipid droplets and vitellogenin-derived yolk proteins. General and Comparative Endocrinology, 221:9-15.

Hodson RG, Clark RW, Hopper MS, et al. 1999. Reproduction of domesticated striped bass: commercial mass production of fingerlings. UJNR Technical Report No. 28: 10.

Hodson RG, Sullivan CV. 1993. Induced maturation and spawning of domestic and wild striped bass (*Morone saxatilis*) broodstock with implanted GnRH analogue and injected hCG. Journal of Aquaculture and Fish Management, 24:271-280.

Hodson RG. 1989. Hybrid Striped Bass: Biology and Life History. Southern Regional Aquaculture Center Publication No. 300: 3.

Holland CM, Hassin S, Zohar Y. 2000. Gonadal development and plasma steroid levels during pubertal development in captive-reared striped bass, *Morone saxatilis*. Journal of Experimental Zoology, 286:49-63.

Jackson LF, McCormick SD, Madsen SS, et al. 2005. Osmoregulatory effects of hypophysectomy and homologous prolactin replacement in hybrid striped bass. Comparative Biochemistry and Physiology B, 140:211-218.

Kerby JH, Joseph EB. 1979. Growth and survival of striped bass and striped bass X white bass hybrids. Proceedings of the Annual Conference Southeastern Association of Fish and Wildlife Agencies, 32(1978):715-726.

Kerby JH, Woods III LC, Huish MT. 1983. Pond culture of striped bass and white bass hybrids. Journal of the World Mariculture Society, 14:613-623.

Kerby JH. 1986. Striped bass and striped bass hybrids. In: Stickney Pages 127-147 ed. Culture of nonsalmonid freshwater fishes. Boca Raton, Florida: CRC Press.

King VW, Thomas P, Harrell R, et al. 1994b. Plasma levels of gonadal steroids during final oocyte maturation of striped bass, *Morone saxatilis*. General and Comparative Endocrinology, 95:178-191.

King VW, Thomas P, Sullivan CV. 1994a. Hormonal regulation of final maturation of striped bass oocytes *in vitro*. General and Comparative Endocrinology, 96:223-233.

Klenke U, Zohar Y. 2003. Gonadal regulation of gonadotropin subunit expression and pituitary LH protein content in female hybrid striped bass. Fish Physiology and Biochemistry, 28:25-27.

Kuhl H, Beck A, Wozniak G, et al. 2010. The European sea bass *Dicentrarchus labrax* genome puzzle: comparative BAC-mapping and low coverage shotgun sequencing. BMC Genomics, 11:68.

Lauth X, Shike H, Burns JC, et al. 2002. Discovery and characterization of two isoforms of moronecidin, a novel antimicrobial peptide from hybrid striped bass. Journal of Biological Chemistry, 277:5030-5039.

Lem A, Bjornda T, Lappo A. 2014. Economic analysis of supply and demand for food up to 2030– Special focus on fish and fishery products. FAO Fisheries and Aquaculture Circular. No. 1089. Rome, FAO: 106.

Li C, Beck BH, Fuller SA, et al. 2014. Transcriptome annotation and marker discovery in white bass (*Morone chrysops*) and striped bass (*Morone saxatilis*). Animal Genetics, 45(6):885-887.

Lisboa PJ, Taktak AFG. 2006. The use of artificial neural networks in decision support in cancer: A systematic review. Neural Networks, 19:408-415.

Liu S, Rexroad III CE, Couch CR, et al. 2012. A microsatellite linkage map of striped bass (*Morone saxatilis*) reveals conserved synteny with the three spined stickleback (*Gasterosteus aculeatus*). Marine Biotechnology, 14:237-244.

Logan HJ. 1968. Comparison of growth and survival rates of striped bass and striped bass 3 white bass hybrids under controlled environments. Proceedings of the Annual Conference Southeastern Association of Game and Fish Commissioners, 21(1967):260-263.

Lund ED, Sullivan CV, Place AR. 2000. Annual cycle of plasma lipids in captive reared striped bass: Effects of environmental conditions and reproductive cycle. Fish Physiology and Biochemistry, 22:263-275.

Madsen SS, Jensen LN, Tipsmark CK, et al. 2007. Differential regulation of cystic fibrosis transmembrane conductance regulator and Na^+, K^+-ATPase in gills of striped bass, *Morone saxatilis*: effect of salinity and hormones. Journal of Endocrinology, 192:249-260.

Monosson E, Fleming WJ, Sullivan CV. 1994. Effects of a planar PCB (3, 3', 4, 4'-tetrachlorobiphenyl) on white perch (*Morone americana*) ovarian maturation, plasma levels of sex steroid hormones and vitellogenin, and progeny survival. Aquatic Toxicology, 29:1-19.

Monosson E, Hodson RG, Fleming WJ, et al. 1996. Blood plasma levels of sex steroid hormones and vitellogenin in striped bass (*Morone saxatilis*) exposed to 3, 3', 4, 4'-tetrachlorobiphenyl (TCB). Bulletin of Environmental Contamination and Toxicology, 56:646-656.

Motsinger-Reif AA, Dudek SM, Hahn LW, et al. 2008. Comparison of approaches for machine-learning optimization of neural networks for detecting gene-gene interactions in genetic epidemiology. Genetic Epidemiology, 32:325-340.

Mylonas CC, Swenson P, Woods III LC, et al. 1993. GnRHa-induced ovulation and sperm production of striped bass, Atlantic and Pacific salmon using controlled release devices. World Aquaculture Society/European Aquaculture Society Special Publication, 19:418.

Mylonas CC, Zohar Y. 2007. Promoting oocyte maturation, ovulation and spawning in farmed fish. *In*: BabinP5, et al. Eds. The Fish Oocyte. Netherlands: Springer.

Noga EJ, Silphaduang U, Park NG, et al. 2009. Piscidin 4, a novel member of the piscidin family of antimicrobial peptides. Comparative Biochemistry and Physiology B, 152:299-305.

Picha ME, Strom CN, Riley LG, et al. 2009. Plasma ghrelin and growth hormone regulation in response to metabolic state in hybrid striped bass: effects of feeding, ghrelin and insulin-like growth factor-I on *in vivo* and *in vitro* GH secretion. General and Comparative Endocrinology, 161:365-372.

Picha ME, Turano MJ, Tipsmark CK et al. 2008. Regulation of endocrine and paracrine sources of Igfs and GH receptor during compensatory growth in hybrid striped bass (*Morone chrysops* × *Morone saxatilis*). Journal of Endocrinology, 199:81-94.

Plumb JA. 1997. Infectious diseases of striped bass. *In*: Harrell R M Ed. Striped bass and other Morone culture. The Netherlands Elsevier Science B.V., Amsterdam: 271-314.

Reading BJ, Baltzegar DA, Dashiell C, et al. 2015. The striped bass (*Morone saxatilis*) genome sequence assembly is available as unrestricted public database at http://appliedecology.cals.ncsu.edu/striped-bass-genome-project/.

Reading BJ, Chapman RW, Schaff JE, et al. 2012. An ovary transcriptome for all maturational stages of the striped bass (*Morone saxatilis*), a highly advanced perciform fish. BMC Research, Notes 5:111.

Reading BJ, Clark RW, Hopper MS, et al. 2016. Organized group-spawning of domestic striped bass *Morone saxatilis*. *In* Abstracts of Aquaculture Triennial 2016: All In For Aquaculture. February 22-26. Las Vegas, NV, USA.

Reading BJ, Hiramatsu N, Sawaguchi S, et al. 2009. Conserved and variant molecular and functional features of multiple egg yolk precursor proteins (vitellogenins) in white perch (*Morone americana*) and other teleosts. Marine Biotechnology, 11:169-187.

Reading BJ, Hiramatsu N, Schilling J, et al. 2014. Lrp13 is a novel vertebrate lipoprotein receptor that binds vitellogenins in teleost fishes. Journal of Lipid Research, 55(11):2287-2295.

Reading BJ, Hiramatsu N, Sullivan CV. 2011. Disparate binding of three types of vitellogenin to multiple forms of vitellogenin receptor in white perch. Biology of Reproduction, 84:392-399.

Reading BJ, Sullivan CV, Schilling J. 2017. Vitellogenesis in Fishes. *In* Reference Module in Life Sciences 2017 edition. Elsevier, Maryland Heights, Missouri (*in press*).

Reading BJ, Sullivan CV. 2011. Chapter 257: Vitellogenesis in Fishes. *In*: Ferrell Ap Ed. Encyclopedia of Fish Physiology: From Genome to Environment. Maryland Heights: Elsevier Missouri: 635-646.

Reading BJ, Williams VN, Chapman RW, et al. 2013. Dynamics of the striped bass (*Morone saxatilis*) ovary proteome reveal a complex network of the translasome. Journal of Proteome Research, 12:1691-1699.

Rudacille JB, Kohler CC. 2000. Aquaculture Performance Comparison of Sunshine Bass, Palmetto Bass, and White Bass. North American Journal of Aquaculture, 62(2):114-124.

Salek SJ, Godwin JR, Stacey NE, et al. 2001a Courtship and tank spawning behavior of temperate basses (genus *Morone*). Transactions of the American Fisheries Society, 130:833-847.

Salek SJ, Sullivan CV, Godwin JR. 2001b. Courtship behavior of white perch (*Morone americana*): Evidence for regulation by androgens. Comparative Biochemistry and Physiology, A 130:731-740.

Salek SJ, Sullivan CV, Godwin JR. 2002. Arginine vasotocin effects on courtship behavior in male white perch (*Morone americana*). Behavioural Brain Research, 133:177-183.

Salger SA, Cassady KR, Reading BJ, et al. 2016. A diverse family of host-defense peptides (piscidins) exhibit specialized anti-bacterial and anti-protozoal activities in fishes. PLoS ONE, 11(8):e0159423.

Salger SA, Reading BJ, Baltzegar DA, et al. 2011. Molecular characterization of two isoforms of piscidin 4 from the hybrid striped bass (*Morone chrysops* × *M. saxatilis*). Fish and Shellfish Immunology, 30:420-424.

Scemama JL, Vernon JL, Stellwag EJ. 2006. Differential expression of *hoxa2a* and *hoxa2b* genes during striped bass embryonic development. Gene Expression Patterns, 6:843-848.

Schilling J, Loziuk PL, Muddiman DC, et al. 2015a. Mechanisms of egg yolk formation and implications on early life history of white perch (*Morone americana*). PLoS ONE, 10(11): e0143225.

Schilling J, Nepomuceno A, Muddiman DC, et al. 2014. Compartment proteomics analysis of white perch

(*Morone americana*) ovary using support vector machines. Journal of Proteome Research, 13(3):1515-1526.

Schilling J, Nepomuceno AI, Planchart A, et al. 2015b. Machine learning reveals sex-specific 17beta-estradiol responsive expression patterns in white perch (*Morone americana*) plasma proteomes. Proteomics, 15(15):2678-2690.

Silphaduang U, Noga EJ. 2001. Peptide antibiotics in mast cells of fish. Nature, 414(6861):268-269.

Small BC, Soares JrJH, Woods III LC. 2000. Optimization of feed formulation for mature female striped bass. North American Journal of Aquaculture, 62:290-293.

Small BC, Soares JrJH. 1998. Estimating the quantitative essential amino acid requirements of the striped bass, *Morone saxatilis*, using filet A/E ratios. Aquaculture Nutrition, 4:225-232.

Smith JM, Whitehurst DK. 1990. Tank spawning methodology for the production of striped bass. *In*: Harrell. R M Eds. Culture and propagation of striped bass and its hybrids. Striped Bass Committee, Southern Division, American Fisheries Society, Bethesda, MD: 73-77.

Smith TIJ, Jenkins WE. 1985. Aquaculture research with striped bass and its hybrids in South Carolina. Proceedings of the Annual Conference Southeastern Association of Fish and Wildlife Agencies, 39:217-227.

Stanley JG, Danie DS. 1983. U.S. National Coastal Ecosystems Team, U.S. Army Engineer Waterways Experiment Station Coastal Ecology Group, and U.S. Fish and Wildlife. Species profiles: Life histories and environmental requirements of coastal fishes and invertebrates (North Atlantic): White perch. Coastal Ecology Group, Waterways Experiment Station, U.S. Army Corps of Engineers, Washington, DC. Biological Report, 82(11.7).

Stevens RE. 1966. Hormone-induced spawning of striped bass for reservoir stocking. Progressive Fish-Culturist, 28:19-28.

Stevens RE. 1967. A final report on the use of hormones to ovulate striped bass, *Roccus saxatilis* (Walbaum). Proceedings of the Southeastern Association of Game and Fish Commissioners, 18:523-538.

Sullivan CV, Chapman RW, Reading BJ et al. 2015. Transcriptomics of egg quality in teleost fish: New developments and future directions. General and Comparative Endocrinology, 221:23-30.

Sullivan CV, Hiramatsu N, Kennedy AM, et al. 2003. Induced maturation and spawning: opportunities and applications for research on oogenesis. Fish Physiology and Biochemistry, 28:481-486.

Swanson P, Sullivan CV. 1991. Isolation of striped bass, *Morone saxatilis*, pituitary hormones. American Zoologist, 31(5):3A.

Tao Y, Hara A, Hodson RG, et al. 1993. Purification, characterization and immunoassay of striped bass (*Morone saxatilis*) vitellogenin. Fish Physiology and Biochemistry, 12:31-46.

Tine M, Kuhl H, Gagnaire PA, et al. 2014. European sea bass genome and its variation provide insights into adaptation to euryhalinity and speciation. Nature Communications, 5:5770.

Tipsmark CK, Luckenbach JA, Madsen SS, et al. 2007. IGF-I and branchial IGF receptor expression and localization during salinity acclimation in striped bass. American Journal of Physiology - Regulatory, Integrative and Comparative Physiology, 292:R535-43.

Turano MJ, Borski RJ, Daniels HV. 2008. Effects of cyclic feeding on compensatory growth of hybrid striped bass (*Morone chrysops* × *M. saxitilis*) foodfish and water quality in production ponds. Aquaculture Research, 39:1514-1523.

Wang X, Cao H, Zhang D, et al. 2007. Relationship between differential gene expression and heterosis during ear development in Maize (*Zea mays* L.). Journal of Genetics and Genomics, 2034:160-170.

Wang Z, Ni Z, Wu H, et al. 2006. Heterosis in root development and differential gene expression between hybrids and their parental inbreds in wheat (*Triticum aestivum* L.). Theoretical and Applied Genetics, 113:1283-1294.

Ware FJ. 1975. Progress with *Morone* hybrids in fresh water. Proceedings of the Annual Conference Southeastern Association of Game and Fish Commissioners, 28(1974):48-54.

Weber GM, King VW, Clark RW, et al. 2000. Morpho-physiological predictors of ovulatory success in captive striped bass (*Morone saxatilis*). Aquaculture, 188:133-146.

Weber GM, Sullivan CV. 2007. *In vitro* actions of insulin-like growth factor-I on ovarian follicle maturation in white perch (*Morone americana*). General and Comparative Endocrinology, 151:180-187.

Williams HM. 1971. Preliminary studies of certain aspects of the life history of the hybrid (striped bass × white bass) in two South Carolina reservoirs. Proceedings of the Annual Conference Southeastern Association of Game and Fish Commissioners, 24(1970):424-431.

Williams VN, Reading BJ, Amano H, et al. 2014a. Proportional accumulation of yolk proteins derived from multiple vitellogenins is precisely regulated during vitellogenesis in striped bass (*Morone saxatilis*). Journal of Experimental Zoology Part A, 321(6):301-315.

Williams VN, Reading BJ, Hiramatsu N, et al. 2014b. Multiple vitellogenins and product yolk proteins in striped bass, *Morone saxatilis*: molecular characterization and processing during oocyte growth and maturation. Fish Physiology and Biochemistry, 40(2):395-415.

Woods III CL, Kerby JH, Huish MT. 1983. Estuarine cage culture of hybrid striped bass. Journal of the World Mariculture Society, 14:595-612.

Woods III LC, Bennett RO, Sullivan CV. 1992. Reproduction of a domestic striped bass brood stock. The Progressive Fish-Culturist, 54:184-188.

Woods III LC, Hallerman EM, Douglass L, et al. 1999. Variation in growth rate within and among stocks and families of striped bass, Morone saxatilis. North American Journal of Aquaculture, 61:8-12.

Woods III LC, Harrell RM, Ely B. 1995. Evidence for the genetic purity of captive and domestic striped bass broodstocks. Aquaculture, 137:41-44.

Woods III LC, Kohler CC, Sheehan RJ, et al. 1995. Volitional tank spawning of female striped bass with male white bass produces hybrid offspring. Transactions of the American Fisheries Society, 124:628-632.

Woods III LC, Soares Jr JH. 1996. Nutritional requirements of domestic striped bass broodstock. Proceedings of the Second World Fisheries Congress, 1:107.

Woods III LC, Sullivan CV. 1993. Reproduction of striped bass (*Morone saxatilis*) broodstock: monitoring maturation and hormonal induction of spawning. Aquaculture and Fisheries Management, 24:213-224.

Woods III LC, Woiwode JG, McCarthy MA, et al. 1990. Noninduced spawning of captive striped bass in tanks. Progressive Fish-Culturist, 52:201-202.

Woods III LC. 2001. Domestication and strain evaluation of striped bass (*Morone saxatilis*). Aquaculture, 202:343-350.

Woods III LC. 2011. Cryopreservation of Striped Bass Spermatozoa. Pages 455-458 in T.R. Tiersch and C.C. Green, editors. Cryopreservation in Aquatic Species, 2nd Edition. World Aquaculture Society, Baton Rouge, Louisiana.

Yang ZR. 2004. Biological applications of support vector machines. Briefings In Bioinformatics, 5(4):328-338.

Zhou S, Herscheleb J, Schwartz DC. 2007. A Single Molecule System for Whole Genome Analysis. *In*: Mitchelson K R Ed. New High Throughput Technologies for DNA Sequencing and Genomics (ind edition). Elsevier: 269-304.

(Benjamin J. Reading, Andrew S. McGinty, Robert W. Clark, Michael S. Hopper, David L. Berlinsky, L. Curry Woods III, David A. Baltzegar)

Chapter 8 State of Culture and Breeding of European Sea Bass, *Dicentrarchus labrax* L.

The European sea bass is a marine teleost valued by consumers due to its high quality as a table fish. It is distributed in the Northeast Atlantic, Mediterranean and Black Sea. Capture fisheries is more or less stable around 9, 000 tons a year. The European sea bass full life cycle was closed in the 1970s, favored in part for its ability to naturally spawn pelagic eggs in captivity. This, along with research in aspects of its physiology, has helped aquaculture development. Thus, production has grown firmly since the 1980s, reaching 157,516 tons in 2014. The main producers are Turkey, Greece, Spain, Egypt, Italy and France. Temperature and photoperiod are the two main environmental cues that regulate the reproductive cycle and thus through the control of these factors it is possible to obtain fertilized eggs all year round. In some wild fish are used periodically to renew the broodstock. However, several selection programs are currently underway, and mainly aimed to increase production yields through selection for faster growth or better food conversion efficiency. Resistance to diseases is another important target for selection. Some reproduction-related problems persist, namely, the fact that under culture conditions most fish develop as males, which naturally mature before–some of them precociously–and grow less than females. Thus, there is also interest in the production of stocks with the highest possible proportion of females. This is not straightforward in the European sea bass because of its polygenic sex determination system, which so far has hampered the development of reliable sex-linked markers to aid in broodstock management and selection programs. Nevertheless, it has become one of the richest species in terms of genomic resources. This suggests a promising future for the development of science-based knowledge of practical applications aimed at further increasing production. Accordingly, the goal in this chapter is to provide a summary of relevant aspects with practical information on the breeding and culture of this economically important species.

1. Introduction

The term "bass" is shared in the common name of many fishes, both freshwater and marine, all of them belonging to the Order Perciformes (perch-like). There are several types of basses: the black basses, such as the largemouth bass (*Micropterus salmoides*) and the spotted bass (*M. punctulatus*), belong to the family Centrarchidae (sunfishes); the temperate basses, such as the European sea bass (*Dicentrarchus labrax*) and the stripped, or "American", sea bass (*Morone saxatilis*), belong to the family Moronidae; and the Asian sea basses, such as the Asian sea bass (*Lates calcarifer*) or the Japanese sea bass (*Lateolabrax japonicus*), belong to the family Lateolabracidae. In addition, there are other species that bear the term "bass" in its common name, such as the black sea bass, *Centropristis striata*, a member of the family

Serranidae, just to name one of them.

Thus, with the worldwide expansion of aquaculture and research on many of the species mentioned above, it is important to use the proper adjective when referring to the common name one of these species in order to avoid confusion. This chapter concerns the European sea bass.

The European sea bass (Fig. 8-1A) is of great value for commercial fishermen and, specially, for sporting fishermen. It commands high prices due to its high demand since there is a strong international marked. Therefore, the European sea bass was one of the first marine fishes domesticated for intensive aquaculture production in Europe. The exquisite taste of its meat makes it a secure bet and currently there is a growing production centered mainly on the Mediterranean. On the other hand, in addition to purely-oriented research to refine its aquaculture, a lot of research on several aspects of physiology and endocrinology (mainly growth and reproduction), pathology and immunology, and molecular biology has been carried out. With the interest in functional studies and its genetics for improved breeding, initiatives have been taken during the last years and currently it has become one of the richest species in terms of genomic resources. In the sections, these aspects will be briefly discussed along with practical information on the breeding and culture of this economically important species.

Fig. 8-1   The European sea bass and examples of production units. A. Drawing of an adult specimen (Image source: FAO); B. Tank for larval rearing (Image source: FAO; Photo by Robert Vassallo); C. Floating net pen for growing (Image source: FAO; Photograph by Francesco Cardia)

2. Biological features

2.1   Taxonomy and common names

The European sea bass is a ray-finned fish (Class Actinopterygii) that belongs to one of the two major clades of bony fish (Osteichthyes), in the Subclass Teleostei, Order Perciformes (perch-like fishes) and, as stated above, it belongs to the Family Moronidae (temperate basses). However, sometimes is still wrongly referred as a member of the family Serranidae, where it used to be placed. The origin of the name of its genus, *Dicentrarchus*, is obscure and the product of repeated misinterpretations passed from author to author without proper checking, and thus we prefer not to further add to confusion. We will simply state that in addition to the English common name of European sea bass, (although in the UK is referred simply as "bass") it is also known as "bar", "loup" or "loup de mer" in France, "robalo" in Portugal, "róbalo" and "lubina" in Spain, "llobarro" in Catalonia, "spigola", "branzino" and "bronzino" in Italy, "λαβράκι" in Greece and "levrek" in Turkey.

The European sea bass grows approximately to a length of 1 meter and a weight of 9-10 kg, sometimes up to 15 kg, and having a lifespan up to 20 years. The scales are large and uniformly distributed. The following description is from Pickett and Pawson (1994). There are a total of 8-10 dorsal spines, 12-13 dorsal soft rays, 3 anal spines and 10-12 anal soft rays (Fig. 8-1A). Color depends on origin and can vary considerably, from dark grey, blue or green on the back to a white or pale yellow in the belly. Pointed head covered with cycloid scales that become more rounded with age. Older fish are darker than younger ones, which have dark spots on the back and upper sides. These spots normally disappear when fish reach one year of age but if not this can create confusion with *Dicentrarchus punctatus*, the closest related species. Opercula with its posterior edge finely serrated. Mouth moderately protractile with vomerine teeth only anteriorly, in a crescentic band (Pickett and Pawson, 1994).

2.2 Geographic distribution

The European sea bass is a temperate-water species with a wide geographic distribution found in coastal waters of the northeastern Atlantic Ocean from Norway to Morocco—occasionally down to Senegal—including the North Sea and the southern Baltic Sea, and throughout the Mediterranean and Black Sea. The majority of individuals are occurring south of 53°N in the North Sea and south of 54°N in the Irish Sea and on the Atlantic coast of Ireland. Recently, it has been observed a northward migration along the Norwegian coast, colonizing the Oslo fjord, possibly due to global warming (Hillen et al., 2014). It is not found in the White, Barents, and Caspian Seas nor in the Northern Black Sea and Sea of Azov. This species has been introduced for culture purposes in Israel, the Canary Islands, and, more recently, in the Persian Gulf and the Arabian Sea (Freyhof and Kottelat, 2008).

2.3 Environment

The European sea bass is a euryhaline species that lives in salty and brackish waters and occasionally penetrates rivers. Its larvae are planktonic and juveniles move inshore as they grow, aggregating in brackish estuarine nursery areas where they usually remain until their second summer (Pickett and Pawson, 1994, Pérez-Ruzafa and Marcos, 2015). Large juveniles and adults show a complicated migration pattern at sea, coming close to shore and entering freshwaters of estuaries during summer to forage. Young fish are eurythermal with a high tolerance to salinity changes. Thus, for example, they can inhabit waters of 0.24-0.37% salinity and tolerate a broad range of temperature; in the range of 5-32°C when adults (Pérez-Ruzafa and Marcos, 2015). Adults show demersal behavior, inhabit coastal waters down to about 100 m depth but more common in shallow waters usually ~10 m in depth. They are generally found in the littoral zone on various kinds of bottoms on estuaries and lagoons. Young fish form schools, but adults appear to be less gregarious. Juveniles feed on zooplankton and invertebrates and with age it progressively feeds on worms, shrimp, squids, mollusks and small fish (e.g., sardines, sprats, and sand smelts), being piscivorous (carnivorous) when adults (Pickett and Pawson, 1994). The European sea bass is an opportunistic predator and can attack prey species quite violently. They usually tend to feed on whatever prey species are seasonally abundant in a particular location (Pickett and Pawson, 1994; Pérez-Ruzafa and Marcos, 2015).

In wild populations, sexual maturity is reached between 2 and 4 years for males and females, respectively, in the Mediterranean Sea, and between 4 and 7 years for males and 5 and 8 years for females in the North Atlantic Ocean. Adults reproduce sexually by using external fertilization. Females spawn in batches during winter in the Mediterranean Sea (December to March) and up to June in the Atlantic Ocean. In a given population, spawning usually takes place just once a year. Females present a high fecundity (average of ~200, 000 eggs / kg), start to reproduce when they reach over 2 kg (Pickett and Pawson, 1994). Temperature is an important cue for the initiation and location of spawning because eggs are rarely found where the water is colder than 8.5-9.0°C or in water warmer than 15-17°C. Eggs are pelagic and its size is about 1.1-1.3 mm of diameter. They can have up to 5 fat drops that eventually fuse. Eggs hatch between 3 and 9 days after fertilization, depending on sea temperature and larval development lasts about 40 days at 19°C. Larval length is around 3 mm at hatching. During the following 2-3 months, the growing larvae drift from the open sea inshore towards the coast, and eventually into creeks, backwaters, and estuaries. These sheltered habitats are used by juveniles for the next 4-5 years, before they mature and adopt the migratory movements of adults (Pickett and Pawson, 1994).

3. Culture

The culture of the European sea bass has a long history that goes back to the 1960s, where a polyculture existed in coastal lagoons in the Mediterranean based on wild-caught juveniles. The fact that the European sea bass spawns naturally in captivity undoubtedly contributed that soon the life-cycle was closed and its true aquaculture started. Commercial-scale European sea bass aquaculture became feasible in the 1980s, when major improvements regarding larval survival were realized, being the first marine non-salmonid species for commercial culture in Europe. In the mid-1980s domestication and selective breeding was initiated by some breeders in France, Spain, Italy and Israel, although current breeding practices are still heterogeneous in the level of applications and the gains produced. They include from a yearly replenishment with wild stocks to a closed cycle without selection or over selection (Barnabé, 1990; Sola et al., 1998; Bahri-sfar et al., 2005; Quéré et al., 2010).

Thus, there is a great potential for selective breeding as after a few generations large improvements can be expected in at least some economically important traits (Chatain and Chavanne, 2009; Teletchea, 2015). Aquaculture production is growing firmly and steadily since 1990, with a total production of ~165,000 tons (t) of which 157,516 t come from aquaculture in 2014 (FAO) (Fig. 8-2). A total of 19 countries produce farmed European sea bass but the major producers are Turkey (67,912 t), Greece (42,000 t), Spain (17,376 t), Egypt (14,800 t), Italy (7,000 t) and France (2,000 t) (APROMAR, 2015).

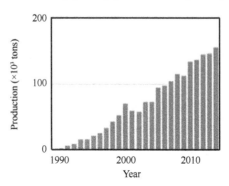

Fig. 8-2 Evolution of the aquaculture production for the European sea bass (source: FAO, 2014)

4. Reproductive physiology

4.1 Hormonal regulation of reproduction

As in all vertebrates, gametogenesis in the European sea bass is dependent on the pituitary hormone follicle-stimulating hormone (Fsh) (Molés et al., 2008, 2012) and luteinizing hormone (Lh) (Mateos et al., 2006). Gonadotropin plasma levels and data on the pituitary content in males and females suggest a differential control of Fsh/Lh release to the bloodstream in this species and a differential role during the different stages of gametogenesis (Mazón et al., 2013, 2014). Thus, in the European sea bass Fsh is involved in the regulation of early-mid spermatogenesis and vitellogenesis, whereas Lh is required in spermiogenesis, spermiation and maturation-ovulation (Rocha et al., 2009; Molés et al., 2011; Mazón et al., 2015). It is important to mention that other major systems involved in the central control of reproduction of fish, have been characterized in the European sea bass. In this context, two distinct *kiss* genes (*kiss1*, *kiss2*) and two kiss receptors (*gpr54* or *kissr*; *kissr2* and *kissr3*) have been identified, being the Kiss2 decapeptide more potent than Kiss1 in inducing gonadotropin secretion (Felip et al., 2009b, 2015; Tena-Sempere et al., 2012; Espigares et al., 2015). Additionally, the distribution of *kiss1*- and *kiss2*-expressing cells and their receptors in the brain of males and females have been described, thus demonstrating that the expression of *kissr3* presented an overlap with Kiss2 fibers in the central telencephalon and the lateral recess of the hypothalamus (Escobar et al., 2013a, b). Furthermore, changes in kisspeptin expression in the brain of adult fish in this species during different gonadal stages have supported the potential implication of kisspeptins in the seasonal control of its reproduction (Migaud et al., 2012; Alvarado et al., 2013). Also, evidence exists that melatonin may evoke changes in the mRNA levels of kisspeptin and gnrh system genes that appear to mirror disturbances in spermatogenesis (Alvarado et al., 2015). Interestingly, while GnRH and kisspeptin systems are considered the major hypothalamic factors stimulating pituitary gonadotropin release and reproduction in most vertebrates including the European sea bass, studies in teleost fish have revealed the existence of an inhibitory control of the reproductive axis. In the European sea bass, it is exerted by a hypothalamic neuropeptide, referred to as gonadotropin inhibitory hormone (GnIH) (Paullada-Salmerón et al., 2016a). It has been demonstrated that the intracerebroventricular (icv) injection of GnIH evokes an inhibitory role in the reproductive axis of males, affecting the brain and pituitary expression of reproductive related genes (*gnrh1*, *gnrh2*, *gnrh3*, *kiss1*, *kiss2*, *lh*, *fsh*) and their receptors (*gnrhr II-1a*, *gnrhr II-2b*, *kissr2*, *kissr3*) as well as the circulating plasma levels of Fsh and Lh in the European sea bass (Paullada-Salmerón et al., 2016b).

The seasonal variations of the major plasma levels of testosterone, estradiol and vitellogenin in females as well as the seasonal plasma variations of androgens in males during gonadal recrudescence have been reported (Prat et al., 1990; Mañanós et al., 1997; Cerdá et al., 1997; Navas et al., 1998). Moreover, both 17, 20b-dihydroxy-4-pregnen-3-one (17, 20βP) and 17, 20β, 21-trihydroxy-4-pregnen-3-one (20βs) have been shown to be involved in the reproductive cycle of both males and females, thus revealing that the variations of these progestagens have a role as maturation-inducing steroids in this species (Asturiano et al., 2002).

4.2 Gonadal morphology

The European sea bass has testes of the lobular type and spermatogenesis proceeds with cysts containing germ cells at the same stage of development (Rodríguez et al., 2001; Begtashi et al., 2004). On the other hand, ovarian development is defined as group-synchronous (Zanuy et al., 2001; Taranger et al., 2010), whereby during gonadal recrudescence each ovary contains several clutches of oocytes in different stages of development that are ovulated in different days. Thus, follicles at different developmental stages are simultaneously present in the ovary and are spawned progressively in three to four batches during 2-3 months throughout reproductive period (Mayer et al., 1990; Asturiano et al., 2000, 2002). Detailed studies on spermatogenesis (Fig. 8-3) and oogenesis (Fig. 8-4) have been reported (Mayer et al., 1990; Asturiano et al., 2000; Begtashi et al., 2004). Histological examinations of the spermatogenesis have revealed at least eight spermatogonial generations and the existence of two major types of spermatogonia (type A and B) as in other fish (Schulz et al., 2010). Furthermore, the establishment of six different stages of testicular development has been described (Begtashi et al., 2004) (Fig. 8-3). In females, stages of oocyte development have been classified according to the criteria established by Mayer et al. (1990) and Alvariño et al. (1992) (Fig. 8-4).

4.3 Sex ratios in natural populations

The European sea bass is a gonochoristic species, meaning that an individual fish is either a male or a female, e.g., sexes are separated. Thus, the European sea bass is not a hermaphrodite species. A survey of different wild populations encompassing essentially all of its distribution range showed that, overall, the sex ratio of young European sea bass is balanced. However, when only considering older adults, the ratio was found to be skewed towards females, which reaches almost 70% (Vandeputte et al., 2009). The origin of this bias is still not fully understood, as it could be due to differential longevity or biased samplings (Vandeputte et al., 2009).

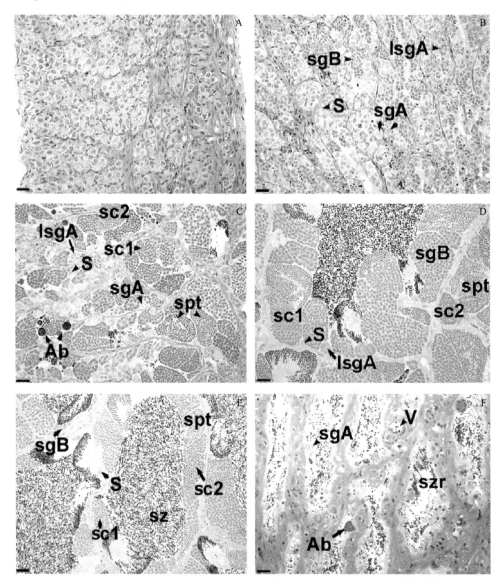

Fig. 8-3 Photomicrographs of European sea bass testes showing stages of germ cell development during spermatogenesis. A. Immature (stage I), B. Early recrudescence (stage II), C. Mid-recrudescence (stage III), D. Late recrudescence (stage IV), E. Full spermiation (V), F. Regressed testis (stage VI). Testis development staged according to Begtashi et al. (2004). Abbreviations: (sgA) type A spermatogonia, (lsgA) late A spermatogonia (lsgA), (sgB) type B spermatogonia, (sc1) primary spermatocyte, (sc2) secondary spermatocyte, (spt) spermatids, (sz) spermatozoa, (szr) residual spermatozoa, (S) Sertoli cell, (V) blood vessel and (Ab) apoptotic bodies. Bar represents 20 μm. Photograph kindly supplied by Drs. S. Zanuy and M. Carrillo (CSIC-IATS)

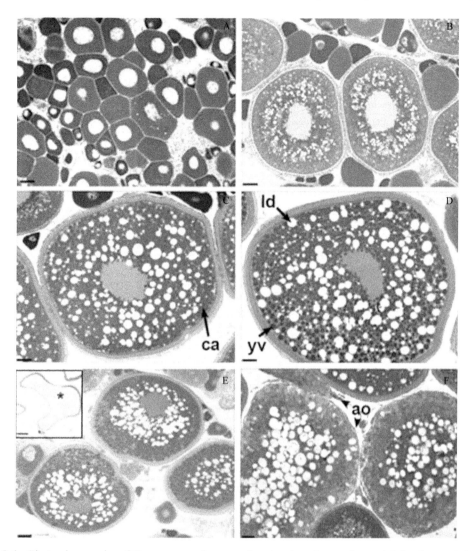

Fig. 8-4 Photomicrographs of European sea bass ovaries showing stages of gonadal development during oogenesis. A. Pre-vitellogenesis (prevtg), B. Early vitellogenesis (evtg), C-D. Late vitellogenesis/Post-vitellogenesis (lat-postvtg), E. Maturation-Ovulation (mat-ovul), F. Atresia (atre). Ovarian development staged according to Asturiano et al. (2000). Abbreviations: (ca) cortical alveolus, (ld) lipid droplets, (yv) yolk vesicles, (ao) atretic oocyte, (*) ovulated oocyte. Bar represents 50 μm in A, B, C, D, and F; 100 μm in E and 200 μm in the inset. Photograph kindly supplied by Drs. S. Zanuy and M. Carrillo (CSIC-IATS)

4.4 Sex determination

Sex determination in the European sea bass is polygenic (Vandeputte et al., 2007) with temperature influences (Piferrer et al., 2005), and with an approximate equal contribution of genetic and environmental factors. Heritability of the sex ratio tendency is high, around 0.62, and positively correlated with body weight (Vandeputte et al., 2007). Warmer temperatures during the thermolabile period (0-60 days) favor the differentiation of males (Navarro-Martín et al., 2011; Díaz and Piferrer, 2015).

The dynamics of sex differentiation have been summarized in Navarro-Martín et al.

(2011). Gonads are not formed until 35 days post fertilization (dpf). There is a rapid proliferation of germ cells after 60 dpf. The first molecular signs of sex differentiation (increase of gonadal aromatase, *cyp19a1a*, expression in females) occur around 100-120 dpf. Morphological sex differentiation is first visible around 150 dpf and occurs first in females. All fish are sexually differentiated by 250 dpf. The morphological sex differentiation involves fish of 8-14 cm TL. However, the molecular underlying processes probably start with fish of 3-4 cm TL. Further, early size-grading (84 dph; 3.6–4.5 cm) a population allowed isolating most of the females without further effect after additional grading (Saillant et al., 2003).

As in other fish, some key genes involved in the regulation of sexual differentiation and gonad maturation have been described in this species. These include gonadal aromatase, *cyp19a1a* (Dalla Valle et al., 2002), neural aromatase, *cyp19a1b* (Blázquez and Piferrer, 2004), androgen receptor, *ar* (Blázquez and Piferrer, 2005), anti-Müllerian hormone (*amh*) (Halm et al., 2007) and its receptor (*amhr*) (Rocha et al., 2016), estrogen receptor (Blázquez et al., 2008), *sox 17* (Navarro-Martín et al., 2009a), *sox 19* (Navarro-Martín et al., 2012), the gonadal soma-derived factors *gsdf1* and *gsdf2*, the nuclear receptor 5 subfamily members *nr5a1a* (*ff1b*), *nr5a1b* (*ff1d*), *nr5a2* (*ff1a*) and *nr5a5* (*ff1c*) and the proliferating cell nuclear antigen or *pcna* genes (Crespo et al., 2013a). On the other hand, gonadal expression patterns of *foxl2* and *foxl3* pointed to a strong sexual dimorphism, showing that the mRNA levels of *foxl2* in ovary and *foxl3* in testis vary significantly during the reproductive cycle (Crespo et al., 2013b). These data have suggested that *foxl2* may play a conserved role in ovarian maturation, while *foxl3* could be involved in testis physiology in this teleost fish (Crespo et al., 2013b). Special attention have been also paid to members of the transforming growth factor (TGF-β) superfamily, growth differentiation factor 9 (GDF9/gdf9) and bone morphogenetic protein 15 (BMP15/bmp15) in the regulation of early oocytes (García-López et al., 2011). Results have shown that the oocyte is the primary production site of Bmp15 and Gdf9 in the ovary, although their regulatory mechanisms and their functions in oogenesis are still not fully elucidated (García-López et al., 2011). Markers to identify genetic sex tested to date are not reliable (Palaiokostas et al., 2015). However, in juveniles of 50 mm total length or more, expression levels of the gonadal aromatase, *cyp19a1a*, can correctly predict the sex of most individuals (Blázquez et al., 2009).

5. Breeding

5.1 Broodstock management

The best age for female broodstock is between 4 and 7 years, whereas for males is 2-4 years. Eggs are produced all year around controlling environmental parameters such as temperature and photoperiod. There is no strict consensus on the most appropriate sex ratio of fish in the broodstock tanks; it can be balanced, skewed to males in order to facilitate fertilization of the eggs produced by one or several females, or even female-biased to maximize the number of eggs obtained, but, to our knowledge, a study to determine whether there is one sex ratio more appropriate in terms of facilitating genetic diversity and egg production has not been carried out. The European sea bass usually spawns naturally in tanks and floating eggs are collected at the water outlet of these tanks. Gametes can be also collected by a gentle abdominal massage of anaesthetized fish after hormonal stimulation of ovulation and spermiation by using analogues of LHRH or GnRH following artificial gamete striping and fertilization (Alvariño et al., 1992; Zanuy et al., 2001; Felip et al., 2009a). Sperm cryopreservation procedures have been developed. Thus, this method can be used in the management of fish reproduction in this species (Fauvel et al., 1998). Embryo development usually lasts about three days at ~15℃.

5.2 Larval rearing

After fertilization eggs are transferred to incubator tanks at a density of ~2000 eggs·l^{-1} and kept under low light until hatching, which starts at ~72 h after incubation at ~15℃. Then, the larvae are moved to rearing tanks at a density of 1000 larvae·l^{-1} and under natural photoperiod (Fig. 8-1B). As soon as the yolk sac becomes absorbed and the mouth is formed, typically around 7-10 days after hatching, larvae start to be fed with live preys, including rotifers and later on with *Artemia* nauplii at 10 preys·l^{-1}. Larval rearing typically lasts ~45 days and by that time fish are 16-18 mm in total length. Temperature is a delicate issue here because elevated temperatures (up to 21℃) are often used to maximize growth but those above 17℃ later result in the appearance of an excess of males (Navarro-Martín et al., 2009). Feeding with artificial food ("weaning") with a high-protein content of essentially fish oil and fishmeal then starts. Larvae are cultured at 20 larve·l^{-1} under a 16 h light: 8 h dark photoperiod. Weaning lasts 20-30 days until fish reach 0.01-0.015 g in weight. Nursing continues for an additional 30-40 days until fish are around 0.3-0.5 g. Temperature can then be increased, The "pre-growth" continues then at a rearing density of 10 kg·m^{-3} under natural photoperiod for about 20 additional days. When juveniles weight reaches ~5 g (e.g., when animals are ~4 months old) they are transferred to the grow-out units, most often floating net pens in the ocean (Fig. 8-1C), but also plastic or concrete tanks in land-based facilities, where they are fattened to commercial size (300-500 g) for the next 1.5 to 2 years. This, however, depends on the temperature and the desired commercial size. Feed conversion ratios in Mediterranean farms commonly vary between 1.7:1 and 2.2:1 according to management procedures. A detailed description of larval development and rearing can be found in Gisbert et al. (2015).

5.3 Control of sexual maturation

Studies have been carried out to control reproduction in the European sea bass. Under intensive culture conditions, early sexual maturation (precocity) affects 20–30% of 1-year-old males, e.g., before they reach commercial size (Carrillo et al., 2009, 2015). Although most studies on precocious sexual maturation have concerned males, there is some recent evidence showing that early puberty can also affect females in captivity (Brown et al., 2014). A comparative study to analyze how early maturation affects growth performance showed that precocious males grow up to 18% less in weight and 5% less in fork length than their non-precocious counterparts during their second annual cycle of life (Felip et al., 2006). Although other studies have been focused in the development of methods to prevent sexual maturity in the European sea bass such as genetic (induced triploidy) and hormonal (monosex stocks) approaches, major limitations and concerns still exist in their commercial application

(Felip et al., 2001; Zanuy et al., 2001; Piferrer et al., 2007, 2009; Carrillo et al., 2009, 2015). Interestingly, triploidization has the advantage that it induces functional sterility in both sexes and results in environmental benefits due to genetic containment. However, triploidization does not increase growth in this species, although a study by Felip et al. (2009c) suggested that induction of triploidy might help to assist market demand for large sized fish as somatic growth in triploids is steadily higher than diploids. In this sense, additional information on triploid fish would be of interest in order to achieve societal acceptance. On the other hand, a lot has been learned about the impact of photoperiod controlling early sexual maturation (Begtashi et al., 2004; Felip et al., 2008). Recently, a photolabile period has been identified for reducing sexual maturation in juvenile males by means of a continuous light regime (Rodríguez et al., 2012). If the existence of a similar photolabile is demonstrated to be present in other temperate species, a similar approach could be devised in order to control the sexual maturation for production enhancement.

5.4 Control of sex ratios

In European sea bass aquaculture, presumably due to the warmer temperatures used during early development in the hatcheries, the majority of the adults are males (75-100%), a condition which is usually not desired, because females are generally larger (~30%) than males of the same age (Zanuy et al., 2001; Carrillo et al., 2009, 2015; Piferrer et al., 2005). As in many fish, sex ratios can be controlled in the European sea bass through the administration of sex steroids during early development. The labile period has been identified and protocols exist for the production of monosex stocks. However, this is not advisable due to concerns on security for, and acceptance by, consumers. Due to the polygenic system of sex determination is also not possible to apply the indirect method of feminization. Therefore, for now only the exploitation of its polygenic sex determination system or temperature treatment is possible to alleviate this situation.

Thus, in accordance with this polygenic model, sex ratio variation between families is considerable (~1 to ~45%), and it was estimated that applying frequency-dependent selection under farming conditions balanced sex ratios could be achieved in 7-8 generations depending on selection strength for growth, growth heritability and on the correlation between weight and sex tendency (Vandeputte et al., 2007). This, at least, would eliminate male-biased sex ratios. On the other hand, there is a certain relationship between growth and sex differentiation, since at the time of differentiation there is growth in favor of females. However, experimental alteration of growth rates during the period of sex differentiation did not affect sex ratios (Díaz et al., 2013).

Temperature applied during early development has a masculinizing effect in the European sea bass (Blázquez et al., 1998; Pavlidis et al., 2000; Saillant et al., 2002; Koumoundouros et al., 2002; Piferrer et al., 2005; reviewed in Navarro-Martín et al., 2009b). Temperatures above 17 during the first two months of life have this masculinizing effect. The rate of masculinization is quite variable and depends on the genetic background of each population, but, on average, it can be said that masculinization involves about half of the fish that under lower temperature would develop as females. In this regard, it was found that exposure to high temperature induces hypermethylation of the promoter of the gonadal aromatase gene *cyp19a1a*, preventing transcription factor binding and thus lowering the expression of *cyp19a1a*. In males, which have constitutive high levels of *cyp19a1a* promoter methylation, this did not have any effect. However, in females this resulted in that a fraction of the fish that would develop as females under a lower temperature regime developed instead as males. Thus, in the European sea bass was first demonstrated the link between environmental temperature and resulting sex rations mediated by an epigenetic mechanism (Navarro-Martín et al., 2011).

The combination of proper temperature regimes and selective breeding could lead to the production of highly-female biased stocks, which would be of interest to producers due to the superior growth of females and later maturity when compared to males. However, such highly biased populations with predominance of females have still not been produced on a commercial scale. On the other hand, studies aimed at finding whether there is an epigenetic basis on the response to temperature and whether such tendency is transmitted across generations are needed to complete our picture of temperature effects on sex ratios and thus contribute to the production of all-female or female-biased populations.

6. Genomic resources

The involvement of numerous scientists in Europe and the financial support mainly through several national and EU-funded projects that have included different consortia has been crucial for the development of the genomics and genetics tools currently available for the European sea bass. This has resulted in that today it is one of the ten most genome resources-rich teleosts (Louro et al., 2014). The European sea bass has a genome size of 675 Mb with ~27,000 annotated genes (Tine et al 2014). The European sea bass diploid karyotype consist of 24 type A chromosome pairs ($2n = 48$), covering a range of sizes (Sola et al., 1993). These figures are similar to the Asian sea bass (*Lates calcarifer*), which has an estimated genome size of ~700 Mb and the same number of chromosome pairs with a high degree of collinearity (Vij et al., 2016). However, no type B chromosomes have been reported in the European sea bass.

Currently, genomic resources include a medium density linkage map (Chistiakov et al., 2005; 2008), a radiation hybrid map (Guyon et al., 2010) and a transcriptome with 65, 000 expressed sequence tags (Louro et al., 2010). Initially there were 368 polymorphic microsatellite markers, 200 polymorphic AFLP markers (Chistiakov et al., 2008), 20, 000 SNPs, mined from three chromosomes of a single male (Kuhl et al., 2011ab) and 35 validated SNPs (Souche et al., 2012). Also, a microarray platform for jaw deformity (Ferraresso et al., 2010) and for reproduction (Ribas et al., unpublished observations) has been developed. Furthermore, analysis of the European sea bass Mediterranean and Atlantic populations has revealed complementary diversity, structural, adaptive and architectural information of these populations (Kuhl et al., 2010; Tine et al., 2014). The identification and mapping of some quantitative trait loci (QTL) for economic traits have been performed (Saillant et al., 2006; Chatziplis et al., 2007; Dupont-Nivet et al., 2008; Massault et al., 2010; Volckaert et al., 2012). In this context, one QTL for length and body height (e.g., distance between insertions of dorsal and pelvic fins) (Chatziplis et al., 2007), two for body weight, six for morphometric traits and three suggestive QTLs for stress response, explaining between 8 and 38% of phenotypic variance, have been characterized (Massault et al., 2010). The next important step is to apply these tools to have a more targeted approach to selection and sustainable breeding programs for European sea bass (Louro et al., 2014). The publication of the European sea bass genome (Tine et al., 2014) immediately expands many of the existing resources, e.g., the number of SNPs for genotyping.

7. Selective breeding

The European sea bass has become a popular model teleost fish species for reproduction and other fields such as nutrition, immunology and, more recently, for genetics and epigenetics research. A special emphasis has been focused in studies related to aquaculture due to its status as one of the most important species for European aquaculture. Domestication is still incipient in many hatcheries and thus farmed stocks are still similar to their wild counterparts (Loukovitis et al., 2015). Thus, few companies practice selective breeding and hence most farms still rely on wild brood stock for reproduction.

Selective breeding is expected to play an increasing role to ensure the supply of fish and provide further improvement of production traits in the immediate future. However, its impact on European aquaculture depends on its adoption by companies. In this context, there are some issues that the aquaculture sector has to meet for supporting selective breeding programs. First, the company has to be convinced of the technical advantages of such a commitment and has to provide the proper investment. In addition, the company must find the technical expertise for its implementation (Chavanne et al., 2016; Janssen et al., 2016). Through several EU-funded projects such as AquaTrace (https://aquatrace.eu/) and FishBoost (http://www.fishboost.eu), some surveys have been performed to describe the current tendency for the application of selective breeding in the European aquaculture industry (Chavanne et al., 2016; Janssen et al., 2016). Outputs clearly show that the number of breeding programs has increased over the years for all species investigated, including gilthead sea bream, European sea bass, turbot, rainbow trout, Atlantic salmon and common carp. Particularly, it is believed that this trend may continue for the European sea bass. In fact, considering the vast body of information that is available in this species in terms of reproduction and the recent advances in genomic research documented in the last decade (Louro et al., 2014) including the whole genome sequencing (Tine et al., 2014), aquaculture of European sea bass needs enhancement to be sustainable and competitive. In this line, genetic improvement is considered a major goal to sustainable development for aquaculture production (Chatain and Chavanne, 2009). It is considered that after a few generations large improvements can be expected.

Although the European sea bass is not intensively domesticated or selected, several selective breeding experiments have been already performed in this species (Chavanne et al., 2016; Janssen et al., 2016). Breeding companies for European sea bass control the whole process from reproduction to harvest. Recent surveys conducted among the five existing breeding companies of European sea bass show that three out of five performed mass selection while two are developing family selection. The number of selected generations varies between two and eight. Interestingly, a few studies have estimated the selection response comparing the growth of offspring of wild individuals to the offspring of selected sires and wild dams (Vandeputte et al., 2009). Results have demonstrated that a selection response of 12% on harvest weight in offspring of selected individuals was obtained (Vandeputte et al., 2009). In the European sea bass, selected traits have been typically associated with growth (Saillant et al., 2006; Dupont-Nivet et al., 2010), and morphology, particularly looking for the absence of skeletal deformities (Bardon et al., 2009; Karahan et al., 2013). However, other traits of interest include those associated with disease resistance as infectious diseases represent a major threat for the aquaculture industry (Pallavicini et al., 2010; Chistiakov et al., 2010), quality and yield (Saillant et al., 2009), stress resistance (Volckaert et al., 2012) and sex-ratio since female-only stocks are promising as females are larger than males of the same age (Piferrer et al., 2005; Vandeputte et al., 2007). This is so because heritability for most of these traits is moderate to high, correlations between desired traits are often positive, and fecundity is high, allowing strong selection intensity. Since grow-out farms operate under different conditions, genotype-by-environment interactions and genetic correlations between traits need to be evaluated as environmental factors can modulate some physiological processes and traits (Dupont-Nivet et al., 2008, 2010; Vandeputte et al., 2014). To date, no breeding programs have been reported for reproduction (maturity, fecundity) in the European sea bass. It is a potential trait to be considered as precocious sexual maturation is known to represent an economically important problem in this species (Carrillo et al., 2009, 2015; Taranger et al., 2010). Finally, it interesting to note that according to a survey conducted by the Wageningen University, the market share of genetically improved stocks in the production of European sea bass was 43-56%. This figure is lower than those reported for other aquaculture species in Europe (~100% for turbot, 94% for Atlantic salmon, ~67% for rainbow trout, and ~64% for gilthead seabream) but is expected to increase substantially along with the number of companies that apply breeding programs.

8. Conclusions

The European sea bass aquaculture is firmly consolidated in several Mediterranean countries with a steadily increase in production. Further, demand is high for this species with a meat of high consumer appreciation. Certainly, many improvements are still needed regarding several aspects related to husbandry (e.g., diet formulation, disease control, sex ratio and maturation control, etc.) but it could be considered that production has reached a maturity stage. However, despite the fact that selective breeding has been applied, in some cases for several generations, there is still ample progress to be made and gains to be recapped. Furthermore, the efforts made in the development of a fairly complete genomic toolbox only will bring practical benefits from its use in the coming years. Thus, the European sea bass farming will continue in the years to come, contributing to the worldwide expansion of aquaculture.

Acknowledgments

We thank Drs. Silvia Zanuy and Manuel Carrillo for providing the photomicrographs of gonads (Fig. 8-3 and 8-4) and Amparo Gil, who assisted with the list of references. Research at the AF lab was supported by Grants 2016401005 (Ministerio de Economía y Competitividad, MEC) and REPROBASS; Prometeo II/2014/051 from the Regional Government of Valencia, Spain. Research at the FP lab was supported by MEC grant AGL2013-41047-R.

References

Alvarado MV, Carrillo M, Felip A. 2013. Expression of kisspeptins and their receptors, *gnrh-I/gnrhr-II-1a* and gonadotropin genes in the brain of adult male and female European sea bass during different gonadal stages. Gen Comp Endocrinol, 187:104-116.

Alvarado MV, Carrillo M, Felip A. 2015. Melatonin-induced changes in *kiss/gnrh* gene expression patterns in distinct brain regions of male sea bass during spermatogenesis. Comp Biochem Physiol Part A, 185: 69-79.

Alvariño JMR, Carrillo M, Zanuy S, et al. 1992. Pattern of sea bass oocyte development after ovarian stimulation by LHRHa. J Fish Biol, 41: 965-970.

Asturiano JF, Sorbera LA, Ramos J, et al. 2000. Hormonal regulation of the European sea bass reproductive cycle: an individualized female approach. J Fish Biol, 56: 1155-1172.

Asturiano JF, Sorbera LA, Ramos J, et al. 2002. Group-synchronous ovarian development, ovulation and spermiation in the European sea bass (*Dicentrarchus labrax* L.) could be regulated by shifts in gonadal steroidogenesis. Sci Mar, 66 (3): 273-282.

Bahri-sfar L, Lemaire C, Chatain B, et al. 2005. Impact de l' élevage sur la structure génétique des populations méditerranéennes de *Dicentrarchus labrax*. Aquat Living Resour, 76: 71-76.

Bardon A, Vandeputte M, Dupont-Nivet M, et al. 2009. What is the heritable component of spinal deformities in the European sea bass (*Dicentrarchus labrax*)? Aquaculture, 294: 194-201.

Barnabé G. 1990. Rearing bass and gilthead bream. In: Barnabé G. ed. Aquaculture, Vol 2. Ellis Horwood, NY.

Begtashi I, Rodríguez L, Molés G, et al. 2004. Long-term exposure to continuous light inhibits precocity in juvenile male European sea bass (*Dicentrarchus labrax* L.). I. Morphological aspects. Aquaculture, 241: 539-559.

Blázquez M, Bosma PT, Fraser EJ, et al. 1998. Fish as models for the neuroendocrine regulation of reproduction and growth. Comp Biochem Physiol C Pharmacol Toxicol Endocrinol, 119: 345-364.

Blázquez M, Piferrer F. 2004. Cloning, sequence analysis, tissue distribution, and sex-specific expression of the neural form of P450 aromatase in juvenile sea bass (*Dicentrarchus labrax*). Mol Cell Endocrinol, 219: 83-94.

Blázquez M, Piferrer F. 2005. Sea bass (*Dicentrarchus labrax*) androgen receptor: cDNA cloning, tissue-specific expression, and mRNA levels during early development and sex differentiation. Mol Cell Endocrinol, 237: 37-48.

Blázquez M, Navarro-Martin L, Piferrer F. 2009. Expression profiles of sex differentiation-related genes during ontogenesis in the European sea bass acclimated to two different temperatures. J Exp Zool, 312 B: 686-700.

Blázquez M, González A, Papadaki M, et al. 2008. Sex related changes in estrogen receptors and aromatase gene expression and enzymatic activity during early development and sex differentiation in the European sea bass (*Dicentrarchus labrax*). Gen Comp Endocrinol, 158: 95-101.

Brown C, Miltiadou D, Anastasiades G. 2014. Precocious female maturation in seacage populations of European sea bass (*Dicentrarchus labrax*) in Cyprus. Poster presented at Aquaculture Europe 2014 (AE2014), San Sebastián, October 14-17, 2014, Spain.

Carrillo M, Zanuy S, Felip A, et al. 2009. Hormonal and environmental control of puberty in periform fish. The case of sea bass. Trends in Comp Endocrinol Neurobiol Ann NY Acad Sci, 1163: 49-59.

Carrillo M, Espigares F, Felip A, et al. 2015. Updating control of puberty in male European sea bass: a holistic approach. Gen Comp Endocrinol, 221: 42-53.

Chatain B, Chavanne H. 2009. Genetics of European sea bass (*Dicentrarchus labrax* L.). Cahiers Agricultures, 18: 249-255.

Chavanne H, Janssen K, Hofherr J, et al. 2016. A comprehensive survey on selective breeding programs and seed market in the European aquaculture fish industry. Aquacult Int pp. 1-21.

Chatziplis D, Batargias C, Tsigenopoulos CS, et al. 2007. Mapping quantitative trait loci in European sea bass (*Dicentrarchus labrax*): The BASSMAP pilot study. Aquaculture, 272: 172-182.

Chistiakov D, Hellemans B, Haley CS, et al. 2005. A microsatellite linkage map of the European sea bass *Dicentrarchus labrax* L. Genetics, 170: 1821-1826.

Chistiakov D, Tsigenopoulos CS, et al. 2008. A combined AFLP and microsatellite linkage map and pilot comparative genomic analysis of European sea bass *Dicentrarchus labrax* L. Anim Genet, 39: 623-634.

Chistiakov D, Kabanov FV, Troepolskaya OD, et al. 2010. A variant of the interleukin-1beta gene in European sea bass, *Dicentrarchus labrax* L., is associated with increased resistance against *Vibrio anguillarum*. J Fish Diseases, 33: 759-767.

Cerdá J, Zanuy S, Carrillo M. 1997. Evidence for dietary effects on plasma levels of sexual steroids during spermatogenesis in the sea bass. Aquacult Int, 5: 473-477.

Crespo B, Gómez A, Mazón MJ, et al. 2013a. Isolation and characterization of Ff1 and Gsdf family genes in European sea bass and identification of early gonadal markers of precocious puberty in males. Gen Comp Endocrinol, 191: 155-167.

Crespo B, Lan-Chow-Wing O, Rocha A, et al. 2013b. foxl2 and foxl3 are two ancient paralogs that remain fully functional in teleosts. Gen Comp Endocrinol, 194: 81-93.

Dalla Valle L, Lunardi L, Colombo L, et al. 2002. European sea bass (*Dicentrarchus labrax* L.) cytochrome P450arom: cDNA cloning, expression and genomic organization. J Steroid Biochem Mol Biol, 80: 25-34.

Díaz N, Ribas L, Piferrer F. 2013. The relationship between growth and sex differentiation in the European sea bass (*Dicentrarchus labrax*). Aquaculture, 408-409: 191-202.

Díaz N, Piferrer F. 2015. Lasting effects of early exposure to temperature on the gonadal transcriptome at the time of sex differentiation in the European sea bass, a fish with mixed genetic and environmental sex determination. BMC Genomics, 16: 679.

Dupont-Nivet M, Vandeputte M, Vergnet A, et al. 2008. Heritabilities and GxE interactions for growth in the European sea bass (*Dicentrarchus labrax* L.) using a marker-based pedigree. Aquaculture, 275: 81-87.

Dupont-Nivet M, Karahan-Nomm B, Vergnet A, et al. 2010. Genotype by environment interactions for growth in European sea bass (*Dicentrarchus labrax*) are large when growth rate rather than weight is considered. Aquaculture, 306: 365-368.

Escobar S, Felip A, Gueguen MM, et al. 2013a. Expression of kisspeptins in the brain and pituitary of the European sea bass (*Dicentrarchus labrax*). J Comp Neurol, 52: 933-948.

Escobar S, Servilli A, Espigares F, et al. 2013b. Expression of kisspeptins and kiss receptors suggest a large range of functions for kisspeptin systems in the brain of the European sea bass. PLoS One, 8 (7): 1-18.

Espigares F, Carrillo M, Gómez A, et al. 2015. The forebrain-midbrain as a functional endocrine signaling pathway of the Kiss2/Gnrh1 system controlling gonadotroph activity in European sea bass (*Dicentrarchus labrax*). Biol Rep, 92 (3): 70 1-18.

Fauvel C, Suquet M, Dreanno C, et al. 1998. Cryopreservation of sea bass (*Dicentrarchus labrax*) spermatozoa in experimental and production simulating conditions. Aquat Living Resour, 11(6): 387-394.

Felip A, Zanuy S, Carrillo M, et al. 2001. Induction of triploidy and gynogenesis in teleost fish with emphasis on marine species. Genetica, 111: 175-195.

Felip A, Zanuy S, Carrillo M. 2006. Comparative analysis of growth performance and sperm motility between precocious and non-precocious males in the European sea bass (*Dicentrarchus labrax* L.). Aquaculture, 256 (1-4): 570-578.

Felip A, Zanuy S, Muriach B, et al. 2008. Reduction of sexual maturation in male *Dicentrarchus labrax* by continuous light both before and during gametogenesis regimes. Aquaculture, 275: 347-355.

Felip A, Carrillo M, Zanuy S, et al. 2009a. Advances in fish reproduction and their application to broodstock management: A practical manual for sea bass. Options Méditerranéennes: Series B; n. 63. Felip A, Carrillo M, Herráez MP, Zanuy Sy, Basurco B (eds.). ISBN: 2-85352-419-1. Zaragoza: Ciheam-Iamz / Csic-Iats.http://ressources.ciheam.org/util/search/detail_numero.php?mot=566&langue=fr.

Felip A, Znuy S, Pineda R, et al. 2009b. Evidence for two distinct KiSS genes in non-placental vertebrates that encode kisspeptins with different gonadotropin-releasing activities in fish and mammals. Mol Cell Endocrinol, 312: 61-71.

Felip A, Carrilo M, Zanuy S. 2009c. Older triploid fish retain impaired reproductive endocrinology in the sea bass, *Dicentrarchus labrax* L. J Fish Biol, 75 (10): 2657-2669.

Felip A, Espigares F, Zanuy S, et al. 2015. Differential activation of kiss receptors by Kiss1 and Kiss2 peptides in the sea bass. Reproduction, 150: 227-243.

Ferraresso S, Milan M, Pellizzari C, et al. 2010. Development of an oligo DNA microarray for the European sea bass and its application to expression profiling of jaw deformity. BMC Genomics, 11: 354.

Freyhof J, Kottelat M. 2008. *Dicentrarchus labrax*. The IUCN Red List of Threatened Species 2008: e.T135606A4159287. http://dx.doi.org/10.2305/IUCN.UK.2008.RLTS.T135606A4159287.en

García-López A, Sánchez-Amaya MI, Halm S, et al. 2011. Bone morphogenetic protein 15 and growth differentiation factor 9 expression in 1 the ovary of European sea bass (*Dicentrarchus labrax*): Cellular localization, developmental profiles, and response to unilateral ovariectomy. Gen Comp Endocrinol, 174 (3): 326-334.

Gisbert E, Fernández I, Villamizar N, et al. 2015. European sea bass larval culture. In: Sánchez, J., Muñoz-Cueto, J.A. (eds.). Biology of European sea bass. CRC Press, Boca Ratón, FL: 162-206.

Guyon R, Senger F, Rakotomanga M, et al. 2010. A radiation hybrid map of the European sea bass (*Dicentrarchus labrax*) based on 1581 markers: Synteny analysis with model fish genomes. Genomics, 96: 228-238.

Halm S, Rocha A, Miura T, et al. 2007. Anti-Müllerian hormone (AMH/AMH) in the European sea bass: its gene structure, regulatory elements, and the expression of alternatively-spliced isoforms. Gene, 388 (1-2): 148-158.

Hillen J, Coscia I, Volckaert F. 2014. Aquatrace species leaflet. European sea bass (*Dicentrarchus labrax*). Available at: https://aquatrace.eu/documents/80305/c0a6cb45-4d4e-448b-ab6aea9e85836a94.

Janssen K, Chavanne H, Berentsen P, et al. 2016. Impact of selective breeding on European aquaculture. Aquaculture, http://dx.doi.org/10.1016/j.aquaculture.2016.03.012

Karahan B, Chatain B, Chavanne H, et al. 2013. Heritabilities and correlations of deformities and growth-related traits in the European sea bass (*Dicentrarchus labrax* L) in four different sites. Aquacult Res, 44: 289-299.

Koumoundouros G, Pavlidis M, Anezaki L, et al. 2002. Temperature sex determination in the European sea bass, *Dicentrarchus labrax* (L., 1758) (Teleostei, Perciformes, Moronidae): critical sensitive ontogenetic phase. J Exp Zool, 292: 573-579.

Kuhl H, Beck A, Wozniak G, et al. 2010. The European sea bass *Dicentrarchus labrax* genome puzzle: comparative BAC-mapping and low coverage shotgun sequencing. BMC Genomics, 11: 68.

Kuhl H, Tine M, Hecht J, et al. 2011a. Analysis of single nucleotide polymorphisms in three chromosomes of European sea bass *Dicentrarchus labrax*. Comp Biochem Physiol Part D, Genomics and Proteomics, 6: 70-75.

Kuhl H, Tine M, Beck A, et al. 2011b. Directed sequencing and annotation of three *Dicentrarchus labrax* L. chromosomes by applying Sanger- and pyrosequencing technologies on pooled DNA of comparatively mapped BAC clones. Genomics, 98: 202-212.

Loukovitis D, Ioannidi B, Chatziplis D, et al. 2015. Loss of genetic variation in Greek hatchery populations of the European sea bass (*Dicentrarchus labrax* L.) as revealed by microsatellite DNA analysis. Med Mar Sci, 16: 197-200.

Louro B, Passos AL, Souche EL, et al. 2010. Gilthead sea bream (*Sparus auratus*) and European sea bass (*Dicentrarchus labrax*) expressed sequence tags: Characterization, tissue-specific expression and gene markers. Mar Genom, 3: 179-171.

Louro B, Power DM, Canario AVM. 2014. Advances in European sea bass genomics and future perspectives. Mar Genomics, 18: 71-75.

Mañanós E, Zanuy S, Carrillo M. 1997. Photoperiodic manipulation of the reproductive cycle of sea bass (*Dicentrarchus labrax*) and their effects on gonadal development and plasma 17b-estradiol and vitellogenin. Fish Physiol Biochem, 16: 211-222.

Massault C, Hellemans B, Louro B, et al. 2010. QTL for body weight, morphometric traits and stress response in European sea bass *Dicentrarchus labrax*. Anim Genet, 41: 337-345.

Mayer I, Shackley SE, Witthames PR. 1990. Aspects of the reproductive biology of the bass, *Dicentrarchus labrax* L. II. Fecundity and pattern of oocyte development. J Fish Biol, 36: 141-148.

Mateos J, Mañanós E, Swanson P, et al. 2006. Purification of luteinizing hormone (LH) in the sea bass (*Dicentrarchus labrax*) and development of a specific immunoassay. Cienc Mar, 32 (2): 271-283.

Mazón MJ, Zanuy S, Muñoz I, et al. 2013. Luteinizing hormone plasmid therapy results in long-lasting high circulating Lh and increased sperm production in European sea bass (*Dicentrarchus labrax*). Biol Reprod, 88: 6-10.

Mazón MJ, Gómez A, Yilmaz O, et al. 2014. Administration of follicle-stimulating hormone in vivo triggers testicular recrudescence of juvenile European sea bass (*Dicentrarchus labrax*). Biol Reprod, 20: 1-6.

Mazón MJ, Molés G, Rocha A, et al. 2015. Gonadotropin actions in European sea bass: endocrine roles and biotechnological applications. Gen Comp Endocrinol, 221: 31-41.

Migaud H, Ismail R, Cowan M, et al. 2012. Kisspeptin and seasonal control of reproduction in male European sea bass (*Dicentrarchus labrax*). Gen Comp Endocrinol, 179: 384-399.

Molés G, Gómez A, Rocha A, et al. 2008. Purification and characterization of follicle-stimulating hormone from pituitary glands of sea bass (*Dicentrarchus labrax*). Gen Comp Endocrinol, 158 (1): 68-76.

Molés G, Gómez A, Carrillo M, et al. 2011. Determination of FSH quantity and biopotency during sex differentiation and oogenesis in European sea bass. Biol Reprod, 85: 848-857.

Molés G, Gómez A, Carrillo M, et al. 2012. Development of a homologous enzyme-linked immunosorbent assay for European sea bass FSH. Reproductive cycle plasma levels in both sexes and in yearling precocious and non-precocious males. Gen Comp Endocrinol, 176: 70-78.

Navarro-Martín L, Galay-Burgos M, Sweeney G, et al. 2009. Different sox17 transcripts during sex differentiation in sea bass, *Dicentrarchus labrax*. Mol Cell Endoccrinol, 160: 3-11.

Navarro-Martín L, Blázquez M, Viñas J, et al. 2009. Balancing the effects of rearing at low temperature during early development on sex ratios, growth and maturation in the European sea bass. Limitations and opportunities for the production of all-female stocks. Aquaculture, 296: 347-358.

Navarro-Martín L, Viñas J, Ribas L, et al. 2011. DNA methylation of the gonadal aromatase (*cyp19a*) promoter is involved in temperature-dependent sex ratio shifts in the European sea bass. PLoS Genetics, 7 (12): e1002447.

Navarro-Martín L, Galay-Burgos M, Piferrer F, et al. 2012. Characterization and expression during sex differentiation of Sox19 from the sea bass *Dicentrarchus labrax*. Comp Biochem Physiol, Part B, 163: 316-323.

Navas JM, Mañanós E, Thrush M, et al. 1998. Effect of dietary lipid composition on vitellogenin, 17-estradiol and gonadotropin plasma levels and spawning performance in captive sea bass *Dicentrarchus labrax* L. Aquaculture, 165: 65-79.

Palaiokostas C, Bekaert M, Taggart JB, et al. 2015. A new SNP-based vision of the genetics of sex determination in European sea bass (*Dicentrarchus labrax*). Genet Selec Evol, 47: 68-77.

Pallavicini A, Randelli E, Modonut M, et al. 2010. Searching for immunomodulatory sequences in sea bass (*Dicentrarchus labrax* L.): transcripts analysis from thymus. Fish Shellfish Immunol, 29: 571-578.

Paullada-Salmerón JA, Cowan M, Aliaga-Guerrero M, et al. 2016a. LPXRFa peptide system in the European sea bass: a molecular and immunohistochemical approach. J Comp Neurol, 524: 176-198.

Paullada-Salmerón JA, Cowan M, Aliaga-Guerrero M, et al. 2016b. Gonadotrophin inhibitory hormone down-regulates the brain-pituitary reproductive axis of male European sea bass (*Dicentrarchus labrax*). Biol Reprod, 94: 121.

Pavlidis M, Koumoundouris G, Serioti A, et al. 2000. Evidence of temperature-dependent sex determination in the European sea bass (*Dicentrachus labrax* L.). J Exp Zool, 287: 225-232.

Pérez-Ruzafa A, Marcos C. 2015. Ecology and distribution of *Dicentrachus labrax*. In: Sánchez J, et al. eds. Boca Ratón FL: Biology of European sea bass. CRC Press: 34-56.

Pickett GD, Pawson MG. 1994. Sea bass - biology, exploitation and conservation. London: Chapman & Hall.

Piferrer F, Blázquez M, Navarro L, et al. 2005. Genetic, endocrine, and environmental components of sex determination and differentiation in the European sea bass (*Dicentrarchus labrax* L.). Gen Comp Endocrinol, 142: 102-110.

Piferrer F, Felip A, Cal RM. 2007. Inducción de la trip loidía y la ginogénesis para la obtención de peces estériles y poblaciones monosexo: aplicaciones en acuicultura, in *Genética y Genómica en Acuicultura* (eds Espinosa J, coord., Martínez P and Figueras A). ISBN: 978-84-00-08866-8. Editorial Consejo Superior de Investigaciones Científicas. Madrid (España): 401-472.

Piferrer F, Beaumont A, Falguière J, et al. 2009. Polyploid fish and shellfish: Production, biology and applications to aquaculture for performance improvement and genetic containment. Aquaculture, 293: 125-156.

Prat F, Zanuy S, Carrillo M, et al. 1990. Seasonal changes in plasma levels of gonadal steroids of sea bass, *Dicentrarchus labrax* L. Gen Comp Endocrinol, 78: 361-373.

Quéré N, Guinand B, Kuhl H, et al. 2010. Genomic sequences and genetic differentiation at associated tandem repeat markers in growth hormone, somatolactin and insulin-like growth factor-1 genes of the sea bass, *Dicentrarchus labrax*. Aquat. Living Resour, 23: 285-296.

Rocha A, Zanuy S, Carrillo M, et al, 2009. Seasonal changes in gonadal expression of gonadotropin receptors, steroidogenic acute regulatory protein and steroidogenic enzymes in the European sea bass. Gen Comp Endocrinol, 162: 265-275.

Rocha A, Zanuy S, Gómez A. 2016. Conserved anti-mullerian hormone: anti-mullerian hormone type-2 receptor specific interaction and intracellular signaling in teleosts. Biol. Rep. doi: 10.1095/biolreprod.115.137547

Rodríguez L, Zanuy S, Carrillo M. 2001. Influence of daylength on the age at first maturity and somatic growth in male sea bass (*Dicentrarchus labrax* L.). Aquaculture, 196: 159-175.

Rodríguez R, Felip A, Cerqueira V, et al. 2012. Identification of a photo-labile period to reduce sexual maturation in juvenile male sea bass (*Dicentrarchus labrax*) by continuous light regime. Aquacult Int, 20: 1071-1083.

Saillant E, Fostier A, Haffray P, et al. 2002. Temperature effects and genotype temperature interactions on sex-determination in the European sea bass (*Dicentrarchus labrax* L.). J Exp Zool, 292: 494-505.

Saillant E, Fostier A, Haffray P, et al. 2003. Effects of rearing density, size grading and parental factors on sex ratios of the sea bass (*Dicentrarchus labrax* L.) in intensive aquaculture. Aquaculture, 221: 183-206.

Saillant E, Dupont-Nivet M, Haffray P, et al. 2006. Estimates of heritability and genotype-environment interactions for body weight in sea bass (*Dicentrarchus labrax* L.) raised under communal rearing conditions. Aquaculture, 254: 139-147.

Saillant E, Dupont-Nivet M, Sabourault M, et al. 2009. Genetic variation for carcass quality traits in cultured sea bass (*Dicentrarchus labrax*). Aquat Living Resour, 22: 105-112.

Sánchez J, Muñoz-Cueto JA. 2015. Biology of European Sea Bass. Boca Ratón, FL: CRC Press: 433.

Schulz RW, De França LR, Lareyre JJ, et al. 2010. Spermatogenesis in fish. Gen Comp Endocrinol, 165: 390-411.

Sola L, Bressanello S, Rossi AR, et al. 1993. A karyotype analysis of the genus *Dicentrarchus* by different staining techniques. J Fish Biol, 43, 329-337.

Sola L, De Innocentis S, Rossi AR, et al. 1998. Genetic variability and fingerling quality in wild and reared stocks of European sea bass, *Dicentrarchus labrax*. CIHEAM – options mediterraneennes: 273-280.

Souche EL, Hellemans B, Van Houdt JKJ, et al. 2012. Characterisation and validation of single-nucleotide polymorphism markers in expressed sequence tags of European sea bass. Mol Ecol Resour. (in press).

Taranger GL, Carrillo M, Schulz RW, et al. 2010. Control of puberty in farmed fish. Gen Comp Endocrinol, 165: 483-515.

Teletchea F. 2015. Domestication and genetics: What a comparison between land and aquatic species can bring? In: Pontarotti P Ed., Evolutionary Biology: Biodiversification from Genotype to Phenotype, Chapter 20. Berlin: Springer: 389-401

Tena-Sempere M, Felip A, Gómez A, et al. 2012. Comparative insights of the kisspeptin/kisspeptin receptor system: Lessons from non-mammalian vertebrates. Gen Comp Endocrinol, 175: 234-243.

Tine M, Kuhl H, Gagnaire PA, et al. 2014. European sea bass genome and its variation provide insights into adaptation to euryhalinity and speciation. Nature Communications, 5: 5770-5779.

Vandeputte M, Dupont-Nivet M, Chavanne H, et al. 2007. A polygenic hypothesis for sex determination in the European sea bass *Dicentrarchus labrax*. Genetics, 176: 1049-1057.

Vandeputte M, Dupont-Nivet M, Haffray P, et al. 2009. Response to domestication and selection for growth in the European sea bass (*Dicentrarchus labrax*) in separate and mixed tanks. Aquaculture, 286: 20-27.

Vandeputte M, Garouste R, Dupont-Nivet M, et al. 2014. Multi-site evaluation of the rearing performances of 5 wild populations of European sea bass (*Dicentrarchus labrax*). Aquaculture, 424-425: 239-248.

Vij S, Kuhl H, Kuznetsova IS, et al. 2016. Chromosomal-level assembly of the Asian sea bass genome using long sequence reads and multilayered scaffolding. PLoS Genet, 12(4): e1005954.

Volckaert FAM, Hellemans B, Batargias C, et al. 2012. Heritability of cortisol response to confinement stress in European sea bass *Dicentrarchus labrax*. Genet Selec Evol, 44: 15.

Zanuy S, Carrillo M, Felip A, et al. 2001. Genetic, hormonal and environmental approaches for the control of reproduction in the European sea bass (*Dicentrarchus labrax*). Aquaculture, 202 (3-4): 187-203.

(Alicia Felip, Francesc Piferrer)

Chapter 9 State of Percid Fish Aquaculture in Europe

1. Introduction

1.1 Eurasian perch

The Eurasian perch, *Perca fluviatilis* L., is a very common species in fresh waters throughout Europe and Asia with the exception of the Iberian Peninsula, the Southern part of Italy and the Western Balkan Peninsula (Craig, 2000). Perch usually inhabit lakes with moderate productivity or slowly flowing rivers (Thorpe, 1977). Eurasian perch is a facultative predator primarily feeding on plankton or small invertebrates (Treasurer and Holliday, 1981). They become obligatory predators at about 10 cm of total length (Eklöv, 1992; Eklöv and Diehl, 1994). Females reach sexual maturity in the wild between their second and fifth year, depending on the environmental conditions of particular habitats. Males of the same population usually reach maturity one year earlier (Heibo and Magnhagen, 2005; Heibo and Vøllestad, 2002).

Eurasian perch is a total spawner (i.e. it during the reproductive cycle it releases its gametes all at once in a single spawning event), with the reproductive season occurring in Spring between February and July, depending on the geographical latitude. Earlier spawning has been recorded in the South of Europe and in thermally polluted waters (Długosz, 1986; Thorpe, 1977). A typical feature of Eurasian perch is that females have only one ovary formed by the fusion of two "primary" ovaries early in their development(Treasurer and Holliday, 1981). Their gametogenesis is group-synchronous showing a gonadal cycle that is characteristic for spring spawners with a long post vitellogenic stage directly preceding final oocyte maturation (FOM) (Długosz, 1986; Treasurer and Holliday, 1981). Vitellogenesis starts in July-August, after a short resting period, occurring just after spawning and lasts until early spring, when the temperature and photoperiod increase. Another unique feature of this species is that eggs are laid as a cylindrical structure, frequently described as a strand or ribbon (Formicki et al., 2009). An egg ribbon comprises a thick, jelly-like cover, directly surrounding each of the eggs (described in detail by Formicki et al., 2009) and constitutes a barrier for predators and potential pests.

1.2 Pikeperch

Pikeperch (*Sander lucioperca*) is a predator fish found in fresh and brackish waters. Coastal waters, lakes, rivers, canals, large water reservoirs, are its natural habitat. They perform well in turbid and eutrophic water in contrary to for example pike (*Esoxlucius*). Originally the natural distribution of pikeperch ranged from Eastern Europe till Asia, including the Caspian, Aral, Baltic and Blacksea basins (Kottelat and Freyhof, 2007). Since pikeperch is highly valued for consumption and angling, the species has been introduced in several countries, sometimes associated with adverse ecological effects. In 1878 pikeperch was introduced in the waters of Great Brittain (Sachs, 1878, *in* Lappalainen et al., 2003), followed by introductions in Western Germany (Rhine, Main, Konstanz) and spreading to Belgium, the Netherlands, Denmark, France… (Aarts, 2007, Verreycken et al., 2007, FAO factsheet *Sander lucioperca*).

Fig. 9-1 Adult perch (Photo by Daniel Zarski)

Adult pikeperch mainly feed on gregarious pelagic fish. Juvenile pikeperch until the size of 10 cm prey on zooplankton. Pikeperch spawning occurs when temperatures reach 10-14℃ in April-May, exceptionally from late February until July, depending on the latitude and altitude. Some populations undertake short spawning migrations. Males are territorial and excavate shallow depressions in sand or gravel or among plant roots on which eggs are deposited. Spawning commonly takes place at dawn or night. Females spawn only once a year, laying all their eggs at one time. Males defend their nest and fan the eggs with their pectoral fins. Feeding larvae are positively phototactic and prey on zooplankton (Froese and Pauly, 2016).

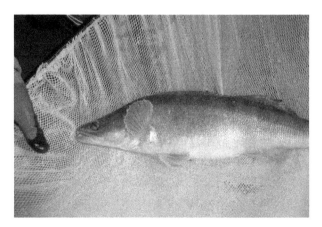

Fig. 9-2 Adult wild female pikeperch (photo by Dieter Anseeuw)

2. Percid fish aquaculture in Europe

Aquaculture is the world's fastest growing food production sector increasing at an average global rate of 8% annually (FAO, 2012). In the light of the ever increasing *per capita* consumption of fish and sea food (in Europe around 24.5 kg per person) and diminishing yields from captive fisheries, the economic and societal importance of a sustainable aquaculture industry cannot be overemphasized. In Europe, aquaculture takes place in each of its member states generating around 2.35 million tons of produce *per annum* valued at € 8 billion (FEAP, 2016). However, the EU is by readily 65% reliant on fish and seafood imports from other regions of the world. Therefore, an overall objective of EU's Blue Growth Strategy is to contribute to filling the gap between EU's consumption and production in seafood by promoting environmentally, socially and economically sustainable aquaculture. Yet, in contrast with other regions in the world that have managed to safeguard the growth rate of their aquaculture industry, the European aquaculture sector shows to be stagnating. In response, the European Commission defined in 2013 a Strategy for the Sustainable Development of European Aquaculture outlining the actions to be taken to enhance competitiveness of the sector. Amongst these actions are the encouragement of aquaculture diversification and integration, the promotion of highest product quality, and the adoption of innovative solutions to achieve sustainable aquaculture production in Europe.

Whilst the FAO points out that inland aquaculture grows faster and is now dominating the production at global level, coastal aquaculture presently prevails in the EU. Inland finfish aquaculture in Europe is limited (0.35 million tons of produce per year) and currently dominated by two species: rainbow trout (*Oncorhynchus mykiss*) and common carp (*Cyprinus carpio*) providing the bulk (respectively 78% and 17%) of current EU's freshwater fish production (FEAP, 2016). Percid fish culture is seen as a promising, emerging freshwater finfish industry in Europe. To date, the percid fish sector accounts for an annual production of approximately 23,500 tons of perch and 15, 000 tons of pikeperch, the vast majority originating from wild fisheries. Recirculating aquaculture systems contribute for approximately 1,500 tons of percids per year. As wild stocks show fluctuating and unpredictable catches due to local biotic and abiotic conditions and overfishing, the interest in the culture of percid fishes is increasingly growing with entrepreneurs and researchers. Eastern European countries (e.g. Czech Republic, Hungary, Poland, Slovakia, Romania, Serbia) display a long tradition in using percid fish for human consumption, game fishing and restocking. In these countries, percid fish have been extensively bred in ponds for decades. More recently, Northern and Western European countries, especially Denmark, Switzerland, the Netherlands, France, Ireland, Germany, Belgium, Austria, Sweden and Finland, have developed a growing interest for the intensification of percid fish production through recirculating aquaculture system technology. After 20 years of percid culture development we can to date recognize more than 30 intensive percid fish farms operating in these countries. Nonetheless, they still face different challenges mainly related to broodstock management, artificial reproduction, including stimulation of out-of-season reproduction (Zakes and Szczepkowski, 2004; Ronyai, 2007), gamete and larval quality improvement (Castets et al., 2012; Schaefer et al., 2016), etc. In pursuit of solving the obstacles to furthering the development of the percid fish industry, a large team of scientists, experts and entrepreneurs have united to establish the European Percid Fish Culture (EPFC) thematic group under the European Aquaculture Society (EAS).

2.1 The Eurasian perch market

Eurasian perch has commercial importance throughout the entire range of its occurrence. This applies to both commercial fisheries and recreation fishing, since perch is highly valued by European anglers (e.g. Heermann et al., 2013). Annual, global capture-fisheries-based production amounts to about 30 thousand tons of perch, and these statistics remain relatively stable for about 30 years, already. Meanwhile, the aquaculture production (which has become statistically recorded since, 1996) does not exceed 400 tons of annual production (Steenfeldt et al., 2015). However, the value of the output is growing indicating that intensive aquaculture of the species is at the beginning of its development and that the demand is still largely unsatisfied (Fontaine et al., 2009). Wild fisheries in Estonia, Poland and Russia supply the bulk of product on the marketplace (Toner, 2015).

Grow-out of perch was traditionally done extensively or semi-extensively in ponds in Eastern Europe. Around ten years ago, a number of farms were built using recirculating aquaculture systems (RAS). This allows producing intensively all year round. The largest RAS production sites are located in Switzerland, Ireland and France. The consumption of perch fillets in Switzerland, the main market, is around 7,000 tons per year and 85 to 90% is imported, mainly as frozen product. The German market size is for perch fillets is put at 2,000 tons, the French at 1,500 tons and the Austrian at 500 tons (Watson, 2008). Considering the growth potential for the fresh fillets market, there is a strong interest to develop more grow-out sites around Europe. At the time of writing, several sites are under construction (T. Janssens, personal communication, 2016).

2.2 The pikeperch market

A market study performed by Trade lift commissioned by Inagro and Vlaamse Visveiling demonstrated that the most significant market for (predominantly wild caught) pikeperch is to be found in Southern Germany, the French speaking part of Switzerland, in France around Paris and close to the Swiss border, in Warsaw and in Moscow. Most often the marketable pikeperch pass through the Dutch fish auctionin Urk. This important trading place (turn-over of on average 200 ton pikeperch/year)is pointed out as the reference where the market price for pikeperch in West-Europe is being set. After being sold, the pikeperch is processed by local fish traders in Urk and transported to the above mentioned places. Swiss retail and restaurants require the highest quality and therefore offer on average 1 euro in addition to the auction price at Urk fish market. For aquaculture pikeperch the fish farmers are working with local traders often selling their fish in Switzerland. Best price is given in August (low catch) and December (high demand; Christmas and New Year's Eve dinners).

3. Production and performance indicators for the grow-out using an indoor RAS

3.1 Eurasian perch

The main advantage of RAS is the possibility to efficiently control all the parameters of the production. In perch, a proper control of the temperature can halve the time to reach market size compared to natural conditions. The closed environment also offers a better protection against pests and diseases.

The annual production of a perch grow-out farm is small compared to other cultured species. The largest farm known to date has a production capacity of 300 tons per year. But to reach this result, many juveniles are needed. This can be explained by the fact that the common market size is only 200 grams or less. The juveniles usually enter the grow-out farm at 5 to 10 grams and reach market size in 5 to 6 months. Due to the year round production, several batches are present in the farm at the same time.

The optimal temperature for grow-out is around 22-24℃, with a pH between 7 and 7.5. Oxygen should be kept relatively high (around saturation level) to reduce stress and promote growth. Perch are very sensitive for good water quality. It is recommended to keep total ammonia and nitrite to a minimum (TAN-N under 1 mg/l and NO_2-N under 0.5 mg/L). Especially suspended solids can be a problem as they may lead to bacterial gill disease and loss of appetite. To reach these optimal conditions, the recirculation systems include a mechanical filtration, biological filtration, a denitrification step and UV treatment. Ozone is sometimes used to reduce bacterial pressure and to support water clarification through organic decomposition.

The fish need size grading several times between 10 and 200 grams to efficiently manage growth, mitigate competition for feed and avoid cannibalism. This is especially important because there is large growth heterogeneity due to sexual dimorphism and genetics. Perch are slow growers and the SGR varies greatly depending on density and production conditions. Densities in grow-out tanks of 30 to 50 kg/m^3 for 5-10 grams fish and 60 to 80 kg/m^3 for larger sizes are best for promoting growth.

Eurasian perch are sensitive to stress. It is important to avoid unnecessary disturbance. Cleaning of the tanks should be done carefully and automatic feeding is preferred. High tanks and relatively low light conditions of 200 lux can help for reducing stress.

Due to the small size of the industry, there are no specific diets for Perch on the market. Most producers use marine diets or sturgeon diets with high protein content and low fat. Good culture conditions will result in a feed conversion ratio (FCR) of around 1.2.

The most common bacterial diseases in grow-out are *Flavobacterium* or *Aeromonas* related problems. Such outbreaks are usually linked to sub-optimal growing conditions. *Streptococcus* sp. can lead to high mortalities. The most common parasites are *Costia*, *Trichodina* sp. and *Gyrodactilus* sp. but they can usually be easily controlled by the application of low doses of sodium chloride.

3.2 Pikeperch

In 2008 Inagro started their research programme on indoor grow-out of pikeperch in a recirculating aquaculture system (RAS), consisting of several circular fish tanks, drum filter and moving bed biofilter. The system and approach are based on commercial pikeperch RAS practices and therefore allow for applied research in contrast to most academic research institutes which are rather working in small laboratory conditions. The facility is completely closed from the outdoor with climate control and artificial lighting kept for 24h/24h at approximately 10-30 lux (measured just near the water surface). The light regime was copied from pikeperch producers in the Netherlands, while a constant light of 30-50 lux was also recommended by G. Schmidt (Schmidt, 2015). It is suggested that for hatchery conditions light with low wavelengths (i.e. red spectrum) maybe beneficial for growth, feed intake and feed efficiency in hatchlings during the first two weeks after hatching, although this has – to our knowledge – not yet been corroborated by research (Carolina Luchiari, 2009).

The European Union Seventh Framework Programme for research, technological development and demonstration project DIVERSIFY (www.difersifyfish.eu) will in the near future publish some research results on recommended light regime: light spectrum, photoperiod and light intensity (Fontaine et al., 2015).

For juvenile (> 5 g) and adult pikeperch, the temperature in the RAS is kept at a constant 24 °C for optimal growth. Wang (2009) indicates that pikeperch with a starting weight of 6.4 g show a better specific growth rate (SGR), weight gain (WG) and feed efficiency (FE) at a temperature of 28 °C compared to 20 and 24 °C, while other studies suggest that pikeperch above 500 g perform better at a temperature of 24 °C or slightly less (unpublished data Teerlinck).

At Inagro automatic feeders are used to feed the fish *ad libitum*. Standard growth rate (SGR) and food conversion rate (FCR) can differ depending on the kind of feed that is used. FCR in 10 g fish can be as low as 0.6 while in bigger fish above 500 g the FCR will be around 1.6. Accordingly the SGR varies from 1.6 to 0.6 respectively. Trout, sturgeon, turbot and catfish feeds are often used. These pellets can be sinking or floating, both kinds have their proponents and opponents depending on the RAS type, habits and experience of the fish farme. Applied research at inagro indicates that feeds with high protein content and higher amounts of fishmeal perform better when considering SGR and FCR. At Inagro we use floating turbot feed pellets (>50% fish meal) as it is easy to follow up the feeding of these shy fish from a distance.

There are distinct differences in growth rate among fish from the same cohort influencing the individual SGR and FCR of pikeperch. This is due to the fact that today most farmers work with offspring from wild pikeperches. Like this, some fish will reach 1 kg in 9 months starting from 10 g for others it will take them 16 months.

When we talk about optimal density in a farm often is intended the density were feed intake, growth and presence of injured and dead fish is not negatively influenced. The advice is to keep stoking densities from 10kg/m³ for 10 g juveniles and later on stocking densities can be increase to maximal 70-80 kg/m³ for fish above 300-500 g (Schmidt 2015, unpublished data Teerlinck).

4. Reproduction of percid fish

4.1 Combination of pond and indoor production of juveniles for pikeperch

When using a pond to produce pikeperch of 35-50 mm and raising them after this size in RAS, advantages of both systems are combined. The low production cost, optimal feed for brood stock and larvae of pond culture and best conditions to rear efficient juveniles in high numbers ready to sell to the growing indoor grow-out market (Policar, 2016).

Since 2009, a team of researchers at the University of South Bohemia (Faculty of Fisheries and Protection of Waters) demonstrate how to convert pond-reared pikeperch juveniles to pellet feed efficiently and with a high survival. Following steps are taken in the production of fingerlings as described by Policar et al. (2012 & 2016).

Pond culture brood stock is used,

Hormonal induction of the spawning,

Two days after hatching larvae where stocked on the prepared ponds,

Larvae are left in the pond to feed and develop naturally for 42 days,

A sample is taken for veterinary check-up before harvesting the small fish and treatment is done when necessary,

After harvesting the fish (approx. 41 mm) ideally is going into quarantine for 2-3 days,

Fish are graded before stocking them in RAS at fish density of 3, 85 kg/m³,

Temperature was brought to 23 ℃, light regime 15 L/9 D at (L=100 lux),

Third and fourth day after stocking in RAS fish are fed with bloodworms (*Chironomus* sp.),

Feeding with bloodworm and dry feed mixture, gradually increasing dry feed percentage over seven days,

Day 11 only dry feed is given,

Fishes are weaned.

4.2 Indoor production of pikeperch

Natural spawning of pikeperch has been observed as soon as in February for Northern European strains and June for Southern European strains depending on environmental factors such as light and temperature (Lappalainen 2003). For spawning out of season commercial companies contain adult pike perches in climate rooms where light and temperature is manipulated and seasons are imitated.

Spawning can be triggered only by photo-thermal treatment and without the use of hormones (Müller-Belecke et al., 2008, Inagro unpublished data). Although the use of hormones is recommended by some researchers to synchronize the spawning and make female fish ovulate (Kucharczyk et al., 2007). Today the commercial company Aquapri in Denmark is able to make a successful spawning 6 times spread over the year without the use of hormones and looking to the fish behavior in order to decide when to strip eggs and sperm (personal communication J. Overton and F. Schäfer).

Indoor pikeperch can be placed in a group or in couples and by increasing the temperature and dailylight period spawning will begin. With indoor spawning of pikeperch spawning was seen between 11.5 and 16 degrees Celsius at Inagro. When temperature is increased to 14 ℃ artificial nest (e.g. made of artificial grass weighted with an iron grate) are placed with the fish. Spawning period can differ from a week until over a month. The nest are collected daily and inspected for eggs. Nest where eggs are sticking on are placed in a separate incubation tank with slow aeration and constant water flow true. Eggs sticking at the bottom of a tank can sometimes be harvest by scraping them softly form the bottom with an aquarium net in order to place them in the incubation tank. Eggs are hatching after 4-5 days at a temperature of 16.5℃. From DAH 3 artemia is administered and from DAH 5 larvae are eating clearly instar 1 artemia (larvae have an orange belly). From DAH 8 enriched artemia instar 2 is given, sometimes combined with dry feed (150 micron). On DAH 20 till DAH 25 the larva are weaned to dry feed and on DAH 26 larvae are fed only dry feed every 15 minutes during day time. From DAH 30 temperature is slowly raised (1℃/day) to 20℃ and afterwards to 24℃ in grow out. Also light regime is converted slowly from 12L/12D to 24 hours of dimmed light. (Unpublished data Teerlinck)

From the moment fish are feeding on dry feeds weekly grading of the fish is started. This grading is performed once a week to avoid cannibalistic behavior and competition for food. Grading frequency is built off after DAH 60 to every 2 weeks. In commercial production the need for grading is evaluated from badge to badge. In the decision to grade or not to grade factors are taken in account like minimizing cannibalism, stress (grading to often is also stressful for the fish), grading damage and labor cost (Unpublished data Teerlinck).

Ones juveniles are 10 gram (DAH 75-100) they are ready to be sold or moved to the grow-out. When purchasing juveniles for grow-out expect to pay 0, 8 to 1, 3 euro for one fingerling depending on size, production method, season and transport costs (Unpublished data Teerlinck).

4.3 Indoor production of Eurasian perch

The fact that diversification of European aquaculture production became a main priority both to the aquaculture sector and the policy-makers creates a significant opportunity for the expansion of intensive aquaculture of this species, although production technology (involving all the production steps) still represents the main bottleneck toward popularization of production of this species. Having in mind that intensive rearing of Eurasian perch must involve production in recirculating aquaculture systems (RAS), being the only production system allowing economically efficient aquaculture, the production technology must be highly precise and replicable, what would allow to increase production planning and thus costs reduction.

The first phase of production, just after controlled reproduction, is the larvi culture. The larvae are typically reared at a temperatures ranging between 15 and 22℃, with the lower being applied during the early phases of larval development. Eurasian perch larvae, just after hatching do not exhibit typical behavior of salmonids or cyprinids, but immediately start to swim up to the surface in order to pass through the surface tension and gulp the air allowing inflation of the swim bladder – one of the most crucial step in larvi culture of this species. During that period, it is extremely important to provide suitable light conditions coupled with tank wall color, which will prevent the larvae to gather in the corners or near the walls of the tank. Larvae should be distributed possibly evenly throughout the tank what will increase the chances of swim bladder inflation (Palińska-Żarska et al., 2013). To enhance the effectiveness of this process usually various surface skimmers are applied, which allow to remove the oily film out of the surface, which was found to be limiting factor during the swim bladder inflation phase in percids. For more details, please also see Kestemont et al. (2015).

Larvae of Eurasian perch need to be first fed with live food, where freshly hatched Artemia nauplii are the most commonly applied source of food. Artemia is offered for about 7 to 20 days, depending on the weaning strategy of particular farm. In many cases, so called co-feeding protocol is applied, which aims at subsequent reduction of doses of Artemia and increased proportion of dry feed in the daily feeding schedule. Co-feeding protocol usually involve offering to the larvae dry feed fist and after some time the rearing tank is also supplemented with Artemia nauplii. So far, there is no clear weaning protocol and each farm depends on their own experiences and protocols. The process of weaning, however, is usually relatively successful, and the most important is to pay attention to not induce to high size heterogeneity, what is usually related with too early weaning or unsuitable weaning procedure. After successful weaning, the intensive culture is usually relatively easy since Eurasian perch grow very well when fed exclusively with compound diet. More details and alternative methods of Eurasian perch larvae culture can were described by Kestemont et al. (2015).

4.4 Out of season production of Eurasian perch

The main advantage, but also challenge, in RAS-based production of fin fishes is the possibility of year round product supply. Thanks to the full control over the photo-thermal conditions it is possible to completely control the reproductive cycle and thus induce spawning at any time of the year (Fontaine et al., 2015). In the case of Eurasian perch, the photo-thermal program has been already relatively well developed and allows juvenile production all year round. Such a program involve photo-thermal annual fluctuations, where one of the crucial phase is wintering period (Abdulfatah et al., 2013; Fontaine et al., 2016). Regardless that in many fish farms out of season spawning is practiced, there are still many unanswered questions such as the thermal conditions to be applied during the wintering period and feeding regimes which could enhance the egg quality and thus reproductive success. The entire protocol for out of season spawning was already described by Fontaine et al. (2015), which may constitute the basis for further development in this field.

Although photo-thermal induction of gonadal cycle is already commonly practiced, one of the biggest challenge in out of season production of Eurasian perch is the control over the process of FOM and spawning. Eurasian perch, similarly to the other percids, is characterized by a highly asynchronous maturation and spawning (coinciding with long post-vitellogenic period) (Żarski et al., 2012, 2011), which stems probably from reproductive strategy of the species. Nonetheless, asynchronous FOM process leads to prolonged collection of the eggs from particular females and thus highly variable hatching of the larvae, which can be extended even up to 12 weeks. This phenomenon has significant commercial consequences, where high size variability and thus intensification of the cannibalism during the larviculture phase are among the biggest problems. Therefore, one of the most important aspect in out-of season production of Eurasian perch is controlled reproduction (for more details see Żarski et al., 2015).

Eurasian perch can spawned without any hormonal treatment, however in such a case it is very hard to control the FOM and ovulation, with the latter being almost impossible to predict. This necessitates in frequent checking of the females, what induces stress and thus influence also the reproductive effectiveness. Therefore, in many farms hormonal therapies are applied, which involve application of very safe spawning agents which, by triggering natural hormonal cascade, allowing much more precise control and thus predict the spawning time. The most commonly applied spawning agents are human chorionic gonadotropin (hCG) and salmon gonadoliberine analog (sGnRHa) (Żarski et al., 2015), with the latter being currently validated under the farming conditions. However, the application of hormonal stimulation need to be also coupled with precise determination of maturation stage of particular female, which is indispensable element of controlled reproduction (Żarski et al., 2011). The maturation stage of females (representing the stage during the FOM process) determines the possible hormonal strategy to be applied and latency between the hormonal treatment and ovulation, being crucial in prediction of time of ovulation. In this sense, the entire out-of season production should be considered as a relatively difficult venture, with lot of obstacles to be still investigated and many specific protocols to be developed in the nearest future (for details see also Żarski et al. 2015).

4.5 Sexing of wild and RAS raised pikeperch broodstock

Wild pike perches can be sexed by looking at the color of the pectoral fins and their belly during spring (March-April). Male fish have blueish fins and flat gray belly, females have transparent fins and a round white belly. Although sometimes subjective this differentiation technique can work with wild fish. For fish coming from RAS systems these differences are not seen except for the rounding of the female belly and this can easily be confused with a male fish having still lots of abdominal fat after the winter due to a too fat diet during summer (unpublished data, Teerlinck, 2014).

A good technique to sex pikeperch coming from RAS and wild waters is to use echo. This technique is only useful from early spring when temperature starts to increase and so the volume of the ovaria. No difference was seen with echo during summer or winter when gonads are too little developed to differentiate males from females (Unpublished data, Teerlinck, 2014).

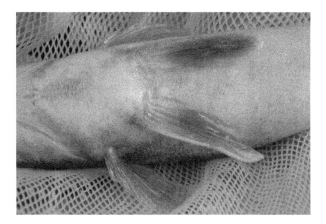

Fig. 9-3 Pectoral fins and belly of an adult wild male pikeperch (photo by Dieter Anseeuw)

4.6 Sex control and all-female production

Percid aquaculture is relatively new among the aquaculture sector, with still under developed production technology, lacking of many specific protocols. However, the long distance perspective sheds light on the fact that selective breeding and other specific techniques will start to play more and more important role in coming years. This applies also to chromosome set manipulation and sex control, with sterile fish (triploidization) and production of all females stocks, respectively, being within direct commercial interest.

From aquaculture perspective, production of triploids can be beneficial from several reasons, where sterility of triploids and thus utilization of energy and nutritional constituents mostly for growth rather than gonadal development, seems to be of high commercial interest. Until now it has been reported that it is possible to produce triploid Eurasian perch by disruption of extrusion of second polar body during the resumption and completion of meiosis, which is the process directly occurring after fertilization. To this end, thermal shock applied to the eggs 5-7 min post fertilization (during which eggs were exposed to 30°C for 10-25 min) allowed to retain polar body inside the eggs and thus result in over 45% of triploidization success. However, regardless these first successes, the commercial utilization of triploids remains unclear and still require further validation (for details see Rougeot, 2015)

From among all the accessible techniques of sex control, in Eurasian perch commercial aquaculture only fertilization of eggs originating from non-manipulated females with sperm originating from neo-males can be used. In Eurasian perch, genetic sex determinism is similar to human, where homogamety of females (XX) and heterogamety (XY) of males is observed (Rougeot, 2015; Rougeot et al., 2005). Therefore, fertilization of egg (possessing only one sex-related chromosome X) with sperm (possessing either X or Y) allows theoretically obtain progeny with sex ratio of 1:1. However, as in other species, if genetically determined female will be exposed to a high concentration of androgens at the time of sex differentiation, it is possible to turn gonadal development of females toward testis. In this way, it is possible to produce so called neo-males, which produces viable spermatozoa possessing only X chromosomes (Rodina et al., 2008; Rougeot et al., 2004). Usage of such sperm to fertilize eggs will then allow to produce only females in the next generation. From aquaculture point of view it can be highly beneficial, since females used to grow faster than males. However, so far there is no data on commercial utility of all females populations in commercial farming, although it was already reported that 30 day long feeding of Eurasian perch, with average body weight of 40 mg, with diet containing 40 mg of 17α- methyltestosterone per kg of feed result in 100% masculinization process. From among those fish presumably 50% should be neo-males. It is important to mention, that neo-males will have morphologically different gonads from normal males and the lack of sperm duct, preventing normal sperm stripping, will be the typical feature (Rougeot, 2015). Therefore, every neo-male can be used only once, since the sperm can be obtained only after dissection of the gonads and obtaining the sperm after their incision/fragmentation. Nonetheless, such a sperm is fully viable and can be subjected to normal fertilization procedure or even can be cryopreserved for a later use (Rodina et al., 2008; Rougeot, 2015; Rougeot et al., 2004).

5. Future challenges

In spring 2017 the EPFC organized a workshop in order to set up a European research agenda for percid fish. Perch and pikeperch producers and researcher from all over Europe sat down for 3 days to exchange their sorrows, bottlenecks in order to formulate research questions and come up with a proper agenda. This workshop was held in Ireland, hosted by

BIM and funded under the EMFF Operational Programme 2014-2020 under the Knowledge Gateway Scheme (KGS). Following topics where discussed.

How to produce 'year-round' high quality juveniles? While in Eastern and Central Europe percid fish farmers produce high quality larvae in pond culture, this production is limited to the natural spawning season (April-May). In Western and Northern Europe a hand full of scientific and private institutions are able to produce larvae out of the natural season. This is done in closed Recirculating Aquaculture Systems (RAS) by temperature and photoperiod manipulation. However, these out-of-season produced larvae in RAS do not always fulfill the same quality characteristics (e.g. in terms of growth rate and survival) as compared to in-season produced, pond-raised siblings. RAS production requires advanced microbial control and water treatment management. Supporting the development of a robust immune system, increased stress tolerance and reduced mortality already at the early larval stages shall help to stabilize production of quality juveniles. These obstacles put a lot of pressure on the economic viability of juvenile production in both systems which can only be overcome by RD&I on broodstock management, artificial reproduction and larval and juvenile production procedures and techniques to obtain high quality offspring.

How to perform selection and domestication with percid fish? Modern fish farming practices are now based on the selection of adult individuals displaying commercially desirable features for parental broodstock. While much progress has been achieved in selective breeding for other commercial important species (e.g Atlantic salmon), broodstock selection for percid fish is still carried out in an opportunistic way. Thus, broodstock choice is often based on random selection of the alleged fittest spawner deduced from body mass at age or size traits. However, promising traits exist in natural, wild populations and in the first Fx-offspring generations. There is now an immediate need to develop and implement a research driven plan for broodstock development and management (including record keeping, family structure analyses, best traits to be considered, etc.).

How do you standardize percid fish production systems? Given natural market fluctuations in supply and demand, percid fish aquaculture is under continuous pressure to decrease production costs while increasing and/or maintaining economic viability and sustainability. Ecological and social sustainability also needs to be considered. At present, knowledge on best practice in production is scattered and not structured despite significant RD&I activities in several EU countries and worldwide. Important indicators pertain to the following questions: How to determine the specific farming requirements of percid fish with respect to welfare and health? What are the species' demands for water quality? How do they interact with the rearing environment, RAS technology, handling, grading, transfer and transport methods? What are the most appropriate methods for fish slaughter taking into account animal welfare and flesh quality? How to tackle the major percid pathogens and to provide access to effective treatments? Research is needed on best practice production standards in relation to resource efficiency, consumers' needs, fish health and welfare and other holistic sustainability indicators.

How to make on-growing of percid fish more efficient? Whilst in Central and Eastern Europe, ponds are used as low cost systems for the production of high quality juveniles, marketable fish and/or broodstock, these rearing systems are facing nearly unsolvable problems, including seasonal and unpredictable production, low density culture, and long production cycle. In Northern and Western Europe, closed RAS are now increasingly being used to produce percid fish. RAS is also associated with specific short comings, including high investment, electricity use, technical complexity, economic viability, etc. The use of freshwater sea cages for production in lakes and other water bodies (e.g. hydropower reservoirs), or integrated systems (e.g. aquaponics) have also been suggested as potential useful methods for percid aquaculture. In Ireland recent emphasis has switched from intensive rearing in RAS towards the use of split pond systems utilizing freshwater IMTA. Another challenge and opportunity at the same time for pond culture and other open systems will be to deal with more extreme water temperature amplitude caused by climate change. This is associated with increased risk of diseases, oxygen depletion and harmful algae blooms, whilst also potentially increasing the geographic range of the species in Northern Europe and thereby increasing the production potential in these countries. Benchmarking systems to compare grow-out performance, resource efficiency and resilience of different production techniques need to be developed to allow for cross-sectoral comparability and improvement.

What to feed to percid fish? In percid larval rearing, feeds for other carnivorous (marine) species are often used. For on growing, farmers sometimes use trout, sturgeon, turbot or other feed. Broodstock diets are often circumvented by keeping adult fish in a pond together with live prey fish. State-of-the-art extruded percid feed formulations are available for all these life stages, but are facing increasing raw material scarcity, as is the case for many other carnivorous aquaculture species. Further research into nutritional requirements and raw material acceptance of percid fish is needed in order to keep pace with the development in the aquaculture feed sector as a whole. Suboptimal feed application systems and management regimes contribute significantly to high running costs of percid RAS. Suboptimal nutrition is frequently related to reduced stress resistance in larvae, deformities in juveniles, increased cannibalism, fatty liver, reduced growth, health issues, low slaughter yield and high metabolite discharge. Research should lead towards insights in nutritional requirements of all life stages, digestibility of alternative raw materials, functional feeds, pro-and prebiotics, health and growth promoting feed.

How to market percid fish? Percid fish production capacities in aquaculture are well below the total demand and hence, production is orientated towards a niche market (i.e. limited quantities but high value per kilogram). However, when comparing the current percid market situation with that of Atlantic salmon some 20 years ago, what lessons can be learnt to ensure the sustainability of the industry? How to ensure long-term profitability for the percid fish farmers? What supply chain structures are needed? Is vertical integration the only way forward? Can product diversification be the solution for a farmer? Does the percid sector benefit from current initiatives for increased aquaculture product traceability (QR codes, etc.) and development of new species-specific standards (e.g. Global GAP, Naturland, etc.)? Will percid production only be economically viable when it is certified organic? What is the consumer perception towards percid products from aquaculture compared to wild fisheries products? Depending on the country, personal circumstance of fish producers and fish farm production capacity, alternative marketing strategies may be required. Thus, research in marketing taking in consideration changes in consumer habits, product diversification, product quality, consumer choice, etc. is fundamental to provide sound guidance for all supply chain stakeholders in this important but still poorly understood part of the percid business.

References

Aarts TWPM. 2007. Kennisdocument snoekbaars, *Sander lucioperca (Linnaeus 1758*. Kennisdocument 16. Sportvisserij Nederland, Bilthoven.p. 62.

Abdulfatah A, Fontaine P, Kestemont P, et al. 2013. Effects of the thermal threshold and the timing of temperature reduction on the initiation and course of oocyte development in cultured female of Eurasian perch *Perca fluviatilis*. Aquaculture, 376-379, 90-96.

Craig JF. 2000. Percid Fishes, Systematics, Ecology and Exploitation. In: Fish and Aquatic Resources Series: 367.

Długosz M. 1986. Oogeneza i cykl rocznego rozwoju gonad wybranych gatunków ryb w zbiornikach o odmiennych warunkach termicznych.Acta Acad. Agric. Techn Olst, Prot. Aquarum Piscat, 14: 1-68.

Eklöv P. 1992. Group foraging versus solitary foraging efficiency in piscivorous predators: the perch, Perca fluviatilis, and pike, Esox lucius, patterns. Anim Behav, 44: 313-326.

Eklöv P, Diehl S. 1994. Piscivore efficiency and refuging prey: the importance of predator search mode. Oecologia, 98, 344-353.

FAO. 2016. species fact sheet Sander lucioperca. Retrieved from http://www.fao.org/fishery/species/3098/en

Froese R, Pauly D. 2016. Fishbase. World Wide Web electronic publication.www.fishbase.org version 06/2016.

Fontaine P, Abdulfatah A, Teletchea F. 2016. Reproductive biology and environmental determinism of perch reproductive cycle. In: Couture P, Pyle G. Eds. Biology of Perch. Boca Raton, CRC Press: 167-192.

Fontaine P, Legendre M, Vandeputte M, et al. 2009. Domestication of new species and sustainable development in fish culture. Cah Agric, 18: 119-124.

Fontaine P, Wang N, Hermelink B. 2015. Broodstock management and control of the reproductive cycle. In: Kestemont P, et al. Eds Biology and Culture of Percid Fishes. Springer Netherlands, Dordrecht: 103-122.

Formicki K, Smaruj I, Szulc J, et al. 2009. Microtubular network of the gelatinous egg envelope within the egg ribbon of European perch, *Perca fluviatilis* L. Acta Ichthyol Piscat, 39: 147-151.

Heermann L, Emmrich M, Heynen M, et al. 2013. Explaining recreational angling catch rates of Eurasian perch, *Perca fluviatilis*: the role of natural and fishing-related environmental factors. Fish Manag Ecol, 20: 187-200.

Heibo E, Magnhagen C. 2005. Variation in age and size at maturity in perch (*Perca fluviati*li*s* L.), compared across lakes with different predation risk. Ecol Freshw Fish, 14(4): 344-351.

Heibo E, Vøllestad LA, 2002. Life-history variation in perch (*Perca fluviatilis* L.) in five neighbouring Norwegian lakes. Ecol Freshw Fish, 11: 270-280.

Kestemont P, Mélard C, Held JA. et al. 2015. Culture methods of Eurasian perch and yellow perch early life stages. In: Kestemont P, et al. Eds. Biology and Culture of Percid Fishes. Springer Netherlands, Dordrecht: 265-293.

Kottelat M, Freyhof J. 2007. Handbook of European freshwater fishes. Publications Kottelat, Cornol and Freyhof, Berlin: 646.

Kucharczyk D, Targonska K, Kwiatkowski M, et al. 2007. Spawning agents and their applications. In: Kcharczyk D, et al. Eds. 2007. Artificial reproduction of pikeperch. Mercurius Kaczmarek Andrzej, Olsztyn, Poland, 2007. chapter 5, p. 33-41, ISBN 978-83-923855-0-9.

Palińska-Żarska K, Żarski D, Krejszeff S, et al. 2013. Tank wall color affects swim bladder inflation in eurasian perch, *Perca fluviatilis* L., under controlled conditions, in: LARVI'13 – Fish & Shellfish Larviculture Symposium. European Aquaculture Society, Oestende: 338-341.

PolicarT, Křišťan J, Blecha M, et al. 2016. Adaptation and Culture of Pikeperch (*Sander lucioperca* L.)

Juveniles in Recirculating Aquaculture Systém (RAS). Handbook FFPW USB, n. 141: 38.

Policar T, Stejskal V, Kristan J, et al. 2012. The effect of fish size and stocking density on the weaning success of pond-cultured pikeperch *Sander lucioperca* L. juveniles. Aquacult Int, 21: 869-882.

Rodina M, Policar T, Linhart O, et al. 2008. Sperm motility and fertilizing ability of frozen spermatozoa of males (XY) and neomales (XX) of perch (*Perca fluviatilis*). J Appl Ichthyol, 24: 438-442.

Rougeot C. 2015. Sex and Ploidy Manipulation in Percid Fishes. In: Kestemont P, et al. Eds. Biology and Culture of Percid Fishes. Springer Netherlands, Dordrecht, pp. 625-634.

Rougeot C, Ngingo JV, Gillet L, et al. 2005. Gynogenesis induction and sex determination in the Eurasian perch, *Perca fluviatilis*. Aquaculture, 243: 411-415.

Rougeot C, Nicayenzi F, Mandiki SNM, et al. 2004.Comparative study of the reproductive characteristics of XY male and hormonally sex-reversed XX male Eurasian perch, *Perca fluviatilis*. Theriogenology, 62: 790-800.

Steenfeldt S, Fontaine P, Overton JL, et al. 2015. Current status of Eurasian percid fishes aquaculture. In: Kestemont P, et al. Eds. Biology and Culture of Percid Fishes. Springer Netherlands, Dordrecht: 817-841.

Schmidt G, 2015. Aufbau und Entwicklung einer Zanderaquakultur in Mecklenburg-Vorpommern 2012-2015. Gülzow-Prüzen, Landesforschungsanstalt für Landwirtschaft und Fischerei, Abschlussbericht nr. DRM 127, p. 94.

Thorpe J. 1977. Synopsis of biological data on the perch *Perca fluviatilis* Linnaeus, 1758 and *Perca flavescens* Mitchill, 1814. FAO Fish. Synopsis 1-138.

Toner D, 2015. The market for eurasian perch. In: Kestemont P, et al. Eds. Biology and Culture of Percid Fishes. Springer Netherlands, Dordrecht: 865-880.

Treasurer JW, Holliday FGT. 1981. Some aspects of the reproductive biology of perch *Perca fluviatilis* L. A histological description of the reproductive cycle. J Fish Biol, 18: 359-376.

Verreycke D, Anseeuw D, Van Thuyne G, et al. 2007. The non-indigenous freshwater fishes of Flanders (Belgium): reviev, status and trends over the last decade. J Fish Biol, 71: 160-172.

Watson L. 2008. The European market for perch (*Perca fluviatilis*). In: Kestemont P, et al. Eds. Percid Fish Culture, From Research to Production, Abstracts and short communications. Belgium, Namur, Presses universitair de Namur p. 10-14.

Żarski D, Bokor Z, Kotrik L, et al. 2011. A new classification of a preovulatory oocyte maturation stage suitable for the synchronization of ovulation in controlled reproduction of Eurasian perch *Perca fluviatilis* L. Reprod Biol, 11: 194-209.

Żarski D, Horváth A, Held JA, et al. 2015. Artificial reproduction of percid fishes. In: Kestemont P, et al. Eds. Biology and Culture of Percid Fishes. Springer Netherlands, Dordrecht: 123-161.

Żarski D, Krejszeff S, Horváth Á, et al. 2012. Dynamics of composition and morphology in oocytes of Eurasian perch, *Perca fluviatilis* L., during induced spawning. Aquaculture, 364-365: 103-110.

(Stefan Teerlinck, Dieter Anseeuw, Thomas Janssens,
Stefan Meyer, Tomas Policar, Damien Toner, Daniel Zarski)

Chapter 10   Australian Farmed Perches

Compared with other continents Australian freshwater fish fauna is considered relatively depauperate (300-350 species; Allen et al., 2002), yet several perches from the Families Percichthyidae, Latidae and Terapontidae have been domesticated for aquaculture production. Five main native freshwater species are now farmed in Australia, although total production volumes are small compared to Asian aquaculture industries. Despite this, Australian perches are seen as high-value niche-products and as a result are increasingly being farmed not only in Australia, but also in southeast Asia, China, the Middle East, USA and Belgium.

The following chapter presents information on each of the major freshwater perches that are now in aquaculture production around the globe.

1. Barramundi (*Lates calcarifer*: Latidae)

1.1   Distribution

Barramundi (*Lates calcarifer*, Bloch, 1790; also known as Asian sea bass) (Fig.10-1E) is a catadromous fish species with an extensive distribution throughout rivers and near shore habitats of tropical northern Australia, Papua New Guinea, southeast Asia, India, Sri Lanka, China, Arabian Gulf and parts of the western Pacific (Jerry, 2014)(Fig.10-2). Being euryhaline barramundi can be found in freshwater, estuarine and even fully marine conditions. Until recently, *Lates calcarifer* was considered to be a single species across its broad distribution. However, recent morphological and genetic work identified the presence of a species complex in southeast Asia, with three sister species now present (Pethiyagoda and Gill, 2012; Pethiyagoda and Gill, 2014). These species are *L. calcarifer* (widely spread throughout southeast Asia, Papua New Guinea and Australia, *L. lakdiva* (south-western Sri Lanka) and *L. uwisara* (Myanmar)(Fig.10-2). Another closely related species, *L. japonicus,* occurs in southern Japan.

1.2   Environmental tolerance/general biology/ecology

Barramundi is a predominantly tropical fish species which generally requires water temperatures greater than 15 ℃ to survive (Katersky and Carter, 2007). Below 22 ℃ barramundi do not grow well in aquaculture and have an increased susceptibility to diseases such as *Streptococcus iniae* (Bromage and Owens, 2002). Barramundi grow and feed optimally between 26 and 35℃, however, feeding and growth decline steeply above 38℃ (Bermudes et al., 2010). Australian strains of the species can tolerate water temperatures up to 40℃ for short periods of time (Katersky and Carter, 2005; Norin et al., 2014). Barramundi are tolerant of low oxygen at temperatures up to 36℃, however, feeding behaviour generally ceases below 30% saturation, and mortalities can occur below 20% saturation (Collins et al.,

2015; Collins et al., 2013).

Barramundi is a hardy fish species and due to its euryhaline nature can be farmed under a wide range of salinities from 0 ppt up to at least 44 ppt (Jerry, D.R., personal obs.). The species is a protandrous hermaphrodite, maturing first as male, and then sex inverting to

Fig. 10-1 Four Australian endemic freshwater and one IndoPacific euryhaline species currently used in commercial production: A. Silver perch, B. Jade Perch, C. Golden Perch, D. Murray Cod, E. Barramundi. (Photos after Allen et al., 2002)

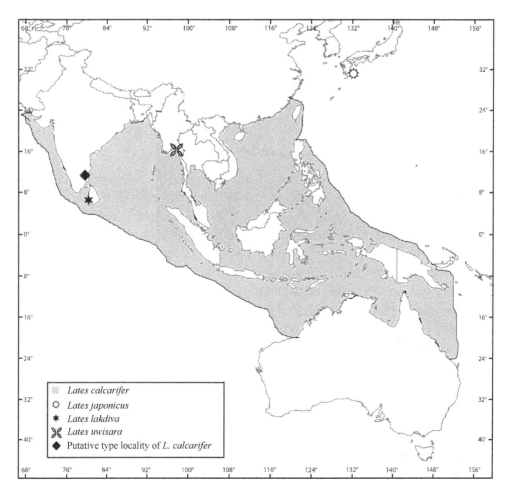

Fig. 10-2 Distribution of *Lates calcarifer* (grey shading) and where other IndoPacific *Lates* species have been identified. (Modified from Pethiyagoda and Gill, 2014)

female. In Australia, males obtain sexual maturity in their 3rd to 5th year and will spawn as males for at least one to two seasons (Davis, 1984). At around 5 years of age (or 70 cm) they will sex invert to females. Sex inversion of the gonad is relatively quick, taking only about one month to transition from testes to ovary (Guiguen et al., 1994). Although barramundi is generally considered to be protandrous, primary females have been known to occur in natural populations (Moore, 1979), while Davis (1982) suggests some males may never invert. In Asia, there is little information on the occurrence of sex change in natural stocks, although evidence of primary females in aquaculture brood-fish are relatively common (Parazo et al., 1990).

1.3   Attributes for aquaculture

Barramundi is rapidly becoming a very popular aquaculture species in the tropics, and has a number of positive attributes for farming. This species can be cultured in a diverse array of environments, from freshwater to marine salinities, and using different production mediums, including ponds, sea-cages, raceways and tank-based intensive recirculation aquaculture systems (RAS). Barramundi grows rapidly, reaching 2.5+ kg in around 2 years, and can exhibit a feed conversion ratio (FCR) of 1.0-1.4 on pelleted diets at temperatures between 20-23℃ (Williams and Barlow, 1999), although higher average temperatures are more commonly encountered during grow-out. Barramundi can tolerate poor water quality and produce a good quality, white fillet. Importantly, hatchery and production technologies are well advanced for this specials. Brood stock can be readily spawned on demand and larvae weaned onto artificial diets after only 10-15 days post-hatch.

1.4 Reproduction/broodstock management/larval rearing

Spawning within natural populations of barramundi is usually seasonal, with latitudinal differences in spawning time considered to be related to water temperature and photoperiod. In the southern hemisphere (Australia, Papua New Guinea and Indonesia), barramundi spawn between October and February, which corresponds with the summer monsoonal season (Moore, 1982), while the breeding season is from June to October in the northern hemisphere (Philippines, Thailand, Vietnam) (Toledo et al., 1991). In more equatorial regions (i.e. Singapore, Thailand) spawning is more continuous, although there is a peak of spawning between April to October (Lim et al., 1986). Despite the seasonal occurrence of spawning in wild populations, broodstock are conditioned to spawn all year round in hatcheries through manipulation of water temperature and photoperiod. Garrett and O'Brien (1994) achieved continual monthly spawning of brood-fish for 15 months through manipulation of water temperatures (28-29℃), day lengths of >13 h, salinities 30-36 ppt and regular injections of luteinizing releasing hormone analogue (LHRH-a; 19-27 µg · kg^{-1} body-weight) (Table 10-2).

Barramundi is a fecund fish producing anywhere from 2 to 32 million eggs per female (Moore, 1982). This species is considered a mass spawner, usually requiring several males and females to be present for successful spawning. In aquaculture, broodstock will spawn naturally in tanks and sea-cages if environmental conditions are conducive, although fish are usually induced to spawn through the use of LHRH-a to control mating time (Garcia, 1990). LHRH-a is administered to female broodstock through intramuscular injections (50 µg · kg^{-1} body-weight), or cholesterol implants (100-200 µg · kg^{-1} body-weight) when eggs are 350-400 µm in size. The latency period is approximately 36 hr after injection.

Fertilised eggs are pelagic, measure 796.0 ± 4.3 µm and contain an oil globule with a diameter of 264.0 ± 2.4 µm (Table 10-2). The embryo develops quickly with the first cell division occurring 40 min post-fertilisation at 28℃ (Fig. 10-3) and hatches around 16 h later (Thépot and Jerry, 2015). Newly hatched larvae drift upside down due to the large buoyant yolk sac and oil globule and do not commence feeding for 36-48 hr. Fingerlings require a constant provision of small live items such as rotifers (15-20 individuals · ml^{-1}), before being weaned onto *Artemia* from around day 7-12 (given at densities of 0.5-5 individuals · ml^{-1}) and subsequent substitution of dry feed from day 10-15 (Ayson et al., 2014). Metamorphosis of larvae into juveniles in barramundi occurs from day 22, after which they grow fast and require frequent grading (every 3-4 days) to prevent cannibalism. Siblings greater than 33% in size from each other should be separated into grades until fish reach ~ 100 mm, where the prevalence of cannibalism declines (Parazo et al., 1991).

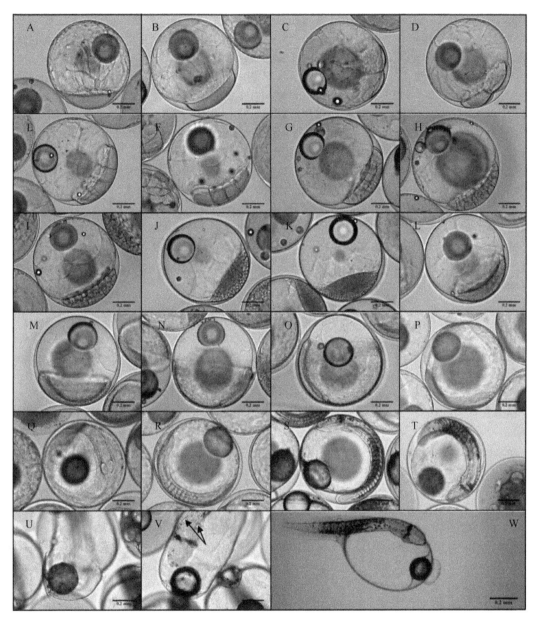

Fig. 10-3 Developmental stages of the Australian strain of *L. calcarifer* from fertilized egg to newly hatched larvae: A. pre-cleavage; B. mid first cleavage; C. 2-cell; D. 4-cell; E. 8-cell; F. 16-cell; G. 32-cell; H. 64-cell; I. 128-cell; J. 512-cell; K. dome; L. germ ring; M. 30% epiboly/shield; N. 50% epiboly; O. 80% epiboly; P. 90% epiboly; Q. blastoderm extension; R. embryo elongation; S. optic lobes; T. 15 somites; U. hatching; V. optic vesicles; W. newly hatched larvae with hatching gland still present. Figure from (Thépot and Jerry, 2015)

1.5 Grow-out/nutrition

In Australia, barramundi are cultured in freshwater and brackish ponds, brackish raceways, intensive tank RAS and sea-cages. In southeast Asia culture of this species occurs mainly in cages, either in marine conditions, or freshwater ponds. Barramundi may also be reared in canals draining rice fields, however, the scale of production using that method is small relative to other methods. In intensive culture, juveniles are stocked at 80-100 fish $\cdot$ m^{-2}, and then thinned out to 10-15 fish$\cdot$m^{-2} by the time fish reach 2 kg in size. Barramundi grow rapidly in culture and reach market size of 1.5-2.5 kg in 12-18 months of growth (Ayson et al., 2014). Trash fish has traditionally been the main source of feed in southeast Asia, however, commercial pelleted feeds have been produced which achieve FCR's of 1.0-1.4 (Williams and Barlow, 1999). Fish are commonly fed 3-4 times a day at 5-6% BW during the juvenile stages (50-100 g), with feeding rates reduced thereafter to 3-4% BW, twice daily at larger sizes.

As the industry moves from trash fish to pelleted diets there has been considerable work on optimising artificial feeds and defining the nutritional requirements of barramundi. Being a piscivorous species, barramundi has a relatively high requirement for protein in its diet. While estimates vary among the many studies conducted, 40-65% crude protein appears optimal (Glencross et al., 2014) (Table 10-1). Lipids are also an essential requirement at levels of 15-18% total lipid (Sakaras et al., 1989). The dietary requirements of barramundi are comprehensively summarised in Glencross et al. (2014).

1.6 Diseases

Barramundi are affected by a number of viral, bacterial and protozoan diseases that are often associated with poor water quality and stress. These diseases impact at different stages of farmed production and can result in heavy losses if not detected early, or if fish remain untreated. Some important pathogens of barramundi include viral pathogens such as Nodaviruses (Genus *Betanodavirus*) and Iridoviruses. Nodaviruses, are single stranded RNA viruses that cause the disease viral nervous necrosis (VNN). VNN mainly affects the central nervous system of larval and early juvenile barramundi and has been characterised from all countries where barramundi are farmed. Larvae with VNN often exhibit symptoms including pale body colouration, a whirling movement behaviour and loss of equilibrium (Hutson, 2014). Adults can carry VNN, but don't appear to suffer negative impacts. In the case of bacterial pathogens, the major disease causing bacteria are *Streptococcus iniae*, bacteria from the genera *Vibrio* and *Flexibacter*. For some bacterial pathogens, such as *Streptococcus iniae*, the use of strain specific vaccines are now regularly used to lessen their impacts.

The most important protozoans affecting barramundi are the ciliates *Trichodina* (marine and freshwater), *Chilodonella* (freshwater) and *Cryptocaryon irritans* (marine). The dinoflagellate *Amyloodinium ocellatum*, which causes velvet disease, is a major pathogen of marine-reared barramundi. Infection results in a velvet-like appearance on the surface of the fish and symptoms include flashing, hyperventilation and mass mortality (Hutson, 2014). Due to the barramundi's euryhaline physiology many bacterial and protozoan pathogens can be controlled through changing water salinity, although chemicals such as formalin, potassium permanganate and copper sulphate are more commonly used.

1.7 Future research

Development of barramundi farming has advanced substantially since the species was first domesticated in Thailand around 30 years ago. The hatchery phase of production and culture procedures for grow-out are well developed. Despite these advances, this species remains genetically unimproved, with broodstock recently derived from the wild, or only 2-3 generations under domestication. Procedures for selective breeding have been developed in Australia and Singapore, and a range of molecular and quantitative genetic techniques are available for implementation (Jerry and Smith-Keune, 2014). Selection programs have commenced in some countries. Through selection the industry will be able to breed for improved tolerance to pathogens, which currently plague the industry in south-east Asia, and for improved growth and fillet quality traits, such as omega-3s. Other areas of research priority include lowering fish meal and fish oil in pelleted diets to reduce production costs and improve sustainability. Flavour enhancers of flesh have the potential to further increase consumer attractiveness of barramundi product.

2. Silver perch (*Bidyanus bidyanus*: Terapontidae)

2.1 General biology and ecology

Silver Perch (*Bidyanus bidyanus*, Mitchell, 1838) (Fig. 10-1A) are the largest of the Australian freshwater grunters (Terapontidae) and are endemic to the Murray-Darling Basin (MDB) system of southeast Australia (Fig. 10-4). The colouration is predominantly silver-grey to olive-green on the dorsal section and becoming paler on the ventral section. Silver perch occur naturally throughout all sections of the MDB, but have a preference for faster-flowing river sections. Historically, silver perch occurred throughout the entire MDB, however, overfishing, deteriorating water quality and habitat fragmentation through the introduction of weirs has seen the range considerably reduced, and abundance in the wild has declined (Clunie and Koehn, 2001). Presently, the species is 'protected from take' in SA (South Australia), ACT (Australian Capital Territory), NSW (New South Wales) and QLD (Queensland), and listed as 'critically endangered' in Victoria (Department of the Environment, 2016).

2.2 Environmental tolerance

Silver perch tolerate temperatures from 2 to 37 ℃ (Allen et al., 2002), however, temperatures most commonly encountered in the wild are in the range of 10 to 25 ℃ (NSW Gov, 2016). Silver perch are an obligate freshwater species with adult fish intolerant of salinities higher than 12 ppt (Guo et al., 1995), and juveniles intolerant of salinities higher than 9 ppt (Guo et al., 1993). Doroudi et al. (2007) found that survival and growth of adult silver perch in saline groundwater (10 ppt) was not different from controls (freshwater), indicating that this may be a viable method for culturing silver perch in the future. Kibria et al. (1999) likewise demonstrated that growth and FCR's were unaffected at a salinity of 4 ppt. The growth of silver perch in aquaculture is reduced at un-ionised ammonia concentrations $\geqslant$ 0.36 mg $\cdot$ L^{-1}, however, the addition of salt (5 ppt) can improve ammonia resistance (Alam and Frankel, 2006; Frances et al., 2000).

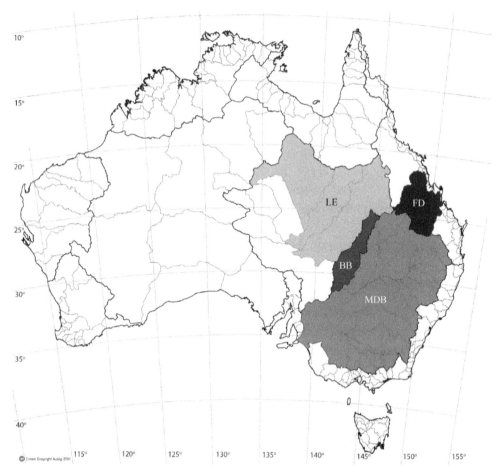

Fig. 10-4 Map of Australia (modified from http://www.bom.gov.au/), showing the river drainages referenced in this chapter: Lake Eyre Drainage (LE), Fitzroy-Dawson River System (FD), Bulloo-Bancannia Rivers (BB), Murray-Darling Basin (MDB). Silver perch and Murray Cod are native to MDB; Golden perch MDB, LE, BB and FD; Barcoo grunter LE and BB

2.3 Attributes for aquaculture

Of the obligate freshwater fishes cultured in Australia, silver perch is the most widely cultured domestically, and has also received the most research attention. Favourable attributes for the culture of this species include the ability to be raised in high density, acceptance of artificial, low-energy diets, rapid growth, non-cannibalistic nature, firm white flesh, and high levels of omega fatty acids (Rowland, 2009).

2.4 Reproduction / broodstock management / larval rearing

Hatchery techniques for Silver Perch were developed in Australia in the 1980's (Green and Merrick, 1980; Rowland, 1984), and have also been developed independently in Israel (Levavi-Sivan et al., 2004) and Taiwan (Liu et al., 2000). Broodstock males (2-3 years old) and females (3-4 years old) spawn naturally in earthen ponds and at water temperatures above 20℃, however, more reliable production of eggs for aquaculture are obtained through the application of hormone injections in tanks. Spawning may be induced at water temperatures of 24-25℃

(Table 10-2), however, slightly higher temperatures (28-31.5℃) have been used in Taiwanese conditions (Liu et al., 2000). The most common method to induce spawning involves the administration of 200 IU·kg^{-1} of Human Chorionic Gonadotropin (HCG) *via* intraperitoneal injection (Rowland, 1984). Mean hatch rates of silver perch eggs ranged from 33.6% to 78.6% in Taiwan and 33.9 to 88.8% in Australia, with best results reported for the dose of HCG specified above. Separate experiments conducted in Israel conditions indicate that salmon gonadotropin releasing hormone analogue (sGnRHa) may be a reliable alternative to HCG (Levavi-Sivan et al., 2004), although hatch-rates for sGnRHa have not been reported. The latency period (the time between injection and spawning) ranges from 32 to 39 h (mean ± s.d. = 35.7 ± 2.4 h) in Australia, but was slightly longer in experiments conducted in Israel (38 to 43 h).

Approximately 90 min after spawning, eggs may be transferred to incubation tanks (glass aquaria; 70 L) for incubation (Rowland, 1984). Hatching of eggs occurs between 28 and 31 h after spawning and takes 12 to 15 h at 25℃. Techniques developed in Australia require the manual transfer of fertilised eggs to incubation tanks. Fertilised eggs (approximately 1mm diameter) are negatively buoyant, and can be automatically transferred (by gravitational water flow) to an incubation tank *via* a connecting pipe to reduce manual handling (Liu et al., 2000). Salinity in hatcheries is generally <2 ppt, however, Guo et al. (1993) found that best survival and hatching rates of eggs occurred at 6 ppt.

Newly hatched larvae are maintained in incubation tanks until absorption of the yolk sac is complete (approximately 5 d after hatching), after which they are transferred to pre-prepared larviculture ponds. Juvenile silver perch switch prey over a 2-4 week period, with zooplankton, insects and crustaceans comprising the majority of the diet (Duffy et al., 2013), and *Daphnia* being the preferred prey source when in abundance (Warburton et al., 1998). Stocking densities in larviculture ponds are approximately 100 larvae · m^{-2} and survival rates may be anywhere from 35 to 80%. Weaning onto artificial diets is initiated 2 weeks after stocking and fingerlings are grown to 35 mm length before harvesting and distribution to grow-out conditions.

2.5 Grow-out / nutrition

Grow-out of silver perch occurs predominantly in aerated earthen ponds, however, there is increasing interest in culture of this species in water storage dams on cotton farms (Collins et al., 2009; Denney et al., 2009). Growth of fish from fingerlings (0.5 g) to market size (400 to 800 g) takes between 10 and 18 months, depending on water temperature (Rowland, 2009). Survival rates >90%, stocking rates of between 10,000 and 20,000 fish · ha^{-1} and production rates of approximately 10 tonnes · ha^{-1} · year^{-1} have been reported for pond culture under Australian conditions. Optimal temperatures for growth are not currently known, however, a range of 23-28℃ has been suggested. Silver perch display reduced appetite at temperatures greater than 30℃, and disease outbreaks can occur when temperatures fall below 10℃ (Rowland, 2009).

Silver perch are naturally omnivorous, and trials conducted in Australia have estimated the digestible protein requirement as 25 to 29%, and crude lipid 6 to 10% (Table 10.1). In practice, silver perch are often fed higher protein diets (35-40% crude protein) during the grow-out phase of production (Harpaz et al., 1999).

A number of experiments were conducted in the early 2000's in NSW, Australia, to explore the substitution of fish meal with plant-based ingredients with some positive results achieved (Allan and Booth, 2004; Allan et al., 2000a; Allan et al., 2000b; Booth and Allan, 2003; Booth et al., 2001; Stone et al., 2003b; Stone et al., 2000). The method of diet preparation has a substantial effect on the digestion of plant-based ingredients, with steam-conditioning and extrusion producing the best results for digestibility, acceptance and growth (Allan and Booth, 2004; Booth et al., 2002; Booth et al., 2000; Stone et al., 2003a; Stone et al., 2003b). The inclusion of additional ingredients in the feed, such as l-carnitine may assist the digestibility of plant-based feeds (Yang et al., 2012). Silver perch require the inclusion of linoleic acid in diets, and have a requirement for the highly unsaturated fatty acids (HUFA) present in fish oil (Smith et al., 2004). Experiments conducted in Australia have demonstrated that growth rates comparable to those achieved with reference diets can be achieved with low levels of fish meal (0 to 10%), and that fish produced under these conditions retain palatability for consumers (Allan and Rowland, 2005; Allan et al., 2000b). Fish meal replacement with plant and animal protein sources may assist in further reducing production costs and increasing financial viability for silver perch farmers. Fish fed with plant-based oils (e.g. canola oil) through the grow-out phase of production may require finishing diets, as described for other species below, to restore the fatty acid composition such that potential health benefits for people are maximised.

Recommended feeding rates for silver perch vary with temperature and fish size, with fingerlings (2 to 50 g) generally receiving higher feeding rates (2.5-7.5% bodyweight · day^{-1}) than adults (50 to 500 g; 1-3% bodyweight · day^{-1}) at temperatures between 15 and 30°C (Allan and Rowland, 2002; Rowland et al., 2005). Further information on silver perch growth and nutrition may be found in two excellent reviews (Allan and Rowland, 2002; Rowland, 2009).

2.6 Diseases

Silver Perch are susceptible to a number of diseases and parasites that include bacteria (Frances et al., 1997), fungi, parasites such as monogenean trematodes (Forwood et al., 2013; Rowland et al., 2006), viruses such as Epizootic Haematopoietic Necrosis Virus (EHNV), protozoans such as *Chilodonella* and anchor worms (Read et al., 2007). Silver perch are prone to outbreaks of the fungus *Saprolegniosis parasitica* during the winter months, when water temperatures fall below 16°C (Lategan et al., 2004; Mifsud and Rowland, 2008). White spot (*Ichthyophthirius multifilis*) is another commonly reported protozoan parasite from silver perch farms (Rowland et al., 2008). A good reference for the treatment of a range of diseases that affect silver perch may be found in Read et al. (2007). Comprehensive reviews of the diseases affecting silver perch may be found in Rowland et al. (2007), and Rowland (2009).

2.7 Future research

Silver perch is regarded as a freshwater fish species with high aquaculture potential, and while considerable advances have been made regarding nutritional requirements, a number of challenges are impeding growth of the industry within Australia, including slow growth in cooler regions, outbreaks of disease during winter, costs of feeding, market acceptance and the economies-of-scale problem that is associated with developing industries.

The reproductive performance of silver perch declines over time in captivity, with fish losing reproductive ability over a 4-5 year period of repeated, periodic spawning events. In Australia, broodstock fish have traditionally been replaced with wild-caught fish, however, the declining abundance of silver perch in the wild has driven research into domestication of broodstock fish reared in captivity (Rowland, 2004a). Concerns about inbreeding and poor-performance in aquaculture facilities, as well as low genetic diversity in wild populations are challenges that need to be addressed (Keenan et al., 1995). Indeed, for farms located outside of Australia and that contain no natural populations, this remains a considerable challenge for the development of silver perch aquaculture. Breeding programs that select fast-growing fish have been identified as a research priority by the New South Wales Department of Fisheries and recent research has highlighted the importance of maximising genetic diversity in broodstock fish (Guy et al., 2009a; Guy et al., 2009b). Silver perch are capable of hybridising with the congeneric Welch's grunter (*Bidyanus welchi*), and this may be a potential avenue of increasing genetic diversity and production in the future (Lyster, 2004). The two species are not naturally sympatric, as Welch's grunter are native to the Lake Eyre drainage system of Central Australia. Unlike silver perch, Welch's grunter are not suffering from low abundance in wild populations, likely due to their natural occurrence in arid-zone river systems, far from human settlement and development. The performance of hybrid silver perch and Welch's grunter is currently unclear and could benefit from future research and development (Rowland and Tully, 2004).

As with many freshwater fishes, silver perch are prone to muddy, off-flavours (Romanowski, 2007), and appropriate purging must be undertaken before fish are sent to markets (Ferrier et al., 1996). Predation by birds has resulted in substantial losses from silver perch farms, and the development of cost-effective measures to prevent bird predation has been identified as requiring further attention. Diseases of fish throughout the cooler months have resulted in sizeable losses for farmers, and one potential method for overcoming this is the transfer of fish to a heated, recirculating system during this cooler period (Foley et al., 2010), however, the cost-effectiveness of such an approach requires further investigation.

In spite of the above factors, silver perch remains a promising candidate for commercial culture, both in Australia and in other locations around the world.

Table 10-1 Dietary formulations for three Australian aquaculture fish species during the grow-out phase of production

Composition	Silver Perch Diet 1 (SP35)[a]	Silver Perch Diet 2 (LC2)[a]	Barramundi (< 200 g)[b]	Barramundi (200 - 1000 g)[b]	Murray Cod DU1[c]	Murray Cod DU2[c]
Crude protein (g · kg^{-1})	39.0	39.1	53.0	46.0	48.9	49.1
Crude lipid (g · kg^{-1})	5.5	8.5	10.0	20.0	16.9	16.1
Carbohydrate (MJ · kg^{-1})	52.1	35.7	19.0	21.5	—	—
Ash(%)	—	—	17.0	14.0	11.2	10.4
Digestible energy (MJ · kg^{-1})	13.7	13.2	16.0	18.0	22.2	20.9
DP:DE (g · MJ^{-1})	2.6	2.6	3.0	2.3	—	—

[a] Rowland, 2009; [b] Glencross, Wade and Morton (2014); [c] De Silva, Gunasekera and Ingram (2004)

3. Jade perch/barcoo grunter (*scortum barcoo*: Terapontidae)

3.1 General biology and ecology

Jade perch (*Scortum barcoo*, McCulloch and Waite, 1917; also known as barcoo grunter)(Fig. 10-1B) are native to the Lake Eyre drainage system of central Australia (Figure 10-4), including Cooper Creek and the Georgina, Diamantina and Bulloo rivers (Allen et al., 2002). Jade perch are similar in many respects to silver perch and are from the same family (Terapontidae). In the wild, jade perch are silvery-grey to olive-green on the dorsal section, with 1-4 irregularly placed dark blotches, and are paler on the ventral section. Captive populations often acquire a blue-green colour, hence the name jade perch. The natural habitat of this species is characterised by infrequent, high magnitude flood events, as well as extended dry periods (Puckridge et al., 2010). During dry periods, rivers cease flowing and are reduced to a series of disconnected waterholes and wetlands, and many of these dry out completely (Arthington and Balcombe, 2011; Arthington et al., 2010).

3.2 Environmental tolerance

Arthington et al. (2010) and Sheldon et al. (2002) recorded a number of water quality variables in the natural environment including temperature (21 to 31℃), pH (6.0 to 10.1), dissolved oxygen (71 to 144% saturation) and secchi depth (<100 mm). Chen et al. (2007) assessed larval rearing and development at a range of temperatures and salinities and found good performance at 24 and 27℃. No eggs hatched at 21℃ and development and hatching rates of eggs were substantially reduced at 31℃. Hatching rates and egg development were unaffected from 0 to 8 ppt, however, 100% mortality was observed in larvae held at 12 ppt after 72 h. Luo et al. (2012) found that condition factor, weight gain and feed conversion efficiency (FCE) were unaffected between 0 and 10 ppt, but that specific growth rate (SGR) and plasma cortisol were both elevated at 10 ppt. Jade perch grown at a range of salinities under Australian conditions displayed no differences in growth between 0 and 8 ppt, and plasma sodium, potassium and osmolality were unchanged up to 15 ppt (Collins, G.M., *unpub. data*). These findings indicate that environmental tolerances of jade perch may be highly similar to silver perch.

3.3 Attributes for aquaculture / production statistics

Jade perch display a number of beneficial attributes for aquaculture that include rapid growth, good FCR, resistance to disease, omnivorous diet, good taste and acceptance of high stocking densities (Queensland State Government, 2015; Romanowski, 2007). Jade perch are currently grown in a number of countries around the world, including Australia, China, Taiwan, Malaysia and Thailand, with further interest in production from Europe and the USA (Abdul Rahim, 2012; Lawson et al., 2013). Aside from commercial production in ponds or tanks, this species' popularity is increasing in small-scale aquaponics systems, presenting further opportunity for growth of jade perch aquaculture.

3.4 Reproduction / broodstock management / larval rearing

Jade perch spawn in the summer months at water temperatures > 23°C, apparently timed to coincide with floods from summer rainfall (Queensland State Government, 2015). Jade perch are induced to spawn in captivity with hormone injections (Queensland State Government, 2015). Hormone dosage rates are likely similar to those reported for silver perch, however, specific information regarding spawning of broodstock is not currently available in the literature. Chen et al. (2007) examined the embryonic development of jade perch and recorded the following details: fertilised eggs are circular (diameter = 0.87 to 0.92 mm), transparent and positively buoyant (Table 10.2). Water hardening of eggs increases the diameter to approximately 2.1 mm, and hatching of eggs takes approximately 18.5 h at 27°C. Newly hatched fry are 2 mm in length according to Chen et al. (2007), but were slightly larger (2.32 to 2.98 mm length) in a separate study (Luo et al., 2008). Absorption of the yolk sac is complete after about 4 d (Luo et al., 2008) and larvae are approximately 5 mm length at first feeding (Queensland State Government, 2015). Van Hoestenberghe et al. (2015) found feeding behaviour commences at 4 d post-hatch, and that jade perch require live feed (*Artemia nauplii*) up to approximately 12 d post-hatch in tank culture, however, Luo et al. (2008) observed a slightly earlier onset of feeding behaviour, at 3 d. It is likely that the diet of juvenile jade perch is similar to that of silver perch, but no detailed information on growth or nutrition of jade perch larvae has been reported. The weaning of juveniles onto artificial diets is recommended to occur at 10 d post-hatch. Zhao et al. (2011) reported optimal temperatures for juvenile production of 30°C, however, Chen et al. (2007) found that slightly cooler temperatures (27°C) may produce best results.

3.5 Grow-out / nutrition

Grow-out of jade perch to market size occurs predominantly in ponds in Australia (Romanowski, 2007), and in recirculating aquaculture systems in China and Malaysia (Mosig, 2013). Fish may be grown from fry to 500g in 6 months under Chinese conditions (Mosig, 2013), and can increase from advanced fingerling stages (~50 mm) to market size (800 g) in 7 months under Australian conditions (Queensland State Government, 2015), depending on water temperatures. Optimal temperatures for growing this species have not been characterised to date, however, Zhang et al. (2010) recommend a range of 25-26°C. Zhang et al. (2010) demonstrated that SGR and FCR of this species at 28°C is no better than 22°C, and that culture at 28°C may cause stress in this species through elevated cortisol.

Luo et al. (2013) examined growth and stress response of jade perch at different stocking densities in tanks and found better growth performance at ~50kg · m^{-3}, compared with higher (75kg · m^{-3}) or lower (33kg · m^{-3}) stocking densities. Shao et al. (2004) found that growth rate (% weight gain) did not increase at crude protein levels >33.5%, but that growth was reduced at lower protein levels. Qi et al. (2010) found the best growth performance occurred at a carbohydrate inclusion level of 23%.

The majority of research into optimising formulated feeds for jade perch has occurred in the last 15 years in China and Belgium, in response to the increasing production of jade perch in those countries. Song et al. (2009) found highest SGR and FCR occurred with 12 and 15% crude lipid (crude protein = 36%), but that lipid deposition in muscle tissue increased in parallel with increasing dietary lipid inclusion (Table 10-1). The total replacement of fish oil with vegetable oil sources (e.g. sunflower oil, linseed oil, marine algae (*Schizochytrium*) oil) is achievable for this species, with no negative effects on SGR, FCR, or survival over 10 weeks (Van Hoestenberghe et al., 2014; Van Hoestenberghe et al., 2013). The fatty acid composition of the fish is affected by the form of lipids in the feed, as commonly reported in similar studies with other fish species (Francis et al., 2007a; Izquierdo et al., 2005). The lipid composition of the feed, particularly the oils beneficial for human health (docosahexaenoic acid (DHA) and eicosapentaenoic acid (EPA)), may be restored following feeding with diets containing plant oils by using a 'finishing diet' containing fish oil for 2 weeks, although experiments conducted with Murray cod indicate that longer times may be required. The inclusion of marine algae (*Schizochytrium* spp.) as the lipid source in feeds had negative effects on smell, taste and texture of fillets, however, the inclusion of *Ulva* in barramundi feeds has been shown to enhance fillet smell and taste (Jones et al., 2016) and presents a potential avenue to address issues of fillet quality associated with the inclusion of marine algae for jade perch.

3.6 Diseases

Detailed information on the diseases of jade perch are currently lacking, however, they are likely to be susceptible to many of the diseases encountered by silver perch and other freshwater fish. Liu et al. (2014) reported the occurrence of *Streptococcus agalactiae* at a commercial farm in China. Symptoms of this disease include exophthalmia and haemorrhage of the eyes, as well as the presence of ulcers on the caudal fin. Lucas and Southgate (2012) have also described the prevalence of epizootic ulcerative syndrome (*Aphanomyces invadans*) in hatchery populations of jade perch in Australia. Jade perch are susceptible to infection with viral encephalopathy and retinopathy (AGDAFF-NACA, 2007). In spite of the widespread culture of jade perch, no other occurrences of disease or parasites have been reported to date, although this will likely change as culture of this species increases in the future.

3.7 Future research

Jade perch is probably the most widely cultured, endemic Australian fish outside of mainland Australia. Jade perch have been successfully spawned and cultured in China since 2004, however, low genetic diversity in founding populations has led to concerns about inbreeding (Chen et al., 2011). This species is endemic to river systems of central Australia, and improvement of genetic diversity in overseas populations is reliant on the importation of additional fish from Australia. Larger founding populations of this species in hatcheries would facilitate the improvement of production through selective breeding programs, and this remains a potential avenue for future research. Jade perch are frequently grown in intensive, recirculating aquaculture systems, and techniques to remotely estimate the weight of fish, and hence reduce manual handling of fish, are currently being developed (Viazzi et al., 2015). Jade perch have similar nutritional requirements as silver perch, and despite the small scale of production, low-cost feed development for this species may benefit from the large volume of research conducted into silver perch in Australia. The culture of jade perch in Australia is confined to a small number of growers, and while the industry is still small, jade perch remain a species with potential for growth in the future.

4. Golden perch (*Macquaria ambigua*: Percichthyidae)

4.1 General biology and ecology

The golden perch (*Macquaria ambigua*, Richardson, 1845; also commonly known as 'yellowbelly' or callop)(Fig. 10-1C) is a large perch-like fish (Family Percichthyidae; Jerry et al. (2001) that is native to the MDB, Fitzroy-Dawson and Lake Eyre river systems of Australia (Fig. 10-4). Golden perch are one of Australia's largest, obligate freshwater fish species, attaining a maximum size of approximately 76 cm and 23 kg, and longevity of 26 yr (Allen et al., 2002; Mallen-Cooper and Stuart, 2003), although fish of between 1 and 2 kg and 40-50 cm are more commonly encountered in the wild (Allen et al., 2002; Pusey et al., 2004). Larger adults are characterised by a distinctive dorsal hump and concave forehead that increases with age (Fig. 10-1C). Colouration may vary from brown or bronze, to olive-green or yellow (Pusey et al., 2004), but is typically much lighter in the Lake Eyre population. Adult golden perch undertake irregular migrations throughout river systems, that are associated primarily with altered water flow (Koster et al., 2014).

The distribution of this species across a number of river systems has resulted in distinct population structure. Musyl and Keenan (1992) suggested that golden perch from the Lake Eyre river basin displayed sufficient genetic variation from the Fitzroy-Dawson or MDB populations to constitute a separate species. Golden perch from the MDB and Fitzroy-Dawson river systems also display substantial genetic variation, such that they are currently recognised as distinct sub-species: *M. ambigua ambigua* (MDB) and *M. ambigua oriens* (Fitzroy-Dawson) (Faulks et al., 2010a; Faulks et al., 2010b).

4.2 Environmental tolerance

Golden perch prefer warm, slow-flowing and turbid river systems, but are also found in lakes, flooded lagoons and impoundments (Allen et al., 2002). Golden perch tolerate a wide range of temperatures, from 4 to 35℃, and are also tolerant of low oxygen, although empirical data on environmental tolerances and physiological performance are lacking for this species. Golden perch can tolerate a wide range of salinities from fresh-water (0 ppt) to sea-water (33 ppt) (Pusey et al., 2004), and this may be a natural adaptation to the saline waters of Lake Eyre, however, golden perch mostly occur at salinities <2 ppt. Like jade perch, golden perch are naturally found in highly turbid river systems, with secchi depths often less than 10 cm encountered across the distribution.

Geddes and Puckridge (1988) reported growth of golden perch juveniles in ponds at a broad range of temperatures (17 to 26℃), pH (7.6 to 9.7), and dissolved oxygen (DO: 3 to 15 mg · L^{-1}). Rowland (1996) reported high survival from a pond that experienced surface and bottom DO of 2.7 and 0.4 mg · L^{-1} on one day, however, prolonged exposure (3 d) to DO between 1.5 and 2.1 mg · L^{-1} may result in 100% mortality.

4.3 Attributes for aquaculture

Golden perch display a number of beneficial attributes for aquaculture, including rapid growth and good taste. Golden perch are highly cannibalistic during the juvenile stages, but can be managed through regular grading of fish. Golden perch are a highly desirable angling species in freshwater systems of Australia, and they are well known as possessing good table eating characteristics (Hunt et al., 2010; Thurstan, 2000).

4.4 Reproduction / broodstock management / larval rearing

Golden perch males mature between 2 and 3 years (20 to 30 cm), and females mature at approximately 4 years and 40 cm total length (Mallen-Cooper and Stuart, 2003). Spawning in wild populations occurs at night after large spring and summer rainfall, and can occur any time between September and April (Allen et al., 2002). Spawning of golden perch typically occurs at temperatures above 23 ℃, however, Ebner et al. (2009) demonstrated that spawning can occur at temperatures <19 ℃, and at any time of the year in lakes of the Darling River system, indicating that considerable plasticity in spawning behaviour exists between different populations of this species.

Commercial production and techniques for spawning golden perch were developed in Australia by Lake (1967a) and were further developed by Rowland (1983) and Rowland (1996). Mature broodstock are induced to spawn with 500 IU · kg^{-1} HCG at 25 ℃. Spawning occurs between 26 and 38h after the administration of injections. Fertilisation and hatch-rates of 80% and 87%, respectively, are achievable with the dose of HCG above (Rowland, 1983), however, slightly lower hatch rates (68%) were reported in separate experiments (Thurstan, 2000). Collins and Anderson (1999) demonstrated that feed deprivation may benefit oocyte development and vitellogenesis in golden perch females. The eggs are pelagic and approximately 3.9 mm in diameter (Table 10-2) (Lake, 1967b). Both oocyte development (Mackay, 1973) and larval development (Lake, 1967b) have been described in detail, and are further summarised in Rowland (1983). Golden perch larvae take approximately 5 days to commence feeding after hatching. The mouth gape at first feeding is reportedly small (0.5 mm), and limits the size of potential prey items for juveniles (Arumugam and Geddes, 1987). Fingerlings are transferred to larval rearing ponds, and the diet at first feeding consists of small zooplankton (copepod nauplii, copepods and cladocerans), with rotifers generally not featuring in the diet. Pond preparation should commence 10 to 14 days prior to stocking with juveniles, and ponds should be dried prior to filling and fertilisation (Thurstan, 1991). Rowland (1996) reported no difference in juvenile performance between a range of pond fertilisation methods that included inorganic fertilisers, or a combination of inorganic fertiliser and lucerne hay, or poultry manure. Fingerlings may be successfully weaned onto dry feeds over 10 days by slowly increasing the volume of dry feed each day (Herbert and Graham, 2004).

4.5 Grow-out / nutrition

There is currently very little published information on the growth of golden perch to market size for aquaculture conditions due to the relatively small scale of production, and the primary focus on stocking natural waterways with juveniles for conservation efforts, or recreational fishing. Favourable growth rates (0.5 to 1.1 mm · d^{-1}) and production rates (150 kg·ha) may be achieved using the methods outlined in Rowland (1996). There is no information on dietary formulations, however, as with jade perch, culture of this species may benefit from research conducted into the nutritional requirements of similar species, such as Murray cod (described further below).

4.6 Diseases

Golden perch are susceptible to a number of parasites and diseases that infect other temperate freshwater fish species, including Monogeneans (Fletcher and Whittington, 1998) and Trichodinids (Dove and O'Donoghue, 2005). Rowland and Ingram (1991) reported the susceptibility of golden perch to *Chilodonella hexasticha*, *Ichthyophthirius multifilis* and *Ichthyobodo necator*. Herbert and Graham (2004) also reported the prevalence of the protozoan parasite *Icthyobodo necator* in hatchery populations of golden perch.

4.7 Future research

Production of golden perch in Australia remains small relative to other cultured fish species and is essentially confined to restocking programs. Hatchery techniques for this species are established and production in Australia is currently sufficient to meet domestic demand. The high fecundity of this species means that often more fingerlings are produced than are needed for simple restocking programs. The prevalence of species such as silver perch and jade perch, which display equivalent growth rates as golden perch, but are less cannibalistic and have a lower protein requirement, mean that growth of golden perch aquaculture is unlikely to occur without a substantial increase in demand above present levels. Nevertheless, golden perch is one of Australia's better known and well-regarded freshwater fishes, and increased culture of golden perch may assist the development and recognition of other freshwater fish species in Australia.

Table 10-2 Reproduction and spawning attributes of five Australian freshwater (and estuarine) fishes.

	Silver Perch[a]	Jade Perch[b]	Golden Perch[c]	Murray Cod[d]	Barramundi[e]
Male broodstock	2-3 years	—	2-3 years (200-300 mm)	4-5 years (480-530 mm)	3-5 years (400-500 mm)
Female broodstock	3-4 years	—	4 years (400 mm)	4-5 years (480-530 mm)	⩾ 5 years (700 mm)
Hormone type	HCG	—	HCG	N/A (natural spawner)	LHRH-a
Hormone dose rate	200 IU · kg^{-1}	—	500 IU · kg^{-1}	—	19 - 27 μg · kg^{-1}
Temperature	24-25 ℃	27 ℃	25 ℃	18-20 ℃	28-29 ℃
Salinity	0-6 ppt	0-8 ppt	—	0 ppt	30 - 36 ppt
Latency period	32 - 39 h	—	26 - 38 h	N/A	36 h
Time to hatching	28 - 40 h	18 h	32 h	5-7 d	16 h
Egg diameter	2.5 - 3mm	2.1 mm	3.9 mm	3 - 3.5 mm	0.8 mm
Egg buoyancy	demersal	pelagic	pelagic	demersal (adhesive)	pelagic
Length of fry at hatching	—	2-3 mm	—	5 - 8 mm	1.6 mm
Time to yolk sac absorption	5 d	4 d	4 - 5 d	5 - 10 d	2-4 d

[a] Rowland, 1984, Guo et al. (1993); [b] Chen et al. (2007), Luo et al. (2008); [c] Lake (1967b), Rowland (1983); [d] Rowland (2004b), Ingram and De Silva (2004); [e] Garrett and O'Brien (1994), Thèpot and Jerry (2015)

5. Murray cod, (*Maccullochella peelii*: Percichthyidae)

5.1 General biology and ecology

Murray cod (*Maccullochella peelii peelii*, Mitchell, 1839) is easily the largest of Australia's obligate freshwater fish, with a maximum weight of >100 kg, a length of 1.8 m and longevity >50 years (Fig. 10-1D) (Allen et al., 2002; Anderson et al., 1992). Like silver perch, Murray cod are endemic to the MDB system (Fig. 10-4). The favoured habitat of larger fish is slow-flowing, turbid water, but they may also be found in lakes, impoundments and clear, rocky streams (Allen et al., 2002). The colouration is cream to olive-brown on the dorsal region, with distinctive green and yellow mottling. Murray cod were commercially fished in the early 1900's, however, overfishing severely depleted fish stocks to the point of virtual collapse by the 1960's (Lintermans et al., 2004). The fishery was formally closed in 2003, and is currently listed as 'fully exploited' in South Australia (Ye et al., 2000).

Murray cod migrate relatively large distances throughout the MDB system (>100 km) in early Spring, typically coinciding with spawning behaviour (Koehn et al., 2009), but will often return to the same "home" reach of the river. Historically the MDB has been devoid of any majors barriers to fish dispersal, and Murray cod populations were found to be highly panmictic throughout the distribution, with some exceptions in upper tributaries such as the Gwydir and Macquarie Rivers (Rourke et al., 2011). Some concern was expressed about a possible loss of genetic diversity in wild populations from re-stocking programs (Lintermans et al., 2004), however, a recent study examining microsatellite loci found that re-stocking has not substantially altered the genetic structure of wild populations (Rourke et al., 2010).

5.2 Environmental tolerance

Murray cod are sympatric with silver and golden perch across the distribution, are exposed to similar environmental conditions and likely have similar environmental tolerances. For such an iconic species, however, there is surprisingly little empirical information regarding environmental tolerance, and virtually all natural management of this species is reliant on information about reproductive biology. Cold-water pollution from impoundments is a concern for this species in the wild, as cod larvae are reportedly incapable of surviving at temperatures <13°C, and cod have disappeared from some systems in the wild as a result of this (Todd et al., 2005).

5.3 Attributes for aquaculture

Murray cod are amenable to high-stocking densities in culture and display rapid growth during the juvenile stages, but like golden perch and barramundi, they require regular grading to prevent losses through cannibalism. Murray cod are highly regarded as an edible fish and due to the large size attainable, are well-known throughout Australia as an iconic fish species (Ingram and Larkin, 2000).

5.4 Reproduction / broodstock management / larval rearing

The age and size of Murray cod at sexual maturity varies between regions, however, maturation of male and female cod in the natural habitat generally occurs at 4-5 years (>500 mm length and > 2.1 kg weight), and is thought to be more closely associated with age than size. Differences in age and size at sexual maturity between males and females have been reported in western Victoria, with males maturing earlier (3-4 years and 700 g) than females (6 years, 2 kg) (Gooley et al., 1995). The reproductive status of females may be predicted using ultrasonic imaging, however, assessing the reproductive status of males is less reliable due to the small size of testis compared with ovaries (Newman et al., 2008b).

Murray cod spawn from approximately early spring to early summer in the wild (September – December) at temperatures >15℃ and coinciding with floods in the river system (Humphries, 2005; Rowland, 2004b). Murray cod will readily spawn in farm dams if appropriate habitat has been provided for egg deposition prior to the breeding season (e.g. Wooden or cement drums), and this technique has produced superior results in egg quality compared with hormone injections (Rowland, 2004b). Following spawning, drums are collected from broodstock ponds and the eggs are incubated under hatchery conditions, after which larvae are transferred to pre-prepared earthen ponds. In the wild, larvae can be found drifting in the river current for 5-7d after leaving the parental 'nest' (Humphries, 2005; Koehn and Harrington, 2005), likely until larvae commence first feeding. Initial diets of wild juveniles consist of predominantly benthic invertebrates (Kaminskas and Humphries, 2009). Juveniles in ponds feed initially on cladocerans, copepods and chironomid larvae (Ingram and De Silva, 2007), before switching to larger prey as they grow. Weaning of juveniles under hatchery conditions is achieved by feeding a combination of *Artemia* and dry feed in parallel for 12 d, before complete transition to formulated feeds (Ingram et al., 2001; Ryan et al., 2007). Detailed summaries of juvenile rearing over multiple seasons are described in Ingram (2009) and Ingram and De Silva (2004).

5.5 Grow-out / nutrition

Optimal protein requirement for this species is similar to other large, carnivorous fish, at 40-50% crude protein inclusion (Table 10-1) (Gunasekera et al., 2000). De Silva et al. (2002) assessed a range of protein (40-50%) and lipid (10-24%) inclusions in diets and found little difference in SGR and FCR between the different dietary combinations, with the exception of a diet containing 40% protein and 10% lipid, which performed significantly poorer. De Silva et al. (2004) developed diets specifically for Murray cod (49% crude protein, 17% crude lipid, 21-22 kJ · g^{-1} energy) and found no differences in performance of fish when fed commercial barramundi or salmon diets, each of which contain lower protein (44-47%) and higher lipid (19-22%).

Alternative sources of protein to fishmeal, such as blood meal and soybean meal have been tested with some success (Abery et al., 2002). De Silva et al. (2000) found that fish meal could be substituted up to 30% of the diet with shark meat meal, or soybean meal, with no effects on growth. Francis et al. (2006) found that fish oil could be replaced with up to 100% canola oil with no obvious effects on growth, however, fillet fatty acid composition reflected dietary fatty acid composition, with an accumulation of n-6 fatty acids from canola oil (Francis et al., 2007a; Turchini et al., 2006a). Conflicting findings were presented in a subsequent study, however, with inferior growth rates reported for >50% linseed oil inclusion, or >75% canola oil inclusion (Francis et al., 2007b), and potentially negative effects on fillet quality (Senadheera et al., 2010). Notably, diets containing high concentrations of linoleic acid reduced the ability of fish to retain eicosapentaenoic acid (EPA) and docosahexaenoic acid (DHA) in fillets.

The fatty acid composition of fillets can be altered by using a finishing diet containing 100% fish oil for 10-15 weeks prior to purging and sending fish to market (Turchini et al., 2006b), or by alternating feeding with plant oil and fish-oil diets during the grow-out stages of production (Francis et al., 2009; Turchini et al., 2007). By-products of aquaculture operations from other species (e.g. trout oil) (Turchini et al., 2003), as well as plant-oil sources, including palm oil, olive oil and sunflower oil (Turchini et al., 2011), have the potential to partially or completely replace fish oil in diets for this species.

As with all other Australian freshwater native fish species, purging of fish to remove off-flavours is often necessary prior to sending fish to markets. A purging time of 2 weeks was found to be sufficient for Murray cod (Palmeri et al., 2008a), and feeding fish during purging in clean (not recirculating) water is recommended to prevent weight loss (Palmeri et al., 2008b).

5.6   Diseases

Murray cod are susceptible to a number of diseases that also affect the other species in this chapter. Murray cod are vulnerable to infection from diseases that affect aquarium fish, such as iridovirus (*Megalocytovirus* sp.), (Go et al., 2006; Go and Whittington, 2006). The use of ground water has been associated with outbreaks of chronic erosive dermatopathy on farms in Australia, which could be alleviated by the use of river water (Baily et al., 2005; Schultz et al., 2008). The nutritional status of broodstock fish influences the prevalence of swollen yolk-sac syndrome in fish, which has resulted in inferior larval survival (Gunasekera et al., 1998). Further summaries of the diseases that affect Murray cod and their treatment can be found in Ingram et al. (2005), Ingram and De Silva (2004) and Rowland and Ingram (1991).

5.7   Future research

Murray cod aquaculture in Australia is currently operated on a small scale and is confined mainly to restocking programs, however, interest in grow-out of fish to market size is increasing. The early onset of broodstock maturation has been identified as a means of increasing and improving production of fish (Newman et al., 2010) and maturation of captive fish may be induced by manipulating photoperiod (Newman et al., 2008a). Selective breeding may be used to further increase production in the future, however, the current method of spawning in ponds presents difficulties in reliably assigning the contribution of broodstock to offspring (Rourke et al., 2009).

As with the other obligate freshwater fish species in this chapter, Murray cod are closely related to several congeneric species: one (the trout cod; *Maccullochella macquariensis*) which is sympatric with Murray cod through upper reaches of the Murray and Murrumbidgee Rivers, and two that are allopatric, the Clarence River cod (*Maccullochella ikei*) and the Mary River cod (*Maccullochella mariensis*) (Nock et al., 2010). All of these species are listed as endangered within their natural range (Allen et al., 2002), and while hybridisation is biologically possible (Douglas et al., 1995), there is currently no capacity for this to occur within commercial production.

Murray cod are well known and highly regarded throughout Australia and thus have a great deal of marketing potential. One challenge that constrains domestic production of Murray cod and the other freshwater species mentioned in this chapter is the preference of Australian consumers for wild-caught, marine fish, and this alone is a significant constraint on industry growth.

References

Abdul Rahim KA. 2012. Diversity, ecology and distribution of non-indigenous freshwater fish in Malaysia. In Faculty of Science, vol. PhD Thesis: Universiti Putra Malaysia.

Abery NW, Gunasekera RM, De Silva SS. 2002. Growth and nutrient utilization of Murray cod *Maccullochella peelii peelii* (Mitchell) fingerlings fed diets with varying levels of soybean meal and blood meal. Aquaculture Research, 33: 279-289.

AGDAFF-NACA. 2007. Aquatic Animal Diseases Significant to Asia-Pacific: Identification Field Guide, In: D. o. A. (ed. Australian Government, Fisheries and Forestry). Commonwealth of Australia, Canberra, ACT.

Alam M, Frankel TL. 2006. Gill ATPase activities of silver perch, *Bidyanus bidyanus* (Mitchell), and golden perch, *Macquaria ambigua* (Richardson): Effects of environmental salt and ammonia. Aquaculture, 251: 118-133.

Allan GL, Booth MA. 2004. Effects of extrusion processing on digestibility of peas, lupins, canola meal and soybean meal in silver perch *Bidyanus bidyanus* (Mitchell) diets. Aquaculture Research, 35: 981-991.

Allan GL, Parkinson S, Booth MA, et al. 2000a. Replacement of fish meal in diets for Australian silver perch, *Bidyanus bidyanus*: I. Digestibility of alternative ingredients. Aquaculture, 186: 293-310.

Allan GL, Rowland SJ. 2002. Silver Perch, *Bidyanus bidyanus*. In Nutrient requirements and feeding of finfish for aquaculture, eds. Webster C D and Lim C.

Allan GL, Rowland SJ. 2005. Performance and sensory evaluation of silver perch (*Bidyanus bidyanus* Mitchell) fed soybean or meat meal-based diets in earthen ponds. Aquaculture Research, 36: 1322-1332.

Allan G L, Rowland SJ, Mifsud C, et al. 2000b. Replacement of fish meal in diets for Australian silver perch, *Bidyanus bidyanus*: V. Least-cost formulation of practical diets. Aquaculture, 186: 327-340.

Allen GR, Midgley SH, Allen M. 2002. Field Guide to the Freshwater Fishes of Australia. Collingwood, VIC, Australia: CSIRO Publishing.

Anderson J, Morison A, Ray D. 1992. Age and growth of Murray Cod, *Maccullochella peelii* (Perciformes: Percichthyidae), in the Lower Murray-Darling Basin, Australia, from thin-sectioned Otoliths. Marine and Freshwater Research, 43: 983-1013.

Arthington AH, Balcombe SR. 2011. Extreme flow variability and the 'boom and bust' ecology of fish in arid-zone floodplain rivers: a case history with implications for environmental flows, conservation and management. Ecohydrology, 4: 708-720.

Arthington AH, Olden JD, Balcombe SR, et al. 2010. Multi-scale environmental factors explain fish losses and refuge quality in drying waterholes of Cooper Creek, an Australian arid-zone river. Marine and Freshwater Research, 61: 842-856.

Arumugam PT, Geddes MC. 1987. Feeding and growth of golden perch larvae and fry, *Macquaria ambigua*, Richardson. Transactions of the Royal Society of South Australia, 111: 59-66.

Ayson FG, Sugama K, Yashiro R, et al. 2014. Nursery and grow-out of Asian sea-bass, *Lates calcarifer*, in selected countries of southeast Asia. In: (ed. Jerry DR). Biology and Culture of Asian Seabass *Lates calcarifer*, New York: CRC Press, Taylor and Francis Group.

Baily JE, Bretherton MJ, Gavine FM, et al. 2005. The pathology of chronic erosive dermatopathy in Murray cod, *Maccullochella peelii peelii* (Mitchell). Journal of Fish Diseases, 28: 3-12.

Bermudes M, Glencross B, Austen K, et al. 2010. The effects of temperature and size on the growth, energy budget and waste outputs of barramundi (Lates Calcarifer). Aquaculture, 306(1): 160-166.

Booth MA, Allan GL. 2003. Utilization of digestible nitrogen and energy from four agricultural ingredients by juvenile silver perch *Bidyanus bidyanus*. Aquaculture Nutrition, 9: 317-326.

Booth MA, Allan GL, Evans AJ, et al. 2002. Effects of steam pelleting or extrusion on digestibility and performance of silver perch *Bidyanus bidyanus*. Aquaculture Research, 33: 1163-1173.

Booth MA, Allan GL, Frances J, et al. 2001. Replacement of fish meal in diets for Australian silver perch, *Bidyanus bidyanus*: IV. Effects of dehulling and protein concentration on digestibility of grain legumes. Aquaculture, 196: 67-85.

Booth MA, Allan GL, Warner-Smith R. 2000. Effects of grinding, steam conditioning and extrusion of a practical diet on digestibility and weight gain of silver perch, *Bidyanus bidyanus*. Aquaculture, 182: 287-299.

Bromage ES, Owens L. 2002. Infection of barramundi *Lates calcarifer* with Streptococcus iniae: effects of different routes of exposure. Diseases of Aquatic Organisms, 52: 199-205.

Chen KC, Ma LS, Shi Y, et al. 2011. Genetic diversity analysis of cultured populations of jade perch (*Scortum barcoo*) in China using AFLP markers. Journal of Agricultural Science and Technology, 5: 455-461.

Chen KC, Zhu XP, Du HJ, et al. 2007. Effects of temperature and salinity on the embryonic development of jade perch, Scortum barcoo. Journal of Fishery Sciences of China/Zhongguo Shuichan Kexue, 06.

Clunie P, Koehn J. 2001. Silver Perch: A Recovery Plan. In Final Report for Natural Resource Management Strategy Project R7002 to the Murray Darling Basin Commission, pp. 53: Arthur Rylah Institute for Environmental Research, Heidelberg, Victoria.

Collins A, Walls A, Russell B. 2009. Integrated agri-aquaculture demonstration facility: using irrigation storages for intensive native fish culture. In RIRDC Publication No. 09/60, (ed. D. Willett), pp. 91. Kingston, ACT, Australia: Australian Government: Rural Industries Research and Development Corporation.

Collins AL, Anderson TA. 1999. The role of food availability in regulating reproductive development in female golden perch. Journal of Fish Biology, 55: 94-104.

Collins GM, Clark TD, Carton AG. 2015. Physiological plasticity v. inter-population variability: understanding drivers of hypoxia tolerance in a tropical estuarine fish. Marine and Freshwater Research, 67(10):1575-1582.

Collins GM, Clark TD, Rummer JL, et al. 2013. Hypoxia tolerance is conserved across genetically distinct sub-populations of an iconic, tropical Australian teleost (*Lates calcarifer*). Conservation Physiology, 1(1): cot 029.

Davis T. 1982. Maturity and sexuality in Barramundi, *Lates calcarifer* (Bloch), in the Northern Territory and south-eastern Gulf of Carpentaria. Marine and Freshwater Research, 33: 529-545.

Davis T. 1984. Estimation of fecundity in barramundi, *Lates calcarifer* (Bloch), using an automatic particle counter. Marine and Freshwater Research, 35: 111-118.

De Silva SS, Gunasekera RM, Collins RA, et al. 2002. Performance of juvenile Murray cod, *Maccullochella peelii peelii* (Mitchell), fed with diets of different protein to energy ratio. Aquaculture Nutrition, 8: 79-85.

De Silva SS, Gunasekera RM, Ingram BA. 2004. Performance of intensively farmed Murray cod *Maccullochella peelii peelii* (Mitchell) fed newly formulated vs. currently used commercial diets, and a comparison of fillet composition of farmed and wild fish. Aquaculture Research, 35: 1039-1052.

Denney G, Foley DA, Rowland SJ. 2009. Evaluation for the potential for aquaculture on cotton farms - cage culture of silver perch. In Cotton CRC Project Number 4.06.02, pp. 35. Grafton, NSW, Australia: Industry and Investment, NSW.

Department of the Environment. 2016. *Bidyanus bidyanus*, in species profile and threats database. In: D. o. t. ed. Environment. pp. 27. Canberra, ACT, Australia.

Doroudi MS, Webster GK, Allan GL, et al. 2007. Survival and Growth of Silver Perch, *Bidyanus bidyanus*, a Salt-tolerant Freshwater Species, in Inland Saline Groundwater from Southwestern New South Wales, Australia. Journal of the World Aquaculture Society, 38: 314-317.

Douglas J, Gooley G, Ingram B, et al. 1995. Natural hybridization between Murray cod, *Maccullochella peelii peelii* (Mitchell) and trout cod, *Maccullochella macquariensis* (Cuvier) (Percichthyidae) in the Murray River, Australia. Marine and Freshwater Research, 46: 729-734.

Dove ADM, O'Donoghue PJ. 2005. Trichodinids (Ciliophora: Trichodinidae) from native and exotic Australian freshwater fishes. Acta Protozoologica, 44: 51-60.

Duffy RE, Godwin I, Purvis I, et al. 2013. The Contribution of Naturally Occurring Food Items to the Diet of *Bidyanus bidyanus* When Fed Differing Formulated Diets. Journal of Applied Aquaculture, 25: 206-218.

Ebner BC, Scholz O, Gawne B. 2009. Golden perch *Macquaria ambigua* are flexible spawners in the Darling River, Australia. New Zealand Journal of Marine and Freshwater Research, 43: 571-578.

Faulks LK, Gilligan DM, Beheregaray LB. 2010a. Clarifying an ambiguous evolutionary history: range-wide phylogeography of an Australian freshwater fish, the golden perch (*Macquaria ambigua*). Journal of Biogeography, 37: 1329-1340.

Faulks LK, Gilligan DM, Beheregaray LB. 2010b. Islands of water in a sea of dry land: hydrological regime predicts genetic diversity and dispersal in a widespread fish from Australia's arid zone, the golden perch (*Macquaria ambigua*). Molecular Ecology, 19: 4723-4737.

Ferrier GR, Mckinnon LJ, Gooley GJ, et al. 1996. Organoleptic differences in silver perch produced in integrated aquaculture systems. In Proceedings of the Australian Society for Animal Production, vol. 21. Rutherglen, Victoria, Australia: Institute for Integrated Agriculture Development; Rural Industry Research and Development Corporation.

Fletcher AS, Whittington ID. 1998. A parasite-host checklist for Monogenea from freshwater fishes in Australia, with comments on biodiversity. Systematic Parasitology, 41: 159-168.

Foley DA, Rowland SJ, Glenn Wilson G, et al. 2010. New production strategy for silver perch (*Bidyanus bidyanus*); over-wintering fingerlings in a tank-based recirculating aquaculture system. Aquaculture Research, 41: 1574-1581.

Forwood JM, Harris JO, Deveney MR. 2013. Efficacy of bath and orally administered praziquantel and fenbendazole against Lepidotrema bidyana Murray, a monogenean parasite of silver perch, *Bidyanus bidyanus* (Mitchell). Journal of Fish Diseases, 36: 939-947.

Frances J, Nowak BF, Allan GL. 2000. Effects of ammonia on juvenile silver perch (*Bidyanus bidyanus*). Aquaculture, 183: 95-103.

Frances J, Tennent R, Nowak BF. 1997. Epitheliocystis in silver perch, *Bidyanus bidyanus* (Mitchell). Journal of Fish Diseases, 20: 453-457.

Francis DS, Turchini GM, Jones PL, et al. 2006. Effects of dietary oil source on growth and fillet fatty acid composition of Murray cod, *Maccullochella peelii peelii*. Aquaculture, 253: 547-556.

Francis DS, Turchini GM, Jones PL, et al. 2007a. Dietary Lipid Source Modulates in Vivo Fatty Acid Metabolism in the Freshwater Fish, Murray Cod (*Maccullochella peelii peelii*). Journal of Agricultural and Food Chemistry, 55: 1582-1591.

Francis DS, Turchini GM, Jones PL, et al. 2007b. Growth performance, feed efficiency and fatty acid composition of juvenile Murray cod, *Maccullochella peelii peelii*, fed graded levels of canola and linseed oil. Aquaculture Nutrition, 13: 335-350.

Francis DS, Turchini GM, Smith BK, et al. 2009. Effects of alternate phases of fish oil and vegetable oil-based diets in Murray cod. Aquaculture Research, 40: 1123-1134.

Garcia LMB. 1990. Advancement of sexual maturation and spawning of sea bass, *Lates calcarifer* (Bloch), using pelleted luteinizing hormone-releasing hormone analogue and 17α-methyltestosterone. Aquaculture, 86: 333-345.

Garrett RN, O'Brien JJ. 1994. All-year-around spawning of hatchery barramundi in Australia. Austrasia Aquaculture, 8: 40-42.

Geddes MC, Puckridge JT. 1988. Survival and growth of larval and juvenile native fish: the importance of the floodplain. In Proceedings of the workshop on native fish management, pp. 101-115. Murray Darling Basin Commission, Canberra, ACT, Australia.

Glencross B, Wade N, Morton K. 2014. *Lates calarifer* nutrition and feeding pratices. In: (D. R. Jerry). ed. Biology and Culture of Asian Seabass *Lates calcarifer*, New York: CRC Press, Taylor and Francis Group.

Go J, Lancaster M, Deece K, et al. 2006. The molecular epidemiology of iridovirus in Murray cod (*Maccullochella peelii peelii*) and dwarf gourami (*Colisa lalia*) from distant biogeographical regions suggests a link between trade in ornamental fish and emerging iridoviral diseases. Molecular and Cellular Probes, 20: 212-222.

Go J, Whittington R. 2006. Experimental transmission and virulence of a megalocytivirus (Family Iridoviridae) of dwarf gourami (*Colisa lalia*) from Asia in Murray cod (*Maccullochella peelii peelii*) in Australia. Aquaculture, 258: 140-149.

Gooley G, Anderson T, Appleford P. 1995. Aspects of the reproductive cycle and gonadal development of Murray cod, *Maccullochella peelii peelii* (Mitchell) (Percicthidae), in Lake Charlegrark and adjacent farm ponds, Victoria, Australia. Marine and Freshwater Research, 46: 723-728.

Green LC, Merrick JR. 1980. Tropical freshwater fish culture: A covered pond improves plankton and fry production. Aquaculture, 19: 389-394.

Guiguen Y, Cauty C, Fostier A, et al. 1994. Reproductive cycle and sex inversion of the seabass, *Lates calcarifer*, reared in sea cages in French Polynesia: histological and morphometric description. Environmental Biology of Fishes, 39: 231-247.

Gunasekera RM, De Silva SS, Collins RA, et al. 2000. Effect of dietary protein level on growth and food utilization in juvenile Murray cod *Maccullochella peelii peelii* (Mitchell). Aquaculture Research, 31: 181-187.

Gunasekera RM, Gooley GJ, De Silva SS. 1998. Characterisation of 'swollen yolk-sac syndrome' in the Australian freshwater fish Murray cod, *Maccullochella peelii peelii*, and associated nutritional implications for large scale aquaculture. Aquaculture, 169: 69-85.

Guo R, Mather P, Capra M. 1995. Salinity tolerance and osmo regulation in the silver perch, *Bidyanus bidyanus* Mitchell (Teraponidae), an endemic Australian freshwater teleost. Marine and Freshwater Research, 46: 947-952.

Guo R, Mather P, Capra MF. 1993. Effect of salinity on the development of silver perch (*Bidyanus bidyanus*) eggs and larvae. Comparative Biochemistry and Physiology, 104A, 531-535.

Guy JA, Jerry DR, Rowland SJ. 2009a. Heterosis in fingerlings from a diallel cross between two wild strains of silver perch (*Bidyanus biduyanus*). Aquaculture Research, 40: 1291-1300.

Guy JA, Johnston B, Cacho OJ. 2009b. Economic assessment of an intra-specific cross of silver perch (*Bidyanus bidyanus*, Mitchell) for commercial farming. Aquaculture Economics & Management, 13: 328-343.

Harpaz S, Sklan D, Karplus I, et al. 1999. Evaluation of juvenile silver perch *Bidyanus bidyanus* (Mitchell) nutritional needs using high- and low-protein diets at two feeding levels. Aquaculture Research, 30: 603-610.

Herbert B, Graham P. 2004. Weaning of the Golden Perch, *Macquaria ambigua ambigua*, Percichthyidae, onto Prepared Diets. Journal of Applied Aquaculture, 15: 163-171.

Humphries P. 2005. Spawning time and early life history of Murray cod, *Maccullochella peelii* (Mitchell) in an Australian river. Environmental Biology of Fishes, 72: 393-407.

Hunt TL, Allen MS, Douglas J, et al. 2010. Evaluation of a Sport Fish Stocking Program in Lakes of the Southern Murray–Darling Basin, Australia. North American Journal of Fisheries Management, 30: 805-811.

Hutson KS. 2014. Infectious diseases of Asian Sea-Bass and health management. In: (D. R. Jerry). ed. Biology and Culture of Asian Seabass, *Lates calcarifer*. New York: CRC Press, , Taylor and Francis Group.

Ingram B, De Silva SS. 2004. Development of intensive commerical aquaculture production technology for Murray Cod. In FRDC Report 1999/328, pp. 216 pp. Victorian Department of Primary Industries,

Queenscliff, Victoria: Fisheries Research and Development Corporation and Primary Industries Research Victoria.

Ingram B, Gavine FM, Lawson P. 2005. Fish health management guidelines for farmed Murray cod. In Fisheries Victoria Research Report Series No. 32, (ed. V. Primary Industries Research). Alexandra, Victoria.

Ingram B, Larkin B. 2000. Murray Cod Aquaculture - Current Information and Current Status. In Murray Cod Aquaculture: A Potential Industry for the New Millenium, (ed. B. Ingram), pp. 49 pp. Eildon, Victoria: Department of Natural Resources and Environment, Marine and Freshwater Resources Institute.

Ingram B, Missen R, Dobson JL. 2001. Best-Practice Guidelines for Weaning Pond-Reared Murray Cod Fingerlings onto an Artificial Diet. In Marine and Freshwater Resources Institute Report No. 36. Marine and Freshwater Resources Institute, Queenscliff, Vic: Victorian Department of Primary Industries.

Ingram BA. 2009. Culture of juvenile Murray cod, trout cod and Macquarie perch (Percichthyidae) in fertilised earthen ponds. Aquaculture, 287: 98-106.

Ingram BA, De Silva SS. 2007. Diet composition and preference of juvenile Murray cod, trout cod and Macquarie perch (Percichthyidae) reared in fertilised earthen ponds. Aquaculture, 271: 260-270.

Izquierdo MS, Montero D, Robaina L, et al. 2005. Alterations in fillet fatty acid profile and flesh quality in gilthead seabream (*Sparus aurata*) fed vegetable oils for a long term period. Recovery of fatty acid profiles by fish oil feeding. Aquaculture, 250: 431-444.

Jerry DR. 2014. Biology and Culture of Asian Seabass *Lates calcarifer*. New York: CRC Press, Taylor and Francis Group.

Jerry DR, Elphinstone MS, Baverstock PR. 2001. Phylogenetic Relationships of Australian Members of the Family Percichthyidae Inferred from Mitochondrial 12S rRNA Sequence Data. Molecular Phylogenetics and Evolution, 18: 335-347.

Jerry DR, Smith-Keune CSK. 2014. The genetics of Asian seabass. In: (ed. D. R. Jerry)Biology and Culture of Asian Seabass *Lates calcarifer*. New York: CRC Press, Taylor and Francis Group.

Jones B, Smullen R, Carton AG. 2016. Flavour enhancement of freshwater farmed barramundi (*Lates calcarifer*), through dietary enrichment with cultivated sea lettuce, Ulva ohnoi. Aquaculture, 454: 192-198.

Kaminskas S, Humphries P. 2009. Diet of Murray cod *(Maccullochella peelii peelii)* (Mitchell) larvae in an Australian lowland river in low flow and high flow years. Hydrobiologia, 636: 449-461.

Katersky RS, Carter CG. 2005. Growth efficiency of juvenile barramundi, Lates calcarifer, at high temperatures. Aquaculture, 250, 775-780.

Katersky RS, Carter CG. 2007. High growth efficiency occurs over a wide temperature range for juvenile barramundi *Lates calcarifer* fed a balanced diet. Aquaculture, 272: 444-450.

Keenan CP, Watts RJ, Serafini L. 1995. Population genetics of golden perch, silver perch & eel-tailed catfish within the Murray-Darling Basin. In: eds. R. J. Banens and R. Lehane, 1995 Riverine Environment Research Forum, pp. 17-26. Attwood, Victoria, Australia: Murray-Darling Basin Commission.

Kibria BG, Nugegoda D, Fairclough R, et al. 1999. Effects of salinity on the growth and nutrient retention in silver perch, *Bidyanus bidyanus* (Mitchell 1838) (Teraponidae). Journal of Applied Ichthyology, 15: 132-134.

Koehn JD, Harrington DJ. 2005. Collection and distribution of the early life stages of the Murray cod (*Maccullochella peelii peelii*) in a regulated river. Australian Journal of Zoology, 53: 137-144.

Koehn JD, McKenzie JA, O'Mahony DJ, et al. 2009. Movements of Murray cod (*Maccullochella peelii peelii*) in a large Australian lowland river. Ecology of Freshwater Fish, 18: 594-602.

Koster WM, Dawson DR, O'Mahony DJ, et al. 2014. Timing, Frequency and Environmental Conditions Associated with Mainstem-Tributary Movement by a Lowland River Fish, Golden Perch (*Macquaria ambigua*). PLoS ONE, 9, e96044.

Lake J. 1967a. Rearing experiments with five species of Australian freshwater fishes. I. Inducement to spawning. Marine and Freshwater Research, 18, 137-154.

Lake J. 1967b. Rearing experiments with five species of Australian freshwater fishes. II. Morphogenesis and ontogeny. Marine and Freshwater Research, 18, 155-176.

Lategan MJ, Torpy FR, Gibson LF. 2004. Biocontrol of saprolegniosis in silver perch *Bidyanus bidyanus* (Mitchell) by *Aeromonas media* strain A199. Aquaculture, 235: 77-88.

Lawson LL, Hill JE, Vilizzi L, et al. 2013. Revisions of the Fish Invasiveness Screening Kit (FISK) for its Application in Warmer Climatic Zones, with Particular Reference to Peninsular Florida. Risk Analysis, 33: 1414-1431.

Levavi-Sivan B, Vaiman R, Sachs O, et al. 2004. Spawning induction and hormonal levels during final oocyte maturation in the silver perch (*Bidyanus bidyanus*). Aquaculture, 229: 419-431.

Lim LC, Heng HH, Lee HB. 1986. The induced breeding of seabass, *Lates calcarifer* (Bloch) in Singapore. Singapore Journal of Primary Industries, 14: 81-95.

Lintermans M, Rowland SJ, Koehn J, et al. 2004. The status, threats and management of freshwater cod species *Maccullochella* spp. in Australia. In Management of Murray Cod in the Murray-Darling Basin, Canberra Workshop, June 2004, pp. 15 pp. Canberra, ACT, Australia.

Liu FG, Lin TS, Huang DU, et al. 2000. An automated system for egg collection, hatching, and transfer of larvae in a freshwater finfish hatchery. Aquaculture, 182: 137-148.

Liu L, Li YW, He RZ, et al. 2014. Outbreak of Streptococcus agalactiae infection in barcoo grunter, *Scortum barcoo* (McCulloch & Waite), in an intensive fish farm in China. Journal of Fish Diseases, 37: 1067-1072.

Lucas JS, Southgate PC. 2012. Aquaculture: Farming Aquatic Animals and Plants. Chichester, West Sussex, UK: Wiley-Blackwell Publishing.

Luo G, Liu G, Tan H. 2013. Effects of stocking density and food deprivation-related stress on the physiology and growth in adult *Scortum barcoo* (McCulloch & Waite). Aquaculture Research, 44: 885-894.

Luo G, Zhang N, Tan H. 2012. Effect of Low Salinity on Jade Perch *Scortum barcoo* Performance in a Recirculating Aquaculture System. North American Journal of Aquaculture, 74: 395-399.

Luo YJ, Zhu XP, Pan DB, et al. 2008. Growth and development of larva, juveniles of *Scortum barcoo*. Journal of fisheries of China/Shuichan Xuebao, 05.

Lyster T. 2004. What are the economic prospects of developing aquaculture to supply the low price white fillet market? Lessons from the US channel catfish industry. In Working Papers on Economics, Ecology and the Environment, pp. 63. Brisbane, Queensland, Australia: University of Queensland, St Lucia, QLD.

Mackay NJ. 1973. Histological changes in the ovaries of the golden perch, *Plectroplites ambiguus*, associated with the reproductive cycle. Marine and Freshwater Research, 24: 95-102.

Mallen-Cooper M, Stuart IG. 2003. Age, growth and non-flood recruitment of two potamodromous fishes in a large semi-arid/temperate river system. River Research and Applications, 19: 697-719.

Mifsud C, Rowland SJ. 2008. Use of salt to control ichthyophthiriosis and prevent saprolegniosis in silver perch, *Bidyanus bidyanus*. Aquaculture Research, 39: 1175-1180.

Moore R. 1979. Natural Sex Inversion in the Giant Perch (Lates calcarifer). Marine and Freshwater Research, 30: 803-813.

Moore R. 1982. Spawning and early life history of barramundi, *Lates calcarifer* (Bloch), in Papua New Guinea. Marine and Freshwater Research, 33, 647-661.

Mosig J. 2013. State-of-the-art RAS in China. In Hatchery International, vol. October 21, 2013. Victoria, British Columbia, Canada: Capamara Communications Inc.

Musyl M, Keenan C. 1992. Population genetics and zoogeography of Australian freshwater golden perch, *Macquaria ambigua* (Richardson 1845) (Teleostei: Percichthyidae), and electrophoretic identification of a new species from the Lake Eyre basin. Marine and Freshwater Research, 43: 1585-1601.

Newman DM, Jones PL, Ingram BA. 2008a. Age-related changes in ovarian characteristics, plasma sex steroids and fertility during pubertal development in captive female Murray cod *Maccullochella peelii peelii*. Comparative Biochemistry and Physiology Part A: Molecular & Integrative Physiology, 150: 444-451.

Newman DM, Jones PL, Ingram BA. 2008b. Sexing accuracy and indicators of maturation status in captive

Murray cod *Maccullochella peelii peelii* using non-invasive ultrasonic imagery. Aquaculture, 279: 113-119.

Newman DM, Jones PL, Ingram BA. 2010. Advanced ovarian development of Murray cod *Maccullochella peelii peelii* via phase-shifted photoperiod and two temperature regimes. Aquaculture, 310: 206-212.

Nock CJ, Elphinstone MS, Rowland SJ, et al. 2010. Phylogenetics and revised taxonomy of the Australian freshwater cod genus, Maccullochella (Percichthyidae). Marine and Freshwater Research, 61: 980-991.

Norin T, Malte H, Clark TD. 2014. Aerobic scope does not predict the performance of a tropical eurythermal fish at elevated temperatures. The Journal of Experimental Biology, 217: 244-251.

NSW Gov. 2016. Daily River Reports: Murray River, vol. 2016 (ed. NSW State Government).

Palmeri G, Turchini GM, Caprino F, et al. 2008a. Biometric, nutritional and sensory changes in intensively farmed Murray cod (*Maccullochella peelii peelii*, Mitchell) following different purging times. Food Chemistry, 107: 1605-1615.

Palmeri G, Turchini GM, Keast R, et al. 2008b. Effects of Starvation and Water Quality on the Purging Process of Farmed Murray Cod (*Maccullochella peelii peelii*). Journal of Agricultural and Food Chemistry, 56: 9037-9045.

Parazo M, Garcia LMB, Ayson FG, et al. 1990. Sea bass hatchery operations. In Aquaculture extension manual No. 18. Iloilo, Phillippines: Aquaculture Department, Southeast Asian Fisheries Development Centre.

Parazo MM, Avila EM, Jr DMR. 1991. Size-and weight-dependent cannibalism in hatchery-bred sea bass (*Lates calcarifer* Bloch). Journal of Applied Ichthyology, 7: 1-7.

Pethiyagoda R, Gill AC. 2012. Description of two new species of sea bass (Teleostei: Latidae: Lates) from Myanmar and Sri Lanka. Zootaxa, 3314, 1-16.

Pethiyagoda R, Gill AC. 2014. Taxonomy and distribution of Indo-Pacific Lates. In: (ed. D. R. Jerry)Biology and Culture of Asian Seabass *Lates calcarifer*. New York: CRC Press, Taylor and Francis Group.

Puckridge JT, Costelloe JF, Reid JRW. 2010. Ecological responses to variable water regimes in arid-zone wetlands: Coongie Lakes, Australia. Marine and Freshwater Research, 61: 832-841.

Pusey BJ, Kennard MJ, Arthington AH. 2004. Freshwater Fishes of North-Eastern Australia. Collingwood, Vic, Australia: CSIRO Publishing.

Qi Y, Sun X, Yu G, et al. 2010. Effects of dietary digestible carbohydrate level on postprandial metabolism of jade perch, *Scortum barcoo*. South China Fisheries Science, 02.

Queensland State Government. 2015. Jade perch aquaculture, vol. 2016.

Read P, Landos M, Rowland SJ, et al. 2007. Diagnosis, prevention and treatment of the diseases of the Australian freshwater fish, silver perch (*Bidyanus bidyanus*), (ed. NSW Department of Primary Industries & Australian Government: Fisheries Research and Development Corporation), pp. 84. Sydney, NSW, Australia.

Romanowski N. 2007. Sustainable Freshwater Aquaculture: the complete guide, from backyard to investor. Sydney, NSW, Australia: UNSW Press.

Rourke ML, McPartlan HC, Ingram BA, et al. 2009. Polygamy and low effective population size in a captive Murray cod (*Maccullochella peelii peelii*) population: genetic implications for wild restocking programs. Marine and Freshwater Research, 60: 873-883.

Rourke ML, McPartlan HC, Ingram BA, et al. 2010. Biogeography and life history ameliorate the potentially negative genetic effects of stocking on Murray cod (*Maccullochella peelii peelii*). Marine and Freshwater Research, 61: 918-927.

Rourke ML, McPartlan HC, Ingram BA, et al. 2011. Variable stocking effect and endemic population genetic structure in Murray cod *Maccullochella peelii*. Journal of Fish Biology, 79: 155-177.

Rowland S. 1996. Development of techniques for the large-scale rearing of the larvae of the Australian freshwater fish golden perch, *Macquaria ambigua* (Richardson, 1845). Marine and Freshwater Research, 47: 233-242.

Rowland SJ. 1983. The hormone-induced ovulation and spawning of the Australian freshwater fish golden perch, *Macquaria ambigua* (Richardson) (Percichthyidae). Aquaculture, 35: 221-238.

Rowland SJ. 1984. The hormone-induced spawning of silver perch (*Bidyanus bidyanus*) (Mitchell) (Teraponidae). Aquaculture, 42, 83-86.

Rowland SJ. 2004a. Domestication of Silver Perch, Bidyanus bidyanus, Broodfish. Journal of Applied Aquaculture, 16, 75-83.

Rowland SJ. 2004b. Overview of the history, fishery, biology and aquaculture of Murray Cod (*Maccullochella peelii peelii*). In Management of Murray Cod in the Murray-Darling Basin, pp. 24 pp. Canberra, ACT, Australia.

Rowland SJ. 2009. Review of Aquaculture Research and Development of the Australian Freshwater Fish Silver Perch, *Bidyanus bidyanus*. Journal of the World Aquaculture Society, 40: 291-324.

Rowland SJ, Allan GL, Mifsud C, et al. 2005. Development of a feeding strategy for silver perch, *Bidyanus bidyanus* (Mitchell), based on restricted rations. Aquaculture Research, 36: 1429-1441.

Rowland SJ, Ingram BA. 1991. Diseases of Australian native freshwater fishes with particular emphasis on the ectoparasitic and fungal diseases of Murray Cod (*Maccullochella peelii*), golden perch (*Macquaria ambigua*) and silver perch (*Bidyanus bidyanus*). NSW Fisheries Bulletin, 4: 1-29.

Rowland SJ, Landos M, Callinan RB, et al. 2007. Development of a health management strategy for the silver perch aquaculture industry. In FRDC Project No.'s 2000/267 and 2004/089; NSW DPI Fisheries Final Report Series No. 93, pp. 221. Cronulla, NSW, Australia: Fisheries Research and Development Council & New South Wales Department of Primary Industries.

Rowland SJ, Mifsud C, Nixon M, et al. 2008. Use of formalin and copper to control ichthyophthiriosis in the Australian freshwater fish silver perch (*Bidyanus bidyanus* Mitchell). Aquaculture Research, 40: 44-54.

Rowland S J, Nixon M, Landos M, et al. 2006. Effects of formalin on water quality and parasitic monogeneans on silver perch (*Bidyanus bidyanus* Mitchell) in earthen ponds. Aquaculture Research, 37: 869-876.

Rowland SJ, Tully P. 2004. Hatchery Quality Assurance Program for Murray Cod (*Maccullochella peelii peelii*), Golden Perch (*Macquaria ambigua*) and Silver Perch (*Bidyanus bidyanus*), pp. 68: NSW Department of Primary Industries, Nelson Bay, NSW, Australia.

Ryan SG, Smith BK, Collins RO, et al. 2007. Evaluation of Weaning Strategies for Intensively Reared Australian Freshwater Fish, Murray Cod, *Maccullochella peelii peelii*. Journal of the World Aquaculture Society, 38: 527-535.

Sakaras W, Boonyaratpalin M, Unpraser N, et al. 1989. Optimum dietary protein energy ratio in seabass feed II. In Technical Paper No. 8, pp. 22 pp. Thailand: Rayong Brackishwater Fisheries Station.

Schultz AG, Healy JM, Jones PL, et al. 2008. Osmoregulatory balance in Murray cod, *Maccullochella peelii peelii* (Mitchell), affected with chronic ulcerative dermatopathy. Aquaculture, 280: 45-52.

Senadheera SPSD, Turchini GM, Thanuthong T, et al. 2010. Effects of dietary α-linolenic acid (18:3n−3)/linoleic acid (18:2n−6) ratio on growth performance, fillet fatty acid profile and finishing efficiency in Murray cod. Aquaculture, 309: 222-230.

Shao QJ, Su XF, Xu ZR, et al. 2004. Effect of dietary protein levels on growth performance and body composition of jade perch, *Scortum barcoo*. Acta Hydrobiologica Sinica, 28: 367-373.

Sheldon F, Boulton AJ, Puckridge JT. 2002. Conservation value of variable connectivity: aquatic invertebrate assemblages of channel and floodplain habitats of a central Australian arid-zone river, Cooper Creek. Biological Conservation, 103: 13-31.

Smith DM, Hunter BJ, Allan GL, et al. 2004. Essential fatty acids in the diet of silver perch (*Bidyanus bidyanus*): effect of linolenic and linoleic acid on growth and survival. Aquaculture, 236: 377-390.

Song LP, An L, Zhu YA, et al. 2009. Effects of Dietary Lipids on Growth and Feed Utilization of Jade Perch, *Scortum barcoo*. Journal of the World Aquaculture Society, 40: 266-273.

Stone DAJ, Allan GL, Anderson AJ. 2003a. Carbohydrate utilization by juvenile silver perch, *Bidyanus bidyanus* (Mitchell). II. Digestibility and utilization of starch and its breakdown products. Aquaculture Research, 34: 109-121.

Stone DAJ, Allan GL, Parkinson S, et al. 2003b. Replacement of fishmeal in diets for Australian silver perch *Bidyanus bidyanus* (Mitchell). II. Effects of cooking on digestibility of a practical diet containing different starch products. Aquaculture Research, 34: 195-204.

Stone DAJ, Allan GL, Parkinson S, et al. 2000. Replacement of fish meal in diets for Australian silver perch, *Bidyanus bidyanus*: III. Digestibility and growth using meat meal products. Aquaculture, 186: 311-326.

Thépot V, Jerry DR. 2015. The effect of temperature on the embryonic development of barramundi, the Australian strain of *Lates calcarifer* (Bloch) using current hatchery practices. Aquaculture Reports, 2: 132-138.

Thurstan S. 1991. Commercial extensive larval rearing of Australian freshwater native fish. In Larval Biology, Australian Society for Fish Biology Workshop; Bureau of Rural Resource Proceedings No. 15, (ed. Hancock DA). Hobart, Tas, Australia: Australian Government Publishing Service, Canberra, ACT, Australia.

Thurstan S. 2000. Practical management for genetic stock management in hatcheries. In Australian Society for Fish Biology, Workshop Proceedings: Enhancement of marine and freshwater fisheries, eds. A. Moore and R. Hughes), pp. 46-48. Albury, NSW, Australia.

Todd CR, Ryan T, Nicol SJ, et al. (2005). The impact of cold water releases on the critical period of post-spawning survival and its implications for Murray cod (*Maccullochella peelii peelii*): a case study of the Mitta Mitta River, southeastern Australia. River Research and Applications, 21: 1035-1052.

Toledo JD, Marte CL, Castillo AR. 1991. Spontaneous maturation and spawning of sea bass *Lates calcarifer* in floating net cages. Journal of Applied Ichthyology, 7: 217-222.

Turchini GM, Francis DS, De Silva SS. 2006a. Fatty acid metabolism in the freshwater fish Murray cod (*Maccullochella peelii peelii*) deduced by the whole-body fatty acid balance method. Comparative Biochemistry and Physiology Part B: Biochemistry and Molecular Biology, 144: 110-118.

Turchini GM, Francis DS, De Silva SS. 2006b. Modification of tissue fatty acid composition in Murray cod (*Maccullochella peelii peelii*, Mitchell) resulting from a shift from vegetable oil diets to a fish oil diet. Aquaculture Research, 37: 570-585.

Turchini GM, Francis DS, De Silva SS. 2007. Finishing diets stimulate compensatory growth: results of a study on Murray cod, *Maccullochella peelii peelii*. Aquaculture Nutrition, 13: 351-360.

Turchini GM, Francis DS, Senadheera SPSD, et al. 2011. Fish oil replacement with different vegetable oils in Murray cod: Evidence of an "omega-3 sparing effect" by other dietary fatty acids. Aquaculture, 315: 250-259.

Turchini GM, Gunasekera RM, De Silva SS. 2003. Effect of crude oil extracts from trout offal as a replacement for fish oil in the diets of the Australian native fish Murray cod *Maccullochella peelii peelii*. Aquaculture Research, 34: 697-708.

Van Hoestenberghe S, Fransman CA, Luyten T, et al. 2014. *Schizochytrium* as a replacement for fish oil in a fishmeal free diet for jade perch, *Scortum barcoo* (McCulloch & Waite). Aquaculture Research, 47(6):1747-1760.

Van Hoestenberghe S, Roelants I, Vermeulen D, et al. 2013. Total replacement of fish oil with vegetable oils in thte diet of juvenile jade perch *Scortum barcoo* reared in recirculating aquaculture systems. Journal of Agricultural Science and Technology, B3: 385-398.

Van Hoestenberghe S, Wille M, Swaef E, et al. 2015. Effect of weaning age and the use of different sized Artemia nauplii as first feed for jade perch *Scortum barcoo*. Aquaculture International, 23: 1539-1552.

Viazzi S, Van Hoestenberghe S, Goddeeris BM, et al. 2015. Automatic mass estimation of Jade perch *Scortum barcoo* by computer vision. Aquacultural Engineering, 64: 42-48.

Warburton K, Retif S, Hume D. 1998. Generalists as sequential specialists: diets and prey switching in juvenile silver perch. Environmental Biology of Fishes, 51: 445-454.

Williams KC, Barlow CG. 1999. Dietary requirement and optimal feeding practices for barramundi (*Lates calcarifer*). In Project 92/63, Final Report to Fisheries R&D Corporation, pp. 95 pp. Canberra, Australia.

Yang SD, Liu FG, Liou CH. 2012. Effects of dietary l-carnitine, plant proteins and lipid levels on growth performance, body composition, blood traits and muscular carnitine status in juvenile silver perch (*Bidyanus bidyanus*). Aquaculture, 342-343: 48-55.

Ye Q, Jones K, Pierce BE. 2000. Murray cod (*Maccullochella peelii peelii*): Fishery Assessment Report to

PIRSA for the Inland Waters Fishery Management Committee. In South Australian Fisheries Assessment Series, 17, pp. 56 pp.

Zhang N, Luo G, Tan H, et al. 2010. Effects of water temperature on growth and blood immunological indices of *Scortum barcoo*. Journal of Fishery Sciences of China/Zhongguo Shuichan Kexue, 06.

Zhao J, Chen KC, Zhu XP, et al. 2011. Effects of temperature and food on the growth and survival rate of juveniles of *Scortum barcoo*. Guangdong Agricultural Sciences, S917.4.

(Geoffrey M. Collins, Dean R. Jerry)